Technisches Zeichnen

Herausgegeben vom
DIN Deutsches Institut für Normung e.V.

Bearbeitet von Oberingenieur Paul Böttcher,
Ing. Hans Werner Geschke, Dipl.-Ing. Wedo Heller
und Studiendirektor Wolfgang Wehr, Berlin

21., neubearbeitete und erweiterte Auflage
Mit 1029 Bildern, 94 Tabellen, 243 Beispielen und
253 Übungsaufgaben

1990

B. G. Teubner Stuttgart
Beuth Verlag Berlin und Köln

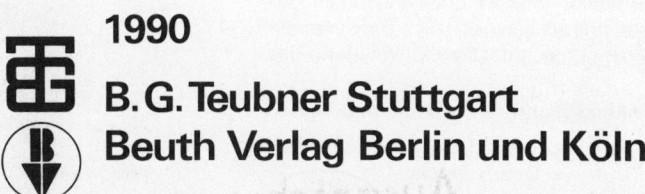

CIP-Titelaufnahme der Deutschen Bibliothek

Technisches Zeichnen / hrsg. vom DIN Dt. Inst. für Normung
e.V. Bearb. von Paul Böttcher ... – 21., neubearb. u. erw. Aufl.
– Stuttgart : Teubner ; Berlin ; Köln : Beuth, 1990
   Bis 20. Aufl. u. d. T.: Böttcher, Paul: Technisches Zeichnen
   ISBN 3-519-16725-5 (Teubner)
   ISBN 3-410-12412-8 (Beuth)
NE: Böttcher, Paul [Mitverf.]; Deutsches Institut für Normung

© 1990 B. G. Teubner Stuttgart und Beuth Verlag Berlin und Köln
Printed in Germany
Gesamtherstellung: Passavia Druckerei GmbH Passau
Umschlaggestaltung: Peter Pfitz, Stuttgart

Vorwort

Die Technische Zeichnung ist eine besondere Form der Kommunikation. Man verständigt sich mit Hilfe von Bildern, Zeichen und Symbolen. Um sich dieser Sprache fehlerfrei bedienen zu können, ist die Kenntnis ihres Wortschatzes und der Grammatik notwendig. Beides ist allgemeingültig in DIN-Normen festgelegt, und zwar für die von Hand erstellte Zeichnung und für das rechnerunterstützte Zeichnen.

Dieses Buch stellt all denen, die mit Technischen Zeichnungen zu tun haben, ein Lehr- und Lernmittel bereit. Gleichzeitig dient es als Nachschlagewerk.

Aufgrund neuer, in Technischen Zeichnungen darzustellender Sachverhalte und neuer Hilfsmittel ändern sich die Mittel der Verständigung. Es sind deshalb in relativ kurzen Zeitabständen Anpassungen und Änderungen der einschlägigen DIN-Normen notwendig.

Zu den Aufgaben des DIN gehört es auch, Informationsquellen für die potentiellen Anwender der Normung zu erschließen, Lehrgänge für im Beruf stehende Ingenieure zu veranstalten und den Erfahrungsaustausch in Sachen Normung zu fördern. Deshalb unterstützt das DIN die Herausgabe einer sich auf die DIN-Normen abstützenden Einführung in das Technische Zeichnen durch die Verlagsgemeinschaft B. G. Teubner/Beuth Verlag.

Der besondere Zweck des Buches liegt darin, nicht nur das Kennen- und Verstehenlernen der Grundlagen für das Technische Zeichnen während der Berufsausbildung zu erleichtern, sondern auch den Besuchern weiterführender Schulen und Lehrgänge sowie den Studienanfängern und dem in die betriebliche Praxis eintretenden technischen Nachwuchs eine Richtschnur an die Hand zu geben. Da kein Werk ohne das Echo der Anwender weiterentwickelt werden kann, werden Anregungen zur Erweiterung und zur Gestaltung des Buches von den Bearbeitern gern entgegengenommen und, wie es die vorliegende Auflage zeigt, auch umgesetzt.

Gegenüber der 20. Auflage wurde neben der notwendigen Aktualisierung und der Aufnahme zusätzlicher Zeichnungsbeispiele die Gliederung so überarbeitet, daß der Leser von allgemeinen Ausführungsregeln über bestimmte Darstellungsweisen zu speziellen Techniken geführt wird und ein zusätzlicher Abschnitt zum Thema „Rechnerunterstütztes Zeichnen" aufgenommen werden konnte.

Hinweise auf DIN-Normen in diesem Werk entsprechen dem Stand der Normung bei Abschluß des Manuskriptes. Maßgebend sind die jeweils neuesten Ausgaben der DIN-Normen, die beim Beuth Verlag zu beziehen sind.

Auskunft über den Stand von DIN-Normen und sonstigen technischen Regeln erteilt das Deutsche Informationszentrum für Technische Regeln (DITR) im DIN, Berlin.

Berlin, Frühjahr 1990

DIN Deutsches Institut für Normung e. V.
Prof. Dr.-Ing. Sc. D. Helmut Reihlen

Inhaltsverzeichnis

Hinweise auf DIN-Normen in diesem Werk entsprechen dem Stand der Normung bei Abschluß des Manuskriptes. Maßgebend sind die jeweils neuesten Ausgaben der Normblätter des DIN Deutsches Institut für Normung e.V., die durch den Beuth Verlag, 1000 Berlin 30, zu beziehen sind. – Sinngemäß gilt das gleiche für alle in diesem Buch angezogenen amtlichen Richtlinien, Bestimmungen, Verordnungen usw.

1 Einleitung

1.1 Technisches Zeichnen

Durch Zeichnen können Formen und Gedanken bildhaft dargestellt werden. Die Zeichnung wird entweder freihändig entworfen oder mit besonderen Werkzeugen und Geräten unter Einhaltung bestimmter Regeln angefertigt. Entsprechend unterscheidet man zwischen dem freien künstlerischen Zeichnen und dem gebundenen technischen Zeichnen, dessen Regeln in Normen festgelegt sind.

> Die technische Zeichnung dient der Verständigung zwischen Entwicklung, Konstruktion, Fertigung, Instandhaltung (um nur einige Bereiche eines Unternehmens zu nennen) und dem Kunden. Aus ihren Darstellungen sind in Verbindung mit dem Schriftfeld und der Stückliste alle erforderlichen Angaben (z. B. zur Herstellung und Prüfung eines Erzeugnisses) zu entnehmen. Das betrifft sowohl Formen und Maße des Werkstücks als auch seinen Werkstoff.
>
> Die Aussage einer technischen Zeichnung muß vollständig, eindeutig und für jeden Techniker verständlich sein. Die gemeinsame Sprache basiert auf Zeichenregeln, die in DIN-Normen festgelegt sind.

1.2 Normung

> Durch die Normung werden u. a. Form, Größe und Ausführung von Erzeugnissen und Verfahren sinnvoll geordnet und vereinheitlicht.

Die in Zusammenarbeit zwischen Wissenschaft und Praxis erarbeiteten Normen bieten zeitlich begrenzte Bestlösungen für immer wiederkehrende Aufgaben. Genormte Teile lassen sich austauschen und sind zueinander kompatibel. Normen fördern damit die Rationalisierung und stellen eine gleichbleibende Qualität sicher. Sie berücksichtigen zugleich die Sicherheit von Menschen und Sachen. Erst die Normung ermöglichte die Arbeitsteilung sowie die problemlose Serien- und Massenfertigung.

DIN Deutsches Institut für Normung e.V. Die zentrale Organisation zum Erarbeiten von Normen wurde 1917 gegründet. Zu dieser Zeit wurde auch der für die Normung im Zeichnungswesen zuständige Normenausschuß gebildet.

DIN ist das Kurzzeichen des Vereins und zugleich Kennzeichen der Ergebnisse seiner Gemeinschaftsarbeit (z. B. DIN-Normen, DIN-Taschenbücher). Das Verbandszeichen DIN ist im Warenzeichenregister des Deutschen Patentamts eingetragen. Die Ergebnisse der Normungsarbeit des DIN sind „Deutsche Normen" (kurz DIN-Normen), die unter dem Verbandszeichen DIN vom DIN herausgegeben werden und das „Deutsche Normenwerk" bilden.

Wesen der DIN-Normen. DIN-Normen haben den Charakter von Empfehlungen mit einer technisch-normativen Wirkung. Die Beachtung und Anwendung von DIN-Normen steht jedermann frei. Aus sich heraus haben sie keine rechtliche Verbindlichkeit. Wer sich nach DIN-Normen richtet, verhält sich im Regelfall ordnungsgemäß.

Inhalt. Eine DIN-Norm kann zum Inhalt haben:

– Technische Grundlagen für Dienstleistungen (Dienstleistungsnorm);

– objektiv feststellbare Eigenschaften in bezug auf die Gebrauchstauglichkeit eines Gegenstands (Gebrauchstauglichkeitsnorm);

– technische Grundlagen und Bedingungen für Lieferungen (Liefernorm);

– Maße und Toleranzen von materiellen Gegenständen (Maßnorm);

– Planungsgrundsätze und Grundlagen für Entwurf, Berechnung, Aufbau, Ausführung und Funktion von Anlagen, Bauwerken und Erzeugnissen (Planungsnorm);

– Untersuchungs-, Prüf- und Meßverfahren für technische und wissenschaftliche Zwecke zum Nachweis zugesicherter und/oder erwarteter (geforderter) Eigenschaften von Stoffen und/oder von technischen Erzeugnissen oder Verfahren (Prüfnorm);

– die für die Anwendung eines materiellen Gegenstands wesentlichen Eigenschaften und objektiven Beurteilungskriterien (Qualitätsnorm);

– Festlegungen zur Abwendung von Gefahren für Menschen, Tiere und Sachen (Anlagen, Bauwerke, Erzeugnisse u. ä.) (Sicherheitsnorm);

– physikalische, chemische und technologische Eigenschaften von Stoffen (Stoffnorm);

– Verfahren zum Herstellen, Behandeln und Handhaben von Erzeugnissen (Verfahrensnorm);

– Zeichen oder Systeme zur eindeutigen und rationellen Verständigung; terminologische Sachverhalte (Verständigungsnorm).

Normungsgegenstand ist der materielle oder immaterielle Gegenstand, auf den sich die Festlegungen in der Norm beziehen. Aufgrund ihres Inhalts kann eine Norm zu mehreren der vorstehenden Arten gehören.

Das Ergebnis der Normungsarbeit liegt zunächst entweder als DIN-Norm-Entwurf oder DIN-Vornorm und endgültig als DIN-Norm vor.

Das Titelfeld einer DIN-Norm enthält im mittleren Teil den Titel der Norm und rechts daneben (Nummernfeld) die DIN-Nummer, die aus dem Verbandszeichen DIN und einer nicht klassifizierenden Zählnummer sowie gegebenenfalls erforderlichen Zusätzen (Teil-Nr., Beiblatt usw.) besteht. Links darüber steht die DK-Zahl (DK = Dezimalklassifikation), die das Fach- und Anwendungsgebiet spezifiziert (z. B. für das Zeichnungswesen DK 74). Über der Fußleiste der Norm-Titelseite ist der zuständige Normenausschuß (Träger der Norm) aufgeführt (**1.1**).

DK 744.427(083.2)	DEUTSCHE NORM	April 1988
	Vordrucke für technische Unterlagen **Zeichnungen**	**DIN** **6771** Teil 6
	Printed forms for technical documents; drawing sheets Formulaires de documents techniques; feuilles de dessin	Ersatz für DIN 823/05.80
	Zusammenhang mit der von der International Organization for Standardization (ISO) herausgegebenen Internationalen Norm ISO 5457 – 1981 siehe Erläuterungen.	

1.1 Kopfleiste einer Norm (Träger: Normenausschuß Zeichnungswesen) mit Titelfeld, Nummernfeld, DK-Zahl usw.)

10

Veröffentlichungen. Wichtig ist es, sich gründlich und laufend über den aktuellen Stand der Normung zu unterrichten. Gelegenheit dazu bieten folgende Veröffentlichungen des DIN:

- Der DIN-Katalog für technische Regeln[1]) weist 181 deutsche technische Regelwerke einschließlich der DIN-Normen, Gesetze und Verordnungen mit mehr als 42000 Einzelregeln nach.
- Die DIN-Mitteilungen + elektronorm[1]), eine Zeitschrift und gleichzeitig Zentralorgan der deutschen Normung. Sie enthält monatlich Informationen über Veränderungen am Deutschen Normenwerk und anderen technischen Regelwerken.
- Das Buch Klein, Einführung in die DIN-Normen[2]) behandelt u.a. zahlreiche DIN-Normen aus dem Bereich des Maschinenbaus und der Elektrotechnik.
- Das Buch „DIN-Normen in der Verfahrenstechnik"[4]) behandelt DIN-Normen und sonstige technische Regeln, die für die Planung, den Bau und den Betrieb von verfahrenstechnischen Anlagen oder Anlagenteilen angewendet werden.

Weitergehende Informationen bietet das Deutsche Informationszentrum für technische Regeln (DITR) im DIN an.

Internationale Normung[3]). Da es weder sinnvoll noch wirtschaftlich wäre, die Normung allein auf die Bedürfnisse e i n e s Landes abzustellen, wurde 1926 die „International Federation of the National Standardizing Associations (ISA)" gegründet. Ihre Nachfolgerin, die ISO (International Organization for Standardization) „Internationale Organisation für Normung", entstand 1947. Für die elektrotechnische Normung ist die IEC (International Electrotechnical Commission), für alle anderen Normungsarbeiten die ISO zuständig. Beide Organisationen haben ihren Sitz in Genf.

Zweck der Organisationen ist die Förderung der Normung in der Welt und besonders die Erarbeitung von Internationalen Normen, um durch die Beseitigung technischer Handelshemmnisse den Austausch von Gütern und Dienstleistungen zu unterstützen und die gegenseitige Zusammenarbeit im Bereich des geistigen, wissenschaftlichen, technischen und wirtschaftlichen Schaffens zu entwickeln.

Eine Internationale Norm der ISO oder IEC, der das DIN zugestimmt hat, wird nach Entscheidung des zuständigen Normenausschusses in der Regel ohne Überarbeitung als DIN-ISO- bzw. DIN-IEC-Norm übernommen. Voraussetzung für die Übernahme ohne Überarbeitung ist, daß die Internationale Norm vorher demselben Einspruchsverfahren unterworfen wurde wie eine DIN-Norm.

Europäische Normung. Die für die Normung in Westeuropa (EG- und EFTA-Staaten) zuständigen Institutionen CEN/CENELEC haben ihren Sitz in Brüssel. Ihre Gründung 1961 steht nicht zufällig im zeitlichen Zusammenhang mit der EWG-Gründung. Eine deutsche Beteiligung ist nur über das DIN möglich. Hauptziel der europäischen Normungsarbeit ist es, ein umfassendes europäisches Normenwerk zu erstellen, die bestehenden nationalen Normen zu harmonisieren und so den europäischen Binnenmarkt zu unterstützen. Anders als bei den Internationalen Normen von ISO/IEC ist jedes Mitglied verpflichtet, die Europäischen Normen unverändert ins nationale Normenwerk zu übernehmen. Dabei darf in das Nummernfeld die EN-Nummer übernommen werden (DIN–EN-Norm). Etwaige andere, entgegenstehende nationale Normen zum gleichen Thema sind zurückzuziehen.

---

[1]) Beuth Verlag GmbH, Berlin und Köln
[2]) Klein, Einführung in die DIN-Normen, B.G. Teubner, Stuttgart 1989
[3]) Schulz, K.P.: Aufbau und Arbeitsweise übernationaler Normungsorganisationen. In: DIN-Mitteilungen 63 (1984) Nr.7, Seite 365 bis 374. Überarbeitete Fassung (Sonderdruck) Juni 1986
[4]) DIN-Normen in der Verfahrenstechnik, B.G. Teubner, Stuttgart 1989

1.3 Zeichnungsarten

Zeichnungen werden nach Art der Darstellung und Anfertigung sowie nach Inhalt und Zweck verschieden benannt (**1.**3).

Angaben über Aufbau, Anwendung und Ausführung von Zeichnungen für vereinfachte Angaben in technischen Unterlagen enthalten DIN 30 T 5 (Fremdteilzeichnungen), DIN 30 T 6 (Sammelzeichnungen), DIN 30 T 7 (Vordruckzeichnungen) und DIN 30 T 8 (Ergänzungszeichnungen).

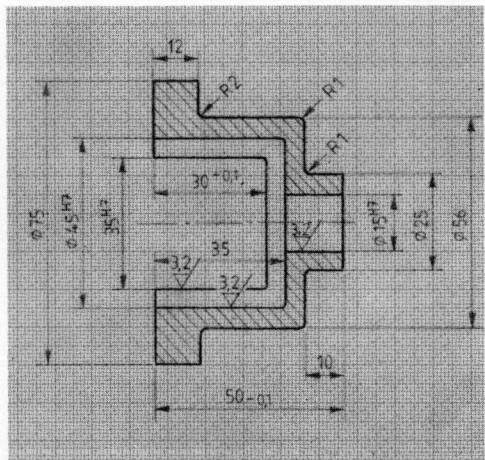

1.2   Skizze einer Hülse

Die Zeichnungserstellung führt im Regelfall von Skizzen über Gruppen- und Teilzeichnungen (Einzelteilzeichnungen) zu Zeichnungen, in denen Erzeugnisse in ihrer obersten Strukturstufe dargestellt sind (Hauptzeichnungen). Ist ein zu Bruch gegangenes Teil einer Maschine zu ersetzen und eine Zeichnung davon nicht vorhanden, wird zunächst eine Skizze angefertigt. Man legt fest, wieviel und welche Ansichten und Schnitte erforderlich sind, damit die Gestalt des Werkstücks vollkommen erfaßt ist. Für eine Hülse z. B. ist nur ein Bild nötig (**1.**2). Ohne Anwendung des Zirkels, der Zeichendreiecke und anderer Geräte wird das Werkstück freihändig mit einem weichen Zeichenstift z. B. auf Millimeterpapier übertragen, denn Feldteilungen erleichtern die Arbeit.

Tabelle **1.**3   **Begriffe im Zeichnungs- und Stücklistenwesen (DIN 199 T1)**

Anordnungsplan	Technische Zeichnung, die die räumliche Lage von Gegenständen zueinander darstellt
Diagramm	Zeichnung, in der Zahlenwerte oder funktionale Zusammenhänge in einem Koordinatensystem dargestellt sind
Einzelteilzeichnung	Technische Zeichnung, die ein Teil, das unzerstört nicht in weitere Bestandteile zerlegt werden kann (Einzelteil), ohne die räumliche Zuordnung zu anderen Teilen darstellt (s. auch Teilzeichnung)
Entwurf-, Entwurf	Wortkombinationen mit „Entwurf" deuten auf eine Fassung hin, über deren endgültige Ausführung noch nicht entschieden wurde
Ergänzungszeichnung	eigenständige Zeichnung solcher Einzelheiten von Gegenständen, auf die in anderen Zeichnungen Bezug genommen wird
Fertigungszeichnung	Technische Zeichnung, die in der Darstellung eines Gegenstands und mit weiteren Angaben in besonderer Weise Gesichtspunkten der Fertigung Rechnung trägt
Fotozeichnung	Zeichnungsunterlage, die als wesentlichen Bestandteil fotografische Abbildungen enthält
Fremdteilzeichnung	Technische Zeichnung für Teile fremder Entwicklung und fremder Fertigung (s. Abschn. 1.4.3)
Gruppenzeichnung	maßstäbliche Technische Zeichnung, die die räumliche Lage und die Form der zu einer Gruppe zusammengefaßten Teile darstellt

Fortsetzung s. nächste Seite

Tabelle **1**.3, Fortsetzung

Hauptzeichnung	Technische Zeichnung für die Darstellung eines Erzeugnisses in seiner obersten Strukturstufe
Konstruktionszeichnung	Technische Zeichnung, die einen Gegenstand in seinem vorgesehenen Endzustand darstellt
Maßbild	Zeichnung, in der für ein Teil nur die für den jeweiligen Einzelfall wesentlichen Maße und Informationen angegeben sind
Montierte Zeichnung	Originalzeichnung, in die vorhandene oder getrennt erstellte Zeichnungen, Abbildungen, Texte eingesetzt sind
Originalzeichnung	eine als Unikat dauerhaft gespeicherte Zeichnung, deren Informationsinhalt als verbindlich erklärt wurde
Patentzeichnung	Technische Zeichnung, die in ihrem formalen Aufbau und in ihrer zeichnerischen Darstellung den Vorschriften der „Verordnung über die Anmeldung von Patenten" entspricht
Prüfzeichnung	Technische Zeichnung zur Prüfung des dargestellten Gegenstands
Sammelzeichnung	Technische Zeichnung, bei der mehrere Teile in einer oder mehreren Darstellungen ohne räumliche Zuordnung zusammengefaßt sind
Schema	bei Zeichnungen deuten Wortkombinationen mit „-Schema-" auf eine stark abstrahierte oder symbolische Darstellung hin
Skizze	nicht unbedingt maßstäbliche, vorwiegend freihändig erstellte Zeichnung
Stammzeichnung	Zeichnungsunterlage, die zur Vervielfältigung benutzt wird
Standardzeichnung	Zeichnung, die durch Hinzufügen oder Verändern bestimmter, v o r g e s e - h e n e r Daten dem jeweiligen Anwendungsfall angepaßt werden muß, bevor sie als Technische Zeichnung angewendet werden kann
Technische Skizze	Skizze in der für technische Zwecke erforderlichen Art und Vollständigkeit
Technische Unterlage	Unterlage, deren Informationsinhalt technischen Zwecken dient
Technische Zeichnung	Zeichnung in der für technische Zwecke erforderlichen Art und Vollständigkeit
Teilzeichnung	Technische Zeichnung, die ein Teil (oder eine als Teil angewendete Gruppe) ohne räumliche Zuordnung zu anderen Teilen darstellt (s. auch Einzelteilzeichnung)
Unterlage	im Sinn von DIN 199 T1 ein archivierbarer Informationsträger, von dem Informationen direkt oder mit optischen Hilfsmitteln gelesen werden können
Vordruckzeichnung	Zeichnungsunterlage, die nur eine reproduzierte Standardzeichnung enthält
Zeichnungssatz	Gesamtheit aller für einen bestimmten Zweck zusammengestellten Zeichnungsunterlagen
Zeichnungsunterlage	Technische Unterlage, die eine Technische Zeichnung enthält
Zusammenbauzeichnung	Technische Zeichnung zur Erläuterung von Zusammenbauvorgängen

Außer den genormten Begriffen sind noch die nachstehenden Benennungen üblich:

Bleizeichnung	eine von Hand ausgeführte Zeichnung oder Skizze in Blei (**1**.8)
Druckstockzeichnung	dient zum Anfertigen eines Druckstocks oder einer Druckplatte
Fertigteilzeichnung	Teilzeichnung des fertig bearbeiteten Werkstücks (**1**.6)
Rohteilzeichnung	Teilzeichnung von Schmiede-, Guß-, Preßstücken u. a., die noch weiter zu bearbeiten sind (**1**.5)
Tuschezeichnung	von Hand ausgeführte Zeichnung oder Skizze in Tusche
Vervielfältigung	Lichtpausen, fotografische Abzüge oder durch Drucken hergestellte Zeichnungskopien

Weitere Begriffe im Zeichnungs- und Stücklistenwesen s. DIN 199 T2 bis T5.

Skizzen sollen möglichst maßstäblich, wenn auch in beliebigem Maßstab, gezeichnet werden und somit die Maße des Werkstücks einigermaßen verhältnisgleich zeigen. Stets sind die Mittellinien zuerst zu ziehen und die Formen (und zwar bei hohlen Werkstücken von innen nach außen) in schmalen Linien zu entwickeln. Dann wird nachgezogen und bemaßt. Mit Meßschieber, Strichmaßstab, Meßschraube, Tiefenmeßgerät u. a. werden die Maße am Werkstück abgenommen und die Maßzahlen in die Skizze übertragen. Schließlich setzt man die Toleranzen und Oberflächenzeichen ein und legt die Schraffuren an.

Macht das freihändige Zeichnen der Kreise anfänglich Schwierigkeiten, legt man die Radien auf einem Papierstreifen fest und trägt vom Kreismittelpunkt aus nach mehreren Seiten ab (**1.4**). Durch die Markierungspunkte werden kurze Kreisbögen gezogen und zu dem gewünschten Kreis vereinigt.

Die Skizze wird nach einem der genormten Zeichnungsmaßstäbe (s. Abschn. 3.3) auf die Zeichnungsunterlagen (Zeichnungsvordruck) übertragen. Hierbei stellt sich von selbst heraus, ob alle erforderlichen Maße in der Skizze enthalten sind; denn die Zeichenarbeit stockt, wenn auch nur ein Maß fehlt.

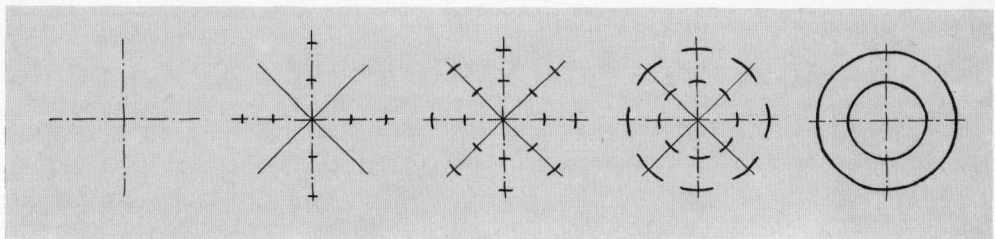

1.4   Entstehung eines freihändig zu ziehenden Kreises

Teil- oder Einzelteilzeichnungen

Rohteilzeichnungen geben Gestalt, Maße und Werkstoff der unbearbeiteten Guß-, Preß- oder Schmiedestücke an (**1.5**). Sie können auch dem Modelltischler zur Anfertigung der einzuformenden Modelle oder dem Stahlformenbauer zur Herstellung der Formen in die Hand gegeben werden; häufig aber sind hierbei besondere Zeichnungen erforderlich.

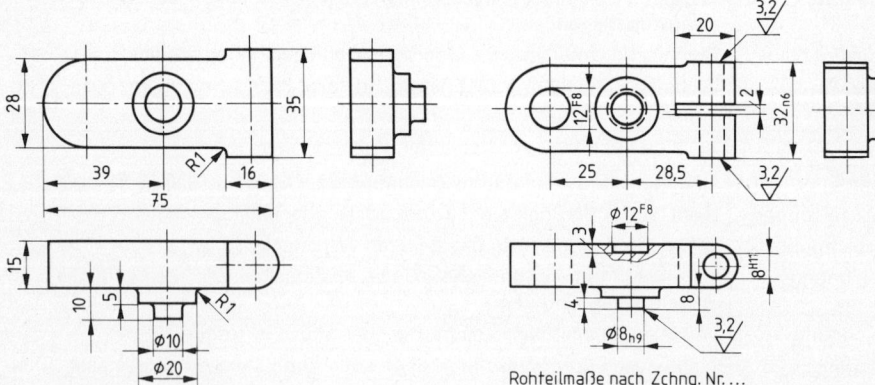

1.5   Rohteilzeichnung

1.6   Fertigteilzeichnung

14

Fertigteilzeichnungen sind Darstellungen bearbeiteter Werkstücke und geben Aufschluß über die Gestalt der einzelnen Teile, über ihre Maße einschließlich der einzuhaltenden Toleranzen, die Beschaffenheit der Oberflächen und den Werkstoff (**1**.6). An Stelle einer Rohteilzeichnung kann die Bearbeitungszugabe in einfach gelagerten Fällen durch Strich-Zweipunktlinien in der Fertigteilzeichnung angegeben werden.

Die Rohteilzeichnung trägt gewöhnlich die gleiche Nummer mit einem zusätzlichen Schlüssel für die Rohteilkennung und dieselbe Benennung wie die Fertigteilzeichnung. Hinter der Werkstückbezeichnung steht außerdem in Klammern ein entsprechender Vermerk (z. B. „Rohteil", „Preßteil"). In die Fertigteilzeichnung werden, sofern eine Rohteilzeichnung vorhanden ist, nur die für die Bearbeitung des Rohteils nötigen Maße eingesetzt. Empfehlenswert ist ein Vermerk, daß die fehlenden Maße in der Rohteilzeichnung enthalten sind.

Für genormte Teile (wie Schrauben, Muttern, Scheiben, Splinte) sind Teilzeichnungen selten erforderlich, da sie am Lager sind oder von auswärts bezogen, im eigenen Betrieb also nicht nach Zeichnung hergestellt werden. Die Aufnahme der genormten Bezeichnungen bzw. Sachnummern in die Stückliste genügt.

Der Zusammenhang aller Zeichnungen untereinander bleibt durch Eintragen der auf den Teilzeichnungen eingeschriebenen Werkstück- bzw. Sachnummern in die Stückliste gewahrt. In Mappen oder Heftern werden die Vervielfältigungen aller Zeichnungen des Geräts geordnet und geschlossen aufbewahrt.

Gruppenzeichnungen. Bestehen Schwierigkeiten, die gesamte Darstellung mit sehr vielen Teilen auf einem Zeichnungsträger unterzubringen, faßt man die Werkstücke zunächst gruppenweise in Gruppenzeichnungen zusammen. Dann hat die Hauptzeichnung nur die Anordnung und Wirksamkeit der einzelnen Gruppen untereinander zu zeigen. Beispiele bringt Abschnitt 7.9.

Hauptzeichnungen. Der Zusammenbau mehrerer Teile zu einem Gerät oder zu einer Maschine wird in Hauptzeichnungen zum Ausdruck gebracht. Es kommt hier besonders auf die Anordnung der Teile, auf ihre Abhängigkeit voneinander und auf das gegenseitige Zusammenwirken an – nicht auf die Wiedergabe aller Einzelheiten der Werkstücke (dazu sind die Teilzeichnungen da). Hauptzeichnungen enthalten meist einige Hauptmaße und (wenn nötig) Angaben für Zusammenbau und Wirkungsweise der Teile.

Die Zeichnung des Lochwerkzeugs **1**.7 auf S. 16 ist eine Hauptzeichnung. Sie ist so beschaffen, daß Lernende die Formen aller Teile genau erkennen und sich im Herauszeichnen der Einzelteile üben können. In der Praxis jedoch wird zur Konstruktion einer Maschine eine nicht sehr ausführliche Hauptzeichnung hergestellt, aus der dann die Teile „herausgezogen", d. h. normgerechte Teilzeichnungen angefertigt werden. Hauptzeichnung und Einzelteile kann man aber auch auf demselben Zeichnungsträger unterbringen, wie es im Vorrichtungsbau üblich ist.

Hauptzeichnungen wurden früher Gesamtzeichnung genannt.

Positionsnummern. In der Hauptzeichnung erhält jedes Werkstück eine nicht umrandete laufende Positionsnummer in etwa doppelter Größe der Maßzahl, mindestens aber von 5 mm Schriftgröße. Diese Positionsnummern, deren Reihenfolge möglichst dem Zusammenbau entsprechen soll, stehen übersichtlich neben der Darstellung in Leserichtung waagerecht oder/und senkrecht oder in Richtung der Uhrzeigerbewegung. Sie stehen außerdem in der Spalte „Lfd. Nr." bzw. Pos. der Stückliste. Die Bezugslinien zu den Positionsnummern sind schmal wie Maßlinien und geradlinig so zu ziehen, daß sie nicht mit benachbarten Linien verwechselt werden können und nicht stören. Das in der Darstellung liegende Ende der Bezugslinie erhält einen Punkt.

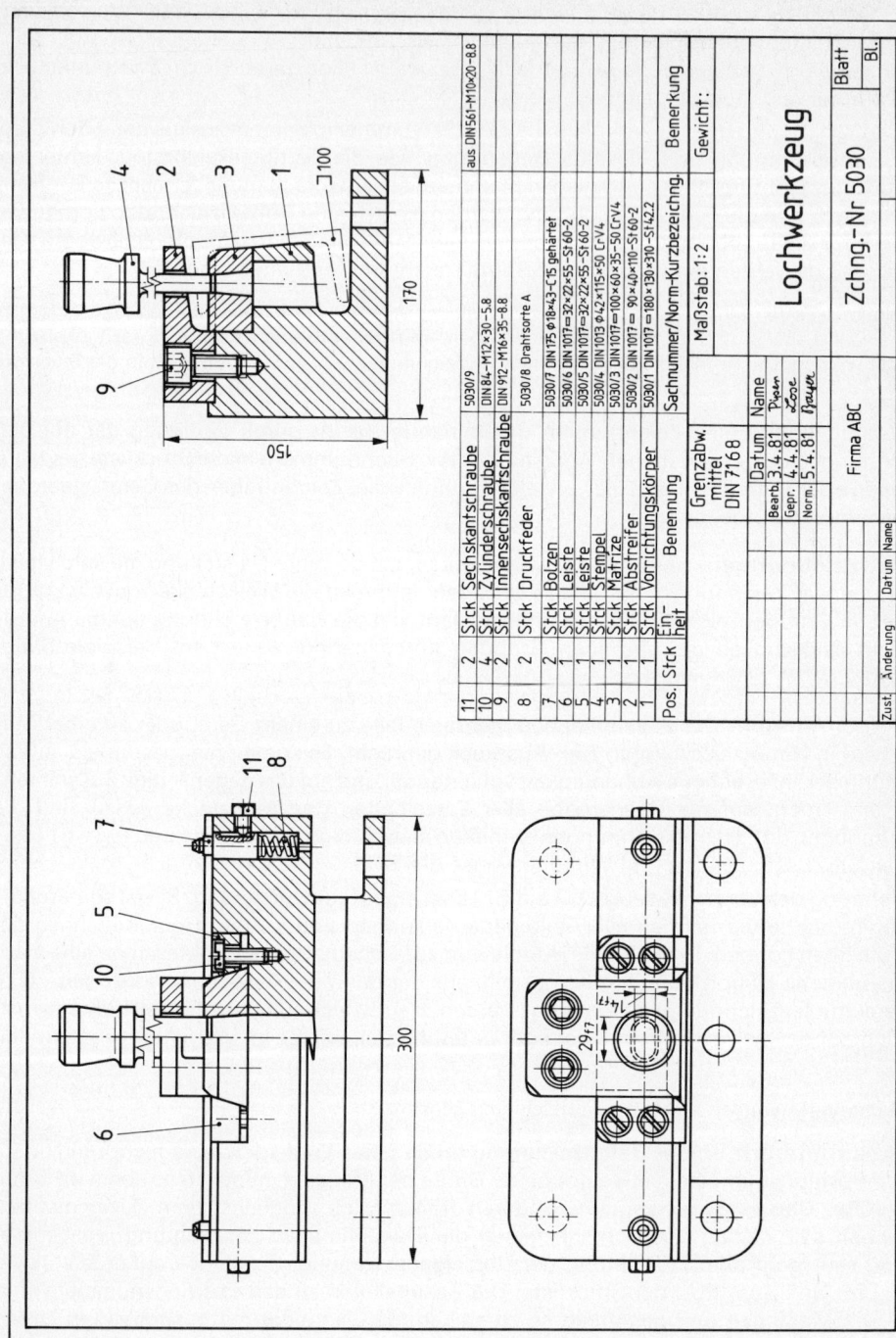

Pos.	Stck	Einheit	Benennung	Sachnummer/Norm-Kurzbezeichng.	Bemerkung
11	2	Stck	Sechskantschraube	5030/9	aus DIN561-M10x20-8.8
10	4	Stck	Zylinderschraube	DIN84-M12x30-5.8	
9	2	Stck	Innensechskantschraube	DIN912-M16x35-8.8	
8	2	Stck	Druckfeder	5030/8 Drahtsorte A	
7	2	Stck	Bolzen	5030/7 DIN175 ∅18x43-C15 gehärtet	
6	1	Stck	Leiste	5030/6 DIN1017=32x22x55-St60-2	
5	1	Stck	Leiste	5030/5 DIN1017=32x22x55-St60-2	
4	1	Stck	Stempel	5030/4 DIN1013 ∅42x115x50 C-V4	
3	1	Stck	Matrize	5030/3 DIN1017=100x60x35-50 Cr-V4	
2	1	Stck	Abstreifer	5030/2 DIN1017= 90x40x110-St60-2	
1	1	Stck	Vorrichtungskörper	5030/1 DIN1017=180x130x310-St42.2	

	Datum	Name			
Grenzabw. mittel DIN7168	Bearb. 3.4.81	Pösan			
	Gepr. 4.4.81	Loos	Maßstab: 1:2	**Lochwerkzeug**	Gewicht:
	Norm. 5.4.81	Brauer			
Firma ABC				Zchng.-Nr 5030	Blatt Bl.

Zust.	Änderung	Datum	Name

1.7 Hauptzeichnung eines Lochwerkzeugs

16

Bleizeichnungen. Zeichnungen auf Transparentpapier werden häufig mit dem Zeichenstift nachgezogen. Kreise, Maßlinienbegrenzungen, Maßzahlen und die Beschriftung führt man jedoch in Tusche aus (**1**.8). Bei Zeichnungen für die Mikroverfilmung ist dieses Verfahren wegen der unterschiedlichen Kontraste von Tusche und Blei nicht zu empfehlen. Die Linien müssen scharf umrissen, tiefschwarz, unverwischbar sein und sollen, von der Seite gesehen, glänzen.

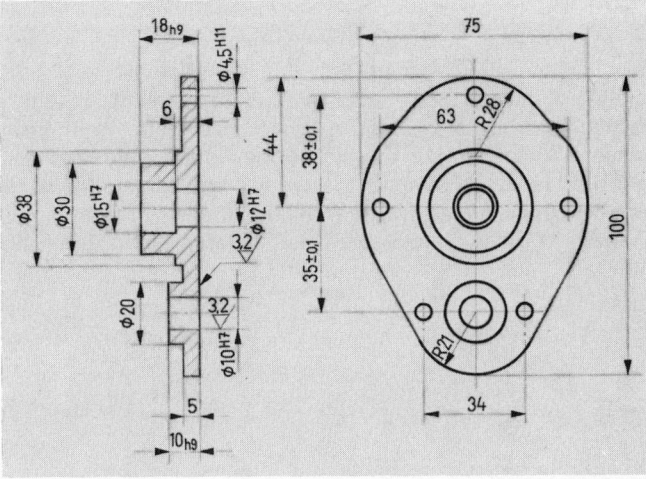

1.8 Bleizeichnung

Auch in Bleizeichnungen sind die Linienbreiten abzustufen. Schraffiert wird zweckmäßig auf der Rückseite des Bogens, damit die schmalen Linien auf den Lichtpausen deutlich erscheinen.

Tuschezeichnungen. Wurde auf Transparentpapier vorgezeichnet, kann die Tuschezeichnung auf demselben Bogen entstehen. Man kann auch einen Bogen transparentes Papier über den Zeichnungsentwurf spannen und darauf ausziehen.

Zuerst werden die Mittellinien und danach, mit den kleinen beginnend, alle Kreise und Bogen einer Linienbreite nachgezogen (**1**.9). Übergangsstellen von Bogen in andere Bogen oder in

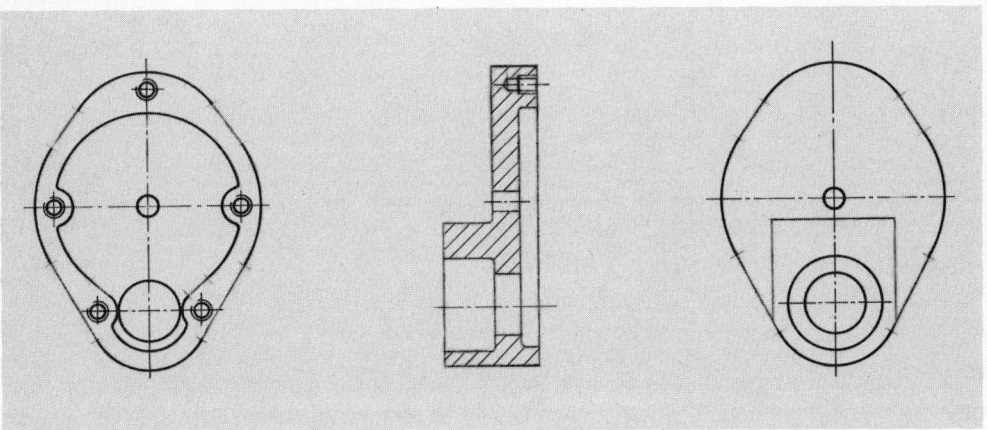

1.9 Ausgezogene Mittellinien und Kreise

17

gerade Linien werden zweckmäßig mit einem weichen Zeichenstift markiert. Ist der einwandfreie Übergang mehrerer aneinandergereihter Kreisbogen nicht ohne weiteres möglich, unterbricht man die Zirkelschläge kurz vor den Übergangspunkten und füllt die Lücken durch gerade Linien aus (**1.**10). Dann sind alle waagerechten Linien, oben links auf dem Zeichen-

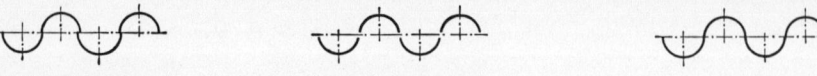

1.10   Ausziehen von Kreisbogenübergängen

blatt beginnend, zu ziehen. Es folgen die senkrechten Linien, die man an dem auf der Zeichenschiene aufgesetzten Zeichendreieck nachzieht, wenn damit gearbeitet wird. Die Zeichenschiene soll, wo immer möglich, angewendet werden. Die schrägen Linien werden ausgezogen (**1.**11). Nach den sichtbaren und verdeckten Körperkanten folgen nacheinander Maß- und Maßhilfslinien, Maßlinienbegrenzungen, Maßzahlen, Oberflächenzeichen und sonstige Angaben (**1.**12). Zum Schluß erst schraffiert man und füllt das Schriftfeld aus.

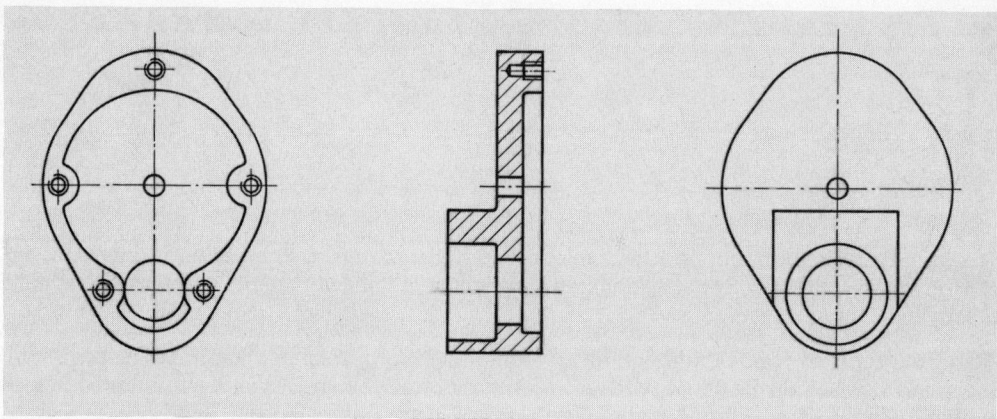

1.11   Ausgezogene Körperkanten

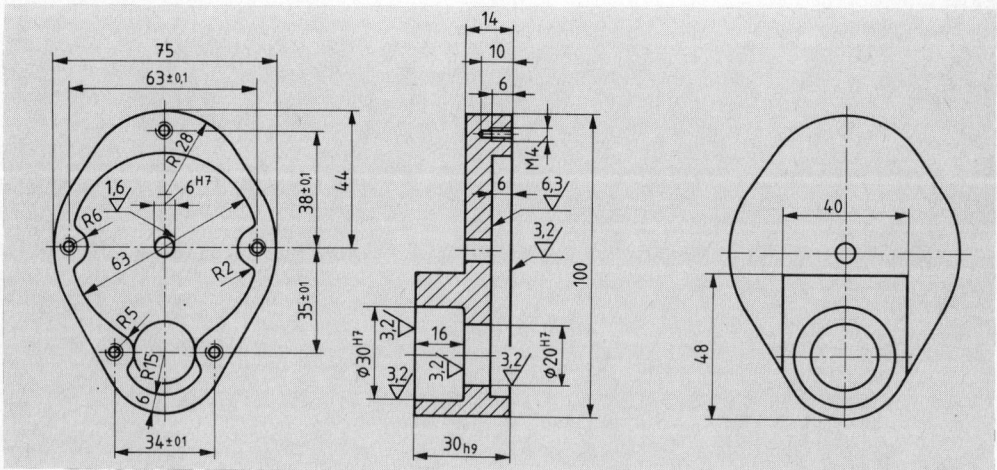

1.12   Ausgezogene und bemaßte Darstellung

18

1.4 Allgemeine Ausführungsregeln für Technische Zeichnungen

1.4.1 Vervielfältigungsgerechte Zeichnungen (DIN 6774 T1)

Ausführung. Technische Zeichnungen sollen der besseren Kontraste wegen in Tusche auf weißem Zeichenkarton oder auf Natur-Hochtransparentpapier ausgeführt werden. Größere gedeckte Flächen sind zu vermeiden.

Für die Zeichnungsträger sind die Formate A4 bis A0 bevorzugt anzuwenden. Ist das Aufteilen einer Zeichnung auf mehrere Folge- oder Anschlußblätter erforderlich, verwendet man möglichst gleiche Formate.

Linien. Zwischen den Linien ist ein Mindestabstand einzuhalten, um ein „Zusammenlaufen" bei der fotografischen Verkleinerung auszuschließen. Er beträgt das Doppelte der schmaleren Linienbreite, mindestens aber 0,5 mm. Die Brauchbarkeit der schmalsten Linien und der kleinsten Schrift ist von verschiedenen Faktoren abhängig (Verkleinerungsmaßstab, Korngröße der lichtempfindlichen Filmschicht u.a.) und sollte zuvor im Betrieb durch Versuche gesichert sein. Für die zeichnerische Darstellung sind vorzugsweise Linienbreiten der Liniengruppe DIN 15 – 0,5 anzuwenden, bei Formaten A1 und größer die Liniengruppe DIN 15 – 0,7 (s. Abschn. 3.2).

Beschriftung (s. Abschn. 1.4.2). Schriftform B vertikal nach DIN 6776 T1 ist zu bevorzugen. Bei Anwendung einer Liniengruppe nach DIN 15 T2 ergeben sich drei Schriftgrößen:

– **die mittlere** für Maß- und Textangaben sowie grafische Symbole,
– **die kleine** für Indizes und Exponenten,
– **die große** für Schnitt- und Ansichtskennzeichen, Positionsnummern und zugeordnete Angaben (Maßstab).

Sind zur besseren Verständigung zu den Maßangaben oder grafischen Symbolen einer Zeichnung weitere Wortangaben (Einzelangaben, Wortangaben im Satzverband) erforderlich, sind DIN 6790 T1 und T2 heranzuziehen.

Vervielfältigungen. Stammzeichnungen werden überwiegend im Lichtpausverfahren vervielfältigt. In letzter Zeit haben sich jedoch die Mikroverfilmung und Rückvergrößerung von Zeichnungen immer mehr durchgesetzt. Auch andere Verfahren (z.B. Fotokopieren) sind üblich. Aufnahmetechniken, Verkleinerungs- und Vergrößerungsfaktoren, Anforderungen an Vorlagen usw. sind festgelegt in DIN 19052 T1 bis T6 (Mikrofilmtechnik, Zeichnungsverfilmung) und DIN 32742 T5 (Büro- und Datentechnik, Fernkopierer). Weitere Normen sind dem DIN-Katalog für technische Regeln zu entnehmen.

Rechnerunterstützt erstellte Zeichnungen. Es gilt ergänzend DIN 6774 T10 (s.a. Abschn. 10).

– **Bei Linien,** die durch Rasterflächen angenähert dargestellt werden (z.B. bei Anwendung elektrostatischer Plotter), gelten die Angaben für Linienbreiten (DIN 15 T1) sinngemäß. Das heißt, Abweichungen sind nur in dem Rahmen zugelassen, der die Eindeutigkeit der Darstellung und die Unterscheidbarkeit der Linienbreiten sicherstellt.
– **Ungeradlinige Formen** (z.B. Kreise, Kreisbögen, Kurven) dürfen zur Unterscheidung von Vielecken maximal um die halbe Linienbreite von ihrer idealgeometrischen Form abweichen.
– **Schraffuren** werden durch Linien mit einem lichten Abstand von mindestens 4facher Linienbreite dargestellt.
– **Bei Schwärzungen,** die durch Linien dargestellt werden, dürfen die lichten Abstände zwischen den Linien maximal eine halbe Linienbreite betragen.
– **Die Beschriftung** muß DIN 6776 T1 entsprechen. Die Schriftzeichen dürfen durch Vektoren oder ausgefüllte Rasterflächen angenähert dargestellt werden.

1.4.2 Beschriftung Technischer Zeichnungen

ISO-Normschrift (DIN 6776 T1)

Diese weltweit einheitliche Normschrift wurde im Rahmen der ISO erarbeitet. Sie ist gut leserlich und eignet sich besonders für die problemlose Vervielfältigung von Zeichnungs-Unterlagen (z. B. für die Mikroverfilmung und Rückvergrößerung). Sie kann gut mit Schablonen geschrieben werden und ist auch für andere Handbeschriftungsmethoden anwendbar.

Es stehen zwei Schriftformen (A und B) zur Verfügung für die jeweils vertikale und kursive Schriftzeichen festgelegt sind:

Schriftform A. Linienbreite $= \frac{1}{14}$ der Höhe der Großbuchstaben

Beispiel Großbuchstabe $h = 7$ mm; Linienbreite $d = 0,5$ mm

Schriftform B. Linienbreite $= \frac{1}{10}$ der Höhe der Großbuchstaben

Beispiel Großbuchstabe $h = 7$ mm; Linienbreite $d = 0,7$ mm

Für Technische Zeichnungen ist die Schriftform B, vertikal zu bevorzugen (**1.**13 und **1.**14 sowie Abschn. 1.4.1).

Indizes, Exponenten usw. sind nicht kleiner als 2,5 mm zu schreiben. Die Linienbreiten für die einzelnen Schriftgrößen sind in Tabelle **1.**14 aufgeführt.

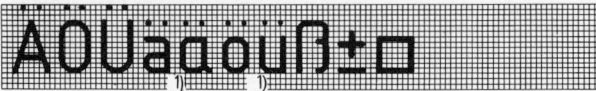

1.13
ISO-Normschrift, Schriftform B, vertikal

[1]) Beide Zeichen entsprechen den Beschriftungen und die Wahl zwischen den gegebenen Möglichkeiten ist den Mitgliedsländern überlassen.
In Deutschland sind die Zeichen *a* und *7* zu bevorzugen

Tabelle **1.14** ISO-Normschrift, Schriftform B, Schriftmerkmale und Maße

ISO 81 ejAM
R f

$d = h/10$

Beschriftungsmerkmal		Verhältnis	Maße						
Schriftgröße									
Höhe der Großbuchstaben	h	$(10/10)h$	2,5	3,5	5	7	10	14	20
Höhe der Kleinbuchstaben (ohne Ober- oder Unterlängen)	c	$(7/10)h$	–	2,5	3,5	5	7	10	14
Mindestabstand zwischen Schriftzeichen	a	$(2/10)h$	0,5	0,7	1	1,4	2	2,8	4
Mindestabstand zwischen Grundlinien	b	$(14/10)h$	3,5	5	7	10	14	20	28
Mindestabstand zwischen Wörtern	e	$(6/10)h$	1,5	2,1	3	4,2	6	8,4	12
Linienbreite	d	$(1/10)h$	0,25	0,35	0,5	0,7	1	1,4	2

Die Angaben zum Mindestabstand zwischen den Grundlinien (b) beziehen sich nur auf Buchstaben ohne Ober- bzw. Unterlängen. Bei Schriftzeichen mit Ober- bzw. Unterlängen sind die angegebenen Maße für b wie nachstehend zu vergrößern:

Mindestabstand zwischen den Grundlinien	b	$(16/10)h$	4,0	5,7	8,0	11,4	16,0	22,8	32,0

Griechische Schriftzeichen (DIN ISO 3098 T 2) werden vielfach als Formelzeichen und bei allgemeinen Winkelangaben verwendet (**1.15**).

Zeichenhilfen zum Beschriften s. Abschn. 2.2, Schriftfelder für Zeichnungen und Stücklisten Abschn. 2.5.

1.15
Griechische Schriftzeichen, Schriftform B, vertikal

[1]) Obwohl zwei verschiedene Formen der Kleinbuchstaben „Theta" und „Phi" zulässig sind, ist nur eine Form in einem Dokument anzuwenden.

[2]) Als Formelzeichen soll keine andere bestehende Form des Kleinbuchstabens „Sigma" angewendet werden.

1.4.3 Ausführungsregeln für Fremdteil-, Sammel- und Vordruck-zeichnungen (DIN 30 T5 bis T7)

Fremdteilzeichnungen müssen eindeutige, für Einbau und Prüfung der Sache erforderliche sowie für die Bestellung geeignete Angaben enthalten. Für die Darstellung in der Zeichnung dürfen u. U. auch Bildausschnitte aus Prospekten oder Katalogen verwendet und in einen Zeichnungsvordruck eingeklebt werden. Auf der Zeichnung nicht angegebene Details sind als handelsüblich anzusehen und indirekt mit den Angaben in oder über dem Schriftfeld festgelegt.

Da Fremdteilzeichnungen nicht für die eigene Fertigung vorgesehen sind, ist an geeigneter Stelle darauf hinzuweisen (z. B. durch die Kennzeichnung „Fremdteilzeichnung"). Die technischen Angaben des Bestellers auf der Fremdteilzeichnung haben Vorrang vor den allgemeingültigen Angaben des Herstellers und sind in jedem Fall verbindlich. Dies gilt besonders bei Änderungen von Herstellerunterlagen (Prospekte, Kataloge usw.).

Sammelzeichnungen für Einzelteile sollen in der Regel nicht mehr als drei variable Maße enthalten. Bei mehr variablen Maßen empfiehlt sich die Anwendung von Vordruckzeichnungen. Unter einer Sachnummer darf jeweils nur eine bestimmte Ausführung des Erzeugnisses festgelegt werden. Jede Abwandlung (z. B. der Oberflächenausführung, des Werkstoffs, der Maße oder der Rechts-Links-Ausführung) bedingt eine andere Sachnummer. Für unterschiedliche Maße setzt man Maßbuchstaben ein. Die zugehörenden Größen werden in einer Tabelle aufgeführt und der jeweiligen Sachnummer zugeordnet. Die Benennung der einzelnen Spalten setzt man zweckmäßig an deren Fuß. Damit ist eine einfache Handhabung bei Erweiterungen möglich.

In einer Sammelzeichnung für Gruppen werden Gruppen oder Erzeugnisse dargestellt, die aus mehreren Teilen und/oder Gruppen bestehen und zu verschiedenen Ausführungen zusammengebaut werden können. Für jede Ausführung gilt eine eigene Sachnummer. Die zur Montage erforderlichen Teile sind in einer Stückliste aufzuführen.

Vordruckzeichnungen erstellt man vorzugsweise für die Darstellung von Teilen oder Gruppen, bei denen eine wiederholte Anwendung in formgleicher Ausführung zu erwarten ist. Aufgenommen werden nur die gleichbleibenden Angaben. Die Vordruckzeichnung ist also verwendungsunabhängig. Im Anwendungsfall trägt man in einer von der Stammzeichnung erstellten Vervielfältigung (gedruckte Vorlage oder Lichtpause) die verwendungsabhängigen (veränderlichen) Angaben nach. Im allgemeinen entsteht für jedes Teil eine eigene Zeichnung mit eigener Sachnummer.

1.4.4 Zeichnungen für Druckzwecke (DIN 6774 T4)

Maßstab. Die Vorlagen sind vorzugsweise in einem Vergrößerungsmaßstab nach DIN ISO 5455 zu zeichnen (s. Abschn. 3.3). Da die Drucktechnik Einfluß auf die Ausführung von Vorlagen hat, müssen Beschriftung, Linienbreiten, Schraffuren, Raster und Farben vor Anfertigung der Druckvorlage aufeinander abgestimmt werden.

Beschriftung. Die Haupt-Leserichtung von Druckerzeugnissen geht von links nach rechts oder von oben nach unten, wenn sich das Druckerzeugnis in Gebrauchslage befindet. Die Schriftform B, vertikal nach DIN 6776 T1 ist zu bevorzugen (s. Abschn. 1.4.2).

Schreibrichtung. Alle Beschriftungen von Darstellungen sowie Texte und Tabellen sind auf die Leserichtung des Druckerzeugnisses abzustimmen.

Verkleinerungsangaben. Von den vergrößert gezeichneten Darstellungen wird eine fotografische Verkleinerung hergestellt, die zum Übertragen des Bildes auf die Druckplatte, den Druckstock oder zur Herstellung einer Offsetvorlage dient. Deshalb ist der Verkleinerungswert oder das Einstellmaß anzugeben. Der Verkleinerungswert wird angegeben, wenn es bei den gedruckten Bildern nicht auf besondere Genauigkeit ankommt. Er gibt an, auf wieviel % die Originalzeichnung verkleinert wird, und soll der Stufung $\sqrt{2}$ entsprechen (z. B. 70%, 50%, 35%, 25%). Sollen die gedruckten Bilder vorgegebenen Maßen entsprechen, ist ein Einstellmaß, ggf. mit den entsprechenden Grenzabmaßen, anzugeben.

Beispiel $50 \pm 0{,}1$
Einstellmaß
←――――――――→

Die Mindestmaße für Linienbreiten, Linienabstände und Schriftgrößen sind aus Tabelle **1**.16 zu ersehen. Die Zeilenabstände für Schriften zeigt Tabelle **1**.17.

Tabelle **1**.16   **Mindestmaße für Linienbreiten, Linienabstände und Schriftgrößen**
(Maße in mm)

		im Druckerzeugnis	in der gezeichneten Vorlage bei Verkleinerung auf				Bemerkungen
			70%	50%	35%	25%	
Linienbreiten d und Linienabstände für:	hervorzuhebende Darstellungen	0,5·	0,7	1	1,4	2	Werte für andere Verkleinerungen oder Vergrößerungen entsprechend $\sqrt{2}$-Stufung größer oder kleiner wählen
	Hauptdarstellungen	0,25	0,35	0,6	0,7	1	
	Nebendarstellungen	0,18	0,25	0,35	0,5	0,7	
	Mittel-, Maß- und Schraffurlinien	0,13	0,18	0,25	0,35	0,5	
	kleinster lichter Abstand zwischen Linien	0,7 × Linienbreite der schmaleren Linie					
	Schraffurlinien	0,5	0,7	1	1,4	2	
Schriftgrößen (h) nach DIN 1451 T3 und/oder DIN 6776 T1 für:	Positionsnummern, hervorzuhebende Angaben, Einzelangaben	5	7	10	14	20	
	Text, Wortangaben, Maßzahlen	2,5	3,5	5	7	10	
	Indizes, Exponenten, Fußnotenzeichen	1,8	2,5	3,5	5	7	
	Druckschrift	1,8	2,5	3,5	5	7	(serifenlos)
Vergleichsstrecke von 10 mm		10	14	20	28	40	

Tabelle **1**.17   **Zeilenabstände für Schriften** (Maße in mm)

Schriftgröße h	20	14	10	7	5	3,5	2,5	1,8
Zeilenabstand	32	24	16	12	8	6	4	3

Schraffuren und Raster sind entsprechend der Vorlagengröße, dem Verkleinerungsmaßstab und der Abbildungsgröße im Druckerzeugnis abzustimmen. Zu enge oder zu breite Raster sind ungeeignet, da die Gefahr des Zusammenlaufens bzw. der Auflösung besteht.

1.4.5 Zeichnungen für Dias (DIN 108 T2, DIN 6774 T3)

Ein Diapositiv ist ein fotografisches Positivbild auf einem transparenten Schichtträger (z. B. Film) für Projektionszwecke. Im Sinne von DIN 108 T2 ist unter einem Dia das vorführfertige, gerahmte Diapositiv zu verstehen.

Format. Genormt sind die Nenngrößen (Außenmaße $a \times b$ in cm) $8,5 \times 10$; $8,5 \times 8,5$; 7×7; 5×5 und 3×3, wobei die Nenngrößen 5×5 und 7×7 vorzugsweise benutzt werden. Die gezeichneten Bildvorlagen sollten möglichst ein Seitenverhältnis $1 : \sqrt{2}$ (entsprechend den Papierendformaten nach DIN 476) haben. Empfohlen werden die Formate A3 und A4.

Markierung. Die Bildfeldecken sind zweckmäßig durch ein Linienkreuz zu markieren (**1.18**). Bei starker Verkleinerung ist die Anordnung von Viertelkreisen an den Bildfeldecken außerhalb des Bildfelds vorteilhaft (**1.18 b**). Die Bildfeldmarkierungen werden beim fertigen Dia von der Abdeckung verdeckt.

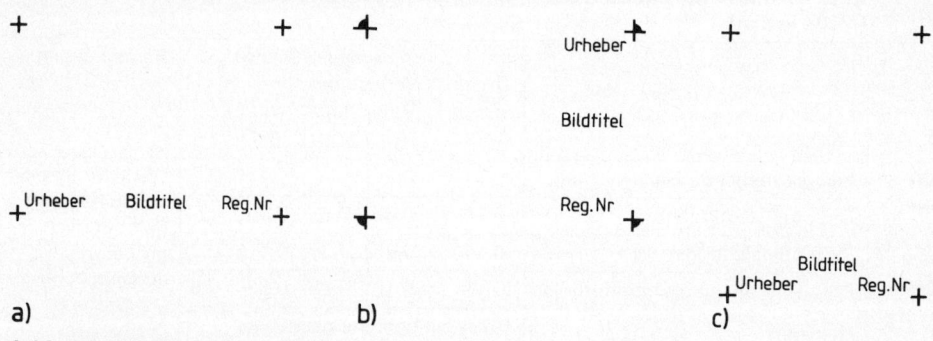

1.18 Bildfelder mit Beschriftung

a) Querformat, b) Querformat mit Beschriftung rechts, c) Hochformat

Angaben. Den Bildtitel ordnet man üblicherweise im unteren Teil des Bildfelds in der Mitte an, links davon Urheber und gegebenenfalls Ursprungsjahr, rechts die Registriernummer (**1.18 a**). Die Eintragung der Angaben bei Anordnung der Schriftleiste auf der rechten Seite des Dias zeigt Bild **1.18 b**, die Beschriftung beim Hochformat Bild **1.18 c**. Nach DIN 1505 T2 sind die Schrifttumsangaben möglichst in die Schriftleiste zu setzen. Bei Platzmangel können sie im Bildfeld über den unteren Bildrand gesetzt werden.

Die bei gezeichneten Bildvorlagen anzuwendenden Linienbreiten, Linienabstände und Schriftgrößen sind aus Tabelle **1.20** zu ersehen. Tabelle **1.19** zeigt die Zeilenabstände.

Tabelle **1.19** **Zeilenabstände für Schriftform B nach DIN 6776 T1** (Maße in mm)

Schriftgröße h	14	10	7	5	3,5	2,5
Zeilenabstand	22,8	16	11,4	8	5,7	4

Mittelschriften sind zu bevorzugen, Engschriften zu vermeiden. Dias können mit oder ohne Dia-Maske hergestellt werden. Um die Blendwirkung zu verhindern, empfiehlt sich jedoch eine Dia-Maske. Das Bild **1.21** zeigt ein Dia mit der Nenngröße 5×5 cm mit einem Maskenausschnitt 27 mm $\times$ 38 mm, Bild **1.22** ein Dia mit der Nenngröße $8,5 \times 10$ cm mit Schriftleiste ohne Maske.

24

Tabelle **1**.20 **Mindestmaße für Linienbreiten, Linienabstände und Schriftgrößen für Positiv-Darstellungen auf Vorlagen für Dias** (Werte für Negativ-Darstellungen in Klammern, Maße in mm)

		ausnutzbare Zeichenfläche			Bemerkungen
		≙A3 280×390	≙A4 198×280	≙A5 140×198	
Linien-breiten *d* und Linien-abstände für:	hervorzuhebende Darstellungen	1 (1,4)	0,7 (1,0)	0,5 (0,7)	Werte für andere Formate entsprechend $\sqrt{2}$-Stufung größer oder kleiner wählen
	Hauptdarstellungen	0,7 (1,0)	0,5 (0,7)	0,35 (0,5)	
	Nebendarstellungen	0,5 (0,7)	0,35 (0,5)	0,25 (0,35)	
	Mittel-, Maß- und Schraffurlinien	0,35 (0,5)	0,25 (0,35)	0,18 (0,25)	
	kleinster lichter Abstand zwischen Linien	1 × Linienbreite der breiteren Linie (2 × Linienbreite)			
	kleinster lichter Abstand zwischen Schraffurlinien	2,8 (4,0)	2 (2,8)	1,4 (2,0)	
Schrift-größen (*h*) nach DIN 6776 T1 für:	Bildtitel, Positionsnummern hervorzuhebende Angaben Einzelerkennungen	10 (14)	7 (10)	5 (7)	
	Text, Wortangaben, Maßzahlen	7 (10)	5 (7)	3,5 (5)	
	Indizes für Bildtitel	7 (10)	5 (7)	3,5 (5)	
	Exponenten, Fußnoten-zeichen für Text	5 (7)	3,5 (5)	2,5 (3,5)	
	Schreibmaschinenschrift, Schriftgröße *h* nach DIN 2107	–	4,5 (z. B. Plakat)	3,2 (z. B. Medium)	serifenlos
Größte Höhe der Schriftleiste		35	25	17,5	

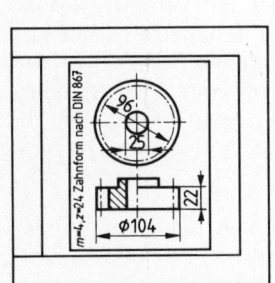

1.21 Dia 5 × 5 ohne Schriftleiste mit Maske (z. B. 27 × 38)

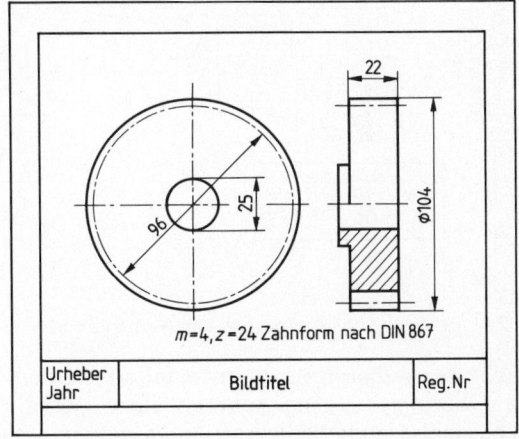

1.22 Dia 8,5 × 10 mit Schriftleiste ohne Maske

Weitere Einzelheiten wie Überprüfung der Lesbarkeit, Verkleinerungsfaktoren für Bildvorlagen usw. sind DIN 108 T 2 zu entnehmen.

25

1.5 Ändern von Zeichnungsunterlagen

Änderungen, die während eines Entwicklungs- oder Konstruktionsablaufes auftreten, werden hier nicht behandelt. Der hier zugrunde gelegte Wortsinn „Änderung" bezieht sich auf die für bestimmte organisatorische Abläufe freizugebenden Dokumente.

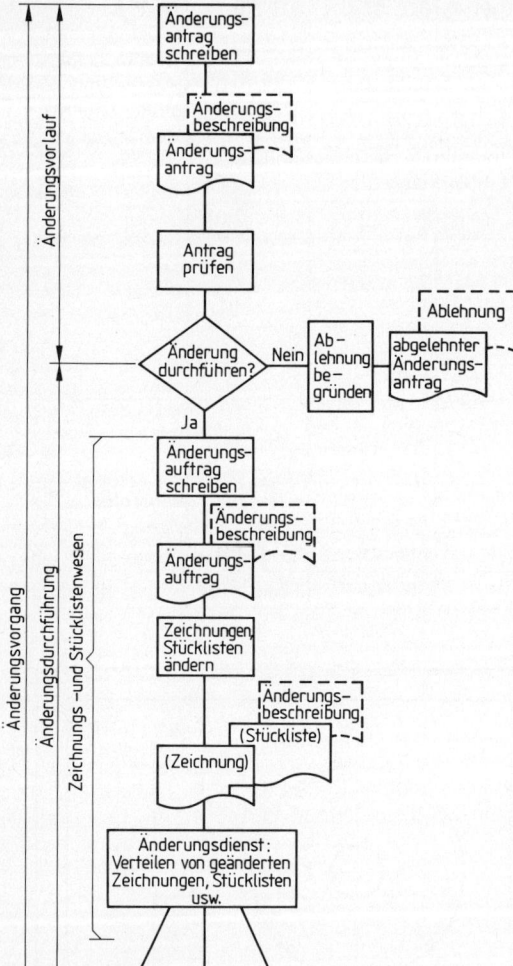

Gründe für eine Änderung können sein:

– Kundenwünsche
– Forderungen der Fertigung
– Fehlerberichtigung
– Lieferschwierigkeiten bei Rohteilen, Halbzeugen u. ä.

Je nach Ursache hat die Änderung einer Zeichnungsunterlage auch die Änderung anderer Dokumente zur Folge (z. B. der Stückliste). Darüber hinaus beeinflußt jede Änderung von Dokumenten im allgemeinen auch das Werkstück selbst.

Organisatorisches (1.23)

Im Änderungsantrag ist die gewünschte oder erforderliche Änderung zu beschreiben und zu begründen.

Nach Prüfung des Änderungsantrags wird entschieden, welche Maßnahmen im Einzelfall getroffen werden sollen.

Im Änderungsauftrag wird die Änderungsdurchführung festgelegt.

Ändern aller erforderlichen Dokumente und Erstellen einer Änderungsbeschreibung.

Alle Tätigkeiten im Zusammenhang mit einer Änderung (Verwalten und Verteilen der jeweils erforderlichen Unterlagen an die veranlassenden oder betroffenen Stellen) werden in einem Unternehmen vom **Änderungsdienst** betreut.

1.23 Beispiel eines Änderungsablaufschemas

Geänderte Zeichnungsunterlagen werden zweckmäßig zusammen mit einem Änderungsauftrag bzw. einer Änderungsbeschreibung freigegeben, in denen nähere Angaben über die veranlassende Stelle und Anweisungen enthalten sind, die sich z. B. auf den Austausch von Dokumenten und Teilen beziehen. Diese Anweisungen sind für das Ersatzteilwesen (Angaben darüber, ob das geänderte Teil mit dem bisherigen austauschbar ist oder nicht) sowie die Fertigungsplanung und -steuerung erforderlich.

Jede Änderung muß in geeigneter Weise auf der Zeichnung dokumentiert werden, z. B. im Änderungsfeld des Schriftfelds (1.24).

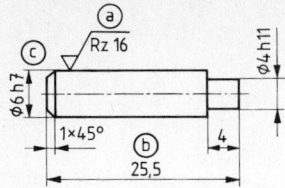

Zustand	Änderung	Datum	Name
c	h7 statt h11	7.8.85	⊘ᴜ
b	25,5 statt 35	7.8.85	⊘ᴜ
a	Rz16 statt Rz63	3.7.85	⊘ᴜ

Angaben in der Zeichnung   Angaben im Schriftfeld (s. auch **2**.14, Feld ⑦)

1.24 Zeichnungsänderungen

Beim Berichtigen einer Maßeintragung wird die bisher gültige durch die neue ersetzt und in der Nähe der Berichtigung ein Änderungsindex (z. B. Kleinbuchstabe in einem Kreis) gesetzt.

In der Spalte „Zustand" des Änderungsfelds ist der Änderungsindex – d. h. die Kennung, die im Zusammenhang mit der Sachnummer (Zeichnungsnummer) einen bestimmten Konstruktionsstand angibt – einzutragen.

In der Spalte „Änderung" ist als Änderungsvermerk entweder eine Kurzbeschreibung der Änderung oder die Änderungsnummer (Nummer der zugehörigen Änderungsunterlage, z. B. der Änderungsbeschreibung bzw. des Änderungsauftrages) einzutragen. Der Änderungsvermerk soll den Zustand vor und nach der Änderung erkennen lassen. Es heißt z. B. „25,5 statt 25" und nicht „Neues Maß 25,5".

In die Spalten „Datum" und „Name" werden das Datum, an dem die Zeichnung geändert wurde, und der Name der ausführenden Person eingetragen. Das angegebene Datum hat keinen Einfluß auf den Änderungseinsatz-(termin); dieser ist dem Änderungsauftrag zu entnehmen.

Wenn umfangreiche, erhebliche Änderungen eine neue Zeichnung erfordern, muß in der neuen Zeichnung auf die Ursprungsunterlage im Schriftfeld hingewiesen werden. Wird die bisherige Unterlage ungültig, erhält sie einen entsprechenden Ersatzvermerk „Ersetzt durch …" mit Hinweis auf die neue Zeichnungsnummer im Schriftfeld, die neue Zeichnung den Vermerk „Ersatz für …" unter Angabe der Ursprungsnummer (s. **2**.14, Felder 14, 15 a und 15 b). Auch die Stücklisten sind entsprechend zu berichtigen.

Für eine lückenlose Dokumentation aller Änderungsstände einer Unterlage ist es notwendig, entweder alte und neue Angaben in geeigneter Weise in die geänderte Unterlage einzutragen oder aber eine gesonderte Änderungsdokumentation zu führen, die (z. B. im Fall von Produkthaftungsfragen) alle notwendigen Angaben enthält. Eine gesonderte Änderungsdokumentation ist dann zweckmäßig, wenn z. B. die Unterlagen mit Hilfe von CAD-Systemen erstellt werden und bei Änderungen (z. B. der Maßzahlen) gleichzeitig alle weiteren, hiervon abhängigen Daten angepaßt werden.

1.6 Grafische Darstellungen

Grafische Darstellungen im Koordinatensystem (DIN 461)

Grafische Darstellungen sind S c h a u b i l d e r zum schnelleren Erkennen und Beurteilen funktioneller Zusammenhänge zwischen kontinuierlichen Veränderlichen (z. B. für Veröffentlichungen aus Naturwissenschaft, Technik und Wirtschaft). Je nachdem, ob aus der grafischen Darstellung Zahlenwerte abgelesen werden sollen oder nicht, unterscheidet man zwischen quantitativen (**1**.27) und qualitativen (**1**.30) Darstellungen. Grafische Darstellungen in Koordinatensystemen (**1**.25) werden auch Diagramme genannt. Neben diesen Diagrammen werden auch Flächendiagramme angewendet.

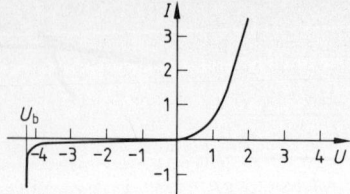

1.25 Koordinatensystem

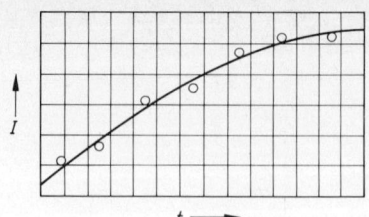

1.26 Verlauf einer Kennlinie

Im ebenen rechtwinkligen kartesischen Koordinatensystem teilt man die beiden Achsen maßstäblich, wobei die zunehmenden Werte der Veränderlichen vom Schnittpunkt der beiden Achsen aus vorzugsweise nach rechts und nach oben, abnehmende nach links und nach unten eingetragen werden (**1.25**). Die waagerechte Achse heißt Abszissenachse, die senkrechte Ordinatenachse. Gemäß den maßstäblich festgelegten Teilungen werden die Zahlenwerte punktweise eingetragen und dann miteinander verbunden. Dadurch entsteht die Kurve (Kennlinie).

Bild **1.26** zeigt, wie die Kennlinie zu ziehen ist. Die aus Versuchen, Statistiken usw. gewonnenen Zahlenwerte werden im Liniennetz durch kleine Kreise vermerkt. Diese Kreise verbindet man durch eine zügige Kurve miteinander. Je mehr Zahlenwerte vorhanden sind und je genauer sie abgetragen wurden, desto besser legt sich der Kurvenzug an die eingetragenen Kennlinienwerte an.

Sind mehrere Kennlinien in einem Diagramm unterzubringen, kann man – wenn es die Übersichtlichkeit zuläßt – bei allen Kurven die gleiche Linienart anwenden. Erforderlichenfalls sind unterschiedliche Linienarten (**1.27**) oder verschiedene Farben zu benutzen. Bei verschiedenen Linienarten bzw. Farben ist deren Bedeutung zu erläutern, am besten in der Bildunterschrift.

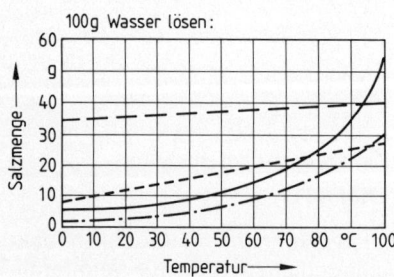

1.27 Löslichkeit von Salzen in Wasser

   —— $HgCl_2$ = Quecksilberchlorid (Sublimat)
   – – – NaCl   = Natriumchlorid (Kochsalz)
   –·–·– H_3BO_3 = Borsäure
   - - - - K_2SO_4 = Kaliumsulfat

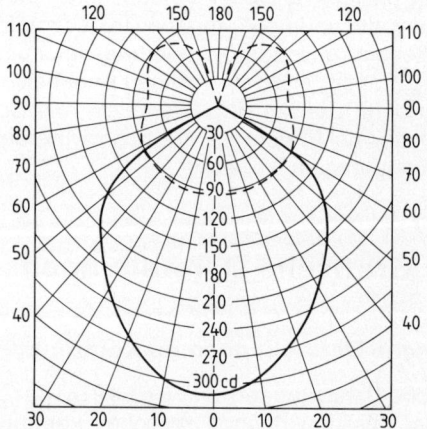

1.28 Lichtverteilungskurve für eine tiefstrahlende Leuchte

Pfeilspitzen an den Enden der Koordinatenachsen zeigen an, in welcher Richtung die Koordinate wächst. Die Formelzeichen der Größen stehen unter der waagerechten Pfeilspitze und links neben der senkrechten Pfeilspitze (**1**.25). Die Pfeile dürfen auch parallel zu den Achsen angebracht werden. Formelzeichen oder Benennungen stehen dabei an der Wurzel der Pfeile.

Formelzeichen und Benennungen sollen möglichst ohne Drehen des Bildes lesbar sein. Ist dies nicht möglich, sollen sie von rechts lesbar sein.

In DIN 461 sind detaillierte Festlegungen über qualitative und quantitative Darstellungen, Skalen, Zahlenwertangaben, Teilungen der Achsen und zeichentechnische Hinweise (Linienbreiten, Beschriftung) enthalten.

Im Polarkoordinatensystem wird meist die waagerechte Achse dem Winkel Null zugeordnet. Der Winkel wird positiv entgegen dem Uhrzeigersinn und negativ im Uhrzeigersinn. Der Radius nimmt meist vom Nullpunkt (Pol) nach außen hin zu. Polkoordinatensysteme veranschaulichen z. B. Ausstrahlungen von Licht- und anderen Wellen (**1**.28).

Grafische Darstellungen in Form von Flächendiagrammen

Säulen- und Balkendiagramme zeigen die Bilder **1**.29 und **1**.30 in Beispielen.

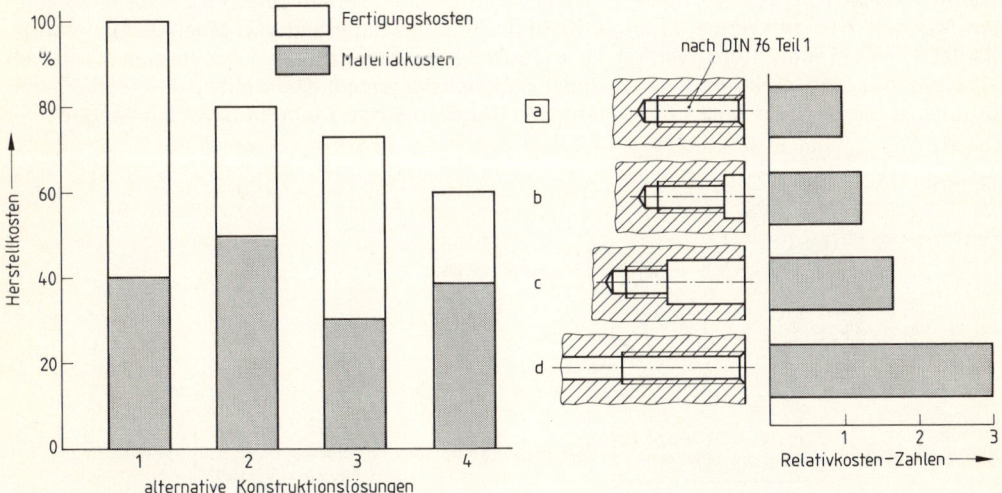

1.29   Säulendiagramm: Kostenstrukturen für alternative Konstruktionslösungen

1.30   Balkendiagramm: Relativkosten-Zahlen für Gestaltzonen

Kreisdiagramme (**1**.31) werden vielfach zur Veranschaulichung von Prozentwerten benutzt. Die Aufteilung der Kreisfläche in Sektoren geschieht auf dem Umfang. Seine Gesamtlänge entspricht dem Prozentwert 100. Die Prozentwerte können auch als Winkel abgetragen werden, wobei 100% dem Winkel von 360° entsprechen.

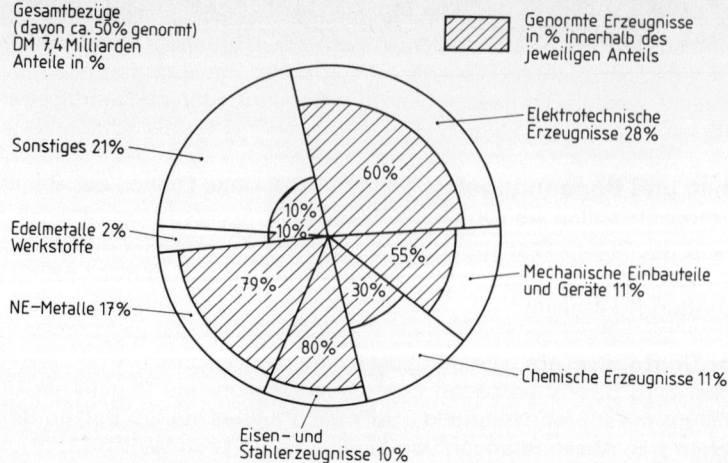

Gesamtbezüge
(davon ca. 50% genormt)
DM 7,4 Milliarden
Anteile in %

Genormte Erzeugnisse
in % innerhalb des
jeweiligen Anteils

Elektrotechnische
Erzeugnisse 28%

Sonstiges 21%

60%

10%
10%

Edelmetalle 2%
Werkstoffe

55%

Mechanische Einbauteile
und Geräte 11%

79%   30%

NE–Metalle 17%

80%

Chemische Erzeugnisse 11%

Eisen– und
Stahlerzeugnisse 10%

1.31   Kreisdiagramm: Anteil genormter Erzeugnisse an den Fremdbezügen eines weltweiten Konzerns

Beispiel   32% erfordern einen Winkel von $\dfrac{360° \cdot 32\%}{100\%} = \mathbf{115{,}2°}$.

Sankeydiagramme (1.32) dienen zur Darstellung der im Verlauf eines Prozesses umgesetzten Mengen z. B. an Wärme, Energie, Kosten, Zeiten. Ausgehend von einer Gesamtmenge, dargestellt als breiter Strom, werden die im Prozeßverlauf umgesetzten Teilmengen als seitlich abzweigende bzw. einmündende Ab- oder Zuflüsse dargestellt. Die Breite der verschiedenen Ströme ist ein relatives Maß für die durch sie repräsentierten Mengen bzw. Teilmengen.

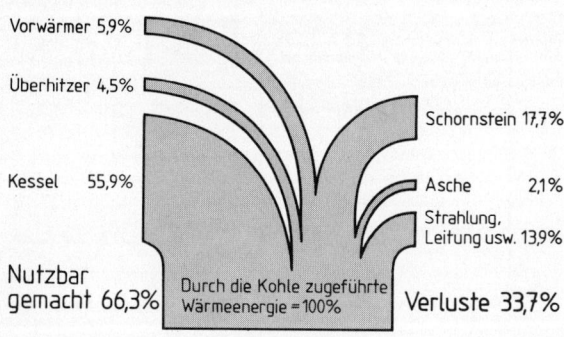

Vorwärmer 5,9%

Überhitzer 4,5%

Schornstein 17,7%

Kessel   55,9%

Asche   2,1%

Strahlung,
Leitung usw. 13,9%

Nutzbar
gemacht 66,3%

Durch die Kohle zugeführte
Wärmeenergie = 100%

Verluste 33,7%

1.32
Sankeydiagramm: Wärmestrom
in einem Zweiflammrohrkessel

2 Zeichengeräte, Zeichnungsträger, Zeichnungsvordrucke

Für alle beruflichen Tätigkeiten werden Werkzeuge und Geräte gebraucht, um Rohteile bis zum Fertigzustand zu verändern. Für das Technische Zeichnen entsprechen die Zeichengeräte den Werkzeugen, mit deren Hilfe Zeichnungsträger (Zeichenbögen) zu technischen Zeichnungen werden.

2.1 Zeichenplatten, Zeichenstifte, Tuschefüller

Zeichenplatten dienen als Unterlage und Spannmöglichkeit für die Zeichnungsträger. Für Zeichenmaschinen und Zeichentische werden überwiegend kunststoffbeschichtete Holzplatten verwendet (**2.1**), für die Formate A3 und A4 sind mobile Platten aus Kunststoff gebräuchlich (**2.2**).

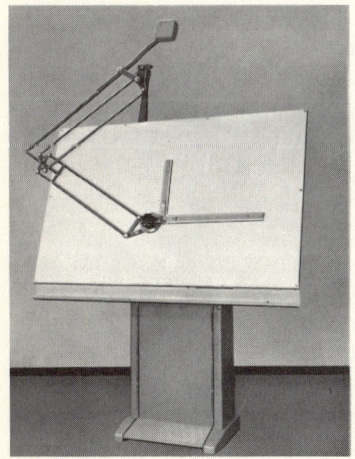

2.1 Zeichentisch

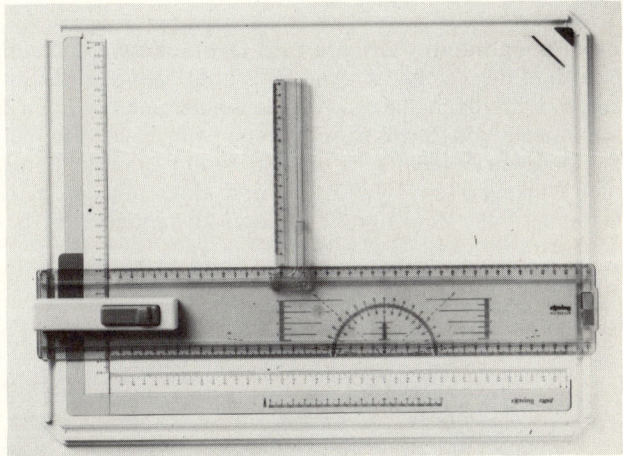

2.2 Mobile Zeichenplatte

Feststoffminen, in Holz gefaßt oder für den Gebrauch in Füllstiften bestimmt, dienen zum Erstellen von Bleizeichnungen. Die Minen unterscheiden sich im wesentlichen in ihrer Härte, die durch Buchstaben und Ziffern kenntlich gemacht wird. Der Buchstabe B weist auf weiche Minen für kontrastreiche Zeichnungen hin, der Buchstabe H auf harte Minen, die überwiegend zum Vorzeichnen benutzt werden. Zwischen den Härteangaben B und H, bei denen Ziffern auf feinere Abstufungen hinweisen, gibt es noch die Zwischenhärten HB und F.

Bevorzugt werden für das technische Zeichnen Feinminenstifte, in denen Minen entsprechend den gebräuchlichen Linienbreiten geführt werden.

Tuschefüller werden heute fast ausschließlich für das Anfertigen von Tuschezeichnungen verwendet. Sie erleichtern die Arbeit wesentlich durch genaues Einhalten der Linienbreiten, kontinuierlichen Tuschefluß und geringe Reinigungsprobleme. Um das häufige Wechseln von

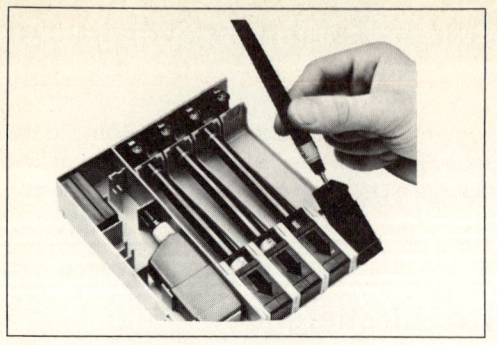

Tuschetank und Zeichenrohr zu vermeiden, verwendet man einen Haltersatz (**2.3**) mit den wichtigsten Linienbreiten für Zeichnung und Beschriftung (DIN 15 T1; s. Abschn. 3.2).

Schreib- und Zeichenmittel, die mit dem Zeichen $\overline{m}$ gekennzeichnet sind, eignen sich besonders zum Herstellen von vervielfältigungsgerechten Zeichnungen (z. B. für die zur Mikroverfilmung vorgesehenen Unterlagen).

2.3 Tuschefüllersatz

2.2 Zeichenhilfen

Zeichenschienen, Lineale und Dreiecke werden zum Zeichnen gerader Linien benutzt. Das Blatt der Zeichenschiene muß über die volle Plattenbreite reichen. Hilfreich sind Feststellvorrichtungen, die das Weggleiten der Schiene beim Zeichnen verhindern. Die aufgesetzten Lineale und Zeichenköpfe dienen zum Zeichnen nichthorizontaler Linien (**2.4**). Wegen der längeren Anlagefläche werden häufig Dreiecke benutzt. Günstig sind je ein Dreieck mit den Winkelgrößen 45°/90°/45° und eines mit den Winkelgrößen 30°/90°/60°. Mit ihnen lassen sich alle Winkelgrößen in den Abständen von 15° zu 15° zeichnen.

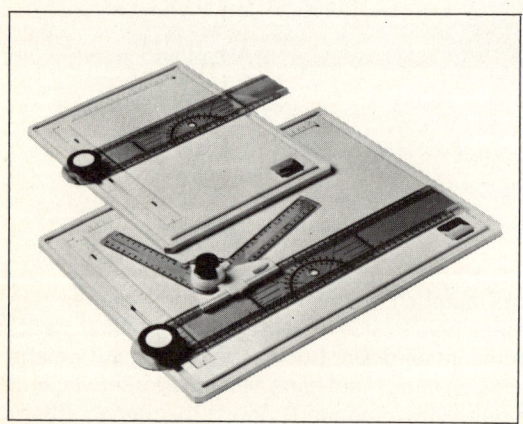

2.4 Zeichenplatten mit Zeichenschienen und -kopf

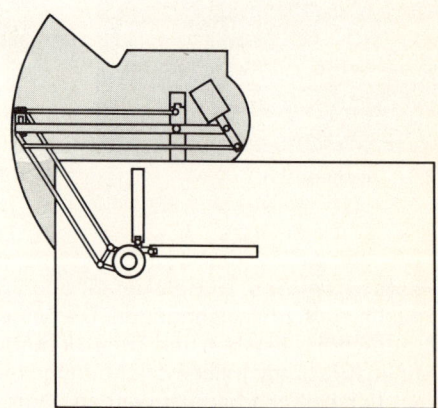

2.5 Parallelogrammführung

Zeichenmaschinen sind mit besonders geführten Zeichenköpfen ausgerüstet. Die Führung kann eine Parallelführung mit zwei hintereinander geschalteten Parallelgestängen sein (**2.5**) oder eine Horizontal- und Vertikalführung wie bei Laufwagenmaschinen (**2.6**).

32

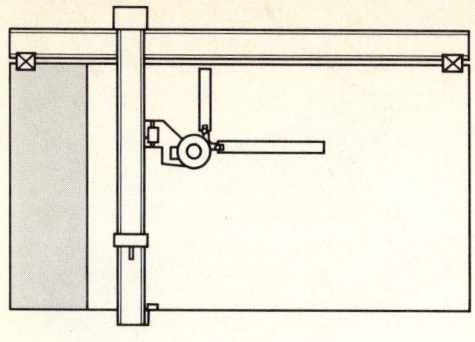

2.6 Laufwagenführung

2.7 Zeichenkopf

Der Zeichenkopf mit den beiden senkrecht zueinander stehenden Linealen ist drehbar gelagert (**2.**7). Er läßt eine Einstellung und Fixierung beliebiger Winkel zu; meist besteht eine Rastung von 15° zu 15°. Zeichenköpfe haben oft eine Einrichtung zum Einstellen und Einhalten gleicher Schraffurabstände. Die Lineale – es gibt sie mit verschiedenen Skalen und Ziehkanten – sind auswechselbar.

Schablonen (z. B. Kreis- und Radienschablonen, Kurvenlineale, Perspektivwinkel) ermöglichen die konturgenaue Führung der Zeichengeräte (**2.**8).

2.8 Schablonen
a) Rundungsschablone, b) Kurvenlineal, c) Universalschablone

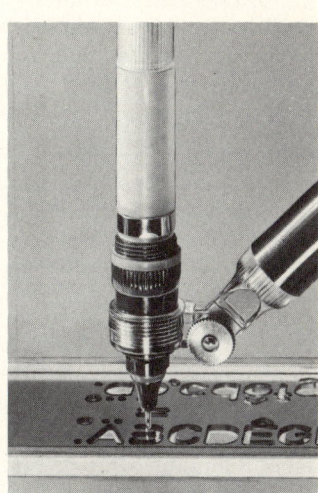

2.9 Schreiben mit der Schriftschablone

Schriftschablonen erleichtern die einheitliche und normgerechte Beschriftung (**2.**9).

Mit Beschriftungsmaschinen läßt sich ein gleichmäßiges, gut lesbares Schriftbild erzielen (**2.**10). Es handelt sich um elektronisch gesteuerte Geräte, die als Tischgeräte oder am Zeichenkopf befestigt arbeiten. Komfortable Maschinen können mit Hilfe spezieller Programme auch zum Zeichnen von Symbolen und Normteilen genutzt werden.

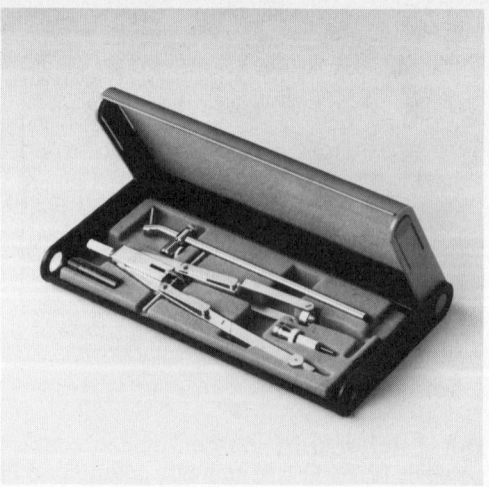

2.10 Beschriftungsmaschine

2.11 Einsatz-Schnellverstellzirkel mit Verlängerungsstange

Zirkel sind wichtige Hilfsmittel für das technische Zeichnen. Fallnullen- und Einsatzzirkel kommen am häufigsten zur Anwendung. Mit dem Fallnullenzirkel lassen sich sehr kleine Kreise zeichnen. Der um die Zirkelspitze sehr leicht drehbare Schenkel läßt sich dicht zum Kreismittelpunkt einstellen. Der Einsatzzirkel dient mit dem Spitzeneinsatz zum Abtragen von Längen und gleichgroßer Teilungen. Mit den Einsätzen für Bleiminen und Tuschefüller werden Kreisbogen gezeichnet. Vielfach kann man Einsatzzirkel mit Hilfe einer Verlängerungsstange so umrüsten, daß sich auch sehr große Kreise und Kreisteile zeichnen lassen (**2.11**).

Die Güte der Arbeit hängt von der Handhabung der Zeichengeräte ab, wesentlich jedoch auch von deren Ausführung und Pflege. Mit unsachgemäß eingesetzten und ungepflegten Geräten lassen sich keine korrekten Zeichnungen erstellen.

Radiermittel. Für Bleizeichnungen werden vor allem Gummis verschiedener Härte verwendet, die dem Papier und der Minenhärte angepaßt sein müssen. Tuschelinien werden mit dem Radiermesser oder einer Rasierklinge entfernt.

Beim Radieren muß der Bogen glatt gespannt sein und die auszubessernde Stelle auf einer festen Unterlage liegen. Um das Papier möglichst wenig aufzurauhen, radiert man stets in einer Richtung. Vor dem Nachziehen der Linien muß dafür gesorgt werden, daß die Tusche an der Radierstelle nicht verläuft. Das dazu nötige Glätten der radierten Stellen entfällt beim Einsatz von Tuscheradierern. Sie enthalten Mikrokapseln mit einem Tuschelösungsmittel, das die Linien chemisch entfernt.

2.3   Zeichnungsträger

Zeichnungsträger kommen in verschiedenen langen und breiten Rollen und bereits zugeschnittenen Bogen in den Handel.

Zeichenpapier ist weiß, bisweilen auch farbig getönt. Gute Papiere müssen holzfrei, tusche-fest, zäh, radierfest und lichtbeständig sein. Luftfeuchtigkeit darf sie nur wenig verändern. Für hohe Beanspruchung stehen Zeichenpapiere mit hinterklebtem Gewebe und verzugsfreier Zeichenkarton mit Aluminiumeinlage zur Verfügung.

Transparentpapier ist fett- und ölfrei und von meist hellgrauer Farbe. Es wird hauptsächlich zur Herstellung lichtpausbarer Stammzeichnungen gebraucht. Transparentpapier muß tusche- und radierfest und gut lichtdurchlässig sein.

Transparentfolien sind fast glasklare, beiderseits geglättete oder einseitig mattierte film-artige Zeichnungsträger. Sie sind beständig gegen Wärme, Nässe, Öle und Fette.

Millimeterpapier ist undurchsichtiges Zeichenpapier oder Transparentpapier mit blauer, brauner oder andersfarbiger Teilung. Es wird für grafische Darstellungen, oft auch für Skizzen benutzt.

2.4 Zeichnungsformate (DIN 6771 T 6)

Formatreihe A. Die Endformate sind in DIN 476 genormt. Das Ausgangsformat ist ein Rechteck von 1 m² Flächeninhalt, dessen Seiten sich wie $1 : \sqrt{2}$ verhalten. Aus den Gleichungen

$$x \cdot y = 1\,000\,000 \text{ mm}^2 \wedge x : y = 1 : \sqrt{2}$$

ergeben sich die Seitenlängen des Ausgangsformats A0 zu $x = 841$ mm und $y = 1189$ mm. Durch fortgesetztes Hälften der längeren Seiten entsteht die Formatreihe A. Sie enthält die Endformate für viele Anwendungszwecke, so auch die Fertigformate für Zeichnungen. Durch das konstante Seitenverhältnis $1 : \sqrt{2}$ werden alle Formate untereinander ähnlich (**2.12**).

Tabelle **2.12** **Zeichnungsformate nach DIN 6771 T 6 in mm**

	Beschnittenes Format	Zeichenfläche	Unbeschnittenes Format
A0	841 × 1189	831 × 1179	880 × 1230
A1	594 × 841	584 × 831	625 × 880
A2	420 × 594	410 × 584	450 × 625
A3	297 × 420	287 × 410	330 × 450
A4	210 × 297	200 × 287	240 × 330

Die Zeichenfläche ist jeweils aus den Maßen der beschnittenen Zeichnung unter Berücksichtigung des Feldeinteilungsrands von 5 mm berechnet. Die wirklich zur Verfügung stehende Zeichenfläche ist um das Schriftfeld, den Heftrand u. a. kleiner (**2.21**).

Hoch- und Querlage. Alle Formate können sowohl in der Hoch- als auch in der Querlage verwendet werden. Schriftfeld und Stückliste stehen in der unteren rechten Ecke. Format-größe und -lage sind beim Aufzeichnen aller Teile, die zu einem Ganzen gehören, nach Möglichkeit beizubehalten. Bei kleineren Formaten, besonders bei A4, wird die Hochlage bevorzugt, weil die im Hefter aufbewahrten Zeichnungen dadurch bequem eingesehen werden können. Ausnahmsweise können Sonderformate durch Aneinanderreihen gleicher oder benachbarter Formate gebildet werden.

2.5 Schriftfeld und Stückliste (DIN 6771 T1 und T2)

Beide dienen zur Aufnahme schriftlicher Angaben und werden in der unteren Ecke so ange-bracht, daß sie sich nach dem Falten der Zeichnung auf Format A4 (s. Abschn. 2.7) und Einlegen in den Hefter obenaufliegend befinden und die Darstellung einschließlich der Be-schriftung in Leserichtung steht (**2.**13).

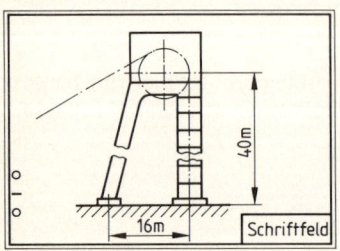
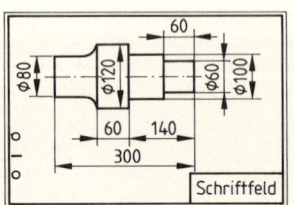

2.13   Anordnung des Schriftfelds

Das Schriftfeld für Zeichnungen (DIN 6771 T1) besteht aus einem Grundschriftfeld (**2.**14) und Zusatzschriftfeldern (**2.**15), worin im Bedarfsfall Eintragungen untergebracht werden können, die für innerbetriebliche und externe Benutzer der Zeichnungsunterlagen wichtig sind.

Mit Rücksicht auf die Mikroverfilmung von technischen Unterlagen ist für die Formate A1 und A0 die wahlweise Verwendung größerer Schriftfelder vorgesehen. Die einzelnen Felder des Schriftfelds sind so bemessen, daß ein maschinelles Beschriften möglich ist. Die durch die verschiedenen Zeilenhöhen und Schreibschritte der Schreibmaschinen, Schnelldrucker (bei der elektronischen Datenverarbeitung) usw. erforderlichen Abmessungen sind aus Bild **2.**16 und Tabelle **2.**17 zu ersehen.

(Verwendungsbereich)			(Zul. Abw.)	(Oberfläche)	Maßstab ④		(Gewicht) ⑤
①			②	0,35 ③	(Werkstoff, Halbzeug) (Rohteil –Nr.) (Modell –oder Gesenk–Nr.) ⑥		
			Datum	Name	(Benennung)		
			Bearb.				
			Gepr. ⑧a	⑨a	⑩		0,7
			Norm				
⑦	0,18		⑧	⑨			
			(Firma, Zeichnungsersteller) ⑪		(Zeichnungsnummer) ⑫		Blatt ⑬ Bl.
Zust.	Änderung	Datum Name	(Urspr.:) ⑭		(Ers.f.:) ⑮a	(Ers.d.:) ⑮b	

2.14   Grundschriftfeld für Zeichnungen

(Die in Klammern stehenden Hinweise dienen zur Erläuterung; sie dürfen bei Bedarf in die Vordrucke aufgenommen werden. Zu den in den Kreisen angeführten Feldnummern enthält DIN 6771 T1 ausführliche Erläuterungen zur Anwendung der Felder.)

(Ausgabe) (16a)	(Nachbaufirma) (19)	(Zeichnungs–Nr. der Nachbaufirma) (20)
(Verwendungsbereich) (16)	(Auftraggeber) (17)	(Zeichnungs–Nr. des Auftraggebers) (18)
		Maßstab

2.15 Zusatzschriftfeld für Zeichnungen

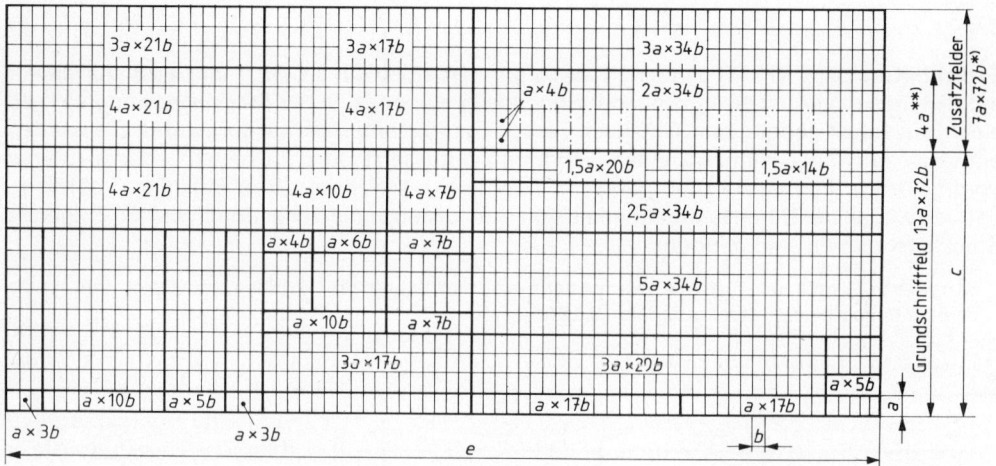

2.16 Raster und Maße des Grundschriftfelds und der Zusatzfelder. Die Zahlen in den Feldern geben deren Größe in den Rastermaßen *a* und *b* an

*) Auf Wunsch des Bestellers dürfen nach oben weitere Felder angefügt werden, wenn noch andere Firmen mit zugehöriger Nummer eingetragen werden sollen. Die Felder können je nach Bedarf unter Berücksichtigung des Rastermaßes *a* höher oder etwas niedriger ausgeführt werden.

) Beim Schriftfeld **2.15 beträgt die Höhe 3*a*.

Tabelle **2.17** **Rastermaße und Größe der Schriftfelder** in mm

Format		Rastermaße		Schriftfeldgröße	
		a	*b*	*c*	*e*
A4 bis A0	für Beschriftung mit Schnelldrucker	4,23	2,54	54,99	182,88
	Schreibmaschinen (s. DIN 2107)	4,25	2,6	55,25	187,2
für A1 und A0 zulässig (für Mikroverfilmung)		5,6	3,6	72,8	259,2

Schriftfelder für Pläne und Listen (DIN 6771 T 1) bestehen ebenfalls aus einem Grundschriftfeld und erforderlichenfalls angefügten Zusatzfeldern (**2.18**).

37

				Datum	Name			
			Bearb.					
			Gepr.					
			Norm					
								Blatt
								Bl.
Zust.	Änderung	Datum	Name	(Urspr.:)		(Ers. f.:)	(Ers. d.:)	

2.18   Schriftfeld für Pläne und Listen

Stücklisten (DIN 6771 T2) dienen sowohl innerbetrieblich als auch im Geschäftsverkehr mit Externen dem Austausch von technischen Informationen. In der Stückliste werden alle zu einer Baueinheit gehörenden Teile nach Fertigungsgruppen geordnet aufgeführt. Sie werden entweder auf das Schriftfeld einer Zeichnung aufgesetzt oder auf einem oder mehreren Vordrucken im Format A4 untergebracht. Das zweite Verfahren, „lose Stückliste" genannt, hat sich wegen der Datenverarbeitbarkeit von Stücklisten immer mehr durchgesetzt. Folgende Stücklistenformen sind genormt:

– **Stückliste, Vordruck Form A.** Sie besteht aus dem Schriftfeld für Pläne und Listen und einem darüber angeordneten Stücklistenfeld (**2.**19).

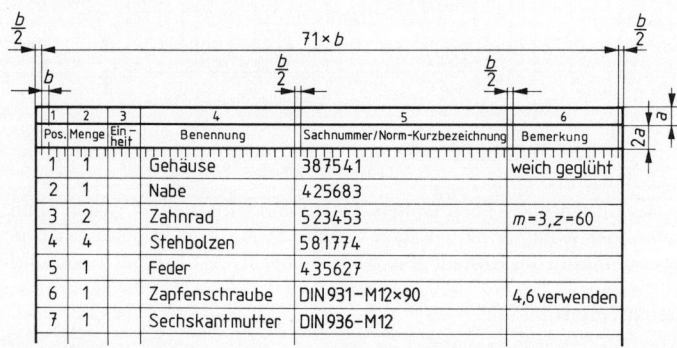

1	2	3	4	5	6
Pos.	Menge	Einheit	Benennung	Sachnummer/Norm-Kurzbezeichnung	Bemerkung
1	1		Gehäuse	387541	weich geglüht
2	1		Nabe	425683	
3	2		Zahnrad	523453	$m=3, z=60$
4	4		Stehbolzen	581774	
5	1		Feder	435627	
6	1		Zapfenschraube	DIN931−M12×90	4,6 verwenden
7	1		Sechskantmutter	DIN936−M12	

2.19
Stückliste, Vordruck Form A

– **Stückliste, Vordruck Form B.** Sie besteht aus dem Schriftfeld für Pläne und Listen (**2.**20) und einem darüber angeordneten Stücklistenfeld, das gegenüber der Form A um weitere Spalten erweitert werden kann (z. B. für Werkzeug, Halbzeug, Gewicht, Oberflächenbehandlung, Schlüssel für maschinelle Datenverarbeitung).

1	2	3	4	5	6	7	8
Pos.	Menge	Einheit	Benennung	Sachnummer/Norm−Kurz−bezeichnung	Werkstoff	kg/Einheit	Bemerkung

2.20   Stückliste, Vordruck Form B

2.6 Zeichnungsvordrucke (DIN 6771 T 6)

Zeichnungsvordrucke ersparen das Aufzeichnen des Schriftfelds, der Stückliste, der Rand-
linien und anderer zeitraubender Nebenarbeiten (**2.**21). Sie sind für alle Zeichnungsformate
zulässig. Die genormten Formate, Schriftfelder und Stücklisten, die Schrift und die Umran-
dung geben den Vordrucken ein einheitliches Aussehen. Der Aufdruck wird meist als Spiegelbild auf der Rückseite des lichtdurchlässigen Zeichenbogens angebracht. Gewöhnlich werden

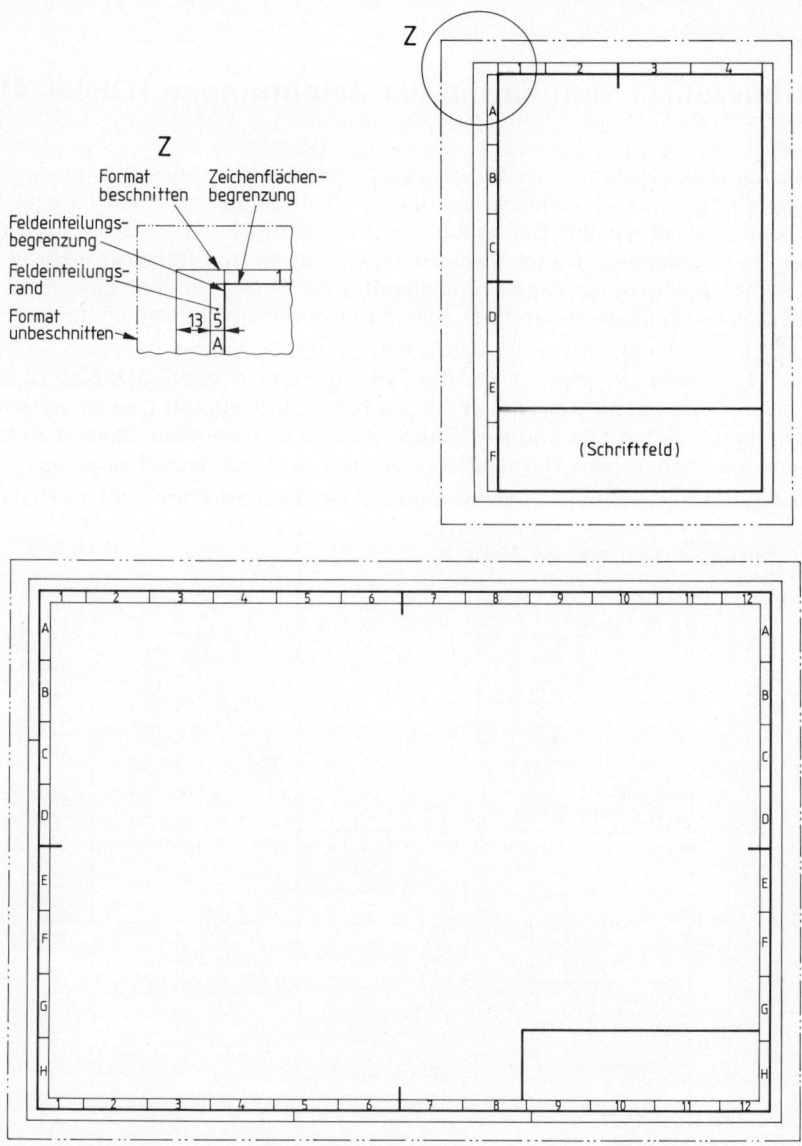

2.21   Zeichnungsvordrucke

in die Vordrucke auch Firmenname und andere feststehende Angaben aufgenommen. Die Vordrucke haben ein Schriftfeld ohne oder mit aufgesetzter Stückliste und Feldeinteilungen. Die waagerechten Teilungen erhalten arabische Zahlen, die senkrechten Teilungen Großbuchstaben. Eine bestimmte Stelle der Zeichenfläche wird mithin durch einen Buchstaben und die dahinterstehende Zahl gekennzeichnet (z. B. „D 5").

Um Verstößen gegen das Urheberrecht vorzubeugen, kann die Zeichnung mit einem Schutzvermerk versehen werden. Die genormte Kurzform lautet:

Schutzvermerk nach DIN 34 beachten.

2.7 Aufbewahren und Falten der Zeichnungen (DIN 824)

Die auf das Endformat beschnittenen Zeichnungen werden, sofern sie als Originale (Stammzeichnungen) dienen und vervielfältigt werden, in Zeichnungsschränken liegend bzw. in Sattelreitern hängend aufbewahrt. Daß Staub, Feuchtigkeit und Licht den Zeichnungsoriginalen schaden, ist zu beachten. Damit Stammzeichnungen an den Rändern nicht einreißen, werden die Kanten häufig durch Papier-, Kunststoff- oder Gewebestreifen geschützt. Richtig sortiert, sind die Zeichnungen anhand der Zeichnungsnummern schnell wieder auffindbar.

Vervielfältigungen des Originals werden zur Aufbewahrung in Heftern oder zum Briefversand gefaltet. Bevorzugt wird im allgemeinen die Faltung Form A nach DIN 824 (2.22). Die gefaltete Zeichnung hat dann das Format A4; sie hat einen Heftrand und ist im gehefteten Zustand zu entfalten. Schriftfeld und evtl. Stückliste sind im gefalteten Zustand zu lesen. Es empfiehlt sich, die Lochung des Heftrandes zu verstärken (Lochverstärkungsringe).

Größere Zeichnungen als Format A1 sollen möglichst nicht auf das Format A4 gefaltet werden.

Tabelle **2.22** **Faltung auf Format A4, Form A**

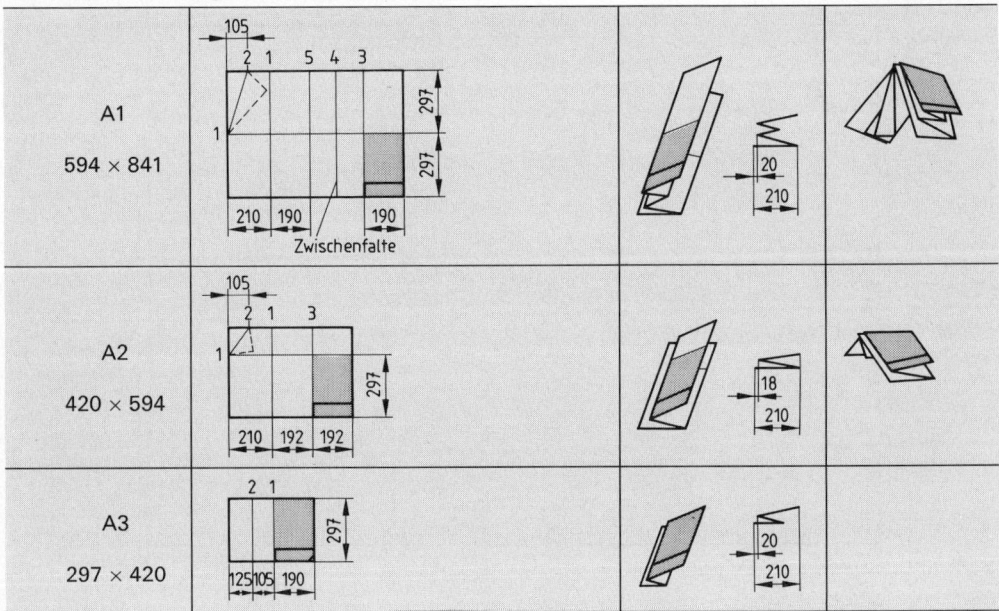

40

3 Technische Zeichnungen, Darstellung und Bemaßung

3.1 Anordnung der Ansichten (DIN 6 T 1)

Ein Werkstück läßt sich in den meisten Fällen durch die Darstellung in maximal 3 Ansichten bestimmen: von vorn (Vorderansicht), von oben (Draufsicht) und überwiegend von der linken Seite (Seitenansicht). Diese 3 Ansichten werden nach festen Regeln angeordnet (**3**.1). Im allgemeinen gilt:

> Die Draufsicht wird senkrecht unter die Vorderansicht gesetzt, die Seitenansicht von links waagerecht rechts neben die Vorderansicht.

Besondere Formen der Darstellung s. Abschnitt 4.

Durch Flächen wird die Form eines Werkstücks festgelegt. Die Vorderansicht zeigt die Körperfläche *a b c d,* die Draufsicht *a e f b*, die Seitenansicht *a d h e* (**3**.1). Die übrigen Flächen des Körpers sind verdeckt.

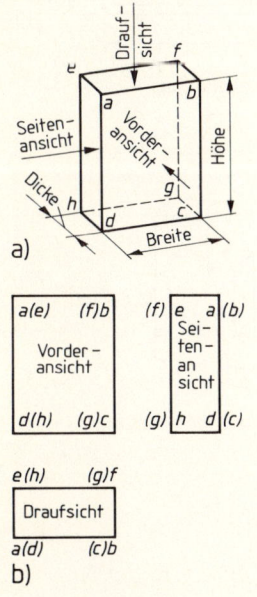

a)

b)

3.1   Rechtecksäule
a) Schaubild
b) Anordnung der 3 Ansichten

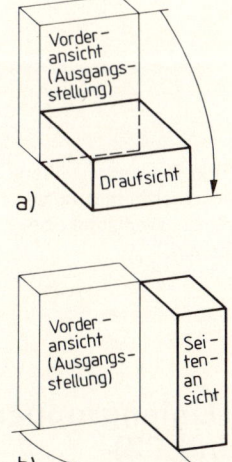

a)

b)

3.2   a) Kippen des Körpers nach vorn
b) Drehen des Körpers nach rechts

Durch Umklappen eines Werkstücks ergeben sich ebenfalls Draufsicht und Seitenansicht. Die Sehrichtung verändert sich dadurch nicht. Für die Draufsicht wird das Werkstück um 90° nach vorn gekippt, für die Seitenansicht um 90° nach rechts gedreht (**3**.2).

Die Zeichenfläche wird zweckmäßig aufgeteilt. Die Abstände zwischen den Ansichten sollen weder zu groß noch zu klein und möglichst gleichmäßig sein.

Beispiel Für die Darstellung eines Flachstahls 60 mm breit, 40 mm dick und 100 mm hoch wird als Zeichnungsformat A4 in der Hochlage gewählt (**3.3**). Unter Berücksichtigung eines Heftrands von 15 mm Breite und eines Rands von 5 mm an den übrigen Seiten ist über dem Schriftfeld eine Zeichenfläche von 232 mm Höhe und 190 mm Breite verfügbar.

In der Breite des Bogens sind unterzubringen: Breite der Vorderansicht = 60 mm, Breite der Seitenansicht = 40 mm und ein angenommener Abstand von 30 mm zwischen beiden; zusammen = 130 mm. Für die Überstände rechts und links bleiben also je (190 mm − 130 mm) : 2 = 30 mm.

Die Höhe setzt sich zusammen aus den Bildhöhen 100 mm + 40 mm und dem Abstand 30 mm = 170 mm. Somit betragen die Überstände über der Vorderansicht und unter der Draufsicht je (232 mm − 170 mm) : 2 = 31 mm.

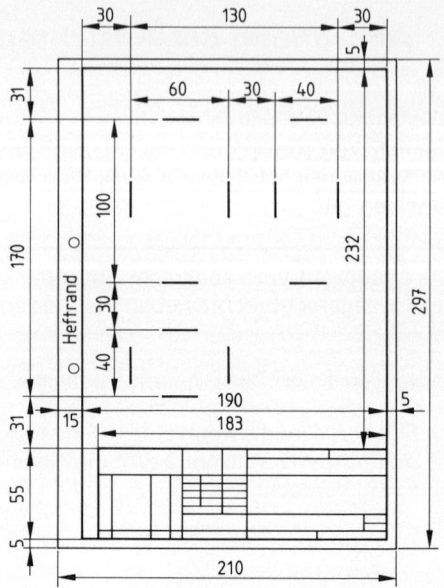

3.3 Aufteilung der Zeichenfläche

Übung

Zeichnen Sie die beiden in Bild **3.4** dargestellten Werkstücke auf ein Blatt A4, Hochformat in der wahren Größe. Die Grundmaße der Werkstücke betragen 60 mm × 40 mm × 100 mm.

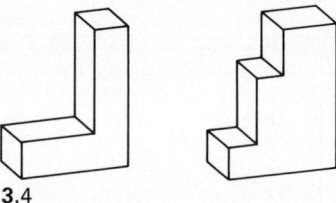

3.4

3.2 Linienarten, Liniengruppen, Linienbreiten (DIN 15 T 1 und T 2)

Linienarten. Es sind 10 Linienarten vorgesehen, von denen jedoch zwei (E und H) nur in Sonderfällen Anwendung finden (**3.5** und **3.6**).

Liniengruppen. Die Linien sind verschieden breit und zu Liniengruppen zusammengefaßt. Der Gruppensprung beträgt wie bei der Stufung der Endformate $\sqrt{2}$. Damit ergeben sich bei Vergrößerungen und Verkleinerungen auf genormte Formate jeweils wieder genormte Linienbreiten (**3.7**).

42

Tabelle 3.5 **Linienarten, Anwendungen (DIN 15 T1 und T2) (s. auch Bild 3.6)**

Linienart	Benennung	breit/schmal	Anwendungen (Aufzählung) entsprechend ISO 128-1982	zusätzliche Anwendung	Länge des langen Striches ≈	Länge des kurzen Striches (Punktes) und/oder d. Abstands ≈
A	Vollinie	breit	1. sichtbare Kanten 2. sichtbare Umrisse	3. Gewindespitzen 4. Grenze der nutzbaren Gewindelänge 5. Hauptdarstellungen in Diagrammen, Karten, Fließbildern 6. Systemlinien (Stahlbau)	—	—
B	Vollinie	schmal	1. Lichtkanten 2. Maßlinien 3. Maßhilfslinien 4. Hinweislinien 5. Schraffuren 6. Umrisse am Ort eingeklappter Schnitte 7. kurze Mittellinien	8. Gewindegrund 9. Maßlinienbegrenzungen 10. Diagonalkreuz zur Kennzeichnung ebener Flächen 11. Biegelinien 12. Umrahmungen von Einzelheiten 13. Kennzeichnung sich wiederholender Einzelheiten, z.B. Fußkreise bei Verzahnungen 14. Umrahmungen von Prüfmaßen 15. Faser und Walzrichtungen 16. Lagerichtung von Schichtungen (z.B. Trafoblech) 17. Projektionslinien 18. Rasterlinien	—	—
C	Freihandlinie	schmal	1. Begrenzung von abgebrochenen oder unterbrochen dargestellten Ansichten und Schnitten, wenn die Begrenzung keine Mittellinie ist.[1]			
D	Zickzacklinie	schmal				
E	Strichlinie	breit	1. verdeckte Kanten[2] 2. verdeckte Umrisse[2]	3. mögliche Kennzeichnung zulässiger Oberflächenbehandlung	10 d	2,5 d
F	Strichlinie	schmal	1. verdeckte Kanten 2. verdeckte Umrisse		20 d	5 d
G	Strichpunktlinie	schmal	1. Mittellinien 2. Symmetrielinien 3. Trajektorien	4. Teilkreise bei Verzahnungen 5. Lochkreise 6. Teilungsebenen (Formteilung)	40 d	5 d
H	Strichpunktlinie	schmal, jedoch an den Enden und an Richtungsänderungen breit	1. Kennzeichnung der Schnittebene[3]		40 d (20 d)	5 d (2,5 d)
J	Strichpunktlinie	breit	1. Kennzeichnung geforderter Behandlungen (z.B. Wärmebehandlung)	2. Kennzeichnung der Schnittebene	20 d	2,5 d
K	Strich-Zweipunktlinie	schmal	1. Umrisse von angrenzenden Teilen 2. Grenzstellungen von beweglichen Teilen 3. Schwerlinien 4. Umrisse (ursprüngliche) vor der Verformung 5. Teile, die vor der Schnittebene liegen	6. Umrisse von wahlweisen Ausführungen 7. Fertigformen in Rohteilen 8. Umrahmungen von besonderen Feldern/Bereichen (z.B. für Kennzeichnungen von Teilen)	40 d	5 d

[1] In einer Zeichnung soll vorzugsweise nur eine dieser Linienarten angewendet werden.
[2] Für die Darstellung von den verdeckten Kanten und Umrissen ist anstelle von Linienart E Linienart F anzuwenden.
[3] Statt Linienart H ist Linienart J bevorzugt anzuwenden.

43

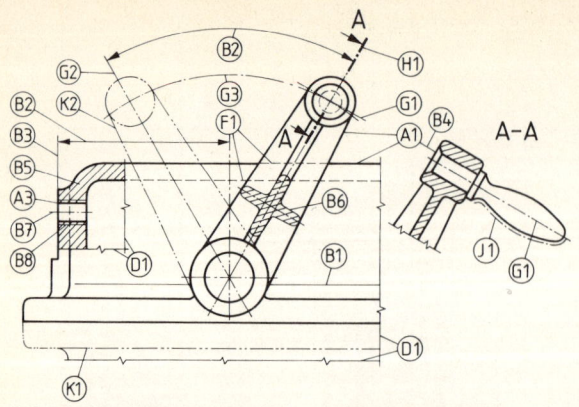

3.6 Anwendung der Linienarten (Bedeutung der Buchstaben und Zahlen s. Tab. **3.**5)

Tabelle **3.**7   **Liniengruppen und -breiten**

Linien-grup-pen	Linienbreiten in mm für		
	Linienart		Maß- und Text-angaben grafische Symbole
	A J E H	B C D F G K	
0,25	0,25	0,13	0,18
0,35	0,35	0,18	0,25
0,5	**0,5**	**0,25**	**0,35**
0,7	**0,7**	**0,35**	**0,5**
1,0	1,0	0,5	0,7
1,4	1,4	0,7	`1,0
2,0	2,0	1,0	1,4

Linienbreiten *d*. Im allgemeinen werden 2 Linienbreiten je Liniengruppe (breit; schmal) angewendet. Das Breitenverhältnis zueinander beträgt 2 : 1 (**3.**7). Die Liniengruppen 0,5 und 0,7 sind vorrangig zu verwenden.

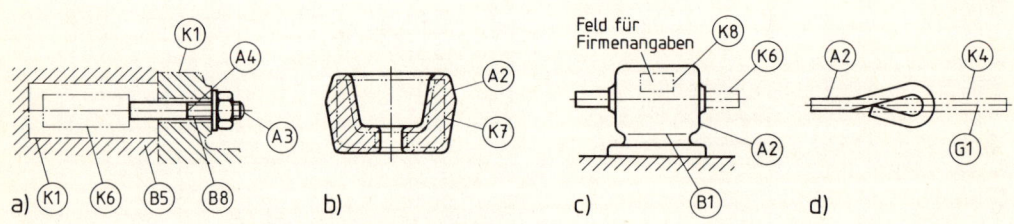

3.8   a) Schraubanker, b) Formteil, c) Motor, d) Öse

Anzustreben ist stets die Gruppe mit den breitesten Linien, die nach Größe und Schwierigkeit der Zeichnung (Informationsdichte) ohne Rücksicht auf den gewählten Zeichnungsmaßstab noch möglich ist.

Einfachere und größere Darstellungen erfordern also breitere Linien als kleinere und kompliziertere Zeichnungen.

Rangfolge beim Überdecken von Linien. Wenn sich Linien überdecken, soll die folgende Rangfolge eingehalten werden:

1. Sichtbare Kanten und Umrisse,
2. verdeckte Kanten,
3. Schnittebenen,
4. Mittellinien,
5. Schwerlinien,
6. Maßhilfslinien.

3.3 Zeichnungsmaßstäbe (DIN ISO 5455)

Die unterschiedlichen Größen der Einzelwerkstücke, Baugruppen und Gesamtanlagen erfordern entsprechende Zeichnungsmaßstäbe. Der Zeichnungsmaßstab ist so zu wählen, daß ein nicht zu großes, aber auch nicht zu kleines Bild entsteht. Darauf sind Größe sowie Hoch- oder Querlage des Zeichenbogens abzustimmen.

Natürliche Größe. Sind die Maße eines Werkstücks ebenso groß gezeichnet, wie sie in Wirklichkeit sind, beträgt der Zeichnungsmaßstab 1:1.

Verkleinerungen. Größere Werkstücke werden verkleinert dargestellt, und zwar in den Maßstäben 1:2, 1:5, 1:10, 1:20, 1:50, 1:100. In Sonderfällen sind abweichende Maßstäbe zugelassen.

Vergrößerungen. Kleinere Werkstücke werden vergrößert gezeichnet. Dafür gelten die Maßstäbe 2:1, 5:1, 10:1, 20:1, 50:1. Bei Vergrößerungen kleiner Teile empfiehlt es sich, eine Darstellung in natürlicher Größe ohne Maße hinzuzufügen.

Stabmaße. Werden Werkstücke nicht im Maßstab 1:1 dargestellt, müssen die Zeichnungsmaße berechnet werden. Maßstab 1:5 bedeutet z. B., daß jedes Zeichnungsmaß nur $\frac{1}{5}$ so lang ist wie die natürliche Größe. Beim Maßstab 5:1 wird jedes Zeichnungsmaß 5mal so lang wie die natürliche Größe. Stabmaße mit maßstäblichen Teilungen, wie sie für Zeichenmaschinen gebräuchlich sind und als Dreikantmaßstäbe verwendet werden, ersparen die Umrechnungen, weil die Maße einfach abgreifbar sind (**3**.9).

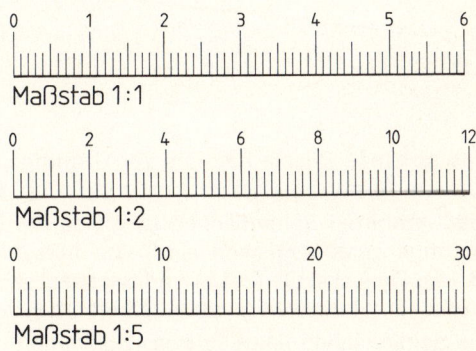

3.9   Maßstababteilungen

Angabe des Maßstabs. Die den einzelnen Darstellungen zugrundeliegenden Maßstäbe sind stets anzugeben. Im Schriftfeld der Zeichnung werden der Hauptmaßstab in großer, die übrigen Maßstäbe in kleiner Schrift eingetragen. Die letzteren müssen außerdem an der betreffenden Darstellung in der Nähe der Positionsnummer oder der Kennbuchstaben der Einzelheit oder des Schnittes angegeben werden (z. B. A – B 5:1 oder X 10:1).

Übungen

Zeichnen Sie das Werkstück **3**.10 a) im Maßstab 1:5 und das Werkstück b) im Maßstab 5:1 jeweils in den 3 Ansichten auf ein Zeichenblatt A4.

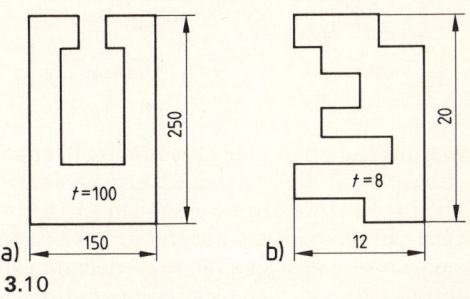

3.10

3.4 Geometrische Grundkörper

Die Gestalt der meisten Werkstücke läßt sich aus geometrischen Grundkörpern entwickeln.

Prismen haben geradlinig begrenzte, deckungsgleiche Grund- und Deckflächen in parallelem Abstand. Es gibt gerade und schiefe Prismen (**3.11**). Beim geraden Prisma steht die Körperachse rechtwinklig zur Grundfläche, und alle Seitenflächen sind rechteckig.

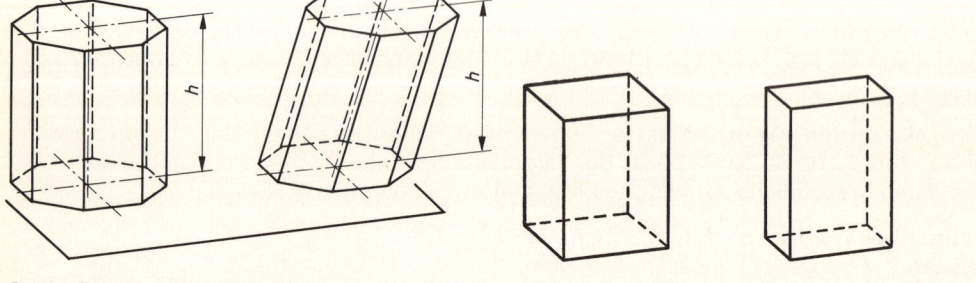

3.11 Gerades und schiefes Prisma   **3.12** Quadratsäule   **3.13** Rechtecksäule

Das schiefe Prisma hat eine zur Grundfläche geneigte Körperachse. Als Höhe *h* gilt der kürzeste Abstand zwischen der Grund- und der Deckfläche.

Die Anzahl der Seitenflächen ist gleich der Zahl der Kanten der Grund- oder Deckfläche. Wichtige gerade Prismen sind: Quadratsäule (**3.12**), Rechtecksäule (**3.13**), Trapezsäule (**3.14**), Dreiecksäule (**3.15**) und Sechsecksäule (**3.16**). Eine besondere Quadratsäule ist der Würfel. Er wird allseitig von Quadraten begrenzt (**3.17**).

Die Seitenflächen eines Prismas zusammen ergeben den Mantel. Grundfläche, Deckfläche und Mantel bilden die Oberfläche.

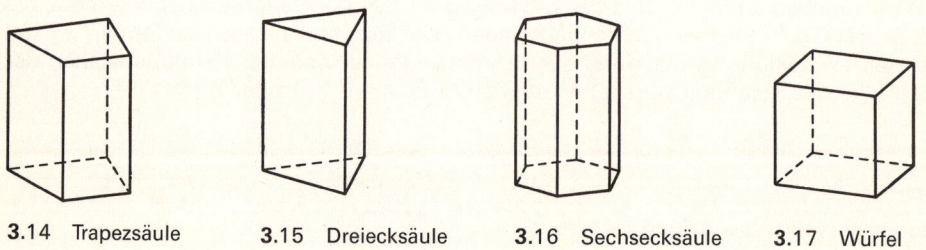

3.14 Trapezsäule   **3.15** Dreiecksäule   **3.16** Sechsecksäule   **3.17** Würfel

Pyramiden haben dreieckige Seitenflächen, die auf den Seiten einer ebenen Grundfläche stehen und mit ihren oberen Ecken, in einem Punkt zusammenlaufend, die Spitze der Pyramide bilden. Regelmäßige Pyramiden (**3.18**) haben eine gleichseitige Grundfläche mit beliebig vielen, auf einem Kreis liegenden Ecken und eine Körperachse senkrecht zur Grundfläche. Demnach sind alle Seitenflächen deckungsgleiche gleichschenklige Dreiecke. Eine Sonderform ist das von vier gleichseitigen Dreiecken begrenzte Tetraeder. Bei einer schiefen Pyramide steht die Körperachse geneigt.

46

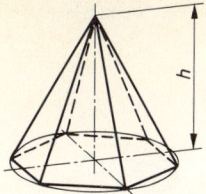

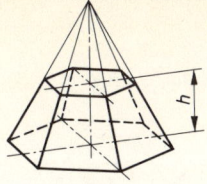

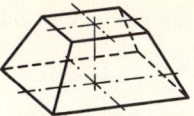

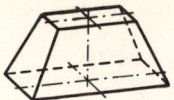

3.18 Regelmäßige Pyramide

3.19 Pyramiden- stumpf

3.20 Pyramidenstumpf mit quadratischer Grundfläche

3.21 Pyramidenstumpf mit rechteckiger Grundfläche

Durch Abschneiden der Spitze entsteht ein Pyramidenstumpf (**3.**19). Liegt der Schnitt parallel zur Grundfläche, sind Deckfläche und Grundfläche ähnlich. Der kürzeste Abstand beider ist die Höhe. Von Bedeutung sind Pyramidenstümpfe, deren Grund- und Deckflächen quadratisch (**3.**20) oder rechteckig (**3.**21) sind.

Zylinder und Kegel haben gewölbte Mantelflächen. Grund- und Deckflächen eines Zylinders sind ebene, von gekrümmten Linien begrenzte, deckungsgleiche Flächen in parallelem Abstand. Sind sie kreisförmig, heißt der Körper Kreiszylinder. Beim geraden Kreiszylinder (**3.**22), einfach Zylinder oder Rundsäule genannt, steht die Körperachse rechtwinklig zur Grundfläche im Gegensatz zum schiefen Kreiszylinder (**3.**23). Gerade und schiefe elliptische Zylinder haben Ellipsen als Grund- und Deckflächen.

Der Kegel läuft in einer Spitze aus. Liegt sie senkrecht über dem Mittelpunkt einer kreisförmigen Grundfläche, steht die Körperachse senkrecht, und der Körper heißt gerader Kreiskegel (**3.**24) oder häufig nur Kegel. Der schiefe Kreiskegel (**3.**25) hat eine geneigte Körperachse. Durch Abschneiden der Spitze eines Kreiskegels parallel zur Grundfläche entsteht ein Kegelstumpf (**3.**26). Seine Deckfläche ist ebenfalls ein Kreis.

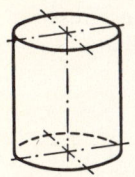

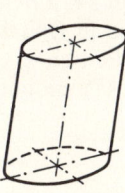

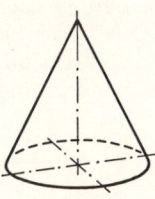

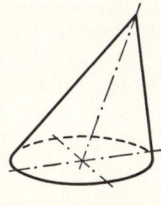

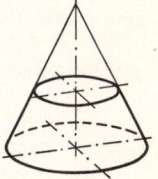

3.22 Gerader Kreiszylinder

3.23 Schiefer Kreiszylinder

3.24 Gerader Kreiskegel

3.25 Schiefer Kreiskegel

3.26 Kegelstumpf

Die Kugel hat eine gleichförmig gewölbte Oberfläche (**3.**27) mit überall gleich weitem Abstand vom Kugelmittelpunkt. Der durch einen ebenen Schnitt abgetrennte Teil heißt Kugelabschnitt oder Kalotte (**3.**28). Die Grundfläche ist stets ein Kreis.

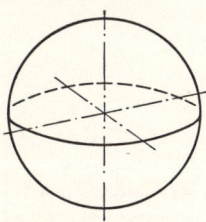

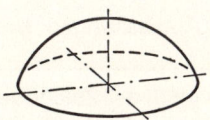

3.27 Kugel

3.28 Kugelabschnitt

Übungen

Bestimmen Sie die Grundkörperformen der Werkstücke in Bild **3**.29.

  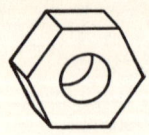 

3.29 a) Schwalben-   b) Ankerplatte   c) Rohling für Mutter   d) Stopfen
schwanzführung

3.5 Maßeintragungen (DIN 406 T1 und T2)

Die Größe eines Werkstücks geht aus den Maßangaben hervor. Dazu gehören Maßlinien, Maßhilfslinien, Maßlinienbegrenzungen und Maßzahlen mit oder ohne Zeichen und Zusätze (DIN 406 T2, **3**.31).

> Die Maßzahlen gelten stets für den Endzustand des dargestellten Teils (Normmaße s. Tab. **4**.40).

Maßeintragungen können sich unterscheiden, je nachdem, ob sie funktionsbezogen, fertigungsbezogen oder prüfbezogen sind (DIN 406 T1). So wird in Bild **3**.30a die Funktion der beiden Bohrungen hervorgehoben, in **3**.30b sind für die Fertigung verwendbare Maße eingetragen, Bild **3**.30c zeigt die entsprechend prüfbezogene Maßeintragung.

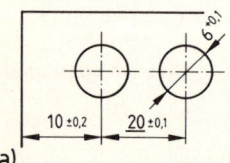 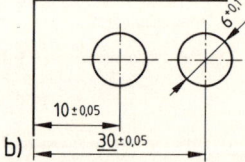

a)   b)   c)

3.30 Maßeintragung
a) funktionsbezogen, b) fertigungsbezogen, c) prüfbezogen

3.5.1 Prismatische Werkstücke

Eine Rechtecksäule hat 3 Abmessungen: Breite, Dicke und Höhe.

> Für jede Abmessung wird in der Zeichnung nur ein Maß angegeben; es darf aber auch kein Maß fehlen (**3**.32).

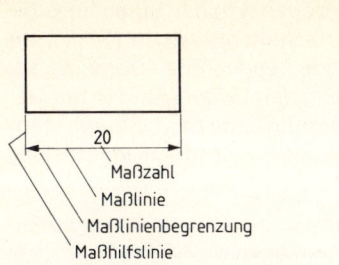
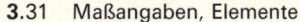

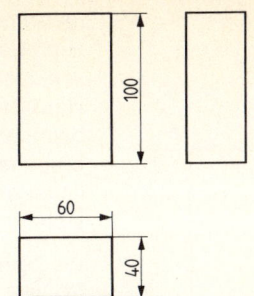

3.31   Maßangaben, Elemente   **3.**32   Maßeintragung bei einer Rechtecksäule

Maßlinien sind schmale Vollinien. Der Abstand der Maßlinien hängt von der Größe der Darstellung ab. Zwischen Maßlinie und Körperkante soll er mindestens 10 mm, zwischen einzelnen Maßlinien mindestens 7 mm betragen und einheitlich sein. Die Maßzahlen werden nach Möglichkeit in der Mitte über die durchgezogenen Maßlinien gesetzt (**3.**31).

Maßhilfslinien sind ebenfalls schmale Vollinien. Sie werden ohne Zwischenraum an den zu bemaßenden Kanten angesetzt und dürfen weder von einer Ansicht in eine andere durchgezogen noch aus verschiedenen Ansichten für dieselbe Maßlinie herausgezogen werden. Sie ragen etwa 2 mm über die Maßlinienbegrenzungen hinaus.

Maßlinienbegrenzungen werden als ausgefüllte oder offene Maßpfeile, als Schrägstrich oder als ausgefüllte oder offene Punkte ausgeführt. Für jede Zeichnung ist nur eine Art der Maßlinienbegrenzung anzuwenden. Kombinationen von Maßpfeil und Punkt sind bei Platzmangel zulässig (**3.**33).
Bei Maßlinien am Kreisbogen für Radien und Durchmesser ist als Maßlinienbegrenzung ein Maßpfeil anzuwenden.

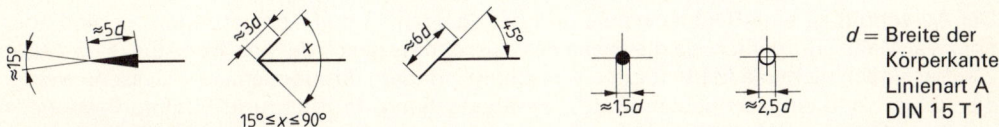

3.33   Maßlinienbegrenzungen

Maßzahlen werden grundsätzlich in Millimetern ohne Angabe der Maßeinheit eingetragen. Teile eines Millimeters sind als Dezimalwert auszudrücken, z. B. 20,5.

Größere Abmessungen können in Zentimetern oder in Metern angegeben werden, doch muß dann hinter der Maßzahl die Maßeinheit stehen, z. B. 3,20 m.

Die Höhe der Maßzahlen ist innerhalb einer Zeichnung einheitlich, etwa gleich der Länge der Maßpfeile und beträgt mindestens 3,5 mm. Die Maßzahlen werden so eingeschrieben, daß sie in Richtung ihrer Maßlinie zu lesen sind. Zudem müssen die Füße der Zahlen bei waage-

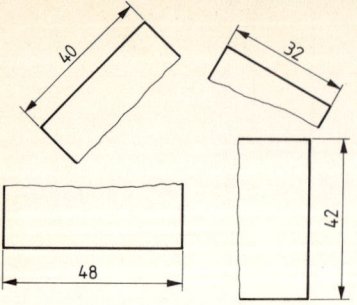

rechten und schrägen Maßlinien (bezogen auf die Hauptlage des Zeichenbogens) nach unten und bei senkrechten Maßlinien nach rechts zeigen (3.34). Als Hauptlage gilt diejenige Lage des Bogens, die beim Lesen der Zeichnung den Gegenstand in der Gebrauchs- oder in der Fertigungslage zeigt. Sie soll möglichst mit der Anordnung des Schriftfelds im Einklang stehen.

Die Zahlen 6, 9, 66, 99 und ähnliche erhalten bei ungünstiger Stellung einen Fußpunkt, weil sie sonst verkehrt herum, also falsch gelesen werden können, außer bei Kombinationen mit den Zeichen ∅, □, M, R, SW usw.

3.34 Stellung der Maßzahlen

Ausschnitte an Körpern erzeugen neue Flächen. Durch einen Ausschnitt aus der Rechtecksäule entstehen die Flächen *a* und *b* (3.35). Das linke Rechteck in der Draufsicht stellt die Fläche *b* und das obere in der Seitenansicht die Fläche *a* dar. Die Draufsicht hat nunmehr zwei Flächen. Sie liegen am Werkstück jedoch in verschiedenen Ebenen, wie die Vorderansicht zeigt. Ebenso verhält es sich mit den beiden Rechteckflächen der Seitenansicht.

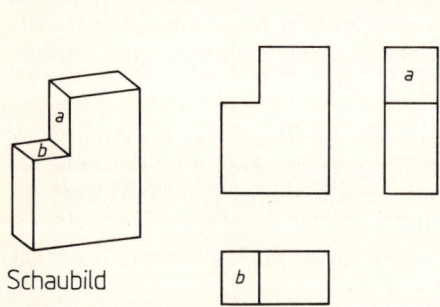

3.35 Ausschnitt aus der Rechtecksäule

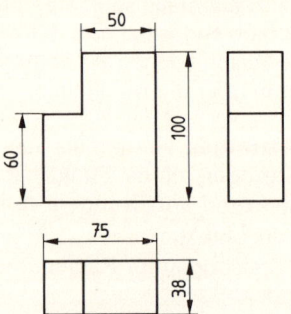

3.36 Bemaßung des Werkstücks

Der Ausschnitt ist eine Rechtecksäule und hat demgemäß drei Abmessungen. Es sind aber nur zwei Maße erforderlich, da die Dicke des Ausschnitts gleich der des Werkstücks ist. Meist werden jedoch nicht die Maße für den Ausschnitt, sondern des bequemeren Messens wegen die Absatzmaße eingeschrieben (3.36). Fertigungsgang, Prüfung und Funktion (Verwendungszweck) eines Werkstücks können auch eine andere Maßeintragung erfordern.

Maßlinien werden von außen angesetzt, sofern der Platz zur Unterbringung der Maßlinienbegrenzungen und der Maßzahl nicht ausreicht (3.37). Hat die Zahl nicht genügend Platz zwischen den Pfeilspitzen, wird sie möglichst rechts über die Maßlinie gesetzt (Maß 5,3 in Bild 3.38).

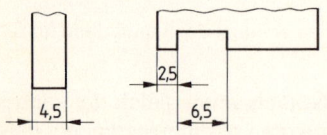

3.37 Von außen angesetzte Maßlinien

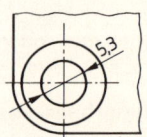

3.38 Herausgezogene Maßzahl

50

Linienkreuzungen stören. Maßlinien und Maßhilfslinien sollen sich gegenseitig und andere Linien möglichst nicht schneiden (**3**.39). In Verlängerung von Körperkanten werden Maßlinien nicht gezogen. Benachbarte Maßlinien haben voneinander gleichmäßige Abstände von nicht weniger als 7 mm und gegenseitig versetzte Maßzahlen.

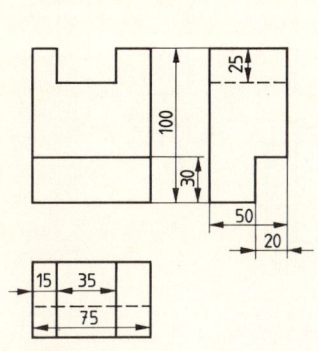

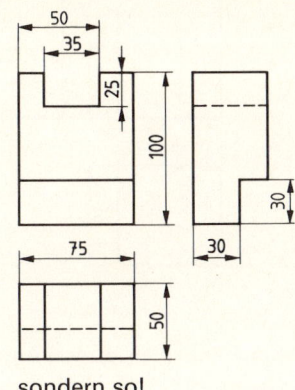

Nicht so,   sondern so!

3.39   Schlechte und gute Bemaßung

Maße müssen übersichtlich angeordnet sein. Ohne langes Suchen und Rechnen soll der Facharbeiter alle für die Herstellung, die Prüfung, den Zusammenbau und die Funktion der Teile nötigen Maße aus der Zeichnung entnehmen können. Alle Maße müssen am Werkstück meßbar sein und dort stehen, wo die Gestalt des Teils am deutlichsten zum Ausdruck kommt. Der guten Übersicht wegen werden die Maße aus der Darstellung herausgezogen.

Übungen

Zeichnen Sie die rechtkantigen Werkstücke **3**.40 in drei Ansichten und tragen Sie die Maße ein.

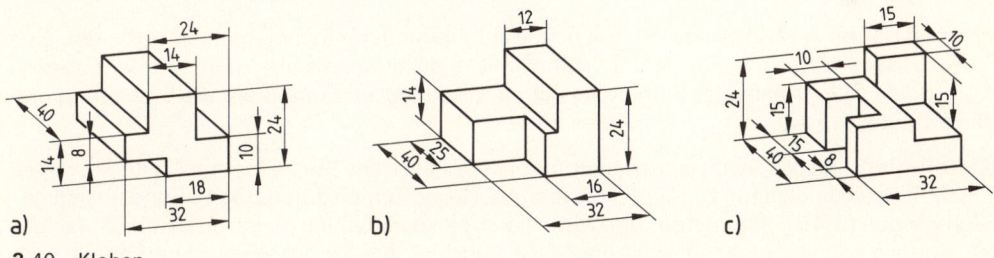

a)   b)   c)

3.40   Kloben

Werkstücke mit quadratischem Querschnitt (**3**.41 a) haben als Seitenflächen deckungsgleiche Rechtecke. Vorderansicht und Seitenansicht des Körpers sind demzufolge gleich (**3**.41 b), die Seitenansicht kann daher fortfallen (**3**.41 c). Unter Umständen kann man aber auch die Draufsicht weglassen (**3**.41 d). Dann sind das Quadratzeichen und ein Diagonalkreuz erforderlich (DIN 406 T 2). Die Darstellung in nur einer Ansicht sollte aber möglichst vermieden werden.

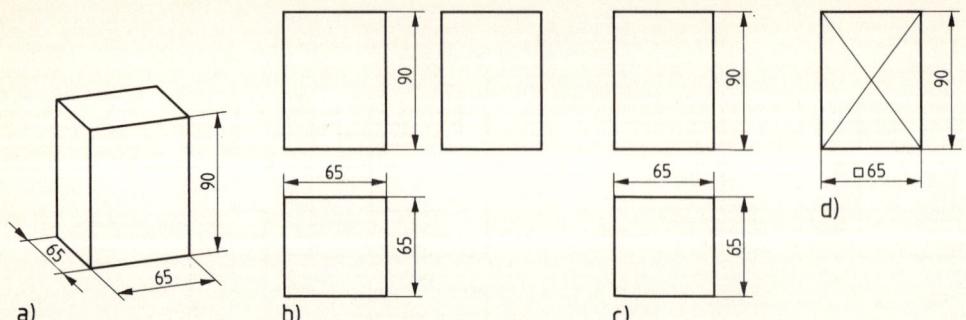

3.41   Quadratische Säule

a) Schaubild, b) drei Ansichten, c) zwei Ansichten, d) eine Ansicht

Quadratische Flächen tragen das gleiche Maß an zwei aneinanderstoßenden Seiten (**3**.42). Muß aber in der Ansicht bemaßt werden, in der die quadratische Fläche als Linie erscheint, ist das Quadratzeichen zu setzen. Es ist ein v o r der Maßzahl auf der Zeile stehendes Quadrat (**3**.43).

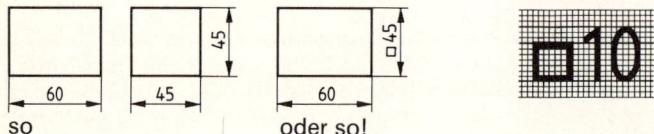

3.42   Bemaßung quadratischer Flächen

3.43   Maßzahl mit Quadratzeichen

Ebene vierseitige Mantelflächen müssen durch Diagonalkreuze gekennzeichnet werden, sofern das zugehörige Profil in einer anderen Ansicht nicht dargestellt ist (**3**.41 d); sonst sind sie zulässig. Diagonalkreuze sind so breit wie Maßlinien zu ziehen (schmale Vollinie).

Symmetrische Ansichten können schmale strichpunktierte Symmetrielinien erhalten. Eine Fläche ist symmetrisch, wenn sie durch eine Linie in deckungsgleiche Hälften zerlegt werden kann (**3**.44). Die Angabe der Symmetrie hat bei Werkstücken Einfluß auf die Bemaßung und die Fertigung.

Mittellinien sind das Kennzeichen für rotationssymmetrische Körperformen (Zylinder, Kegel, Kugel). Sie sind auch dann zu zeichnen, wenn die Grundformen durch Bearbeitung unsymmetrisch werden (**3**.45). Symmetrie- und Mittellinien sehen äußerlich gleich aus. Beim Aufzeichnen sind sie zuerst zu ziehen, weil die Maße von hier aus nach beiden Seiten abgetragen werden. Sie ragen etwas über die Darstellung hinaus, werden aber nicht von einer Ansicht in eine andere durchgezogen (**3**.46 u. **3**.47). Die Linien sind nur in den Strichen zu kreuzen und dürfen, wenn sie von geringer Länge sind, als schmale Vollinien gezeichnet werden. Beziehen sich Symmetrie- und Mittellinien nur auf bestimmte Körperformen eines Werkstücks, werden sie darauf beschränkt (**3**.48). Ein Maß zur Bestimmung der Lage dieser Linien ist gewöhnlich überflüssig. Mittellinien dürfen als Maßhilfslinien benutzt werden; die etwa erforderliche Verlängerung ist als schmale Vollinie zu zeichnen (**3**.49).

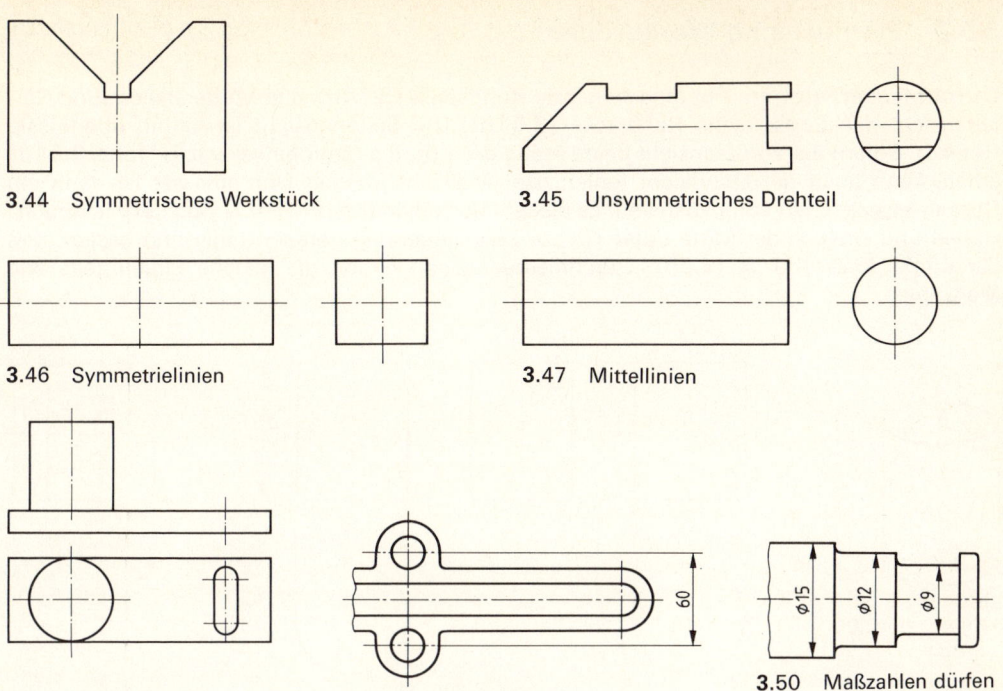

3.44 Symmetrisches Werkstück

3.45 Unsymmetrisches Drehteil

3.46 Symmetrielinien

3.47 Mittellinien

3.48 Beschränkung
der Mittellinien

3.49 Mittellinien
als Maßhilfslinien

3.50 Maßzahlen dürfen
nicht beeinträchtigt
werden

Maßzahlen werden neben die Symmetrie- oder Mittellinien gesetzt. Bei Platzmangel sind die Linien jedoch zum Einschreiben der Maßzahl zu unterbrechen (**3**.50), aus gleichem Grund auch eine Maßhilfslinie und – wenn nötig – auch eine Vollinie.

Werden Symmetrie- oder Mittellinien von anderen Linien überdeckt, gilt eine entsprechende Rangfolge (s. Abschn. 3.2).

Übungen

Zeichnen Sie die symmetrischen Werkstücke **3**.51 bis **3**.53 in je drei Ansichten und tragen Sie die Maße ein.

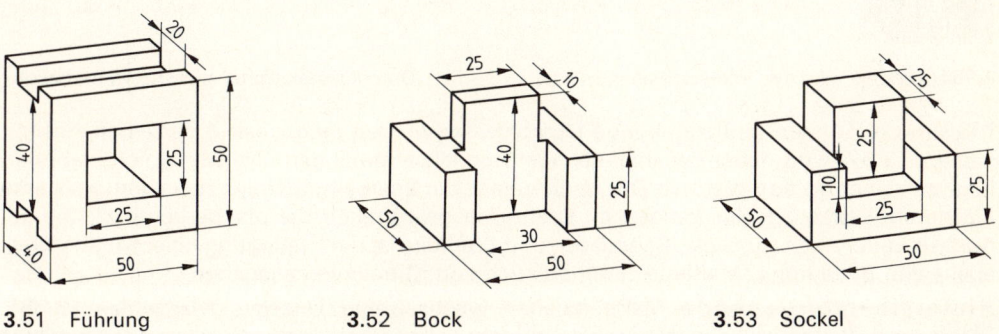

3.51 Führung

3.52 Bock

3.53 Sockel

3.5.2 Zylindrische Werkstücke

Durchmesserzeichen. Für eine stehende Rundsäule (**3.**54 a) sind Vorderansicht und Seitenansicht deckungsgleiche Rechtecke (**3.**54 b). Die Seitenansicht ist mithin überflüssig (**3.**54 c). Sofern die Vorderansicht beide Maße des Körpers (Durchmesser und Höhe, **3.**54 d) erhält, kann auch die Draufsicht fehlen. Der Maßzahl für den Durchmesser ist dann ein Durchmesserzeichen voranzustellen. Es besteht aus einem Kreis in der Größe der Kleinbuchstaben und einer in der Mitte unter 75° zur Zeile liegenden geraden Linie und besagt, daß der Körper kreisrund ist (**3.**55). Durchmesserzeichen haben die gleiche Linienbreite wie Maßzahlen.

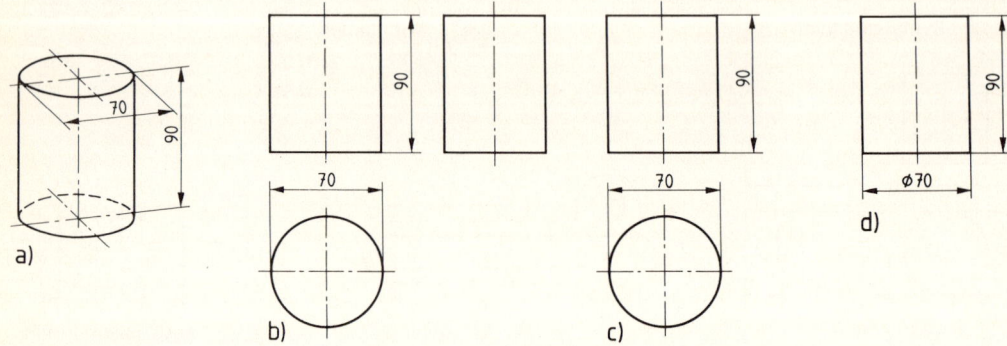

3.54 Rundsäule

a) Schaubild, b) drei Ansichten, c) zwei Ansichten, d) eine Ansicht

Das Durchmesserzeichen muß gesetzt werden bei Kugeln und wenn das D u r c h m e s s e r -
m a ß   n i c h t   m i t   z w e i   P f e i l e n   a m   K r e i s e steht. Es ist also erforderlich, wenn die Maßlinie mit zwei Pfeilen in der Ansicht steht, in der der Kreis als Gerade erscheint (**3.**54 d), auch wenn die Draufsicht vorhanden ist, nur einen Maßpfeil trägt (**3.**56) oder durch eine Bezugslinie ersetzt ist (Maß ∅ 2 in **3.**56). In allen anderen Fällen wird das Durchmesserzeichen nicht eingetragen.

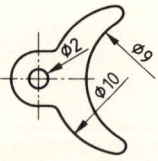

3.55 Maßzahl mit Durchmesserzeichen   **3.**56 Durchmesserzeichen sind hier erforderlich

Maßlinien. Längen und zugehörige Durchmesser werden möglichst in derselben Ansicht bemaßt (**3.**57) und dabei Linienkreuzungen tunlichst vermieden. Die Maßlinien beginnen häufig an einer B e z u g s e b e n e. Das ist die gemäß der Bearbeitungsfolge zuerst fertiggestellte Fläche am Werkstück, für Längen an Drehteilen gewöhnlich die plangedrehte Fläche am dünnen Ende. Auch für Guß-, Schmiede- und Preßteile ist die Festlegung einer Maßbezugsebene von Bedeutung. Maßlinien können auch von Mittellinien ausgehen.

H i n t e r e i n a n d e r l i e g e n d e Maße erhalten wechselseitig versetzte Maßzahlen (**3.**58). Ziffern und Zusätze zu den Maßzahlen dürfen nicht durch Linien voneinander getrennt werden.

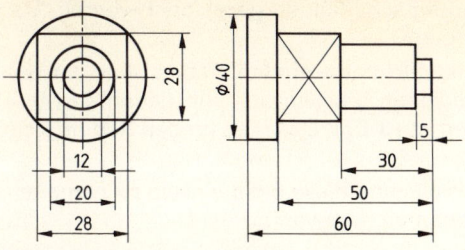

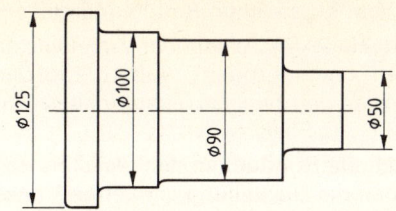

3.57   Anordnung der Maße

3.58   Gegeneinander versetzte Maßzahlen

Maßketten entstehen durch Aneinanderreihen mehrerer Maße und sind möglichst zu vermeiden; es gibt aber Ausnahmen. Ist eine Maßkette unumgänglich, wird mit Rücksicht auf die Toleranzsummierung eine Länge nicht bemaßt oder diese Maßzahl als Hilfsmaß in Klammern gesetzt (**3.**59). Das Gesamtmaß soll unmittelbar unter oder hinter den Teilmaßen und nicht etwa auf der entgegengesetzten Seite angeordnet werden. Aneinandergereihte Maße werden gewöhnlich nicht versetzt angeordnet.

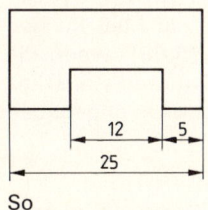

So

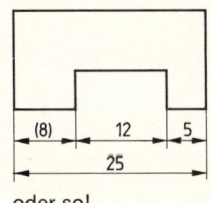

oder so!

3.59   Teilmaße und Gesamtmaß

Radien (Halbmesser). Jeder Radius (Halbmesser) ist mit dem Großbuchstaben R vor der Maßzahl zu versehen (**3.**60) und trägt nur einen Pfeil am Kreisbogen. Die Bilder **3.**61 bis **3.**67 zeigen Beispiele für die Eintragung der Radien mit und ohne Kennzeichnung des Zirkeleinsatzpunkts. Der Maßpfeil wird bei Platzmangel von außen angesetzt (**3.**64 und **3.**66).

3.60   Maßzahl mit Radiuszeichen

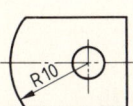

3.61   Der Zirkeleinsatzpunkt ist angegeben

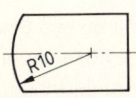

3.62   Kennzeichnung des Zirkeleinsatzpunkts

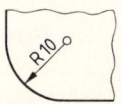

3.63   Einfassung des Zirkeleinsatzpunkts

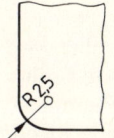

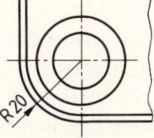

3.64   Von außen angesetzte Maße für den Radius

3.65   Großer Radius

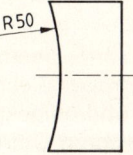

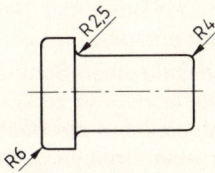

3.66   Kleine Radien

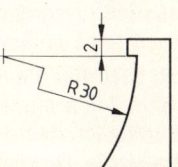

3.67   Gebrochenes Maß für den Radius

55

Vereinfachend dürfen kleine Radien in der Zeichnung scharfkantig gezeichnet werden. Das Maß mit dem Kurzzeichen R muß angegeben werden.

Ein durch Maße festzulegender Zirkeleinsatzpunkt für einen großen Radius wird an den Kreisbogen „herangezogen", wobei die auf den wirklichen Zirkeleinsatzpunkt gerichtete Maßlinie zu kürzen und zweimal rechtwinklig zu knicken ist (**3**.67). Das Maß für den Radius steht in der Nähe des Pfeils.

Haben mehrere Rundungen den gleichen Halbmesser, sind diese nicht einzeln zu bemaßen, wenn neben die Darstellung ein Vermerk geschrieben wird, etwa:

Alle nicht bemaßten Rundungen R 4

Die Rundungshalbmesser sind genormt.

Rundungshalbmesser in mm (Auszug aus DIN 250)

1	1,2	**1,6**	2	**2,5**	3	**4**	5	**6**	8	**10**	12	**16**	18	**20**	22

Die fettgedruckten Größen sollen bevorzugt werden.

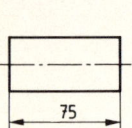
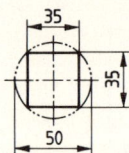

Wird ein Vierkant aus rundem Werkstoff hergestellt, ist auch ein Maß für den Durchmesser erforderlich (**3**.68), wenn die Abmessungen des Ausgangswerkstoffs anderswo, z. B. im Schriftfeld, nicht angegeben sind.

3.68 Erforderliches Durchmessermaß

Für quadratische Vierkante mit vollen Ecken ist der Durchmesser d des Werkstoffs mindestens so groß wie die Diagonale. Er errechnet sich aus der Quadratseite a zu

$$d = \sqrt{2} \cdot a \approx 1{,}414 \cdot a$$

Beispiel   Der Mindestdurchmesser für einen Vierkant mit 35 mm Seitenlänge ist

$d \approx 1{,}414 \cdot a \approx 1{,}414 \cdot 35 \approx 49{,}49$ mm $\approx$ **50 mm.**

Die Länge einer Vierkantseite a ergibt sich aus der Diagonalen d zu $a = 0{,}5 \cdot \sqrt{2} \cdot d \approx 0{,}707 \cdot d$

Beispiel   Die Seite eines Vierkants mit 85 mm Eckenmaß ist

$a \approx 0{,}707 \cdot d \approx 0{,}707 \cdot 85 \approx 60{,}095$ mm $\approx$ **60,1 mm.**

Vierkante und Vierkantlöcher für Spindeln und Bedienteile s. DIN 79.

Ausschnitte aus der Rundsäule. Durch einen Schnitt senkrecht und einen Schnitt parallel zur Körperachse fällt ein Stück heraus; es entstehen Rechteck a und Kreisabschnitt b (**3**.69). Das Rechteck erscheint in der Draufsicht als Linie; sie wird als Breite der Rechteckfläche in die Seitenansicht übertragen. Außer dem Durchmesser und der Körperhöhe sind zwei Absatzmaße erforderlich. Die Breite des Rechtecks wird aber nicht bemaßt, weil sie bei der Bearbeitung zwangsläufig entsteht.

In Bild **3**.70 hat die Rundsäule einen Schlitz von rechteckigem Querschnitt. Der Schlitz wird von dem Teil a einer Kreisfläche und zwei gleich großen Rechtecken b begrenzt. Je breiter der Schlitz ist, desto schmaler sind die Rechtecke und umgekehrt. Die Breite der Rechtecke wird aus der Draufsicht übernommen. Die senkrechten Umrißlinien der Rundsäule in der Seitenansicht sind abgesetzt, weil im Schlitz Werkstoff fortgefallen ist. Zu bemaßen sind Durchmesser und Höhe des Werkstücks sowie Breite und Tiefe des Schlitzes.

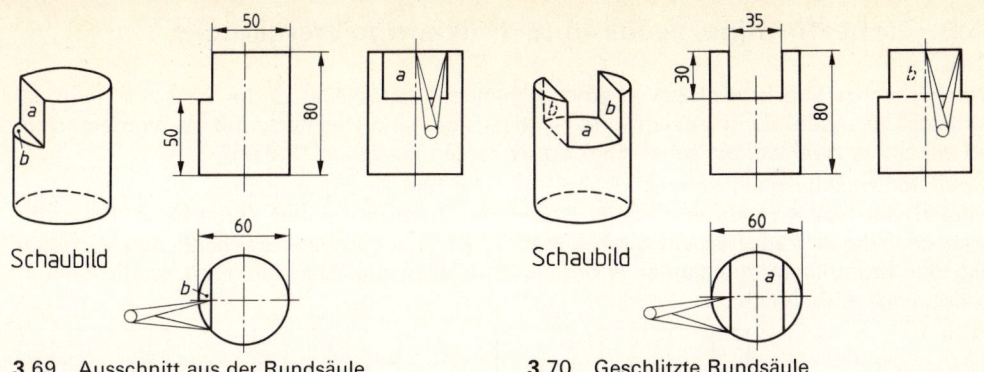

3.69   Ausschnitt aus der Rundsäule   **3.**70   Geschlitzte Rundsäule

Übungen

1. Zeichnen Sie in geeignetem Maßstab die Werkstücke **3.**71 und **3.**73 bis **3.**76, die zum Teil nur mit einigen Hauptmaßen versehen sind, in drei Ansichten und **3.**72 und **3.**77 in zwei Ansichten und tragen Sie die zur Fertigung nötigen Maße ein.

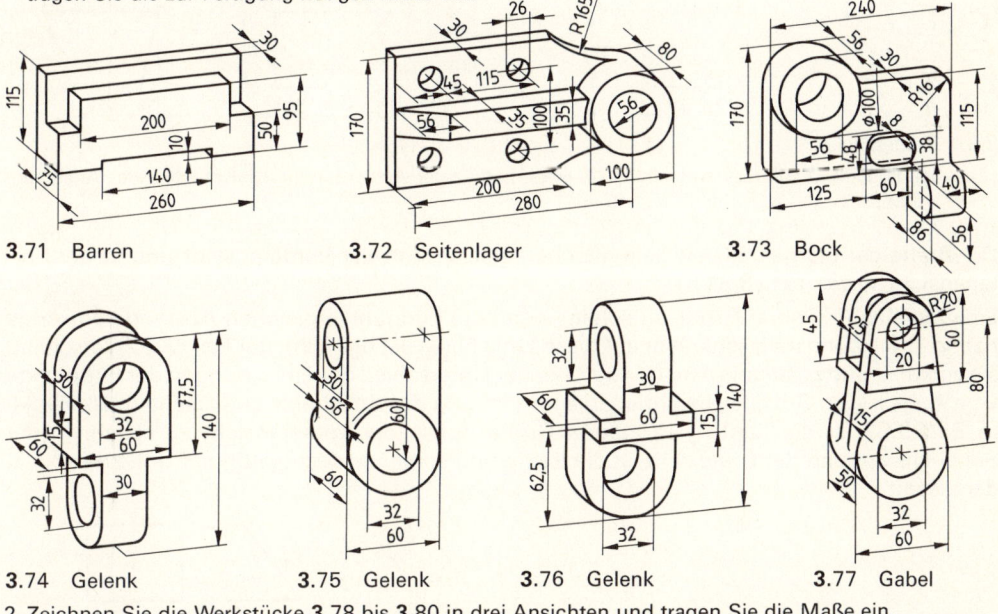

3.71   Barren   **3.**72   Seitenlager   **3.**73   Bock

3.74   Gelenk   **3.**75   Gelenk   **3.**76   Gelenk   **3.**77   Gabel

2. Zeichnen Sie die Werkstücke **3.**78 bis **3.**80 in drei Ansichten und tragen Sie die Maße ein.

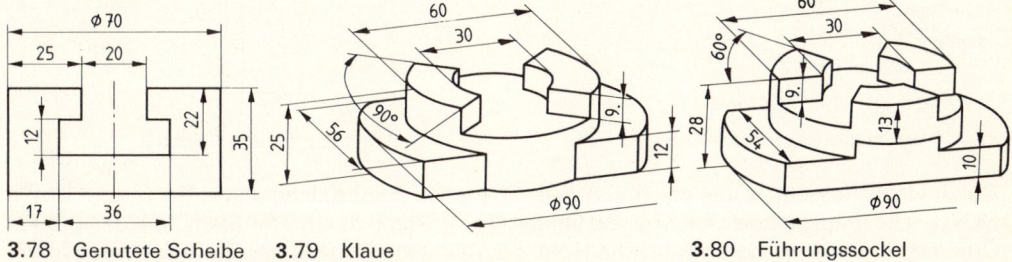

3.78   Genutete Scheibe   **3.**79   Klaue   **3.**80   Führungssockel

3.5.3 Trapezförmige, sechs- und dreikantige Werkstücke

Trapezförmige Werkstücke. Von einer stehenden Trapezsäule ist die Trapezfläche in der Draufsicht zu sehen. Vorderansicht und Seitenansicht sind Rechtecke. In der Vorderansicht sind außerdem zwei weitere senkrechte Körperkanten zu ziehen (**3.**81 b).

Ist die Trapezfläche gleichschenklig (**3.**81 b) oder hat sie einen rechten Winkel (**3.**81 c), genügen vier Maße: große und kleine Grundlinie, Trapezhöhe und Körperhöhe. Beim ungleichschenkligen Trapez ist ein fünftes Maß (**3.**81 d) zur Angabe der seitlichen Verschiebung der Grundlinien zueinander erforderlich. In allen drei Darstellungen ist die Seitenansicht meist entbehrlich.

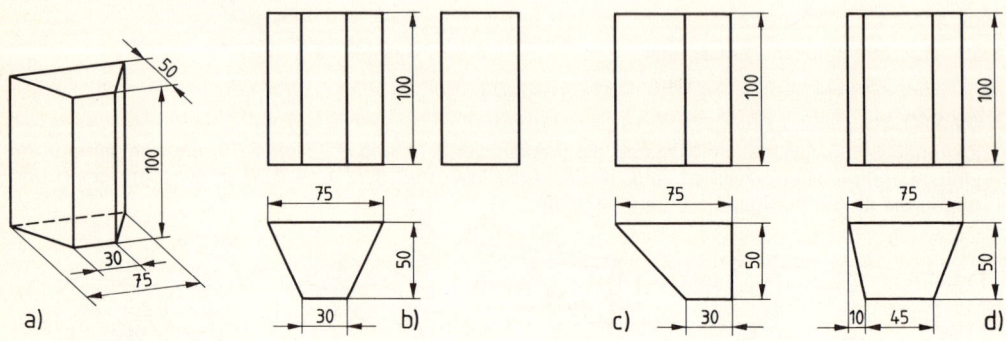

3.81 Trapezsäule

a) Schaubild, b) drei Ansichten (4 Maße), c) zwei Ansichten (4 Maße), d) zwei Ansichten (5 Maße)

Die Breite der nichtparallelen Seitenflächen erscheint in der Vorderansicht und in der Seitenansicht verkürzt (**3.**81 b).

Eine Linie ist in wahrer Größe zu sehen, wenn die Endpunkte gleichen Abstand vom Auge haben, d. h., wenn man senkrecht auf diese Linie blickt. Ist das nicht der Fall (**3.**82), erscheint sie verkürzt, und zwar um so mehr, je größer der Unterschied der Entfernungen der Endpunkte vom Auge ist. Im Grenzfall liegt die Linie in Richtung des Sehstrahls und erscheint als Punkt. In Bild **3.**83 ist die Kante *y* in wahrer Größe nur in der Vorderansicht zu sehen. In der Seitenansicht und der Draufsicht ist die Kante und somit die dazugehörige Fläche *a* verkürzt dargestellt.

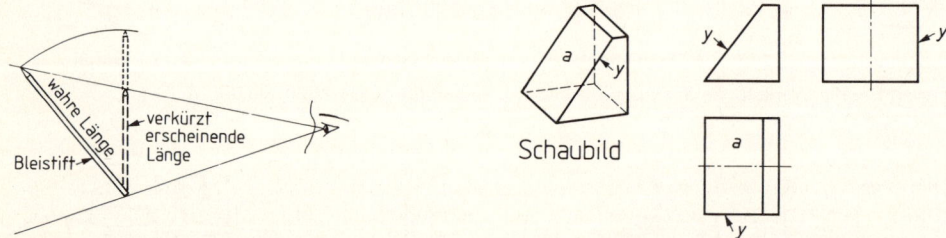

3.82 Verkürzung und wahre Länge   **3.**83 Verkürzt dargestellte Fläche *a*

Durch einen Ausschnitt aus der Trapezsäule entstehen Trapezfläche *a* und Rechteckfläche *b* (**3.**84). Die Trapezfläche *a* in der Seitenansicht entsteht durch Herüberholen der großen Grundlinie aus der Vorderansicht. Die Höhe der Rechteckfläche in der Draufsicht wird in der Seitenansicht abgegriffen.

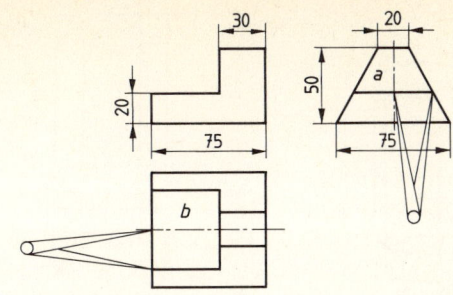

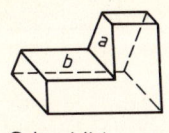

Schaubild

3.84   Ausgeschnittene Trapezsäule

Übungen

1. Zeichnen Sie die Werkstücke **3**.85 bis **3**.87 in geeigneten Ansichten und tragen Sie die Maße ein.

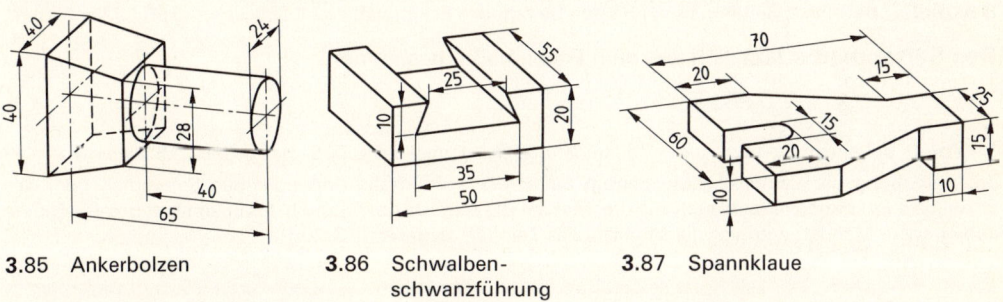

3.85   Ankerbolzen   **3**.86   Schwalben-   **3**.87   Spannklaue
                                            schwanzführung

2. Zeichnen Sie die Werkstücke **3**.88 und **3**.89 in je drei Ansichten und tragen Sie die Maße ein.

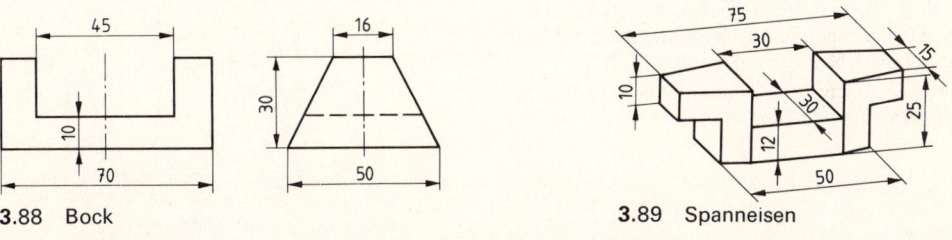

3.88   Bock   **3**.89   Spanneisen

Sechskantige Werkstücke. Die Deckfläche einer aufgerichteten Sechsecksäule ist in der Draufsicht zu sehen. Je nach ihrer Lage erscheinen in der Vorderansicht drei und in der Seitenansicht zwei Seitenflächen des Körpers (**3**.90 b) oder umgekehrt (**3**.90 c auf S. 60).

Die Breite der Vorderansicht ist in Bild **3**.90 b gleich dem Abstand zweier gegenüberliegender Ecken, dem Eckenmaß *e*. Die Breite der Seitenansicht ist gleich dem Abstand zweier gegenüberliegender Sechseckseiten, dem Seitenmaß *s*. Von den Seitenflächen des Körpers erscheint nur die mittlere Fläche in der Vorderansicht in wahrer Breite.

Auch zur Darstellung der Sechsecksäule sind gewöhnlich nur zwei Ansichten erforderlich.

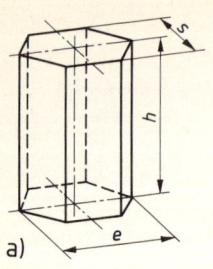 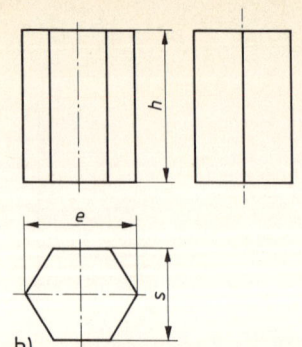 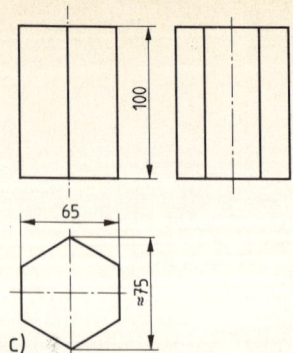

3.90   Sechsecksäule

Das Eckenmaß *e* läßt sich aus dem Seitenmaß *s* berechnen:

$$e = \frac{2}{\sqrt{3}} \cdot s \approx 1{,}155 \cdot s$$

Beispiel   Bei einem Seitenmaß *s* = 32 mm beträgt das Eckenmaß *e* ≈ 1,155 · *s* ≈ 1,155 · 32 ≈ 37 mm.

Das Seitenmaß *s* läßt sich aus dem Eckenmaß *e* bestimmen:

$$s = 0{,}5 \cdot \sqrt{3} \cdot e \approx 0{,}866 \cdot e$$

Beispiel   Bei einem Eckenmaß *e* = 75 mm ist das Seitenmaß *s* ≈ 0,866 · *e* ≈ 0,866 · 75 ≈ **65 mm.**

Zur Bemaßung der Sechsecksäule genügt außer der Körperhöhe entweder das Seitenmaß oder das Eckenmaß. Es können jedoch auch alle drei Maße nötig sein. Da gewöhnlich das Eckenmaß das errechnete abgerundete Maß ist, wird vor die Maßzahl das Zeichen ≈ gesetzt (**3**.90 c).

Übungen

1. Zeichnen Sie ein Stück Sechskantstahl und tragen Sie die Maße ein. Das Seitenmaß *s* beträgt 50 und die Höhe 25.
2. Zeichnen Sie den Schraubenrohling (**3**.91) in drei Ansichten mit Bemaßung.

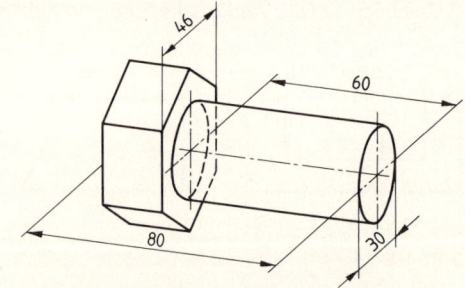

3.91   Rohling für Sechskantschraube

Dreikantige Werkstücke. In der Darstellung einer Dreiecksäule nach Bild **3**.92 sind in der Vorderansicht zwei und in der Seitenansicht eine Seitenfläche des Körpers verkürzt zu sehen. Die Umrißlinien der Vorderansicht zeigen die wahre Größe der hinteren Seitenfläche. Die Breite der Seitenansicht ist gleich der Höhe *h* des Dreiecks in der Draufsicht.

H ö h e *h* und S e i t e n l ä n g e *s* im gleichseitigen Dreieck sind voneinander abhängig. Eine Größe läßt sich aus der anderen berechnen:

$$h \approx 0{,}5 \sqrt{3} \cdot s \approx 0{,}866 \cdot s \quad \text{und} \quad s \approx 1{,}155 \cdot h$$

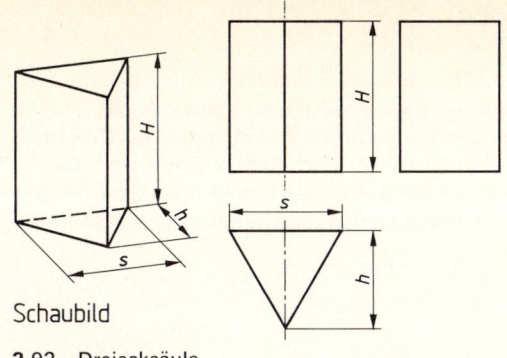

Schaubild

3.92 Dreiecksäule

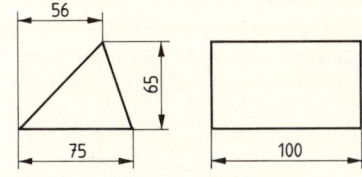

3.93 Dreiecksäule (4 Maße)

Die Anzahl der Maße richtet sich nach der Gestalt des Dreiecks. Ist es gleichseitig, gleichschenkelig oder rechtwinklig, genügen drei Maße für den Körper. Für jede andere Dreieckfläche ist ein weiteres Maß zur Festlegung der Dreieckspitze erforderlich (**3.**93).

Ein Ausschnitt aus der Dreiecksäule erzeugt eine Dreieckfläche *a* und eine Rechteckfläche *b* (**3.**94). Sie werden wie die Flächen *a* und *b* in Bild **3.**87 in die Seitenansicht und die Draufsicht eingezeichnet.

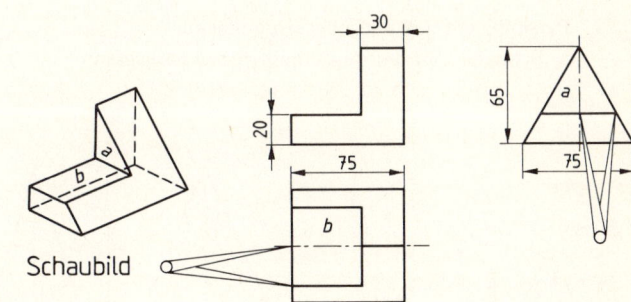

Schaubild

3.94 Ausgeschnittene Dreiecksäule

Übungen

Zeichnen Sie die fehlenden Ansichten zum Unterlegestück **3.**95 (gleichseitiges Dreieck, Seitenlänge 70 mm) und zur Schwalbenschwanzführung **3.**96 und tragen Sie die Maße ein.

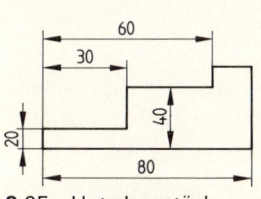

3.95 Unterlegestück

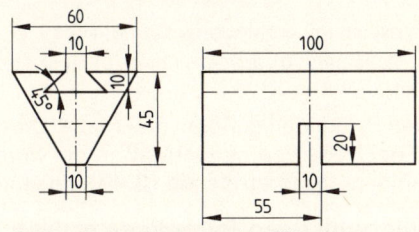

3.96 Schwalbenschwanzführung

61

3.5.4 Pyramidenförmige Werkstücke

Gerade Pyramiden mit q u a d r a t i s c h e r Grundfläche (**3**.97) haben deckungsgleiche Seitenflächen, bei rechteckiger Grundfläche sind sie nur paarweise deckungsgleich (**3**.98). Die Grundfläche ist in der Draufsicht zu sehen, in der die Seitenkanten der Pyramide als Diagonalen erscheinen (**3**.97 b). Vorderansicht und Seitenansicht sind deckungsgleiche gleichschenklige Dreiecke und zeigen die Seitenflächen verkürzt. Bei r e c h t e c k i g e r Grundfläche sind Vorderansicht und Seitenansicht verschieden breit (**3**.98 b). Die Seitenansichten können wiederum fortfallen (**3**.97 c und **3**.98 c).

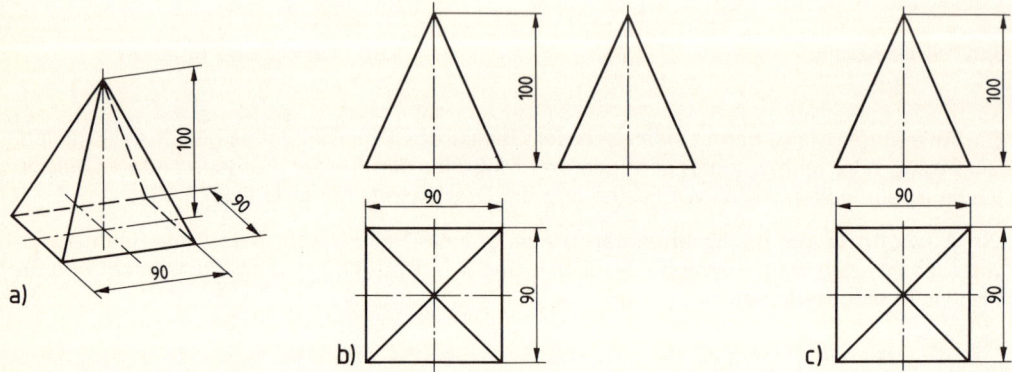

3.97 Pyramide mit quadratischer Grundfläche
     a) Schaubild, b) drei Ansichten, c) zwei Ansichten

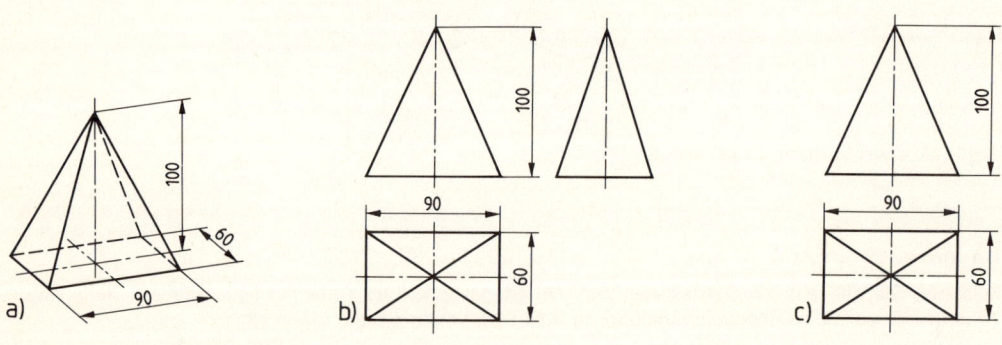

3.98 Pyramide mit rechteckiger Grundfläche
     a) Schaubild, b) drei Ansichten, c) zwei Ansichten

Zu beiden Pyramiden gehören drei Maße. Die beiden Maße an der quadratischen Grundfläche können bei Bedarf zu einem Maß in der Vorderansicht vereinigt werden (**3**.97 c), das aber dann mit dem Quadratzeichen (**3**.43) versehen werden muß.

Bei schiefwinkligen Pyramiden entfallen die Symmetrielinien, d. h., es sind zusätzliche Maße einzutragen, um die Lage der Pyramidenspitze zu kennzeichnen. Diese Maße entfallen, wenn die Spitze direkt über einer Grundflächenecke liegt.

Pyramidenstümpfe mit quadratischen Grund- und Deckflächen haben deckungsgleiche Trapeze als Seitenflächen (**3**.99). Bei Pyramiden mit rechteckigen Grund- und Deckflächen sind die Seiten paarweise deckungsgleich (**3**.100). Der Pyramidenstumpf hat fünf Maße. Bei beiden Körpern kann ebenfalls die Seitenansicht fortfallen.

Über Verjüngung, Spitzenwinkel und Neigung s. Abschn. 4.4.

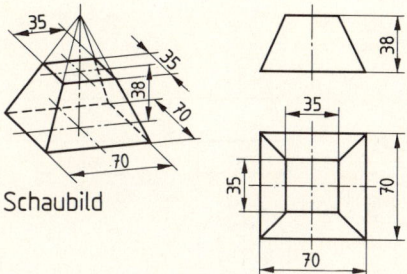

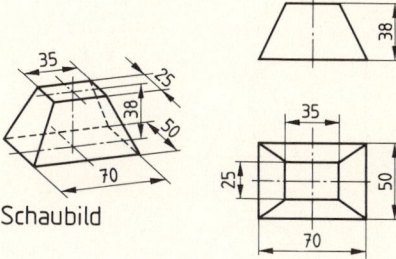

3.99   Pyramidenstumpf mit quadratischer Grundfläche

3.100   Pyramidenstumpf mit rechteckiger Grundfläche

Übungen

1. Zeichnen Sie die Werkstücke **3**.101 und **3**.102 in den erforderlichen Ansichten und tragen Sie die Maße ein.

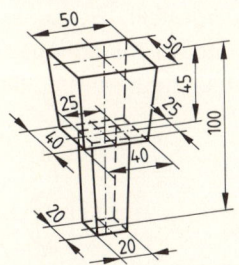

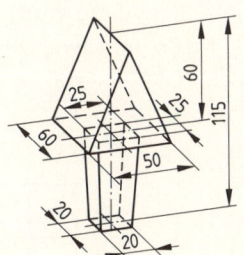

3.101   Amboßeinsatz

3.102   Abschroter

2. Die Werkstücke **3**.103 bis **3**.105 sind in drei Ansichten zu zeichnen und zu bemaßen. Fehlende Körperkanten sind zuvor zu ergänzen. Das Loch 30 × 15 in Bild **3**.105 ist ein Durchgangsloch.

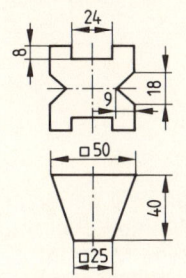

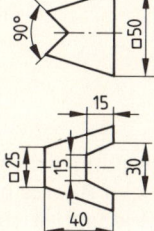

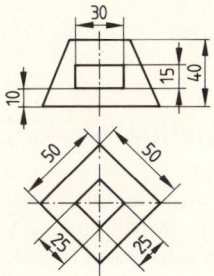

3.103   Genuteter Klotz

3.104   Genuteter Klotz

3.105   Klotz mit Durchbruch

3.5.5 Kegelige Werkstücke

Kegel. Die üblichen Ansichten eines geraden Kegels bestehen aus einem Kreis und zwei gleich großen gleichschenkligen Dreiecken. Es sind aber nur zwei Ansichten erforderlich (**3.**106b). Die Vorderansicht allein kann ausnahmsweise genügen (**3.**106c), wenn keine Zweifel darüber bestehen, daß es sich um einen g e r a d e n Kegel handelt. Mit zwei Maßen, dem Durchmesser *d* der Grundfläche und der Körperhöhe *h*, sind die Abmessungen des Kegels festgelegt.

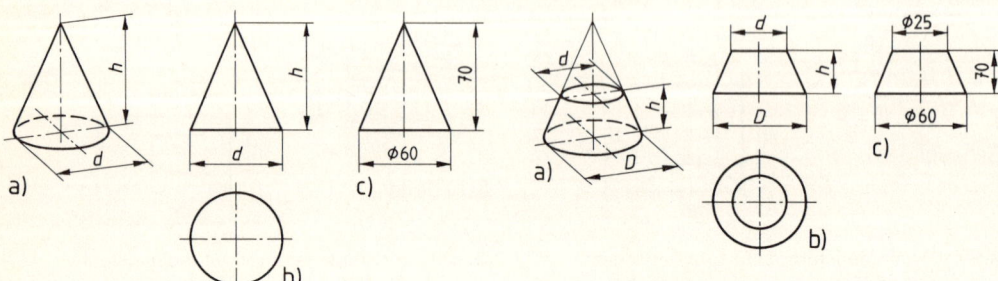

3.106	Kegel	3.107	Kegelstumpf
	a) Schaubild		a) Schaubild
	b) zwei Ansichten		b) zwei Ansichten
	c) eine Ansicht		c) eine Ansicht

Der Kegelstumpf (**3.**107) wird durch zwei Kreise und ein Trapez oder (wenn die Eindeutigkeit der Zeichnung nicht fragwürdig wird) durch ein Trapez allein dargestellt.

Der Kegelstumpf hat drei Maße, und zwar die Durchmesser *D* und *d* und die Körperhöhe *h*. Ein Werkstück mit kegeliger Form zeigt Bild **3.**108. Kegelverjüngung, Kegelwinkel und Neigung s. Abschn. 4.3.

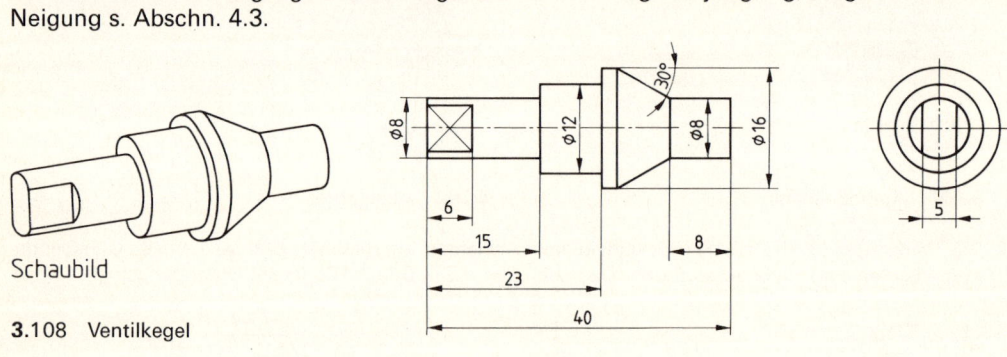

Schaubild

3.108   Ventilkegel

3.5.6 Kugelige Werkstücke

Kugel. Der Umriß einer Kugel ist ein Kreis, gleichgültig, von welcher Seite sie betrachtet wird. Die Größe wird durch den Durchmesser oder den Radius bestimmt. Für die Kugel sind, strenggenommen, drei Ansichten nötig. Es genügt jedoch e i n e Ansicht; die Maßzahl, bei Durchmessern stets mit dem Durchmesserzeichen versehen, muß aber dann den Zusatz „Kugel" erhalten (**3.**109). Das Wort „Kugel" wird v o r die Maßzahl in gleicher Größe geschrieben (**3.**110).

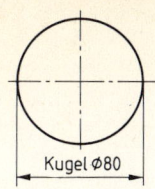

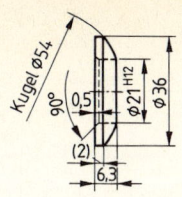

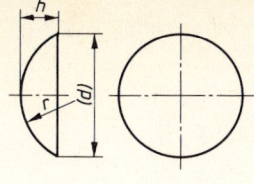

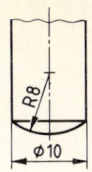

| 3.109 Kugel | 3.110 Kugelscheibe | 3.111 Kugelabschnitt | 3.112 Bolzenende |

Der Kugelabschnitt wird meist in zwei Ansichten gezeichnet (**3**.111) und hat drei Abmessungen: Kugeldurchmesser bzw. -halbmesser r, Durchmesser d der Grundfläche und Höhe h. Je nach den Umständen kann man die Maßzahl für d oder die für h einklammern oder eins der beiden Maße fortlassen.

Bei Linsenkuppen an Bolzen- und Schraubenenden usw. entfällt das Wort „Kugel" (**3**.112). Ein Werkstück mit kugeliger Form zeigt Bild **3**.113.

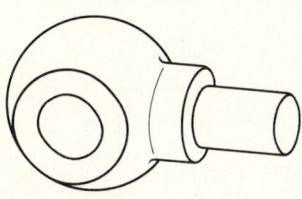

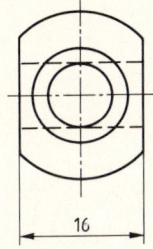

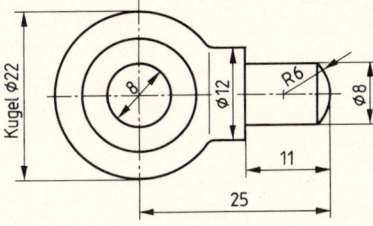

Schaubild

3.113 Kloben

Ein gerundeter Übergang mit kleinem Halbmesser, wie er zwischen dem kugeligen und dem zylindrischen Teil des Klobens auftritt, wird mit einer schmalen, die Umrißlinien nicht berührenden Vollinie (Lichtkante) angegeben, wenn das Bild dadurch anschaulicher ist (**3**.113).

Übung

Lagerschale. Zeichnen Sie eine hohle Rundsäule $\varnothing$ 78/$\varnothing$ 36, 155 lang, in Vorderansicht (liegend) und Seitenansicht. Die Säule ist an beiden Enden kegelig auf $\varnothing$ 55/$\varnothing$ 50 und 50 lang nach den Stirnflächen verjüngt. Der in der Mitte verbleibende Teil wird kugelig $\approx \varnothing$ 77,8 geformt. Er ist vorn und hinten geflacht. Die beiden Flächen sind parallel und haben einen Abstand von 55. Fertigen Sie die Zeichnung mit Maßeintragungen an.

3.6 Arbeitsfolge beim Aufzeichnen

Es ist für Anfänger sehr nützlich, eine geregelte Arbeitsfolge beim Aufbau einer Darstellung einzuhalten. Es gibt zwei Möglichkeiten:

1. Die Arbeitsfolge kann sich nach den Grundformen des Werkstücks richten. Dieses Verfahren soll an dem Halter (**3**.114) gezeigt werden. Er wird hierzu gedanklich zergliedert, und zwar in Nabe, Bohrung, Grundplatte, Steg, Leiste und Schraubenlöcher (**3**.115).

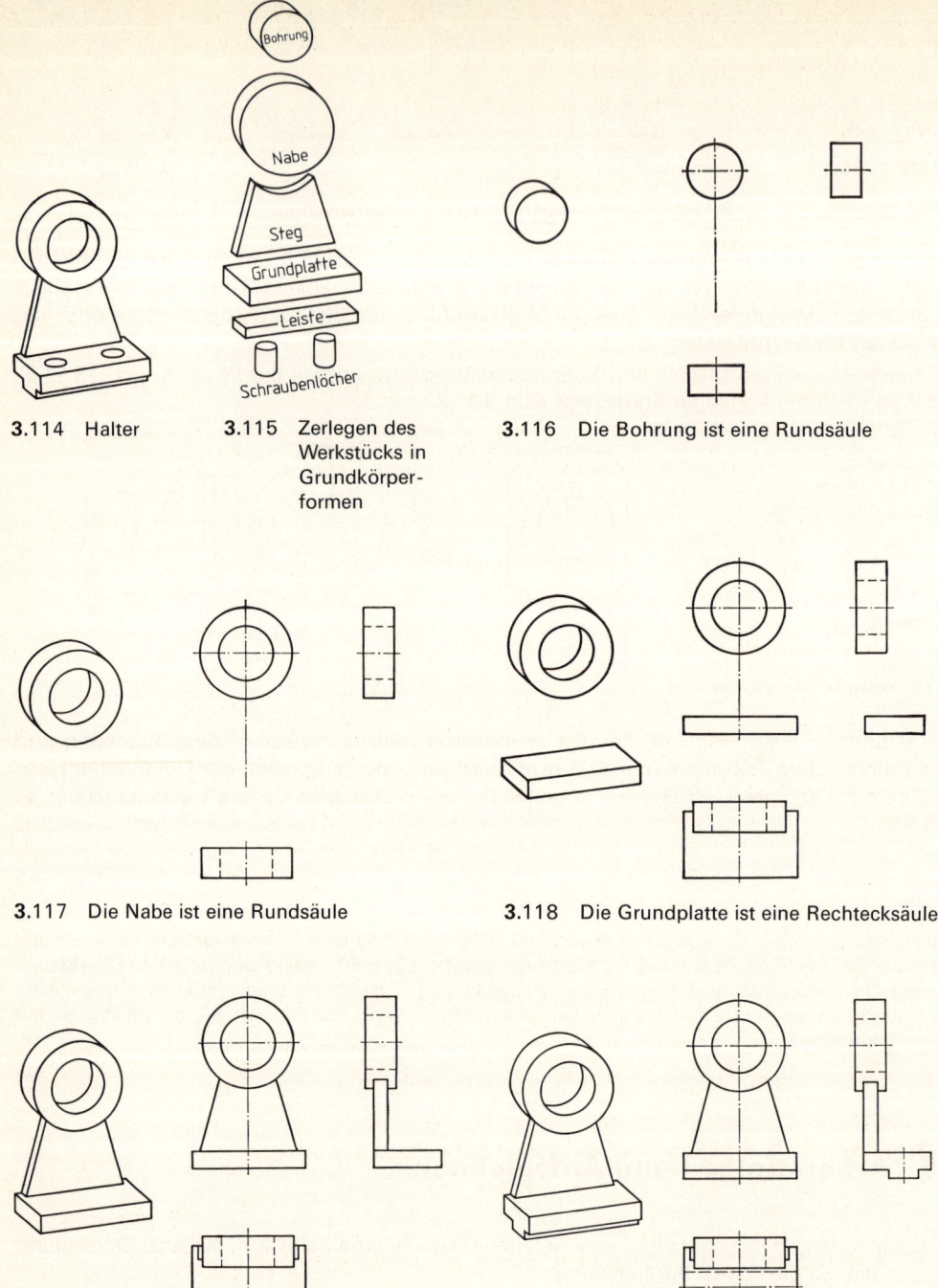

3.114　Halter

3.115　Zerlegen des Werkstücks in Grundkörperformen

3.116　Die Bohrung ist eine Rundsäule

3.117　Die Nabe ist eine Rundsäule

3.118　Die Grundplatte ist eine Rechtecksäule

3.119　Die Grundform des Steges ist eine Trapezsäule

3.120　Die Leiste ist eine Rechtecksäule

Diese Formen zeichnet man einzeln der Reihe nach (**3**.116 bis **3**.121) und vereinigt sie zur Darstellung. Erst wenn eine Grundform in allen drei Ansichten gezeichnet ist, folgt die nächste. So kommt System in die Zeichenarbeit.

Auch die Maße werden planmäßig eingetragen (**3**.122). Die Bohrung erhält zwei Maße: Durchmesser 36 und Länge 20. Für die Nabe wären ebenfalls zwei Maße nötig. Da aber die Länge gleich der Länge der Bohrung ist, wird nur der Nabendurchmesser 60 eingetragen.

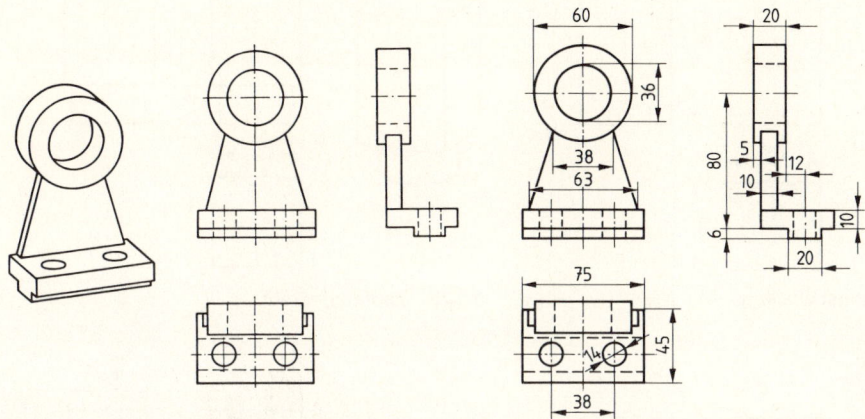

3.121   Die Schraubenlöcher sind Rundsäulen   3.122   Bemaßte Darstellung

Von Bedeutung ist die Bauhöhe. Darunter ist der Abstand 80 von der Bohrungsmitte bis zur Unterfläche der Grundplatte, der Auflagefläche des Halters, zu verstehen. Die Grundplatte erhält die Maße: Länge 75, Breite 45 und Dicke 10. Außerdem muß angegeben sein, daß sie gegenüber der hinteren Nabenstirnfläche um 5 versetzt ist. Für die Höhe des Stegs ist ein Maß nicht erforderlich, weil sie durch die Bauhöhe festliegt. Ebenso erübrigt sich die Bemaßung der Stegausrundung, die durch die Nabe schon bestimmt ist. Bemaßt werden daher nur die untere und obere Breite 63 und 38 und die Stegdicke 10.

Die Führungsleiste ist so lang wie die Grundplatte, so daß nur Breite 20, Dicke 6 und die Lage der Leiste einzutragen sind. Mit dem Maß 12 ist nicht nur die Mitte der Leiste festgelegt, sondern auch die Entfernung der Schraubenlochmitte von der vorderen Nabenstirnfläche. Der Abstand von Mitte zu Mitte Schraubenloch wird mit 38 und der Durchmesser mit 14 angegeben.

Folgerichtige Bemaßung gibt Gewähr, daß kein Maß vergessen oder doppelt eingetragen wird.

2. Die Arbeitsfolge kann dem Fertigungsablauf angeglichen werden. Das ist besonders bei Teilen möglich, die durch Spanabnahme aus vollem Werkstoff gefertigt werden. Ein Beispiel ist der Gabelkopf (**3**.123). Das Ausgangshalbzeug hat quadratischen Querschnitt 60 und ist 110 lang (**3**.124). Jeder Fertigungsgang wird in allen Ansichten ohne Eintragen der Maße gezeichnet.

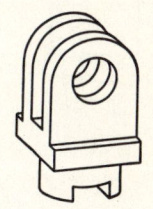

Unten entsteht durch Drehen ein Zapfen ⌀ 50,25 lang (**3**.125). In dessen Stirnfläche wird eine Nut, 25 breit und 10 tief, gefräst (**3**.126). Vorder- und Rückenfläche erhalten durch Fräsen einen Absatz, 70 lang

3.123   Gabelkopf

und 5 tief (**3.**127). Die Dicke des Kopfes beträgt somit 50 und die Höhe der beiden Vorsprünge 15. Nun wird der Kopf halbkreisförmig gerundet (**3.**128). Dazu ist auch eine waagerechte Mittellinie zu ziehen. Der Mittelpunkt des Bogens liegt 55 vom Zapfenansatz entfernt. Dann erhält der Kopf eine durchgehende Bohrung ⌀ 30 (**3.**129) und schließlich einen Schlitz, 25 breit und 62 tief (**3.**130).

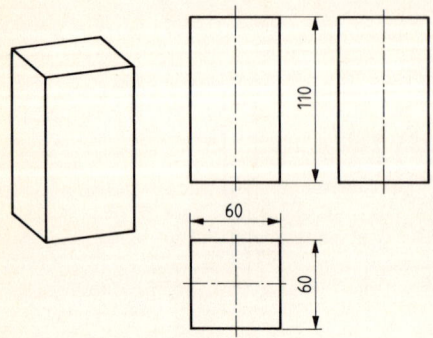

3.124   Ausgangshalbzeug

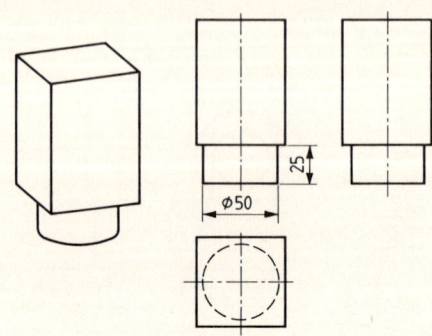

3.125   Zapfen gedreht

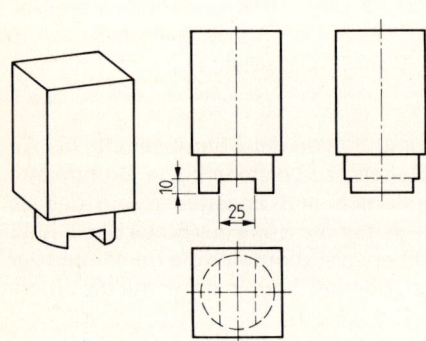

3.126   Nut gefräst

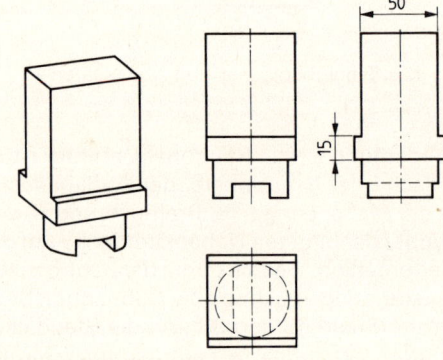

3.127   Absätze gefräst

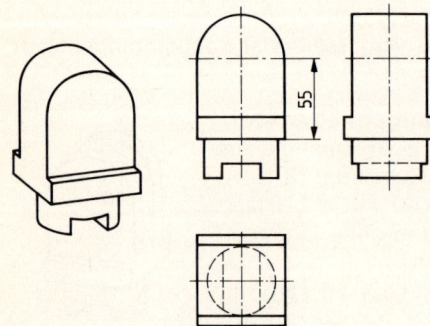

3.128   Kopf halbrund gefräst

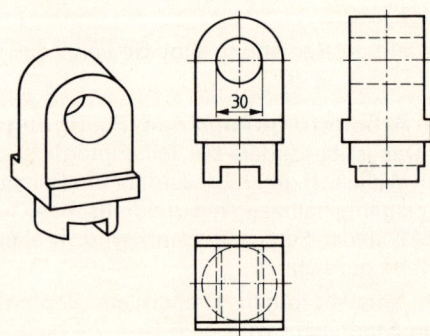

3.129   Loch gebohrt

68

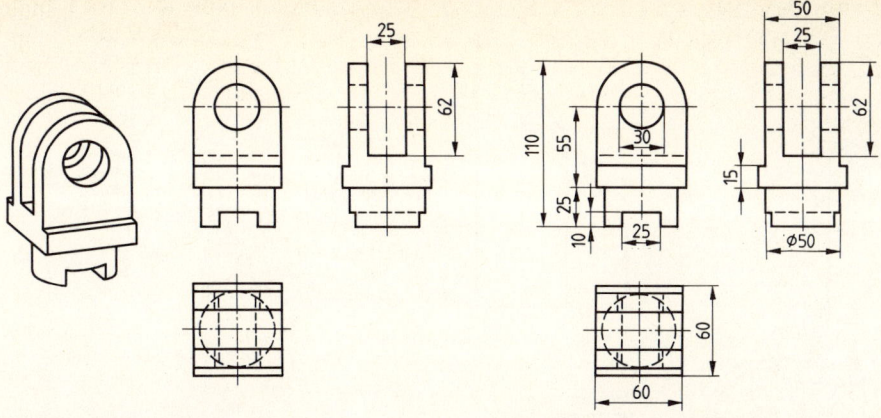

3.130   Schlitz gefräst

3.131   Bemaßte Darstellung

Nachdem alle Linien geprüft sind, wird nachgezogen und dann bemaßt (**3.**131). Die Auswahl der Maße und die Reihenfolge der Eintragung richten sich ebenfalls nach den Fertigungsgängen. (Arbeitsgänge bei der Herstellung einer Schnittzeichnung s. Abschn. **3.**7.)

Vom Einhalten der Arbeitsfolgen hat der Lernende erheblichen Nutzen. Der Konstrukteur wird aber zunächst von dem Zweck und der Funktion des Werkstücks unter Berücksichtigung wirtschaftlicher Fertigung ausgehen und dann ganz von selbst auf die geometrischen Formen kommen.

Übungen

Zeichnen Sie in geeignetem Maßstab die folgenden, zum Teil nur mit einigen Hauptmaßen versehenen Werkstücke in den üblichen drei, **3.**142 jedoch in zwei Ansichten, und tragen Sie alle zur Fertigung nötigen Maße ein.

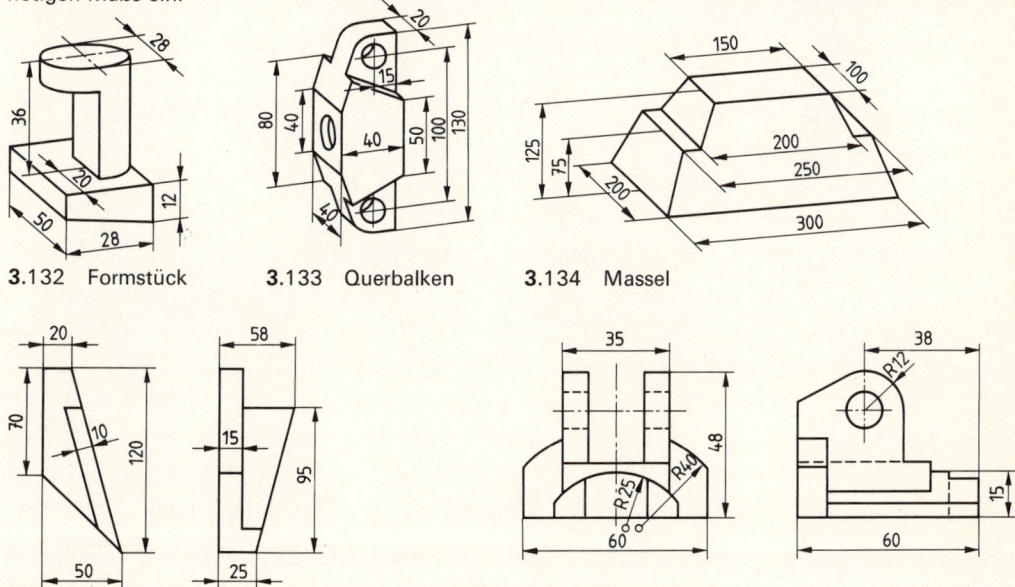

3.132   Formstück

3.133   Querbalken

3.134   Massel

3.135   Winkel

3.136   Gleiter

69

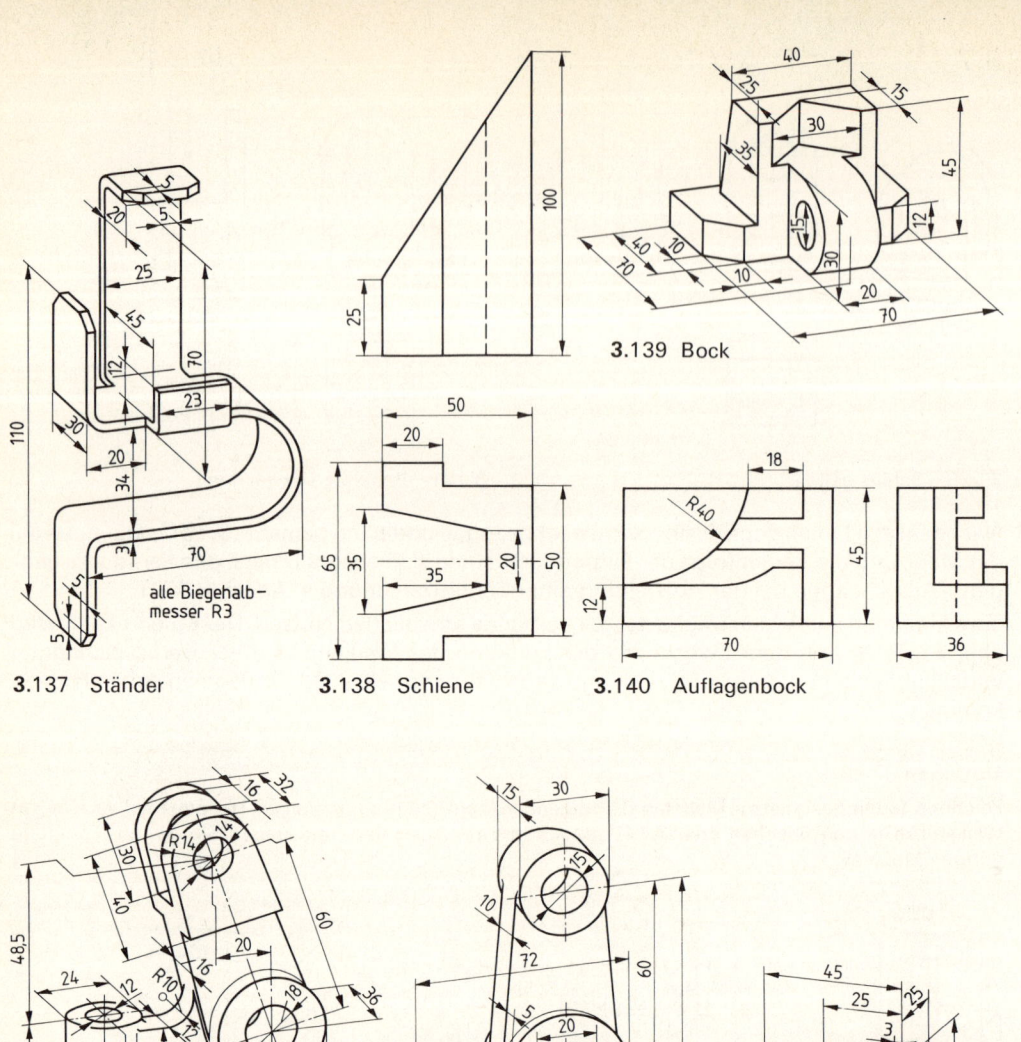

alle Biegehalb-
messer R3

3.137 Ständer

3.138 Schiene

3.139 Bock

3.140 Auflagenbock

3.141 Winkelgelenk

3.142 Schalthebel

3.143 Hebel

3.7 Schnittdarstellungen (DIN 6 T2)

Hohle Werkstücke werden im Schnitt dargestellt. Hierbei wird angenommen, das Werkstück sei in Längsrichtung der Körperachse in Hälften zerlegt und die vordere Hälfte fortgenommen (**3**.144), so daß das Innere des Werkstücks zu sehen ist (**3**.145). Der Hohlraum wird nun nicht mehr durch Strichlinien (**3**.146), sondern durch Vollinien dargestellt (**3**.147). Schnittflächen werden in der Zeichnung schraffiert. Ein solcher Schnitt heißt Vollschnitt. Beim Halbschnitt ist nur die Hälfte eines Zeichnungsbildes geschnitten dargestellt (s. Abschn. 4.1).

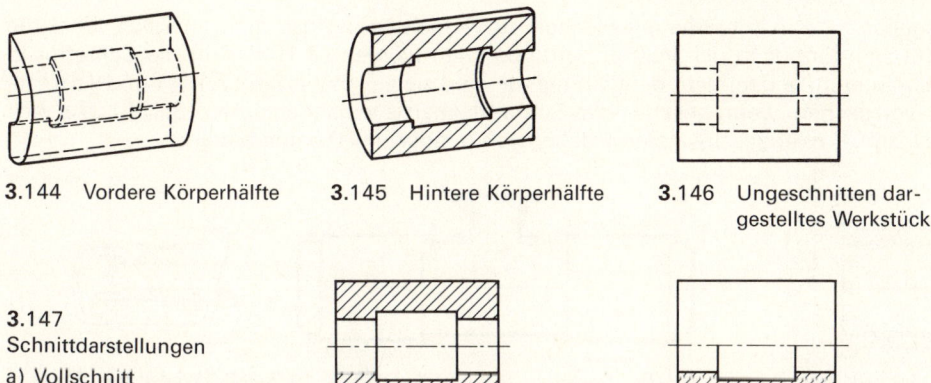

3.144 Vordere Körperhälfte   3.145 Hintere Körperhälfte   3.146 Ungeschnitten dargestelltes Werkstück

3.147
Schnittdarstellungen
a) Vollschnitt
b) Halbschnitt

Die Schnittzeichnung zeigt den Hohlraum des Werkstücks klarer als eine Ansichtszeichnung, erfordert aber etwas mehr Arbeit.

Schraffuren (DIN 201) werden mit schmalen Vollinien gezeichnet und liegen unter 45° zu den Hauptumrißlinien oder zur Symmetrieachse. Richtung und Abstand der Schraffurlinien desselben Werkstücks sind einheitlich. Der Abstand richtet sich nach der Größe der Schnittfläche und darf weder zu groß noch zu klein sein (**3**.148).

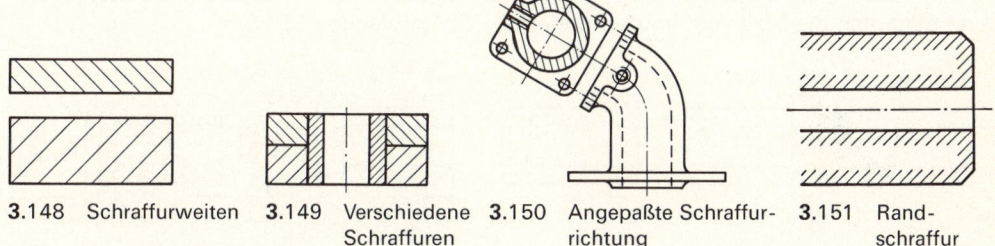

3.148 Schraffurweiten   3.149 Verschiedene Schraffuren   3.150 Angepaßte Schraffurrichtung   3.151 Randschraffur

Schnittflächen verschiedener Werkstücke erhalten unterschiedliche Schraffuren durch entgegengesetzte Richtungen oder verschiedene Abstände. Bei nebeneinanderliegenden Schnittflächen können auch beide Möglichkeiten angewendet werden (**3**.149). Von der üblichen Richtung der Schraffurlinien wird bei schrägliegenden Schnittflächen abgewichen und eine der Lage der Fläche angepaßte Richtung gewählt (**3**.150). In großen Schnittflächen kann die Schraffur auf die Randzonen beschränkt werden (**3**.151).

Strichlinien für verdeckte Körperkanten fallen in Schnittzeichnungen fort (**3**.152), es sei denn, daß sie zur eindeutigen Darstellung des Werkstücks unentbehrlich sind.

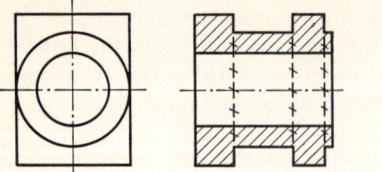 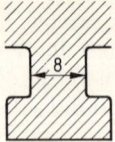

3.152   Strichlinien sind hier überflüssig   **3**.153   Unterbrochene Schraffur

Maßangaben sind in schraffierten Flächen zu vermeiden. Ist das nicht möglich, muß die Schraffur zum Einsetzen der Maßzahl unterbrochen werden (**3**.153). Tritt die Schraffur in schmalen Schnittflächen nicht deutlich hervor, sind sie zu schwärzen (**3**.154) und I n n e n - f u g e n vorzusehen, wenn geschwärzte Schnittflächen aneinanderstoßen (**3**.155). Der Abstand zwischen zwei geschwärzten Flächen soll mindestens 0,5 mm betragen.

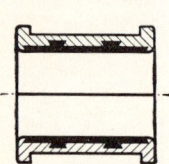 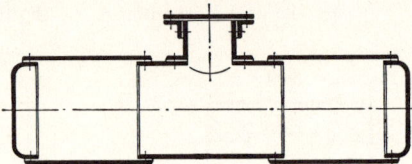 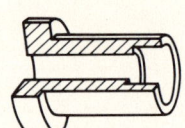

3.154   Schwärzung schma-   **3**.155   Kessel   **3**.156   Werkstück (Buchse)
ler Schnittflächen

Die Arbeitsgänge bei der Herstellung einer Schnittzeichnung, wie sie anfangs zu empfehlen sind, sollen am Beispiel einer Buchse gezeigt werden (**3**.156). Zuerst sind die einzelnen Grundformen des Werkstücks der Reihe nach in schmalen Linien zu zeichnen, gleichgültig, ob es sich um sichtbare oder verdeckte Körperkanten handelt (**3**.157 a). Dann werden die Umrisse der Schnittflächen (**3**.157 b) und die restlichen des ganzen Schnittbilds (**3**.157 c) nachgezogen. Die rechte der noch verbleibenden Linien ist eine sichtbare Kante des umlaufenden Absatzes im Hohlraum und muß breit gezogen werden (**3**.157 d). Die letzte Linie dagegen stellt den verdeckten, außen umlaufenden Absatz dar. Sie wird aber nicht gestrichelt, sondern entfernt, da der Absatz aus den später einzuschreibenden Maßen $\varnothing$ 35 und $\varnothing$ 25 hervorgeht. Dann trägt man die Maße ein und schraffiert die Schnittflächen (**3**.157 e).

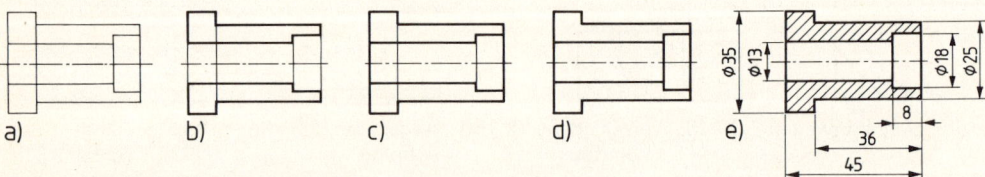

3.157   Arbeitsgänge beim Anfertigen einer Schnittzeichnung

a) aufgezeichnete Grundkörperformen, b) Nachziehen der Schnittflächen, c) Nachziehen des vollständigen Umrisses, d) Prüfen der restlichen Linien, e) bemaßte Schnittdarstellung

Liegen Schraubenlöcher nicht in der Schnittebene, werden sie in Gedanken in der Seitenansicht in die Achse (hier um 45°) gedreht, demnach mitgeschnitten und durch Vollinien dargestellt (**3**.158).

Es ist nicht möglich, daß eine Voll-
linie durch eine Schnittfläche
läuft oder daß eine Schnittfläche
von einer Strichlinie begrenzt
wird. Körperkanten, die bei einem
Halbschnitt auf die Mittellinie fallen,
sind darzustellen.

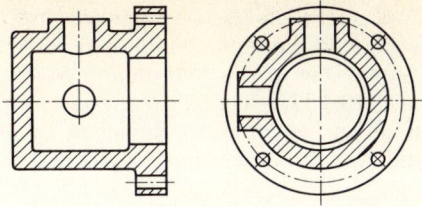

3.158   Schnittdarstellung

Schnittlinien. Der Schnittverlauf wird kenntlich gemacht, wenn er aus der Darstellung
nicht eindeutig hervorgeht. Das geschieht durch Schnittlinien, die als breite Strichpunktlinien
gezeichnet werden. Diese Strichpunktlinien haben kürzere Striche als Mittellinien und sollen
das Zeichnungsbild anschneiden (**3.**159). Vor den Enden der Schnittlinien werden mit den
Spitzen dagegen Pfeile angesetzt. Sie kennzeichnen die Blickrichtung und sind etwa 1,5 mal
so lang wie die Maßpfeile. Bei mehreren Schnitten durch ein Werkstück oder bei nicht
übersichtlichem Schnittverlauf werden die Schnittlinien mit hervortretenden Großbuchstaben in alphabetischer Reihenfolge versehen.

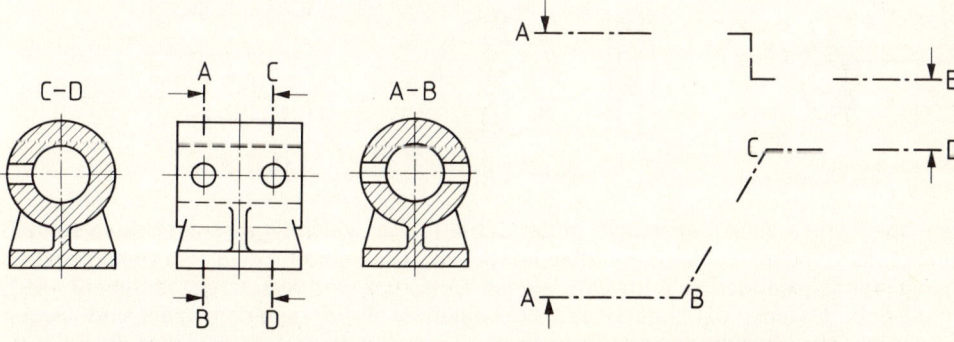

3.159   Kennzeichnung von Schnitten   3.160   Geknickte Schnittlinien

Sie stehen in Verlängerung der Strichpunktlinien und in Leserichtung zur Hauptlage des
Zeichenbogens. Außerdem wird möglichst über die Schnittdarstellung ein entsprechender
Vermerk gesetzt (z. B. „A-B", **3.**159). Die Bezeichnung eines Schnitts durch gleiche Groß-
buchstaben (z. B. „A-A") ist zulässig. Liegt der Schnitt in mehreren Ebenen, werden die
Schnittlinien geknickt und möglichst nach den Beispielen in Bild **3.**160 ausgeführt.

Schnittlinien sind jedoch nicht erforderlich, wenn Zweifel über Lage und Verlauf des
Schnittes nicht möglich sind (**3.**161 und **3.**162).

3.161   Der Schnitt durch die Mitte des Werk-   3.162   Die Kennzeichnung des Schnittverlaufs ist
        stücks wird nicht gekennzeichnet   hier nicht erforderlich

73

Volle Werkstücke, die als Einzelteile oder im Zusammenhang mit Baugruppen in Längsrichtung dargestellt sind und keine Hohlräume oder verdeckte Einschnitte aufweisen, werden nicht geschnitten. Dies gilt für Achsen und Wellen, für Schrauben, Stifte, Bolzen, Paßfedern, Keile, Griffe u. ä. (**3.**163). Ebenfalls nicht geschnitten werden im Längsschnitt dargestellte Rippen und Stege an Lagerböcken, Speichen an Rädern u. ä. (**3.**164, **3.**165). Auch Wälzkörper in den Schnittzeichnungen eines Lagers (**3.**166) und Zapfen (**3.**167) werden nicht geschnitten.

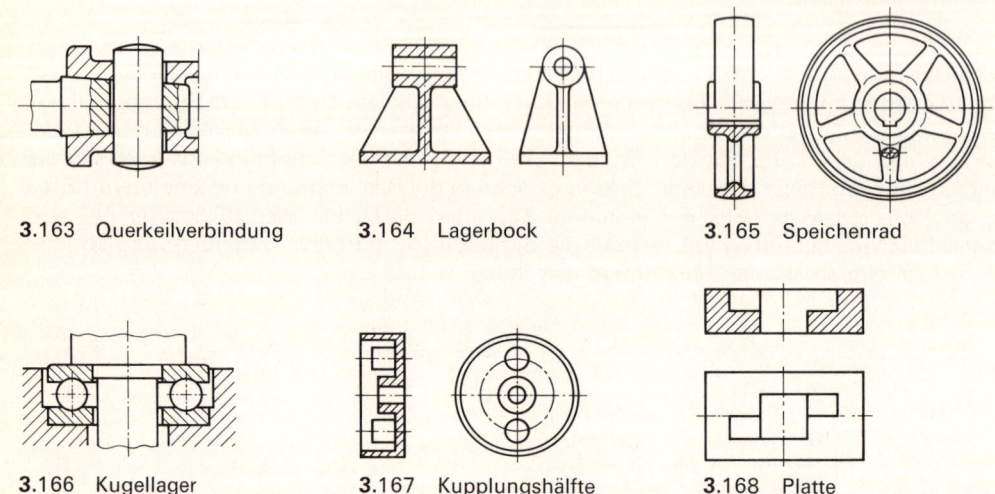

3.163   Querkeilverbindung   **3.**164   Lagerbock   **3.**165   Speichenrad

3.166   Kugellager   **3.**167   Kupplungshälfte   **3.**168   Platte

Liegen Oberflächen eines Werkstücks in der Schnittebene, zeichnet man am besten so, daß möglichst viel von dem Hohlraum sichtbar ist (**3.**168). Die Schraffur zweier in verschiedenen Ebenen getrennt liegender Schnitte am gleichen Werkstück wird versetzt gezeichnet (**3.**169), wenn die Schnittflächen der Einfachheit halber einander angrenzend dargestellt sind. Liegen zwei Schnittflächen winklig zueinander, wird der Schnitt so dargestellt, als lägen die Schnittflächen in einer Ebene (**3.**170).

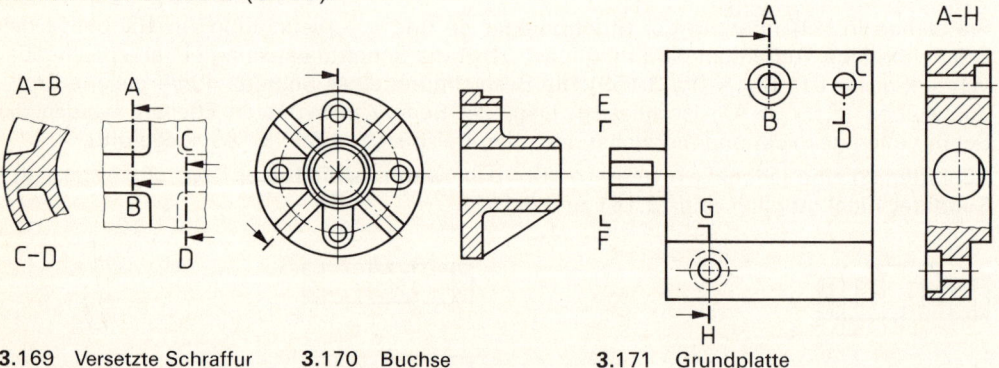

3.169   Versetzte Schraffur   **3.**170   Buchse   **3.**171   Grundplatte

Geht eine Schnittfläche in eine Ansicht über, ist die Grenze zwischen beiden durch eine Bruchlinie darzustellen (s. Schnittverlauf D–E und F–G in Bild **3.**171).

Umrisse hinter Schnittebenen sind nur dann zu zeichnen, wenn sie Wesentliches aussagen (**3.**172). Sind mehrere Elemente gleicher Form durch eine einzige Darstellung bestimmt, wird ihre Lage zueinander durch Mittellinien und Kennungen angegeben (**3.**173).

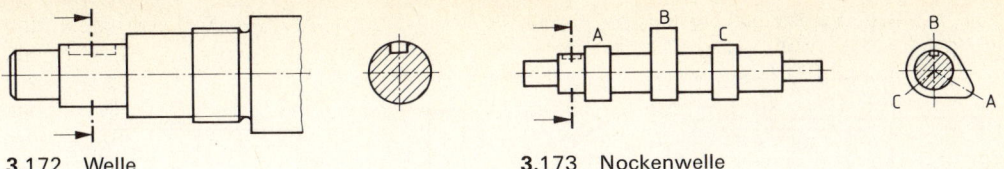

3.172 Welle   **3.173** Nockenwelle

Beispiele im Schnitt dargestellter Werkstücke bringen die Bilder **3.**174 bis **3.**176.

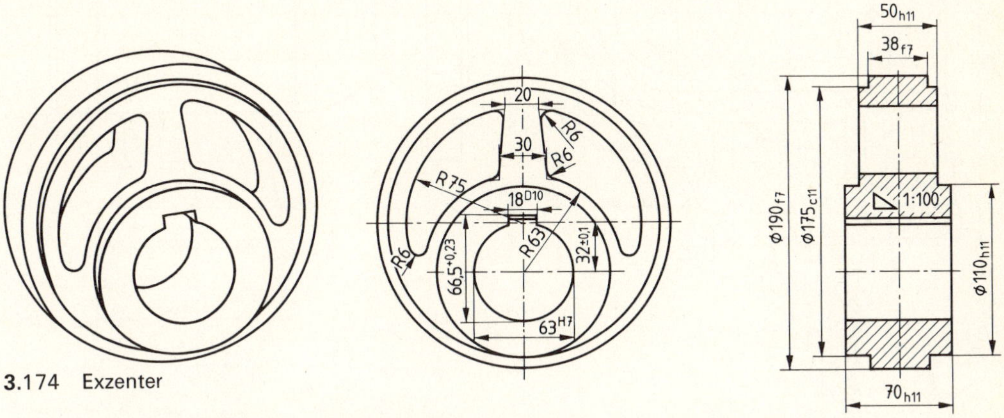

3.174 Exzenter

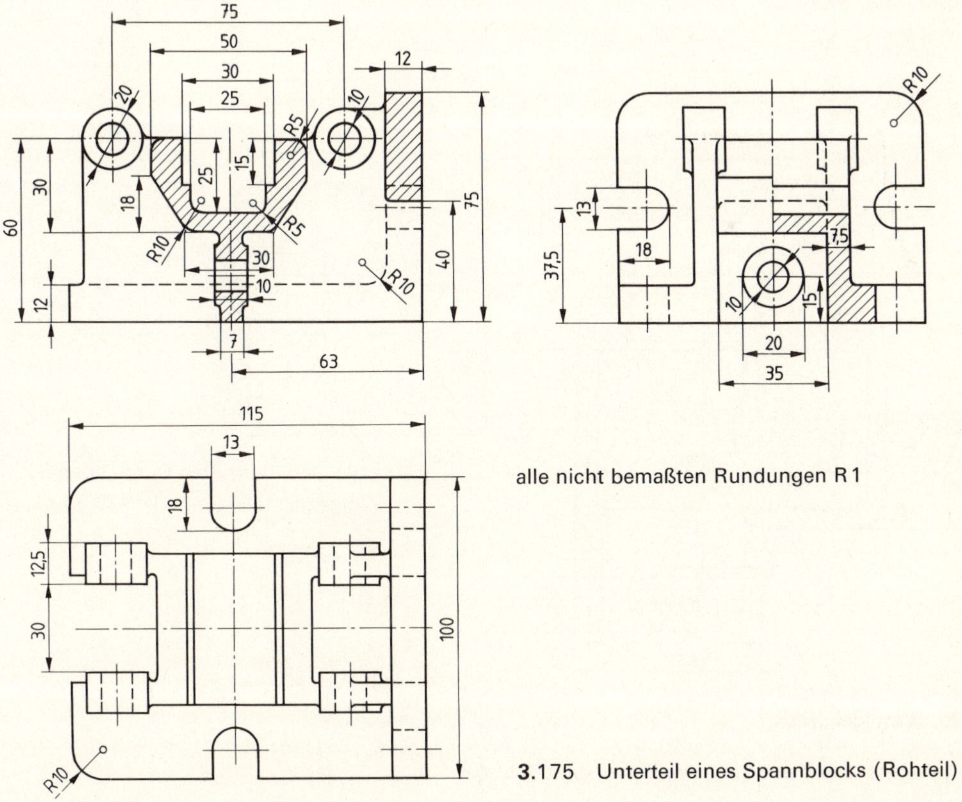

3.175 Unterteil eines Spannblocks (Rohteil)

alle nicht bemaßten Rundungen R 1

75

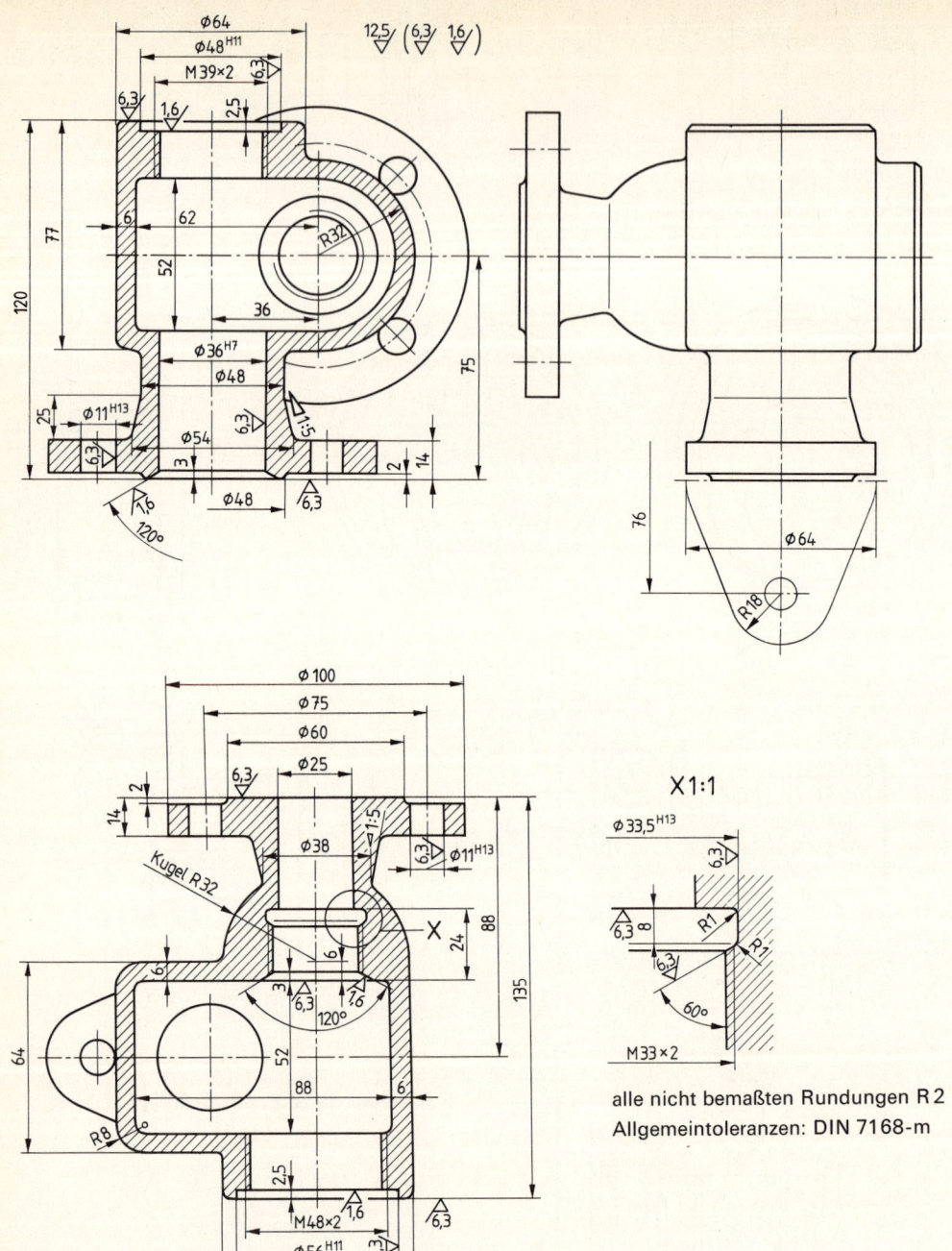

3.176 Ventilgehäuse

Anmerkung: Zur Darstellung der Einzelheit s. Bild **4.**61

alle nicht bemaßten Rundungen R 2
Allgemeintoleranzen: DIN 7168-m

X 1:1

Übungen

1. Ergänzen Sie die Seitenansicht des Mitnehmers als Schnittdarstellung (**3**.177a)

2. Die Draufsicht der Platte (**3**.177b) ist als Vorderansicht zu wählen. Zeichnen Sie dazu die beiden anderen Ansichten im Schnitt.

3. Verwandeln Sie die Vorderansicht des Sockels (**3**.177c) in eine Schnittdarstellung, zeichnen Sie dazu die Draufsicht und die Seitenansicht im Schnitt und tragen Sie die Maße ein.

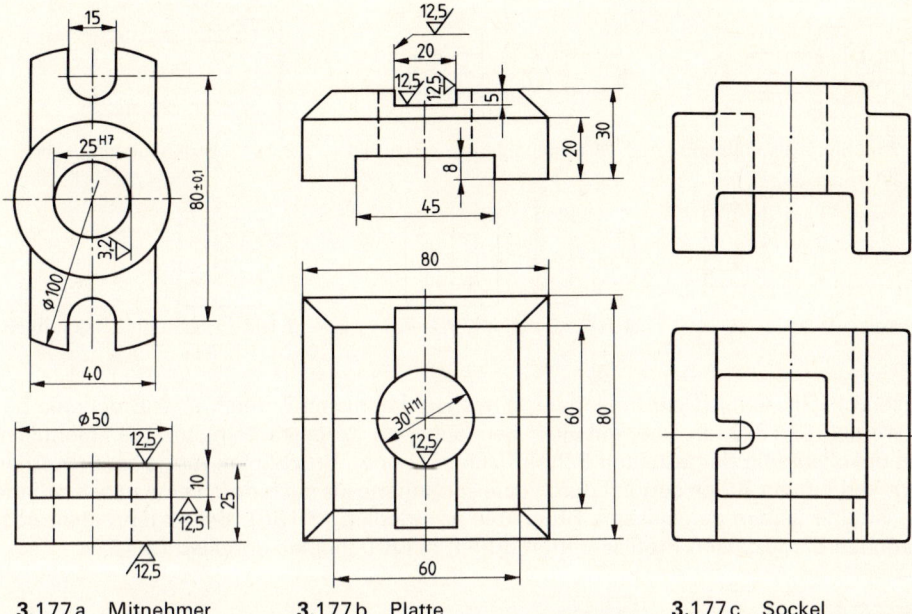

3.177a   Mitnehmer   **3**.177b   Platte   **3**.177c   Sockel

4. Zeichnen Sie das Seitenlager (**3**.178a) und den Untersatz (**3**.178b) in je drei Ansichten, die Seitenansichten im Schnitt, und tragen Sie die Maße ein. Löcher und Nut in Bild **3**.178b sind durchgehend.

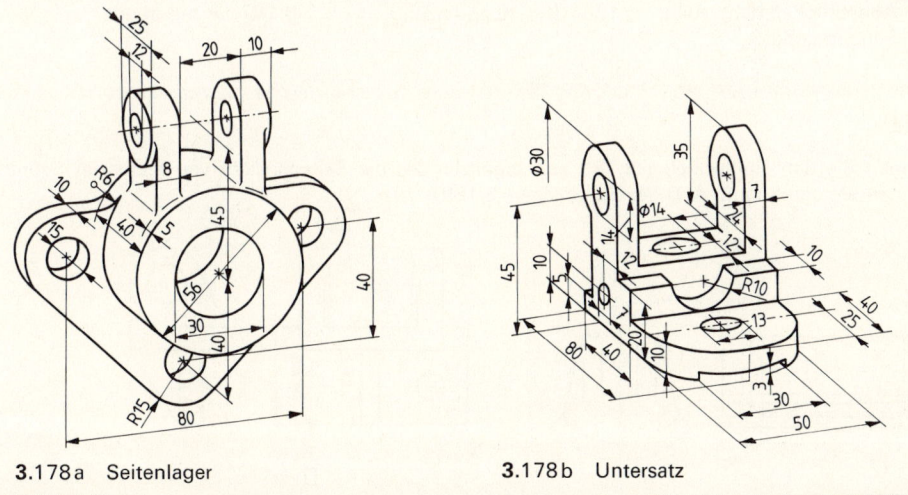

3.178a   Seitenlager   **3**.178b   Untersatz

3.8 Bruchdarstellungen (DIN 6 T1 und T2)

Gleichförmig schlanke Werkstücke werden abgebrochen dargestellt, die Bruchstellen durch Bruchlinien gekennzeichnet. Bruchlinien sind Freihandlinien (Linienart C) oder Zickzacklinien (Linienart D) (**3**.179 bis **3**.181). Die Neigung keilförmiger Werkstücke bleibt in Bruchdarstellungen unverändert (**3**.182, **3**.183).

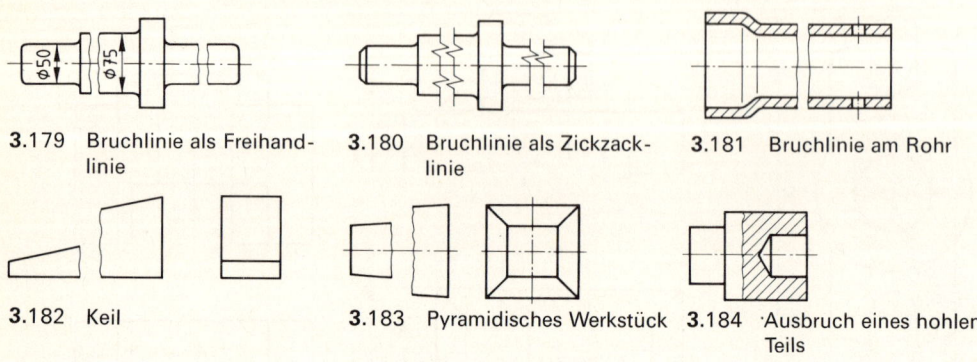

3.179 Bruchlinie als Freihand-
linie

3.180 Bruchlinie als Zickzacklinie

3.181 Bruchlinie am Rohr

3.182 Keil

3.183 Pyramidisches Werkstück

3.184 Ausbruch eines hohlen
Teils

Ein Ausbruch (Teilschnitt) zur Freilegung eines Hohlraums muß durch eine Bruchlinie begrenzt werden (**3**.184), die aber mit einer benachbarten Körperkante nicht zusammenfallen soll. An unvollständig dargestellten Schnittflächen können Bruchlinien fortgelassen werden (**3**.185). Verläuft ein Bruch sowohl durch eine schraffierte als auch durch eine unschraffierte Fläche, ist eine beiden gemeinsame Bruchlinie erforderlich (**3**.186). Bei abgebrochen oder unterbrochen dargestellten Profilschnitten dürfen die Bruchlinien entfallen (**3**.187).

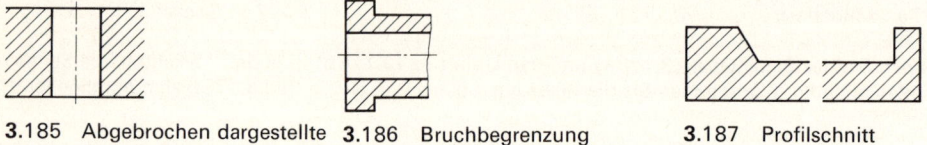

3.185 Abgebrochen dargestellte
Schnittfläche

3.186 Bruchbegrenzung

3.187 Profilschnitt

Übungen

1. Zeichnen Sie den Drehschieber **3**.188 und ergänzen Sie die Seitenansicht von rechts im Schnitt. Zeichnen Sie den Schnitt A–D des Seitenlagers **3**.189).

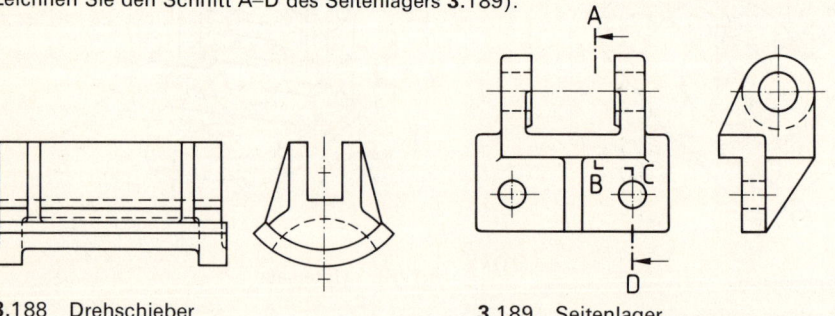

3.188 Drehschieber

3.189 Seitenlager

2. Zeichnen Sie das Spindellager **3**.190, die Kupplungsklaue **3**.191 und den Schauglashalter **3**.192 wie abgebildet, außerdem die Seitenansichten im Schnitt und tragen Sie die Maße ein. Fehlende Maße sind selbst zu wählen.

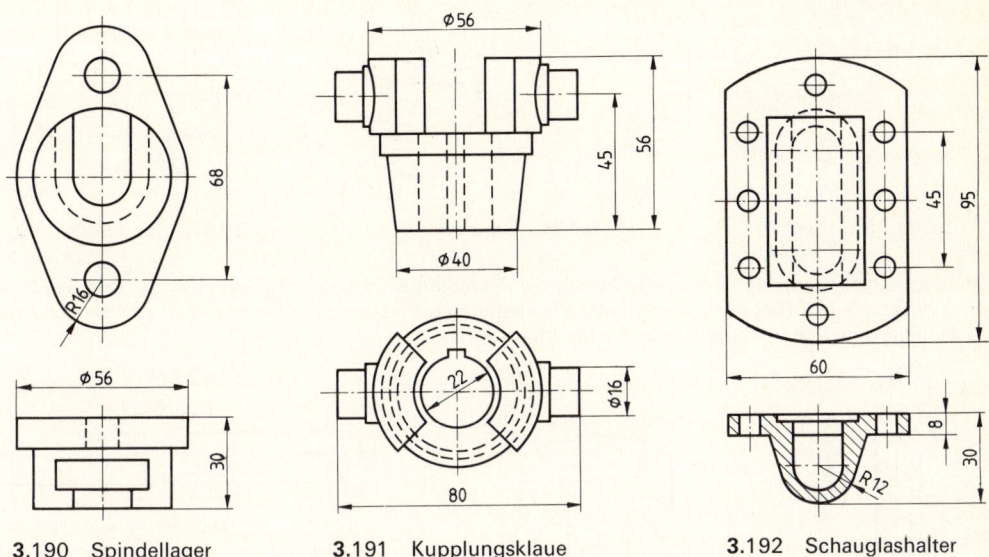

3.190   Spindellager   3.191   Kupplungsklaue   3.192   Schauglashalter

3. Zeichnen Sie den Untersatz **3**.193 in Vorderansicht (Schnitt), Draufsicht und Seitenansicht und tragen Sie die Maße ein.

4. Der Führungssockel **3**.194 ist in 3 Ansichten (Vorderansicht, Seitenansicht und im Schnitt) zu zeichnen und zu bemaßen.

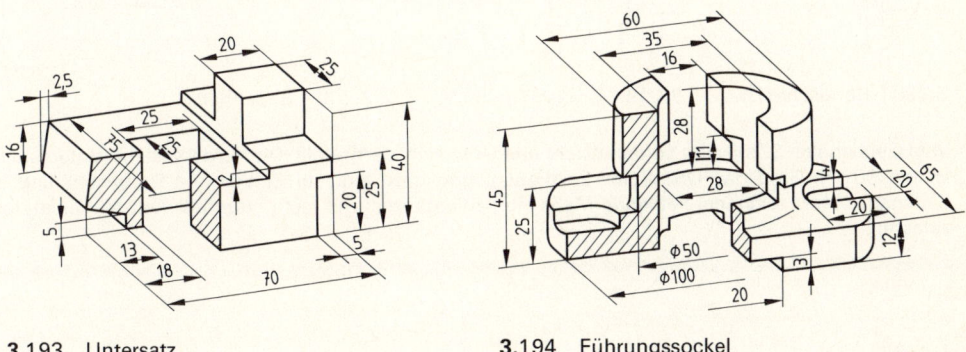

3.193   Untersatz   3.194   Führungssockel

5. Zeichnen Sie den Stützbock **3**.195, das Gehäuse **3**.196 und die Steuerhülse **3**.197 in je drei Ansichten bzw. Schnitten und tragen Sie die Maße ein. Die Nuten im Stützbock und das Loch im Gehäuse sind durchgehend.

79

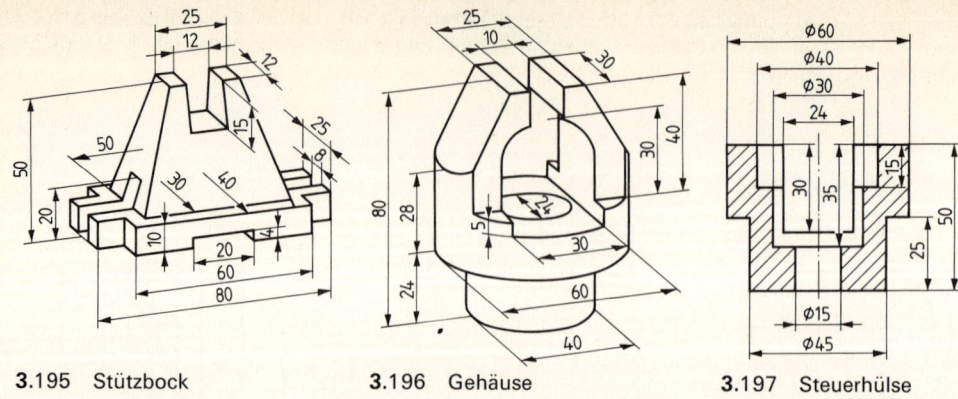

3.195 Stützbock   **3**.196 Gehäuse   **3**.197 Steuerhülse

6. Zeichnen Sie in geeigneter Vergrößerung die Abbildungen des Rundschiebers **3**.198 und des Dreh-
   schlittens **3**.199 (bei dem einige Kanten nachzutragen sind) und die Seitenansichten (die des Dreh-
   schlittens im Schnitt) und tragen Sie die Maße ein.

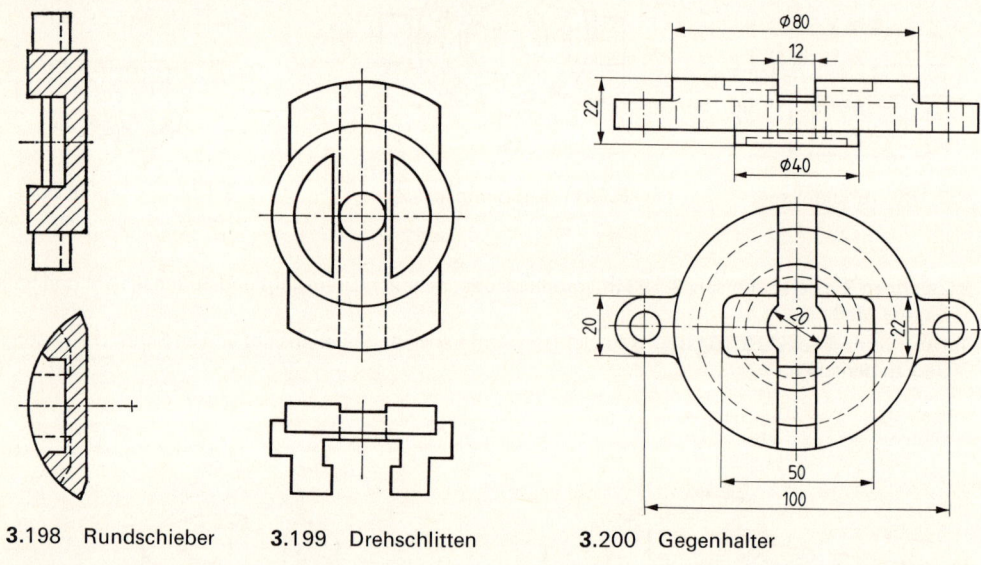

3.198 Rundschieber   **3**.199 Drehschlitten   **3**.200 Gegenhalter

7. Vom Gegenhalter **3**.200 sind Vorderansicht und Untersicht dargestellt. Die Vorderansicht (unteres Bild)
   ist um 90° im Sinn des Uhrzeigers zu drehen, und dazu sind im Schnitt die Draufsicht und die
   Seitenansicht zu zeichnen. Fehlende Maße sind zu ergänzen und nicht erforderliche Strichlinien fort-
   zulassen.

4 Technische Zeichnungen.
Besonderheiten der Darstellung und Bemaßung

4.1 Zusätzliche Ansichten. Vereinfachte Darstellung

Komplizierte Werkstücke erfordern oft mehr als 3 Ansichten (DIN 6 T 1). Zusätzlich zu Vorderansicht, Seitenansicht (meist) von links und Draufsicht lassen sich Untersicht, Rückansicht und Seitenansicht von rechts zeichnen. Für diese Anordnungen gilt:

> Die Seitenansicht von rechts steht links neben der Vorderansicht, die Untersicht über der Vorderansicht, die Rückansicht rechts neben der Seitenansicht von links. Diese Anordnung entspricht der Projektionsmethode 1 (**4.1**).

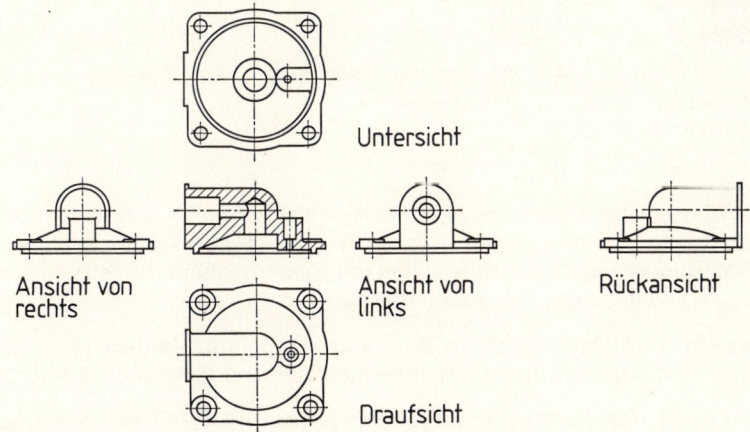

4.1 Anordnung der Zeichnungsbilder nach Projektionsmethode 1

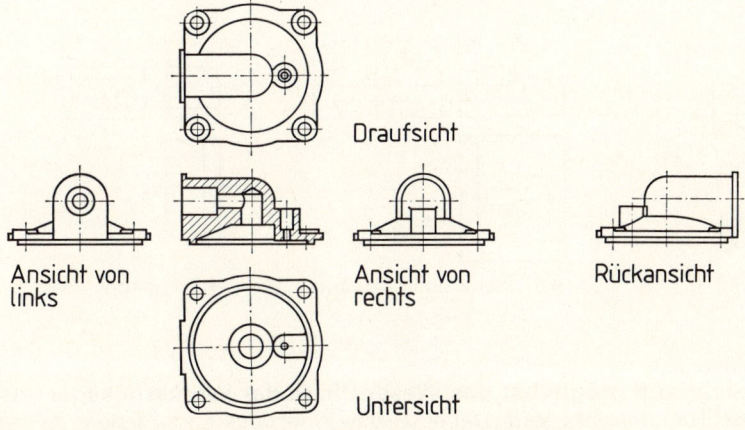

4.2 Anordnung der Zeichnungsbilder nach Projektionsmethode 3

Es sind soviel und diejenigen Ansichten zu wählen, die zum eindeutigen Festlegen der Werkstückgestalt notwendig sind – nicht mehr.

Die andere, die Projektionsmethode 3, erläutert Bild **4**.2 auf S. 81.

Soll das in einer Zeichnung angewendete Darstellungsverfahren erklärt werden, setzt man das jeweilige Symbol nach DIN 6 T1 in die Nähe des Schriftfelds (**4**.3).

Von festgelegten Ansichten (**4**.1 und **4**.2) darf abgewichen werden, z. B. bei nachträglichem Hinzufügen einer Ansicht, die wegen Platzmangels an eine andere als die übliche Stelle gesetzt wird. Es muß aber dann die Betrachtungsrichtung für jede weitere Ansicht durch einen auf die Hauptansicht bezogenen Pfeil festgelegt werden (**4**.4).

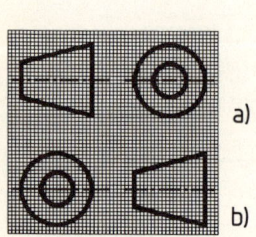

a)

b)

4.3 Symbole
  a) Projektionsmethode 1
  b) Projektionsmethode 3

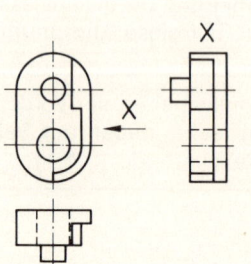

4.4 Abweichende Anordnung einer Ansicht

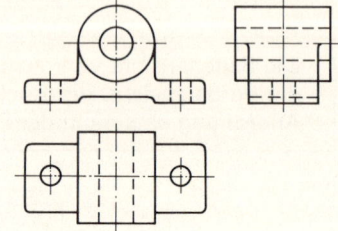

4.5 Stehlager

Grundregeln. Wie das Werkstück in der Zeichnung anzuordnen ist und welche Ansichten und Schnitte in Betracht kommen, regeln Grundsätze, die sich aber wegen der Verschiedenartigkeit der Verwendungszwecke, der Herstellung und des Aussehens der Teile nicht schematisch, sondern nur von Fall zu Fall anwenden lassen:

Die Zeichnung soll das Werkstück in der Gebrauchslage zeigen (**4**.5). Stehende Werkstücke dürfen mithin nicht liegend, liegende nicht stehend dargestellt werden.

Drehteile werden in der Fertigungslage gezeichnet (**4**.6). Diese Werkstücke sind waagerecht und gewöhnlich mit dem dünnen Ende nach rechts darzustellen. Hat ein Drehteil mehrere Fertigungslagen, wird die bei der Fertigung überwiegende Lage gewählt.

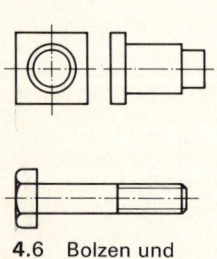

4.6 Bolzen und Schraube

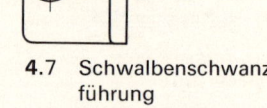

4.7 Schwalbenschwanz-führung

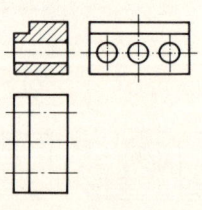

4.8 Spannkloben

Die Vorderansicht soll möglichst das Wesentliche der Werkstücksgestalt erkennen lassen, also Hauptansicht sein. Dabei ist das Werkstück so zu legen, daß verdeckte Kanten nicht oder nur in geringem Umfang auftreten (**4**.7).

Überflüssige Strichlinien fallen fort. So werden die in der Draufsicht verdeckten Bohrungen des Spannklobens (**4**.8) nicht eingestrichelt, da Durchmesser, Länge und Anzahl der Löcher in der Vorderansicht und Seitenansicht bereits festliegen.

Der Einwand, daß nicht alle Bohrungen in Bild **4**.8 Durchgangslöcher zu sein brauchen, weil die Vorderansicht nur den Schnitt durch das mittlere Loch zeigt, wird durch das Einzeichnen durchgehender Mittellinien für die Bohrungen in der Draufsicht entkräftet. Sonst müßten etwa vorhandene Sacklöcher in der Darstellung vollkommener angedeutet werden.

Ein Halbschnitt (DIN 6 T 2) ist vorteilhaft, wenn jede Bildhälfte verschiedene Merkmale des Werkstücks ausdrückt, das Werkstück innen und außen einen gewissen Formenreichtum aufweist oder sich bei symmetrischen Teilen durch den Halbschnitt merkliche Einsparungen an Arbeit ergeben. Ohne diese Vereinfachung hätten von dem Vergaserkörper in Bild **4**.9 fünf Bilder gezeichnet werden müssen. Statt dessen sind in der Seitenansicht und in der Draufsicht je zwei Bilder zu einem vereinigt worden. Zwischen der geschnittenen und ungeschnittenen Bildhälfte wird keine besondere Trennlinie gezogen.

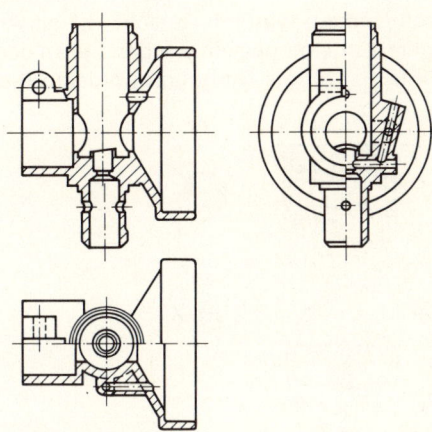

4.9   Vorgaserkörper

Stehen keine zwingenden Gründe entgegen, werden bei waagerechter Mittellinie die untere Hälfte und bei senkrechter Mittellinie die rechte Hälfte geschnitten.

Durch die Aufnahme von Teilausschnitten lassen sich zusätzliche Ansichten einsparen (**4**.10).

Damit der Blick in das Innere der Lagerbohrung frei wird, ist die linke Hälfte der Draufsicht ohne Deckel gezeichnet, während ein Teilschnitt (Ausbruch) in der Vorderansicht Schraubenloch, Schmierloch und Schmiernut freilegt.

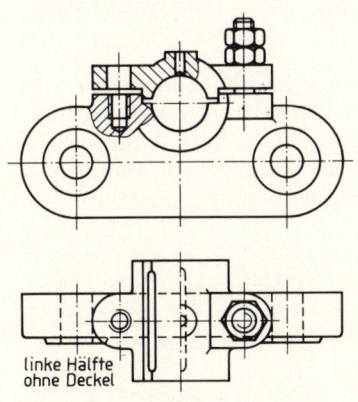

linke Hälfte
ohne Deckel

4.10   Augenlager

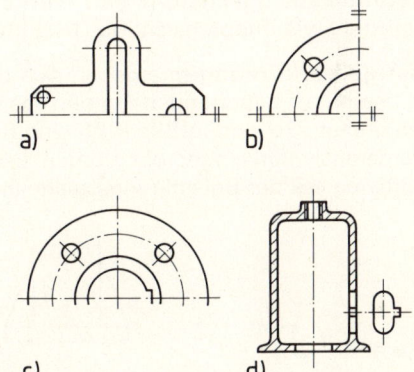

a)   b)

c)   d)

4.11   Teilansichten
a) Halbansicht, b) Viertelansicht, c) abgebrochene Darstellung, d) symmetrische Einzelheit

Teilansichten. Symmetrische Gegenstände dürfen als Halbansicht (**4**.11 a) oder als Viertelansicht (**4**.11 b) dargestellt werden, wobei die Symmetrieachse (Mittellinie) an ihren Enden

83

durch zwei rechtwinklig zu ihr angeordnete kurze, parallele, schmale Vollinien zu kennzeichnen sind. Symmetrische Gegenstände dürfen auch abgebrochen dargestellt werden (**4.**11 c).

Symmetrische Einzelheiten eines Gegenstands darf man nach Bild **4.**11 d darstellen. Dazu werden sie in die Zeichenebene gedreht als Ansicht dargestellt.

Besondere Ansichten sind hinzuzufügen, wenn in den üblichen Zeichnungsbildern die Form des Werkstücks nicht ganz erfaßt ist (**4.**12). Statt der ganzen Seitenansicht braucht man nur den Querschnitt des zur Mitte führenden Kanals zu zeichnen. Die Form des Vorsprungs am äußeren Umfang wird mit Ansicht „X" als Ausbruch dargestellt. Soll die besondere Ansicht in anderer Lage dargestellt werden, ist an den Buchstaben ein Symbol (z. B. mit Angabe des Drehwinkels) für die Drehung und deren Richtung anzufügen (**4.**13).

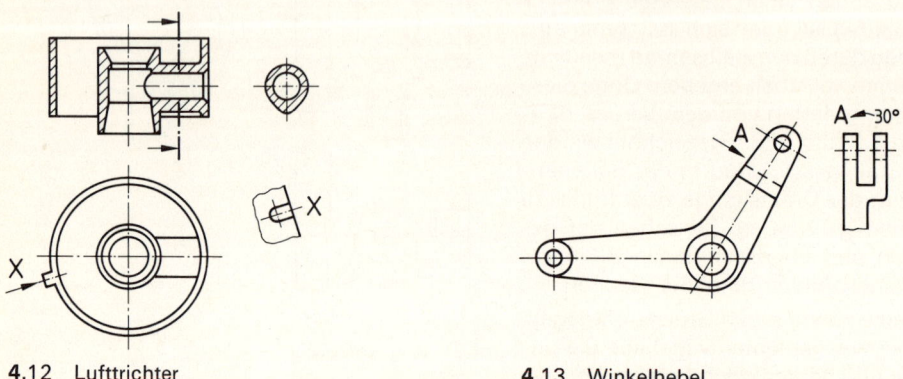

4.12   Lufttrichter

4.13   Winkelhebel

Für Rohrkrümmer, Flansche und ähnliche Teile ist nur eine Ansicht notwendig. Sie muß aber das Fehlende der Körperform aus anderen, nicht dargestellten Ansichten aufnehmen (**4.**14). Das geschieht mit Durchmessermaßen. Außerdem werden die Löcher auf dem halben, strichpunktiert gezeichneten Lochkreis mit schmalen Vollinien eingetragen.

Gegenstände aus durchsichtigen Werkstoffen (z. B. Glasgeräte für Laboratorien) werden dargestellt wie undurchsichtige (DIN ISO 6414).

Ungünstige Verkürzungen ergeben sich durch schiefliegende Werkstückoberflächen. Es ist dann besser, die betreffenden Formen des Werkstücks in die Zeichen- oder in die Schnittebene zu drehen. So sind in Bild **4.**15 eine Rippe und in Bild **4.**16 eine Befestigungslasche in die Vorderansichten eingedreht worden. In der linken Hälfte der Vorderansicht könnte man den sichtbaren Teil der Befestigungslasche fortlassen, da er nichts Wesentliches zeigt.

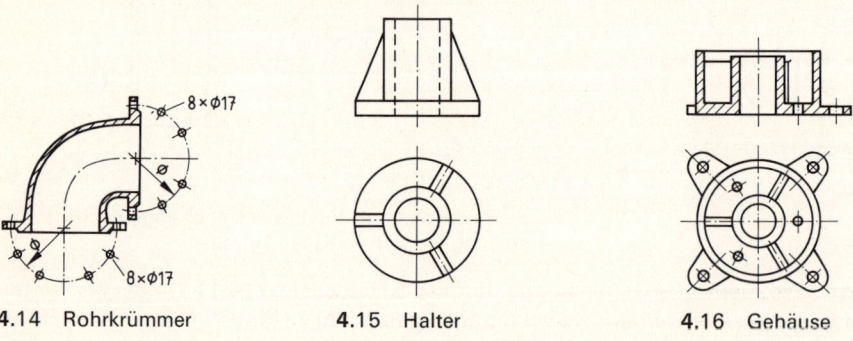

4.14   Rohrkrümmer

4.15   Halter

4.16   Gehäuse

84

Arme an Riemenscheiben und Zahnrädern, Rippen, Stege usw. sind wie volle Teile nicht im Längsschnitt, sondern ungeschnitten zu zeichnen (**4**.17). Ferner wird der nicht in der Schnittebene liegende Arm eingedreht dargestellt, wie die Seitenansicht zeigt.

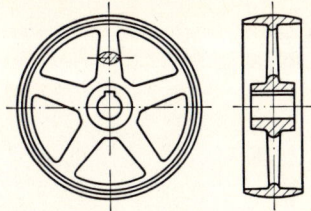
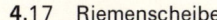

4.17 Riemenscheibe

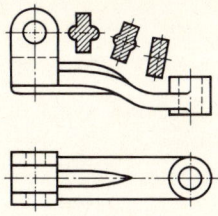

4.18 Hebel

Profilschnitte sind mit schmalen Vollinien in eine Ansicht (**4**.17) oder in normaler Linienbreite danebenzusetzen (**4**.18). Ändert sich der Armquerschnitt mit der Länge, sind mehrere Querschnitte erforderlich, deren Formen und Lage durch Maße festzulegen sind. Bei symmetrischen Profilschnitten darf die Zuordnung durch Verbinden der Schnittlinien mit den entsprechenden Mittellinien deutlich gemacht werden.

In abweichender Lage werden Ansichten gezeichnet, wenn sich infolge der Eigentümlichkeit des Werkstücks bei der normalen Darstellung unangenehme Verkürzungen ergeben. Entgegen der üblichen Regel liegt die neue Ansicht schief, als wäre das Werkstück um eine schräglaufende Kante gekippt worden (**4**.19). Unter Umständen ist der betreffende Teil des Werkstücks abgebrochen darzustellen.

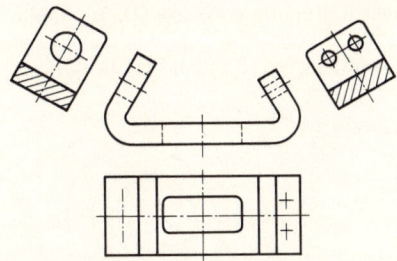

4.19 Halter

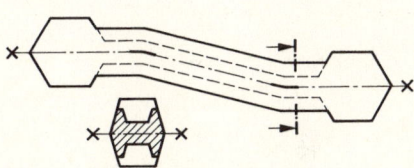

4.20 Gekröpfter Arm

Teilungsebenen (Formteilung) für Gußstücke werden durch schmale Strichpunktlinien dargestellt, die an ihren Enden durch Kreuze aus breiten Vollinien gekennzeichnet sind. An Knickstellen der Teilungsebenen sind die Strichpunktlinien breit zu zeichnen (**4**.20).

Gestaltungsregeln und Darstellungen für Schmiedestücke s. DIN 7523 T1 und T2.

Lassen sich geringe Neigungen (an Schrägen, Kegeln, Pyramiden) in der zugehörigen Projektion nicht deutlich zeigen, dürfen sie durch e i n e Kante dargestellt werden, die der Projektion des kleineren Maßes entspricht (**4**.21 und **4**.22 auf S. 86). Auf die Darstellung sehr flacher Durchdringungskurven bzw. sehr gering versetzter Schnittlinien kann verzichtet werden (**4**.23 und **4**.24).

Gegenstände, die aus gleichen Elementen bestehen (z. B. Blechpakete, Wicklungen), dürfen wie aus einem Stück bestehend dargestellt werden. Dabei ist es zulässig, die Lagerichtung der Elemente durch kurze, schmale Vollinien zu kennzeichnen (**4**.25).

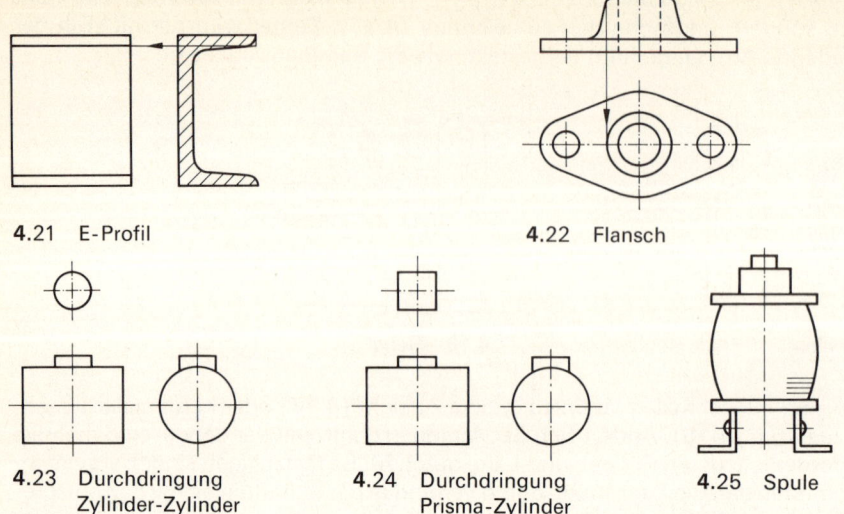

4.21   E-Profil

4.22   Flansch

4.23   Durchdringung
Zylinder-Zylinder

4.24   Durchdringung
Prisma-Zylinder

4.25   Spule

Übungen

1. Zeichnen Sie den Stützbock (**4**.26) in den erforderlichen Ansichten und tragen Sie die Maße ein. Grundplatte: Länge 100, Breite 60, Dicke 10, Rundungshalbmesser 12, Durchmesser der vier Durchgangslöcher 12, Neigung der Vorderfläche zur Grundplatte 30°, Neigung der Hauptbohrung zur Grundplatte 60°. Die Achse der Hauptbohrung tritt 20 über der Grundplattendicke aus. Durchmesser der Hauptbohrung 24, Bohrungstiefe 20 (flacher Grund), Wanddicke 8, Bunddurchmesser 50, Bundhöhe 8, Abstand von Mitte Hauptbohrung bis Mitte Laschenloch 35, Durchmesser des durchgehenden Laschenlochs 10, Laschenbreite 20, Halbmesser der Übergangsrundung am Bund 4, Stegdicke 10.

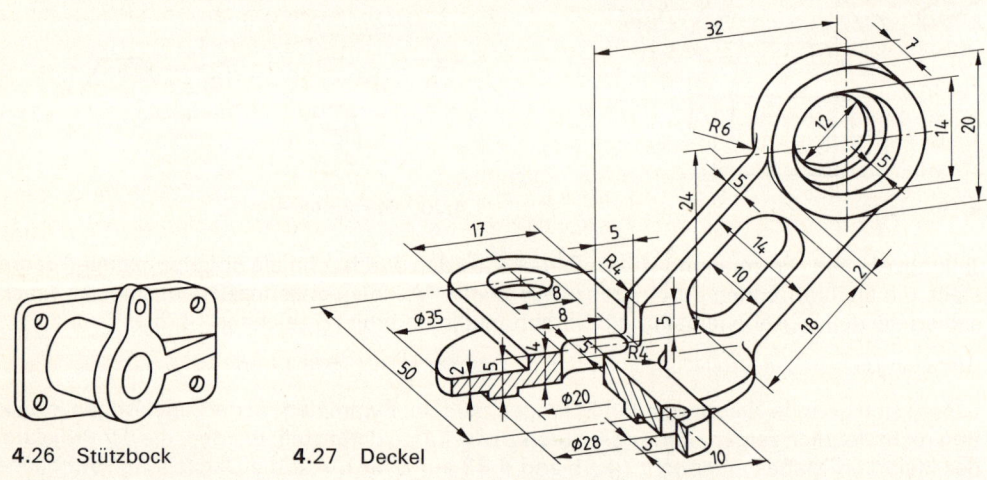

4.26   Stützbock

4.27   Deckel

2. Von dem Deckel (**4**.27) ist eine Zeichnung mit erforderlicher Bemaßung anzufertigen.

Mehrteilige Werkstücke erhalten eine Trennlinie und in Schnittzeichnungen zur Hervorhebung der Teile verschieden gerichtete Schraffuren (**4**.28).

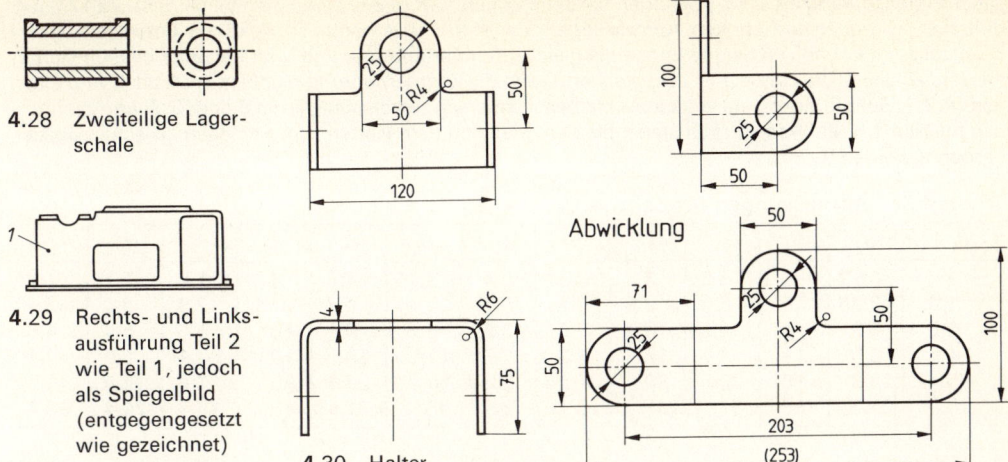

4.28 Zweiteilige Lagerschale

4.29 Rechts- und Links-
ausführung Teil 2
wie Teil 1, jedoch
als Spiegelbild
(entgegengesetzt
wie gezeichnet)

Abwicklung

4.30 Halter

Zur Fertigung von spiegelbildgleichen Teilen genügt oft eine Zeichnung (**4.29**). In die Nähe des Schriftfelds wird dann eine unter Umständen verkleinerte Darstellung der anderen Ausführung mit erläuterndem Text gesetzt.

Abwicklungen gebogener Blechstücke lassen Form und Abmessungen des Blechzuschnittes eindeutig erkennen (**4.30**). Dadurch werden Ausschneiden, Herstellen der Schnitt- und Biegewerkzeuge, Berechnung des Blechbedarfs u. a. sehr erleichtert. Abwicklungen werden gewöhnlich neben die Darstellung des Werkstücks gesetzt. Für Kaltabkanten und Kaltbiegen von flach gewalztem Stahl ist DIN 6935 zum Berechnen der gestreckten Länge heranzuziehen.

Die Biegehalbmesser reichen bis zum inneren Rundungsbogen, sind abhängig von der Dicke und der Zugfestigkeit des Werkstoffs nach DIN 250 (s. Abschn. 3.5.2) auszuwählen und dürfen die in DIN 6935 festgelegten Mindestgrößen nicht unterschreiten. Biegehalbmesser und Konstruktionsrichtlinien für Leichtmetalle s. DIN 9003 T3 und T5.

Biegelinien kennzeichnen die Biegestelle und werden als schmale Vollinien in der Mitte und gewöhnlich auf der Innenseite der Rundung gezogen. Die Lage einer Biegelinie ist durch das Maß für die Länge des abgebogenen Schenkels unter Berücksichtigung eines nach DIN 6935 ermittelten Ausgleichswerts zu bestimmen (Maß 71). Dieser dient auch zum Errechnen der gestreckten Länge (Maß 253). Falls erforderlich, können an geeigneter Stelle die Vermerke „In Walzrichtung abgekantet", „Gratseite unten" oder „Gratseite oben" eingetragen werden.

Zentrierbohrungen nach DIN 332 T1 haben Senkwinkel von 60° (**4.31**) und bestehen in den Formen A, B, C und R. Die Formen B und C haben keglige Schutzsenkungen. Bei der Form R, die immer mehr Anklang findet, ist die Lauffläche gewölbt.

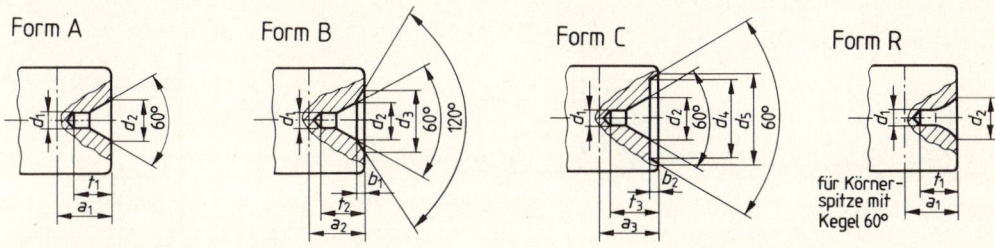

4.31 Zentrierbohrungen DIN 332 T1

Die Bohrungsdurchmesser (d_1) betragen bei den Formen A, B und C bis zu 50 mm, bei R bis zu 12,5 mm und sind, wie auch die übrigen Abmessungen, der Norm zu entnehmen. Teile mit unterschiedlichen Durchmessern können an beiden Enden die gleiche Zentrierbohrung, und zwar die des kleineren Durchmessers erhalten. Die Länge a ist abzustechen, wenn die Zentrierbohrung nicht am Werkstück verbleiben darf (**4.31**). Soll sie jedoch am Werkstück bleiben, wählt man zweckmäßig Form B oder C. Zentrierbohrungen müssen z. B. an Werkstücken stehenbleiben, die nach dem Härten zum Schleifen zwischen Spitzen gespannt werden.

Tabelle **4.32** **Abmessungen für Zentrierbohrungen**

d_1	d_2	a_1	a_2	a_3	b_1	b_2	d_3	d_4	d_5	t_1	t_2	t_3
1	2,12	3	3,5	3,5	0,3	0,4	3,15	4,5	5	1,9	2,2	1,9
1,6	3,35	5	5,5	5,5	0,5	0,7	5	6,3	7,1	2,9	3,4	2,9
2,5	5,3	7	8,3	8,3	0,8	0,9	8	9	10	4,6	5,4	4,6
4	8,5	11	12,7	12,7	1,2	1,7	12,5	14	16	7,4	8,6	7,4
6	13,2	18	20	20	1,4	2,3	18	22,4	25	11,4	12,9	11,5
10	21,2	28	31	31	2	3,9	28	35,5	40	18,3	20,4	18,4

Zentrierbohrungen haben genormte Bezeichnungen. Bei der Bezeichnung genormter Gegenstände und Ausführungsmaße folgt nach DIN 820 T 27 der Benennung die Normnummer und dann nach einem Bindestrich als Gliederungszeichen der Merkmaleblock. Für die Form R mit $d_1 = 4$ mm und $d_2 = 8,5$ mm lautet die Bezeichnung

Zentrierbohrung DIN 332 – R 4 × 8,5.

Für die Angaben in Zeichnungen gelten die Beispiele in Tab. **4.33**. Zentrierbohrungen mit Gewinde s. DIN 332 T 2, für Achswellen (Radsätze) von Schienenfahrzeugen s. DIN 332 T 4.

Tabelle **4.33** **Vereinfachte Darstellung der Zentrierbohrung am fertigen Werkstück nach DIN 332 T 10**

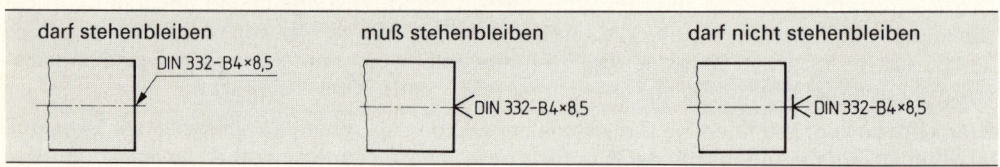

darf stehenbleiben   muß stehenbleiben   darf nicht stehenbleiben

Freistiche (DIN 509) sind Außen- und Inneneinstiche an gedrehten Werkstücken zur Verhinderung der Kerbwirkung in sonst scharfkantigen Absätzen. Für Neukonstruktionen sind nur die Formen E (**4.34**) und F (**4.35**) zu verwenden. Beide sind als Innen- und als Außeneinstiche vorgesehen, und zwar Form E für Werkstücke mit e i n e r bearbeiteten Fläche und Form F für Teile mit z w e i rechtwinklig zueinanderstehenden Bearbeitungsflächen. DIN 509 enthält die Abmessungen für beide Formen und für die Senkungen am Gegenstück (**4.36**). Die bisherigen Freistiche A bis D gelten noch für eine Übergangszeit, um vorhandene Zeichnungen nicht ändern zu müssen.

(z = Bearbeitungszugabe)

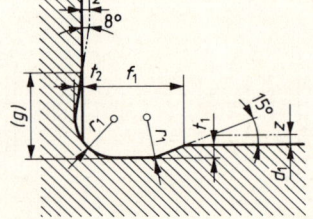

4.34 Freistich Form E

4.35 Freistich Form F

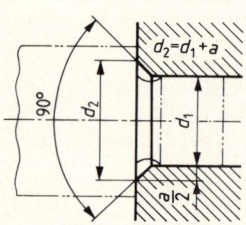

4.36 Senkung am Gegenstück

Freistiche haben genormte Bezeichnungen und gewöhnlich Oberflächen mit Rz $\leq$ 25. Eine andere Oberflächenbeschaffenheit muß angegeben werden. Bezeichnung für einen Freistich der Form F mit dem Halbmesser $r_1 = 1$ mm und einer Tiefe $t_1 = 0,2^{+0,1}$ mm:

Freistich DIN 509 – F1 × 0,2.

Freistiche werden entweder ausführlich (**4.**37a und **4.**38a) oder vereinfacht gezeichnet (**4.**37b und **4.**38b).

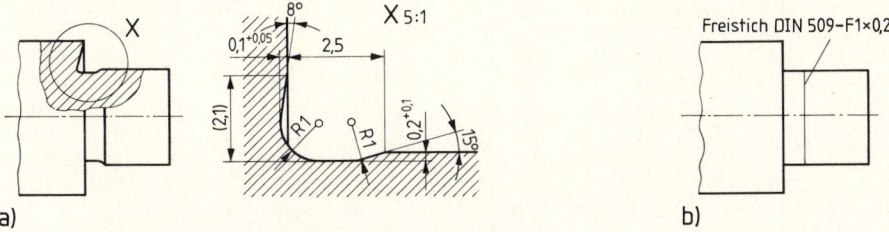

a)   b)

4.37   Außenfreistich Form F (Über die Darstellung einer „Einzelheit" s. **4.**61, Bedeutung der eingeklammerten Maßzahl 2,1 s. **4.**67)

a) ausführlich gezeichnet, b) vereinfacht

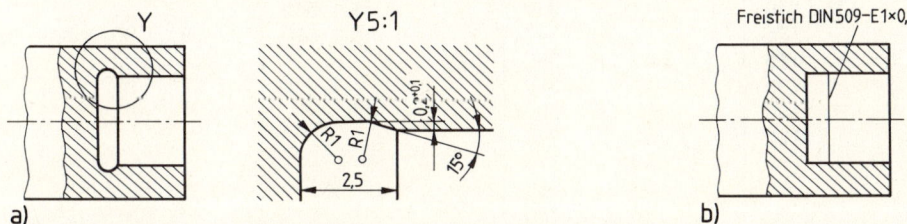

a)   b)

4.38   Innenfreistich Form E a) ausführlich gezeichnet, b) vereinfacht

Tabelle **4.**39   **Freistiche, Maße**

Freistichformen E und F								Senkung am Gegenstück		
Zuordnung zum Durchmesser d_1 für Werkstücke mit üblicher Beanspruchung	mit erhöhter Wechselfestigkeit	r_1	$t_1 +$ 0,1	f_1	g $\approx$	$t_2 +$ 0,05	nach-form-bar	Freistich Größe $r_1 \times t_1$	a Kleinstmaß Form E	F
bis 1,6		0,1	0,1	0,5	0,8	0,1		0,01 × 0,1	0	0
über 1,6 bis 3		0,2	0,1	1	0,9	0,1	nein	0,2 × 0,1	0,2	0
über 3 bis 10		0,4	0,2	2	1,1	0,1		0,4 × 0,2	0,4	0
über 10 bis 18		0,6	0,2	2	1,4	0,1		0,6 × 0,2	0,8	0,2
über 18 bis 80		0,6	0,3	2,5	2,1	0,2	ja	0,6 × 0,3	0,6	0
über 80		1	0,4	4	3,2	0,3		1 × 0,4	1,6	0,8
	über 18 bis 50	1	0,2	2,5	1,8	0,1		1 × 0,2	1,2	0
	über 50 bis 80	1,6	0,3	4	3,1	0,2	ja	1,6 × 0,3	2,6	1,1
	über 80 bis 125	2,5	0,4	5	4,8	0,3		2,5 × 0,4	4,2	1,9
	über 125	4	0,5	7	6,4	0,3		4 × 0,5	7	4,0

Besonderheiten der Bemaßung. Die Abmessungen an Werkstücken sollen den Normzahlreihen nach DIN 323 T1 entsprechen (**4.40**). Mit Hilfe der Normzahlen sollen die Kosten für Beschaffung und Lagerhaltung der Werkstoffe (z. B. Flachstahl, Rundstahl, Bleche, Rohre), der Bearbeitungswerkzeuge (wie Bohrer, Senker, Reibahlen) und der Meßgeräte (wie Grenzrachenlehren, Grenzlehrdorne) auf ein tragbares Maß beschränkt bleiben.

Tabelle **4.40**   **Normmaße in mm** (Vorzugsmaße sind fett gedruckt)

0,1	**1**	**10**	**100**	**0,2**	**2**	**20**	**200**	**0,4**	**4**	**40**	**400**	**0,6**	**6**	**60**	**600**
			105			21	210				410			62	
	1,1	**11**	**110**		**2,2**	**22**	**220**			42	420			**63**	**630**
			115			23	230				430			65	650
0,12	**1,2**	**12**	120			24	240			44	440			67	670
			125	**0,25**	**2,5**	**25**	**250**		**4,5**	**45**	**450**			68	
		13	130			26	260			46	460		**7**	**70**	**700**
			135				270				470			**71**	**710**
	1,4	**14**	**140**		**2,8**	**28**	**280**			48	480			72	
			145				290				490			75	750
	1,5	**15**	**150**	**0,3**	**3**	**30**	**300**	**0,5**	**5**	**50**	**500**			78	
			155				310			52	520	**0,8**	**8**	**80**	**800**
0,16	**1,6**	**16**	**160**				315			53	530			82	
			165		**3,2**	**32**	**320**		**5,5**	55	550			85	850
		17	170				330			**56**	**560**			88	
			175			34	340			58	580		**9**	**90**	**900**
	1,8	**18**	**180**		**3,5**	**35**	**350**							92	
			185				355							95	950
		19	190			**36**	**360**							98	
			195				370								
							375								
						38	380								
							390								

Es kann aber von den genormten Abmessungen abgewichen werden, wenn wichtige Gründe vorliegen.

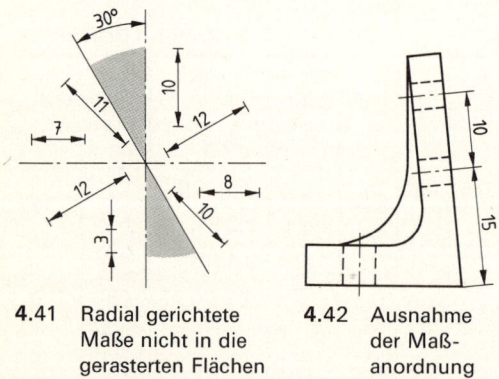

4.41   Radial gerichtete
Maße nicht in die
gerasterten Flächen
setzen

4.42   Ausnahme
der Maßanordnung

Für einzelne Fachgebiete (z. B. Feinmechanik, Wälzlagerbau, Werkzeugbau, Lokomotiv- und Wagenbau) sind einige Sondermaßreihen (Auswahlreihen) vorgesehen.

Maßanordnung. In den innerhalb der 30°Winkel durch Raster gekennzeichneten Flächen sollen Maßeintragungen in Richtung auf den Scheitelpunkt vermieden werden (**4.41**). Unumgängliche Ausnahmen sind jedoch statthaft (**4.42**). Die Maßzahlen müssen aber dann von links her lesbar sein.

Bei Sehnenlängen (**4.43**) und – sofern der Zentriwinkel gleich oder kleiner als 90° ist – auch bei Kreisbogenlängen (**4.44**) laufen die Maßhilfslinien parallel. Die Maßlinien für Sehnen sind gerade Linien. Bei Zentriwinkeln über 90° werden Bogenlängen nach Bild **4.45** bemaßt. Die Maßzahlen erhalten stets einen Bogenstrich. Die Maßlinien für Bogen werden vom Zirkeleinsatzpunkt aus geschlagen.

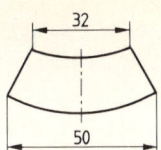

4.43 Sehnenlängen

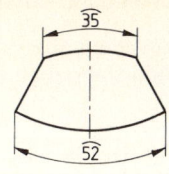

4.44 Bogenlängen

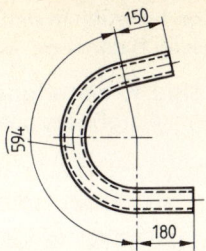

4.45 Bogenlänge

Winkelabmessungen werden in Graden, Minuten und Sekunden oder in Dezimalwerten (z. B. 30,4°) angegeben. Die Einheiten stehen hinter der Maßzahl; sie sind so hoch zu setzen, daß sie mit der oberen Linie enden (**4.46**). Die Einheit für Winkel müßte nach dem „Gesetz über Einheiten im Meßwesen'' vom 2. 7. 1969 konsequent Radiant (rad) lauten. Im Hinblick auf die Gewöhnung in der Technik hat der Gesetzgeber jedoch weiterhin die Einheiten Grad, Minute und Sekunde zugelassen.

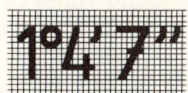

4.46 Einheiten für Winkel

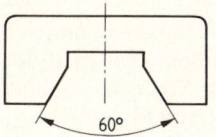

4.47 Bemaßter Winkel

Für Winkel sind die Maßlinien Kreisbögen; die Maßhilfslinien laufen in Verlängerung der Winkelschenkel (**4.47**). Der Zirkeleinsatzpunkt für die Maßlinien liegt stets im Scheitel des Winkels, wird aber nicht besonders gekennzeichnet.

Die Maße sind so anzuordnen, daß die Zahlen von unten und von rechts her lesbar sind (**4.48**). Sind Winkelmaße in den gerasterten Flächen innerhalb der 30°-Winkel nicht vermeidbar, müssen die Zahlen von links lesbar sein. Bei Winkelangaben bis 90° dürfen die gebogenen Maßlinien vereinfacht durch gerade Maßlinien ersetzt werden.

Genormte Bohrkegelwinkel werden nicht bemaßt (**4.49**).

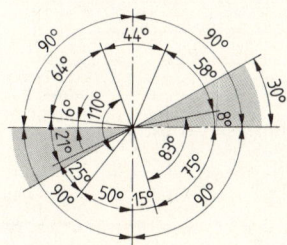

4.48 Anordnung der Winkelmaße

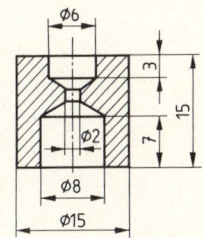

4.49 Unbemaßte Winkel

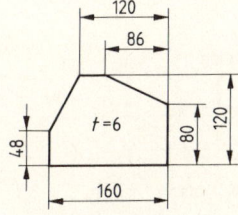

4.50 Knotenblech

Winkel in Zeichnungen für Bleche, Flachstahl, Formstahl usw. sollen nicht in Graden angegeben werden, wenn zum Anreißen des Werkstücks nur Lineal, Stabmaß, Anschlagwinkel und Zirkel bereitstehen (**4.50**). Vielmehr sind diese Winkel durch Eintragen von Längenmaßen zu bestimmen.

Blechdicken werden in den Blechflächen angegeben (z. B. $t = 6$ in Bild **4.50**), wenn nötig, mit Bezugsstrich daneben. Eine zweite Ansicht ist dann überflüssig.

Regelmäßige Kreisteilungen brauchen Winkelangaben nicht zu haben, wenn Zweifel über die Winkelgröße ausgeschlossen und Toleranzangaben nicht erforderlich sind (**4.51**).

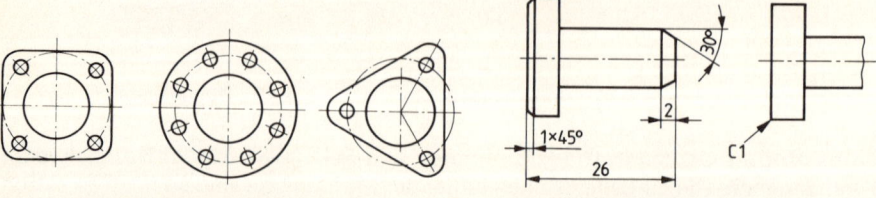

4.51 Unbemaßte Kreisteilungen   **4.52** Bemaßung der Fasen

Bei Fasen von 45° können Fasenlänge und Winkelmaß in einem Maß zusammengefaßt werden. Eine weitere Vereinfachung ist möglich durch Weglassung der Fase in der Zeichnung und Kennzeichnung durch Kurzzeichen (**4.52**, C = Chamfer = Fase).

Bei Halbschnitten sind die entsprechenden Maßlinien nur mit einer Maßlinienbegrenzung zu versehen (**4.53**). In besonderen Fällen dürfen Durchmessermaße wie in Bild **4.54** eingetragen werden. Dabei gilt, daß die Maßzahl möglichst nahe an die Kante oder Maßhilfslinie geschrieben wird, gleichgültig, ob die Maßlinienbegrenzung von innen oder außen angesetzt ist.

Unregelmäßige Körperformen werden nach Bild **4.55** dargestellt und bemaßt.

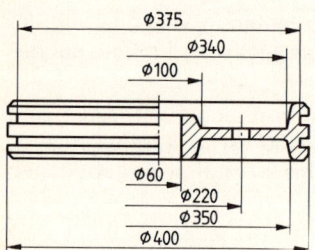

4.53 Gekürzte Maßlinien
bei Durchmessermaßen

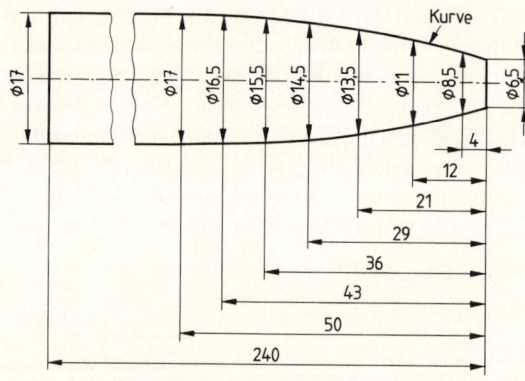

4.54 Vereinfachte Durchmesserbemaßung

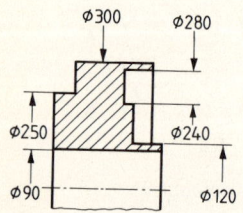

4.55 Bemaßung unregelmäßiger Formen

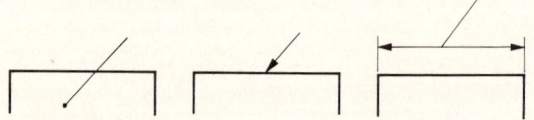

4.56 Bezugslinien

Bezugslinien sind sparsam anzuwenden, sollen so kurz wie möglich sein und sind schräg herauszuziehen. Sie werden zur Verdeutlichung mit einem Punkt versehen, wenn sie in Flächen und mit einem Pfeil, wenn sie an sichtbaren Körperkanten enden; sie erhalten weder Pfeil noch Punkt, wenn sie an einer Maßlinie oder Mittellinie enden (**4**.56).

Eine größere Anzahl von einer Bezugsebene ausgehende Maße lassen sich zusammenfassen, sofern sie, einzeln angeordnet, unübersichtlich sind oder es an Platz mangelt (**4**.57). Der allen Maßen gemeinsame Anfang an den Bezugsebene erhält an Stelle des Pfeils einen geschwärzten Kreis. Die Maßzahlen geben die Abmessungen von diesem Kreis bis zum zugehörigen Maßpfeil an; sie stehen in der Flucht der Maßhilfslinien.

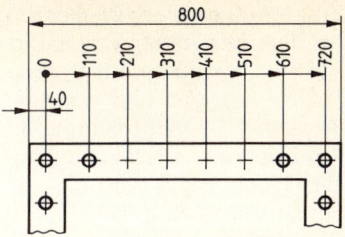

4.57 Zusammengefaßte Maße

Gleiche Teilungen können eine gemeinsame Maßangabe für Anzahl, Größe und Summe der Lochabstände erhalten (**4**.58). Das Maß der Summe ist in Klammern zu setzen. Diese Bemaßung kann auch bei eckigen Löchern sinngemäß angewendet werden. Sind auch die Lochdurchmesser gleich, können die Kreise der Löcher fortfallen und sogar die Mittellinienkreuze bis auf das Beispiel (Maß 26) für einen Abstand von Mitte zu Mitte Bohrung (**4**.59).

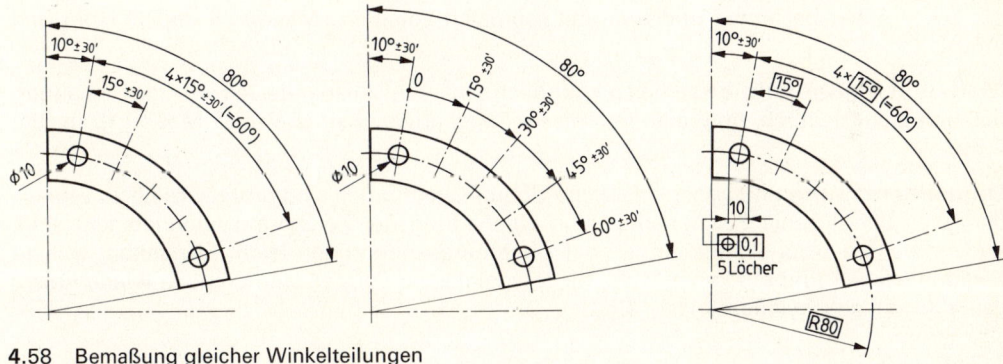

4.58 Bemaßung gleicher Winkelteilungen

Der Querschnitt der Stab- und der Profilstähle kann in schmalen Vollinien in die Darstellung eingezeichnet und dort mit Maßen versehen werden. Um ihn hervorzuheben, wird er schraffiert (**4**.59).

Profilmaße werden in Stabrichtung in oder neben die Darstellung geschrieben.

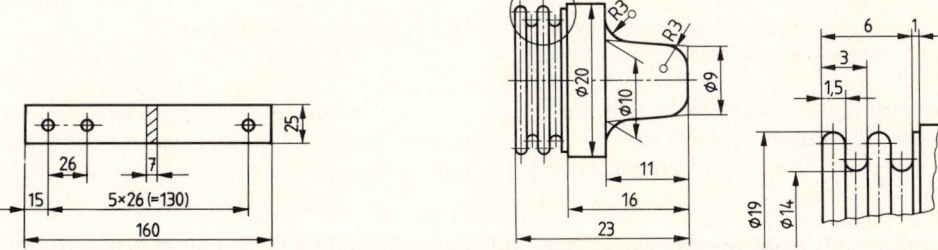

4.59 Längenmaß 130 für 5 gleiche Lochteilungen   **4**.60 Ausbruch, gerundeter Form, Maß- und Maßhilfslinien unter 60°/120°

Einzelheiten einer Werkstückgestalt werden vergrößert herausgezeichnet, wenn die Maße bei dem gewählten Maßstab nicht unterzubringen sind (4.60 auf S. 93). Um die Stelle des Ausbruchs wird eine Einrahmung (z. B. kreisförmig, ellipsenförmig, rechteckig) in schmaler Vollinie gezogen und mit einem Großbuchstaben in etwa 1½facher Höhe der Maßzahlen versehen. Die Vergrößerung erhält einen sinngemäßen Hinweis (z. B. „X") und die Angabe des Zeichnungsmaßstabs. Einzelheiten können wie folgt vereinfacht dargestellt werden: In der Hauptansicht wird die Form der Einzelheit nicht gezeichnet. Die Einzelheit wird ohne Schraffur und Bruchlinie dargestellt (4.61).

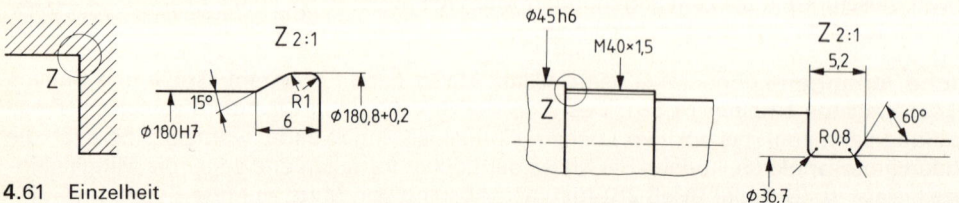

4.61 Einzelheit

Bei gerundeten Kehlen und Kanten wird die Grundform der Werkstücke durch Andeuten der Ecken näher bestimmt, und zwar mit schmalen Vollinien (Maße ⌀ 9 und ⌀ 10 in Bild **4.**60).

Maß- und Maßhilfslinien stehen gewöhnlich senkrecht zueinander. Ist aber die Bemaßung dadurch nicht deutlich, muß man von dieser Regel abweichen (Beispiel: Maß ⌀ 10 in Bild **4.**60).

Doppelbemaßung und andere maßliche Überbestimmungen sind grundsätzlich zu vermeiden, weil überflüssige Zeichenarbeit und Überladung der Zeichnung unangebracht sind. Zudem werden Doppelbemaßungen bei Zeichnungsänderungen leicht übersehen, was zu Fertigungsfehlern führen kann. Maße für spiegelgleiche Formen sind nicht zu wiederholen, da ein Irrtum ausgeschlossen ist (4.62).

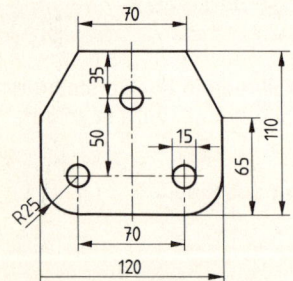

4.62 Symmetrisch liegende Abmessungen werden nur einmal bemaßt

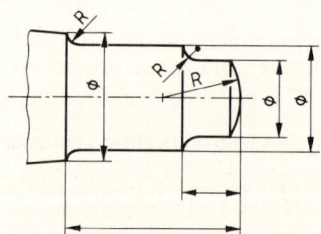

4.63 Unterbrochene Vollinien

Kreuzungen der Maßpfeile mit Vollinien sind unerwünscht und besonders störend, wenn die Pfeilspitzen verdeckt werden. Diesen Nachteil kann man durch Ansetzen der Pfeile von außen oder – wenn das nicht ratsam ist – durch Unterbrechen der Körperkanten vermeiden (**4.**63).

Zusammengehörige Maße (wie Lochdurchmesser und Lochtiefe, Nutenbreite und Nutentiefe usw.) werden, um zeitraubendes Suchen zu vermeiden, möglichst in die gleiche Ansicht gesetzt (**4.**64).

94

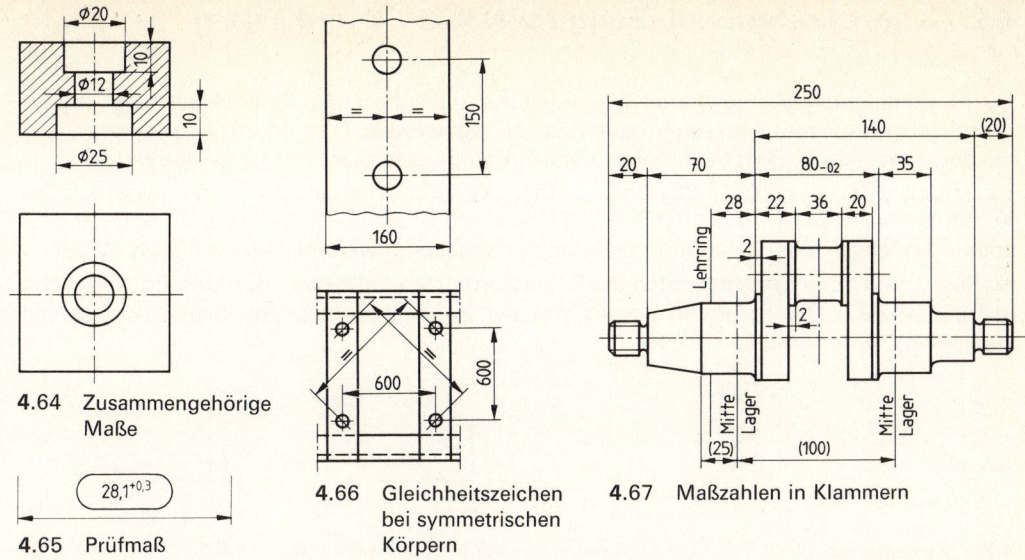

4.64 Zusammengehörige Maße

4.66 Gleichheitszeichen bei symmetrischen Körpern

4.67 Maßzahlen in Klammern

4.65 Prüfmaß

Maße, die der Besteller (Empfänger) gemäß besonderer Abmachung prüft, erhalten eine Einrahmung in Maßlinienbreite (**4.65**). Außerdem wird ein geeigneter Vermerk über dem Schriftfeld eingetragen, z. B.: „Die ○ Maße werden vom Besteller (Empfänger) besonders geprüft."

Die Mittigkeitslage kann bei grob tolerierten Breiten (z. B. im Metallbau) durch Maßlinien mit Gleichheitszeichen (**4.66**) gesichert werden. Für größere Genauigkeit wird eine Symmetrietoleranz eingetragen (s. Abschn. 6.2).

Maßzahlen für Hilfsmaße (das sind Maße, die für die geometrische Bestimmung nicht erforderlich sind) müssen, damit sie nicht zu einer Überbestimmung führen, in Klammern gesetzt werden. DIN 406 T1 unterscheidet Hilfsmaße für die Konstruktion (z. B. Abstände von Lagermitten, **4.67**) und Hilfsmaße für die Fertigung (z. B. Koordinatenmaße eines Achsabstands, halber Kegelwinkel s. Abschn. 4.3). Über das Schriftfeld ist dann zu setzen: „Maßzahlen in ( ) gelten nicht für die Abnahme (Bearbeitung)."

Maßbuchstaben in Verbindung mit einer Zahlentafel werden für Teile mit einer geringen Anzahl veränderlicher Abmessungen verwendet (**4.68**). An die Stelle des Maßstabs wird dann ein waagerechter Strich ins Schriftfeld gesetzt. Dasselbe gilt für vorgedruckte Zeichnungen, in die mit den Abmessungen nicht übereinstimmende Maßzahlen eingeschrieben werden. Solche Maßzahlen werden nicht unterstrichen.

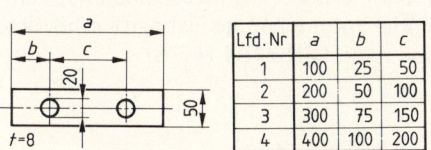

Lfd. Nr	a	b	c
1	100	25	50
2	200	50	100
3	300	75	150
4	400	100	200

4.68 Verwendung von Maßbuchstaben

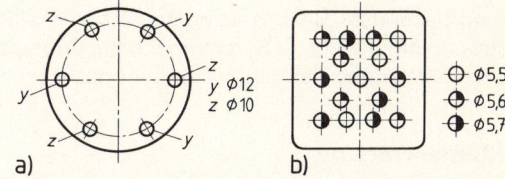

4.69 Unterscheidung von Lochdurchmessern

Löcher, Zapfen u. a., die sich in der Zeichnung voneinander nur unwesentlich unterscheiden, werden nach Bild **4.69**a bemaßt. Wird bei einer Vielzahl von Bezugslinien das Bild durch die Pfeile überladen, ist die Eintragung nach Bild **4.69**b zu wählen.

4.2 Koordinatenbemaßung (DIN 406 T3 und T4)

Die Koordinatenbemaßung wendet man vor allem in Zeichnungen für Werkstücke an, die auf numerisch gesteuerten Werkzeugmaschinen gefertigt werden. Dies sind Werkzeugmaschinen, bei denen Vorschub, Geschwindigkeit der Werkzeuge usw. programmgesteuert werden.

Es werden kartesische (**4.**70) oder polare Koordinatsysteme (**4.**71) verwendet. Die Koordinatenachsen kennzeichnet man bei Bedarf mit Großbuchstaben (z. B. A, B, C), die für andere Angaben in der Zeichnung nicht noch einmal angewendet werden dürfen (**4.**70).

Im Polarkoordinatensystem werden die Polarkoordinaten mit Leitstrahl R und Polarwinkel φ definiert (**4.**71). Der Polarwinkel wird von der Polarachse entgegen dem Uhrzeigersinn angegeben; er ist positiv.

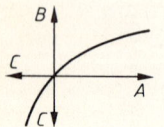

4.70 Kartesisches Koordinaten- system

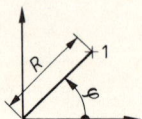

4.71 Eintragung der Polarkoordinaten

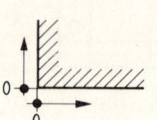

4.72 Kennzeichnung der Koordinaten- achsen

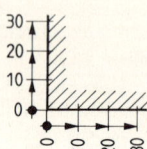

4.73 Kennzeichnung der Koordinaten- achsen bei steigender Bemaßung

Die Koordinatenachsen sind durch Koordinaten-Nullpunkt und Richtung der Bemaßung festgelegt (**4.**72 und **4.**73). Der Koordinaten-Nullpunkt ist der Schnittpunkt der Koordinaten; er kann durch Symmetrieachsen (**4.**74), Flächen (**4.**75), Bohrungen (**4.**76) usw. festgelegt sein.

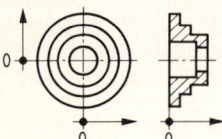

4.74 Symmetrieachsen und Fläche als Basis für den Koordinaten-Nullpunkt

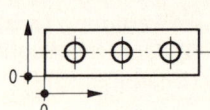

4.75 Flächen als Basis für den Koordinaten-Nullpunkt

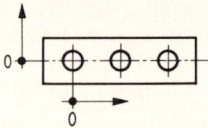

4.76 Bohrung als Basis für den Koordinaten-Nullpunkt

Sind besondere Bezugselemente zu berücksichtigen, die nicht mit dem Koordinatensystem zusammenfallen (z. B. Symmetrielinien, unbearbeitete oder vorgearbeitete Flächen), muß dies gekennzeichnet werden. Dazu dient das Bezugsdreieck nach DIN 7184 (**4.**78).

Maßeintragung

Bei der Bezugsbemaßung (absolutes Bemaßungssystem) mit einem Maßpfeil werden die Maße vom gleichen Bezugselement aus eingetragen (**4.**77). Zur Vereinfachung ist es gestattet, die Maßlinien von koordinatenbezogenen Maßen wie in Bild **4.**78 einzutragen, wenn die Koordinatenachsen eindeutig durch Pfeile und Buchstaben gekennzeichnet sind und in der Ansicht nur ein Koordinaten-Nullpunkt vorhanden ist.

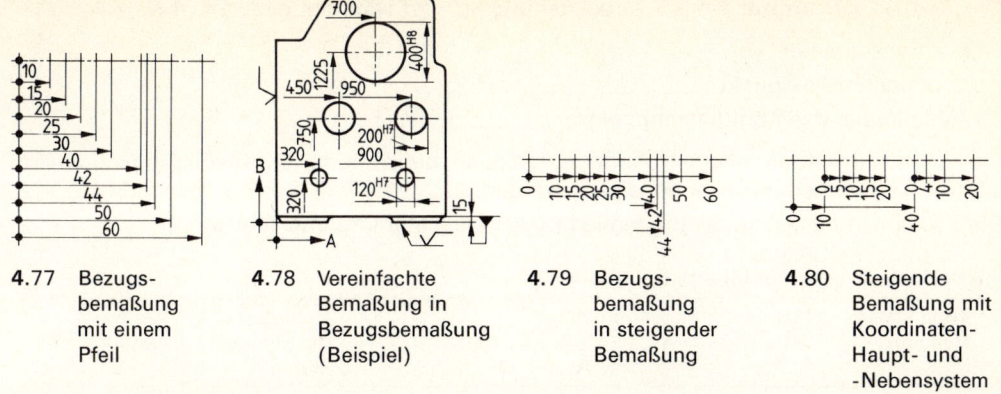

4.77 Bezugsbemaßung mit einem Pfeil

4.78 Vereinfachte Bemaßung in Bezugsbemaßung (Beispiel)

4.79 Bezugsbemaßung in steigender Bemaßung

4.80 Steigende Bemaßung mit Koordinaten-Haupt- und -Nebensystem

Bei der Bezugsbemaßung in s t e i g e n d e r B e m a ß u n g (Punkt–Pfeil–Pfeil) werden die Maßpfeile und Maßzahlen entsprechend Bild **4.79** und **4.80** steigend vom Koordinaten-Nullpunkt aus eingetragen.

Bei der Zuwachsbemaßung – auch inkrementale Bemaßung oder Kettenbemaßung genannt – ergibt jedes Maß auf der gemeinsamen Maßlinie einen Zuwachs (**4.81** a und b). Sofern es die Bearbeitungsmethode erfordert, dürfen die Maße im kartesischen Koordinatensystem nach Bild **4.82** eingetragen werden. Die Bemaßung mit Hilfe von Tabellen (**4.84**) ist in DIN 406 T3 beschrieben.

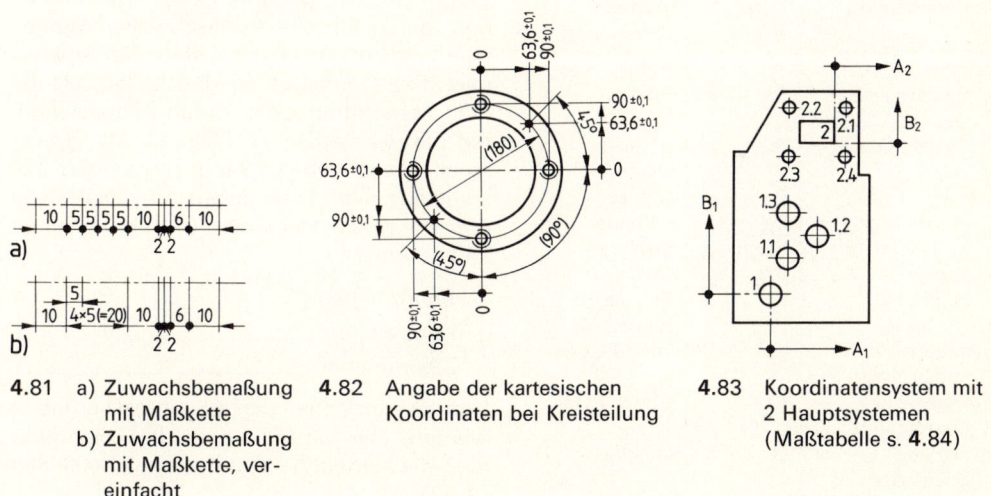

4.81 a) Zuwachsbemaßung mit Maßkette
b) Zuwachsbemaßung mit Maßkette, vereinfacht

4.82 Angabe der kartesischen Koordinaten bei Kreisteilung

4.83 Koordinatensystem mit 2 Hauptsystemen (Maßtabelle s. **4.84**)

An einem Werkstück können mehrere Koordinatensysteme auftreten, wenn z. B. verschiedene Spannvorgänge des Werkstücks es erfordern. Maß muß dann entscheiden, ob die Systeme voneinander abhängig sind, weil schließlich doch nur ein Koordinaten-Nullpunkt maßgebend ist (Hauptsystem mit Nebensystemen, **4.80**), oder ob die Systeme unabhängig nebeneinander bestehen (mehrere Hauptsysteme, **4.83**).

Die Positionsnummer eines Koordinatenpunkts wird wie folgt gebildet (**4.83**):

Positionsnummer 1 · 2
Koordinaten-Nullpunkt _____|
Zählnummer des Koordinatenpunkts _____|

Die Nummer des Koordinaten-Nullpunkts darf auch durch andere Kennzeichnungsnummern, z. B. für die Bearbeitungsebenen, ersetzt werden.

Die Positionsnummer ist das Bindeglied zwischen Zeichnung und Tabelle.

Tabelle **4.84** **Werkstücktabelle für Bild 4.83**

Koordinaten-Nullpunkt	Pos.-Nr.	Koordinaten		Bohrungs-durchmesser in mm	Weitere Angaben
		A	B		
1	1	0	0	12	
1	1.1	16	24	12	
1	1.2	40	40	12	
1	1.3	16	56	12	
2	2	60	100		Ausschnitt −30/20
2	2.1	10	30	8	
2	2.2	−40	30	8	
2	2.3	−40	−10	8	
2	2.4	10	−10	8	

Tabelle **4.85** **Geometrische Elemente**

Benennung	Kurz-zeichen	englische Benennung
Punkt	P	**P**oint
Punktmuster	PA	**PA**ttern
Gerade	L	**L**ine
Ebene Fläche	PL	**PL**ane
Vektor	V	**V**ector
Kreis	C	**C**ircle
Zylinder	CY	**CY**linder
Kugel	SH	**S**p**H**ere
Kegel	CN	**C**o**N**e
Ellipse	EL	**EL**lipse
Hyperbel	HY	**HY**perbola
angepaßter Kegelschnitt	LC	**L**ofted **C**onic
allgemeiner Kegelschnitt	GC	**G**eneral **C**onic
Fläche 2. Ordnung	Q	**Q**uadric
einfach gekrümmte Fläche	TA	**TA**bulated cylinder

Bemaßung für die maschinelle Programmierung (DIN 406 T 4). In Zeichnungen, deren Einzelteile maschinell programmiert und auf numerisch gesteuerten Arbeitsmaschinen gefertigt werden sollen, ersetzt man Maßeintragungen durch Kennzeichen, die die geometrischen Elemente der Werkstücke beschreiben. Das Kennzeichen besteht aus dem Kurzzeichen für die Art des geometrischen Elementes (**4.85**) und einer Zählnummer.

Kennzeichen P 4
Kurzzeichen _____|
Zählnummer _____|

Jedes Kennzeichen darf nur einmal vergeben werden. Die Eintragung in die Zeichnung muß die eindeutige Zuordnung sicherstellen (**4.86**).

An einem Werkstück können mehrere Koordinatensysteme auftreten, die aufeinander zu beziehen sind. Die Kennzeichnung der Beziehung kann durch Bemaßung (**4.87**) oder durch Definition in der Tabelle geschehen.

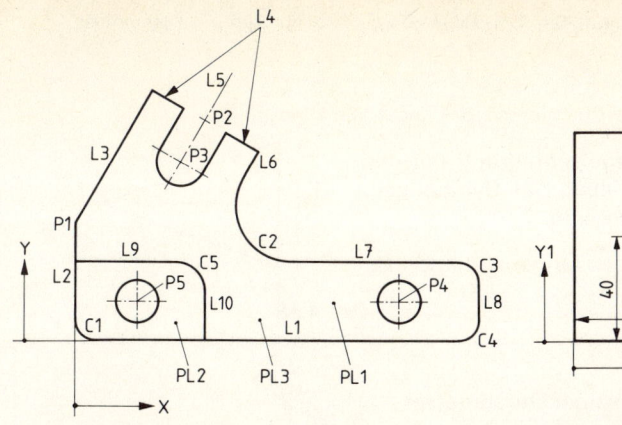

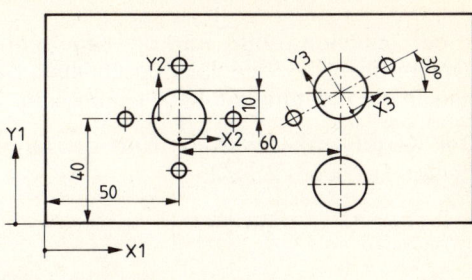

4.86 Eintragen von Kennzeichen für
geometrische Elemente

4.87 Zuordnung der Systeme durch direkte
Maßeintragung

4.3 Kegelbemaßung (DIN 406 T 2, DIN ISO 3040)

Die Angaben der Durchmessermaße und der Kegellänge reichen aus, wenn an Guß- und
Schmiedeteilen kegelige Übergänge zu bemaßen sind bzw. wenn die Kegelform von unter-
geordneter Bedeutung ist (z. B. bei Reißnadeln, Durchschlägen).

Kommt es auf die Genauigkeit der Kegelform an, sind weitere Angaben in der Zeichnung
nötig, und zwar je nach Erfordernissen:

- die Kegelverjüngung, die man entweder durch den eingeschlossenen Kegelwinkel α oder als Verhältniswert 1 : x angibt, gekennzeichnet durch das Symbol ▷,
- der Einstellwinkel $\frac{\alpha}{2}$ als Größe bei der maschinellen Fertigung,
- der Durchmesser an einem ausgewählten Querschnitt; dieser Querschnitt kann innerhalb oder außerhalb
  des Kegels liegen,
- das Maß, das die Lage des Querschnitts festlegt, an dem der Durchmesser angegeben wird.

Die Kegelverjüngung am geraden Kreiskegel ist der Verhältniswert vom Durchmesser D
der Grundfläche zur Kegellänge L.

$$\text{Kegelverjüngung} = \frac{\text{Durchmesser}}{\text{Kegellänge}} = \frac{D}{L}$$

Das Ergebnis wird als Bruch mit dem Zähler 1 ausgedrückt.

$$\frac{D}{L} = \frac{1}{x} \quad \text{bzw.} \quad D : L = 1 : x$$

Der Verhältniswert gibt an, bei welcher Länge des Kegels der Durchmesser um 1 mm kleiner
wird.

Beispiel   Der Verhältniswert für einen geraden Kreiskegel von $D = 25$ mm und $L = 250$ mm ist

$$\frac{1}{x} = \frac{D}{L} = \frac{25 \text{ mm}}{250 \text{ mm}} = \frac{1}{10} = \textbf{1 : 10}.$$

Auf 10 mm Länge nimmt der Durchmesser des Kegels um 1 mm ab bzw. zu.

In der Zeichnung **4.88** wird die Kegelverjüngung mit dem Symbol über die Seitenlinie geschrieben. Das Symbol zeigt stets in die Richtung der Kegelverjüngung.

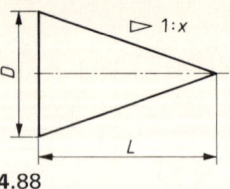

Der Kegelwinkel wird mit Hilfe der Tangensfunktion bestimmt. Er beträgt $2 \cdot \alpha/2$.

4.88

Kegelwinkel: $2 \cdot \tan \dfrac{\alpha}{2} = 2 \cdot \tan \dfrac{\text{halber Durchmesser}}{\text{Länge}} = 2 \cdot \tan \dfrac{\dfrac{D}{2}}{L}$

Das Ergebnis wird als Dezimalzahl geschrieben. Mit Hilfe von Tabellen bzw. elektronischen Rechnern wird der Winkel in Grad (°) oder in Radiant (rad) bestimmt.

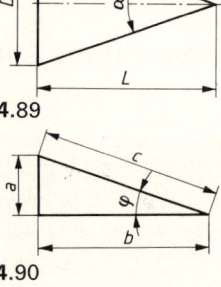

Beispiel   Der Kegelwinkel für einen geraden Kreiskegel mit $\dfrac{D}{2} =$ 30 mm und $L = 240$ mm (**4.89**) beträgt:

$$2 \cdot \tan \frac{30}{240} = 2 \cdot \tan 0{,}125$$

$$\alpha = 2 \cdot 7{,}125° = 14{,}25° = \textbf{14°15}'$$

oder $= 2 \cdot 0{,}124$ rad $= \textbf{0,248 rad}$

4.89

Zur Erklärung des Begriffs „Tangens", abgekürzt „tan", ist eine Betrachtung am rechtwinkligen Dreieck erforderlich (**4.90**).

4.90

Die dem rechten Winkel gegenüberliegende Seite c, die längste im Dreieck, ist die **H y p o t e n u s e**. Die beiden anderen heißen **K a t h e t e n** und schließen den rechten Winkel ein. Vom Winkel φ aus gesehen sind a die gegenüberliegende oder Gegenkathete und die Seite b die anliegende oder Ankathete. Der Tangens ist das Verhältnis der Gegenkathete zur Ankathete:

$$\tan \varphi = \frac{a}{b}$$

Er wird als Dezimalzahl ausgedrückt und hat für jede Winkelgröße einen bestimmten Wert, der mit Hilfe einer Zahlentafel oder eines elektronischen Rechners bestimmt werden kann.

Beispiel   Die Gegenkathete eines Winkels φ ist $a = 55{,}5$ mm, die Ankathete $b = 75$ mm lang. Dann ist

$$\tan \varphi = \frac{a}{b} = \frac{55{,}5 \text{ mm}}{75 \text{ mm}} = \textbf{0,74}.$$

Der Winkel beträgt nach der Tangenstafel 36° 30' = 36,5°.

Die Kegelverjüngung beim **S t u m p f** des geraden Kreiskegels ist der Verhältniswert vom Unterschied der Durchmesser D und d zur Länge L (**4.91 a**):

$$\frac{1}{x} = \frac{D - d}{L}$$

Zur Erläuterung wird ein Streifen in der Breite des Durchmessers d aus der Zeichnung herausgeschnitten (**4.91** b). Die übrigbleibenden Dreiecke werden zusammengeschoben, so daß ein gleichschenkliges Dreieck entsteht, ähnlich dem Zeichnungsgebilde des geraden Kreiskegels (**4.91** c). An Stelle des Durchmessers steht jetzt der Unterschied beider Durchmesser $D - d$.

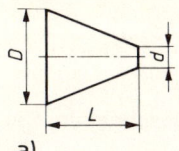 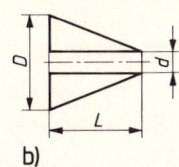

$$\frac{1}{x} = \frac{D - d}{L}$$

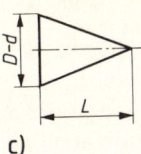

a) b) c)

4.91 a) Kegelstumpf, b) herausgeschnittener Streifen, c) Bezugsdreieck

Beispiel Für einen 90 mm langen Kegelstumpf mit Durchmesser $D = 70$ mm und $d = 55$ mm ist der Kegel

$$\frac{1}{x} = \frac{D - d}{L} = \frac{70\,\text{mm} - 55\,\text{mm}}{90\,\text{mm}} = \frac{15}{90} = \frac{1}{6} = \mathbf{1:6}.$$

Der Kegelwinkel berechnet sich entsprechend zu

$$2\tan\frac{\alpha}{2} = 2 \cdot \tan\frac{\dfrac{D - d}{2}}{L} = 2\tan 0{,}083, \quad \alpha = 2 \cdot 4{,}76° = 9{,}52° \quad \text{oder} \quad 0{,}165\,\text{rad}.$$

Einstellwinkel. Kegelige Teile lassen sich auf der Drehmaschine fertigen, indem der Drehmeißel winklig zur Werkstückachse geführt wird (**4.92**). Der Oberschlitten auf dem Maschinensupport muß dabei, wie die Skizze **4.93** zeigt, um den halben Winkel an der Kegelspitze verstellt werden. Dieser halbe Kegelwinkel heißt Einstellwinkel. Er muß in der Zeichnung als Information für den Dreher angegeben werden. Man berechnet ihn mit Hilfe der Tangensfunktion:

Kegel $\quad \tan\dfrac{\alpha}{2} = \dfrac{D}{2L}$	Kegelstumpf $\quad \tan\dfrac{\alpha}{2} = \dfrac{D - d}{2L}$

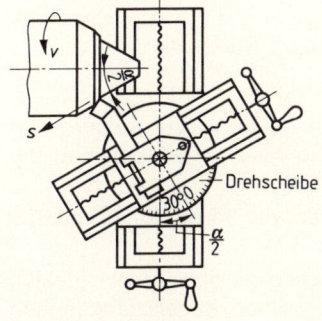

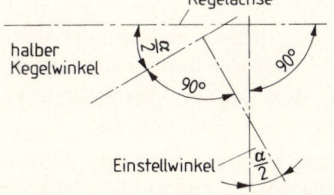

4.92 Kegeldrehen

4.93 Kegelverjüngung beim Stumpf

Durch die zusätzlichen Angaben bei genau zu fertigenden Kegeln tritt eine Überbemaßung auf. Es sind deshalb der Einstellwinkel und gewöhnlich eines der Durchmessermaße in Klammern zu setzen (**4.94**).

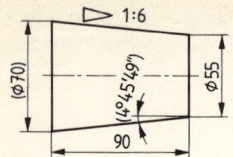

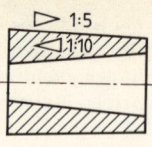

4.94 Außenkegelbemaßung   **4.95** Doppelkegel

Die Kegelverjüngung wird mit dem Symbol über die Seitenlinie des Kegels geschrieben. Bei Doppelkegeln kann auch nach **4.95** verfahren werden.

Die Angabe der Kegelverjüngung wird vor allem immer dann notwendig, wenn das Werkstück mit der Kegellehre geprüft wird und wenn spezielle Werkzeuge (z. B. Reibahlen) für die Fertigung benutzt werden, da die Zahlen auf den Prüf- und Werkzeugen angegeben sind.

Einstellwinkel werden in Graden und Minuten oder als Dezimalzahlen eingeschrieben, je nach Teilungsangaben auf den Fertigungsmaschinen.

Kegel für bestimmte Anwendungsgebiete sind in DIN 254 genormt. Bei Werkzeugkegeln nach DIN 228 T1 und T2 können statt der Kegelverjüngung auch Kennzeichnungen wie Metrischer Kegel 50 oder Morsekegel 2 (auch Morse 2) eingeschrieben werden.

Das Prüfen des Kegels kann bei der Bemaßung berücksichtigt werden. Die Größtdurchmesser der Lehren werden in schmaler Vollinie angedeutet und der Abstand zu einer gegebenen Bezugsebene mit einem tolerierten Maß angegeben (Maße $20_{-0,2}$ in Bild **4.96** und $5_{-0,2}$ in Bild **4.97**).

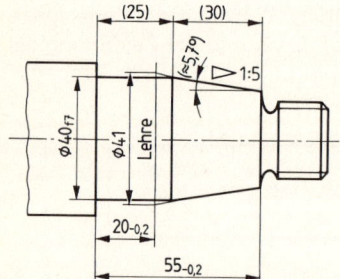

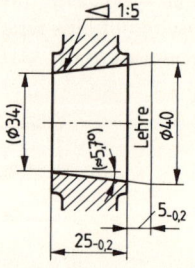

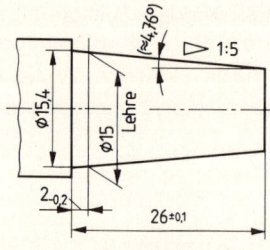

4.96 Eintragen des Kegels, der Neigung   **4.97** Innenkegel   **4.98** Außenkegel
und des Einstellwinkels

Fällt der Nenndurchmesser eines Kegels nicht mit einer Kante am Werkstück zusammen, wird er als Lehrendurchmesser in schmaler Vollinie eingetragen, sein Maß angegeben und der Abstand von der Bezugsebene festgelegt (Maß $2_{-0,2}$ in Bild **4.98**).

Die Tolerierung von Kegeln wird bestimmt von den Forderungen, die an die Kegelfunktion gestellt werden.

Die Einheitskegel-Methode begrenzt die Abweichung des Kegels von der geometrisch idealen Form. Innerhalb von Grenzprofilen müssen die Toleranzen desselben Kegels eingehalten werden. Die Toleranzzone wird entweder durch eine Toleranz zum Durchmesser oder zur Lage eines Schnittes festgelegt. Zu dem tolerierten Maß treten theoretische Maße, die durch Umrahmungen gekennzeichnet sind (**4.99**). Die Methode des tolerierten Kegelwinkels gibt die Maßtoleranzen nur für einen Querschnitt an. Diese Querschnittslage wird bemaßt. Die Abweichung einer Kegelverjüngung wird direkt durch deren Toleranz festgelegt (**4.100**).

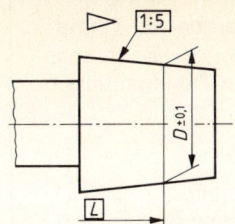

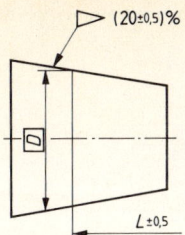

4.99 Einheitskegel-Methode

4.100 Methode des tolerierten Kegelwinkels

4.4 Verjüngung, Spitzenwinkel und Neigung (DIN 406 T2)

Die Verjüngung pyramidischer Werkstücke wird berechnet für
Pyramiden (**4.**101)   und für Pyramidenstümpfe (**4.**102).

$$\frac{1}{x} = \frac{a}{L}$$

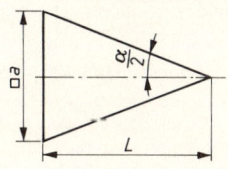

$$\frac{1}{x} = \frac{a-b}{L}$$

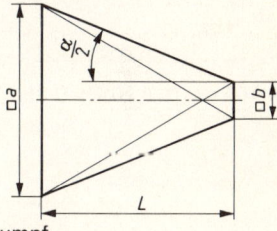

4.101   Pyramide

4.102   Pyramidenstumpf

Der halbe Spitzenwinkel α/2 wird bestimmt für

Pyramiden   und für Pyramidenstümpfe

$$\tan\frac{\alpha}{2} = \frac{a}{2L}$$ $$\tan\frac{\alpha}{2} = \frac{a-b}{2L}$$

An Hand des berechneten Tangenswerts wird der Winkel α/2 aus der Tangenstafel abgelesen.

Die Neigung beträgt die Hälfte der Verjüngung und wird nach den gleichen Regeln berechnet wie die Verjüngung. Sie ist für

Pyramiden   und für Pyramidenstümpfe

$$\frac{1}{2x} = \frac{a}{2L}$$ $$\frac{1}{2x} = \frac{a-b}{2L}$$

Beispiel   Für einen 70 langen Pyramidenstumpf mit den Grundflächen □ 50 und □ 30 betragen die Verjüngung

$$\frac{1}{x} = \frac{a-b}{L} = \frac{50\,\text{mm} - 30\,\text{mm}}{70\,\text{mm}} = \frac{20}{70} = \frac{1}{3,5} = \mathbf{1:3,5}$$

und die Neigung = die Hälfte der Verjüngung = 1:7 oder ≈14,3%.

$\tan\dfrac{\alpha}{2}$ ist $1:7 \approx 0,1429$, mithin $\dfrac{\alpha}{2} \approx \mathbf{8°10'}$.

103

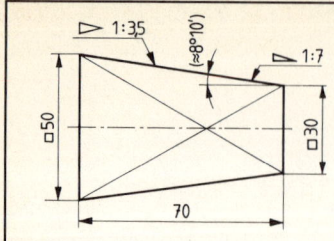

In der Zeichnung werden die Verjüngung und die Neigung über die Seitenlinie gesetzt (**4**.103). Vor den Zahlenangaben steht das Symbol.

4.103 Eintragung der Verjüngung, der Neigung und des Neigungswinkels

Bei kegeligen und pyramidischen Werkstücken ist die Neigung nur selten anzugeben. Häufiger ist dies erforderlich für schräge Flächen anderer Werkstücke wie für die Flanschen der Formstähle (**4**.104), Auflageflächen an Vierkantunterlegscheiben (**4**.105), Keilen (**4**.106), Keilnuten (**4**.107) usw. Ist aber zur Herstellung einer geneigten Fläche der Neigungswinkel an der Werkzeugmaschine einzustellen, muß dieser auch in der Zeichnung enthalten sein (**4**.106; **4**.108).

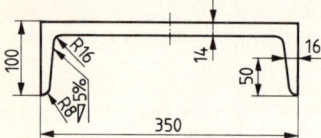

4.104 U DIN 1026 – U 350

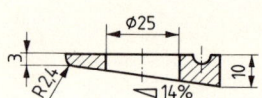

4.105 I-Scheibe DIN 435 – 25

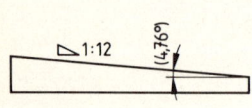

4.106 Keil

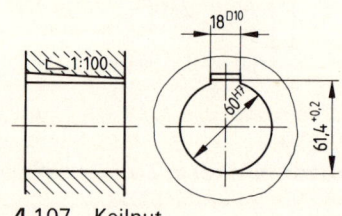

4.107 Keilnut

Übungen

1. Ergänzen Sie die zur vollständigen Bemaßung fehlenden Angaben in den Bildern **4**.108a bis e.

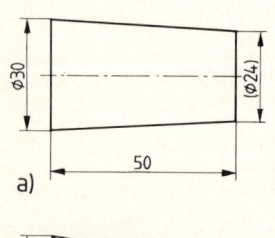

a)

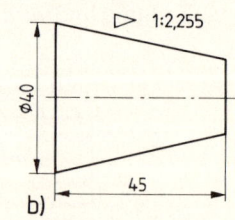

b)

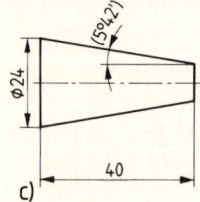

c)

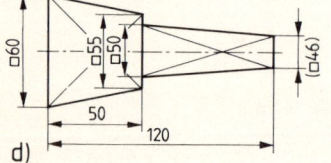

d)

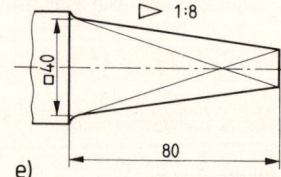

e)

4.108
Bemaßung kegeliger und pyramidenförmiger Werkstücke

2. Der Dichtungskegel für einen Gashahn hat die Abmessungen $D = 30$ mm, $d = 18$ mm, $L = 72$ mm. Skizzieren Sie den Kegel und bemaßen Sie ihn vollständig.

3. Zeichnen Sie eine Kegelhülse (Kegelverjüngung 1:3) und bemaßen Sie sie vollständig. Die Länge der Hülse beträgt 100 mm, der Außenkegel hat einen großen Durchmesser von 90 mm. Die Hülse erhält eine zentrische Axialbohrung ⌀ 24, die auf der Seite des großen Durchmessers auf ⌀ 40, 20 mm tief aufgebohrt wird.

4. Zeichnen Sie eine Keilbeilage mit der Neigung 1:30 nach diesen Angaben: Länge 90 mm, Dicke 25 mm, größte Höhe 60 mm. Bemaßen Sie das Werkstück.

5. Zeichnen Sie die Verbindungshülse und das Zwischenstück **4.**109 im Maßstab 1:1 und bemaßen Sie die Werkstücke vollständig.

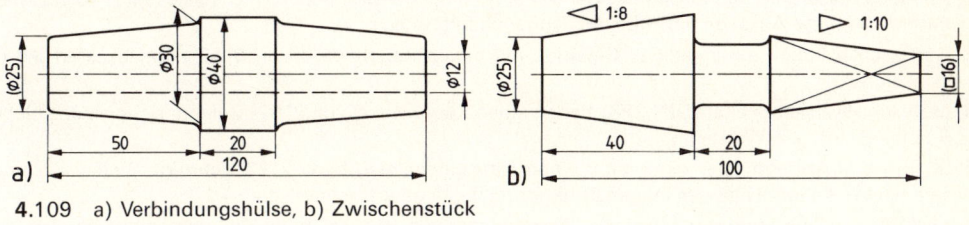

4.109   a) Verbindungshülse, b) Zwischenstück

4.5   Aufzeichnen von Winkeln und Neigungen

Winkel. Mit der Zeichenschiene und den üblichen Zeichendreiecken lassen sich Winkel zwischen 0° und 90° und darüber hinaus in den Abstufungen von 15° zu 15° zeichnen. Mit dem Zeichenkopf können Winkel zwischen diesen Größen und auch Bruchteile eines Winkelgrads gezeichnet werden. Das ermöglicht der über der drehbaren Gradteilung am Kopf der Zeichenmaschine befindliche Nonius (**4.**110).

Sind 3° in vier Noniusteile unterteilt (**4.**110a), ist ein Noniusteil $\frac{3}{4}$° groß. Der Unterschied zwischen einem Noniusteil und 1° beträgt demnach $\frac{1}{4}$°. Zwischen zwei Noniusteilen und 2° besteht ein Unterschied von $\frac{2}{4}$°, zwischen drei Noniusteilen und 3° ein Unterschied von $\frac{3}{4}$°. Werden nun Nonius und Gradteilung gegeneinander um diese Differenz gedreht, ist ein Winkel von $\frac{3}{4}$° = 45′ zurückgelegt worden (**4.**110b). Mit einem solchen Nonius lassen sich also Winkel von $\frac{1}{4}$° zu $\frac{1}{4}$° abstufen.

Sind aber 5° in 6 Noniusteile unterteilt, lassen sich Winkel von $\frac{1}{6}$° zu $\frac{1}{6}$°, also Winkel von 10′ zu 10′ einstellen. Da Zeichenköpfe in beiden Richtungen drehbar sind, haben sie einen Doppelnonius (**4.**110c).

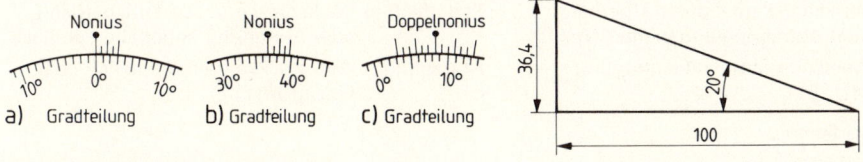

a) Gradteilung   b) Gradteilung   c) Gradteilung

4.110   Nonius
   a) 3° sind 4 Noniusteile
   b) Einstellung 36° 45′
   c) Einstellung 8° 20′

4.111   Aufzeichnen eines Winkels mit Hilfe des Tangens

Der Tangens (s. Abschn. **4.**3) kann auch zum Aufzeichnen von Winkeln herangezogen werden (**4.**111). Es wird zunächst eine Gerade von 100 mm Länge gezeichnet und in einem

Endpunkt eine Senkrechte errichtet. Mit der Zahlentafel oder dem Rechner wird der Tangenswert für den gewünschten Winkel bestimmt (tan 20° = 0,364), mit 100 malgenommen und das Ergebnis in mm (= 36,4) auf der Senkrechten abgetragen. Die Schlußlinie (Hypotenuse) des entstandenen Dreiecks und die 100 mm lange Kathete schließen den 20°-Winkel ein.

Übungen

1. Zeichnen Sie mit Hilfe der Tangenstabelle bzw. des Rechners Winkel von 20° (0,349 rad) und von 53° 30' (0,934 rad).

2. An einen Fräserdorn ist ein Spannkegel mit einem Kegelwinkel von 16° 36' (Steilkegel) zu zeichnen. Führen Sie diese Aufgabe mit Hilfe der Tangensfunktion aus.

3. Gasflaschen haben ein kegeliges Gewinde mit einem Kegelwinkel von 6° 52'. Konstruieren Sie die Winkelgröße.

4. Metrische Werkzeugkegel (DIN 228) haben einen Kegelwinkel von 2° 52'. Zeichnen Sie einen solchen Spannkegel für ein Werkzeug.

5. Spann- und Abziehhülsen werden mit einem Einstellwinkel $\alpha/2$ von 2° 23' gefertigt. Stellen Sie einen solchen Winkel mit Hilfe der Tangensfunktion (Tabelle oder Rechner) dar.

6. Kegelbuchsen für Hartlötungen haben Kegelwinkel von 25°. Zeichnen Sie eine solche Buchse und konstruieren Sie die kegelige Bohrung mit Hilfe der Tangensfunktion.

4.6 Eintragen von Werkstückkanten in Zeichnungen (DIN 6784)

Bei den verschiedenen Fertigungsverfahren entstehen gratige oder ähnlich geformte Kantenzustände, die aus sicherheitstechnischen oder funktionellen Gründen entfernt werden bzw. aus funktionellen Gründen bestehen bleiben müssen. Die Norm enthält Angaben über die Begriffe und Eintragung der gewünschten Kantenzustände in Zeichnungen.

Kanten mit bestimmten geometrischen Formen (Fasenwinkel, Fasenbreite usw.) siehe DIN 406 T 2. Die Formen und Begriffe der Kantenzustände nach DIN 6784 sind aus den Bildern **4.**112 und **4.**113 zu ersehen.

Der Kantenzustand der Außenkante lautet (**4.**112):

Gratig	Werkstückkante mit Überhang (**4.**114)
Scharfkantig	Werkstückkante, deren Überhang oder Abtragung angenähert Null ist
Gratfrei	Werkstückkante mit Abtragung (**4.**115)

Der Kantenzustand der Innenkante lautet (**4.**113):

Übergang	Werkstückkante mit Fase bis Rundung (**4.**116)
Scharfkantig	Werkstückkante, deren Übergang oder Abtragung angenähert Null ist
Abtragung	Werkstückkante mit Einstich oder Einzug (**4.**117)

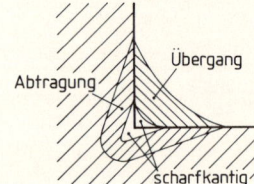

4.112   Kantenzustand Außenkante

4.113   Kantenzustand Innenkante

Der Kantenbereich eines Werkstücks ist der Bereich, in dem die Istform der Kante von der ideal-geometrischen, scharfkantigen Form abweichen darf. Innerhalb dieses Bereichs ist die Kantenform beliebig. Die Größe des Kantenbereichs wird durch das Kantenmaß „a" bestimmt (**4**.114 bis **4**.117). Es darf in keiner Richtung überschritten werden (**4**.118).

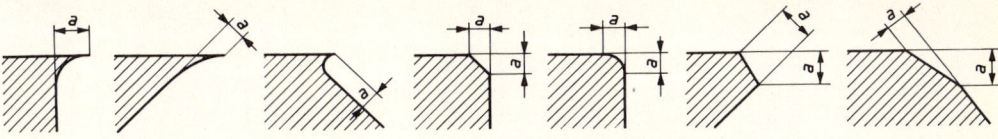

4.114 Kantenzustand gratig   4.115 Kantenzustand gratfrei

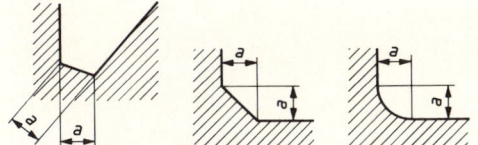 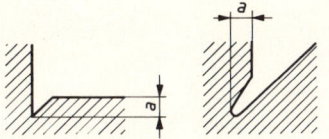

4.116 Kantenzustand Übergang   4.117 Kantenzustand Abtragung

Tabelle **4**.118 **Kantenmaße**

$^{1)}$	
+ 2,5	
+ 1	für gratige Kanten
+ 0,5	oder
+ 0,3	Übergang
+ 0,1	
+ 0,05	für
+ 0,02	scharfkantige
− 0,02	Kanten
− 0,05	
− 0,1	
− 0,3	für gratfreie Kanten
− 0,5	oder
− 1	Abtragung
− 2,5	
$^{1)}$	

^{1}) weitere Maße nach Erfordernis

Tabelle **4**.119

Symbol-element	Bedeutung	
	Außenkante	Innenkante
+	gratig	Übergang
−	gratfrei	Abtragung
±	gratig oder gratfrei	Übergang oder Abtragung

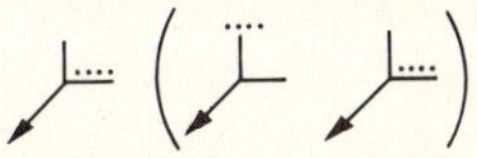

4.120   4,121

Werden für alle Kanten gleiche Zustände gefordert, genügt die Eintragung der Angaben in das Schriftfeld oder in der Nähe des Schriftfelds. Bei überwiegend gleichem Kantenzustand kann die Angabe des von diesem abweichenden Kantenzustands neben der allgemeinen Angabe zusätzlich in Klammern gesetzt werden (**4**.120). Die Kennzeichnung der Werkstückkanten besteht aus dem Grundsymbol, dem Kantenmaß a und dem Symbolelement +, −, ± (**4**.121).

Die Richtung des Grates oder der Abtragung wird nach Bild **4**.121 eingetragen.

Die Zeichnungsangabe kann sich auf folgende Kantenlängen beziehen:

– auf eine Kante senkrecht zur Projektionsebene,
– am Umfang eines Werkstücks oder eines Loches umlaufend (**4**.122).

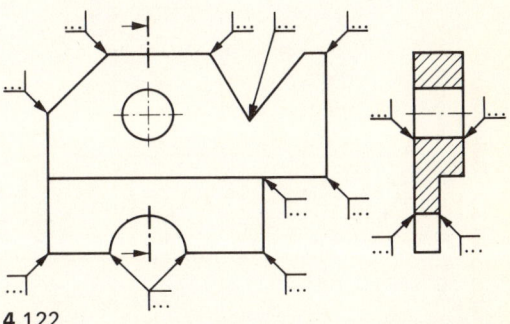

4.122

Tabelle 4.123 **Beispiele**

Nr.	Beispiel	Bedeutung	Erklärung
1	+0,3	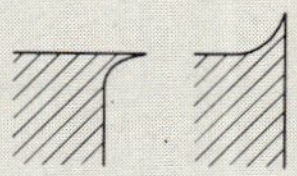	Außenkante gratig bis 0,3, Gratrichtung beliebig
2	+		Außenkante gratig, Grathöhe und Gratrichtung beliebig
3	+0,3		Außenkante gratfrei bis 0,3, Gratrichtung vorgegeben
4	-0,3	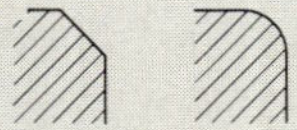	Außenkante gratfrei bis 0,3, Form der Abtragung beliebig
5	-0,5 -0,1		Außenkante gratfrei im Bereich von 0,1 bis 0,5, Form der Abtragung beliebig
6	-		Außenkante gratfrei, Form der Abtragung beliebig
7	±0,05	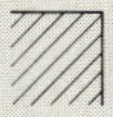	Außenkante wahlweise gratig bis 0,05 oder gratfrei bis 0,05 (scharfkantig) Gratrichtung beliebig
8	+0,3 -0,1	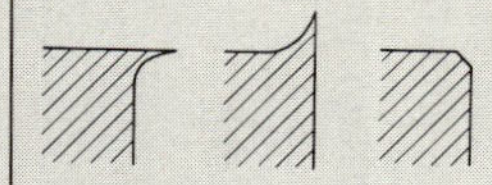	Außenkante wahlweise gratig bis 0,3 oder gratfrei bis 0,1 Gratrichtung beliebig
9	-0,3	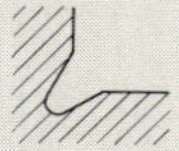	Innenkante mit Abtragung bis 0,3 Abtragungsrichtung beliebig
10	-0,5 -0,1		Innenkante mit Abtragung im Bereich von 0,1 bis 0,5 Abtragungsrichtung beliebig
11	-0,3	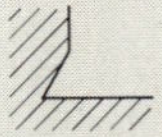	Innenkante mit Abtragung bis 0,3 Abtragungsrichtung vorgegeben
12	+0,3	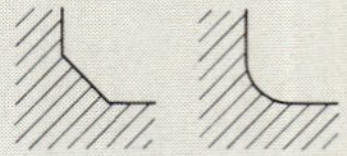	Innenkante mit Übergang bis 0,3 Form des Übergangs beliebig
13	+1 +0,3		Innenkante mit Übergang im Bereich von 0,3 bis 1 Form des Übergangs beliebig
14	±0,05	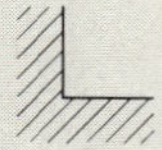	Innenkante wahlweise mit Abtragung bis 0,05 oder Übergang bis 0,05 (scharfkantig) Form der Abtragung des Übergangs beliebig
15	+0,1 -0,3	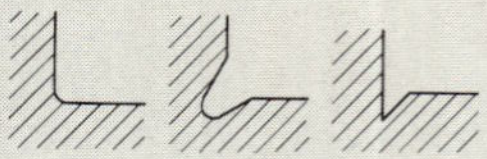	Innenkante wahlweise mit Übergang bis 0,1 oder Abtragung bis 0,3 Abtragungsrichtung beliebig

4.7 Übungen – Auswerten von Zeichnungen

Anhand der folgenden Übungen sollen die Informationen von Zeichnungen ausgewertet werden. (Beachten Sie: Die Schriftfelder entsprechen der für Schulungszwecke üblichen Form.)

- Federnde Feststellvorrichtung (**4**.124)
- Achslagerung (**4**.125)
- Schraubstock (**4**.126)
- Geradführung (**4**.127)
- Drehtisch (**4**.128)
- Zahnradpumpe (**4**.129)
- Maschinenschraubstock (**4**.130)
- Schwenkbarer Maschinenschraubstock (**4**.131)
- Reitstock (**4**.132)
- Bohrvorrichtung für Verschlußdeckel (**4**.133)
- Bohrvorrichtung für Gabelhebel (**4**.134)
- Schneckengetriebe 1 : 25 (**4**.135)
- Vorschubgetriebe (**4**.136)
- Hahnverschluß (**4**.137)
- Schieber (**4**.138)
- Einzelteile zum Reitstock (**4**.139)
- Einzelteile für eine Fräsvorrichtung (**4**.140)

Die Zeichnungen enthalten Informationen über die Funktion, Fertigung, Montage sowie die Prüfbedingungen der Einzelteile und Baugruppen. Sie geben Auskunft über die Größe, Form, Oberflächenbeschaffenheit sowie zulässige Abweichungen der Maße, Formen und Lagen bei den Werkstücken. Einzelteilzeichnungen nennen jeweils auch die Werkstoffe, aus denen die Werkstücke zu fertigen sind.

Untersuchen Sie die Vorlagen **4**.125 bis **4**.138 hinsichtlich folgender Fragen:

a) Welche Funktion hat die Baugruppe?

b) Wie ist das Funktionsproblem gelöst worden?

c) Welche alternativen Lösungen gibt es für das Problem?

d) Wie verläuft der Kraftfluß beim Einsatz der Baugruppe?

e) In welcher Reihenfolge werden die Einzelteile zur Baugruppe gefügt?

Fertigen Sie von ausgewählten Einzelteilen Zeichnungen an. Ergänzen Sie gegebenenfalls die Stücklisten der Zeichnungen (z. B. **4**.125, **4**.135).

a) Zeichnen von Form und Größe des Werkstücks.

b) Bemaßung des Werkstücks.

c) Angaben der zulässigen Maßabweichungen (s. hierzu Abschn. 5.1).

d) Mindestanforderungen an die Oberflächen (s. hierzu Abschn. 5.4).

e) Angaben von Form- und Lagetoleranzen (s. hierzu Abschn. 5.2).

f) Wählen Sie sinnvoll (Funktion, Fertigung, Ersatz) die Werkstoffe aus (s. hierzu Abschn. 6.1).

g) Kennzeichnen Sie Stoffeigenschaftsänderungen (z. B. durch Härten) und evtl. Oberflächenschutzmaßnahmen (s. hierzu Abschn. 6.2).

Fertigen Sie anhand der vorgegebenen Einzelteilzeichnungen **4**.139 und **4**.140 Baugruppenzeichnungen an.

a) Tragen Sie die Hauptmaße der Baugruppen ein.

b) Ordnen Sie die Positionsnummern den Einzelteilen zu.

c) Fertigen Sie eine Stückliste der jeweiligen Baugruppe an, in die auch Normteile (s. Abschn. 7) aufgenommen werden, die nicht als Einzelteile vorgegeben sind. Wählen Sie sinnvoll die Werkstoffe aus.

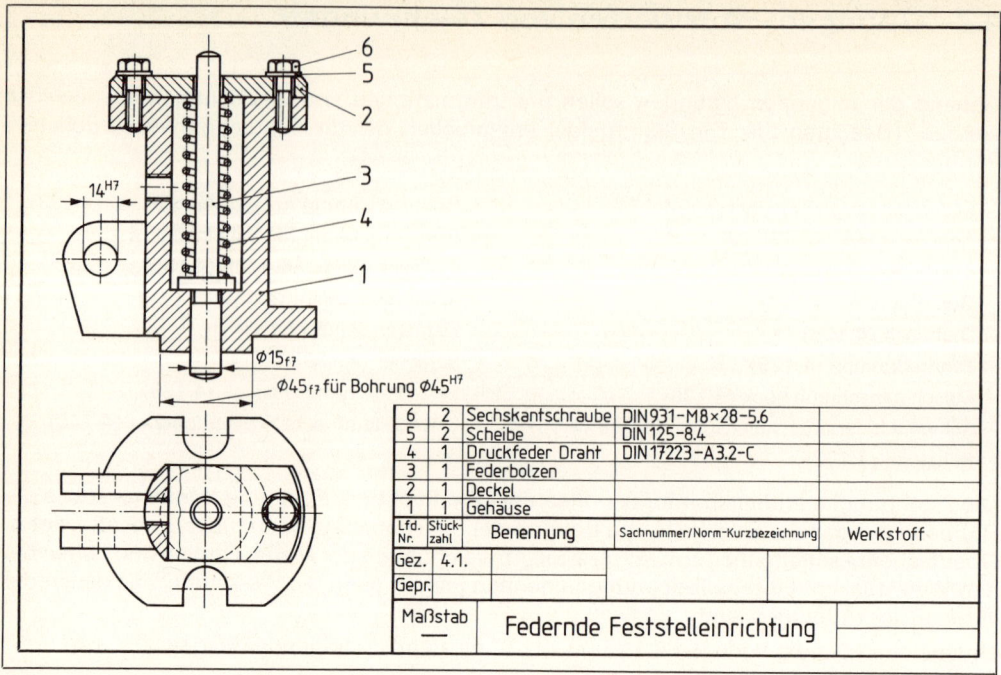

6	2	Sechskantschraube	DIN 931–M8×28–5.6	
5	2	Scheibe	DIN 125–8.4	
4	1	Druckfeder Draht	DIN 17223–A3.2–C	
3	1	Federbolzen		
2	1	Deckel		
1	1	Gehäuse		
Lfd. Nr.	Stück-zahl	Benennung	Sachnummer/Norm-Kurzbezeichnung	Werkstoff
Gez.	4.1.			
Gepr.				
Maßstab ___		Federnde Feststelleinrichtung		

4.124 Federnde Feststellvorrichtung

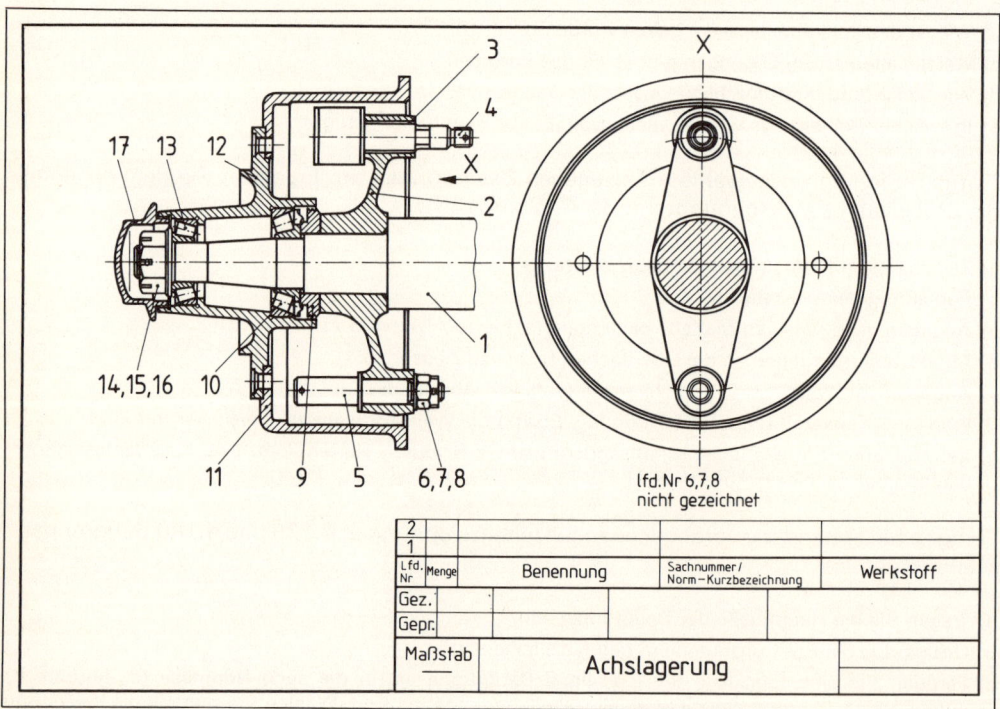

lfd. Nr 6,7,8
nicht gezeichnet

2				
1				
Lfd. Nr	Menge	Benennung	Sachnummer / Norm–Kurzbezeichnung	Werkstoff
Gez.				
Gepr.				
Maßstab ___		Achslagerung		

4.125 Achslagerung

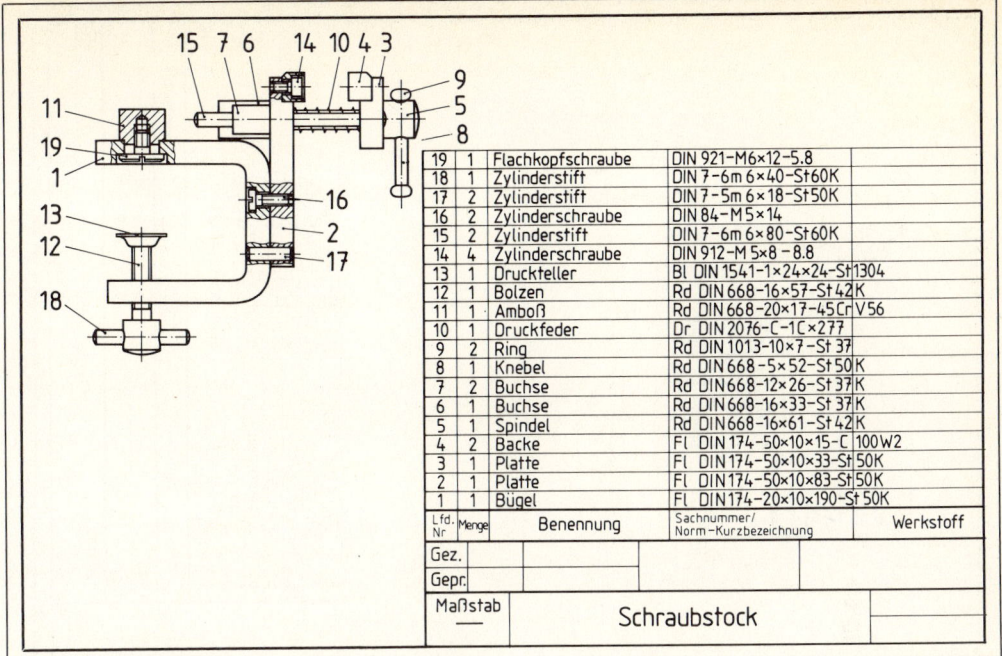

Lfd. Nr	Menge	Benennung	Sachnummer/ Norm–Kurzbezeichnung	Werkstoff
19	1	Flachkopfschraube	DIN 921–M6×12–5.8	
18	1	Zylinderstift	DIN 7–6m 6×40–St60K	
17	2	Zylinderstift	DIN 7–5m 6×18–St50K	
16	2	Zylinderschraube	DIN 84–M5×14	
15	2	Zylinderstift	DIN 7–6m 6×80–St60K	
14	4	Zylinderschraube	DIN 912–M5×8–8.8	
13	1	Druckteller	Bl DIN 1541–1×24×24–St 1304	
12	1	Bolzen	Rd DIN 668–16×57–St 42K	
11	1	Amboß	Rd DIN 668–20×17–45Cr V56	
10	1	Druckfeder	Dr DIN 2076–C–1C×277	
9	2	Ring	Rd DIN 1013–10×7–St 37	
8	1	Knebel	Rd DIN 668–5×52–St 50K	
7	2	Buchse	Rd DIN 668–12×26–St 37K	
6	1	Buchse	Rd DIN 668–16×33–St 37K	
5	1	Spindel	Rd DIN 668–16×61–St 42K	
4	2	Backe	Fl DIN 174–50×10×15–C 100W2	
3	1	Platte	Fl DIN 174–50×10×33–St 50K	
2	1	Platte	Fl DIN 174–50×10×83–St 50K	
1	1	Bügel	Fl DIN 174–20×10×190–St 50K	
Lfd. Nr	Menge	Benennung	Sachnummer/ Norm–Kurzbezeichnung	Werkstoff
Gez.				
Gepr.				
Maßstab —		Schraubstock		

4.126 Schraubstock

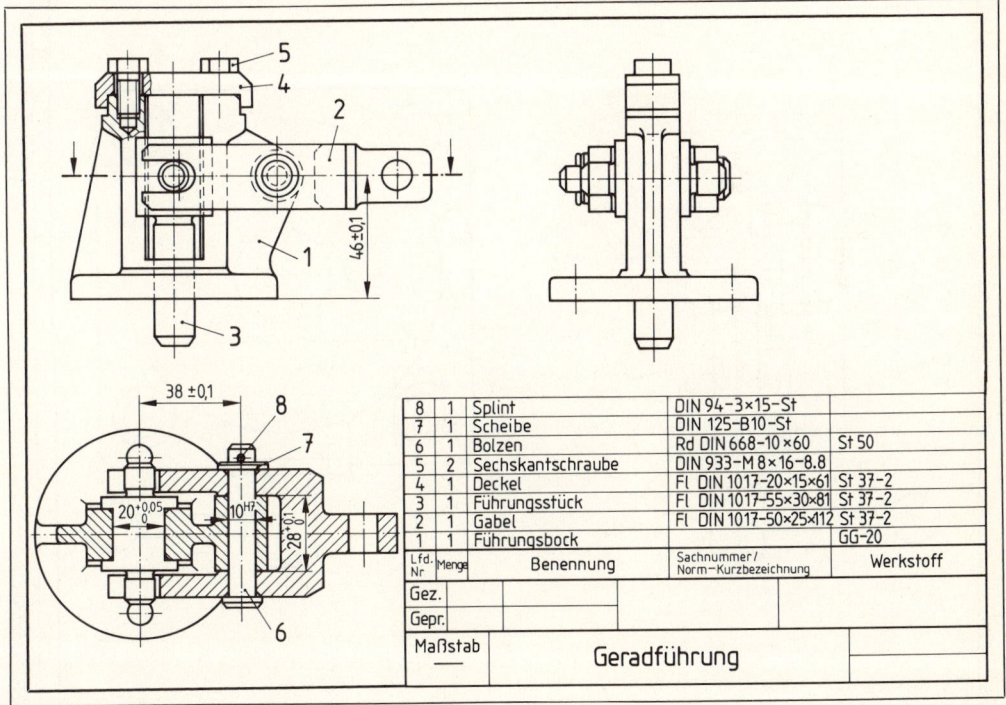

8	1	Splint	DIN 94–3×15–St	
7	1	Scheibe	DIN 125–B10–St	
6	1	Bolzen	Rd DIN 668–10×60	St 50
5	2	Sechskantschraube	DIN 933–M 8×16–8.8	
4	1	Deckel	Fl DIN 1017–20×15×61	St 37–2
3	1	Führungsstück	Fl DIN 1017–55×30×81	St 37–2
2	1	Gabel	Fl DIN 1017–50×25×112	St 37–2
1	1	Führungsbock		GG–20
Lfd. Nr	Menge	Benennung	Sachnummer/ Norm–Kurzbezeichnung	Werkstoff
Gez.				
Gepr.				
Maßstab —		Geradführung		

4.127 Geradführung

111

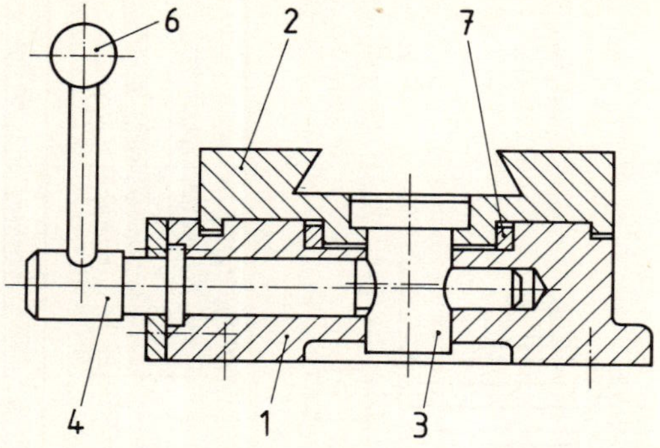

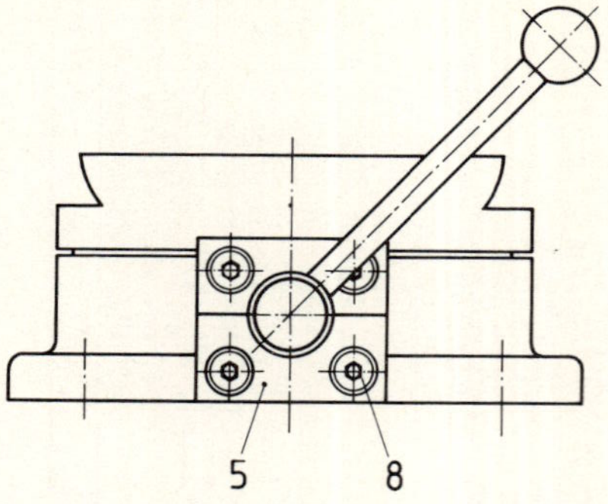

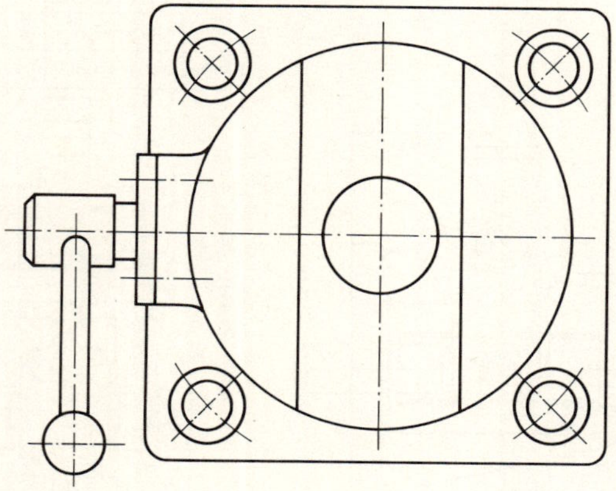

L.fd. Nr.	Menge	Benennung	Sachnummer / Norm-Kurzbezeichnung	Werkstoff
8	4	Zylinderschraube	DIN 6912-M4×10-8.8	
7	1	Druckring	Rd DIN1013-55×15-St70	
6	1	Kugelgriff	Rd DIN1013-18×99-St50	
5	2	Halteplatte	Fl DIN1017-20×8×43-St42	
4	1	Exzenterwelle	Rd DIN1013-22×124-16MnCr5	
3	1	Spannbolzen	Rd DIN1013-30×35-16MnCr5	
2	1	Drehscheibe	Rd DIN1013-105×27-St60	
1	1	Grundplatte		GG-20

Gez.

Gepr.

Maßstab

Drehtisch

4.128 Drehtisch

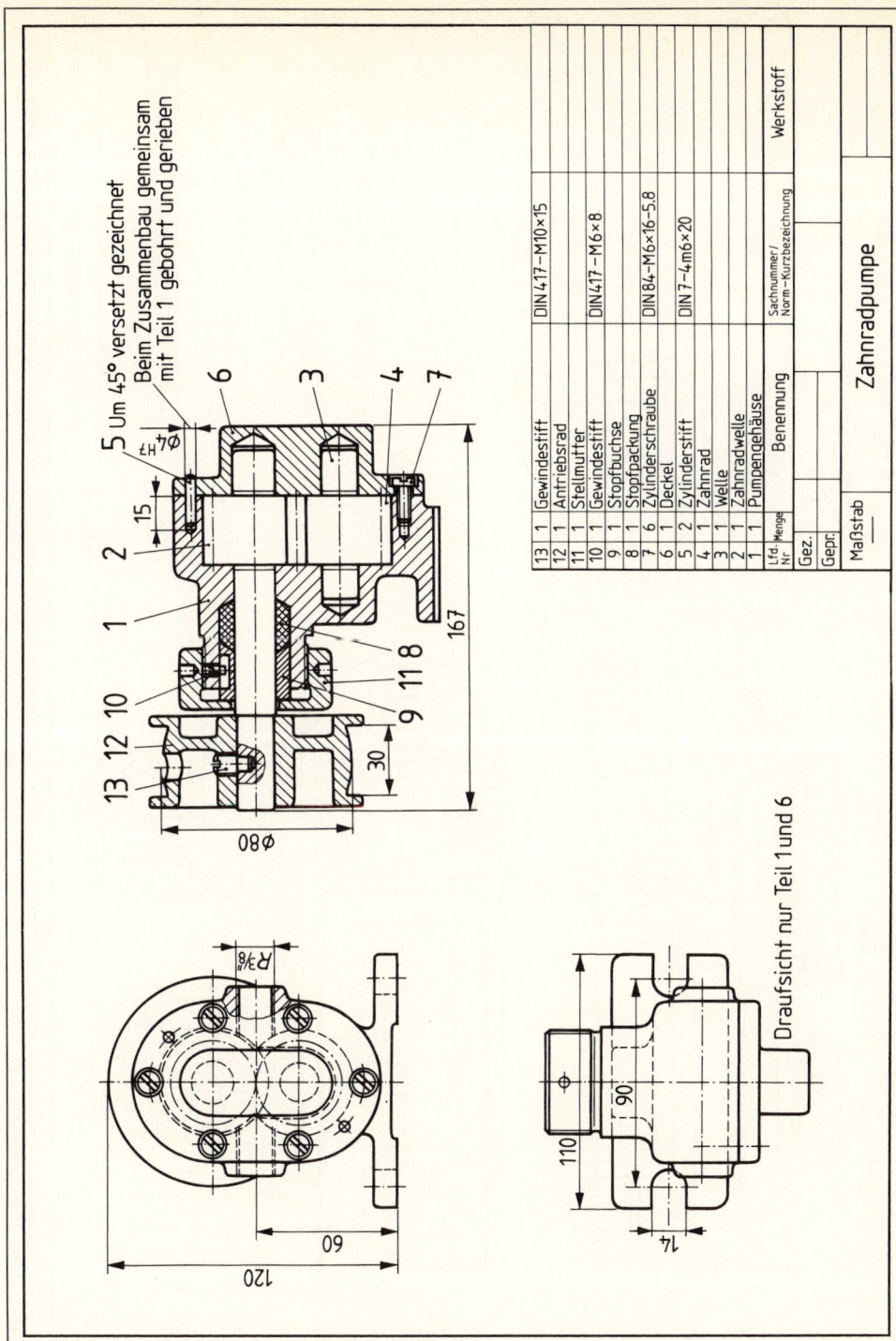

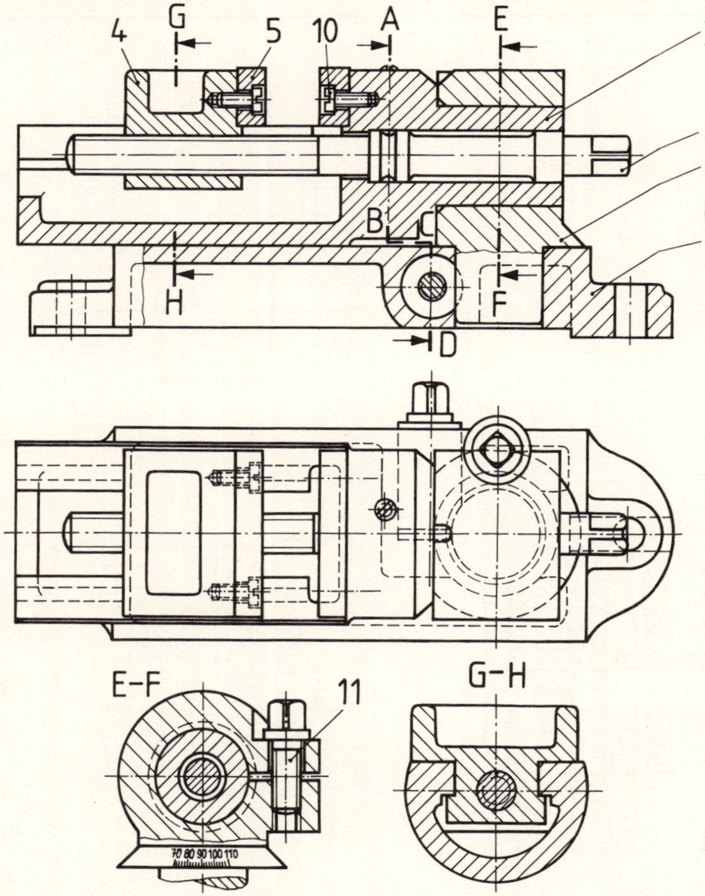

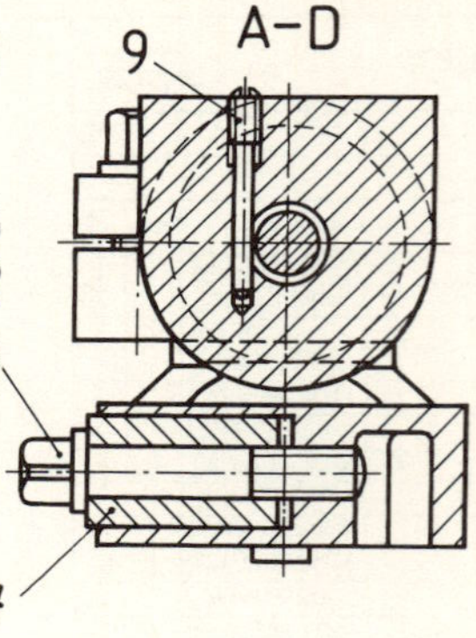

Lfd. Nr	Menge	Benennung	Sachnummer/Norm-Kurzbezeichnung	Werkstoff
11	1	Vierkantschraube mit Bund	DIN 478-M10×25-5.8	
10	4	Zylinderschraube	DIN 84-M5×12-5.8	
9	1	Schaftschraube		
8	1	Vierkantschraube mit Bund	DIN 478-M10×55-5.8	
7	1	Klemmhülse		
6	1	Spindel		
5	2	Backe		
4	1	Backenträger		
3	1	Backenführung		
2	1	Lager		
1	1	Fußplatte		

Gez.
Gepr.
Maßstab

Maschinenschraubstock

A-D   G-H   E-F

4.130   Maschinenschraubstock

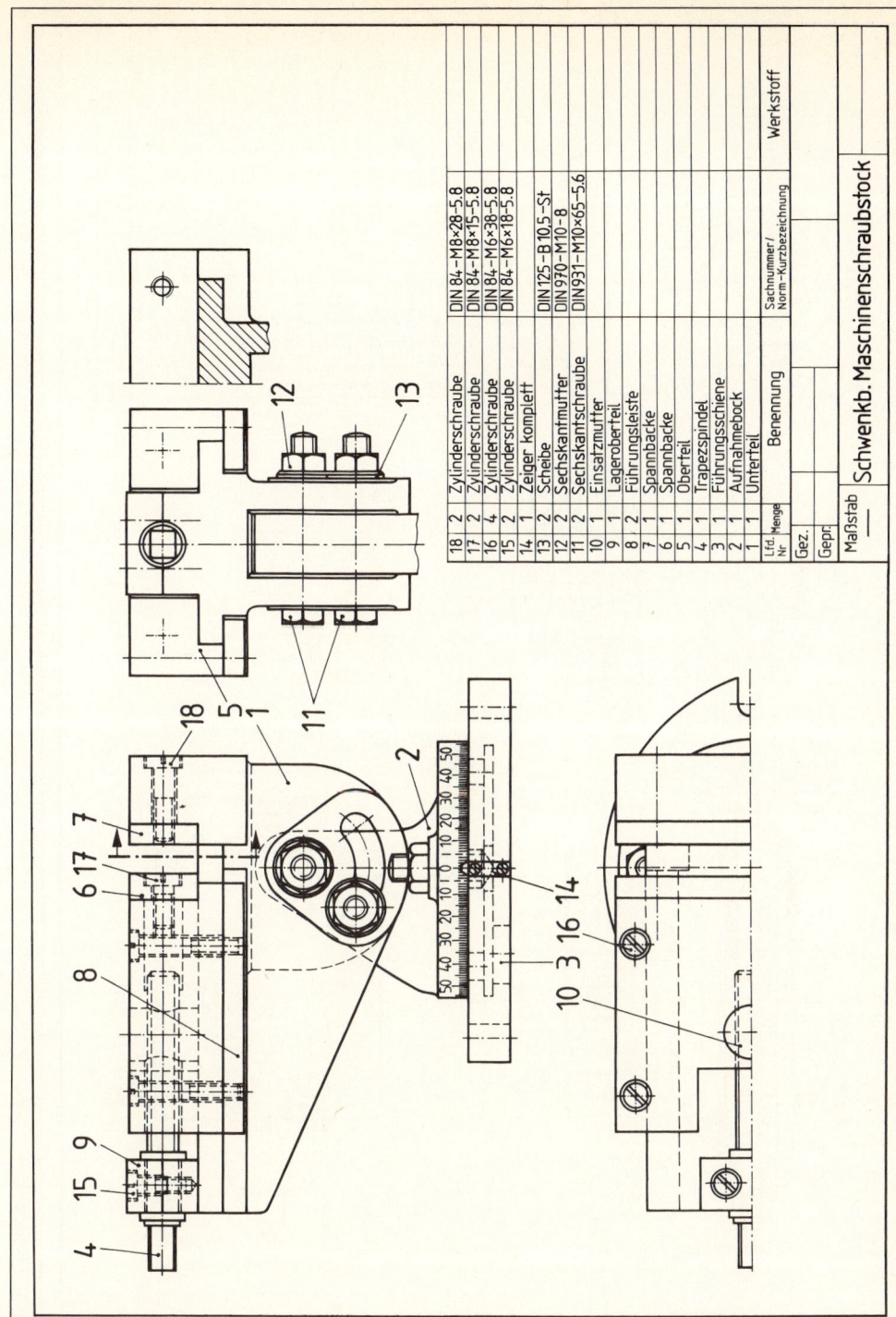

Lfd.Nr	Menge	Benennung	Sachnummer/ Norm-Kurzbezeichnung	Werkstoff
18	2	Zylinderschraube	DIN 84 – M8×28 – 5.8	
17	2	Zylinderschraube	DIN 84 – M8×15 – 5.8	
16	4	Zylinderschraube	DIN 84 – M6×38 – 5.8	
15	2	Zylinderschraube	DIN 84 – M6×18 – 5.8	
14	1	Zeiger komplett		
13	2	Scheibe	DIN 125 – B10,5 – St	
12	2	Sechskantmutter	DIN 970 – M10 – 8	
11	2	Sechskantschraube	DIN 931 – M10×65 – 5.6	
10	1	Einsatzmutter		
9	1	Lageroberteil		
8	2	Führungsleiste		
7	1	Spannbacke		
6	1	Spannbacke		
5	1	Oberteil		
4	1	Trapezspindel		
3	1	Führungsschiene		
2	1	Aufnahmebock		
1	1	Unterteil		
		Maßstab ___	Schwenkb. Maschinenschraubstock	
		Gez.		
		Gepr.		

4.131   Schwenkbarer Maschinenschraubstock

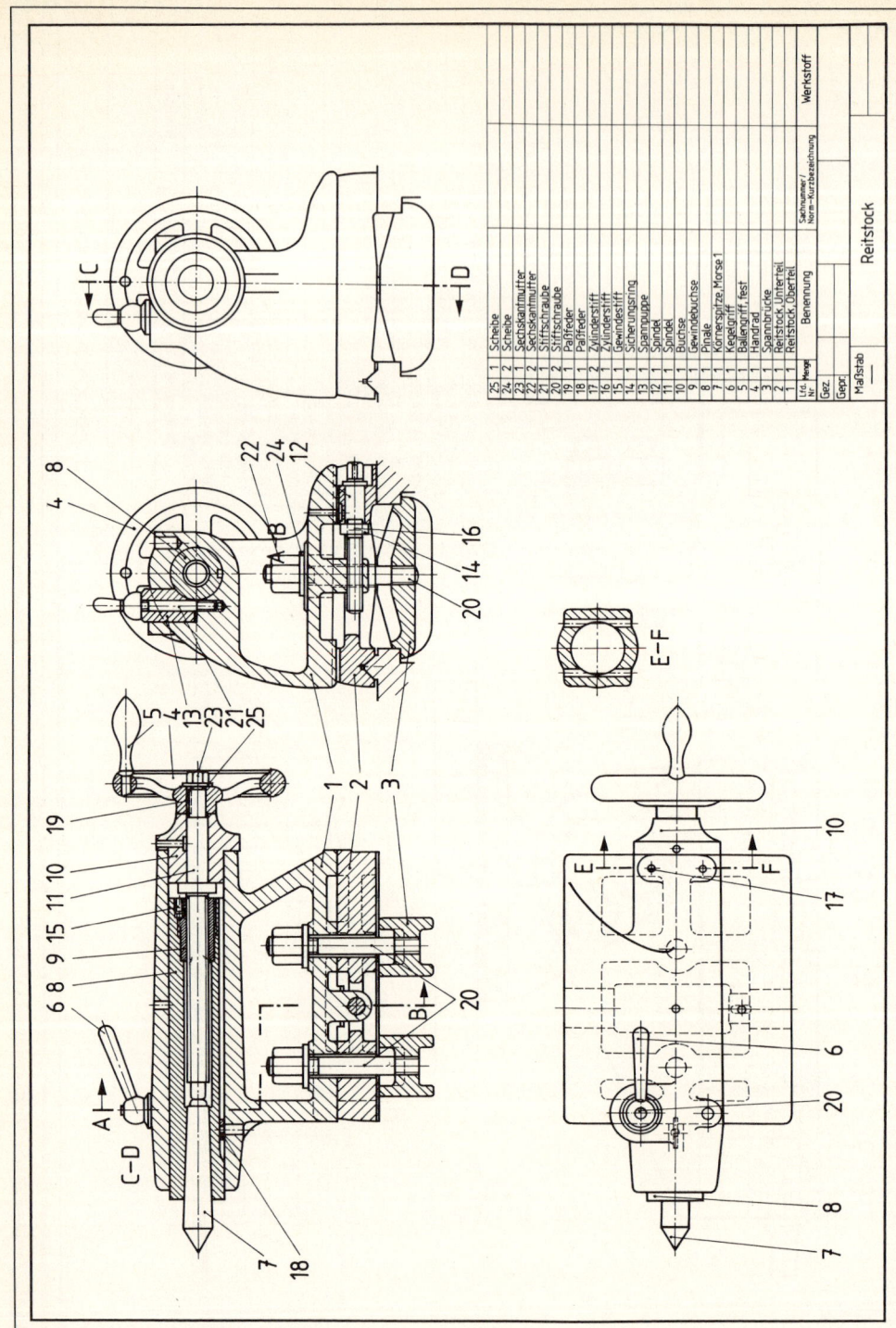

Lfd. Nr	Menge	Benennung	Sachnummer / Norm-Kurzbezeichnung	Werkstoff
25	1	Scheibe		
24	2	Scheibe		
23	1	Sechskantmutter		
22	2	Sechskantmutter		
21	1	Stiftschraube		
20	2	Stiftschraube		
19	1	Paßfeder		
18	1	Paßfeder		
17	2	Zylinderstift		
16	1	Zylinderstift		
15	1	Gewindestift		
14	1	Sicherungsring		
13	1	Spannpuppe		
12	1	Spindel		
11	1	Spindel		
10	1	Buchse		
9	1	Gewindebuchse		
8	1	Pinole		
7	1	Körnerspitze Morse1		
6	1	Kegelgriff		
5	1	Ballengriff, fest		
4	1	Handrad		
3	1	Spannbrücke		
2	1	Reitstock, Unterteil		
1	1	Reitstock, Oberteil		

Gez.
Gepr.
Maßstab

Reitstock

4.132 Reitstock

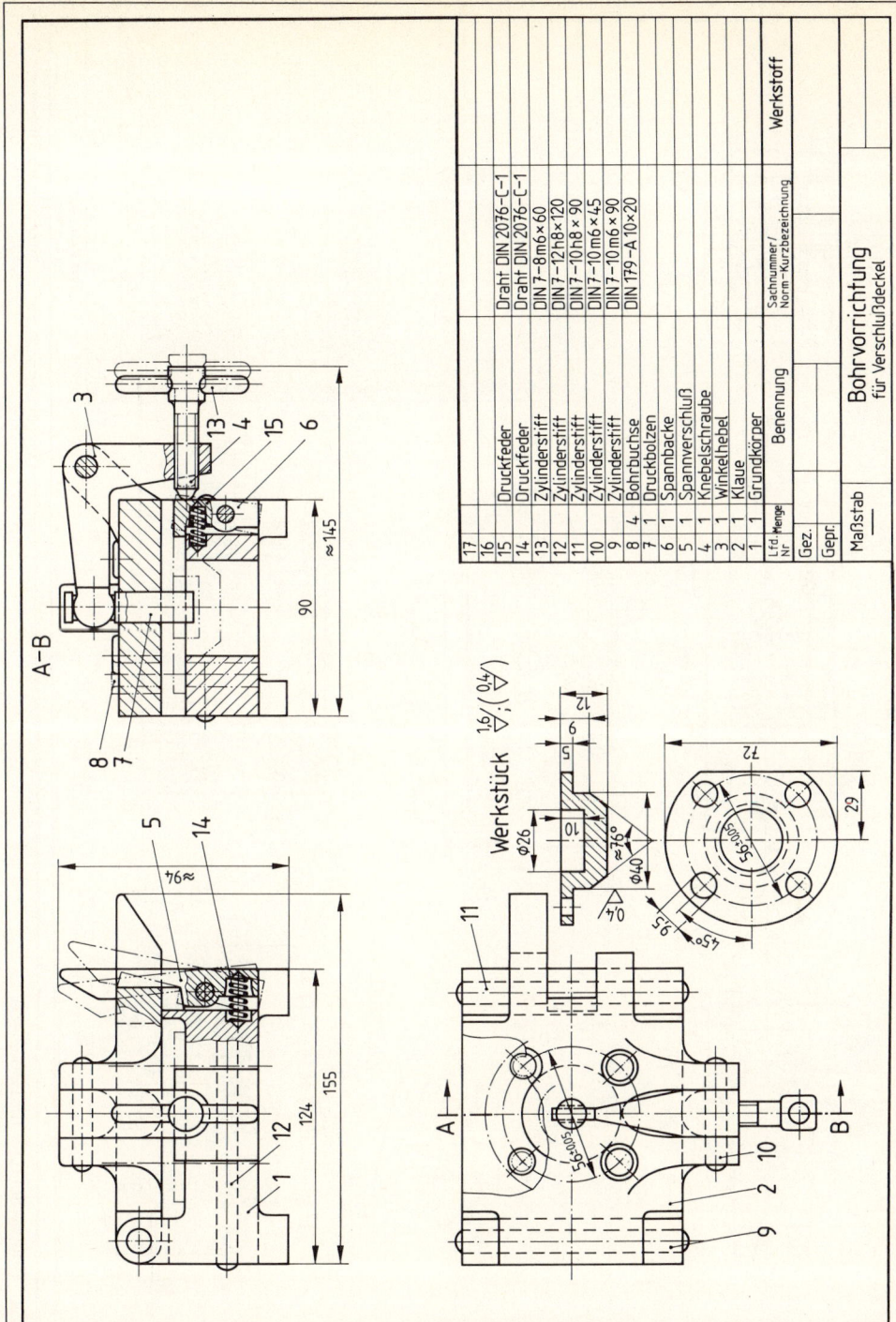

4.133 Bohrvorrichtung für Verschlußdeckel

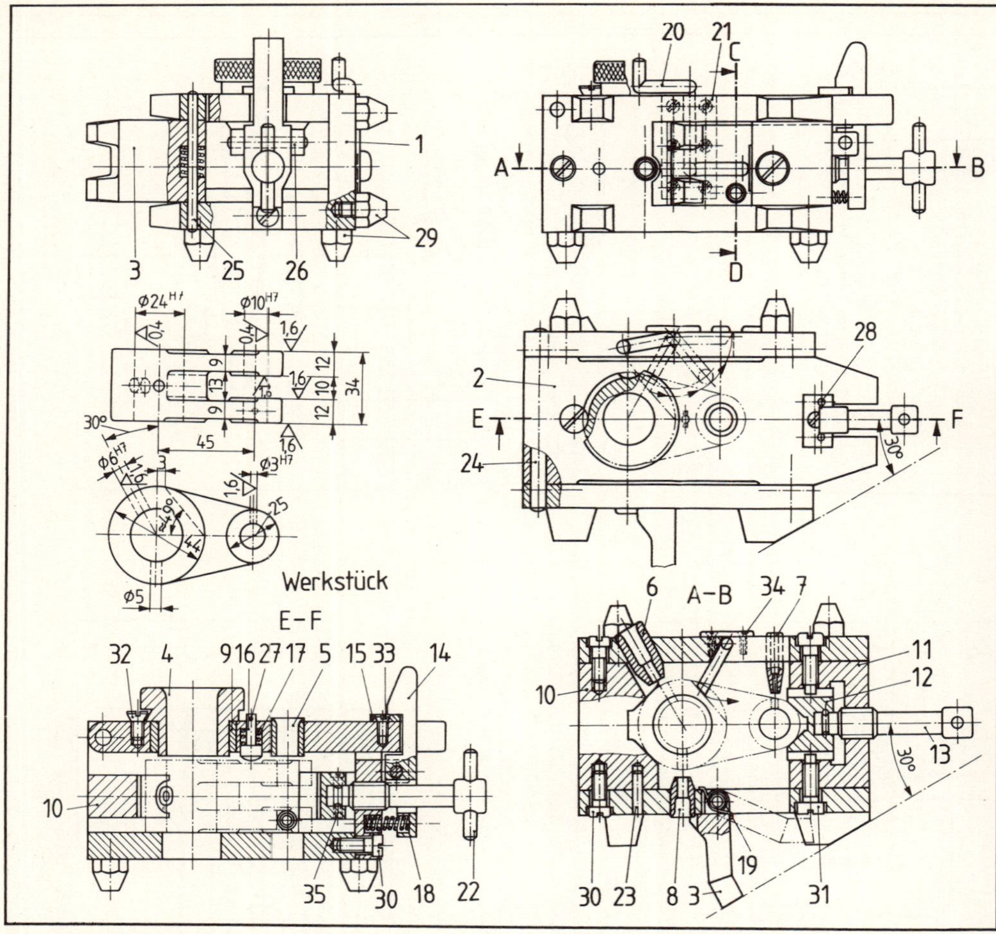

Lfd. Nr	Menge	Benennung	Sachnummer / Norm-Kurzbezeichnung	Werkstoff
35	1	Zylinderschraube	DIN 84 M3×20	
34	6	Linsensenkschraube	DIN 88 M3× 8	
33	1	Senkschraube	DIN 87 M4×10	
32	1	Senkschraube	M5×13	
31	1	Zylinderschraube m. Zapfen	M8×24	
30	3	Zylinderschraube	DIN 83 M6×16	
29	8	Fuß		
28	2	Zylinderstift	DIN 7 3m6×10	
27	1	Zylinderstift	DIN 7 2m6×10	
26	1	Zylinderstift	DIN 7 6h8×32	
25	1	Zylinderstift	DIN 7 5m6×70	
24	1	Zylinderstift	DIN 7 8×70	
23	1	Zylinderstift	DIN 7 8×90	
22	1	Zylinderstift	DIN 7 5m6×20	
21	1	Zylinderstift	DIN 7 5m6×40	
20	1	Deckblech		
19	1	Kontrollhebel		
18	1	Schrauben-Druck-Feder		
17	1	Schrauben Druck Feder		
16	1	Druckbolzen		
15	1	Plättchen		
14	1	Schnapper		
13	1	Spannschraube		
12	1	Bewegliches Prisma		
11	1	Führungsstück		
10	1	Festes Prisma		
9	1	Grundbuchse		
8	1	Zylindrische Bohrbuchse ⌀5		
7	1	Zylindrische Bohrbuchse ⌀3		
6	1	Zylindrische Bohrbuchse ⌀6		
5	1	Zylindrische Bohrbuchse ⌀10		
4	1	Auswechselbare Bohrbuchse		
3	1	Klappdeckel		
2	1	Klappfuß		
1	1	Gehäuse		

Gez. 9.1.
Gepr. 11.1.
Maßstab

Bohrvorrichtung für Gabelhebel

C–D

A–B

E–F

Werkstück

30°

4.134 Bohrvorrichtung für Gabelhebel

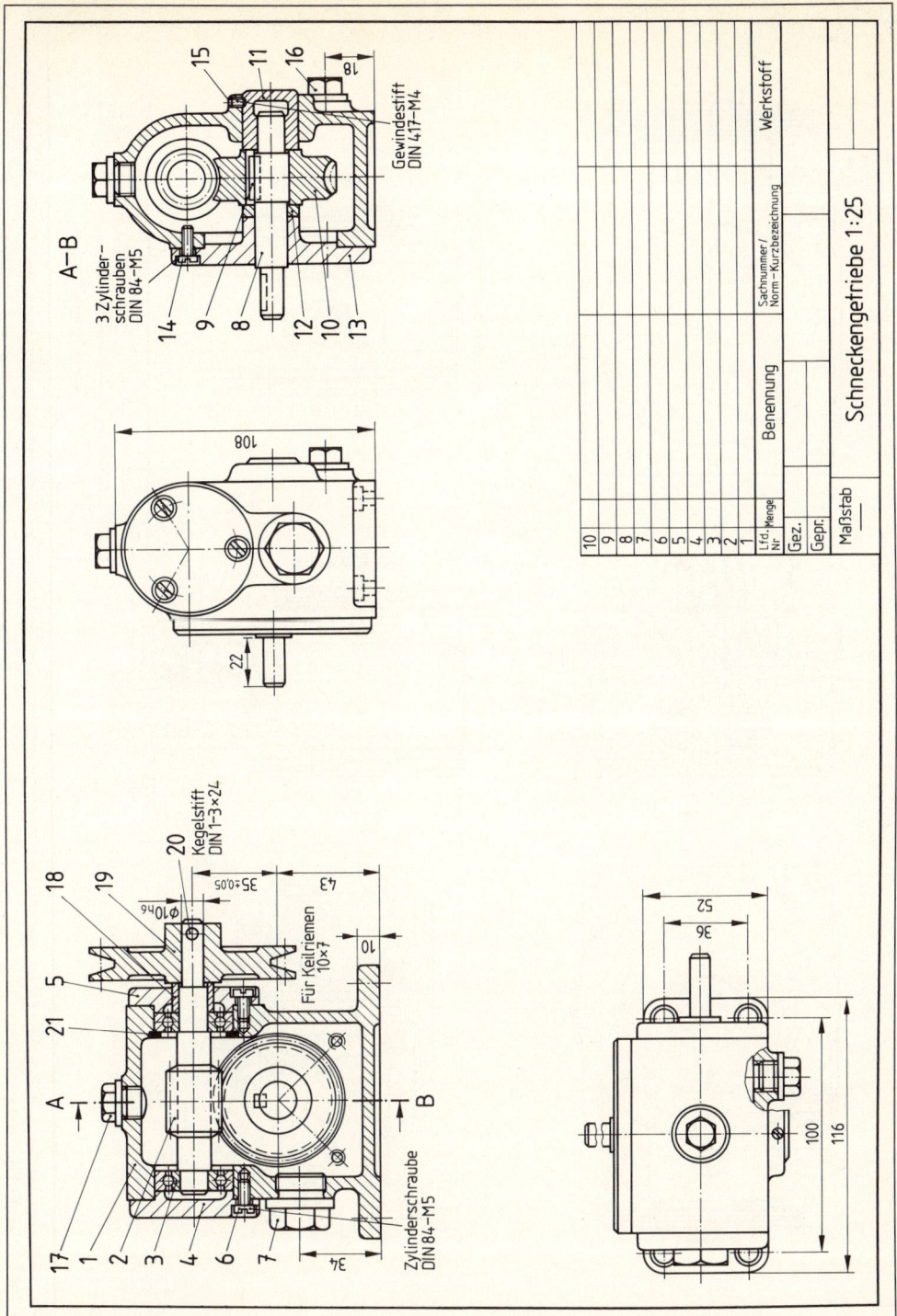

4.135 Schneckengetriebe 1:25

119

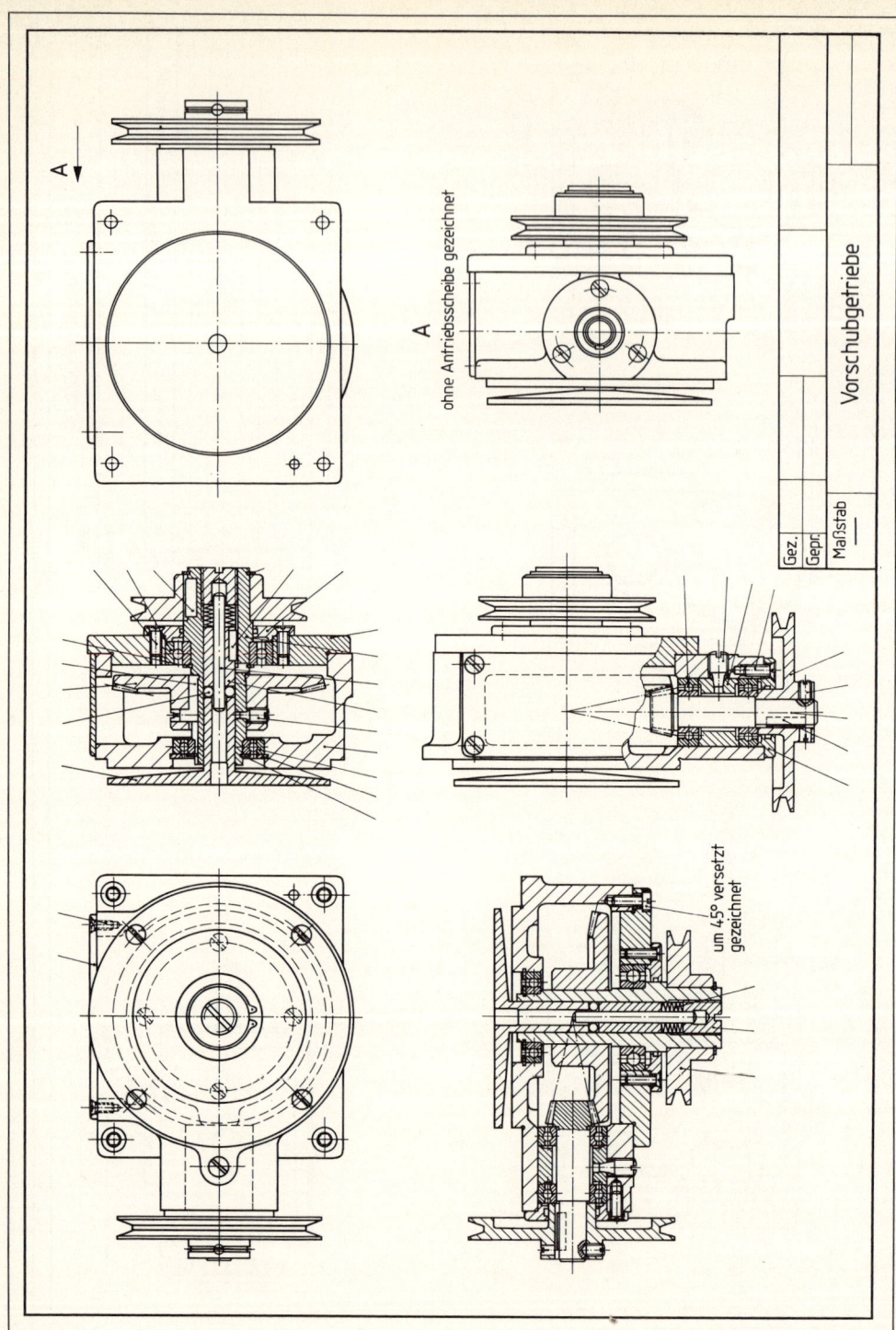

ohne Antriebsscheibe gezeichnet

A

um 45° versetzt gezeichnet

Vorschubgetriebe

Gez.
Gepr.
Maßstab

4.136   Vorschubgetriebe

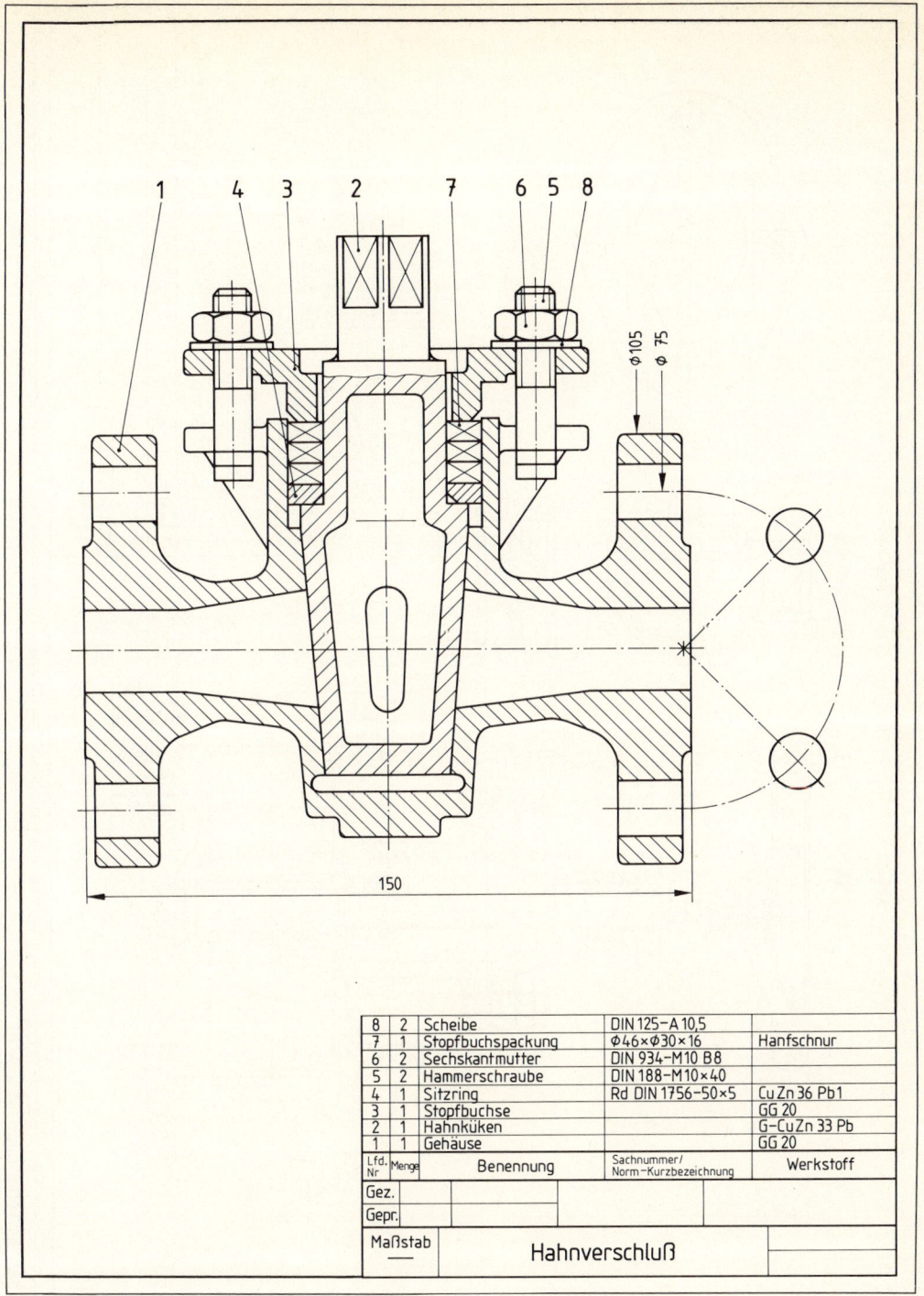

Ø105
Ø 75

150

8	2	Scheibe	DIN 125−A 10,5	
7	1	Stopfbuchspackung	Ø46×Ø30×16	Hanfschnur
6	2	Sechskantmutter	DIN 934−M10 B8	
5	2	Hammerschraube	DIN 188−M10×40	
4	1	Sitzring	Rd DIN 1756−50×5	Cu Zn 36 Pb1
3	1	Stopfbuchse		GG 20
2	1	Hahnküken		G−CuZn 33 Pb
1	1	Gehäuse		GG 20
Lfd. Nr	Menge	Benennung	Sachnummer/ Norm−Kurzbezeichnung	Werkstoff
Gez.				
Gepr.				
Maßstab		Hahnverschluß		

4.137 Hahnverschluß

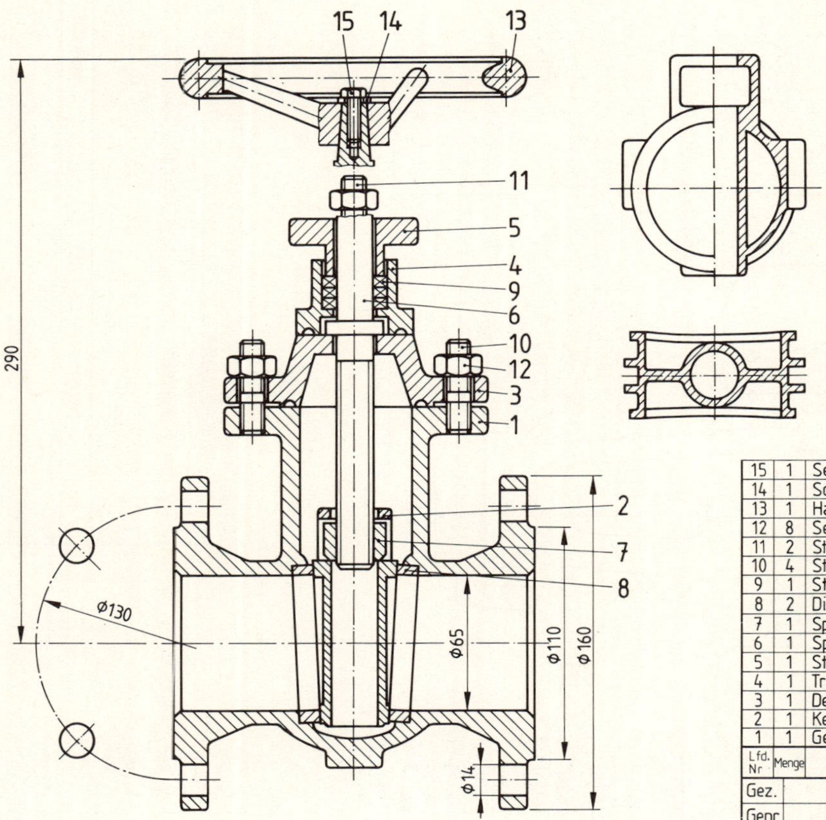

Teil 3

Teil 2

Lfd. Nr.	Menge	Benennung	Sachnummer/ Norm-Kurzbezeichnung	Werkstoff
15	1	Sechskantschraube	DIN 933-M6×20-5.6	
14	1	Scheibe	DIN 125-A 6,4	
13	1	Handrad	DIN 951-B160-GG	
12	8	Sechskantmutter	DIN 934-M12-5.6	
11	2	Stiftschraube	DIN 939-M12×85-5.6	
10	4	Stiftschraube	DIN 939-M12×45-5.6	
9	1	Stopfbuchspackung	Φ30×Φ18×16	Hanfschnur
8	2	Dichtring	Rohr DIN 1755-80×11,7	CuZn 20Al
7	1	Spindelmutter		CuZn 30Al
6	1	Spindel		Rd CuZn 30Al
5	1	Stopfbuchsenbrille		GG-25
4	1	Traverse		GG-25
3	1	Deckel		GG-25
2	1	Keilschieber		G-CuZn 34Al2
1	1	Gehäuse		GG-25

Gez.

Gepr.

Maßstab

Schieber

Ø160

Ø110

Ø65

Ø14

Ø130

290

4.138 Schieber

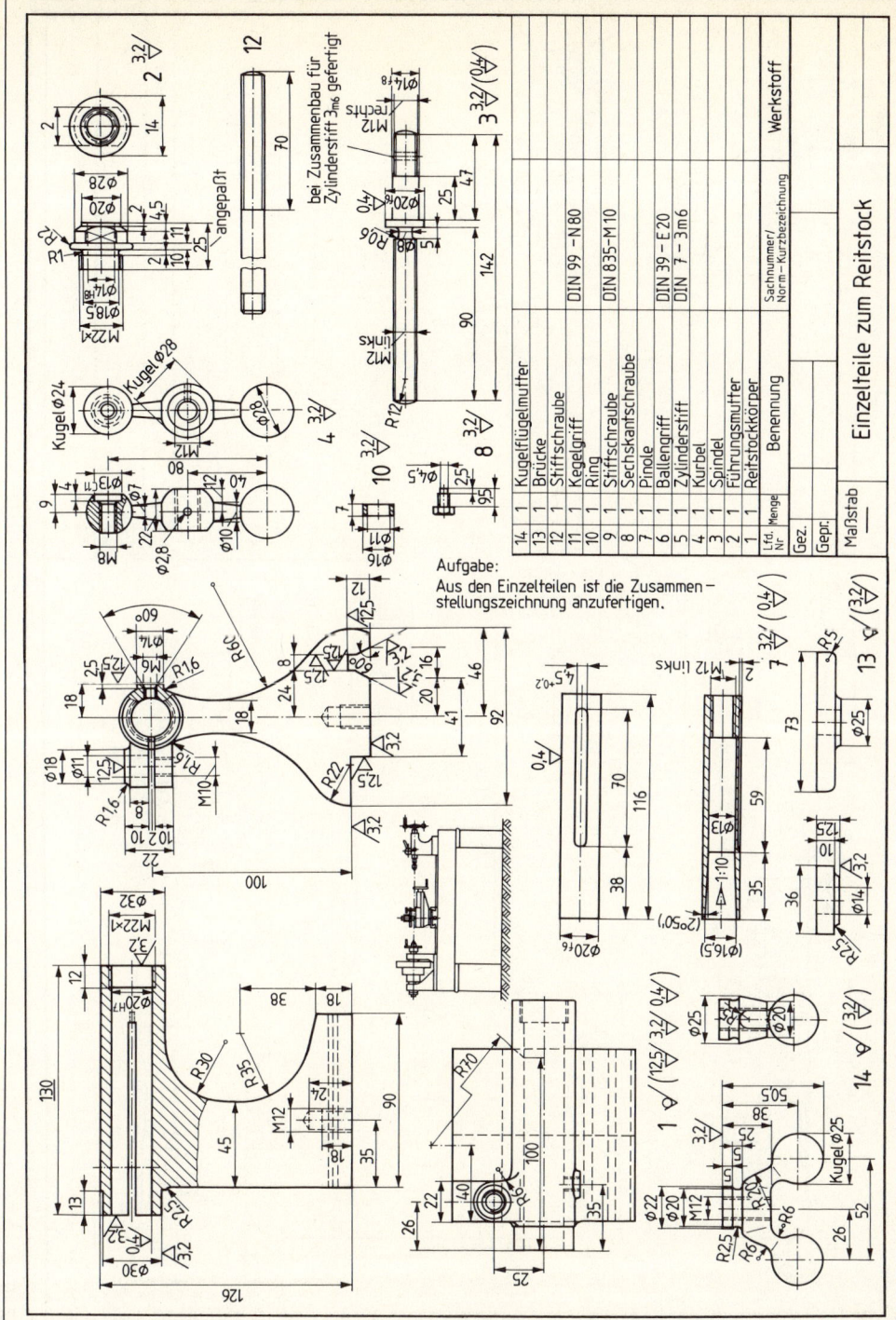

Aufgabe:
Aus den Einzelteilen ist die Zusammenstellungszeichnung anzufertigen.

lfd. Nr.	Menge	Benennung	Sachnummer / Norm – Kurzbezeichnung	Werkstoff
14	1	Kugelflügelmutter		
13	1	Brücke		
12	1	Stiftschraube	DIN 99 – N80	
11	1	Kegelgriff		
10	1	Ring		
9	1	Stiftschraube	DIN 835-M10	
8	1	Sechskantschraube		
7	1	Pinole		
6	1	Ballengriff	DIN 39 – E20	
5	1	Zylinderstift	DIN 7 – 3m6	
4	1	Kurbel		
3	1	Spindel		
2	1	Führungsmutter		
1	1	Reitstockkörper		

Gez.

Gepr.

Maßstab ___

Einzelteile zum Reitstock

4.139   Einzelteile zum Reitstock

123

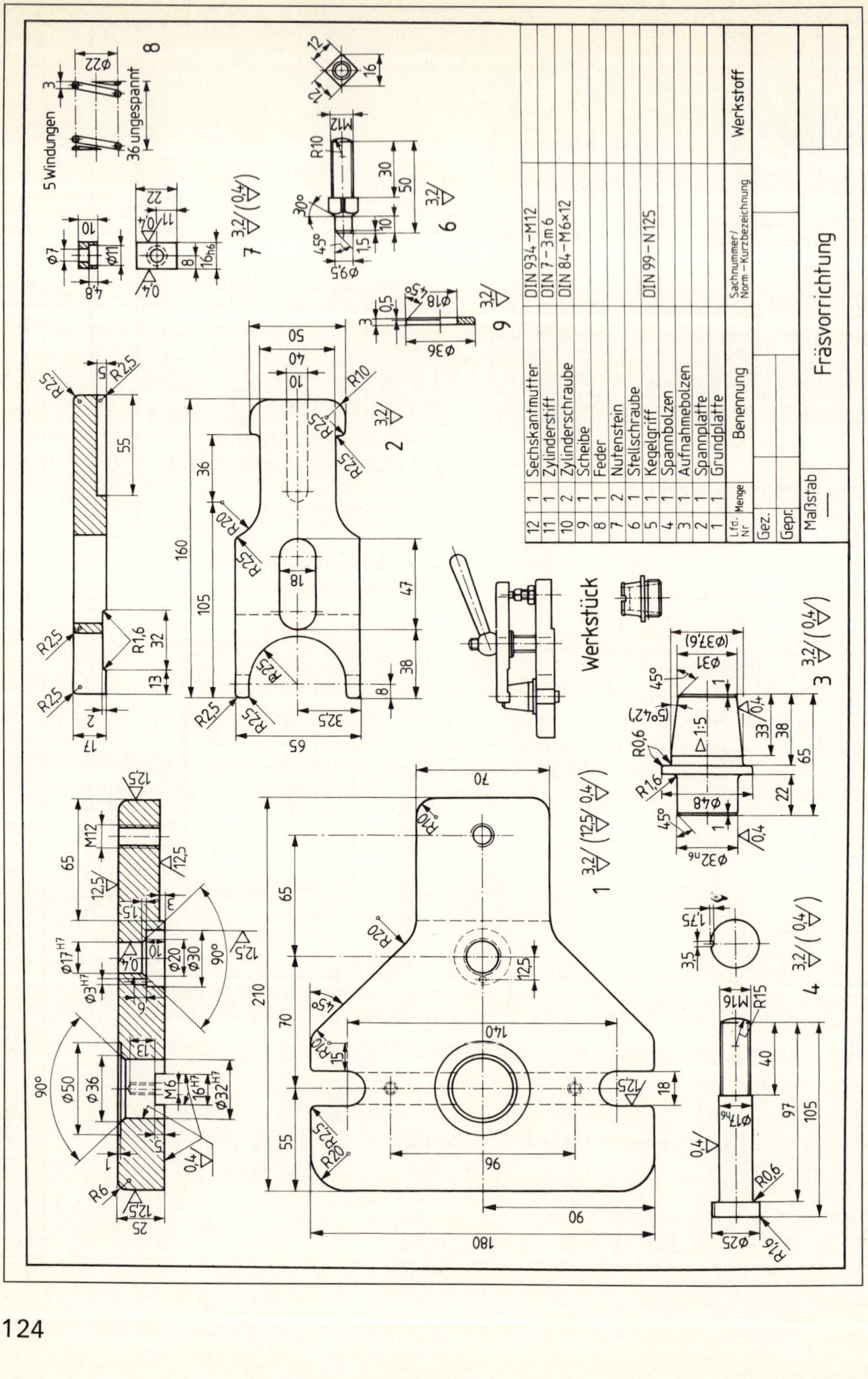
12 1 Sechskantmutter DIN 934-M12
11 1 Zylinderstift DIN 7-3m6
10 2 Zylinderschraube DIN 84-M6×12
9 1 Scheibe
8 1 Feder
7 2 Nutenstein
6 1 Stellschraube
5 1 Kegelgriff DIN 99-N125
4 1 Spannbolzen
3 1 Aufnahmebolzen
2 1 Spannplatte
1 1 Grundplatte
Lfd. Nr Menge Benennung Sachnummer/ Norm-Kurzbezeichnung Werkstoff
Gez.
Gepr.
Maßstab
Fräsvorrichtung
Werkstück
5 Windungen
36 ungespannt

4.140 Einzelteile für eine Fräsvorrichtung

5 Technische Zeichnungen. Angaben für Toleranzen, Passungen und Oberflächen

5.1 Längen- und Winkelmaßtoleranzen

5.1.1 Grundbegriffe (DIN 7182 T1)

Maße und Toleranz. Ein in der Zeichnung mit vorgeschriebenen Maßen dargestelltes Werkstück kann bei der Herstellung nur mit größeren oder kleineren Abweichungen vom Nennmaß gefertigt werden. Stets wird das am Werkstück als Meßergebnis festgestellte Maß, das I s t - m a ß I, kleiner oder größer sein. Um die Abweichungen zu begrenzen, werden, wenn nötig, zwei G r e n z m a ß e festgelegt, zwischen denen (beide einbegriffen) das Istmaß beliebig liegen darf. Das größere ist das H ö c h s t m a ß (bisher Größtmaß), das kleinere das M i n d e s t - m a ß (bisher Kleinstmaß; **5.1** bis **5.3**). Der Unterschied zwischen dem Höchstmaß und dem Mindestmaß heißt M a ß t o l e r a n z T oder kurz T o l e r a n z, wenn Irrtümer nicht möglich sind. Die schraffierten Flächen in den Zeichnungen zwischen dem Höchst- und dem Mindestmaß heißen Toleranzfelder.

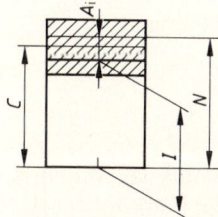

5.1 Istmaß I und Istabmaß A_i, Mittenmaß C und Nennmaß N

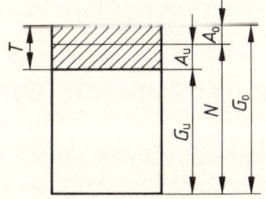

5.2 Toleranzfeld T

Grenzmaße: Mindestmaß G_u und Höchstmaß G_o

Grenzabmaße: Unteres Grenzabmaß A_u und Oberes Grenzabmaß A_o, Nennmaß N

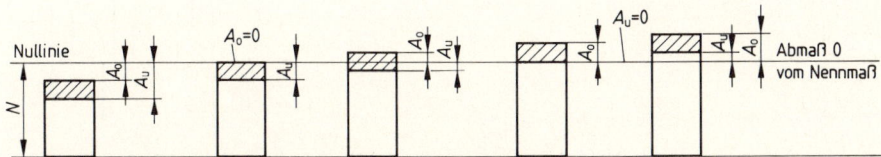

5.3 Beispiele für die Darstellung von Toleranzfeldern. Sie zeigen die verschiedenen Beziehungen der oberen und unteren Grenzabmaße zum Nennmaß

Beispiel

Durchmesserhöchstmaß	G_o	= 50,05 mm
Durchmessermindestmaß	G_u	= 49,98 mm
Maßtoleranz	T	= 0,07 mm

Die Größe einer Toleranz wird durch die Feldhöhe ausgedrückt und richtet sich nach dem Verwendungszweck des Werkstücks. Sie soll nicht unnötig klein sein, damit sich die Herstellung nicht durch übertriebene Maßgenauigkeit verteuert.

> Die Grenzmaße (Mindest- oder Höchstmaße) dürfen an keiner Stelle des Werkstücks über- bzw. unterschritten werden.
>
> Toleranzen werden für Längen- und Winkelmaße, Formen und Lage der Werkstückflächen zueinander angegeben.

Eine vorgeschriebene zylindrische Form kann daher im Rahmen der Toleranz krumm, ballig, kegelig usw. sein. Beide Grenzmaße werden in der Zeichnung durch ein Paßmaß M_p festgelegt. Es enthält das N e n n m a ß und die A b m a ß e.

Abmaß. Alle Abmaße werden von einer Linie, der Nullinie, aus aufgebaut. Diese wird durch das Nennmaß festgelegt, auf das sich alle Abmaße beziehen. O b e r e s G r e n z a b m a ß A_o ist der Unterschied zwischen dem Höchstmaß G_o und dem Nennmaß N, u n t e r e s G r e n z a b - m a ß A_u der zwischen dem Mindestmaß G_u und dem Nennmaß N. Hieraus ergibt sich, daß die Abmaße Vorzeichen ($+$ oder $-$) haben. Die Vorzeichen geben die Lage der Toleranz zur Nullinie, die Zahlen die Größe der Toleranz an.

Beispiel Nennmaß N = 50 mm, Höchstmaß G_o = 50,05 mm, Mindestmaß G_u = 49,98 mm

Dann ist das obere Abmaß $A_o = G_o - N$ = 50,05 mm $-$ 50 mm = $+$ 0,05 mm

und das untere Abmaß $A_u = G_u - N$ = 49,98 mm $-$ 50 mm = $-$ 0,02 mm.

5.1.2 Eintragen der Abmaße (DIN 406 T 2)

Abmaße werden in kleineren Zahlen, jedoch nicht unter 2,5 mm Höhe, hinter das Nennmaß geschrieben. Das obere Abmaß wird höher, das untere Abmaß tiefer als die Maßzahl gesetzt. Die Vorzeichen sind dabei ohne Belang (**5.4**).

Gleich große Abmaße sind zu einer Zahl mit beiden Vorzeichen zusammenzufassen (**5.5**).

Das Abmaß 0 (Null) wird eingetragen (**5.6**). Es kann jedoch fortfallen, wenn ein Irrtum ausgeschlossen ist.

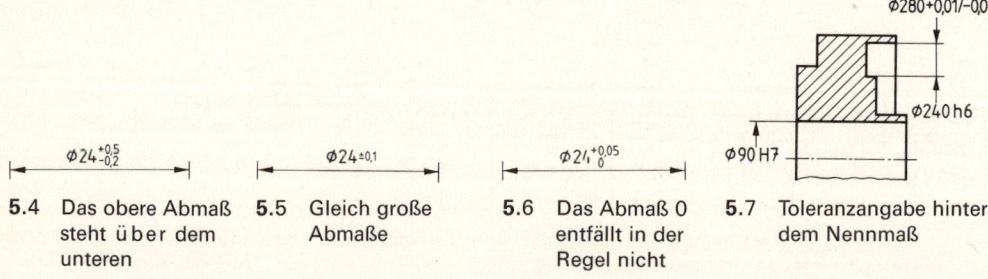

5.4 Das obere Abmaß steht ü b e r dem unteren

5.5 Gleich große Abmaße

5.6 Das Abmaß 0 entfällt in der Regel nicht

5.7 Toleranzangabe hinter dem Nennmaß

Vereinfachend dürfen die Toleranzangaben in derselben Größe hinter das Nennmaß geschrieben werden (**5.7**). Die Abmaße sind dann mit einem Schrägstrich voneinander zu trennen.

Innen- und Außenmaß. Ein A u ß e n t e i l ist ein Werkstück, das ein I n n e n t e i l umschließt. Bohrungen sind somit Außenteile, Wellen Innenteile. Maße an Außenteilen (Bohrungsdurchmesser) sind Innenmaße, Maße an Innenteilen (Wellendurchmesser) Außenmaße. Bei inein-andergesteckt (zusammengebaut) gezeichneten Werkstücken steht das Maß für das Außenteil über dem Maß für das Innenteil (**5**.8).

Die Zuordnung der Maße wird durch Wortangaben (z. B. Bohrung, Welle, Gabel, Kloben, Pos.-Nr. 10, Pos.-Nr. 11) oder durch die Zeichnungsnummer (Sachnummer) gekenn-zeichnet.

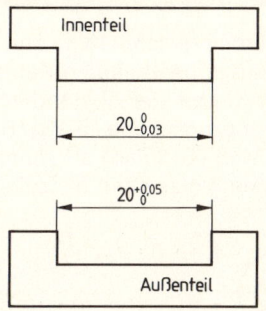

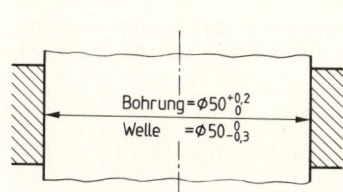

5.8 Zusammenfassen der Maße
     für Außenteil und Innenteil

5.9 Ausschußmaße sind 20,05 und 19,97

Gutmaß und Ausschußmaß. Gutmaß ist das bei Fertigung zuerst erreichte Grenzmaß. Es läßt die Wegnahme von Werkstoff innerhalb der Toleranz noch zu und ist bei Außenteilen (Bohrungen) das Mindestmaß, bei Innenteilen (Wellen) das Höchstmaß. Es kann als Nenn-maß gewählt werden und hat demgemäß das Abmaß 0 (**5**.9). Mithin ist für das Außenteil und für das Innenteil 20 das Gutmaß. Das jeweils andere Grenzmaß (für das Außenteil 20 + 0,05 = 20,05 und für das Innenteil 20 − 0,03 = 19,97) heißt Ausschußmaß, weil bei seiner Überschreitung am Außenteil oder Unterschreitung am Innenteil der Toleranzbereich verlas-sen wird und Ausschuß entsteht.

Wird das Gutmaß als Nennmaß eingesetzt, gehört zu einem Außenteil das obere Abmaß mit dem Vorzeichen + und zu einem Innenteil das untere Abmaß mit dem Vorzeichen −. Diese Eintragung ist vorteilhaft, weil das Gutmaß sofort erkennbar, nur ein Abmaß notwendig und dies zugleich die Größe der Toleranz ist.

Absatzmaße gehen gewöhnlich von einer Maßbezugsebene (zuerst fertigzustellende Be-zugsebene) aus und können je nach Wahl der Bezugsebene als Innen- oder Außenmaße aufgefaßt werden. Die Maßbezugsebene ist in den Bildern **5**.10 mit „A" gekennzeichnet. Sie wird in Zeichnungen angegeben, z. B. bei Koordinatenbemaßung und im Zusammenhang mit Form- und Lagetoleranzen (s. Abschn. 5.2, DIN ISO 1101).

Liegt die Maßbezugsebene in der Stirnfläche, haben die Absatzmaße die Bedeutung von Innenmaßen; die (oberen) Abmaße erhalten mithin das Vorzeichen + (**5**.10a). Sind die Absatzmaße gleichbedeutend mit Außenmaßen, haben die (unteren) Abmaße somit das Vorzeichen − (**5**.10b).

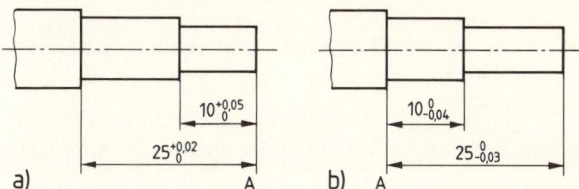

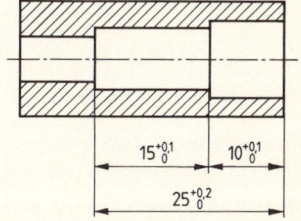

5.10 Die Vorzeichen richten sich nach Lage der Maßbezugs-
      ebene

5.11 Falsche Bemaßung

Maßketten. Aneinandergereihte Maße bilden eine Maßkette. Die einzelnen Maße der Maßkette und das Gesamtmaß dürfen nicht toleriert werden, wenn dadurch die Gefahr des Ausschusses bei der Fertigung entsteht (**5.11** auf S. 127).

Brächte man z. B. das Maß $25^{+0,2}$ mit der Summentoleranz $+0,2$ auf das Mindestmaß $= 25$ und eines der Kettenmaße (z. B. $10^{+0,1}$) auf das Höchstmaß $= 10,1$, wären für das andere Maß nur $25 - 10,1 = 14,9$ übrig. Die risikolose Herstellung des Teils ist also ausgeschlossen.

Mittenabstände werden gleichmäßig nach $\pm$ toleriert (**5.12**). Auch für den Abstand einer Lochmitte von einer zuvor bearbeiteten Kante ist die Maßtoleranz gewöhnlich nach beiden Seiten gleich groß. Wird aber der Abstand einer Fläche von der Lochmitte aus bestimmt, ist die Lochmitte die Maßbezugsebene (**5.13**). Bei beiden Maßen ist mithin das bei der Bearbeitung zuerst erreichte Maß (Gutmaß) als Nennmaß einzutragen und das Ausschußmaß durch ein Abmaß mit richtigem Vorzeichen festzulegen.

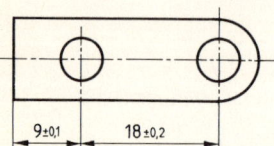

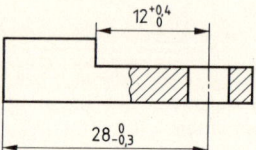

5.12 Tolerierte Lochabstände

5.13 Lochmitte als Maßbezug

Tolerierte Abstände einzelner Löcher voneinander können von einer Lochmitte aus bemaßt werden (**5.14**). Bei gleichen Abmaßen ist dann die zulässige Abweichung des ersten Lochmittenabstands jedoch nur halb so groß ($= 0,2$) wie die jeder anderen Teilung ($= 0,4$). Legt man die Maßbezugsebene aber an eine geeignete Kante des Werkstücks (**5.15**) oder verfährt nach Bild **5.16**, sind die Toleranzen aller Teilungen untereinander gleich.

Teilungen für eckige Löcher und Nuten werden von Kante zu Kante bemaßt (**5.17**). Bei Anordnung der Maße gemäß **5.15** und **5.16** sind die zulässigen Abweichungen der Abmessungen zwischen gleichliegenden Lochkanten wiederum gleich groß.

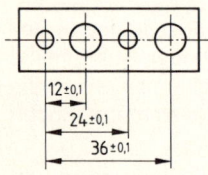

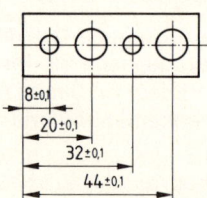

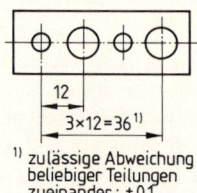

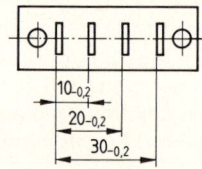

5.14 Von einer Loch-
mitte aus be-
maßte Teilungen

5.15 Werkstückkante
als Maßbezugs-
ebene

5.16 Vereinfachte
Bemaßung

5.17 Abstände recht-
eckiger Löcher

Winkelmaße. Die Gradzeichen stehen erhöht hinter dem Nennmaß, ragen jedoch nicht über die Maßzahlen hinaus (**5.18**).

Winkeltoleranzen werden nach Bild **5.18** eingetragen. Damit ihre Auswirkung zwischen den Winkelschenkeln erkennbar wird, ist die Überprüfung in Längstoleranzen zu empfehlen.

Bei einseitigen Schwankungen des Istmaßes trägt man das betreffende Grenzmaß und den Zusatz Höchstmaß oder max. bzw. Mindestmaß oder min. etwas kleiner als die Maßzahl ein, aber nicht kleiner als 2,5 mm (**5.19**).

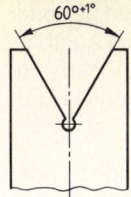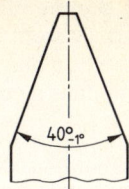

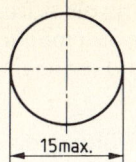

5.18 Eintragung der Winkeltoleranzen   5.19   Einseitige Toleranzbegrenzung

Allgemeintoleranzen für Längenmaße, Rundungshalbmesser und Fasenhöhen (Schrägungen), Winkelmaße, Geradheit und Ebenheit sowie Zylinderform (DIN 7168 T1 und T2, s. Abschn. 5.3.7).

5.2 Form- und Lagetolerierung (DIN ISO 1101)

DIN ISO 1101 ersetzt die Norm DIN 7184 T1.

Angaben über Form- und Lagetoleranzen dienen mit dazu, einwandfreie Bedingungen für die Funktion und Austauschbarkeit von Werkstücken und Baugruppen zu sichern. Sie sind aber nur dann erforderlich, wenn von ihnen die Funktion und/oder die wirtschaftliche Herstellung des betreffenden Teils abhängen. Andernfalls werden sie durch die festgelegten Maßtoleranzen zwangsläufig mit begrenzt. Eine Ausnahme bilden lediglich Symmetrie-, Koaxialitäts- und Laufabweichungen.

5.2.1 Grundbegriffe

Toleranzzone ist die Zone, innerhalb der alle Punkte eines geometrischen Elements (Fläche, Achse oder Mittelebene) liegen müssen. Je nach der zu tolerierenden Eigenschaft und ihrer Bemaßungsart ist die Toleranzzone:

– die Fläche innerhalb eines Kreises oder zwischen zwei konzentrischen Kreisen (Kreisen mit gemeinsamem Mittelpunkt),
– die Fläche zwischen zwei abstandsgleichen Linien oder zwei parallelen geraden Linien,
– der Raum innerhalb eines Zylinders oder zwischen zwei koaxial liegenden Zylindern (Zylindern mit gemeinsamer Achse),
– der Raum zwischen zwei abstandsgleichen Flächen oder zwei parallelen Ebenen,
– der Raum innerhalb eines Quaders.

Formtoleranzen geben die Höchstwerte für die Weite des zugelassenen Bereichs für eine Formabweichung an. Sie bestimmen die Toleranzen, innerhalb der das geometrische Element liegen muß und beliebige Form haben darf.

Lagetoleranzen. Hierzu gehören Richtungs-, Orts- und Lauftoleranzen. Sie geben die Höchstwerte für die zulässigen Abweichungen von der geometrisch idealen Lage zweier oder mehrerer Elemente zueinander an. Ein Element, erforderlichenfalls auch zwei, werden als Bezugselement festgelegt. Die Lagetoleranzen bestimmen die Toleranzzone, innerhalb der das tolerierte Element liegen muß. Ist keine Formtoleranz angegeben, darf das Element innerhalb dieser Toleranzzone beliebige Form haben.

Bezugselement ist ein an einem Teil vorhandenes Element (z. B. eine Kante, Fläche oder Bohrung), das zur Lagebestimmung eines Bezugs verwendet wird. Es dient bei der Lagetoleranz als Ausgangsbasis und sollte dies möglichst auch bei der Funktion des Werkstücks sein. Das Bezugselement muß genügend formgenau sein. Erforderlichenfalls sind Formtoleranzen vorzuschreiben.

Minimumbedingung. Bei der Prüfung, ob die Geradheit oder Ebenheit, die Rundheit oder Zylindrizität eines geometrischen Werkstückelements als einwandfrei (innerhalb der Toleranz) angenommen werden kann, ist die Minimumbedingung zugrunde zu legen. Beim Messen von Formabweichungen sind die Begrenzungslinien bzw. die Begrenzungsflächen so an die Ist-Form anzulegen, daß sich die geringste Formabweichung ergibt (h_1 und Δr_1 in Bild **5**.20). Wird diese Minimumbedingung nicht beachtet, ergeben sich größere Abweichungen (h_2 und Δr_2 in Bild **5**.20), die zu falschen Meßergebnissen führen.

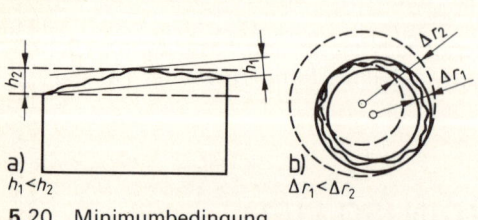

5.20 Minimumbedingung
  a) für Geradheit oder Ebenheit
  b) für Rundheit oder Zylinderform

Maximum-Material-Prinzip. Nach diesem Tolerierungsgrundsatz darf der wirksame Zustand für ein toleriertes Formelement oder Bezugselement die Maximum-Material-Bedingung nicht durchbrechen.

Die Maximum-Material-Bedingung gibt vor, daß das betreffende Formelement überall an dem Grenzmaß (Maximum-Material-Maß) liegt, bei dem das Material dieses Formelements sein Maximum hat (**5**.21). Zur Kennzeichnung der Maximum-Material-Bedingung dient das Symbol Ⓜ (**5**.26). Je nachdem, ob sich die Maximum-Material-Bedingung auf das tolerierte Element, das Bezugselement oder beide bezieht, erfolgt die Eintragung.

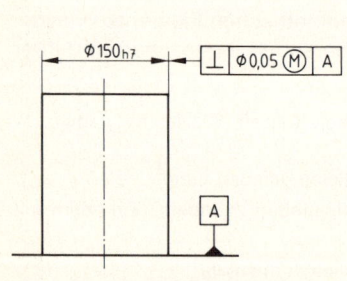

Paarungsmaß
Maximum-Material-Maß Ø150
wirksames Maß Ø150,05
wirksamer Zustand
örtliches Istmaß
Minimum-Material-Maß Ø 149,96
Maximum-Material-Bedingung
Rechtwinkligkeitstoleranz Ø0,05

5.21 Maximum-Material-Bedingung

Die Bedeutung des Maximum-Material-Prinzips liegt darin, daß eine eingetragene Toleranz um den Betrag vergrößert werden darf, der bei einer anderen, mit ihr korrespondierenden Toleranz nicht ausgenutzt wird. Dies hat zur Folge, daß funktionstaugliche und zu paarende Teile u. U. nicht verworfen werden müssen, wenn einzelne Maße oder Lagetoleranzen nicht eingehalten sind (Ausschußverringerung). Die Anwendung des Tolerierungsgrundsatzes empfiehlt sich immer dann, wenn Teile (z. B. mit mehreren Bohrungen), mit Gegenstücken gepaart werden (u.a. für Lochbilder, die mit Bolzenlehren geprüft werden). In der Elektroindustrie sind fast alle Steckverbindungen auf diese Weise bemaßt.

5.2.2 Zusammenhang zwischen Maß-, Form- und Parallelitätstoleranzen (DIN 7167, DIN ISO 8015)

In Zeichnungen, denen DIN-Normen über Toleranzen und Passungen zugrunde liegen und in denen keine anderslautenden Festlegungen enthalten sind (z. B. auf die Tolerierungsgrundsätze nach DIN ISO 8015 – früher DIN 2300), gilt die Hüllbedingung ohne Zeichnungseintragung für alle Formelemente. Diese Bedingung stimmt grundsätzlich mit der Hüllbedingung in DIN ISO 8015 überein (**5**.22). Der neue Tolerierungsgrundsatz in DIN ISO 8015 legt folgendes fest:

– Alle Maß-, Form- und Lagetoleranzen gelten unabhängig voneinander. Maßtoleranzen begrenzen nur die Istmaße an einem Formelement, nicht seine Formabweichungen (z. B. nicht die Rundheits- und Geradheitsabweichungen an parallelen Flächen).

– Soll bei bestimmten Formelementen (z. B. bei zylindrischen und parallelen Flächen, die für eine Passung vorgesehen sind) auch die Hüllbedingung gelten, drückt man dies durch das Symbol ⓔ hinter der Maßangabe aus.

Bestehende Zeichnungen lassen sich nicht auf diesen neuen Tolerierungsgrundsatz „umfunktionieren". Deshalb ist bei Zeichnungen nach dem neuen Grundsatz in oder am Zeichnungsschriftfeld auf die Norm hinzuweisen (z. B. Tolerierung nach ISO 8015). Umgekehrt beugt ein Hinweis auf die Tolerierung nach DIN 7167 Mißverständnissen vor.

5.22
Hüllbedingung nach DIN 7167
Bei Wellen darf die Oberfläche des Formelements die geometrisch ideale Form (Zylinder) mit Höchstmaß nicht überschreiten (Hüllbedingung). Außerdem darf an keiner Stelle das Istmaß das Mindestmaß unterschreiten. Der Zylinder mit Höchstmaß wird durch den Gutlehrring verkörpert.

Bei Bohrungen darf die Oberfläche des Formelements die geometrisch ideale Form (Zylinder) mit Mindestmaß nicht unterschreiten (Hüllbedingung). Außerdem darf an keiner Stelle das Istmaß das Höchstmaß überschreiten. Der Zylinder mit Mindestmaß wird durch den Gutlehrdorn verkörpert.

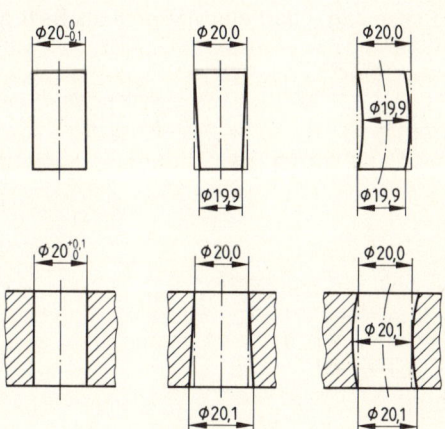

5.2.3 Eintragen der Form- und Lagetoleranzen (DIN ISO 1101)

Es werden verwendet:

– Toleranzrahmen mit Bezugspfeil, auf das tolerierte Element weisend (**5**.23 a),
– Toleranzrahmen wie oben mit zusätzlichem Feld für Hinweis auf das Bezugselement (**5**.23 b und **5**.27),
– Bezugsdreieck mit Rahmen für den Bezugsbuchstaben zum Kennzeichnen des Bezugselements (**5**.24),

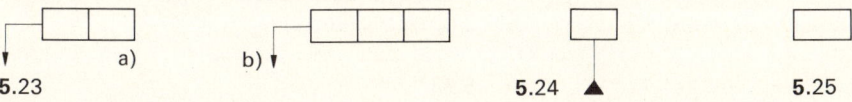

5.23   a)   b)   **5**.24 ▲   **5**.25

- rechteckiger Rahmen zum Kennzeichnen von theoretischen Maßen für die Angabe der geometrisch idealen (theoretisch genauen) Lage der Toleranzzone (**5**.25),
- Symbol für Maximum-Material-Bedingung (**5**.26).

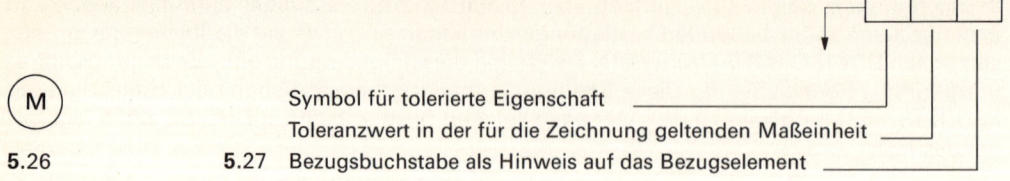

M

Symbol für tolerierte Eigenschaft ─────────────

Toleranzwert in der für die Zeichnung geltenden Maßeinheit ───

5.26   **5**.27 Bezugsbuchstabe als Hinweis auf das Bezugselement ───

Das Symbol für die tolerierte Eigenschaft, der Toleranzwert und gegebenenfalls der Hinweis auf das Bezugselement werden im Toleranzrahmen mit Bezugspfeil wie in Bild **5**.27 angegeben.

Ist das tolerierte Element eine Fläche oder Linie (z. B. Mantellinie), aber keine Achse, wird der Bezugspfeil wie in Bild **5**.28 eingetragen. Um Verwechslungen zu vermeiden, müssen Maßlinien und Bezugspfeile deutlich versetzt (Abstand $\geq$ 4 mm) angeordnet sein.

Ist das tolerierte Element eine Achse oder Mittellinie, zeichnet man Bezugsprofil und Bezugslinie als Verlängerung einer Maßlinie (**5**.29).

Bezieht sich die Toleranzangabe auf alle durch die Mittellinie dargestellten Achsen oder Mittelebenen gemeinsam, steht der Bezugspfeil senkrecht auf dieser Mittellinie (**5**.30).

Bei Platzmangel darf ein Maßpfeil als Bezugspfeil verwendet werden (**5**.31).

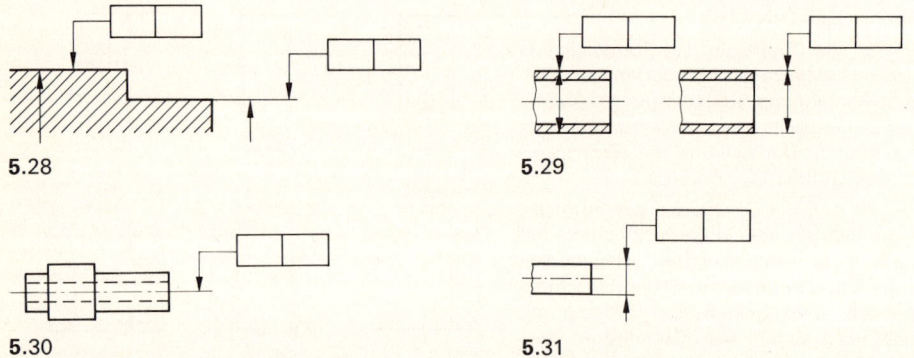

5.28   **5**.29

5.30   **5**.31

Ist die Toleranzzone des tolerierten Elements ein Kreis oder ein Zylinder, setzt man vor den Toleranzwert das Durchmesserzeichen (z. B. $\varnothing$ 0,1). Andernfalls liegt die Breite der Toleranzzone am tolerierten Element in Richtung des Bezugspfeils.

Gilt der Toleranzwert für ein tolerierte Element nur für eine bestimmte Teillänge, die jedoch beliebig innerhalb der Gesamtlänge liegt, setzt man diese Länge in der für die Zeichnung geltenden Maßeinheit durch einen Schrägstrich getrennt rechts neben den Toleranzwert (**5**.32). Das gilt auch für Flächen.

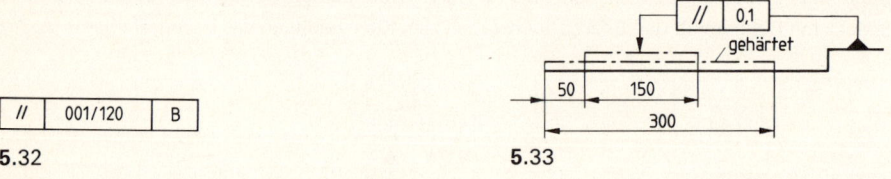

5.32   **5**.33

Gilt die Toleranzangabe nur für einen vorgeschriebenen Bereich, ist dieser mit einer breiten Strichpunktlinie zu kennzeichnen und zu bemaßen (**5**.33).

Gilt neben der Toleranz im Gesamten eine weitere gleichartige Toleranz für eine Teillänge beliebiger Lage, gibt man diese im unteren Teilfeld des waagerecht halbierten Feldes im Toleranzrahmen an (**5**.34).

5.34   **5**.35

Sind zu einem tolerierten Element Toleranzen für zwei tolerierte Eigenschaften nötig, werden beide Toleranzangaben in besonderen Toleranzrahmen untereinander und mit nur einem Bezugspfeil an das tolerierte Element gesetzt (**5**.35).

Ein Bezugselement wird durch ein Bezugsdreieck gekennzeichnet, das entweder direkt mit dem Toleranzrahmen verbunden (**5**.36 a) oder mit einem Bezugsbuchstaben gekennzeichnet ist (**5**.36 b). Der Bezugsbuchstabe muß im Toleranzrahmen wiederholt werden (**5**.36 c).

Kann der Toleranzrahmen direkt mit dem Bezug durch eine Bezugslinie verbunden werden, kann der Bezugsbuchstabe entfallen (**5**.33).

5.36   **5**.37

Das Bezugsdreieck steht entweder direkt auf der Konturlinie des Bezugselements (**5**.37 a) oder auf der Maßhilfslinie (allerdings deutlich versetzt von der Maßlinie, **5**.37 b).

> Um Verwechslungen bei Angaben mit Bezugsdreiecken zu vermeiden, müssen Maßlinien mindestens 4 mm Abstand von ihnen haben.

Beispiele für eine ebene Fläche oder gerade Linie als Bezugselement zeigt Bild **5**.38, für eine Achse oder eine Mittelebene als Bezugselement Bild **5**.39.

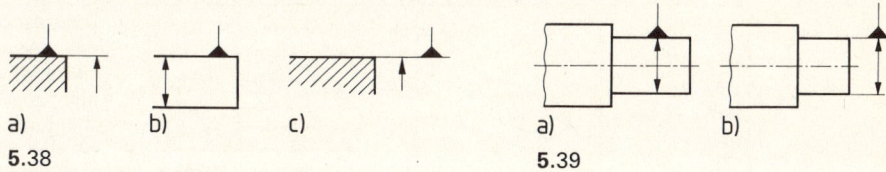

5.38   **5**.39

Bei Platzmangel darf das Bezugsdreieck an Stelle eines der beiden Maßpfeile eingetragen werden (**5**.40).

133

Hat das Bezugselement eine mehreren Formelementen gemeinsame Achse oder Mittelebene, wird das Bezugsdreieck wie in Bild **5.41** eingetragen.

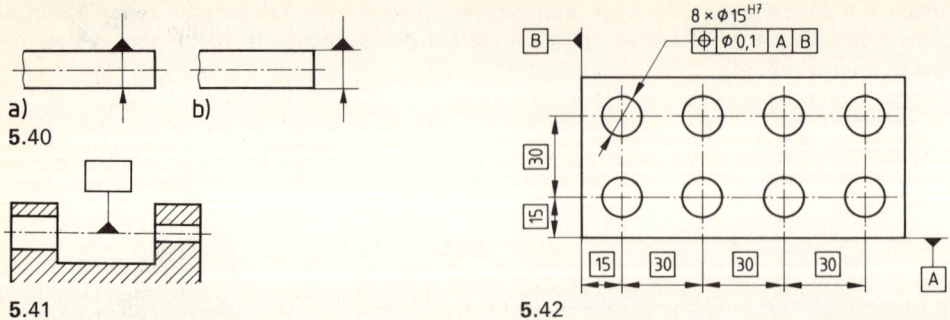

5.40

5.41

5.42

Theoretische Maße, die zur Angabe der geometrisch idealen (theoretisch genauen) Lage der Toleranzzone bei Neigungs-, Positions- oder Profiltoleranzen erforderlich sind, trägt man in rechteckige Rahmen ein. Für diese Maße gelten zulässige Abweichungen für Maße ohne Toleranzangabe nicht. Die entsprechenden Istmaße am Werkstück unterliegen der eingetragenen Form- bzw. Lagetoleranz (**5.42**).

Das Symbol Ⓜ für die Maximum-Material-Bedingung setzt man rechts neben den Toleranzwert (**5.43**), neben den Bezugsbuchstaben (**5.44**) oder neben den Toleranzwert zusammen mit dem Bezugsbuchstaben (**5.45**) – je nachdem, ob die Maximum-Material-Bedingung für das tolerierte Element, das Bezugselement oder beide gilt.

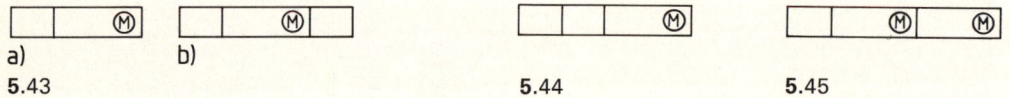

a)
b)
5.43

5.44

5.45

5.2.4 Form- und Lagetoleranzen und Beispiele für die Zeichnungseintragung

Tabelle **5.46** **Übersicht**

Art der Toleranz	tol. Eigenschaft	Symbol	Anwendungsbeispiele		
			Toleranzzone	Zeichnungseintragung	Erklärung
	Geradheit	—			Die tolerierte Achse des (äußeren) Zylinders muß innerhalb eines Zylinders mit ⌀ 0,08 mm liegen.
	Geradheit	—			Die tolerierte Kante des Werkstücks muß zwischen zwei senkrecht zur tolerierten Richtung (Pfeil) liegenden parallelen Ebenen mit 0,05 mm Abstand liegen.

Fortsetzung s. nächste Seite

Tabelle **5.46**, Fortsetzung

Art der Toleranz		tol. Eigenschaft	Symbol	Anwendungsbeispiele		
				Toleranzzone	Zeichnungseintragung	Erklärung
Formtoleranzen		Ebenheit	⟋▱	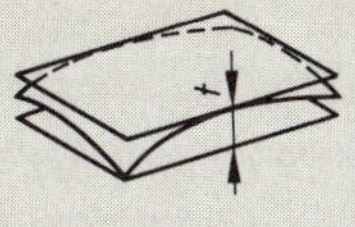	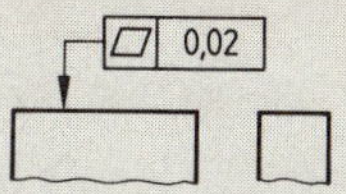 ▱ 0,02	Die tolerierte Fläche muß zwischen zwei parallelen Ebenen mit 0,02 mm Abstand liegen.
		Rundheit (Kreisform)	○	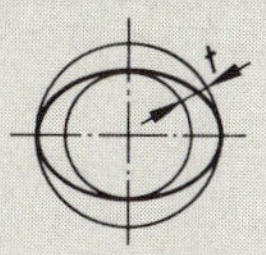	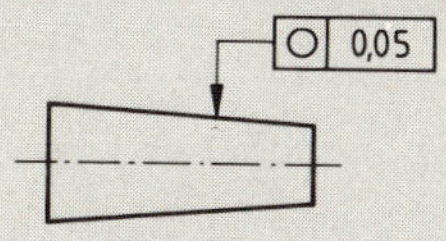 ○ 0,05	Die Umfangslinie jedes Querschnitts muß zwischen zwei in derselben Ebene liegenden konzentrischen Kreisen mit 0,05 mm Abstand liegen.
		Zylinderform	⌭	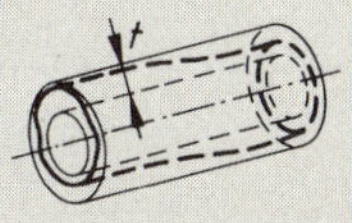	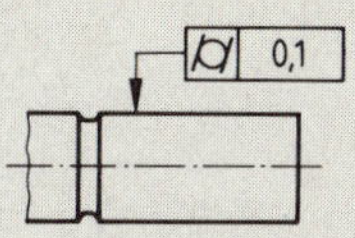 ⌭ 0,1	Die tolerierte Mantelfläche muß zwischen zwei koaxialen Zylindern liegen, die einen Abstand von 0,1 mm haben.
		Linienform	⌒	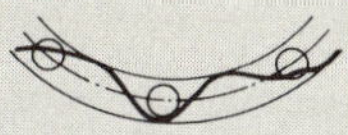	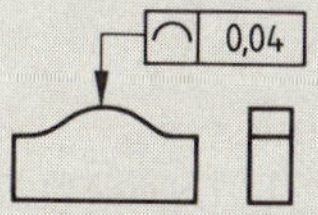 ⌒ 0,04	In jedem Schnitt parallel zur Zeichenebene muß das tolerierte Profil zwischen Hülllinien an Kreisen mit $\varnothing$ 0,04 mm liegen, deren Mittelpunkte auf der geometrisch idealen Linie liegen.
		Flächenform	⌓	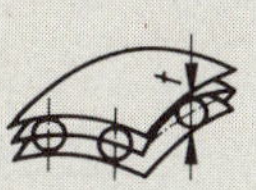	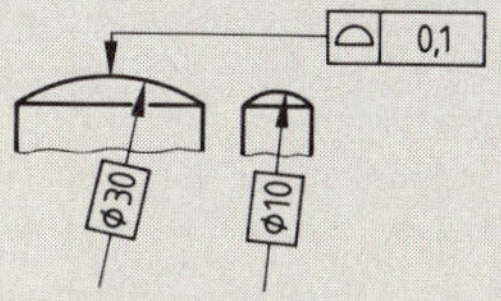 ⌓ 0,1 ; $\varnothing$30 ; $\varnothing$10	Die tolerierte Fläche muß zwischen zwei Hüllflächen an Kugeln mit $\varnothing$ 0,1 mm liegen, deren Mittelpunkte auf der geometrisch idealen Fläche liegen.
Lagetoleranzen	Richtungstoleranzen	Parallelität	//	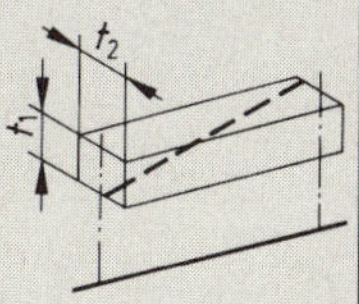 t_2 ; t_1	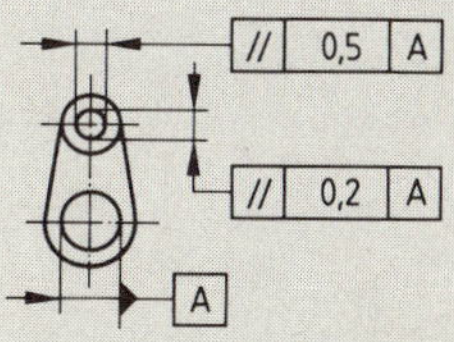 // 0,5 A ; // 0,2 A ; A	Die tolerierte Achse der oberen Bohrung muß innerhalb eines Quaders mit dem Querschnitt $t_1 \cdot t_2 =$ 0,2 mm · 0,5 mm liegen, der parallel zur Bezugsachse A ist. t_1 und t_2 erstrecken sich in der zugehörigen Pfeilrichtung.

Fortsetzung s. nächste Seite

135

Tabelle **5**.46, Fortsetzung

Art der Toleranz	tol. Eigenschaft	Symbol	Anwendungsbeispiele		
			Toleranzzone	Zeichnungseintragung	Erklärung
Lauftoleranzen — Richtungstoleranzen	Parallelität	//	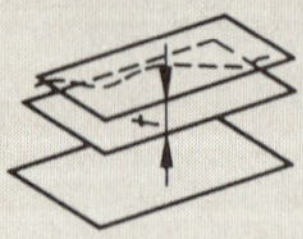	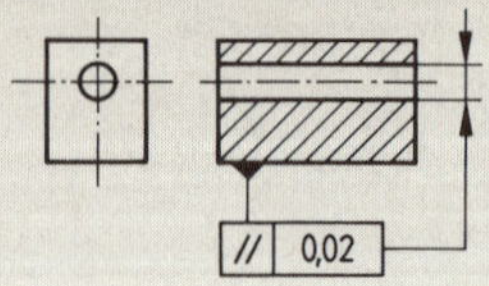 // 0,02	Die tolerierte Achse der Bohrung muß zwischen zwei zur Bezugsfläche parallelen Ebenen mit 0,02 mm Abstand liegen.
	Rechtwinkligkeit	⊥	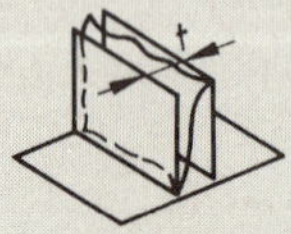	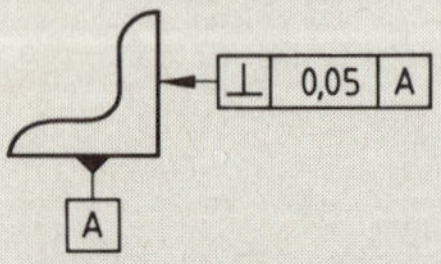 ⊥ 0,05 A A	Die tolerierte Fläche muß zwischen zwei parallelen und zur Bezugsfläche A senkrechten Ebenen mit 0,05 mm Abstand liegen.
	Neigung (Winkligkeit)	∠	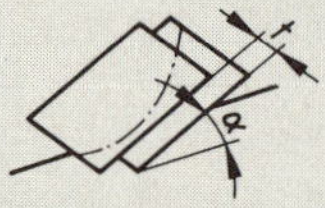	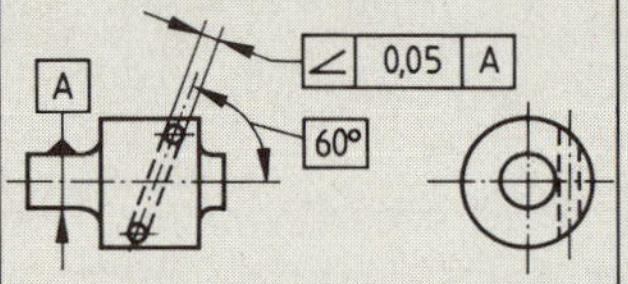 A ∠ 0,05 A 60°	Die tolerierte Achse der Bohrung muß zwischen zwei parallelen und zur Bezugsachse im Winkel von 60° geneigten Ebenen mit 0,05 mm Abstand liegen.
Lauftoleranzen — Ortstoleranzen	Position	⊕		⊕ 0,05 3 Linien 0 20 28 36	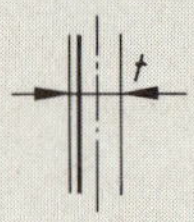 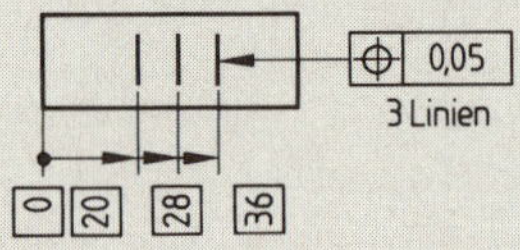 Jede der tolerierten Markierungslinien muß zwischen zwei parallelen geraden Linien vom Abstand 0,05 mm liegen, die symmetrisch zum theoretisch genauen Ort liegen.
	Konzentrizität und Koaxialität	◎	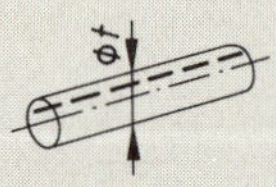	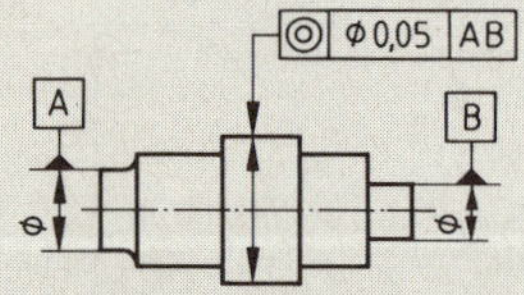 ◎ Ø 0,05 AB A B	Die tolerierte Achse des Zylinders, der mit dem Toleranzrahmen verbunden ist, muß innerhalb eines zur Bezugsachse AB koaxialen Zylinders mit Ø 0,05 mm liegen.
	Symmetrie	⩵	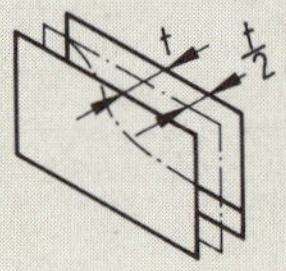	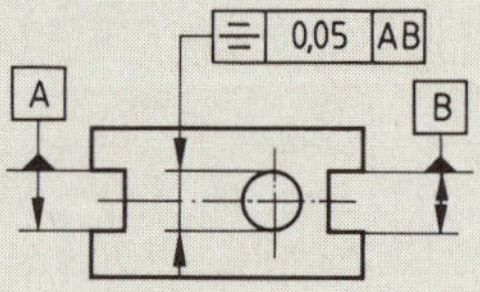 ⩵ 0,05 AB A B	Die tolerierte Achse der Bohrung muß zwischen zwei parallelen Ebenen mit 0,05 mm Abstand liegen, die symmetrisch zur Mittelebene der Schlitze A und B angeordnet sind.

Fortsetzung s. nächste Seite

136

Tabelle **5**.46, Fortsetzung

Art der Toleranz		tol. Eigenschaft	Symbol	Anwendungsbeispiele		
				Toleranzzone	Zeichnungseintragung	Erklärung
Lagertoleranzen	Lauftoleranzen	Rundlauf	↗	tolerierte Fläche Meßebene	⟋ 0,2 AB A B	Bei Drehung um die Bezugsachse *AB* darf die Rundlaufabweichung in jeder achssenkrechten Meßebene 0,2 mm nicht überschreiten.
		Planlauf		Meßzylinder *t*	⟋ 0,2 D D	Bei Drehung um die Bezugsachse *D* darf die Planlaufabweichung an jeder beliebigen Meßposition 0,2 mm nicht überschreiten.

5.3 Passungen

Bedeutung. Einheitliche Bauformen und Massenherstellung in Spezialbetrieben erleichtern die Bedarfsrechnung und wirken kostendämpfend. Die Einzelteile müssen einbaufertig und untereinander willkürlich austauschbar sein, sollen also ohne Nacharbeit so miteinander kombiniert werden können, wie es der Zweck erfordert. Wenn zwei Werkstücke gepaart werden sollen, heißt die Beziehung aus dem Unterschied ihrer Maße (Maß der Innenpaßfläche minus Maß der Außenpaßfläche) Passung. Bekanntestes Beispiel ist die Paarung von Bohrung und Welle (Kreiszylinderpassung). Erstmals wird mit DIN 7182 T1 der Passungsbegriff als Oberbegriff für „Spiel" und „Übermaß" definiert. Um der Verwechslungsgefahr zwischen „Passung" und „Paßtoleranzfeld" vorzubeugen, soll „Passung" nicht mehr als Beziehung zwischen den Toleranzfeldern verstanden werden.

5.3.1 Grundbegriffe (DIN 7182 T1)

Paßteile sind Werkstücke mit einer oder mehreren Paßflächen. Paßflächen sind mit einem Paßmaß versehene Flächen, mit denen sich die Paßteile bei der Paarung berühren können (Innenpaßfläche an inneren, Außenpaßfläche an äußeren Formelementen). Bohrungen und Wellen haben zylindrische Paßflächen und ergeben Kreiszylinderpassungen (bisher Rundpassungen genannt). Die Passungen zwischen zwei Paaren paralleler Ebenen hießen bisher Flachpassungen. Zusammengehörige Paßteile haben je nach Lage (positiv/negativ) des Maßunterschieds zwischen Innen- und Außenpaßfläche Spiel oder Übermaß.

Spiel P_s (positive Passung). Das Innenmaß des Außenteils (Maß der Innenpaßfläche) ist größer als das Außenmaß des Innenteils (Maß der Außenpaßfläche; **5**.47).

137

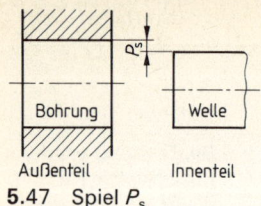

5.47 Spiel P_s

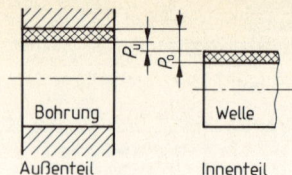

5.48 Positive Höchstpassung P_o und Mindestpassung P_u

Höchstpassung P_o (positive Höchstpassung, bisher Größtspiel) ist der Unterschied zwischen dem Höchstmaß des Außenteils und dem Mindestmaß des Innenteils (**5.48**).

Mindestpassung P_u (positive Mindestpassung, bisher Kleinstspiel) ist der Unterschied zwischen dem Mindestmaß des Außenteils und dem Höchstmaß des Innenteils (**5.48**).

Übermaß $P_ü$ (negative Passung). Das Innenmaß des Außenteils (Maß der Innenpaßfläche) ist kleiner als das Außenmaß des Innenteils (Maß der Außenpaßfläche; **5.49**).

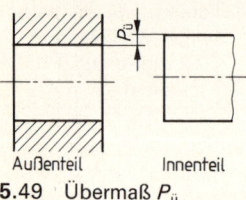

5.49 Übermaß $P_ü$

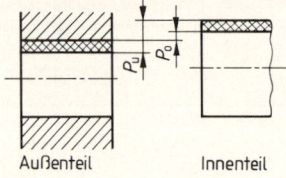

5.50 Negative Mindestpassung P_u und Höchstpassung P_o

Mindestpassung P_u (negative Mindestpassung, bisher Größtübermaß) ist der Unterschied zwischen dem Höchstmaß des Innenteils und dem Mindestmaß des Außenteils (**5.50**).

Höchstpassung P_o (negative Höchstpassung, bisher Kleinstübermaß) ist der Unterschied zwischen dem Mindestmaß des Innenteils und dem Höchstmaß des Außenteils (**5.50**).

5.3.2 Paßsysteme

Unterschiede in den Größen der Spiele und Übermaße ergeben verschiedene Passungen. Eine sinnvoll aufgebaute Reihe Paßtoleranzen heißt Paßsystem. Gleichberechtigt nebeneinander bestehen die ISO-Paßsysteme Einheitsbohrung und Einheitswelle; mit jedem ist der gleiche Zweck erreichbar.

Im System Einheitsbohrung ist für alle B o h r u n g e n das untere Abmaß A_u gleich Null, d.h., das Mindestmaß der Bohrung fällt mit der Nullinie zusammen (**5.51**). Die für die

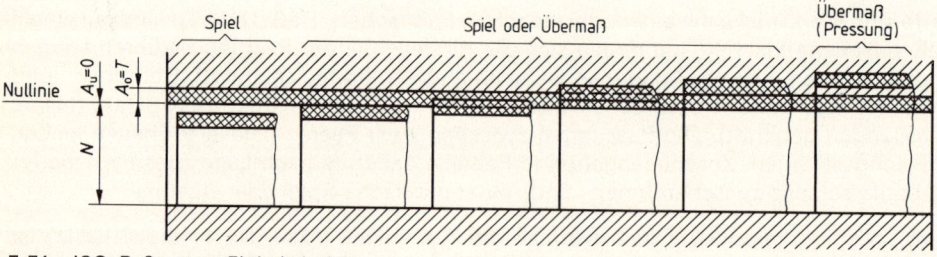

5.51 ISO-Paßsystem Einheitsbohrung

verschiedenen Passungen erforderlichen Spiele und Übermaße entstehen durch entsprechend gewählte Wellenmaße. Demgemäß sind das untere Abmaß A_u der Bohrung gleich Null und das obere Abmaß A_o gleich der Maßtoleranz T der Bohrung.

Im System Einheitswelle ist die Welle für alle Passungen desselben Nenndurchmessers gleich groß (**5.52**). Die für die verschiedenen Passungen erforderlichen Spiele und Übermaße entstehen durch größere und kleinere Bohrungsdurchmesser. Bei der Einheitswelle liegt die Nullinie im Höchstmaß der Welle. Mithin sind deren oberes Abmaß A_o gleich Null und das untere Abmaß A_u gleich der Maßtoleranz T der Welle.

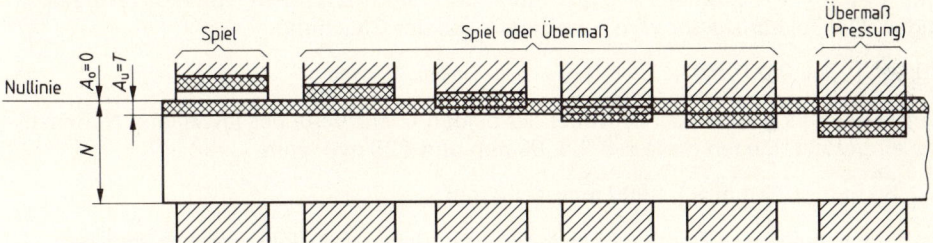

5.52   ISO-Paßsystem Einheitswelle

Spiel- und Übermaßtoleranzfeld bilden das Intervall zwischen Höchst- und Mindestpassung, wobei die Mindestpassung negativ und die Höchstpassung positiv sind. Toleranzfelder mit Mindestpassungen 0 oder größer heißen Spieltoleranzfelder, weil sie nach dem Zusammenbau der Teile Spiel haben. Dagegen sind alle Toleranzfelder mit einer Höchstpassung gleich oder kleiner 0 Übermaßtoleranzfelder. Beim Zusammenbau der Teile tritt eine Pressung auf.

Übergangstoleranzfelder liegen zwischen Spieltoleranz- und Übermaßtoleranzfeldern. Je nachdem, wie die Paßflächenistmaße der zusammengehörigen Teile in der Fertigung ausgefallen sind, entsteht entweder ein Spiel oder ein Übermaß der Paßflächen (positive oder negative Passung).

Paßtoleranz P_T ist die Summe der Maßtoleranzen für die Maße der Außen- und Innenpaßfläche.

5.3.3   Aufbau des ISO-Toleranzsystems (DIN 7150 T1, DIN 7151)

Das in der Internationalen Norm ISO/R 286-1962 festgelegte ISO-Toleranz- und Paßsystem ist auf die Normen DIN 7150 T1, DIN 7151, DIN 7152, DIN 7160 und DIN 7161 aufgeteilt. Die Begriffe sind in DIN 7182 T1, Toleranzfelder für die ISO-Paßsysteme Einheitsbohrung und Einheitswelle in DIN 7154 T1 und T2 sowie DIN 7155 T1 und T2 einbezogen. Die ISO-Norm wird derzeit überarbeitet.

ISO-Toleranzen sind für die Abmessungen von 1 bis 500 mm festgelegt. Diese sind in 13 Nennmaßbereiche gegliedert, und zwar:

1 bis 3 mm	>18 bis 30 mm	> 80 bis 120 mm	>250 bis 315 mm
> 3 bis 6 mm	>30 bis 50 mm	>120 bis 180 mm	>315 bis 400 mm
> 6 bis 10 mm	>50 bis 80 mm	>180 bis 250 mm	>400 bis 500 mm
>10 bis 18 mm			

Einige Bereiche sind für große Spiele und große Übermaße unterteilt.

Toleranzreihe. Für jeden Nennmaßbereich gibt es 20 verschieden große Toleranzen. Diese Toleranzklassen werden mit den Zahlen 01, 0, 1, 2 bis 18 benannt und heißen bisher Qualitäten.

Zur Toleranzklasse 01 gehören die kleinsten, zur Toleranzklasse 18 die größten Toleranzen. Nun läßt sich aber mit derselben Toleranz für eine größere Abmessung am Werkstück nicht der gleiche Zweck erreichen wie mit einer kleineren. Für größere Werkstücke sind also für gleiche Zwecke größere Toleranzen vorzusehen. Jeder einzelnen Toleranzklasse sind daher, mit der Stufung der Nennmaßbereiche steigend, gröbere Toleranzen zugeordnet. Die Gesamtheit der Toleranzen innerhalb einer Toleranzklasse heißt G r u n d t o l e r a n z r e i h e. Die ISO-Grundtoleranzen für Längenmaße sind in DIN 7151 festgelegt.

Toleranzfaktor (bisher Toleranzeinheit). Die Größen aller Toleranzen werden in µm ausgedrückt (1 µm = 1 Mikrometer = 0,001 mm) und sind aus dem ISO-Toleranzfaktor i entstanden. Der Toleranzfaktor wird berechnet nach der Gleichung

$$i = 0,45 \cdot \sqrt[3]{D} + 0,001 \cdot D. \qquad\qquad i \text{ in µm, } D \text{ in mm}$$

Der Wert D wird als geometrisches Mittel der beiden Grenzwerte des jeweiligen Nennmaßbereichs eingesetzt. Liegen diese z. B. bei 80 mm und 120 mm, wird

$$D = \sqrt{80 \text{ mm} \cdot 120 \text{ mm}} = \sqrt{9600 \text{ mm}^2} \approx 98 \text{ mm}.$$

Der den Toleranzen dieses Nennmaßbereichs zugrundeliegende Toleranzfaktor ist also

$$i = 0,45 \cdot \sqrt[3]{D} + 0,001\, D = 0,45 \cdot \sqrt[3]{98} + 0,001 \cdot 98 \approx 0,45 \cdot 4,61 + 0,098 \approx 2,173 \text{ µm}.$$

Der Toleranzfaktor ist mithin eine veränderliche Größe und von den Grenzwerten eines Nennmaßbereichs abhängig.

Grundtoleranzreihe. In Anlehnung an die Toleranzklassenzahlen tragen die Grundtoleranzreihen die Bezeichnung IT 01 bis IT 18 (**IT** = ISO-Toleranzreihe). Für Nennmaße > 3 bis 500 sind die Werte der Toleranzklassen $\geq$ 5 als Vielfaches des Toleranzfaktors i festgelegt (**5.53**).

Tabelle **5.53** **Grundtoleranzreihe**

Grundtoleranzreihe	IT 5	IT 6	IT 7	IT 8	IT 9	IT 10	IT 11	IT 12	IT 13	IT 14	IT 15	IT 16	IT 17	IT 18
Anzahl der Toleranzfaktoren	$\approx$ 7	10	16	25	40	64	100	160	250	400	640	1000	1600	2500

Beispiel Die Toleranz für die Toleranzklasse 9 und für den Nennmaßbereich 80 mm bis 120 mm wird durch Multiplizieren des für diesen Bereich berechneten Toleranzfaktors $i \approx 2,173$ µm mit der für IT 9 geltenden Anzahl Toleranzfaktoren (= 40) ermittelt:

2,173 µm · 40 ≈ 87 µm.

Nach diesem Beispiel sind die Toleranzen von IT 6 bis IT 18 aufgestellt worden; für die übrigen gelten andere Regeln.

Die Grundtoleranzreihen IT 01 bis IT 7 sind überwiegend für die Lehrenherstellung vorgesehen. IT 5 bis IT 3 gelten besonders für Toleranzen an spanabhebend bearbeiteten Werkstücken, IT 14 bis IT 18 für die spanlose Formung (Walzen, Ziehen, Pressen, Schmieden, Stanzen u. a.).

5.3.4 Bezeichnung der ISO-Toleranzen (DIN 7150 T1)

Die Lage der Toleranzfelder zur Nullinie wird durch B u c h s t a b e n angegeben.

Außen- und Innenteile. Für Außenteile (Bohrungen) werden die G r o ß b u c h s t a b e n A bis Z (**5.54**), für Innenteile (Wellen) die K l e i n b u c h s t a b e n a bis z verwendet (**5.55**). Sie

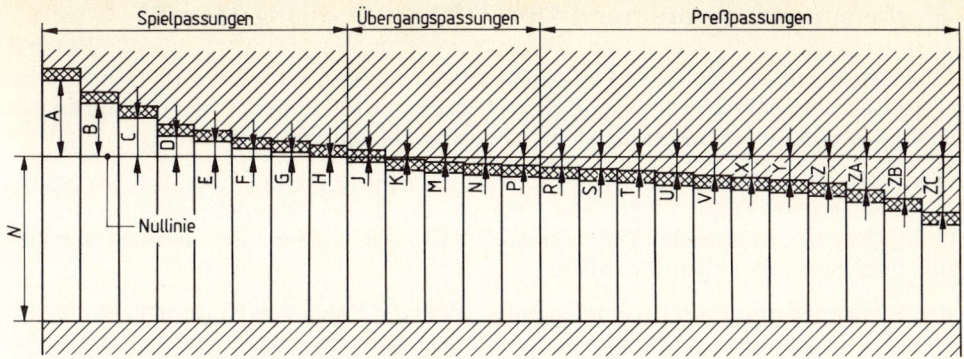

5.54 Toleranzfelder für Außenteile (Bohrungen)

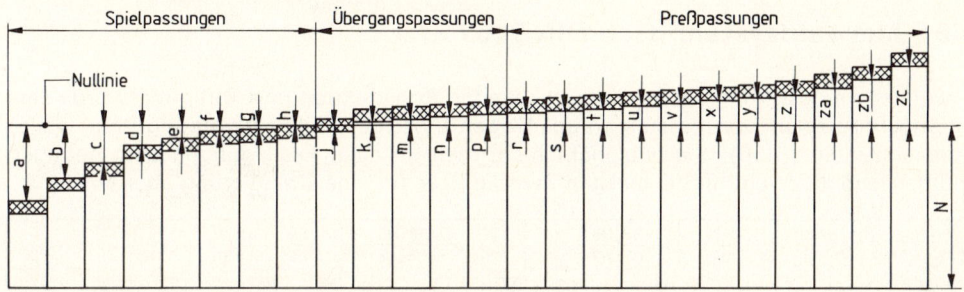

5.55 Toleranzfelder für Innenfelder (Wellen)

gelten für den kürzesten Abstand der Toleranzfelder von der Nullinie – gleichgültig, ob sie darüber oder darunter liegen. I, L, O, Q, W, i, l, o, q und w scheiden jedoch zur Kennzeichnung aus, weil sie anfangs nicht gebraucht wurden. Für später angefügte Toleranzen sind dann die Bezeichnungen CD, EF, FG, JS (hier nicht wiedergegeben) sowie ZA, ZB, ZC und cd, ef, fg, js (hier nicht wiedergegeben), za, zb und zc hinzugekommen.

Die Größe eines Toleranzfelds wird entsprechend der Reihe, in die es gehört, mit einer der Toleranzklassenzahlen von 01 bis 18 gekennzeichnet.

Der Buchstabe und die dahinterstehende Zahl bilden das ISO-Toleranz-Kurzzeichen, z. B. „H7" oder „m6". Es legt somit Lage und Größe des Toleranzfelds eindeutig fest.

Unter Voraussetzung bestimmter Toleranzklassen entstehen:

– **Spielpassungen** durch Bohrung H (**5.**54) mit den Wellen a bis h (**5.**55) und durch die Welle h (**5.**55) mit Bohrungen A bis H (**5.**54).

– **Übergangspassungen,** von kleinen Nennmaßen in Grenzfällen abgesehen, durch die Bohrung H mit den Wellen j bis p (**5.**55) und durch die Welle h mit den Bohrungen J bis P (**5.**54).

– **Preßpassungen** (**5.**55) durch die Bohrung H mit den Wellen r bis zc (**5.**55) und durch die Welle h mit den Bohrungen R bis ZC (**5.**54).

Weil das Spiel eine Passung ist, kann die bisher gebräuchliche Doppelbenennung „Spielpassung" zu Mißverständnissen führen und soll deshalb künftig vermieden werden. Das gleiche gilt für die bisher gebräuchliche Benennung „Übergangspassung".

5.3.5 Passungsauswahl nach DIN 7154 T1 und DIN 7155 T1

Alle Toleranzfelder für Außen- und für Innenteile können beliebig miteinander gepaart werden. Damit ergeben sich zahlreiche unterschiedliche Passungen. Mit Rücksicht auf geringe Kosten für Werkzeuge und Meßgeräte muß jedoch eine Auswahl getroffen werden.

Für das Paßsystem Einheitsbohrung wurden die acht Bohrungen (Außenteile) H6 bis H13 ausgewählt (DIN 7154 T1). Zu jeder Einheitsbohrung gehören mehrere Wellen (Innenteile) mit größeren und kleineren Durchmessern. Alle Passungen mit der gleichen Einheitsbohrung bilden eine Passungsfamilie.

Für das System Einheitswelle wurden entsprechend die acht Wellen (Innenteile) h5, h6 und h8 bis h13 ausgewählt (DIN 7155 T1). Auch sie bilden mit je einer Reihe unterschiedlicher Bohrungen (Außenteile) Passungsfamilien.

5.3.6 Auswahlsystem nach DIN 7157

Zur weiteren Verbesserung der Wirtschaftlichkeit in Konstruktion und Fertigung wurde eine noch engere Auswahl von Passungen aus beiden Systemen (Einheitsbohrung und -welle) zusammengestellt (**5.56**). Sie entspricht nicht mehr in allen Festlegungen dem heutigen Stand der Technik, reicht für die meisten Zwecke bzw. für eine Orientierung aber noch aus.

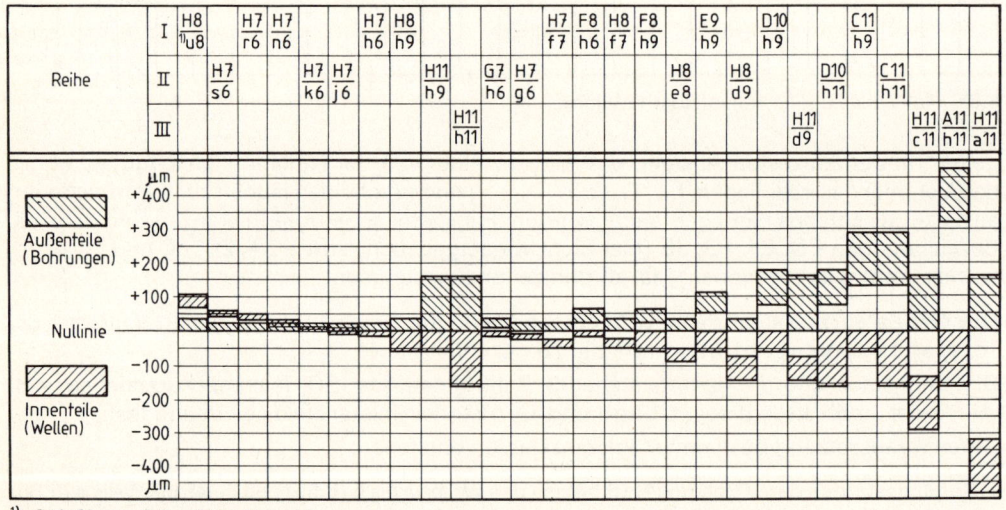

[1] x 8 bis 24 mm, u8 über 24 mm Nennmaß

5.56 Ausgewählte Passungen nach DIN 7157, dargestellt für Nennmaß 50 mm

Die Passungen in Bild **5**.56 sind wie folgt zusammengestellt: Reihe I aus Toleranzfeldern der Reihe 1, Reihe II aus Toleranzfeldern der Reihen 1 und 2, Reihe III nur aus Toleranzfeldern der Reihe 2. Es ist aber jede beliebige Paarung innerhalb der Reihen möglich. Für besondere Zwecke können auch andere Toleranzfelder gebildet werden (DIN 7152). Das Istmaß einer mit dem Spiralbohrer hergestellten Bohrung liegt gewöhnlich innerhalb der Toleranz H11. Sie ist nur für Spielpassungen zu gebrauchen.

Tabelle **5**.57 enthält Abmaße für Toleranzfelder zum Berechnen der Toleranzen und Passungsmaße.

142

Tabelle **5.57** **Abmaße in μm für ausgewählte Toleranzfelder (DIN 7157).** Reihe 1 = Vorzugsreihe, Reihe 2 = Ergänzungsreihe (Auswahl)

Nennmaßbereich mm	x8 u8¹⁾	s6	r6	n6	k6	j6	h6	h9	h11	g6	f7	e8	d9	c11	a11	H7	H8	H11	G7	F8	E9	D10	C11	A11
1 bis 3	+34 / +20	+20 / +14	+16 / +10	+10 / +4	+6 / 0	+4 / −2	0 / −6	0 / −25	0 / −60	−2 / −8	−6 / −16	−14 / −28	−20 / −45	−60 / −120	−270 / −330	+10 / 0	+14 / 0	+60 / 0	+12 / +2	+20 / +6	+39 / +14	+60 / +20	+120 / +60	+330 / +270
> 3 bis 6	+46 / +28	+27 / +19	+23 / +15	+16 / +8	+9 / +1	+6 / −2	0 / −8	0 / −30	0 / −75	−4 / −12	−10 / −22	−20 / −38	−30 / −60	−70 / −145	−270 / −345	+12 / 0	+18 / 0	+75 / 0	+16 / +4	+28 / +10	+50 / +20	+78 / +30	+145 / +70	+345 / +270
> 6 bis 10	+56 / +34	+32 / +23	+28 / +19	+19 / +10	+10 / +1	+7 / −2	0 / −9	0 / −36	0 / −90	−5 / −14	−13 / −28	−25 / −47	−40 / −76	−80 / −170	−280 / −370	+15 / 0	+22 / 0	+90 / 0	+20 / +5	+35 / +13	+61 / +25	+98 / +40	+170 / +80	+370 / +280
> 10 bis 14	+67 / +40	+39 / +28	+34 / +23	+23 / +12	+12 / +1	+8 / −3	0 / −11	0 / −43	0 / −110	−6 / −17	−16 / −34	−32 / −59	−50 / −93	−95 / −205	−290 / −400	+18 / 0	+27 / 0	+110 / 0	+24 / +6	+43 / +16	+75 / +32	+120 / +50	+205 / +95	+400 / +290
> 14 bis 18	+72 / +45																							
> 18 bis 24	+87 / +54	+48 / +35	+41 / +28	+28 / +15	+15 / +2	+9 / −4	0 / −13	0 / −52	0 / −130	−7 / −20	−20 / −41	−40 / −73	−65 / −117	−110 / −240	−300 / −430	+21 / 0	+33 / 0	+130 / 0	+28 / +7	+53 / +20	+92 / +40	+149 / +65	+240 / +110	+430 / +300
> 24 bis 30	+81 / +48																							
> 30 bis 40	+99 / +60	+59 / +43	+50 / +34	+33 / +17	+18 / +2	+11 / −5	0 / −16	0 / −62	0 / −160	−9 / −25	−25 / −50	−50 / −89	−80 / −142	−120 / −280	−310 / −470	+25 / 0	+39 / 0	+160 / 0	+34 / +9	+64 / +25	+112 / +50	+180 / +80	+280 / +120	+470 / +310
> 40 bis 50	+109 / +70													−130 / −290	−320 / −480								+290 / +130	+480 / +320
> 50 bis 65	+133 / +87	+72 / +53	+60 / +41	+39 / +20	+21 / +2	+12 / −7	0 / −19	0 / −74	0 / −190	−10 / −29	−30 / −60	−60 / −106	−100 / −174	−140 / −330	−340 / −530	+30 / 0	+46 / 0	+190 / 0	+40 / +10	+76 / +30	+134 / +60	+220 / +100	+330 / +140	+530 / +340
> 65 bis 80	+148 / +102	+78 / +59	+62 / +43											−150 / −340	−360 / −550								+340 / +150	+550 / +360
> 80 bis 100	+178 / +124	+93 / +71	+73 / +51	+45 / +23	+25 / +3	+13 / −9	0 / −22	0 / −87	0 / −220	−12 / −34	−36 / −71	−72 / −126	−120 / −207	−170 / −390	−380 / −600	+35 / 0	+54 / 0	+220 / 0	+47 / +12	+90 / +36	+159 / +72	+260 / +120	+390 / +170	+600 / +380
> 100 bis 120	+198 / +144	+101 / +79	+76 / +54											−180 / −400	−410 / −630								+400 / +180	+630 / +410
> 120 bis 140	+233 / +170	+117 / +92	+88 / +63	+52 / +27	+28 / +3	+14 / −11	0 / −25	0 / −100	0 / −250	−14 / −39	−43 / −83	−85 / −148	−145 / −245	−200 / −450	−460 / −710	+40 / 0	+63 / 0	+250 / 0	+54 / +14	+106 / +43	+185 / +85	+305 / +145	+450 / +200	+710 / +460
> 140 bis 160	+253 / +190	+125 / +100	+90 / +65											−210 / −460	−520 / −770								+460 / +210	+770 / +520
> 160 bis 180	+273 / +210	+133 / +108	+93 / +68											−230 / −480	−580 / −830								+480 / +230	+830 / +580
> 180 bis 200	+308 / +236	+151 / +122	+106 / +77	+60 / +31	+33 / +4	+16 / −13	0 / −29	0 / −115	0 / −290	−15 / −44	−50 / −96	−100 / −172	−170 / −285	−240 / −530	−660 / −950	+46 / 0	+72 / 0	+290 / 0	+61 / +15	+122 / +50	+215 / +100	+355 / +170	+530 / +240	+950 / +660
> 200 bis 225	+330 / +258	+159 / +130	+109 / +80											−260 / −550	−740 / −1030								+550 / +260	+1030 / +740
> 225 bis 250	+356 / +284	+169 / +140	+113 / +84											−280 / −570	−820 / −1110								+570 / +280	+1110 / +820

¹) Toleranzfeld x8 für Nennmaße ≦ 24, u8 für Nennmaße > 24

143

Beispiel (5.58)

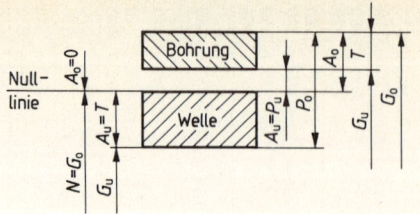

5.58
Toleranzfelder der Spielpassung

$\varnothing 60 \dfrac{F8}{h9}$ im Maßstab 100:1

Rundpassung $\varnothing 60 \dfrac{F8}{h9}$	Bohrung $\varnothing$ 60 F8	Welle $\varnothing$ 60 h9
oberes Abmaß A_o	$(+ 76 \, \mu m =) + 0{,}076$	$(0 \, \mu m =) \quad 0$
unteres Abmaß A_u	$(+ 30 \, \mu m =) + 0{,}03$	$(- 74 \, \mu m =) - 0{,}074$
Höchstmaß G_o	$60 + 0{,}076 = 60{,}076$	$60 \pm 0 \quad = 60$
Mindestmaß G_u	$60 + 0{,}03 = 60{,}03$	$60 - 0{,}074 = 59{,}926$
Maßtoleranz T	$60{,}076 - 60{,}03 = 0{,}046$	$60 - 59{,}926 = 0{,}074$
	Passung	
Höchstpassung P_o	$60{,}076 - 59{,}926 = 0{,}15$	
Mindestpassung P_u	$60{,}03 - 60 \quad = 0{,}03$	
Paßtoleranz P_T	$0{,}15 - 0{,}03 = 0{,}12$	

5.3.7 Eintragen von Toleranzkurzzeichen und ISO-Toleranzsystem für Allgemeintoleranzen

Bei Absatzmaßen und Lochmittenabständen sowie Mittigkeiten sind Kurzzeichen nicht anwendbar. Die Toleranzen hierfür werden durch Abmaße in Zahlen bestimmt.

Bei Paßmaßen (tolerierte Maße für eine Paßfläche bzw. zusammengehörige Paßflächen) wird das Kurzzeichen stets hinter das Nennmaß geschrieben. Beide zusammen bilden das Paßmaß. Kurzzeichen sind etwa 0,7mal so hoch wie die Maßzahl, doch nicht kleiner als 2,5 mm, Kurzzeichen für Innenmaße (mit Großbuchstaben) stehen h ö h e r (**5.59**), für A u ß e n m a ß e (mit Kleinbuchstaben) t i e f e r als die Maßzahl (**5.60**). Innenmaß und Außenmaß bei ineinandergesteckt gezeichneten Paßteilen haben eine gemeinsame Maßlinie (**5.61**). Hierbei werden Kurzzeichen für die Innenmaße über den Kurzzeichen für die Außenmaße angeordnet.

Gilt ein ISO-Toleranzfeld nur für einen Bereich der bemaßten Länge, wird der Geltungsbereich begrenzt (**5.62**).

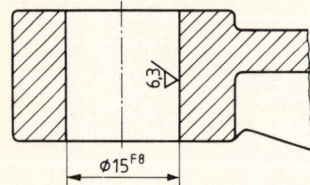

5.59 Paßmaß für Innenmaß

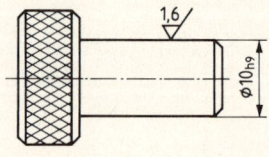

5.60 Paßmaß für Außenmaß

144

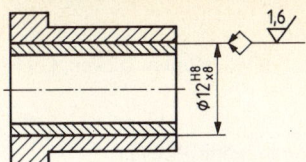

5.61 Kurzzeichen für Innenmaße stehen ü b e r denen für Außenmaße

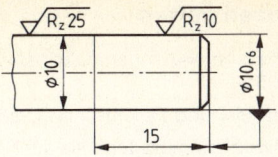

5.62 ISO-Toleranzfeld auf einen Bereich der Länge begrenzt

Die Kurzzeichen beziehen sich nur auf die Maßhaltigkeit der Werkstücke, nicht aber auf die Oberflächenbeschaffenheit. Für diese sind zusätzliche Oberflächenangaben erforderlich.

Einer feinen Toleranz kann zwar eine grobe Oberfläche nicht zugeordnet werden, wohl aber einer groben Toleranz eine feine Oberfläche. Es kann daher sinnvoll sein, zu einer vorgesehenen Toleranz angemessene Rauheitsangaben festzulegen.

Sind Abmaße für die Toleranzen erwünscht, fügt man sie in mm in Klammern den Kurzzeichen bei (**5**.63). Die Abmaße für alle in der Zeichnung enthaltenen Paßmaße können auch in einer besonderen Tabelle (**5**.64) neben oder über dem Schriftfeld oder an anderer Stelle als

Tabelle **5**.64   **Passungen**

Paßmaße	Abmaße
$\varnothing\,32_{h6}$	0 −0,016
$\varnothing\,18^{D10}$	+0,120 +0,050

$\varnothing 60_{f7}\left(\begin{smallmatrix}-0,030\\-0,060\end{smallmatrix}\right)$

5.63   Zusätzliche Angabe der Abmaße

Stempeldruck oder auf Klebe- und Reibfolien eingetragen werden. Statt der Abmaße kann man Höchstmaße und Mindestmaße angeben.

Da Paßmaße auch bei galvanisierten Teilen den Endzustand angeben, sind in der vorangehenden Fertigung bei Innenteilen Untermaße und bei Außenteilen Übermaße einzuhalten.

Allgemeintoleranzen (bisher Freimaßtoleranzen) für Längen- und Winkelmaße sind nach DIN 7168 T1 gleichmäßig nach + und − im Rahmen der üblichen Fertigungsgenauigkeit festgelegt. Allgemeintoleranzen für Form und Lage sind in DIN 7168 enthalten. Für Gußrohteile, Stanzteile, Schmiedestücke, Schweißkonstruktionen, Optikeinzelteile usw. sind sie in weiteren DIN-Normen festgelegt.

Hinsichtlich betrieblich bedingter Unterschiede in der erreichbaren Genauigkeit sind Allgemeintoleranzen in vier Grade unterteilt und einzuhalten, wenn ein Vermerk (z. B. „Maße ohne Toleranzangabe nach DIN 7168-mittel" oder „DIN 7168-mittel S") in die Zeichnung eingetragen wurde oder in sonstigen Unterlagen (z. B. Lieferbedingungen) auf DIN 7168 verwiesen wird. Für die Eintragung in der Zeichnung ist im Schriftfeld ein Feld vorgesehen (s. Abschn. 2.5).

Die Allgemeintoleranzen gelten für Längen- und Winkelmaße an Teilen aus allen Werkstoffen, die durch Spanen oder spanlos durch Umformen (z. B. Ziehen, Treiben, Sicken, Stanzen) bzw. für Form und Lageabweichungen an Formelementen, die durch Spanen gefertigt sind. An Stelle des Begriffs Genauigkeitsgrad wird der Begriff Toleranzklasse verwendet.

Allgemeintoleranzen gelten

- für Längenmaße (Außenmaße, Innenmaße, Absatzmaße, Durchmesser, Breiten, Höhen, Dicken, Lochmittenabstände; **5.**65),
- für Rundungshalbmesser und Fasenhöhen (Schrägungen; **5.**66),
- für Winkelmaße, sowohl eingetragene als auch üblicherweise nicht eingetragene (**5.**67),
- für Längen- und Winkelmaße, die durch Bearbeiten gefügter Teile entstehen, für Form und Lage (Geradheit und Ebenheit, **5.**68; Symmetrie, **5.**69; Rundlauf und Planlauf, **5.**70),
- für Rundheit ist die Allgemeintoleranz gleich dem Zahlenwert der Durchmessertoleranz (**5.**65); sie darf aber nicht größer als die Werte für den Rundlauf sein (**5.**70),
- für die Parallelität ergibt sich die Abweichungsbegrenzung aus den Allgemeintoleranzen für die Geradheit oder Ebenheit (**5.**68) oder aus der Toleranz für das Abstandsmaß (**5.**65) – je nachdem, welche von beiden die größere ist,
- für die Zylinderform sind Allgemeintoleranzen nicht festgelegt. Soll bei Passungen mit zylindrischen Flächen die Hüllbedingung gelten, ist das Maß nach DIN ISO 8015 mit dem Symbol Ⓔ zu kennzeichnen (z. B. Ø 25 H 7 Ⓔ),
- für Rechtwinkligkeit und Neigung können die Allgemeintoleranzen für Winkelmaße genommen werden (**5.**67).

Tabelle 5.65 Obere und untere Abmaße in mm für Längenmaße (Auszug aus DIN 7168 T1)

Toleranz-klasse	Abmaße in mm für Nennmaßbereich in mm								
	0,5 bis 3	≥3 bis 6	>6 bis 30	>30 bis 120	>120 bis 400	>400 bis 1000	>1000 bis 2000	>2000 bis 4000	>4000 bis 8000
f (fein)	± 0,05	± 0,05	± 0,1	± 0,15	± 0,2	± 0,3	± 0,5	± 0,8	–
m (mittel)	± 0,1	± 0,1	± 0,2	± 0,3	± 0,5	± 0,8	± 1,2	± 2	± 3
g (grob)	± 0,15	± 0,2	± 0,5	± 0,8	± 1,2	± 2	± 3	± 4	± 5
sg (sehr grob)	–	± 0,5	± 1	± 1,5	± 2	± 3	± 4	± 6	± 8

Tabelle 5.66 Obere und untere Abmaße für Rundungshalbmesser und Fasenhöhen (Schrägungen) nach DIN 7168 T1

Toleranz-klasse	Abmaße in mm für Nennmaß-bereich in mm				
	0,5 bis 3	>3 bis 6	>6 bis 30	>30 bis 120	>120 bis 400
f (fein) und m (mittel)	± 0,2	± 0,5	± 1	± 2	± 4
g (grob) und sg (sehr grob)		± 1	± 2	± 4	± 8

Tabelle 5.67 Obere und untere Abmaße für Winkelmaße nach DIN 7168 T1

Tole-ranz-klasse	Abmaße in Winkeleinheiten für Nennmaßbereich in mm (Länge des kürzeren Schenkels)				
	≦10	>10 bis 50	>50 bis 120	>120 bis 400	>400
f (fein) und m (mittel)	± 1°	± 30′	± 20′	± 10′	± 5′
g (grob)	± 1°30′	± 50′	± 25′	± 15′	± 10′
sg (sehr grob)	± 3°	± 2°	± 1°	± 30′	± 20′

Tabelle 5.68 **Allgemeintoleranzen für Geradheit und Ebenheit nach DIN 7168 T 2**

Toleranz-klasse	Allgemeintoleranz in mm für Geradheit und Ebenheit für Nennmaßbereich in mm								
	bis 6	über 6 bis 30	über 30 bis 120	über 120 bis 400	über 400 bis 1000	über 1000 bis 2000	über 2000 bis 4000	über 4000 bis 8000	über 8000
R	0,004	0,01	0,02	0,04	0,07	0,1	–	–	–
S	0,008	0,02	0,04	0,08	0,15	0,2	0,3	0,4	–
T	0,025	0,06	0,12	0,25	0,4	0,6	0,9	1,2	1,8
U	0,1	0,25	0,5	1	1,5	2,5	3,5	5	7

Tabelle 5.69 **Allgemeintoleranzen für Symmetrie nach DIN 7168 T 2**

Toleranzklasse	Symmetrietoleranz in mm
R	0,3
S	0,5
T	1
U	2

Tabelle 5.70 **Allgemeintoleranzen für Rund- und Planlauf nach DIN 7168 T 2**

Toleranzklasse	Rundlauf- und Planlauftoleranz in mm
R	0,1
S	0,2
T	0,5
U	1

Allgemeintoleranzen gelten nicht

– für Maße, für die Toleranzen angegeben oder für die in der Zeichnung andere Normen über Allgemeintoleranzen festgelegt sind,
– für Winkelmaße einer Kreisteilung,
– für in Klammern stehende Hilfsmaße,
– für rechteckig eingerahmte theoretische Maße (Bezugsmaße, s. Abschn. 5.2.3) für nicht eingetragene
  90°-Winkel zwischen Linien, die Achsenkreuze bilden,
– für Maße, die sich beim Zusammenbau von Teilen ergeben.

Tolerierungsgrundsatz „neu". Die Allgemeintoleranzen nach diesem Grundsatz (5.68 und 5.69) sind nur anzuwenden, wenn in der Zeichnung auf DIN ISO 8015 hingewiesen ist. Dann gelten die Allgemeintoleranzen für Form und Lage unabhängig von den Istmaßen der Formelemente. Jede Toleranz muß für sich eingehalten werden. Die Allgemeintoleranzen für Form und Lage dürfen somit auch bei Formelementen mit überall Maximum-Material-Maß ausgenutzt werden. Passungen erfordern zusätzlich die einschränkende Hüllbedingung, die in Zeichnungen gesondert anzugeben ist.

Tolerierungsgrundsatz „alt"

Formtoleranzen. Sind keine Formtoleranzen angegeben, werden Formabweichungen (Rundheit, Geradheit, Ebenheit) an zylindrischen Formelementen bzw. planparallelen Flächen durch die Maßtoleranz begrenzt.

Für Rechtwinkligkeits- und Neigungstoleranzen sind keine Allgemeintoleranzen festgelegt, sondern gelten die Allgemeintoleranzen für Winkelmaße nach DIN 7168 T 1 (5.67).

Symmetrie, Rundlauf und Planlauf. Für diese Toleranzeigenschaften gelten dieselben Werte der Allgemeintoleranzen nach den Tab. 5.69 und 5.70. Jedoch sind zur Unterscheidung zwischen altem und neuem Tolerierungsgrundsatz die früher üblichen Kennbuchstaben für die Toleranzklassen A, B, C und D statt R, S, T und U beibehalten worden.

Bezeichnungsbeispiele für Tolerierungsgrundsatz „neu"

Gleiche Toleranzklasse für Form und Lage

DIN 7168–m–S

Norm-Nummer _____

Toleranzklasse m nach DIN 7168 T 1 _____

Toleranzklasse S nach DIN 7168 T 2 für Form- **und** Lagetoleranz _____

Verschiedene Toleranzklassen für Form und für Lage

DIN 7168–m S T

Norm-Nummer _____

Toleranzklasse m nach DIN 7168 T 1 _____

Toleranzklasse S nach DIN 7168 T 2 für Formtoleranz _____

Toleranzklasse T nach DIN 7168 T 2 für Lagetoleranz _____

Bezeichnungsbeispiel für Tolerierungsgrundsatz „alt"

DIN 7168–m–S (früher Cm–DIN 7168)

Norm-Nummer _____

Toleranzklasse m nach DIN 7168 T 1 _____

Toleranzklasse C nach DIN 7168 T 2 _____

Tabelle 5.71 Kennzeichen und Anwendungsbeispiele wichtiger Passungen

	ISO-Passungen nach			Kennzeichen	Anwendungsbeispiele
	DIN 7154 Einheits-bohrung	DIN 7155 Einheits-welle	DIN 7157 Passungs-auswahl		
Preßpassungen	H7/s6 H7/r6	R7/h6 S7/h6	H8/x8 bis u8 H7/r6	Teile unter hohem Druck, durch Erwärmen oder Kühlen fügbar. Zusätz-liche Sicherung gegen Verdrehung ist nicht er-forderlich.	Kupplungen auf Wellen-enden, Buchsen in Rad-naben, festsitzende Zapfen und Bunde, Bronzekränze auf Schneckenradkörpern, Ankerkörper auf Wellen
Übergangspassungen	H7/n6	N7/h6	H7/n6	Festsitzteile unter hohem Druck fügbar. Hierbei ist eine zusätzliche Siche-rung gegen Verdrehen er-forderlich.	Zahn- und Schnecken-räder, Lagerbuchsen, Win-kelhebel, Radkränze auf Radkörpern, Antriebsräder
	H7/m6	M7/h6		Treibsitzteile unter er-heblichem Kraftaufwand, z. B. mit Handhammer fügbar. Sichern gegen Verdrehen ist erforder-lich.	Teile an Werkzeugmaschi-nen, die ausgewechselt werden müssen (z. B. Zahnräder, Riemenschei-ben, Kupplungen, Zylin-derstifte, Paßschrauben, Kugellagerinnenringe)
	H7/k6	K7/h6	H7/k6	Haftsitzteile unter gerin-gem Kraftaufwand füg-bar. Ein Sichern gegen Verdrehen und Verschie-ben ist erforderlich.	Riemenscheiben, Zahn-räder und Kupplungen so-wie Wälzlagerinnenringe auf Wellen für mittlere Be-lastungen, Bremsscheiben

Fortsetzung s. nächste Seite

Tabelle **5**.71, Fortsetzung

	ISO-Passungen nach			Kennzeichen	Anwendungsbeispiele
	DIN 7154 Einheitsbohrung	DIN 7155 Einheitswelle	DIN 7157 Passungsauswahl		
Übergangspassungen	H7/j6	J7/h6	H7/j6	Schiebesitzteile bei guter Schmierung von Hand fügbar und verschiebbar. Ein Sichern gegen Verschieben und Verdrehen ist notwendig.	Häufig auszubauende, aber durch Keile gesicherte Scheiben, Räder und Handräder; Buchsen, Lagerschalen, Kolben auf der Kolbenstange und Wechselräder
Spielpassungen	H7/h6	H7/h6	H7/h6	Gleitsitzteile bei guter Schmierung durch Handdruck verschiebbar.	Pinole im Reitstock, Fräser auf Fräsdornen, Wechselräder, Säulenführungen, Dichtungsringe
	H8/h9	H8/h9	H8/h9	Schlichtgleitsitzteile leicht fügbar und über längere Wellenteile verschiebbar.	Scheiben, Räder, Kupplungen, Stellringe, Handräder, Hebel, Keilsitz für Transmissionswellen
	H7/g6	G7/h6	H7/g6	Enge Laufsitzteile gestatten gegenseitige Bewegung ohne merkliches Spiel.	Schieberäder in Wechselgetrieben, verschiebbare Kupplungen, Spindellagerungen an Schleifmaschinen und Teilapparaten
	H7/f7	F7/h6	H7/f7	Laufsitze gewähren ein leichtes Verschieben der Paßteile und haben ein reichliches Spiel, das eine einwandfreie Schmierung erleichtert.	Meist angewendete Lagerpassung im Maschinenbau, bei Lagerung der Welle in zwei Lagern (z. B. Spindellagerung an Werkzeugmaschinen, Kurbel- und Nockenwellenlagerung, Gleitführungen)
	H8/f8	F8/h9	F8/h9	Schlichtlaufsitzteile haben merkliches bis reichliches Spiel, so daß sie gut ineinander beweglich sind.	Für mehrfach gelagerte Wellen; Kolben in Zylindern, Ventilspindeln in Führungsbuchsen, Lager für Zahnrad- und Kreiselpumpen, Kreuzkopfführungen
	H8/e8	E8/h6		Leichte Laufsitzteile haben reichliches Spiel.	Mehrfach gelagerte Wellen, bei denen ein einwandfreies Ausrichten und Fluchten nicht voll gewährleistet ist
	H8/d9	D9/h8		Paßteile für weiten Laufsitz haben sehr reichliches Spiel.	Für genaue Lagerungen von Transmissionswellen und für schnellaufende Maschinenteile

Fortsetzung s. nächste Seite

Tabelle **5**.71, Fortsetzung

	ISO-Passungen nach			Kennzeichen	Anwendungsbeispiele
	DIN 7154 Einheits-bohrung	DIN 7155 Einheits-welle	DIN 7157 Passungs-auswahl		
Spielpassungen	H9/d10	D10/h9	D10/h9	Weite Schlichtlaufsitz-teile haben sehr reich-liches Spiel.	Achsbuchsen für Fuhr-werke und Landmaschi-nen, für Transmissionslager und Losscheiben
	H11/h11	H11/h11	H11/h11	Paßteile haben große Toleranzen bei geringem Spiel.	Teile, die verstiftet, ver-schraubt, zusammenge-steckt und verschweißt werden (z.B. Griffe, Hebel, Kurbeln)
	H11/d11	D11/h11		Paßteile haben große To-leranzen bei bestimmten Kleinstspiel.	Lager an Land- und Bau-maschinen, Seilrollen und Teile aus gezogenem Werkstoff
	H11/c11	C11/h11	C11/h11	Paßteile haben große Toleranzen und große Spiele.	Lager an landwirtschaft-lichen und Haushalts-maschinen
	H11/a11	A11/h11	A11/h11	Paßteile haben sehr große Toleranzen und sehr lockeren Sitz.	Türangeln, Kuppelbolzen, Feder- und Bremsgehänge an Fahrzeugen

Im wesentlichen gehören die Preß- und Übergangspassungen zum System der Einheitsbohrung, die Spielpassungen (zwecks Verwendung gezogener Wellen) zum System der Einheitswelle. Für abgesetzte Wellen in Getrieben usw. können g6 f7 e8 d9 c11 und a11 mit H-Bohrungen (Einheitsbohrung) zu Spielpassungen gepaart werden. Bei den 3 Preßpassungen H8/x8 bzw. u8 H7/r6 und H7/s6 erübrigt sich im allgemeinen eine Berechnung nach DIN 7190. Großes Spiel ergeben: h11/H11 und A11/a11. H11 ist mit üblichen Spiralbohrern ohne Nacharbeit zu erreichen. Gleiche Paßtoleranzen haben: G7/h6 und H7/g6, C11/h11 und H11/c11, A11/h11 und H11/a11.

ISO-Toleranzen, Toleranzen für die Feinwerktechnik s. DIN 58 700 T1 und 2. Toleranzsystem für Holzbe- und -verarbeitung s. DIN 68 100.

5.4 Angabe der Oberflächenbeschaffenheit

Aus der Zeichnung eines Werkstücks muß auch die Beschaffenheit der Werkstückober-flächen im Endzustand des Teiles hervorgehen.

In Konstruktionszeichnungen werden technische Oberflächen vorrangig funktionsgerecht beschrieben. Hierfür ist zunächst die Frage zu klären, welche Eigenschaften zur Funktions-erfüllung gefordert werden, z. B.

- geringer Verschleiß, Glätte,
- gutes Tragverhalten,
- exakte Führung,
- Haftfähigkeit, Griffigkeit,
- gutes, mattes oder glänzendes Aussehen.

Danach sind die Zeichnungsangaben festzulegen, die die geforderten Eigenschaften beschreiben, z. B.

– Rauheits-Höchstwerte (Kleinstwerte),
– Formtoleranzen (Toleranzen, s. Abschn. 5.1 bis 5.3),
– Härte, Zähigkeit (Wärmebehandlung, s. Abschn. 6),
– Beschichtung (s. Abschn. 6),
– Oberflächenprofil,
– Rillenrichtung,
– Fertigungsverfahren.

Zur Eintragung der Rauheitsanforderungen in Zeichnungen wurden zur Orientierung der Konstrukteure in DIN 4763 für die wichtigsten Rauheitsmeßgrößen Stufungen der Zahlenwerte festgelegt (**5**.72).

Tabelle **5**.72

a) **Gemittelte Rauhtiefe R_z und maximale Rauhtiefe R_{max} in µm**					b) **Mittenrauhwert R_a in µm**				
			0,04	0,06	0,006	0,012	0,025	0,05	0,1
0,1	0,16	0,25	0,4	0,63	0,2	0,4	0,8	1,6	3,2
1,0	1,6	2,5	4,0	6,3	6,3	12,5	25	50	
10	16	25	40	63					
100	160	250	400	630					
1000	1600	2500							

Die nachstehend wiedergegebenen Oberflächenangaben bestimmen die Güte der Oberfläche.

5.4.1 Kennzeichnung der Oberflächen durch Rauheitsangaben (DIN ISO 1302)

Die Oberflächengüte kann durch Rauheitsangaben vorgeschrieben werden. Dazu gehören Rauhtiefe (maximale Profilhöhe), Profilerhöhung (bisher Glättungstiefe), Mittenrauhwert, Profiltraganteil und Materialanteil. Diese Begriffe gehen auf Oberflächenprofile zurück, die in den Bildern **5**.73 bis **5**.76 erklärt werden. Näheres s. DIN 4762 T1 und DIN 4768 T1.

Bezugsstrecke l (in mm): Länge der Bezugslinie, die zum Ermitteln der die Oberflächenrauheit kennzeichnenden Unregelmäßigkeiten dient. Sie ist Teil der Auswertelänge l_n, über die man die Werte der Rauheitskenngrößen insgesamt ermittelt (**5**.73 und **5**.74).

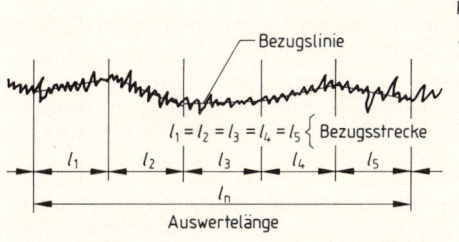

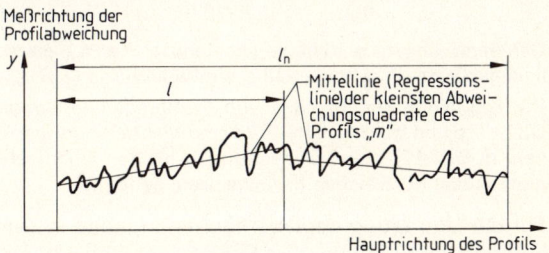

5.73 Bezugsstrecke l und Auswertelänge l_n 5.74 Regressionslinie m

Regressionslinie _m_ (in cm): Bezugslinie (Mittellinie), die innerhalb der Bezugsstrecke das Profil so durchschneidet, daß die Quadratsumme der Profilabweichungen von dieser Linie ein Minimum wird (**5**.74).

Maximale Rauheitstiefe R_{max}: größte aller auf der Auswertelänge l_n vorkommenden Einzelrauhtiefen.

Arithmetischer Mittenrauhwert R_a (in µm): arithmetisches Mittel der absoluten Werte aller Profilabweichungen (Abstände „obere Berührlinie" zur „Regressionslinie" _m_) innerhalb der Bezugsstrecke (**5**.75). In der Praxis ermittelt man R_a-Werte innerhalb der Auswertelänge.

Profilerhöhung R_p (bisher Glättungstiefe, in µm): Abstand des höchsten Profilpunkts von der Regressionslinie _m_ innerhalb der Bezugsstrecke (**5**.75). Die maximale **Taltiefe** R_m ist der Abstand des tiefsten Profilpunkts zur Regressionslinie.

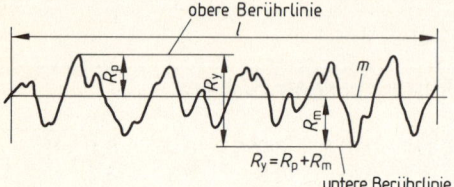

5.75 Maximale Profilhöhe R_y, obere und untere Berührlinie

5.76 Tragende Länge η_p

Tragende Länge η_p (in mm): Summe der Schnittlängen b_1, b_2 usw., die eine zur Regressionslinie _m_ in vorgegebener Schnittlinienlage (Schnittlinientiefe) _c_ (in µm) parallelverlaufende Linie aus den Profilkuppen herausschneidet (**5**.76).

Maximale Profilhöhe R_y (in µm): Abstand zwischen der Profilkuppenlinie (obere Berührlinie) und der Profiltallinie (untere Berührlinie) innerhalb der Bezugsstrecke (**5**.75). Der frühere Begriff Rauhtiefe R_t soll wegen seiner unterschiedlichen meßtechnischen Auslegungen nicht mehr verwendet werden.

Gemittelte Rauhtiefe R_z: arithmetisches Mittel aus den Einzelrauhtiefen (Profilhöhen) von 5 aneinandergrenzenden Einzelmeßstrecken. Diese nach DIN 4768 T1 ermittelte Kenngröße ist vergleichbar der nach ISO eingeführten Zehnpunkthöhe R_z nach DIN 4762 T1 (ggf. Unterscheidung durch R_{zISO} bzw. R_{zDIN}, s. Norm).

Der Profiltraganteil t_p wird in Prozenten der tragenden Länge η_p zur Bezugsstrecke _l_ ausgedrückt (**5**.76).

Beispiel   Bei $\eta_p = 20$ mm und $l = 50$ mm ist der Profiltraganteil

$$t_p = \frac{100 \cdot \eta_p}{l} = \frac{100 \cdot 20 \text{ mm}}{50 \text{ mm}} = 40\%.$$

Der Wert _c_ (in µm) wird hinter das Kennzeichen t_p gesetzt, um anzugeben, in welchem Abstand (Schnittlinienlage) der Profiltraganteil t_p ermittelt wurde (z. B. $t_{p\,0,25} = 40$).

Die DIN-Norm spricht nicht von Profiltraganteil, sondern – zutreffender – von **Materialanteil**. In DIN 4776 und Bbl 1 zu DIN 4776 sind Meßbedingungen und Auswerteverfahren festgelegt und beschrieben. In DIN 4761 sind Benennungen für den Oberflächencharakter und ihre zu den Rauheitsangaben gehörenden Kurzzeichen bis ins einzele genormt.

Für die Eintragung der Oberflächenangaben in Zeichnungen verwendet man die in Tab. **5**.77 enthaltenen Symbole. Ihre Größe richtet sich nach den einzutragenden Oberflächenangaben (**5**.78 auf S.154).

Tabelle 5.77 **Symbole der Oberflächenangaben**

Symbol	Bedeutung	Bemerkung	Beispiel	Erläuterung
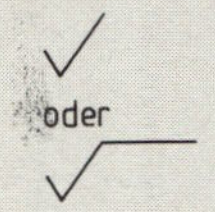 (Grundsymbol) oder	Grundsymbol	Symbole ohne Zusatzangaben nicht aussagefähig	glatt	unbearbeitete Fläche im Rohzustand oder geputzt
		Es darf nur allein benutzt werden, wenn seine Bedeutung ,,eine Oberfläche ist, die behandelt wird", oder wenn es durch eine zusätzliche Angabe erklärt wird.	6,3	spanend oder spanlos hergestellte Oberfläche mit Mittenrauhwert $R_a \leqq 6,3$ µm
			Rz 16 / Rz 4	spanend oder spanlos hergestellte Oberfläche mit gemittelter Rauhtiefe $R_z = 4$ bis 16 µm (oberer und unterer Grenzwert)
			y/ z/	Oberflächenzeichen, das an anderer Stelle auf der Zeichnung erklärt ist, z. B. lackiert, RAL 1073 $y/ = \sqrt{}$ $z/ = \sqrt{R_{max}}$ 4
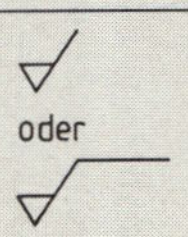 (Bearbeitungssymbol) oder	materialabtrennende Bearbeitung[1]	die Oberfläche muß materialabtrennend bearbeitet werden	0,4 0,8	spanend hergestellte Oberfläche mit Mittenrauhwert $R_a = 0,4$ bis $0,8$ µm (oberer und unterer Grenzwert)
			IA DIN 2310	durch Brennschneiden erzeugte Oberfläche, Güte I, Genauigkeitsgrad A nach DIN 2310 T3
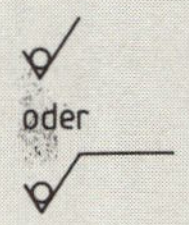 (Symbol)	ohne Zusatzangabe: Oberfläche bleibt im Anlieferungszustand	z. B. Rohguß, Halbzeug, geschmiedete Flächen	√ (32/)	Rohteil (z. B. gezogener Stahl), bei dem nur eine Oberfläche spanend bearbeitet wird, alle anderen Oberflächen bleiben unbehandelt
(Symbol) oder	mit Zusatzangaben: Oberfläche muß ohne materialabtrennende Bearbeitung (spanlos) hergestellt werden	z. B. durch Urformen, Umformen, galvanische Überzüge (Beschichten), jedoch nicht durch Spanen erzeugte Oberfläche	Rz 3 · Fe/Ni 20p Crr Rz 1	spanlos hergestellte Oberfläche mit gemittelter Rauhtiefe $R_z \leqq 3$ µm nickel-/chrombeschichtet, Rauhtiefe allseitig $R_z \leqq 1$

[1] Hierzu gehören Spanen, Zerteilen (nach DIN 8589) oder Abtragen (nach DIN 8590)

153

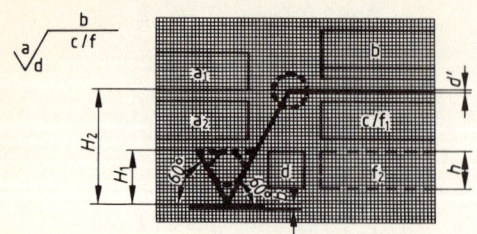

Linienbreite für Konturen eines Teils (b)	0,35	0,5	0,7	1
Größe der Ziffern und Großbuchstaben (h)	2,5	3,5	5	7
Linienbreite für Symbole (d') und Linienbreite für die Beschriftung	0,25	0,35	0,5	0,7
Höhe H_1 für die	3,5	5	7	10
Höhe H_2 Symbole	8	11	15	21

5.78   Größe des Symbols zum Eintragen der Oberflächenbeschaffenheit mit einzelnen zugeordneten Angaben

a = Mittenrauhwert R_a in µm
b = Fertigungsverfahren, Behandlung oder Überzug, sonstige Wortangaben

c = Bezugsstrecke
d = Rillenrichtung
f = andere Rauheitswerte als R_a mit Parameterkurzzeichen (z. B. R_z 0,4)

Kennzeichnung der Rillenrichtung

= parallel zur Projektionsebene verlaufend

⊥ senkrecht zur Projektionsebene verlaufend

× in 2 Richtungen schräg zur Projektionsebene gekreuzt verlaufend

M in vielen Richtungen verlaufend

C annähernd zentrisch verlaufend

R annähernd radial zum Mittelpunkt der Oberfläche verlaufend

P nichtrillige Oberfläche, ungerichtet oder muldig

Anordnung der Symbole. Symbole mit den Angaben a, b, c, d und f sind so anzuordnen, daß sie von unten oder von der rechten Seite zu lesen sind (**5.**79). Um diese Regel immer einzuhalten, kann das Symbol mit der Oberfläche auch durch eine Bezugslinie mit Maßpfeil verbunden werden. Symbol oder Maßpfeil müssen von außen entweder auf die Körperkante oder auf eine Maßhilfslinie als Verlängerung der Körperkante zeigen (**5.**79).

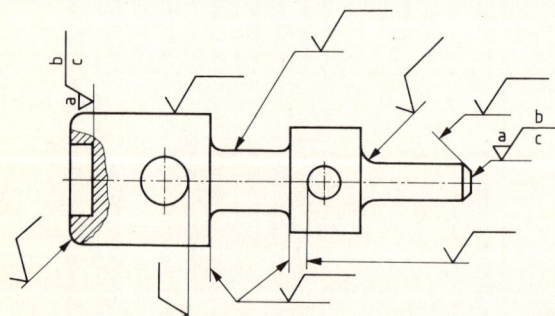

5.79
Symbole müssen von unten oder von der rechten Seite her lesbar sein

Beispiele für die Eintragung in Zeichnungen:

– **Oberflächenzeichen** sind für eine bestimmte Oberfläche nur einmal einzutragen und in die Ansicht zu setzen, in der die betreffende Fläche bemaßt ist (**5.**80).

– **Wird dieselbe Oberflächenbeschaffenheit allseitig für ein ganzes Teil** gefordert, ist als Symbol ein am Oberflächensymbol eingefügter Kreis zu zeichnen (**5.**81).

154

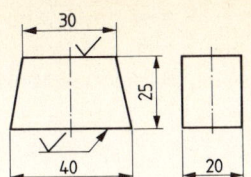

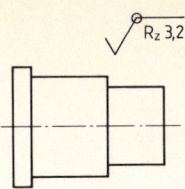

5.80 Oberflächenzeichen für bestimmte, bemaßte Flächen

5.81 Oberflächenzeichen für allseitig dieselbe Oberflächenbeschaffenheit

- **Gegenüberliegende Oberflächen** müssen nur einmal gekennzeichnet werden, wenn durch eine Mittellinie angegeben wird, daß d i e s e l b e O b e r f l ä c h e n b e s c h a f f e n h e i t gefordert wird (**5.83**). Bei anderen Formelementen muß die gegenüberliegende Oberfläche durch dasselbe Symbol angegeben werden (**5.82**).

- **Bei zusammengehörenden Paß- und Gleitflächen** mit gleicher Oberflächenbeschaffenheit kann man Oberflächenangaben nach Bild **5.84** eintragen.

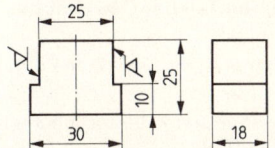

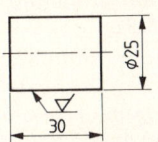

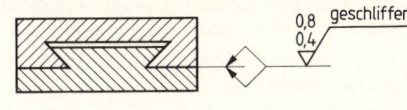

5.82 Oberflächenzeichen für symmetrisch liegende Flächen gleicher Beschaffenheit

5.83 Oberflächenzeichen für eine Mantelfläche

5.84 Zusammengesetzt gezeichnete Teile mit gleicher Oberflächenbeschaffenheit

- **Die Oberflächenangaben von Zahnflanken,** die in der Zeichnung nicht dargestellt sind, setzt man an die Teilkreise (**5.85** und **5.86**).

- **Bei Teilen mit einer allseitigen Oberflächenrauheit R_z 6,3** (ausgenommen bei einer Oberfläche mit R_a 6,3) wird die letztere in Klammern hinter das Hauptsymbol und an die betreffende Fläche gesetzt (**5.87**).

- **Tritt eine Oberflächenbeschaffenheit überwiegend auf,** die andere (oder mehrere andere) dagegen seltener, wird das Hauptoberflächenzeichen in die Nähe der Darstellung oder des Schriftfelds gesetzt, die seltenere(n) Oberflächenbeschaffenheit(en) dagegen in Klammern hinter das erste Zeichen und außerdem an die betreffende(n) Fläche(n) (**5.88**).

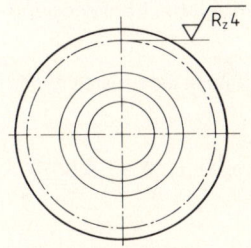

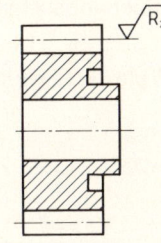

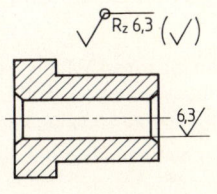

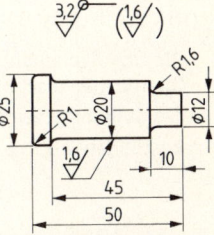

5.85 Oberflächenangaben von Zahnflanken (Draufsicht)

5.86 Oberflächenangaben von Zahnflanken (Seitenansicht)

5.87 Allseitige Oberflächenbeschaffenheit mit Ausnahme

5.88 Teile mit verschiedener Oberflächenbeschaffenheit

- **Für Außen- und Innenrundungen** (Hohlkehlen) sowie Fasen können die Oberflächenangaben auch mit den Maßeintragungen kombiniert werden (**5.89**).

155

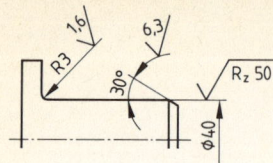

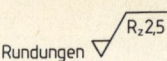

5.90 Teile mit Rundungen mit gleicher Oberflächenbeschaffenheit

Rundungen $\sqrt{\underset{}{R_z2,5}}$ $\left(\sqrt{\underset{}{R_z6,3}}\right)$

5.89 Oberflächenangaben von Innenrundungen und Schrägungen

5.91 Teile mit verschiedener Oberflächenbeschaffenheit der Rundungen

- **Bei Rundungen mit gleicher Oberflächenbeschaffenheit** kann man statt der Einzelangabe in der Nähe des Teils oder des Schriftfelds einen Hinweis mit entsprechendem Symbol aufnehmen (**5.90**). Tritt eine Oberflächenbeschaffenheit der Rundungen dagegen seltener auf, fügt man diese Ausnahme in Klammern an und gibt sie in der Darstellung an (**5.91**). Rundungen und Fasen ohne Oberflächenangaben sollen die gleiche Oberflächenbeschaffenheit aufweisen wie die sich der Fase oder dem Radius anschließende Oberfläche. Sollen sie einen kleineren Rauheitswert haben, sind sie mit entsprechenden Angaben zu versehen.

- **Bezieht sich eine bestimmte Oberflächenbeschaffenheit nur auf einen Teil der Oberfläche,** legt man den Geltungsbereich durch ein Maß fest (**5.92**).

- **Die Oberflächenbeschaffenheit wiederkehrender Formen** ist nur einmal an der bemaßten Form einzutragen (**5.93**).

- **Die Angabe von Abmaßen und/oder Toleranzfeldkurzzeichen** gewährleistet keine bestimmte Oberflächenbeschaffenheit. Diese ist, wenn gefordert, besonders anzugeben (**5.94**).

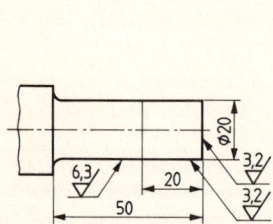

5.92 Bemaßter Bereich für eine Oberflächengüte

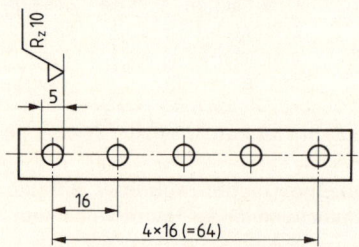

5.93 Oberflächenbeschaffenheit wiederkehrender Formen

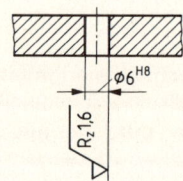

5.94 Toleranzfeldkurzzeichen und Oberflächenbeschaffenheit

An Gußstücken gilt für die Kennzeichnung der Oberflächenbeschaffenheit bei überwiegend rohen Flächen:

- Die Oberflächenangaben für die rohen Flächen entfallen, wenn das Herstellverfahren eine ausreichende Oberflächenbeschaffenheit gewährleistet (**5.96**). Oder

- das Symbol $\sqrt{}$ wird als allgemeiner Hinweis angegeben (**5.95**).

- Bearbeitete Flächen sind in beiden Fällen mit einem Oberflächensymbol zu versehen (**5.95, 5.96**).

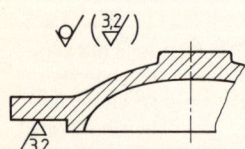

5.95 Roh bleibende Gußflächen erhalten kein Oberflächenzeichen

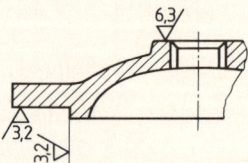

5.96 Zu bearbeitende Gußflächen erhalten Oberflächenzeichen

156

Bei überwiegend spanend bearbeiteten Flächen:

– Die rohen Flächen bezeichnet man mit dem Symbol $\forall$.
– Für die bearbeiteten Flächen wird ein allgemeiner Hinweis aufgenommen, z. B. $\overset{6,3}{\nabla}$ ($\forall$) (5.99).

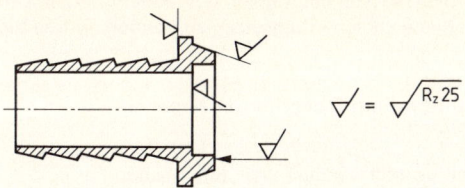

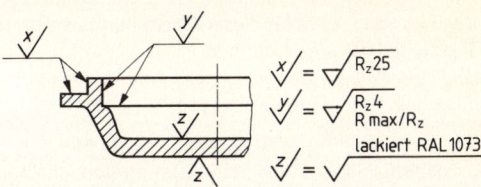

5.97 Vereinfachte einheitliche Angabe bei mehreren Oberflächen gleicher Beschaffenheit

5.98 Vereinfachte Oberflächenangaben durch Grundsymbol und Buchstaben

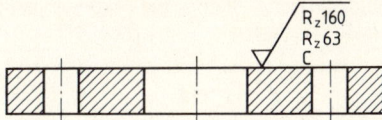

5.99 Allgemeiner Hinweis der roh bleibenden und der zu bearbeitenden Flächen

5.100 Oberfläche mit Angabe der Rillenrichtung

Zur Vereinfachung zieht man das Grundsymbol mit Buchstaben an die Flächen des Werkstücks heran. Die Bedeutung wird in der Nähe des Teils oder des Schriftfelds erklärt (5.98). Bei einheitlicher Oberflächenbeschaffenheit mehrerer Flächen genügt die Eintragung des Symbols z. B. ∇, dessen Bedeutung an anderer Stelle auf der Zeichnung erklärt wird (5.97). Muß – z. B. bei Dichtflächen – die Rillenrichtung (hier C = zentrisch zum Mittelpunkt) angegeben werden, verfährt man wie in Bild 5.100 dargestellt.

Etwa erforderliche Anflächungen an Durchgangslöchern dürfen vereinfacht durch Angabe der Maße und Oberflächenangaben dargestellt werden (5.101).

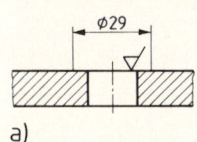

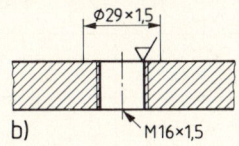

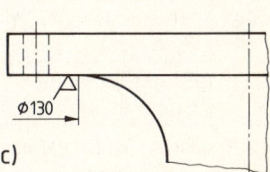

5.101 Anflächungen an Durchgangslöchern

An Werkstücken aus vorgefertigten Halbzeugen (z. B. gewalzter gezogener Stahl), bei dem die weiteren Oberflächen zu bearbeiten sind, erhalten die im Anlieferungszustand bleibenden Flächen das Symbol $\forall$ (5.102). Sollen an einem vorwiegend spanend herzustellenden Werkstück einzelne Flächen spanlos bearbeitet werden, erhalten diese das gleiche Symbol mit den entsprechenden Zusatzangaben. Bei der Oberflächenbeschaffenheit genügt das in Klammern gesetzte Grundsymbol $\forall$ (5.103).

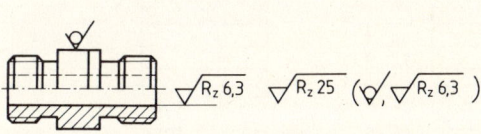

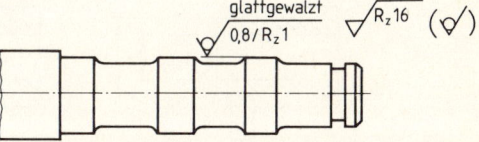

5.102 Kennzeichnung der Flächen, die im Anlieferungszustand bleiben sollen

5.103 Überschneidungen zwischen spanlos und spanend hergestellten Flächen

5.4.2 Gegenüberstellung bisheriger und aktueller Oberflächenangaben

Die Kennzeichnung nach der zurückgezogenen Norm DIN 3141 soll nicht mehr verwendet werden. Um Zeichnungen, die sich dieser Darstellungsweise noch bedienen, leichter umsetzen zu können, wurde die Tabelle **5.**104 aufgenommen.

Tabelle **5.**104   **Gegenüberstellung der bisherigen und neuen Oberflächenangaben**

Unverändert: Oberflächen ohne Zeichen	
Oberflächen, an die keine bestimmten Anforderungen gestellt werden, weil die üblichen Fertigungsverfahren einen ausreichenden Endzustand sicherstellen.	

bisher

Rauhtiefe beliebig

Oberflächen, an die nur die Forderungen größerer Gleichmäßigkeit und besseren Aussehens gestellt werden.

neu

	roh	geputzt	geglättet
Oberflächen, die nicht bearbeitet werden dürfen, die z. B. im Anlieferzustand bleiben.	Oberflächen, die roh bleiben; Unebenheiten dürfen spanend nachgearbeitet werden.	Oberflächen, die roh bleiben, aber geputzt werden müssen.	Oberflächen mit höheren Anforderungen an die Glätte; ggf. Rauheitswerte angeben.

bisher

DIN 3141 Reihe 2		∇			∇∇		∇∇∇			∇∇∇∇			
DIN 3141 Reihe 3			∇			∇∇		∇∇∇		∇∇∇∇			
Rauhtiefe R_t	160	100	63	40	25	16	10	6,3	4	2,5	1,6	1		

neu

Rauheitsklassen (vermeiden)	N 12	N 11	N 10	N 9	N 8	N 7	N 6	N 5	N 4	N 3	N 2	N 1
Mittenrauhwert R_a in μm[1])	50	25	12,5	6,3	3,2	1,6	0,8	0,4	0,2	0,1	0,05	0,025
Gemittelte Rauhtiefe R_z in μm[1])	160	100	63	40	25	16	10	6,3	4	2,5	1,6	1	0,63	0,4	0,25

[1]) R_a und R_z nach DIN 4768 T1. Eine genaue Umrechnung von R_a nach R_z und umgekehrt ist nicht möglich, da dies von der Profilform abhängig ist. Die Tabellenwerte sind als grobe Richtwerte anzusehen. Sie können jedoch für die Umstellung bestehender Angaben oder R_t-Angaben verwendet werden, da die Messung von R_t ohne klare Meßbedingungen sehr vieldeutig war. R_t-Werte können in der Regel wertgleich in R_z-Werte umgesetzt werden.

Beispiele   bisher   neu   neu

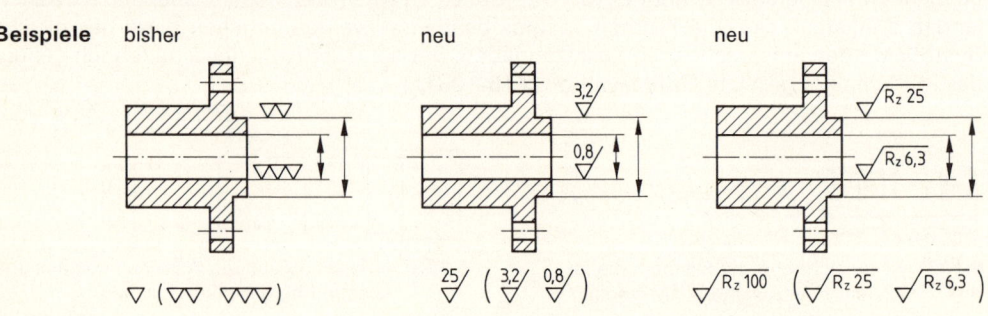

158

5.5 Eintragungsbeispiele für Form- und Lagetoleranzen sowie Angaben zur Oberflächenbeschaffenheit

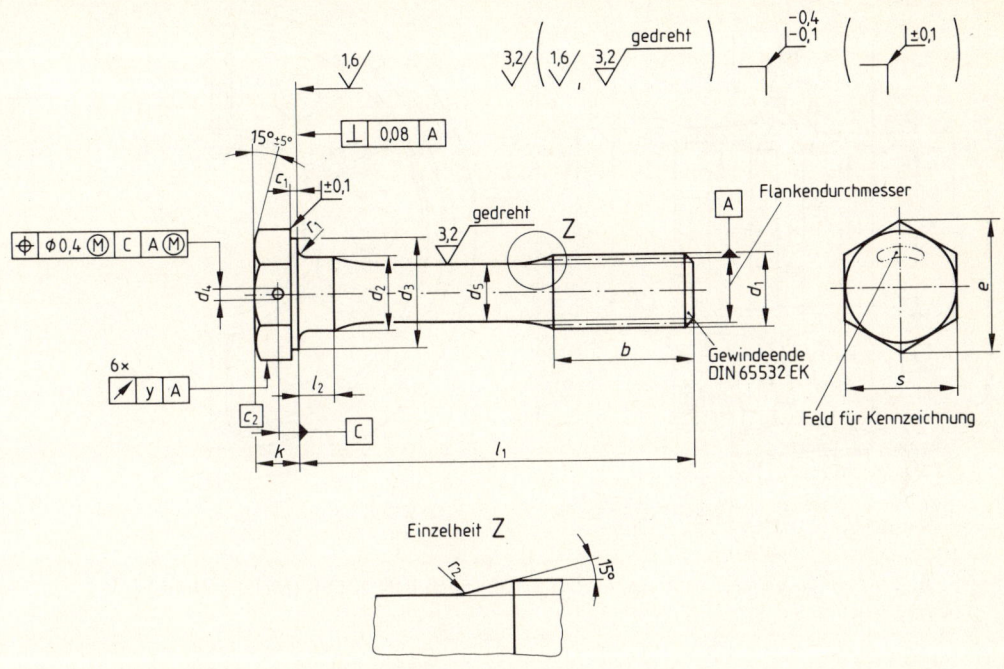

5.105 Dehnschraube nach DIN 65115 (Maße s. Norm)

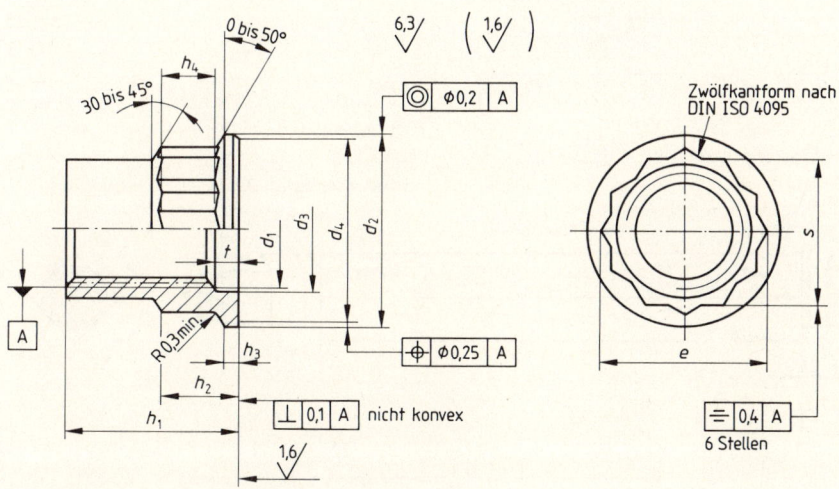

5.106 Mutter nach DIN 65529 (Maße s. Norm)

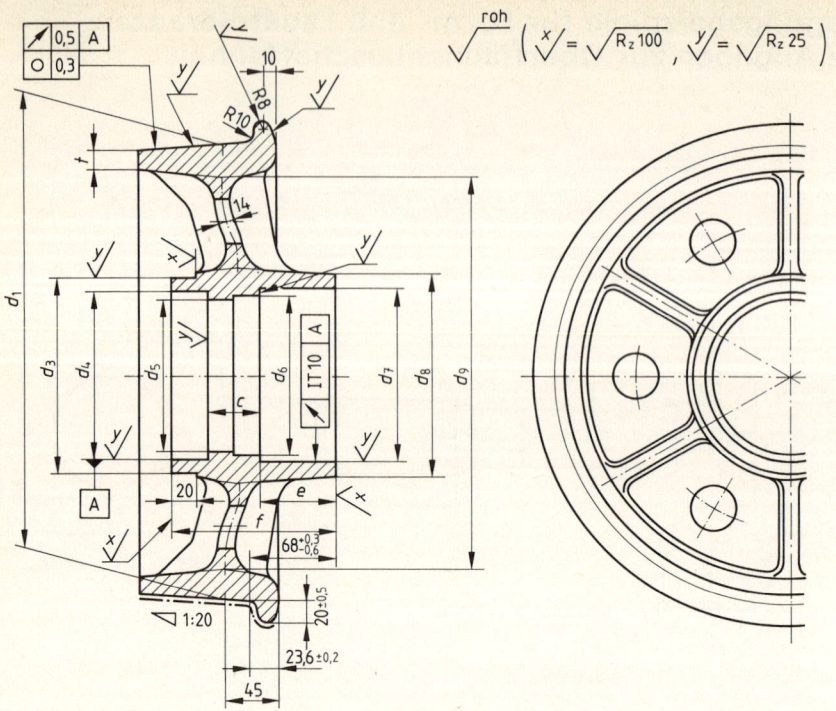

$$\sqrt[\text{roh}]{}\left(\overset{x}{\sqrt{}}=\sqrt{R_z\,100}\;,\;\overset{y}{\sqrt{}}=\sqrt{R_z\,25}\right)$$

5.107   Rad für Förderwagen (für Achse in Bild **5**.108) nach DIN 20556 (Maße s. Norm)

$$\sqrt[\text{roh}]{}\left(\overset{x}{\sqrt{}}=\sqrt{R_z\,100}\;,\;\overset{y}{\sqrt{}}=\sqrt{R_z\,25}\;,\;\overset{z}{\sqrt{}}=\sqrt{R_z\,6,3}\right)$$

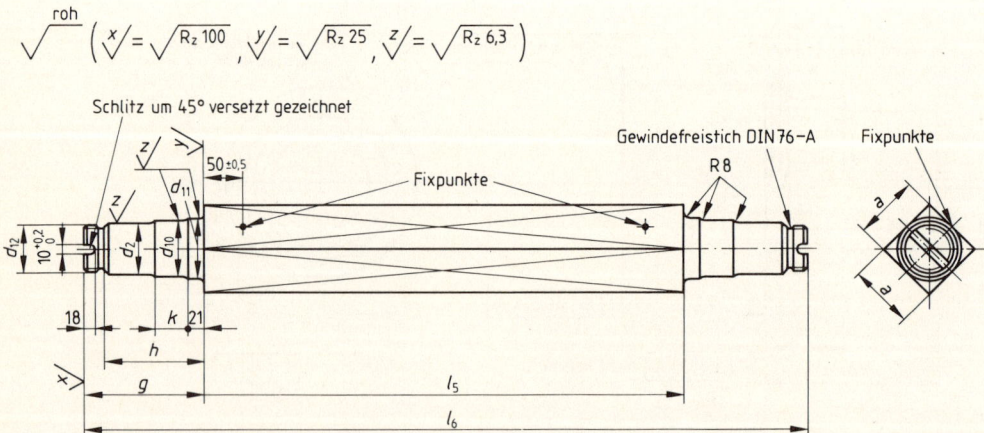

5.108   Achse für Förderwagen (Räder s. Bild **5**.107) nach DIN 20556 (Maße s. Norm)

160

$$\sqrt[roh]{} \left(\sqrt[x]{} = \sqrt{R_z\,100} \;,\; \sqrt[y]{} = \sqrt{R_z\,25} \right)$$

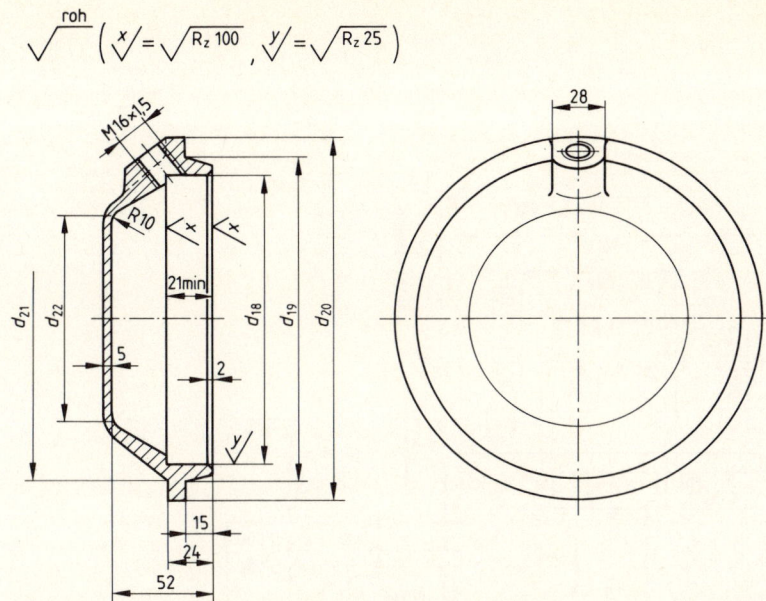

5.109   Radkappe (Achse und Rad s. Bilder **5.**107 u. **5.**108) nach DIN 20556 (Maße s. Norm)

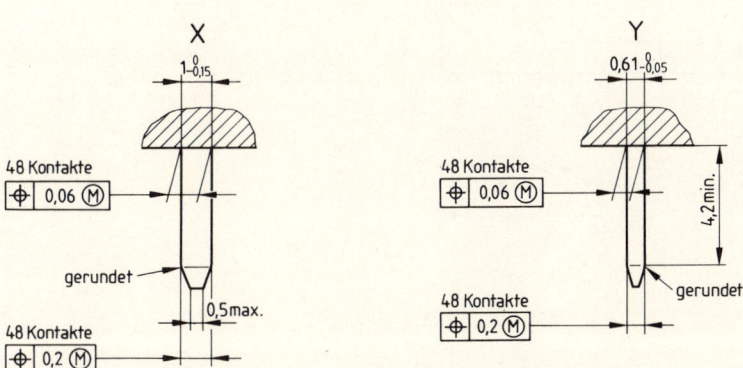

5.110   Steckverbinder für gedruckte Schaltungen, 48polige Messerleiste nach DIN 41612 T9

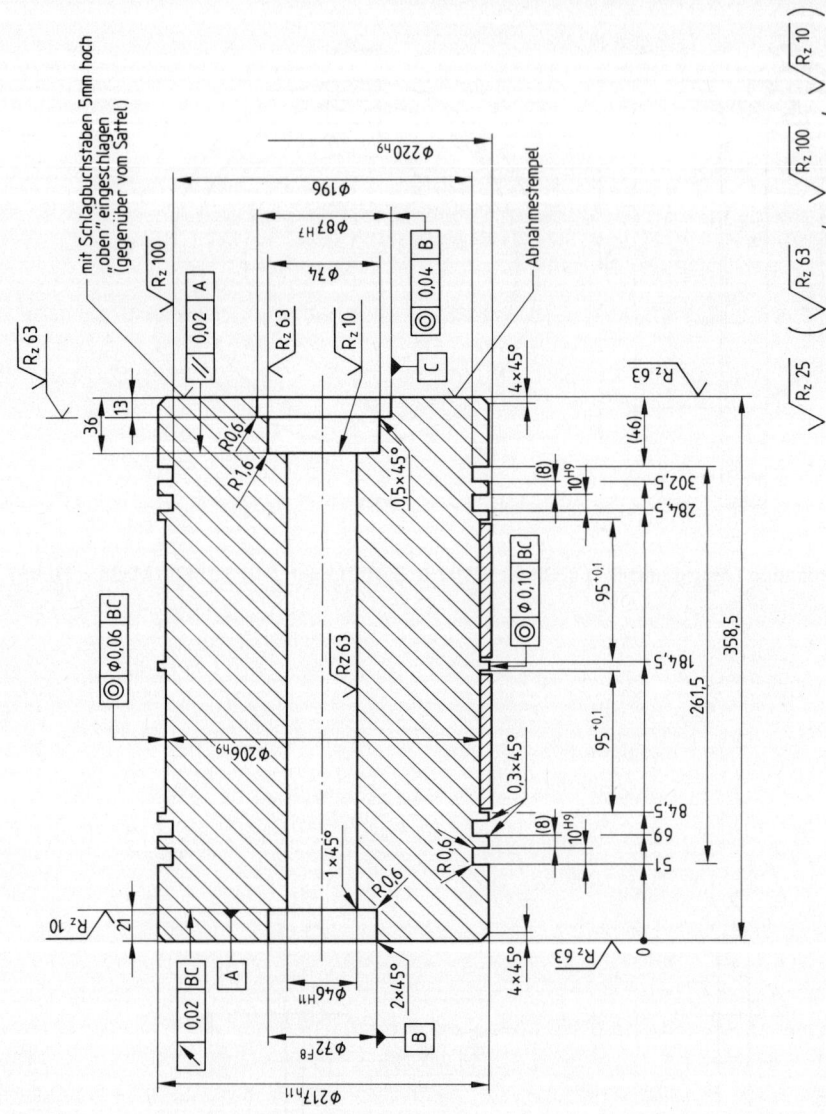

5.111 Darstellung eines Kolbens im Schnitt

6 Technische Zeichnungen. Angaben für Werkstoffe, Wärmebehandlungen und Beschichtungen

6.1 Werkstoffangaben

Um Werkstoffe kurz und eindeutig benennen zu können, wurden zwei Bezeichnungssysteme festgelegt:

Kurzzeichen. Mit Hilfe einer Buchstaben-Zahlen-Kombination nach DIN 17006 (für Eisen und Stahl) und nach DIN 1700 (für Nichteisenmetalle) werden die Werkstoffe, ihre etwaigen Legierungsbestandteile und bestimmte Merkmale kodiert beschrieben.

Werkstoffnummern. Die siebenstellige Ziffernkombination für metallische und nichtmetallische Werkstoffe nach DIN 17007 besteht aus drei Gruppen von Ziffern, die durch Punkte voneinander getrennt sind (**6**.1). Verschlüsselt werden Werkstoffhauptgruppen, gegeneinander abgegrenzte Sorten sowie die Werkstoffe kennzeichnende Gewinnungsverfahren, Zustände usw.

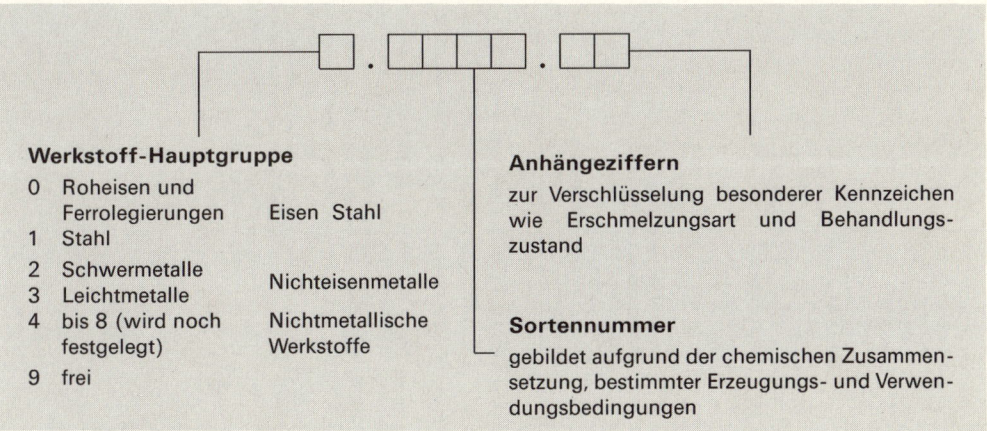

Werkstoff-Hauptgruppe

0	Roheisen und Ferrolegierungen	Eisen Stahl
1	Stahl	
2	Schwermetalle	Nichteisenmetalle
3	Leichtmetalle	
4	bis 8 (wird noch festgelegt)	Nichtmetallische Werkstoffe
9	frei	

Anhängeziffern

zur Verschlüsselung besonderer Kennzeichen wie Erschmelzungsart und Behandlungszustand

Sortennummer

gebildet aufgrund der chemischen Zusammensetzung, bestimmter Erzeugungs- und Verwendungsbedingungen

6.1   Grundaufbau des Nummernsystems für Werkstoffnummern nach DIN 17007 T1

6.1.1 Bezeichnung von Eisen und Stahl

Die systematische Bezeichnung von Eisen und Stahl mittels K u r z z e i c h e n zeigt Bild **6**.2. Durch die abkürzenden Zeichen werden Herstellungsart, Legierungselemente und deren Anteile, besondere Eigenschaften, Behandlungszustände, Festigkeiten usw gekennzeichnet.

Die systematische Bezeichnung mittels W e r k s t o f f n u m m e r n ist in den Bildern **6**.4 und **6**.5 auf S. 165/166 dargestellt. Unter der Werkstoffnummern-Hauptgruppe 0 werden alle Roheisen-, Vorlegierungs-, Gußeisen- und Tempergußsorten erfaßt (**6**.4), unter der Hauptgruppe 1 alle Stähle, einschließlich der Stahlgußsorten (**6**.5).

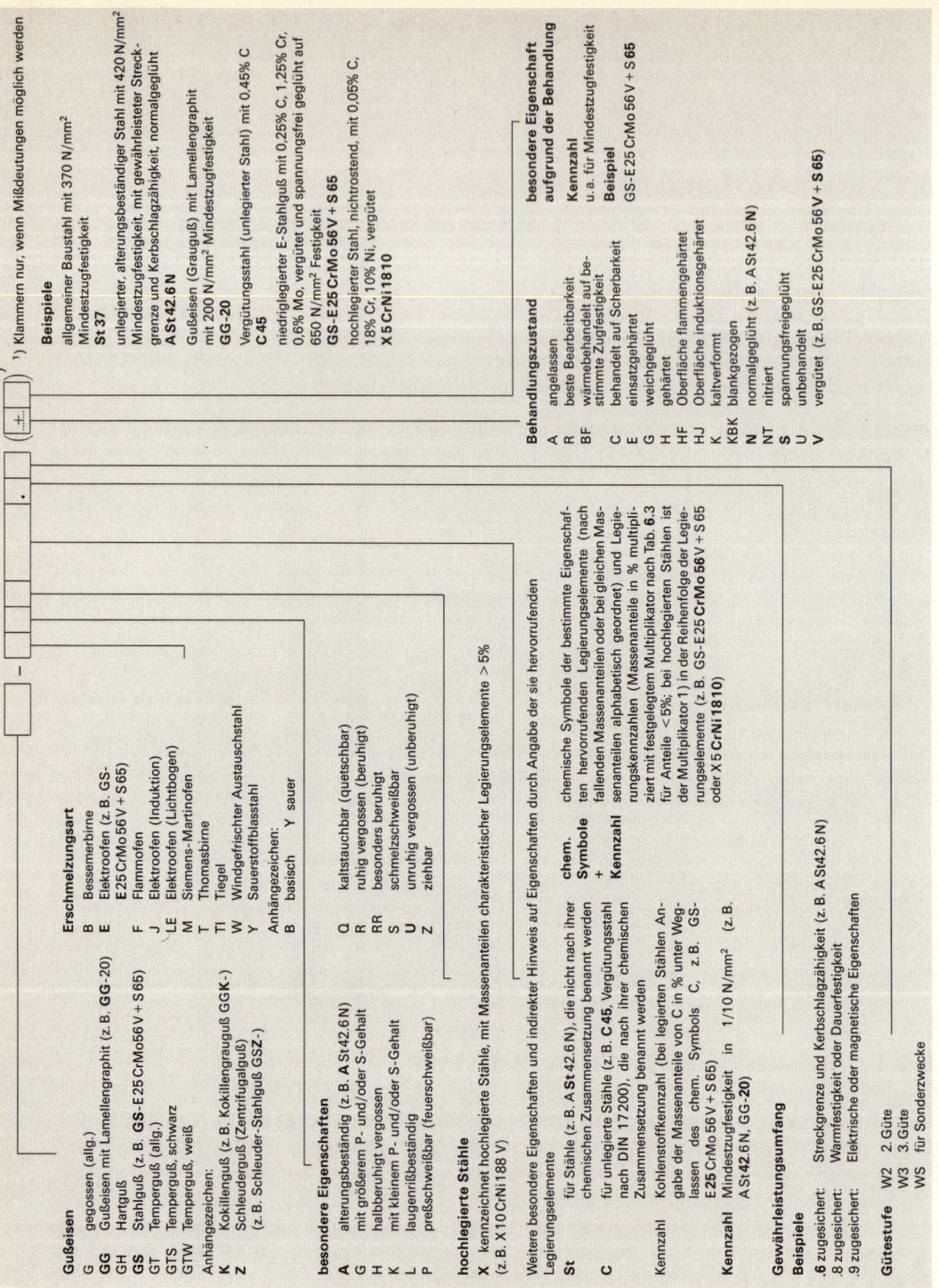

¹) Klammern nur, wenn Mißdeutungen möglich werden

Beispiele
allgemeiner Baustahl mit 370 N/mm² Mindestzugfestigkeit
St 37
unlegierter, alterungsbeständiger Stahl mit 420 N/mm² Mindestzugfestigkeit, mit gewährleisteter Streckgrenze und Kerbschlagzähigkeit, normalgeglüht
A St 42.6 N
Gußeisen (Grauguß) mit Lamellengraphit mit 200 N/mm² Mindestzugfestigkeit
GG-20
Vergütungsstahl (unlegierter Stahl) mit 0,45% C
C 45
niedriglegierter E-Stahlguß mit 0,25% C, 1,25% Cr, 0,6% Mo. vergütet und spannungsfrei geglüht auf 650 N/mm² Festigkeit
GS-E 25 CrMo 56 V + S 65
hochlegierter Stahl, nichtrostend, mit 0,05% C, 18% Cr, 10% Ni, vergütet
X 5 CrNi 18 10

Behandlungszustand

besondere Eigenschaft aufgrund der Behandlung
Kennzahl
u.a. für Mindestzugfestigkeit
Beispiel
GS-E 25 CrMo 56 V + **S 65**

A angelassen
R beste Bearbeitbarkeit
BF wärmebehandelt auf bestimmte Zugfestigkeit
C behandelt auf Scherbarkeit
E einsatzgehärtet
G weichgeglüht
H gehärtet
HF Oberfläche flammengehärtet
HJ Oberfläche induktionsgehärtet
K kaltverformt
KBK blankgezogen
N normalgeglüht (z. B. A St 42.6 N)
NT nitriert
S spannungsfreigeglüht
U unbehandelt
V vergütet (z. B. GS-E 25 CrMo 56 V + **S 65**)

Gußeisen
G gegossen (allg.)
GG Gußeisen mit Lamellengraphit (z. B. **GG-20**)
GH Hartguß
GS Stahlguß (z. B. **GS-E 25 CrMo 56 V + S 65**)
GT Temperguß (allg.)
GTS Temperguß, schwarz
GTW Temperguß, weiß
Anhängezeichen:
K Kokillenguß (z. B. Kokillengrauguß **GGK**-)
Z Schleuderguß (Zentrifugalguß) (z. B. Schleuder-Stahlguß **GSZ**-)

Erschmelzungsart
B Bessemerbirne
E Elektroofen (z. B. **GS-E 25 CrMo 56 V + S 65**)
F Flammofen
J Elektroofen (Induktion)
LE Elektroofen (Lichtbogen)
M Siemens-Martinofen
T Thomasbirne
TI Tiegel
W Windgefrischter Austauschstahl
Y Sauerstoffblasstahl
Anhängezeichen:
B basisch   Y sauer

besondere Eigenschaften
A alterungsbeständig (z. B. A **St 42.6 N**)
G mit größerem P- und/oder S-Gehalt
H halbberuhigt vergossen
K mit kleinem P- und/oder S-Gehalt
L laugenrißbeständig
P preßschweißbar (feuerschweißbar)

Q kaltstauchbar (quetschbar)
R ruhig vergossen (beruhigt)
RR besonders beruhigt
S schmelzschweißbar
U unruhig vergossen (unberuhigt)
Z ziehbar

hochlegierte Stähle
X kennzeichnet hochlegierte Stähle, mit Massenanteilen charakteristischer Legierungselemente >5% (z. B. **X 10 CrNi 188 V**)

Weitere besondere Eigenschaften und indirekter Hinweis auf Eigenschaften durch Angabe der sie hervorrufenden Legierungselemente

chem.
Symbole
+
Kennzahl

chemische Symbole der bestimmte Eigenschaften hervorrufenden Legierungselemente (nach fallenden Massenanteilen oder bei gleichen Massenanteilen alphabetisch geordnet) und Legierungskennzahlen (Massenanteile in % multipliziert mit festgelegtem Multiplikator nach Tab. **6.3** für Anteile <5%; bei hochlegierten Stählen ist der Multiplikator 1) in der Reihenfolge der Legierungselemente (z. B. GS-E **25 CrMo 56** V + S 65 oder X **5 CrNi 18 10**)

St für Stähle (z. B. A **St 42.6 N**), die nicht nach ihrer chemischen Zusammensetzung benannt werden
C für unlegierte Stähle (z. B. **C 45**, Vergütungsstahl nach DIN 17 200), die nach ihrer chemischen Zusammensetzung benannt werden
Kennzahl Kohlenstoffkennzahl (bei legierten Stählen Angabe der Massenanteile von C in % unter Weglassen des chem. Symbols C, z. B. GS-E **25** CrMo 56 V + S 65)
Kennzahl Mindestzugfestigkeit in 1/10 N/mm² (z. B. A St **42**.6 N, GG-**20**)

Gewährleistungsumfang
.6 zugesichert: Streckgrenze und Kerbschlagzähigkeit (z. B. A St 42.**6** N)
.8 zugesichert: Warmfestigkeit oder Dauerfestigkeit
.9 zugesichert: Elektrische oder magnetische Eigenschaften
Beispiel

Gütestufe W2 2.Güte
W3 3.Güte
WS für Sonderzwecke

6.2 Systematische Bezeichnung von Eisen und Stahl nach DIN 17006

Tabelle **6.3** **Chemische Symbole der Legierungselemente und ihre Multiplikatoren nach DIN 17006** (Anwendung s. Bild **6.2**)

Legierungszusätze	Multiplikator bei niedriglegierten Werkstoffen
Chrom (Cr), Kobalt (Co), Mangan (Mn), Nickel (Ni), Silicium (Si), Wolfram (W)	4
Aluminium (Al), Beryllium (Be), Blei (Pb), Bor (B), Kupfer (Cu), Molybdän (Mo), Niob (Nb), Tantal (Ta), Titan (Ti), Vanadium (V), Zirkon (Zr)	10
Phosphor (P), Schwefel (S), Stickstoff (N), Cer (Ce), Kohlenstoff (C)	100

Den ungefähren Massenanteil eines Legierungselements können wir durch Dividieren der betreffenden Legierungskennzahl durch den Multiplikator bestimmen.

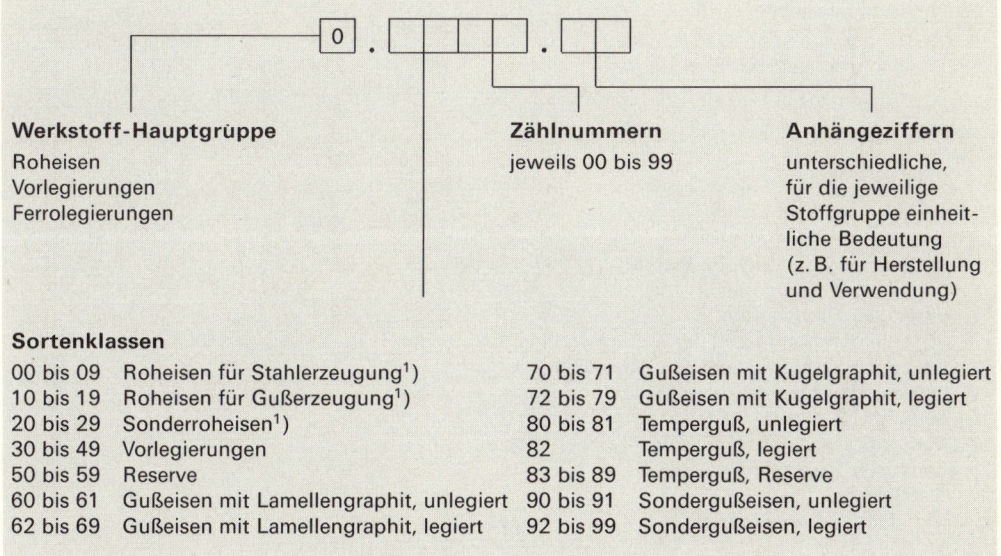

Werkstoff-Hauptgruppe
Roheisen
Vorlegierungen
Ferrolegierungen

Zählnummern
jeweils 00 bis 99

Anhängeziffern
unterschiedliche, für die jeweilige Stoffgruppe einheitliche Bedeutung (z. B. für Herstellung und Verwendung)

Sortenklassen

00 bis 09	Roheisen für Stahlerzeugung[1]	70 bis 71	Gußeisen mit Kugelgraphit, unlegiert
10 bis 19	Roheisen für Gußerzeugung[1]	72 bis 79	Gußeisen mit Kugelgraphit, legiert
20 bis 29	Sonderroheisen[1]	80 bis 81	Temperguß, unlegiert
30 bis 49	Vorlegierungen	82	Temperguß, legiert
50 bis 59	Reserve	83 bis 89	Temperguß, Reserve
60 bis 61	Gußeisen mit Lamellengraphit, unlegiert	90 bis 91	Sondergußeisen, unlegiert
62 bis 69	Gußeisen mit Lamellengraphit, legiert	92 bis 99	Sondergußeisen, legiert

6.4 Systematik der Hauptgruppe 0 der Werkstoffnummer nach DIN 17007 T 3

Unterteilung innerhalb dieser Gruppen nach chemischer Zusammensetzung; Einordnung in der Regel aufgrund des Legierungselements mit dem größten Massenanteil

Beispiele **GG-20** = 0.6020   **GGL-NiCr 303** = 0.6676   **GTS-45-06** = 0.8145
Zählnummer ⎦   Zählnummer ⎦   Zählnummer ⎦
nach DIN 1691   nach DIN 1694   nach DIN 1692

---

[1] Eine Systematik der Sortenklasse für Roheisen ist noch nicht festgelegt.

Werkstoff-Hauptgruppe

Stahl (einschließlich Stahlguß)

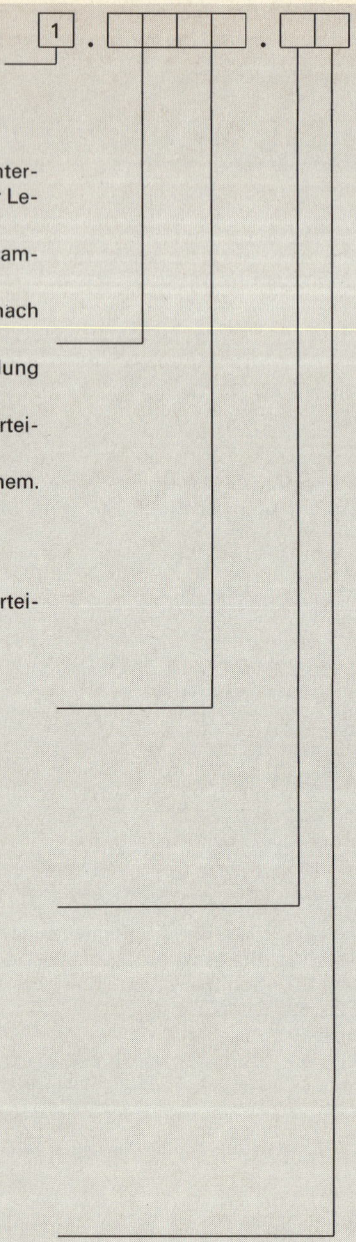

`1 . ☐☐☐☐ . ☐☐`

Sortenklassen

00 bis 09   Massen- und Qualitätsstähle; allgemeine Sortenunterteilung nach chem. Zusammensetzung und Massenanteilen der Legierungselemente

10 bis 19   Unlegierte Edelstähle; Unterteilung nach chem. Zusammensetzung und Herstell- sowie Verwendbarkeitsmerkmalen

20 bis 29   Legierte Edelstähle; Werkzeugstähle; Unterteilung nach chem. Zusammensetzung

30 bis 39   Legierte Edelstähle; verschiedene Stähle; Unterteilung nach Herstell- und Verwendbarkeitsmerkmalen

40 bis 49   Legierte Edelstähle; chem. beständige Stähle; Unterteilung nach chem. Zusammensetzung

50 bis 84   Legierte Edelstähle; Baustähle; Unterteilung nach chem. Zusammensetzung

85   Legierte Edelstähle; Nitritstähle

88   Legierte Edelstähle; Hartlegierungen

90 bis 99   Massen- und Qualitätsstähle; Sondersorten; Unterteilung nach chem. Zusammensetzung

Zählnummern

jeweils 00 bis 99

Stahlgewinnungsverfahren

0   unbestimmt oder ohne Bedeutung
1   unberuhigter Thomasstahl
2   beruhigter Thomasstahl
3   unberuhigter Stahl sonstiger Erschmelzungsart
4   beruhigter Stahl sonstiger Erschmelzungsart
5   unberuhigter Siemens-Martin-Stahl
6   beruhigter Siemens-Martin-Stahl
7   unberuhigter Sauerstoffblas-Stahl
8   beruhigter Sauerstoffblas-Stahl
9   Elektrostahl

Behandlungszustand

0   keine oder beliebige Behandlung
1   normalgeglüht
2   weichgeglüht
3   wärmebehandelt auf gute Zerspanbarkeit
4   zähvergütet
5   vergütet
6   hartvergütet
7   kaltverformt
8   federhart kaltverformt
9   behandelt nach besonderen Angaben

6.5   Systematik der Hauptgruppe 1 der Werkstoffnummer nach DIN 17007 T 2

Beispiele

C 45 =	1.0503	UST 37-2 =	1.0036	X 5 CrNi 18 10 =	1.4301
Sortenklasse 05 für unlegierte Qualitätsstähle		Sortenklasse 00 für Massenstähle, allgem. Sorte in Handels- und Grundgüte		Sortenklasse 43 für nichtrostenden Stahl, ohne Mo, Nb oder Ti	
Zählnummer nach DIN 17 200		Zählnummer nach DIN 17 100		Zählnummer nach DIN 17 440	

6.1.2 Bezeichnung von Nichteisenmetallen

Die Bezeichnungsweise mittels K u r z z e i c h e n zeigt Bild **6**.6. Verschlüsselt werden Herstellung und Verwendung, die chemische Zusammensetzung und besondere Eigenschaften. Zur Angabe der chemischen Zusammensetzung dienen die chemischen Symbole der Legierungsbestandteile. Neben dem Grundwerkstoff (größter einzelner Massenanteil) werden die einzelnen Legierungselemente mit nachgeordneter Kennzahl für ihre Massenanteile (in %) erfaßt (**6**.6).

Kennbuchstaben für Herstellung und Verwendung

E	Werkstoff für die Elektrotechnik	L	Lot
G	Guß (allgemein)	Lg	Lagermetall
	(z. B. **G**-CuSn7ZnPb)	S	Schweißzusatz-
GC	Strangguß		werkstoff
GD	Druckguß	V	Vorlegierung
GK	Kokillenguß	VR	Vorlegierung höheren
	(z. B. **GK**-AlSi5Mgwa)		Reinheitsgrads
GZ	Schleuderguß („Zentrifugalguß")		

Chemische Zusammensetzung

chemisches Symbol des Grundwerkstoffs
(größter einzelner Massenanteil)

Beispiele

Cu Kupfer (z. B. G-**Cu**Sn7ZnPb)
Al Aluminium (z. B. GK-**Al**Si5Mgwa
und **Al**Mg3F18)

Chemische Zusammensetzung

chemische Symbole der Legierungselemente
mit jeweils nachgeordneter Kennzahl
für ihre Massenanteile (in %)

Beispiele

G-Cu**Sn7ZnPb**; GK-Al**Si5Mg**wa; Al**Mg3**F18

Kennzeichen für besondere Eigenschaften

u. a. F mit Angabe für Mindestzugfestigkeit
(1/10 N/mm²) oder Zustandskurzzeichen
(wa = warmausgehärtet)

Beispiele GK-AlSi5Mg**wa**; AlMg3**F18**

6.6 Systematische Bezeichnung von Nichteisenmetallen nach DIN 1700

Beispiele **G-CuSn7ZnPb**: Kupfer-Zinn-Zink-Gußlegierung (Sandguß) nach DIN 1705 mit einem Cu-Gehalt von 81,0 bis 85,0% sowie Sn-Anteil von 6,8 bis 8,0%, Zn-Anteil von 3,0 bis 5,0% und Pb-Anteil von 5,0 bis 7,0%

GK-AlSi5Mgwa: Aluminiumgußlegierung (Kokillenguß) nach DIN 1725 T2 warmausgehärtet (wa) mit 5–6% Si-Anteil sowie 0,4 bis 0,8% Mg, bis 0,4% Mn, 0 bis 0,2% Titan und Rest Al

AlMg3F18: Stangen aus Aluminiumknetlegierung mit 2,0 bis 4,0% Mg, 0 bis 0,4% Mn, 0 bis 0,3% Cr und Rest Al sowie 180 N/mm² Mindestzugfestigkeit nach DIN 1747 T1

Werkstoffnummer. Für Nichteisenmetalle sind die Werkstoffnummern-Hauptgruppen 2 (Schwermetalle) und 3 (Leichtmetalle) festgelegt. Die vierstelligen Sortennummern sind entsprechend den NE-Grundmetallen aufgeteilt, die Anhängeziffern dienen zum Verschlüsseln bestimmter Zustände (**6.7**).

Werkstoff-Hauptgruppe

2 Schwermetalle ⎫
3 Leichtmetalle ⎭ NE-Metalle

Sortennummern (Aufteilung nach NE-Grundmetallen)

2.0000 bis 2.1799 Cu (z.B. **2.1090**.01)
2.1800 bis 2.1999 Reserve
2.2000 bis 2.2499 Zn, Cd (z.B. **2.2141**.05)
2.2500 bis 2.2999 Reserve
2.3000 bis 2.3499 Pb
2.3500 bis 2.3999 Sn
2.4000 bis 2.4999 Ni, Co
2.5000 bis 2.5999 Edelmetalle
2.6000 bis 2.6999 Hochschmelzende Metalle
2.7000 bis 2.9999 Reserve
3.0000 bis 3.4999 Al (z.B. **3.2341**.62 und **3.3535**.08)
3.5000 bis 3.5999 Mg (z.B. **3.5812**.02 und **3.5912**.05)
3.6000 bis 3.6999 Reserve
3.7000 bis 3.7999 Ti
3.8000 bis 3.9999 Reserve

Anhängeziffern für dekadisch aufgeteilte Zustandsgruppen

Dekade

0 unbehandelt (z.B. 2.1090.**01** und 3.3535.**08**)
1 weich
2 kaltverfestigt
3 kaltverfestigt
4 lösungsgeglüht
5 lösungsgeglüht
6 warmausgehärtet (z.B. 3.2341.**62**)
7 warmausgehärtet
8 entspannt
9 Sonderbehandlung

Anhängeziffern für detaillierte Zustandsangabe

Beispiele für Dekade 0 (unbehandelt)

0 Masseln, Pulver, Schwamm usw., unbehandelt
1 Sandguß, unbehandelt (z.B. 2.1090.**01**)
2 Kokillenguß, unbehandelt (z.B. 3.5812.**02**)
3 Schleuderguß, unbehandelt
4 Strangguß, unbehandelt
5 Druckguß, unbehandelt (z.B. 3.5912.**05**)
6 Sintermetall, unbehandelt
7 warmgewalzt/warmgezogen
8 (strang-)gepreßt/warm-)geschmiedet (Freiform/Gesenk) (z.B. 3.3535.**08**)
9 Sonderfälle

Beispiel für Dekade 6 (warmausgehärtet)

2 lösungsgeglüht, warmausgelagert (z.B. 3.2341.**62**)

6.7 Systematik der Hauptgruppen 2 und 3 der Werkstoffnummern nach DIN 17007 T4

G-CuSn7ZnPb = 2.1090.01
                    GK-AlSi5Mgwa = 3.2341.62
                      AlMg3 F18 = 3.3535.08
         GD-ZnAl4Cu1 (Z410) = 2.2141.05
                    GK-MgAl8Zn1 = 3.5812.02
                    GD-MgAl9Zn1 = 3.5912.05

6.1.3 Werkstoffangaben in Zeichnung und Stückliste

Der Werkstoff für das herzustellende Teil muß aus der Zeichnung und gegebenenfalls auch aus der Stückliste eindeutig hervorgehen (s. Abschn. 2.5). Wird es der Arbeitsvorbereitung und Fertigungsvorbereitung überlassen, ein bestimmtes Halbzeug festzulegen oder handelt es sich z.B. um Gußteile, genügt im allgemeinen die Angabe der Werkstoffbezeichnung oder Werkstoffnummer. (Eine Auswahl allgemeiner Baustähle, die häufig im Maschinenbau verwendet werden, ist in Tabelle **6**.8 auf S. 170 zusammengestellt.) In der Regel wird unter Zugrundelegen der betreffenden Maßnorm eine Normbezeichnung nach DIN 820 T 27 gebildet (Beispiele s. nachstehend).

Zur Vereinfachung können in Anlehnung an die Metallbaunorm DIN ISO 5261 (s. Abschn. 8) statt der Benennung wie Rechteckstange oder Rundstahl Symbole für die Halbzeugform (Querschnittsform) verwendet werden.

Die Normbezeichnung ist an der entsprechenden Stelle in das Schriftfeld der Zeichnung oder in die Stückliste einzutragen (s. Abschn. 2.5).

Beispiele **U-Profil DIN 1026 – U 100 – USt 37-2**: warmgewalzter, rundkantiger U-Stahl mit einer Höhe h = 100 mm aus Stahl mit der Bezeichnung USt 37-2 (bzw. 1.0036) nach DIN 17100

Ø **DIN 668 – 10 × 30 – 15 S 10 K**: kaltverformter (gezogener) blanker Rundstahl, IT h 11, d = 10 mm, 30 mm lang, nach DIN 668 aus Automatenstahl 15 S 10 mit $\approx$ 0,15% Kohlenstoff- und $\approx$ 0,10% Schwefelgehalt nach DIN 1651

□ **DIN 1769 – 10 × 4 × 90 – AlMg 5 F 25**: gezogene Rechteckstange mit scharfen Kanten, 10 mm breit, 4 mm dick und 90 mm lang, nach DIN 1769, aus der Aluminium-Knetlegierung AlMg 5 (mit $\approx$ 5% Magnesiumgehalt) mit einer Mindestzugfestigkeit von 250 N/mm^2 nach DIN 1747 T 1

2 ∟ DIN 1028 – 80 × 10 × 60 – St 37-2: zwei warmgewalzte, gleichschenklige, rundkantige Winkelstähle mit 80 mm Schenkellänge und 10 mm Schenkeldicke, je 60 mm lang, nach DIN 1028, aus Baustahl St 37-2 mit einer Mindestzugfestigkeit von 370 N/mm^2 nach DIN 17100

Blech DIN 1783 – 1,2 × 500 × 1000 – AlMg1 F13: Blech nach DIN 1783 von 1,2 mm Dicke, 500 mm Breite und 1000 mm Länge aus Aluminium-Knetlegierung AlMg1F13 (bzw. 3.3315.24) nach DIN 1745 T 1 (mit $\approx$ 1% Magnesiumgehalt) und einer Mindestzugfestigkeit von 130 N/mm^2

L-Profil DIN 1771 – 30 × 20 × 4 – AlMgSi0,5 F 22 EQ – E1 – S: Scharfkantiges (S) Winkelprofil nach DIN 1771 in Eloxalqualität (EQ) für Oberflächenbehandlung E1 (geschliffen, anodisiert nach DIN 17611) mit den Abmessungen h = 30 mm, b = 20 mm und einer Dicke von s = 4 mm, aus Aluminium-Knetlegierung AlMgSi0,5 F 22 (bzw. 3.3206.71; mit $\approx$ 0,5% Mg und Si) nach DIN 1748 T 2 mit einer Mindestzugfestigkeit von 220 N/mm^2

Abkürzungen von Benennungen (z.B. Rd für Rund) für Profile, Stangen, Bleche, Bänder usw. s. DIN 1353 T 1 und T 2.

Eine Zusammenfassung aller wichtigen DIN-Normen über Stahl, Eisen und Nichteisenmetalle bieten die vom DIN Deutsches Institut für Normung herausgegebenen DIN-Taschenbücher 4 und 155 „Stahl und Eisen: Gütenormen Teil 1 und Teil 2", 28 „Stahl und Eisen: Maßnormen", 26 „Kupfer und Kupferknetlegierungen", 27 „Aluminium, Aluminiumlegierungen". Das im gleichen Verlag wie das vorliegende Buch erscheinende Werk „Klein, Einführung in die DIN-Normen" gibt einen für die Ausbildung geeigneten Überblick über die einschlägigen Normen.

Tabelle **6.8** **Stahlsorten nach DIN 17100** (Auswahl)

Stahlsorte Kurzname	Werkstoff-nummer	Desoxidationsart	Behandlungszustand	Mechanische und technologische Eigenschaften					Hinweise für die Verwendung für Erzeugnisse	Schmelzschweißen	Preßschweißen	besondere Eigenschaften geeignete Stahlsorten zum	
				Zugfestigkeit R_m für Erzeugnisdicken in mm		Obere Streckgrenze R_{eH} für Erzeugnisdicken in mm		Bruch-dehnung[2] für Erzeugnisdicken in mm				Abkanten[3] (Q)	Gesenk-schmieden (P)
				<3 N/mm²	≥3 ≤100 N/mm²	≤16 N/mm²	>16 ≤40 N/mm²	≥3 ≤40 % min.					
St 33	1.0035	–[1]	U, N	310 bis 540	290 bis 510	185	175	18 (16)	im unbehandelten (warmgeformten) Zustand (U): Form- u. Stabstahl, Walzdraht, Band, Halbprofile und Halbzeug; im normalgeglühten Zustand (N): Blech, Breitflachstahl und Schmiedestücke; St 52-3 für Schrauben und Niete	(×)	×	–	–
St 37-2 USt 37-2	1.0037 1.0036	–[1] U	U, N U, N	360 bis 510	340 bis 470	235	225	26 (24)		×	×	UQSt 37-2	–
RSt-37-2 St 37-3	1.0038 1.0116	R RR	U, N U N	360 bis 510	340 bis 470	235	225	26 (24)		×	×	RQSt 37-2 QSt 37-3	RPSt 37-2 PSt 37-3
St 44-2	1.0044	R	U, N	430 bis 580	410 bis 540	275	265	22 (20)		×	×	QSt 44-2	PSt 44-2
St 44-3	1.0144	RR	U N	430 bis 580	410 bis 540	275	265	22 (20)		×	×	QSt 44-3	PSt 44-3
St 52-3	1.0570	RR	U N	510 bis 680	490 bis 630	355	345	22 (20)		×	×	QSt 52-3	PSt 52-3
St 50-2	1.0050	R	U, N	490 bis 660	470 bis 610	295	285	20 (18)		–	(×)	–	PSt 50-2
St 60-2	1.0060	R	U, N	590 bis 770	570 bis 710	335	325	16 (14)		–	(×)	–	–
St 70-2	1.0070	R	U, N	690 bis 900	670 bis 830	360	355	11 (10)		–	×	–	–

[1]) freigestellt
[2]) Werte der Bruchdehnung gelten für Längsproben, Klammerwerte für Querproben (Meßlänge $L_0 = 5d_0$)
[3]) Einschließlich der Eignung zum Kaltbiegen, Kaltflanschen und Kaltbördeln

6.1.4 Kennzeichnung der Werkstoffe durch Schraffuren

Werkstoffe sind durch die in die Zeichnung eingeschriebenen Werkstoffangaben eindeutig bestimmt und bedürfen im allgemeinen keiner weiteren Kennzeichnung. Wird z. B. wegen der Übersichtlichkeit eine Darstellungsunterscheidung gefordert, stehen nach DIN 201 verschiedene Schraffuren zur Verfügung (**6**.9).

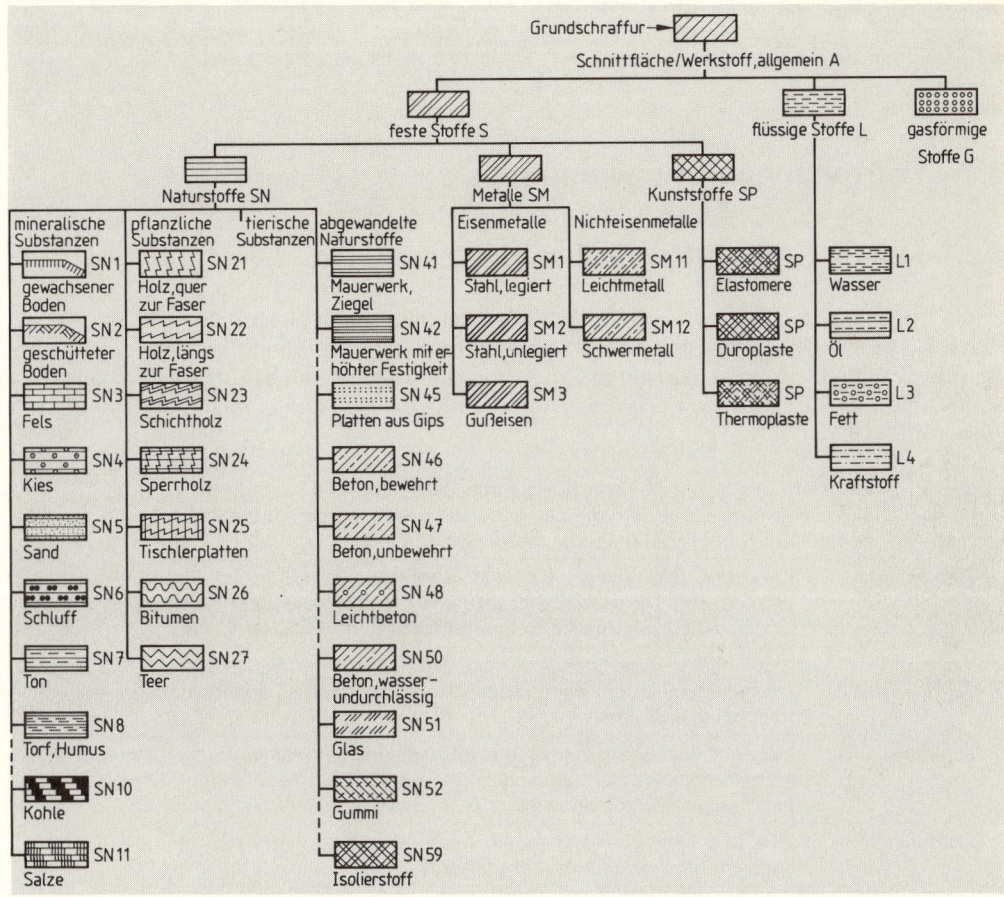

6.9 Kennzeichnung der Werkstoffe durch Schraffuren nach DIN 201

Alle Schraffuren (mit Ausnahme der Grundschraffur **6**.9) sind grundsätzlich in der Zeichnung zu erläutern (z. B. Schraffuren nach DIN 201). Für eventuell erforderliche Ergänzungen verwendet man Wortangaben, chemische Formeln usw.

Die Abstände der Schraffuren (Schraffurlinien, wie Punkte, Linsen, Kreuze usw.) sind der Größe der zu kennzeichnenden Fläche anzupassen.

Beispiele für die Kennzeichnung von Werkstoffen im Baugewerbe (s. DIN 1356) zeigen die Bilder **6**.10 bis **6**.12.

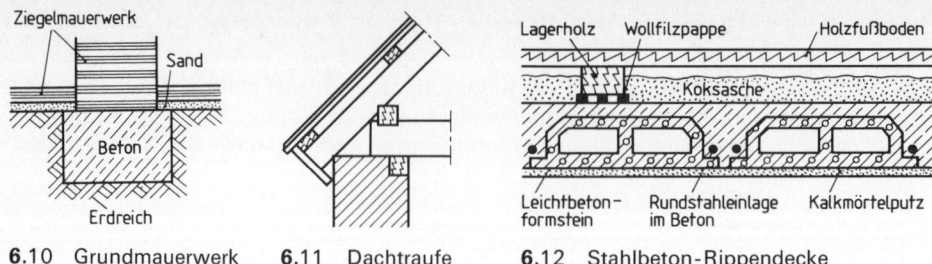

| **6.**10 Grundmauerwerk | **6.**11 Dachtraufe | **6.**12 Stahlbeton-Rippendecke |

6.2 Wärmebehandlungsangaben

6.2.1 Begriffe der Wärmebehandlung

Durch Wärmebehandlungen werden die Eigenschaften von Werkstoffen (z. B. Festigkeit, Härte, Umformbarkeit) verändert. Diese Stoffeigenschaftsänderungen finden wir im Zusammenhang mit Stählen. So ist das Härten von Stählen eine sehr häufig benutzte Wärmebehandlung. DIN 17014 T1 definiert die wichtigsten Begriffe für die Wärmebehandlung von Eisenwerkstoffen (**6.**13).

Tabelle **6.**13 **Begriffe der Wärmebehandlung nach DIN 17014 T1**
Die Darstellungsweise und die Zeichnungsangaben werden in der in Klammern angegebenen DIN-Norm behandelt (s. a. Abschn. 6.2.3).

Abschrecken	Rasches Abkühlen eines Werkstücks mit größerer Geschwindigkeit als an ruhender Luft. Das zu verwendende Abschreckmittel sollte mit angegeben werden (z. B. Wasserabschrecken, Ölabschrecken).
Anlassen (DIN 6773 T2)	Ein- oder mehrmaliges Erwärmen eines gehärteten Werkstücks auf eine vorgegebene Temperatur, Halten bei dieser Temperatur mit folgendem, zweckentsprechendem Abkühlen.
Aufkohlen	Wärmebehandlung eines Werkstücks in einem Kohlenstoff abgebenden Mittel zum Anreichern der Randschicht mit Kohlenstoff. Es wird empfohlen, das Aufkohlungsmittel mit anzugeben (z. B. Gasaufkohlen, Pulveraufkohlen).
Carbonitrieren	Thermochemisches Behandeln eines Werkstücks zum Anreichern der Randschicht mit Kohlenstoff und Stickstoff.
Einhärtungstiefe (nach Randschichthärten) (DIN 6773 T4)	Senkrechter Abstand von der Oberfläche eines gehärteten Werkstücks bis zu der Schicht, deren Vickershärte 80% des für die Oberflächenhärte vorgegebenen Mindesthärtewerts beträgt (s. DIN 50190 T2).
Einsatzhärten (DIN 6773 T4)	Härten nach vorhergegangenem Aufkohlen, ggf. unter gleichzeitigem Aufsticken.
Einsatzhärtungstiefe	Senkrechter Abstand von der Oberfläche eines einsatzgehärteten Werkstücks bis zu der Schicht, deren Vickershärte im Regelfall 550 HV 1 beträgt (s. DIN 50190 T1).
Härten (DIN 6773 T2)	Wärmebehandlung eines Werkstücks unter Bedingungen, die eine Härtezunahme des Werkstoffs zur Folge haben.

Fortsetzung s. nächste Seite

Tabelle **6.**13, Fortsetzung

Nitrieren (DIN 6773 T5)	Wärmebehandlung in einem Stickstoff abgebenden Mittel zum Anreichern der Randschicht eines Werkstücks mit Stickstoff. Es wird empfohlen, das Nitriermittel anzugeben (z. B. Gasnitrieren, Plasmanitrieren).
Randschicht-härten (DIN 6773 T3)	Auf die Randschicht eines Werkstücks beschränktes Härten. Es ist zweckmäßig, den Begriff durch die Art des Wärmens zu kennzeichnen (z. B. Flammhärten, Induktionshärten, Laserstrahlhärten). Einsatzhärteverfahren fallen nicht darunter.
Vergüten (DIN 6773 T2)	Härten mit nachfolgendem Anlassen, um eine gewünschte Kombination von Werkstoffeigenschaften zu erreichen. In der Regel soll die Zähigkeit gegenüber dem gehärteten Zustand verbessert werden.

6.2.2 Härteprüfverfahren

Soll ein Werkstück gehärtet werden, muß in der Zeichnung die gewünschte Härte angegeben werden. Die Härte gibt zugleich einen Hinweis auf das anzuwendende Prüfverfahren. Zur Prüfung der Härte metallischer Werkstoffe dienen die Verfahren von Brinell, Vickers oder Rockwell.

Härteprüfung nach Brinell (DIN 50351). Ein Eindringkörper (Kugel aus Hartmetall oder aus gehärtetem Stahl mit Durchmesser D) wird in die Oberfläche einer Probe eingedrückt und der Durchmesser d des Eindrucks gemessen, der in der Oberfläche nach Wegnahme der Prüfkraft F zurückbleibt (**6.**14).

Die Brinellhärte ist proportional dem Quotienten aus der Prüfkraft und der Oberfläche des Eindrucks, von dem man annimmt, daß er kugelförmig ist und den gleichen Durchmesser wie der Eindringkörper hat.

Die eindeutige A n g a b e einer B r i n e l l - h ä r t e setzt sich zusammen aus dem Härtewert und den Prüfbedingungen. Der Härtewert steht vor den Prüfbedingungen. Die Prüfbedingungen setzen sich zusammen aus:

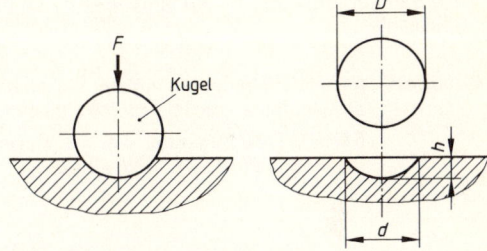

6.14   Härteprüfung nach Brinell

– den Kennbuchstaben HBW bei Verwendung einer Hartmetallkugel,
– den Kennbuchstaben HBS bei Verwendung einer Stahlkugel,
– dem Kugeldurchmesser in mm,
– nach einem Schrägstrich – einer Zahl, die die Prüfkraft kennzeichnet,
– nach einem Schrägstrich – der Einwirkdauer der Prüfkraft in s, falls diese von der festgelegten Zeitspanne abweicht.

Beispiele   **600 H B W 1 /30/20** oder vereinfacht 600 HB 1/30/20 bedeutet, daß der Brinellhärtewert 600 mit einer Hartmetallkugel von 1 mm Durchmesser, einer Prüfkraft von 294,2 N und einer Einwirkdauer von 20 s bestimmt worden ist.

250 HBS 5/750 oder vereinfacht 250 HB 5/750 bedeutet, daß der Brinellhärtewert 250 mit einer Stahlkugel von 5 mm Durchmesser, einer Prüfkraft von 7355 N und einer Einwirkdauer von 10 bis 15 s bestimmt worden ist.

Härteprüfung nach Rockwell (DIN 50103 T1 und T2). Hierzu wird ein Eindringkörper (Kegel aus Diamant mit gerundeter Spitze oder Kugel aus gehärtetem Stahl) in 2 Stufen in die Probe eingedrückt. Die bleibende Eindringtiefe dieses Eindringkörpers wird unter bestimmten Bedingungen ermittelt, aus der Eindringtiefe die Rockwellhärte abgeleitet.

Man unterscheidet 6 Verfahren (C, A, B, F, N und T). Der Härtewert steht vor dem Zeichen für das Verfahren.

Beispiele   45 HRC, 80 HRB, 76 HR 45 N, 65 HR 30 T

Härteprüfung nach Vickers (DIN 50133). Ein Eindringkörper aus Diamant in Form einer geraden Pyramide mit quadratischer Grundfläche (mit einem Winkel von $\alpha = 136°$ zwischen gegenüberliegenden Flächen) wird in die Oberfläche einer Probe eingedrückt und die Diagonalen d_1 und d_2 des Eindrucks gemessen, der in der Oberfläche nach Wegnahme der Prüfkraft F zurückbleibt (**6.**15 und **6.**16).

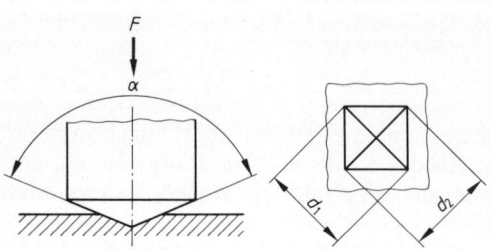

Die Vickershärte ist proportional dem Quotienten aus der Prüfkraft und der Oberfläche des Eindrucks.

6.15 Eindringkörper
(Diamantpyramide)

6.16 Vickers-Eindruck

Die eindeutige Angabe einer Vickershärte setzt sich zusammen aus dem Härtewert und den Prüfbedingungen. Der Härtewert steht vor den Prüfbedingungen. Die Prüfbedingungen setzen sich zusammen aus:

– den Kennbuchstaben HV,

– einer Zahl, die die Prüfkraft kennzeichnet,

– nach einem Schrägstrich – der Einwirkdauer der Prüfkraft in *s*, falls diese von der festgelegten Zeitspanne abweicht.

Beispiele   **640 HV 30** bedeutet, daß der Vickershärtewert 640 mit einer Prüfkraft von 294,2 N und einer Einwirkdauer von 10 s bis 15 s bestimmt worden ist.

545 HV 1/20 bedeutet, daß der Vickershärtewert 545 mit einer Prüfkraft von 9,807 N und einer Einwirkdauer von 20 s bestimmt worden ist.

6.2.3   Zeichnungsangaben für Wärmebehandlungen

> Alle für den Endzustand erforderlichen Werkstoffangaben müssen in der Zeichnung stehen. Z. B. Kurzname und Kurzbezeichnung, Werkstoffnummer, Ausgangsform, Lieferzustand, Hinweise auf Liefer- oder Bestellunterlagen.

Den gewünschten Endzustand nach der Wärmebehandlung bestimmt man als „gehärtet", „gehärtet und angelassen", „gehärtet und *n*-mal angelassen", „vergütet", „randschichtgehärtet", „randschichtgehärtet und angelassen", „einsatzgehärtet", „nitriert" mit entsprechenden Einzelangaben. Die Wahl des Verfahrens bestimmt die Gebrauchseigenschaften. Deshalb sind ergänzende Fertigungsunterlagen nötig, z. B. eine Wärmebehandlungs-Anweisung (WBA, DIN 17023) oder ein Wärmebehandlungsplan (WBP). Allen Härtewerten ist eine größtmögliche Plus-Toleranz zuzuordnen. Die Oberflächen-Härteangaben für die verschiedenen Wärmebehandlungsverfahren zeigt Tabelle **6.**17.

174

Tabelle **6**.17   **Oberflächenangaben**

Wärmebehandlungs-verfahren	DIN 6773	Oberflächen-Härteangaben in	DIN
Härten, Härten und Anlassen, Vergüten	T 2	Rockwellhärte Vickershärte Brinellhärte	50103 T1 bis T3 50133 50351
Randschichthärten	T 3	Vickershärte Rockwellhärte	50133 50103 T1 bis T3
Einsatzhärten	T 4	Vickershärte Rockwellhärte	50133 50103 T1 bis T3
Nitrieren	T 5	Vickershärte	50133

Zu berücksichtigen ist, daß sich je nach Werkstoff, Dicke und Art der Verbindungsschicht unterschiedliche Härtewerte ergeben. Trotzdem ist die Angabe von Werten für die Oberflächenhärte in einigen Fällen erforderlich.

Den Zusammenhang zwischen Oberflächenhärte, Prüfverfahren und Wärmebehandlung zeigen DIN 6773 T3, Tab. 1 bis 3 für das Randschichthärten, DIN 6773 T4, Tab. 1 bis 3 für das Einsatzhärten, DIN 6773 T5, Tab. 1 für das Nitrieren.

Sollen die Teile im Endzustand an der Oberfläche Bereiche mit unterschiedlicher Härte aufweisen (z. B. für stellenweise angelassene Bereiche), sind zusätzliche Härtewerte anzugeben.

Die Kernhärte trägt man in der Zeichnung nur ein, wenn ihre Prüfung im Endzustand vorgeschrieben ist. Sie wird angegeben als Vickershärte nach DIN 50133, als Brinellhärte nach DIN 50351 oder als Rockwellhärte (Verfahren B und C) nach DIN 50103 T1. Muß die Meßstelle in der Zeichnung gekennzeichnet werden, trägt man ein grafisches Symbol ein (**6**.18). Man kann es direkt mit einer Kennzahl für die Meßstelle verbinden und die Lage entsprechend bemaßen (**6**.19).

gehärtet und angelassen
59 + 4 HRC

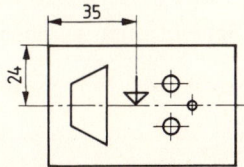

6.18   Meßstelle

6.19   Bemaßte Meßstelle

Festigkeitswerte werden nur angegeben, wenn Form und Maße eines Teils die Festigkeitsprüfung zulassen. Dem Festigkeitswert ist eine Toleranz zuzuordnen. Sie ergibt sich für Härten, Härten und Anlassen, Vergüten aus DIN 17211, für Randschichthärten aus DIN 17212. Die Stelle, an der eine Probe entnommen werden muß, legt man erforderlichenfalls maßlich fest.

Sind Festigkeitsangaben vorgesehen, entfällt die Angabe der Kernhärte.

Die Angaben über die Wärmebehandlung trägt man zweckmäßig in der Nähe des Schriftfelds ein. Zu beachten ist der Unterschied zwischen der Wärmebehandlung des ganzen Teils und der örtlich begrenzten Wärmebehandlung.

Wärmebehandlung des ganzen Teils. Bei gleichen Härtewerten kennzeichnet man die erforderliche Wärmebehandlung durch Wortangaben (**6.**20). Bei unterschiedlichen Härtewerten versieht man die Bereiche jeweils mit Kennzahl und Maßangaben und wiederholt sie unter den Wortangaben mit den geforderten Härtewerten (**6.**21).

gehärtet
60 + 4 HRC

—·—·— randschichtgehärtet und angelassen
Meßstelle 1: 25 + 10 HRC
Meßstelle 2: 500 + 150 HV 30
Rht 400 = 1 + 1

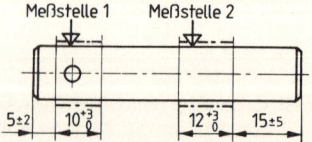

6.20 Teil mit gleichmäßiger Härte

6.21 Teil mit unterschiedlichen Härtewerten

Die örtlich begrenzte Wärmebehandlung ist meist mit Mehraufwand verbunden und sollte daher sorgfältig geprüft werden. U. a. ist der Übergang vom wärmebehandelten zum nicht wärmebehandelten Bereich zu berücksichtigen. In der Zeichnung werden die zu behandelnden Teile durch eine breite Strichpunktlinie außerhalb der Körperkanten angegeben (DIN 15 T1). Bei rotationssymmetrischen Teilen genügt es, eine Mantellinie (die „Erzeugende") zu kennzeichnen (**6.**21). Größe und Lage des Bereichs sind, soweit erforderlich, durch Maße und Toleranzen festzulegen.

Der Übergang zwischen wärmebehandeltem und nicht behandeltem Bereich liegt innerhalb der Toleranzen für die Länge des behandelten Bereichs. Bereiche, die wärmebehandelt sein dürfen, sind durch eine breite Strichlinie außerhalb der Körperkanten zu kennzeichnen (DIN 15 T1) und nötigenfalls zu bemaßen. Eine Toleranzangabe für diese Bereiche ist nicht erforderlich (**6.**22).

> Nicht gekennzeichnete Bereiche dürfen nicht wärmebehandelt werden.

Lage und Bereich von Schlupfzonen gibt das Symbol nach Bild **6.**23 mit Maßen an.

gehärtet und angelassen
Bereich 1: 50 + 6 HRC
Bereich 2: 60 + 4 HRC
Bereich 3: 38 + 8 HRC

—·—·— randschichtgehärtet nach WBP XYZ
48 + 4,0 HRC   Rht 400 = 1,3 + 1,1

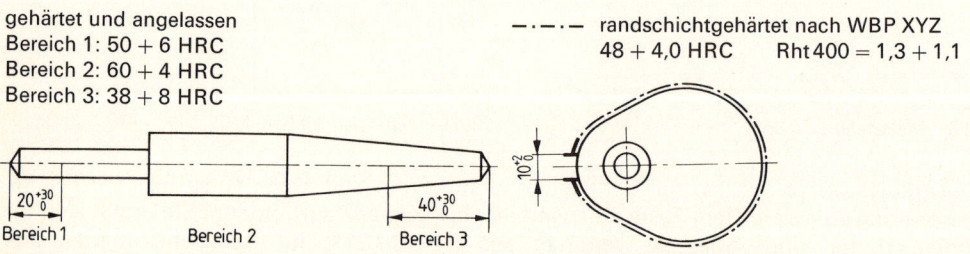

6.22 Bereiche, die wärmebehandelt sein dürfen

6.23 Angabe der Schlupfzone

Ein Wärmebehandlungsbild fügt man der Darstellung hinzu, wenn sie durch die Angaben unübersichtlich wird oder eine Verwechslung mit anderen Behandlungsverfahren möglich scheint. Es wird als „Wärmebehandlungsbild" gekennzeichnet und in der Nähe des Schriftfelds angeordnet, braucht nicht maßstabsgetreu zu sein und kann auch ein Teilbild sein. Die für

176

die Wärmebehandlung nötigen Einzelheiten muß es enthalten, nicht unbedingt erforderliche Zeichnungseinzelheiten können wegbleiben (**6**.24). Man kann Wärmebehandlungsbilder auch als Einzelheit, d. h. mit einem Kreis in schmaler Vollinie und entsprechender Kennzeichnung, darstellen.

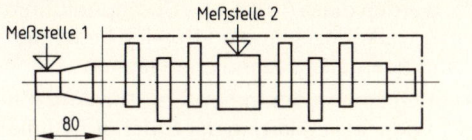

—— · —— einsatzgehärtet und angelassen
ganzes Teil gehärtet und angelassen
Meßstelle 1:   25 + 15 HRC
Meßstelle 2:   58 +   4 HRC
Eht = 1,2 + 0,6

6.24   Wärmebehandlungsbild

6.3   Zeichnungsangaben für Beschichtungen

Galvanische Überzüge (DIN 50960 T2) werden durch Kurzzeichen (nach DIN 50960 T1) angegeben, z. B. Fe/Znph r 3 a. Hierin bedeuten:

- Fe   = Grundwerkstoff, Stahl
- Znph = Zinkphosphat
- r   = Haftvermittlung
- 3   = 3 g/m² flächenbezogene Masse
- a   = Nachbehandlung zum Aufbringen von Anstrichstoffen

Weitere Kennbuchstaben sind:
- **für den Überzugswerkstoff** z. B. Zn (Zink), Ni (Nickel), Cr (Chrom), Sn (Zinn), Cu (Kupfer);
- **für besondere Eigenschaften** z. B.: b (Glanznickel), s (Matt- oder Halbglanznickel), sw (Schwarzchrom), r (Glanzchrom), i (elektrische Isolation), z (erleichtern der Kaltformgebung);
- **für Nachbehandlungen** z. B.: e (einfärben), f (fetten oder ölen), w (wachsen).

Nicht erforderliche Angaben entfallen. Nicht angegebene Einzelheiten werden dem Hersteller überlassen.

Bei mehreren Überzügen auf demselben Teil werden die Überzugswerkstoffe in der Reihenfolge des Aufbringens eingetragen.

Beispiel   Überzug mit 12 µm Mindestschichtdicke Nickel und 0,3 µm Chrom: Ni 12 Cr.

Die Dicke der Chromschicht wird nicht angegeben, sie beträgt bei allen Nickel-Chrom-Überzügen einheitlich 0,3 µm – es sei denn, die Schicht soll dicker sein (1 µm = 1 Mikrometer = 0,001 mm).

In Teilzeichnungen wird ein einheitlicher, allseitiger Überzug z. B. in der Nähe des Schriftfelds angegeben (**6**.25 und **5**.77 grafisches Symbol für Oberflächenangaben). Alle Flächen des Teiles gelten dann als Funktionsflächen.

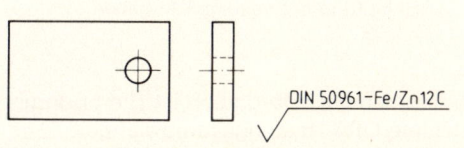

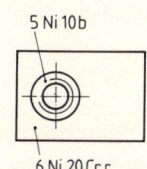

6.25   Allgemeine Angabe für allseitigen Überzug

6.26   Vereinfachte Angabe für allseitig überzogene Teile (Gruppenzeichnung)

In Zusammenbau-Zeichnungen (Gruppenzeichnungen) oder in Hauptzeichnungen, in denen die Angabe eines Überzugs nicht als Fertigungsangabe gilt, darf die Kurzbezeichnung auch als Zusatz zur Positionsnummer angegeben werden (**6**.26).

Begrenzte Bereiche sind durch besondere Linien zu kennzeichnen. Wenn an einem Teil nur einzelne Bereiche einen Überzug erhalten sollen, werden diese durch eine Strichpunktlinie breit (Linie DIN 15–J) gekennzeichnet. Alle in dem so gekennzeichneten Bereich liegenden Bohrungen, Gewindelöcher, Aussparungen usw. sind ebenfalls wesentliche Flächen.

Auf den nicht gekennzeichneten Bereichen darf kein Überzug vorhanden sein. Die Angabe der Überzugsart erfolgt an der Strichpunktlinie (**6**.27) oder als Erklärung der Strichpunktlinie (**6**.28) oder als allgemeine Angabe (**6**.30).

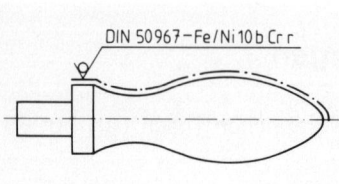

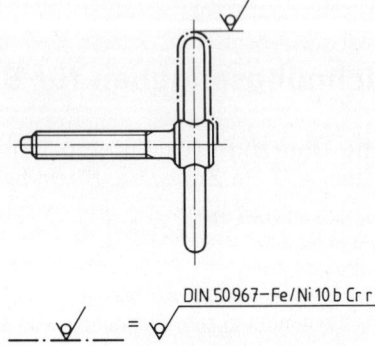

6.27 Kennzeichnung eines beschichteten Bereichs mit zugeordneter Angabe der Überzugsart

6.28 Kennzeichnung eines beschichteten Bereichs und Erklärung der Strichpunktlinie

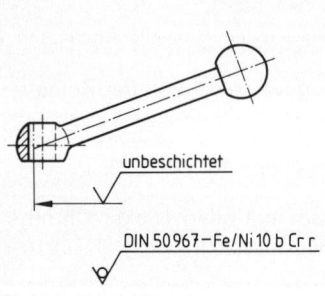

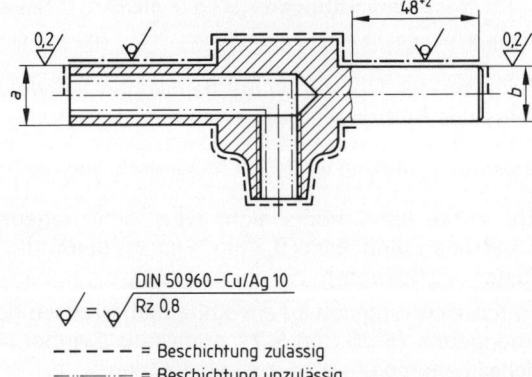

6.29 Kennzeichnung eines unbeschichteten Bereichs

6.30 Beschichtungsbild mit den für die Beschichtung notwendigen Angaben

Flächen, die einen Überzug erhalten dürfen, obwohl dies nicht erforderlich ist (Fertigungserleichterung), werden durch eine Strichlinie breit (Linie DIN 15–E) gekennzeichnet.

Wenn an einem Teil einzelne Bereiche ohne Überzug bleiben müssen, sind sie durch eine Strich-Zweipunktlinie schmal (Linie DIN 15–K) zu kennzeichnen und gegebenenfalls zu bemaßen. Alle in dem so gekennzeichneten Bereich liegenden Bohrungen, Gewindelöcher, Aussparungen usw. sind dann auch vom Überzug ausgenommen (**6**.29 und **6**.30). Die Bedeutung der Linien E und K muß auf der Zeichnung erklärt sein (**6**.30).

Die in Bild **6**.30 nicht direkt angegebenen Maße *a* und *b* dürfen in einer Tabelle stehen, in der z. B. das Fertigmaß, das Vorbearbeitungsmaß, die Grenzabmaße und die Schichtdicke enthalten sind. Wenn es erforderlich ist, die Oberflächenbeschaffenheit vor und nach der Oberflächenbehandlung (Überzug) anzugeben, wird dies wie im Beispiel nach Bild **6**.30 angegeben.

Normen

DIN 50960 T1	Galvanische und chemische Überzüge; Bezeichnung und Angaben in technischen Unterlagen
DIN 50960 T2	Galvanische und chemische Überzüge; Zeichnungsangaben
DIN 50961	Galvanische Überzüge; Zinküberzüge auf Eisenwerkstoffen
DIN 50962	Galvanische Überzüge; Cadmiumüberzüge auf Eisenwerkstoffen
DIN 50967	Galvanische Überzüge; Nickel-Chrom-Überzüge auf Stahl, Kupfer- und Zinkwerkstoffen sowie Kupfer-Nickel-Chrom-Überzüge auf Stahl- und Zinkwerkstoffen
DIN 50975	Korrosionsschutz; Zinküberzüge durch Feuerverzinken, Richtlinien
DIN 50976	Korrosionsschutz; Anforderungen an Zinküberzüge auf Gegenständen aus Eisenwerkstoffen, die als Fertigteile feuerverzinkt werden
DIN 55928	Korrosionsschutz von Stahlbauten durch Beschichtungen und Überzüge
DIN 55928 T1	– Allgemeines
DIN 55928 T2	– Korrosionsschutzgerechte Gestaltung von Stahlbauten
DIN 55928 T4	– Oberflächenvorbereitung und -prüfung
DIN 55928 T5	– Beschichtungsstoffe und Schutzsysteme

Emaillierungen. Emails sind Überzüge auf Metallen, vor allem auf Stahlblech und Gußeisen aus vorzugsweise glasig erstarrter Masse. Sie werden aus korrosionstechnischen und hygienischen Gründen aufgebracht. Die Werkstoffe und die Konstruktion der Teile müssen für die Emaillierung geeignet sein.

Normen und Richtlinien

DIN ISO 2722	Emails, Bestimmung der Beständigkeit gegen Zitronensäure bei Raumtemperatur
DIN ISO 2723	Stahlblech-Emails, Herstellung von Proben
DIN ISO 2733	Emails, Gerät für die Prüfung mit sauren und neutralen Flüssigkeiten und ihren Dämpfen
DIN ISO 2744	Emails, Bestimmung der Beständigkeit gegen kochendes Wasser und Wasserdampf
Merkblatt 414	Emailgerechtes Konstruieren in Stahlblech (Deutsches Email-Zentrum)

Kunststoffbeschichtung. Als Beschichtungsstoffe verwendet man vorwiegend warmhärtende kunststoffgebundene Beschichtungsmassen. Sie schützen vor Korrosion. Die Konstruktion der Teile muß für die Beschichtung geeignet sein. Gestaltungsregeln enthält VDI 2532 „Gestaltung und Ausführung zu schützender metallischer Konstruktionen".

Auskleidung. Auskleidungen bestehen aus natürlichem oder synthetischem Kautschuk. Sie werden fest mit dem Stahl verbunden und dienen zum Oberflächenschutz. Auch hier sind die Festlegungen der VDI 2532 (s. o.) zu beachten.

7 Technische Zeichnungen. Bauelemente

7.1 Schraubverbindungen

7.1.1 Gewinde

Alle am Gewinde vorkommenden geometrischen Elemente sind in DIN 2244 (Gewinde, Begriffe) definiert.

Abmessungen. Es gibt Außengewinde (Bolzengewinde, **7.1**) und Innengewinde (Mutter-gewinde, **7.2**). Beide werden miteinander verschraubt. Hierfür sind übereinstimmende Ge-windeabmessungen notwendig.

Das Hauptmaß ist der Gewinde-Nenndurchmesser. Er wird beim Innengewinde mit D und beim Außengewinde mit d bezeichnet. Zieht man hiervon den Kerndurchmesser d_3 ab und halbiert das Ergebnis, ergibt sich die Gewindetiefe h_3. Das Maß P bezeichnet die Steigung des Gewindes. Ein Gewinde verläuft nach einer Schraubenlinie (s. Abschn. 11.4.7). Es ist eingängig, wenn die Windungen einer einzigen Schraubenlinie angehören. Sind mehrere Schraubenlinien vorhanden, wie an der zweigängigen Schnecke (**7.3**), handelt es sich um mehrgängiges Gewinde.

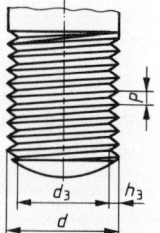
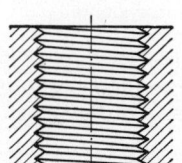
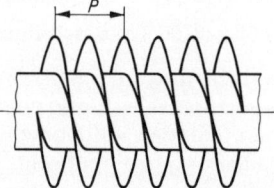

7.1 Außengewinde,   **7.2** Innengewinde   **7.3** Zweigängige Schnecke
Hauptabmessungen

Die Steigung P ist das Maß, um das sich Außen- und Innengewinde in Richtung der Mittelachse gegeneinander verschieben, wenn eines davon eine ganze Umdrehung macht. Sie reicht bei eingängigem Gewinde von einer Windung bis zur nächsten, bei zweigängigem bis zur übernächsten usw.

Rechtsgewinde ist das übliche Gewinde. Hierbei steigen die Windungen am aufrecht-stehenden Bolzen nach rechts an (**7.1**), im aufgeschnittenen Innengewinde dagegen nach links (**7.2**). Beim Linksgewinde laufen die Steigungen entgegengesetzt.

Gewindequerschnitte. Die Form des Gewindequerschnitts richtet sich nach dem Verwen-dungszweck des Schraubteils. Genormt sind Spitz-, Trapez-, Sägen- und Rundgewinde. Spitzgewinde verwendet man überwiegend für Befestigungsschrauben und -muttern (**7.4**). Trapezgewinde wird hauptsächlich auf Bewegungs- und Verstellspindeln geschnit-ten (**7.5**). Sägengewinde kommt für Spindeln mit einseitig starker Druckbeanspruchung in Achsrichtung in Betracht (**7.6**). Rundgewinde nimmt man für Spindeln, die merklicher

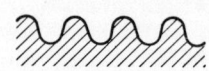

7.4 Spitzgewinde   **7.5** Trapezgewinde   **7.6** Sägengewinde   **7.7** Rundgewinde

Abnutzung durch Schmutz und der Gefahr der Beschädigung durch Stöße unterliegen, und für in Blech gedrückte Gewinde (Edison-Gewinde) (**7.7**). Zum Spitzgewinde zählen die Metrischen Gewinde, alle Whitworth-Gewinde und andere. Die einzelnen Arten unterscheiden sich besonders in den Abmessungen für Gewindetiefen und Steigungen.

Tabelle **7.8** **Metrisches ISO-Gewinde; Regelgewinde**[1]), Nennmaße nach DIN 13 T1 (Auszug)

Gewinde-Nenn-durchmesser $d = D$ Reihe 1	Steigung	Kerndurchmesser		Gewindetiefe		Spannungs-querschnitt A_s[2])
	P	d_3	D_1	h_3	H_1	in mm²
3	0,5	2,387	2,459	0,307	0,271	5,03
4	0,7	3,141	3,242	0,429	0,379	8,78
5	0,8	4,019	4,134	0,491	0,433	14,2
6	1	4,773	4,917	0,613	0,541	20,1
8	1,25	6,466	6,647	0,767	0,677	36,6
10	1,5	8,160	8,376	0,920	0,812	58,0
12	1,75	9,853	10,106	1,074	0,947	84,3
16	2	13,546	13,835	1,227	1,083	157
20	2,5	16,933	17,294	1,534	1,353	245
24	3	20,319	20,752	1,840	1,624	353

[1]) Regelgewinde genannt, weil es in der Regel allgemein anwendbar ist; Gewinde-Nenndurchmesser D und Steigung P haben eine bestimmte Zuordnung.
[2]) Der Spannungsquerschnitt ist nicht in DIN 13 T1, sondern in DIN 13 T28 enthalten. Er gilt als grundlegender Faktor für das Berechnen der Prüflast einer Schraube nach DIN ISO 898 T1 (s. Norm).

$A_s = \dfrac{\pi}{4}\left(\dfrac{d_2 + d_3}{2}\right)^2$: hierin sind d_2 und d_3 Nennmaße.

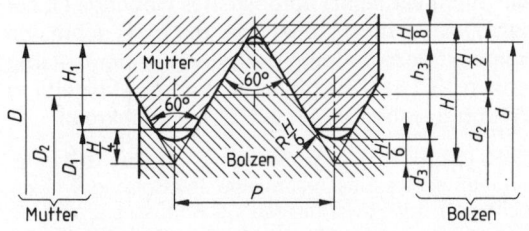

$D = d = $ Gewindedurchmesser
$P = $ Steigung des eingängigen Gewindes
$H = $ Höhe des Profildreiecks
　　　0,86603 P
$D_2 = d_2 = $ Flankendurchmesser
　　　$d - 0,64952 P$
$D_1 = $ Kerndurchmesser (Mutter)
　　　$d - 2H_1$
$d_3 = $ Kerndurchmesser (Bolzen)
　　　$d - 1,22687 P$
$h_3 = $ Gewindetiefe am Bolzen
　　　0,61343 P
$H_1 = $ Flankenüberdeckung
　　　0,54127 P
$R = \dfrac{H}{6} = 0,14434 P$

7.9 Nullprofile des Metrischen ISO-Gewindes (ohne Flankenspiel) nach DIN 13 T19

Gewindedarstellung (DIN ISO 6410)

Gewindelinien. Bei sichtbaren Gewinden sind die Gewindespitzen (Gewindedurchmesser D bzw. d nach Bild **7.9**) durch eine breite Vollinie und der Gewindegrund (D_1 bzw. d_3) durch eine schmale Vollinie darzustellen (**7.10** bis **7.13**). Bei verdeckten Gewinden sind die Gewindespitzen und der Gewindegrund durch eine Strichlinie darzustellen (**7.12** und **7.13**).

181

Der Abstand zwischen den Linien, die die Gewindespitzen bzw. den Gewindegrund darstellen, soll möglichst genau der Gewindetiefe h_3 bzw. H_1 (**7.8** und **7.9**) entsprechen. Für Metrisches Gewinde nach DIN 13 T1 sind die Werte der Tabelle **7.8** zu entnehmen (der Kerndurchmesser beträgt danach etwa 80% des Gewindedurchmessers).

Für Metrisches Feingewinde beträgt die Gewindetiefe h_3 etwa 65% der in der Gewinde-bezeichnung angegebenen Steigung P des eingängigen Gewindes.

Die Gewindetiefen der anderen Gewinde sind den entsprechenden Normtabellen zu entnehmen.

Der Abstand zwischen den Linien darf jedoch nicht geringer sein als

- die zweifache Breite der breiteren Linie oder

- 0,7 mm, je nachdem, welcher Wert der größere ist.

Bei den im Schnitt dargestellten Gewindeteilen ist die Schraffur bis an die Linie heranzuziehen, die die Gewindespitzen darstellt (**7.11** bis **7.13**).

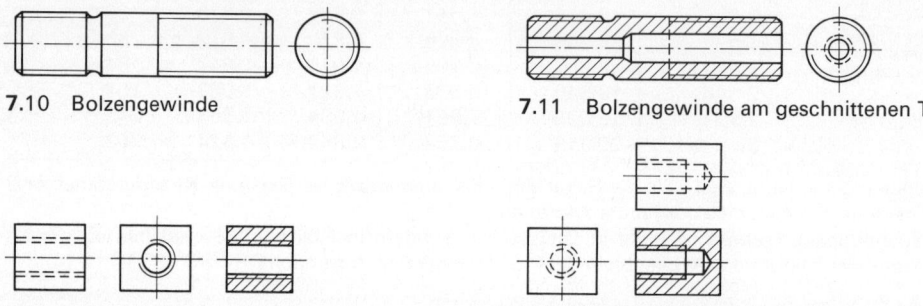

7.10 Bolzengewinde

7.11 Bolzengewinde am geschnittenen Teil

7.12 Muttergewinde

7.13 Gewindegrundloch

In der Ansicht in Achsrichtung auf ein sichtbar (nicht verdeckt) dargestelltes Gewinde ist der Gewindegrund durch einen beliebig liegenden $3/4$-Kreis darzustellen, der mit einer schmalen Vollinie zu zeichnen ist (**7.10** bis **7.12**). Bei verdeckt gezeichneten Gewinden ist der beliebig liegende $3/4$-Kreis mit einer Strichlinie zu zeichnen (**7.13**). Günstiger ist aber die Darstellung im Schnitt oder im Ausbruch und in Achsrichtung gesehen durch ein Mittellinienkreuz.

Zugabe. Die Tiefe t bzw. t_1 eines Gewindegrundlochs (Sacklochs) ist größer als die nutzbare Gewinde-länge b (**7.14** und **7.15**), die wiederum größer sein muß als die Einschraublänge des Bolzengewindes. Die Zugabe zur Länge b bis zur Gewindegrundlochtiefe t bzw. t_1 ist für den Gewindeauslauf und für etwa herunterfallende Späne beim Gewindeschneiden vorgesehen. Die Zugabe kann aus DIN 76 T1 entnommen werden und beträgt im Regelfall:

für Gewinde	M3	M4	M5	M6	M8	M10	M12	M14 M16	M18 M20 M22	M24 M27	M30 M33	M36 M39	M42 M45	M48 M52
e_1	2,8	3,8	4,2	5,1	6,2	7,3	8,3	9,3	11,2	13,1	15,2	16,8	18,4	20,8
g_2	2,7	3,8	4,2	5,2	6,7	7,8	9,1	10,3	13	15,2	17,7	20	23	26

Die übliche Aussenkung unter 120° bis auf den Außendurchmesser des Gewindes wird gewöhnlich nicht gezeichnet (**7.13**). Andere Senkungen hingegen müssen dargestellt und bemaßt werden (s. Abschn. 7.1.3). Die Grenze der nutzbaren Gewindelänge ist bei sichtbaren Gewinden durch eine breite Vollinie und bei verdeckten Gewinden durch eine Strichlinie darzustellen. Diese Linie endet an der Linie, die die Gewindespitzen darstellt (**7.10**, **7.11**, **7.13**, **7.16**).

182

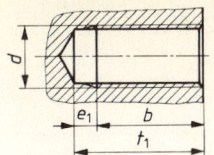

7.14 Gewindeauslauf

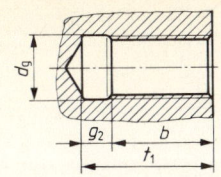

7.15 Gewindefreistich

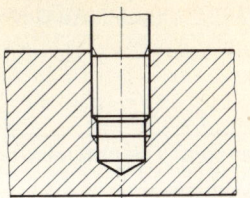

7.16 Zusammengebaute Gewindeteile, nutzbare Gewindelänge

Bei zusammengebauten Gewindeteilen sind Teile mit Außengewinde stets so darzustellen, daß sie die Teile mit Innengewinde überdecken und nicht von diesen verdeckt werden (**7.16** und **7.17**).

Durchdringungskurven für Gewindelöcher sind nur für das Kernloch und nicht für die Gewindelinien zu zeichnen. Bei kleinen Bohrungen ergeben sich kleine Kurven; es ist daher zugelassen, die Körperkante geradlinig durchzuziehen (**7.18**).

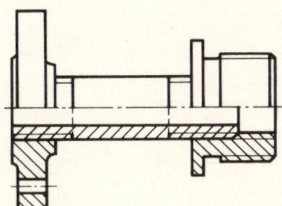

7.17 Zusammengebaute Gewindeteile

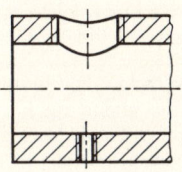

7.18 Durchdringungslinien

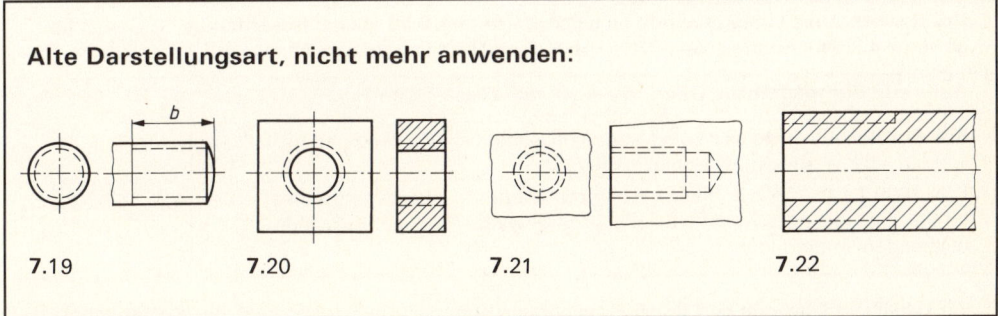

Alte Darstellungsart, nicht mehr anwenden:

7.19   7.20   7.21   7.22

Gewindebezeichnungen. Gewinde werden durch Kurzzeichen näher bezeichnet (**7.23**). Das Gewindekurzzeichen steht immer beim Nennmaß (D oder d) für den Gewindeaußendurchmesser (**7.9** und **7.23** sowie **7.117** und **7.118** auf Seite 203).

Tabelle **7.23** **Abgekürzte Gewindebezeichnungen** (Auszug aus DIN 202)

Gewindeart		nach DIN	Zeichen vor Maß-angabe	Gewindebezeichnung	
				Maßangabe	Eintragungs-beispiele
Eingängiges Rechtsgewinde					
Spitzgewinde	Metrisches ISO-Gewinde	13 T 1	M	Gewindeaußendurchmesser in mm	M 20
	Metr. ISO-Feingewinde	13 T 2 bis 11	M	Gewindeaußendurchmesser in mm × Steigung in mm	M 50×1,5
	Metr. kegeliges Außengewinde (Kegel 1:16)[1]	158	M	Gewindeaußendurchmesser in mm × Steigung in mm und Kegel	M 10×1 keg DIN 158
	Withworth-Rohrgewinde[2]	259 T 1	R	Nennweite ($\approx$ Innen-durchmesser) des Rohres in Zoll	$R \frac{1}{2}$
Metr. ISO-Trapezgewinde		103 T 2	Tr	Gewindeaußendurchmesser in mm × Steigung in mm	Tr 50×8
Metr. Sägen-gewinde		513 T 2	S	Gewindeaußendurchmesser in mm × Steigung in mm	S 100×12
Rundgewinde		405 T 1	Rd	Gewindeaußendurchmesser in mm × Steigung in Zoll	Rd 20×$\frac{1}{8}$
Besondere Angaben (Gewindetoleranzen s. nachstehend)					
Linksgewinde wird durch das Kurzzeichen „LH" (LH = Left-Hand) gekennzeichnet, das hinter die Gewindebezeichnung gesetzt wird.					M 50×1,5 LH
Mehrgängiges Rechtsgewinde erhält hinter der Gewindebezeichnung einen Vermerk in Klammern, bestehend aus P und der Teilung[3]. Als Steigung P_h des n-gängigen Gewindes gilt stets das Maß der Verschiebung in Richtung der Achse bei einer Umdrehung des Gewindes (d. h. $P_h = n \cdot P$).					Tr 40×14 (P7)[3]
Bei mehrgängigem Linksgewinde hängt man das Kurzzeichen „LH" und einen Vermerk, bestehend aus P und der Teilung[3] an. Als Steigung P_h des n-gängigen Gewindes gilt stets das Maß der Verschiebung in Richtung der Achse bei einer Umdrehung des Gewindes, d. h. $P_h = n \cdot P$.					Tr 40×14 (P7) LH
Bei Rechts- und Linksgewinde an einem Werkstück wird auch das Rechts-gewinde mit dem Kurzzeichen „RH" (RH = Right-Hand) gekennzeichnet.					Rd 20×$\frac{1}{8}$ RH
Gas- und dampfdichtes Gewinde erhält den Zusatz „dicht".					M 20 dicht
Für Sondergewinde und solche, an die bestimmte Anforderungen gestellt werden, ist die DIN-Nummer hinzuzufügen. DIN 2999 T1 bis T6 z. B. betrifft Whitworth-Rohrgewinde, zylindrisches Innen- und kegeliges Außengewinde (Rohrgewinde für die im Gewinde dichtenden Verbindungen).					$R \frac{1}{2}$ DIN 2999

[1]) Bei kegeligem Gewinde darf in der Bezeichnung statt der Abkürzung „keg" das Kegelsymbol „$\triangleright$" verwendet werden, z. B. M 20 × 1,5 $\triangleright$-16.

[2]) Für Neukonstruktionen wegen der Verwechslungsgefahr mit dem Kurzzeichen für Gewinde nach ISO nicht mehr zu verwenden. (Als Ersatz gilt DIN ISO 228 T 1.)

[3]) **Beispiel** $\text{Gangzahl} = \dfrac{\text{Steigung } P_h}{\text{Teilung } P} = \dfrac{14}{7} = \mathbf{2gängig.}$

Gewindetoleranzen. Festlegungen für die Ausführung und Maßgenauigkeit von Schrauben und Muttern sind in DIN ISO 4759 T1 und DIN 267 T2 enthalten. Falls in einzelnen Produktnormen nicht anders festgelegt, gelten für die Gewinde die Toleranzen nach DIN 13 T14. Für den Außendurchmesser d des Bolzengewindes (**7.**24) und für den Kerndurchmesser D_1 des Muttergewindes sind Toleranzen (T_d und T_{D1}), abhängig von der Steigung P, vogesehen. Ebenso für beide Flankendurchmesser d_2 und D_2 (T_{d2} und T_{D2}), hier aber abhängig von der Einschraublänge des Gewindes.

7.24   Gewindetoleranzen

Tabelle **7.**25   **Toleranzfelder für handelsübliche Schrauben und Muttern nach DIN 13 T14 (Einschraubgruppe N)**

Produkt-klasse	bisherige Ausführung	Toleranzfeld	
A und B	m und mg	Schraube 6g	6h für Schrauben bis M14
		Mutter 6H	
C	g	Schraube 8g	für Gewinde-Außendurchmesser auch Werte nach DIN 59130 zul.
		Mutter 7H	

Wie bisher können in der Bundesrepublik Deutschland hinter die Gewindebezeichnungen die Anfangsbuchstaben der Toleranzklassen „fein", „mittel" und „grob" eingetragen werden (DIN 13 T15; z.B. M12g, M12 × 1,5f), doch beziehen sie sich auf die in DIN 13 T14 angegebenen Toleranzen. Tabelle **7.**25 enthält einen Auszug aus dieser Norm für die Einschraubgruppe N (handelsübliche Schrauben und Muttern).

Da Lage und Größe der Toleranzen für Gewinde von denen der Flach- und der Rundpassungen abweichen, stehen die Zahlen hier v o r d e n B u c h s t a b e n. Obendrein sind die mit K l e i n b u c h s t a b e n bezeichneten Toleranzfelder dem B o l z e n g e w i n d e und die mit G r o ß b u c h s t a b e n bezeichneten Toleranzfelder dem M u t t e r g e w i n d e zugeordnet (z.B. M10-8g für das Bolzengewinde bzw. M10-8G für das Muttergewinde).

Ferner gelten die Toleranzfelder für Gewinde o h n e Oberflächenschutz und b e i Oberflächenschutz v o r dem Aufbringen der Schutzschicht. Im Endzustand jedoch darf das Nullprofil des Gewindes (**7.**9) nicht überschritten worden sein. Ist keine Toleranz angegeben, gilt die Toleranzklasse „mittel".

Toleranzkurzzeichen. Für andere als die in der Tabelle genannten Toleranzen aber müssen, wie das in ausländischen Zeichnungen der Fall ist, Toleranzkurzzeichen eingeschrieben werden (DIN 13 T14). Bei g l e i c h e n Toleranzen für den Flankendurchmesser d_2 und den Außendurchmesser d des Bolzengewindes bzw. für den Flankendurchmesser D_2 und den Kerndurchmesser D_1 des Muttergewindes wird das jeweils g e m e i n s a m e Kurzzeichen angegeben (z.B. M10–4g für das Bolzengewinde bzw. M10–6G für das Muttergewinde).

Sind die Toleranzen des Gewindes aber v e r s c h i e d e n, müssen b e i d e K u r z z e i c h e n eingesetzt werden, wobei das Kurzzeichen für den F l a n k e n d u r c h m e s s e r dem anderen v o r a n s t e h t (z.B. M10–6g5g für den Bolzen bzw. M10–4G5G für die Mutter).

Eine Gewindepassung wird durch die Toleranzfelder des Mutter- und des Bolzengewindes, getrennt durch einen Schrägstrich, angegeben (z.B. M10–8G/6e) oder – wenn ein Kurzzeichen unter dem anderen steht – ohne Strich dazwischen (z.B. M10–$\frac{8G}{6e}$).

7.1.2 Schrauben und Muttern

Schlüsselweiten sind für alle zwei-, vier-, sechs- und achtkantigen Formen vorgesehen und für Schrauben, Armaturen und Fittings in DIN 475 T1 (die Bezeichnungen eingeschlossen) genormt (**7**.26). Für die Schlüsselweiten von Sechskantschrauben und -muttern ist in DIN ISO 272 eine Auswahl festgelegt (**7**.27).

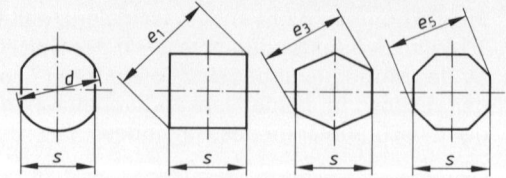

Bild **7**.26 Schlüsselweiten und Eckenmaße für Schrauben, Armaturen und Fittings

Tabelle **7**.27 **Schlüsselweiten und Eckenmaße für Teile nach Bild 7.26 und Zuordnung nach DIN ISO 272 zu den Sechskantschrauben und -muttern**

Schlüsselweite s Nennmaß[1] SW		$3,2$[2]	4[2]	5[2]	$5,5$[2]	7[2]	8[2]	10[2]	13[2]	16[2][3]	18[2][3]	20[3]	21[2][3]	24[2]
Schrauben Armaturen Fittings	2kt d	3,7	4,5	6	7	8	9	12	15	18	21	23	24	28
	4kt e_1	4,5	5,7	7,1	7,8	9,9	11,3	14,1	18,4	22,6	25,4	28,3	29,7	33,9
	6kt e_3[4]	3,41	4,32	5,45	6,01	7,71	8,84	11,05	14,38	17,77	20,03	22,23	23,36	26,75
	8kt e_5[4]												22,7	26
für Sechskantschrauben und -muttern nach DIN ISO 272[5]		M1,6	M2	M25	M3	M4	M5	M6	M8	M10	M12		M14	M16

[1]) Für Schrauben, Armaturen und Fittings gleichzeitig das Größtmaß
[2]) entsprechen der Auswahlreihe für Sechskantschrauben und -muttern nach DIN ISO 272
[3]) SW, die vor allem im Kraftfahrwesen benutzt werden.
[4]) Mindestmaß
[5]) Maße s. Tab. **7**.73

Vierkante und Vierkantlöcher für Spindeln und Bedienteile werden nach DIN 79, Vierkante für Werkzeuge nach DIN 10 T1 gewählt.

Schraubenenden werden verschieden ausgeführt (DIN 78). Sie erhalten gewöhnlich eine Linsenkuppe (**7**.28) oder eine Kegelkuppe (**7**.29), die stets in den Längenmaßen enthalten sind. Für Spann- und Druckschrauben werden Kernansatz (**7**.30), Zapfen (**7**.31), der auch zur Aufnahme eines Splintes durchbohrt sein kann, und Ansatzkuppe (**7**.32) vorgesehen. Sie schränken eine Beschädigung des Gewindes ein. Ringschneiden (**7**.33) kommen für Stellschrauben an Stellringen in Betracht. Die Spitze (**7**.34) und die Ansatzspitze (**7**.35) treten an Sicherungsschrauben auf und werden in kegelige Senkungen eingelassen.

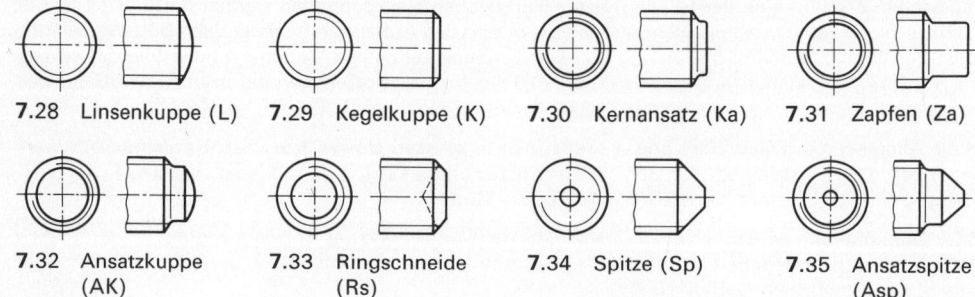

7.28 Linsenkuppe (L) **7**.29 Kegelkuppe (K) **7**.30 Kernansatz (Ka) **7**.31 Zapfen (Za)

7.32 Ansatzkuppe (AK) **7**.33 Ringschneide (Rs) **7**.34 Spitze (Sp) **7**.35 Ansatzspitze (Asp)

Der Gewindeauslauf (DIN 76 T1) kann je nach dem Herstellungsverfahren bei Außengewinden unterschiedlich sein. Er liegt meist außerhalb der bemaßten Gewindelänge (**7.36** und **7.39**) und wird gewöhnlich nicht gezeichnet. Bild **7.36** zeigt den Regelfall am Außengewinde in Gewindegrundlöchern. Bild **7.37** zeigt den Gewindeabstand für Außengewinde. Maße für Gewindeausläufe, Gewindeabstände und Gewindefreistiche s. Tabelle **7.41**.

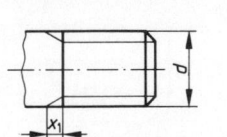
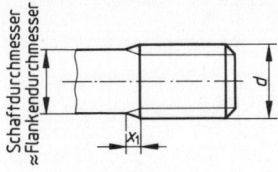
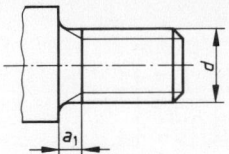

7.36 Gewindeausläufe für Außengewinde   **7.37** Gewindeabstand für Außengewinde

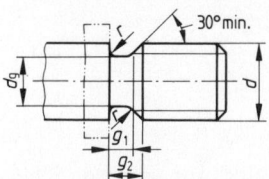
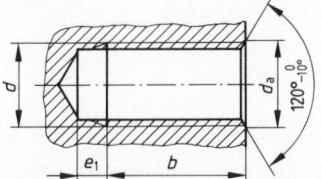

7.38 Gewindefreistich   **7.39** Gewindeauslauf   **7.40** Gewindefreistich in Gewinde-
für Außengewinde   in Gewindegrundlöchern   grundlöchern

$d_{a\,min} = 1\,d$ $d_{a\,max} = 1,05\,d$ übrige Maße wie in Bild **7.39**
$b =$ nutzbare Gewindelänge

Tabelle **7.41** **Gewindeausläufe, -abstände und -freistiche für Außengewinde und in Gewindegrundlöchern nach DIN 76 T1**

Regel-gewinde d	Gewinde-steigung P	Außengewinde						Gewindegrundloch		
		x_1 max.	a_1 max.	d_g*) h13	g_1 min.	g_2 min.	r ≈	e_1	d_g*) H13	g_1 min.	g_2 max.
3	0,5	1,25	1,5	2,2	1,1	1,75	0,2	2,8	3,3	2	2,7
4	0,7	1,75	2,1	2,9	1,5	2,45	0,4	3,8	4,3	2,8	3,8
5	0,8	2	2,4	3,7	1,7	2,8	0,4	4,2	5,3	3,2	4,2
6	1	2,5	3	4,4	2,1	3,5	0,6	5,1	6,5	4	5,2
8	1,25	3,2	4	6	2,7	4,4	0,6	6,2	8,5	5	6,7
10	1,5	3,8	4,5	7,7	3,2	5,2	0,8	7,3	10,5	6	7,8
12	1,75	4,3	5,3	9,4	3,9	6,1	1	8,3	12,5	7	9,1
16	2	5	6	13	4,5	7	1	9,3	16,5	8	10,3
20	2,5	6,3	7,5	16,4	5,6	8,7	1,2	11,2	20,5	10	13
24	3	7,5	9	19,6	6,7	10,5	1,6	13,1	24,5	12	15,2
30	3,5	9	10,5	25	7,7	12	1,6	15,2	30,5	14	17,7

*) Toleranzfelder nach DIN 7152

Gewindefreistich (DIN 76 T1) sind in Bild **7.38** und Tabelle **7.41** ausführlich dargestellt und bemaßt. Gewinderillen für Verschlußschrauben s. DIN 3852 T1.

Freistiche an Drehkörpern s. Abschn. 4.1 (DIN 509).

Sind Sechskant-Muttern ausführlich darzustellen, werden die Fasenkanten vereinfacht als Kreisbögen gezeichnet. Die Lage der Mittelpunkte der Radien und die Formeln zum Ermitteln ihrer Maße zeigt Bild **7**.42. Der Wert für das Maß *e* ist der Norm DIN ISO 272 (DIN 475), die Mutterhöhe *m* der Maßnorm (z. B. DIN 934) zu entnehmen.

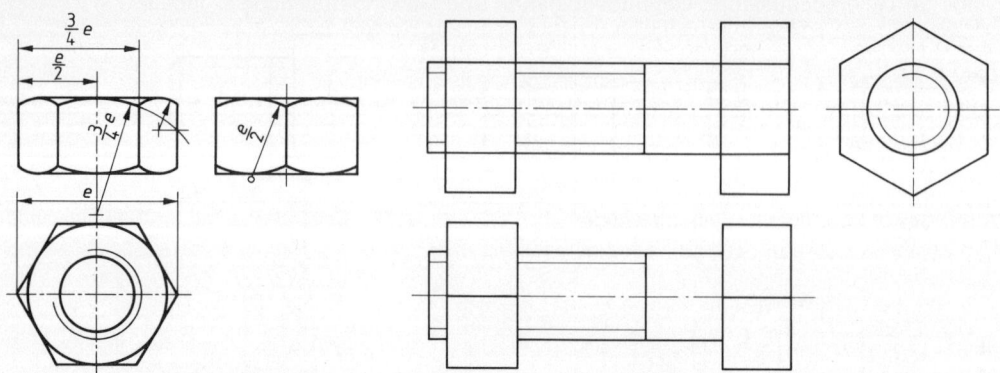

7.42 Konstruktion der Fasenbogen   7.43 Vereinfachte Darstellung

Die Köpfe der Sechskantschrauben sind niedriger als die Muttern und nur an einer Stelle abgefast. Bei der vereinfachten Darstellung der Sechskantschrauben und -muttern werden die Fasenbogen weggelassen und die üblichen Formen des Schraubenendes nicht dargestellt (**7**.43).

Schrauben, Muttern und ähnliche Gewindeteile sind weitgehend genormt[1]). Nachstehend sind davon einige Teile dargestellt.

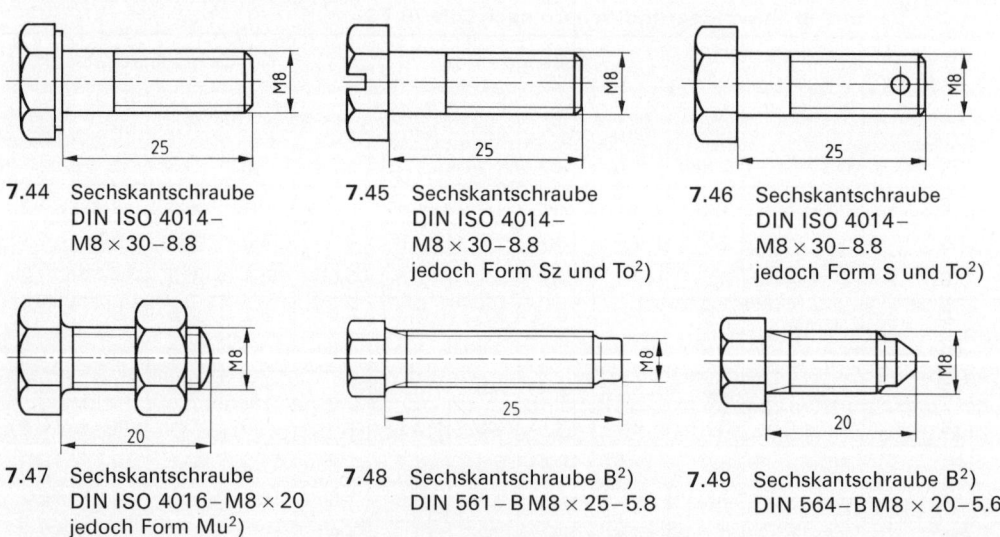

7.44 Sechskantschraube
DIN ISO 4014–
M8 × 30–8.8

7.45 Sechskantschraube
DIN ISO 4014–
M8 × 30–8.8
jedoch Form Sz und To[2])

7.46 Sechskantschraube
DIN ISO 4014–
M8 × 30–8.8
jedoch Form S und To[2])

7.47 Sechskantschraube
DIN ISO 4016–M8 × 20
jedoch Form Mu[2])

7.48 Sechskantschraube B[2])
DIN 561–B M8 × 25–5.8

7.49 Sechskantschraube B[2])
DIN 564–B M8 × 20–5.6

---

[1]) Siehe DIN-Taschenbuch 10: Maßnormen für Schrauben; DIN-Taschenbuch 55: Techn. Lieferbedingungen für Schrauben und Muttern; DIN-Taschenbuch 140: Zubehörteile für Schraubenverbindungen. Beuth-Verlag, Berlin und Köln.

[2]) Nach DIN 962 bedeuten Sz: mit Schlitz, S: mit Spintloch, Mu: mit Sechskantmutter, To: ohne Telleransatz, Ausführung A: mit Gewindefreistich, B: mit Gewindeauslauf

Der Kopf der Sechskantschraube gehört nicht zur Schraubenlänge. Sechskantschrauben nach DIN ISO 4014 u. a. haben in der Regel einen Telleransatz (**7**.44), der aber nicht immer mitgezeichnet zu werden braucht. Sie werden meist als Befestigungsschrauben verwendet und hierbei in Schaftrichtung auf Zug beansprucht (**7**.45 bis **7**.47). Ist das Schraubenende als Zapfen oder Spitze ausgeführt (**7**.48 und **7**.49), wird es als Stell-, Halte- oder Abdrückschraube auf Druck beansprucht.

Zylinderschrauben mit Innensechskant (**7**.50) werden vorwiegend im Werkzeugmaschinenbau verwendet und mit einem Sechskantstiftschlüssel bedient. Die Köpfe sind in zylindrische Senkungen einzulassen.

Paßschrauben (**7**.51) haben einen nach einer ISO-Toleranz, gewöhnlich k6, hergestellten Schaftteil, der mit einer Bohrung H7 eine Passung bildet.

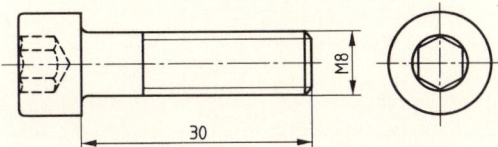
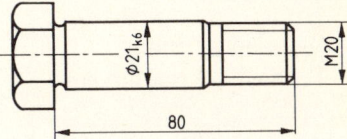

7.50 Zylinderschraube mit Innensechskant
DIN 912 – M 8 × 30 – 8.8

7.51 Sechskant-Paßschraube
DIN 610 – M20 × 80 – 8.8

Die genormten Bezeichnungen für Schrauben, Muttern und ähnliche Gewindeteile legen alle Merkmale fest.

Beispiel Sechskantschraube DIN 960 M16 × 1,5 × 40 To – B 6.8

Sechskantschraube	= Benennung des Werkstücks
DIN 960	= Bezeichnung der Norm, in der Schraubenform und -maße angegeben sind
M16 × 1,5	= Metrisches Feingewinde, Gewindedurchmesser 16 mm, Steigung 1,5
40	= Länge des Schafts in mm einschließlich des Kegelansatzes oder der Linsenkuppe
To	= ohne Telleransatz
B	= Kennzeichen für die Produktklasse der Schraube (B, bisher mg = mittelgrob)
6.8	= Kennzeichen der Festigkeitsklasse für Stahl

Die Produktklasse bezieht sich nach DIN ISO 4759 T 1 bzw. DIN 267 T 2 auf die Oberflächenbeschaffenheit, auf Maßgenauigkeit (Toleranzen), auf zulässige Gewindetoleranzen, Mittigkeitsabweichungen und Unwinkligkeiten, z. B. des Schraubenkopfes zum Schaft. Es sind drei Produktklassen vorgesehen: A (bisher Ausführung m), B (bisher Ausführung mg) und C (bisher Ausführung g).

Die Kennzeichen der Festigkeitsklassen gelten nur für Schraubteile aus unlegiertem oder legiertem Stahl bis 39 mm Gewindedurchmesser und bestehen aus zwei durch einen Punkt getrennte Zahlen, z. B. 3.6 (**7**.52 auf S. 190). Für Neukonstruktionen gilt DIN ISO 898 T 1.

Die Festigkeitseigenschaften einer Klasse können durch mehrere Werkstoffe erreicht werden. Bei Teilen, die nicht aus Stahl bestehen, tritt das betreffende Werkstoffkurzzeichen an die Stelle des Werkstoffkennzeichens: Sechskantschraube DIN 960 M10 × 0,75 × 20 – A NiCr 15 Fe. Ein galvanischer Überzug wird am Schluß angegeben: Sechskantschraube DIN 931 M16 × 50 – A 8.8 gal Zn 5 bk. Oder dafür das in DIN 267 T 9 festgelegte und nach einem Trennstrich zu setzende Kennzeichen – A 2 E.

Bei Muttern entfällt die Angabe des Streckgrenzenverhältnisses.

Tabelle **7.52** **Festigkeitsklassen für Schrauben aus unlegierten und legierten Stählen (DIN ISO 898 T1 und DIN 267 T3)**

Festigkeits-klasse	DIN 267 Teil 3	3.6	4.6	4.8	5.6	5.8	6.6	6.8	6.9	8.8	–	10.9	12.9	14.9
	DIN ISO 898 Teil 1	3.6	4.6	4.8	5.6	5.8	–	6.8	–	8.8	9.8	10.9	12.9	–
Mindest-zugfestigkeit in N/mm²	DIN 267 Teil 3	340	400	400	500	500	600	600	600	800	–	1000	1200	1400
	DIN ISO 898 Teil 1	330	400	420	500	520	–	600	–	800[1]	900	1040	1220	–
Mindest-streck- bzw. Dehngrenze in N/mm²	DIN 267 Teil 3	200	240	320	300	400	360	480	540	640	–	900	1080	1260
	DIN ISO 898 Teil 1	190	240	320	300	420	–	480	–	640[2]	720	940	1100	–

[1]) Über M16: 830, [2]) Über M16: 660.

Die erste Zahl gibt etwa $\frac{1}{100}$ der Mindestzugfestigkeit: $340/100 \approx 3$, die zweite Zahl das ungefähr verzehnfachte Verhältnis der Mindeststreckgrenze zur Mindestzugfestigkeit an:

$$10\,\frac{200}{340} \approx 6 .$$

Das Kennzeichen für die Ausführung wird weggelassen, wenn für das Schraubteil normgemäß nur eine Ausführung besteht oder sie dem Hersteller überlassen bleiben soll. Sind Schraubteile in nur einer Ausführung und in nur einer Festigkeitseigenschaft festgelegt oder der Wahl des Herstellers überlassen, sind weder Ausführung noch Festigkeitseigenschaften anzugeben (**7.**47).

Zusätzliche Bestellangaben für Formen und Ausführungen der Sechskant- und der Stiftschrauben sind in DIN 962 enthalten (s. a. **7.**45 bis **7.**49). So bedeutet z. B. **Sk** in der Bezeichnung „Sechskantschraube ISO 4014 M16 × 50 Sk−4.6", daß sich ein **S**plintloch im Schrauben**k**opf befinden soll.

Schraubensonderformen

Vierkantschrauben werden als Spannschraube im Werkzeugmaschinenbau verwendet, wobei der Bund das Abgleiten des Schraubenschlüssels verhindert (**7.**53).

Halbrundschrauben nach DIN 607 sind rohe Schrauben und haben eine Nase, die ein Mitdrehen beim Anziehen und Lösen der Mutter verhindert (**7.**54). Für die Nasen sind Nuten vorzusehen.

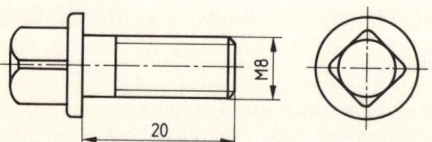
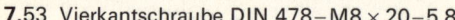
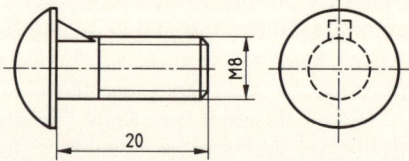

7.53 Vierkantschraube DIN 478−M8 × 20−5.8   **7.**54 Halbrundschraube DIN 607−M8 × 20

Hammerschrauben (**7.**55) haben schmale Köpfe, die seitlich in Vertiefungen anliegen (um Mitdrehen zu vermeiden) oder in Nuten eingelassen werden.

Kegelsenkschrauben (**7**.56), deren Kegelwinkel 30° beträgt, werden dort verwendet, wo für vorstehende Köpfe Raum nicht zur Verfügung steht.

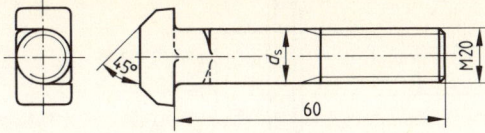

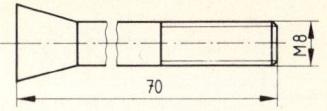

7.55   Hammerschraube DIN 188–M20 × 60   **7**.56   Kegelsenkschraube

Stiftschrauben haben am Einschraubende eine Kegelkuppe und zur Unterscheidung am anderen Ende eine Linsenkuppe (**7**.57). Als Nennlänge der Stiftschraube gilt die Länge des nach dem Einschrauben aus dem Werkstück herausragenden Teils. Die Einschraublänge schließt ausnahmsweise den Gewindeauslauf ein und richtet sich nach dem Werkstoff, in den die Schraube geschraubt wird. Sie ist bei

| Stahl | 1 × Gewindedurchmesser | Aluminiumlegierung | 2 × Gewindedurchmesser |
| Grauguß | 1,25 × Gewindedurchmesser | Weichmetall | 2,5 × Gewindedurchmesser |

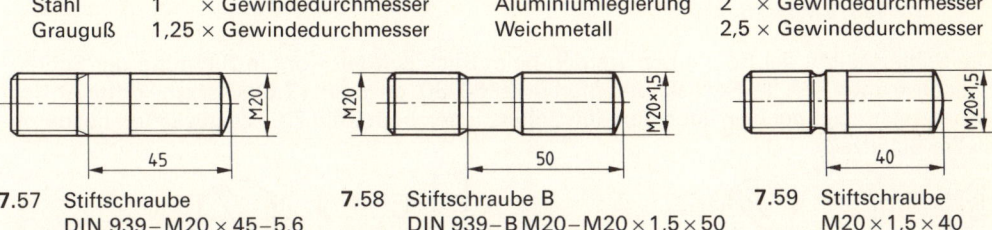

7.57   Stiftschraube   **7**.58   Stiftschraube B   **7**.59   Stiftschraube
DIN 939–M20 × 45–5.6   DIN 939–B M20–M20 × 1,5 × 50   M20 × 1,5 × 40

Einschraubende und Schaftende haben nicht immer das gleiche Gewinde, wie Bild **7**.58 zeigt. Es stellt eine Stiftschraube dar, deren Schaftdurchmesser etwa gleich dem Gewindeflankendurchmesser ist; sie wird nach DIN 962 als Ausführung B bezeichnet. Sonst ist der Schaftdurchmesser gleich dem Gewindedurchmesser (**7**.57). Es gibt auch Stiftschrauben mit Gewinderille (**7**.59); die abgebildete hat beiderseits gleiches metrisches Feingewinde.

Toleranzen der Durchmesser am Gewinde des Einschraubendes und deren Bezeichnungen für nicht dichte Verbindungen s. DIN 13 T14, für dichte Verbindungen s. T15.

Gewindestifte mit Spitze (**7**.60) oder mit Zapfen (**7**.61) haben Gewinde über die ganze Länge, weil sie vollständig in den Werkstoff eingeschraubt werden, Schaftschrauben (**7**.62) nur über einen Teil der Länge.

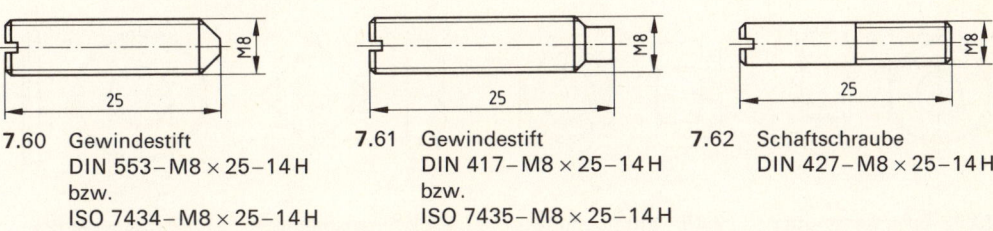

7.60   Gewindestift   **7**.61   Gewindestift   **7**.62   Schaftschraube
DIN 553–M8 × 25–14 H   DIN 417–M8 × 25–14 H   DIN 427–M8 × 25–14 H
bzw.   bzw.
ISO 7434–M8 × 25–14 H   ISO 7435–M8 × 25–14 H

Gewindestifte und Schaftschrauben werden hauptsächlich zur Sicherung der Lage von Teilen nach dem Zusammenbau benutzt (z. B. Stellringe auf Wellen). Gewindestifte mit Zapfen dienen zum Einstellen von Teilen, z. B. einer Membrane oder Führungsleiste. Gewindestifte mit Innensechskant sind in den Normen DIN 913 (mit Kegelkuppe), DIN 914 (mit Spitze), DIN 915 (mit Zapfen) und DIN 916 (mit Ringschneide) festgelegt.

191

Schlitzschrauben. Die Köpfe der Zylinderschraube (**7**.63), der Linsenzylinderschraube (**7**.64) und der Rändelschraube (**7**.65) gehören nicht zur Schraubenlänge (Nennlänge), dagegen wird der Kopf der Senkschraube (**7**.66) einbezogen.

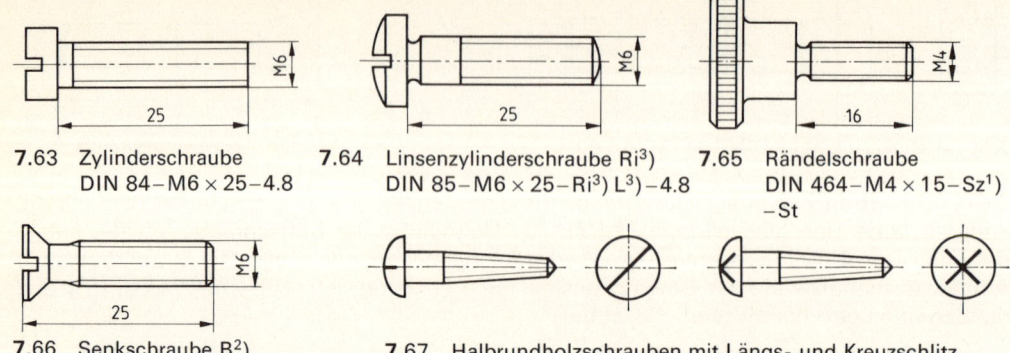

7.63 Zylinderschraube
DIN 84–M6 × 25–4.8

7.64 Linsenzylinderschraube Ri[3])
DIN 85–M6 × 25–Ri[3]) L[3])–4.8

7.65 Rändelschraube
DIN 464–M4 × 15–Sz[1])
–St

7.66 Senkschraube B[2])
DIN 963–B M6 × 25–K[3])–5.8

7.67 Halbrundholzschrauben mit Längs- und Kreuzschlitz

Die Schlitzkanten der Schrauben werden beim Blick auf den Kopf in Richtung der Schraubenachse unter 45°, bei Sechskantköpfen unter 60/30° gezogen (**7**.68). Ist eine dritte Ansicht erforderlich, zeichnet man auch dort den Schlitzquerschnitt. Bild **7**.67 zeigt vereinfacht dargestellte Schlitze.

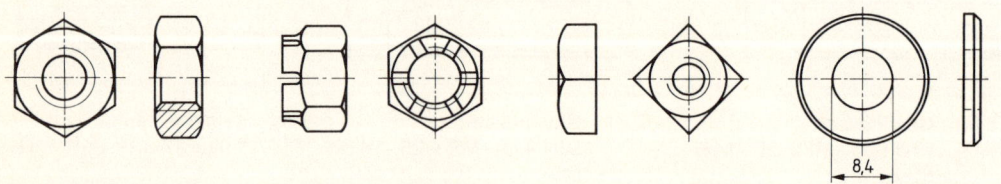

7.68 Schlitzlage in Übersichtszeichnungen

Muttern und Scheiben. Das Kernloch der M u t t e r n ist beiderseits unter 120° bis auf den Gewindedurchmesser ausgesenkt (**7**.69). Sechskantmuttern sind meist an beiden Stirnflächen abgefast. K r o n e n m u t t e r n dienen zur Aufnahme eines Splints als Sicherung gegen Lockern (**7**.70). V i e r k a n t m u t t e r n haben nur eine oder keine Fase und werden seltener benutzt (**7**.71). Ist der Werkstoff der zu verbindenden Teile weicher als der der Mutter oder ist die Auflagefläche nicht eben, sind S c h e i b e n unterzulegen (**7**.72).

7.69 Sechskantmutter
ISO 4032–M8–8

7.70 Kronenmutter
DIN 935–M20–8

7.71 Vierkantmutter
DIN 557–M6

7.72 Scheibe B[4])
DIN 125–B8,4
–200 HV

[1]) Sz: mit Schlitz
[2]) B: Schaftdurchmesser ≈ Flankendurchmesser
[3]) K: Kegelkuppe   L: Linsenkuppe   Ri: Gewindefreistich
[4]) B bedeutet mit Fase

192

Tabelle **7.73** **Die gebräuchlichsten Verschraubungsteile und ihre Einbaumaße**

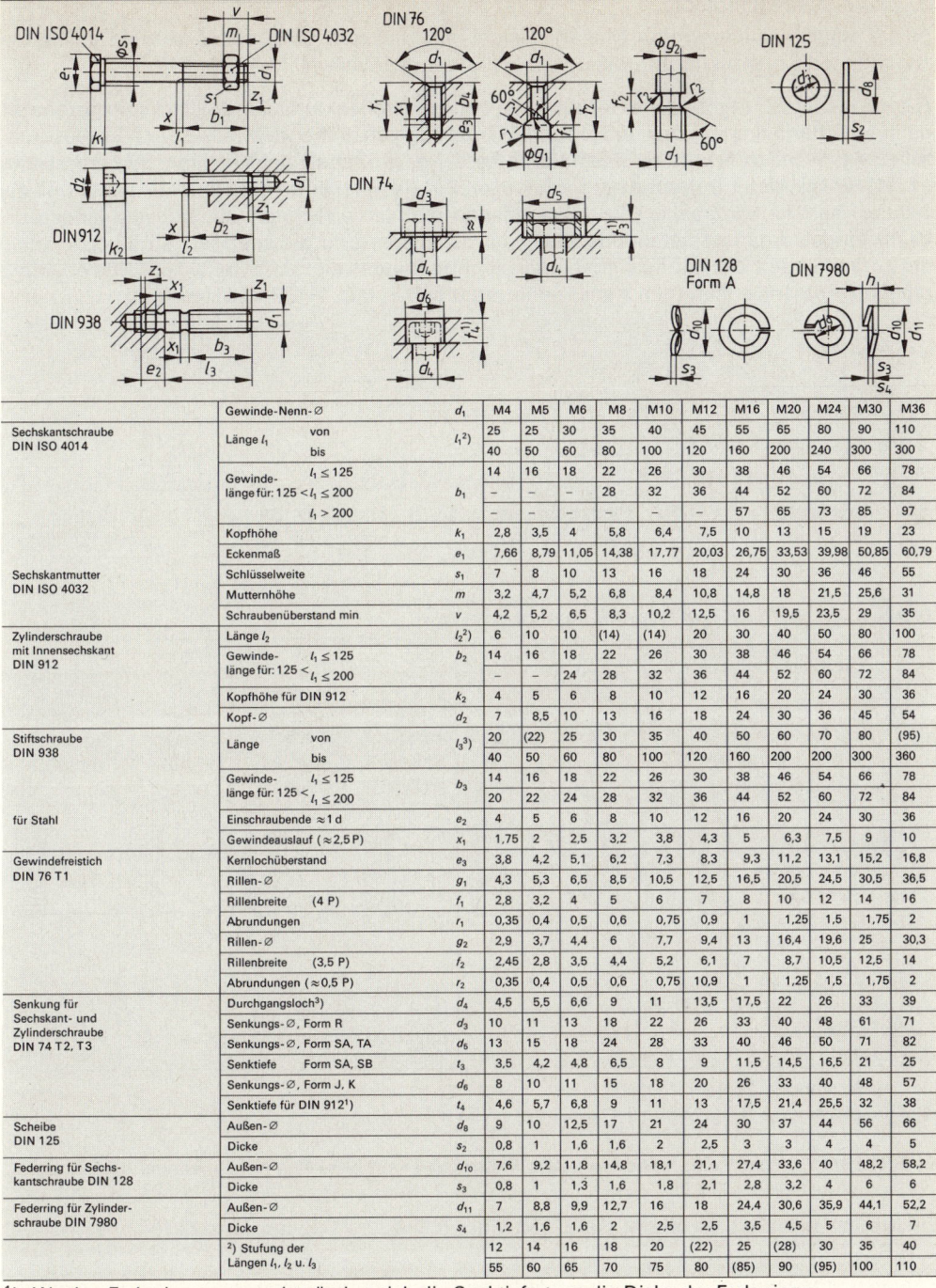

	Gewinde-Nenn-∅	d_1	M4	M5	M6	M8	M10	M12	M16	M20	M24	M30	M36
Sechskantschraube DIN ISO 4014	Länge l_1 von	$l_1{}^2)$	25	25	30	35	40	45	55	65	80	90	110
	bis		40	50	60	80	100	120	160	200	240	300	300
	Gewinde- $l_1 \leq 125$		14	16	18	22	26	30	38	46	54	66	78
	länge für: $125 < l_1 \leq 200$	b_1	–	–	–	28	32	36	44	52	60	72	84
	$l_1 > 200$		–	–	–	–	–	–	57	65	73	85	97
	Kopfhöhe	k_1	2,8	3,5	4	5,8	6,4	7,5	10	13	15	19	23
	Eckenmaß	e_1	7,66	8,79	11,05	14,38	17,77	20,03	26,75	33,53	39,98	50,85	60,79
Sechskantmutter DIN ISO 4032	Schlüsselweite	s_1	7	8	10	13	16	18	24	30	36	46	55
	Mutternhöhe	m	3,2	4,7	5,2	6,8	8,4	10,8	14,8	18	21,5	25,6	31
	Schraubenüberstand min	v	4,2	5,2	6,5	8,3	10,2	12,5	16	19,5	23,5	29	35
Zylinderschraube mit Innensechskant DIN 912	Länge l_2	$l_2{}^2)$	6	10	10	(14)	(14)	20	30	40	50	80	100
	Gewinde- $l_1 \leq 125$	b_2	14	16	18	22	26	30	38	46	54	66	78
	länge für: $125 < l_1 \leq 200$		–	–	24	28	32	36	44	52	60	72	84
	Kopfhöhe für DIN 912	k_2	4	5	6	8	10	12	16	20	24	30	36
	Kopf-∅	d_2	7	8,5	10	13	16	18	24	30	36	45	54
Stiftschraube DIN 938	Länge von	$l_3{}^3)$	20	(22)	25	30	35	40	50	60	70	80	(95)
	bis		40	50	60	80	100	120	160	200	200	300	360
	Gewinde- $l_1 \leq 125$	b_3	14	16	18	22	26	30	38	46	54	66	78
	länge für: $125 < l_1 \leq 200$		20	22	24	28	32	36	44	52	60	72	84
für Stahl	Einschraubende $\approx 1\,d$	e_2	4	5	6	8	10	12	16	20	24	30	36
	Gewindeauslauf ($\approx 2,5\,P$)	x_1	1,75	2	2,5	3,2	3,8	4,3	5	6,3	7,5	9	10
Gewindefreistich DIN 76 T1	Kernlochüberstand	e_3	3,8	4,2	5,1	6,2	7,3	8,3	9,3	11,2	13,1	15,2	16,8
	Rillen-∅	g_1	4,3	5,3	6,5	8,5	10,5	12,5	16,5	20,5	24,5	30,5	36,5
	Rillenbreite (4 P)	f_1	2,8	3,2	4	5	6	7	8	10	12	14	16
	Abrundungen	r_1	0,35	0,4	0,5	0,6	0,75	0,9	1	1,25	1,5	1,75	2
	Rillen-∅	g_2	2,9	3,7	4,4	6	7,7	9,4	13	16,4	19,6	25	30,3
	Rillenbreite (3,5 P)	f_2	2,45	2,8	3,5	4,4	5,2	6,1	7	8,7	10,5	12,5	14
	Abrundungen ($\approx 0,5\,P$)	r_2	0,35	0,4	0,5	0,6	0,75	10,9	1	1,25	1,5	1,75	2
Senkung für Sechskant- und Zylinderschraube DIN 74 T2, T3	Durchgangsloch³)	d_4	4,5	5,5	6,6	9	11	13,5	17,5	22	26	33	39
	Senkungs-∅, Form R	d_3	10	11	13	18	22	26	33	40	48	61	71
	Senkungs-∅, Form SA, TA	d_5	13	15	18	24	28	33	40	46	50	71	82
	Senktiefe Form SA, SB	t_3	3,5	4,2	4,8	6,5	8	9	11,5	14,5	16,5	21	25
	Senkungs-∅, Form J, K	d_6	8	10	11	15	18	20	26	33	40	48	57
	Senktiefe für DIN 912¹)	t_4	4,6	5,7	6,8	9	11	13	17,5	21,4	25,5	32	38
Scheibe DIN 125	Außen-∅	d_8	9	10	12,5	17	21	24	30	37	44	56	66
	Dicke	s_2	0,8	1	1,6	1,6	2	2,5	3	3	4	4	5
Federring für Sechs-kantschraube DIN 128	Außen-∅	d_{10}	7,6	9,2	11,8	14,8	18,1	21,1	27,4	33,6	40	48,2	58,2
	Dicke	s_3	0,8	1	1,3	1,6	1,8	2,1	2,8	3,2	4	6	6
Federring für Zylinder-schraube DIN 7980	Außen-∅	d_{11}	7	8,8	9,9	12,7	16	18	24,4	30,6	35,9	44,1	52,2
	Dicke	s_4	1,2	1,6	1,6	2	2,5	2,5	3,5	4,5	5	6	7
	²) Stufung der Längen l_1, l_2 u. l_3		12	14	16	18	20	(22)	25	(28)	30	35	40
			55	60	65	70	75	80	(85)	90	(95)	100	110

¹) Werden Federringe verwendet, ändert sich die Senktiefe t um die Dicke der Federringe.
²) Gewindeabmessungen nach DIN 13 T1, s. Tab. **7.8**.   ³) Nach DIN ISO 273, Ausführung mittel.

Vierkantunterlegscheiben (4.105) mit passender Neigung werden an den Flanschen der [- und I-Stähle gebraucht.

Eine Zusammenstellung von Maßen der gebräuchlichsten Schrauben, Muttern sowie der zugehörigen Konstruktions- und Einbaumaße bringt Tabelle **7**.73 auf S. 193.

Rändel (DIN 82) erhöhen die Griffsicherheit und entstehen durch Eindrücken spitzgezahnter, gehärteter Rändelräder (DIN 403) in den Mantel des sich drehenden Teils. Durch Herausquetschen des Werkstoffs wird der Nenndurchmesser d_1 größer als der Ausgangsdurchmesser d_2 (**7**.74). Er läßt sich für Rändel mit Profilwinkel 90° (je nach Form des Rändels und Größe der Teilung) aus den in Tabelle **7**.78 angegebenen Formeln errechnen. Hierbei sind jedoch die beim Rändelvorgang entstehende Balligkeit der Riefen und die spezifischen Eigenschaften der zu rändelnden Werkstoffe nicht berücksichtigt. Rändel mit Profilwinkel 105° sind ebenfalls möglich. Folgende Teilungen t sind genormt: 0,5, 0,6, 0,8, 1, 1,2, 1,6 mm.

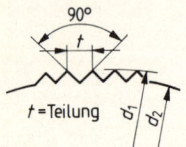
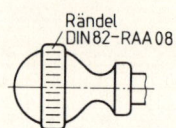
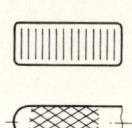
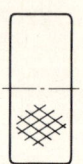

7.74 Aufwerfen des Werkstoffs	**7**.75 Kennzeichnung einer Rändelung	**7**.76 Fortfall der Begrenzungslinien	**7**.77 Andeutung eines Rändels

Tabelle **7**.78 **Formen und Benennungen der Rändel**

Form	RAA	RBL	RBR	RGE	RGV	RKE	RKV
Benennung	Rändel mit achsparallelen Riefen	Linksrändel	Rechtsrändel	Links-Rechtsrändel, Spitzen erhöht[1]	Links-Rechtsrändel, Spitzen vertieft[2]	Kreuzrändel, Spitzen erhöht	Kreuzrändel, Spitzen vertieft
Darstellung							
Ausgangs-∅ d_2	$d_1 - 0,5\,t$			$d_1 - 0,67\,t$	$d_1 - 0,33\,t$	$d_1 - 0,67\,t$	$d_1 - 0,33\,t$

[1] Alte Benennung „Kordel"
[2] Alte Benennung „Negativ Kordel"

An Stelle der Fase kann eine Rundung treten, Kreuzrändel wird bisweilen nur angedeutet (**7**.77).

Ein Kreuzrändel, Spitzen erhöht (RKE) mit einer Teilung $t = 0,8$ mm, wird bezeichnet: Rändel DIN 82–RKE 08.

Rändel werden mit schmalen Vollinien angedeutet und haben keine seitlichen Begrenzungslinien, wenn sie auf einer Wölbung auslaufen oder auf einem Teil des Mantels liegen (**7**.76).

194

7.1.3 Verbindungen mit Schrauben und Muttern

Sie lassen sich beliebig oft ohne Zerstörung der Verbindungselemente auseinandernehmen und zusammensetzen. Daher heißen sie lösbare Verbindungen.

Maschinenschraubverbindungen (**7**.79). Die zu verbindenden Teile haben durchgehende Löcher; Muttern und Unterlegscheiben werden nicht im Schnitt dargestellt. Die Schraubenlänge wählt man so, daß das Schaftende aus der Mutter nur wenig herausragt.

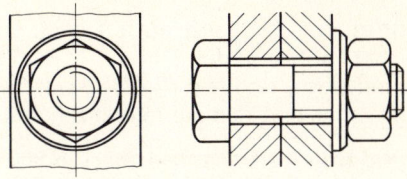

7.79   Maschinenschraubverbindung

Abmessungen hierüber sind in DIN 78 enthalten. Die Trennlinie der zusammengeschraubten Werkstücke wird bis an den Schraubenschaft herangeführt.

Durchgangslöcher sind etwas größer als die Schraubendurchmesser und in DIN ISO 273 festgelegt (Tabelle **7**.80). Sinnbilder für Durchgangs- und Gewindelöcher vorzugsweise für den Metallbau s. DIN ISO 5261.

Tabelle **7**.80 **Durchgangslöcher nach DIN ISO 273 für Schrauben**

Gewindedurchmesser d	3	4	5	6	8	10	12	16	20	24	30
Durchgangsloch d_h (**7**.81)	3,4	4,5	5,5	6,6	9	11	13,5	17,5	22	26	33

Kopfschraubenverbindung (**7**.81). Ein Werkstück hat ein Gewindegrundloch, das andere ein Durchgangsloch. Von dem Gewindegrundloch ist nur der Teil zu zeichnen, der vom Schraubenschaft nicht verdeckt ist. In Grauguß, Weich- und Leichtmetall können die ersten Gewindegänge durch häufiges Ein- und Ausschrauben beschädigt werden. Bei Verwendung von Stiftschrauben besteht diese Gefahr nicht.

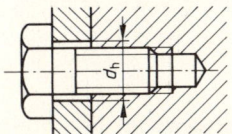 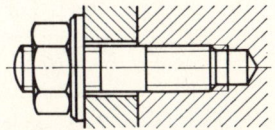 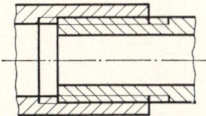

7.81   Kopfschraubenverbindung   7.82   Stiftschraubenverbindung   7.83   Rohrverschraubung

Stiftschraubenverbindung (**7**.82). Stiftschrauben werden in der ganzen Länge des Einschraubgewindes einschließlich des Gewindeauslaufs fest eingedreht. Die breite Gewindebegrenzungslinie gemäß ISO-Darstellung kennzeichnet stets das Ende der vollausgeschnittenen Gewindegänge. Sie wird daher am Einschraubende gegenüber der Oberkante des Gewindelochs um die Größe des Gewindeauslaufs versetzt, die DIN 76 T1 entnommen werden kann (s. Tab. **7**.41).

Für Stiftschrauben ohne Gewinderille am Einschraubende sind Aussenkungen der Gewindelöcher unter einem Senkwinkel von 60° empfehlenswert, für Stiftschrauben in Leichtmetall zylindrische Aussenkungen, die allerdings gezeichnet und bemaßt werden müssen.

Rohrverschraubung (**7**.83 auf S. 195). Bei der im Schnitt dargestellten Rohrverschraubung wird das Innengewinde des äußeren Rohrs durch das Außengewinde des inneren Rohrs verdeckt.

Senkungen (DIN 74 T1 bis T3)

Senkungen für Senkschrauben nach DIN 74 T1 (**7**.84, **7**.85) bestehen infolge unterschiedlicher Größen in den Formen A, B, C und E. Für A und B gibt es zwei Ausführungen, nämlich mittel (m) und fein (f). Die Senkungen „fein" haben zylindrische Vertiefungen, kleinere Bohrungen und kleinere Toleranzen und liegen daher enger an (**7**.80). Man verwendet:

A vorwiegend für Senkschrauben nach DIN 963 und 965 und Linsensenkschrauben nach DIN 964 und 966 sowie für Senkholzschrauben nach DIN 97 und DIN 7997 und für Linsensenkholzschrauben nach DIN 95 und DIN 7995.

B vorwiegend für Senkschrauben nach DIN 7991.

C für Senkblechschrauben nach DIN 7972 und DIN 7982 und Linsensenkblechschrauben nach DIN 7973 und DIN 7983,

E für Senkschrauben nach DIN 7969 (für Stahlbaukonstruktionen).

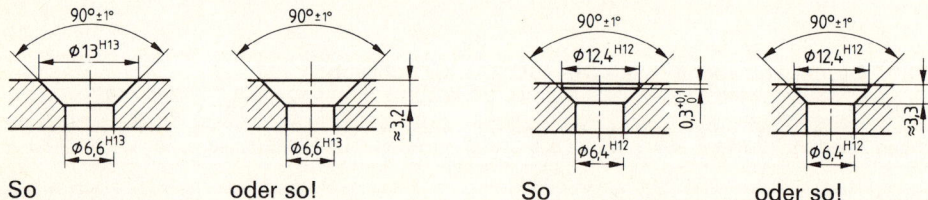

So   oder so!   So   oder so!

7.84 Senkung B „mittel"   **7**.85 Senkung B „fein"

Senkungen können verschieden bemaßt werden. Der Mittelpunkt für das Winkelmaß liegt im Schnittpunkt der verlängerten Kegelseiten. Ist die Senktiefe größer als die Dicke des Werkstoffs, wird auch das Anschlußteil ausgesenkt, und zwar etwas weiter, da die Schraube sonst nicht anzieht (**7**.86). Besonders in Kleindarstellungen können an Stelle der Maße Kurzzeichen treten (**7**.87).

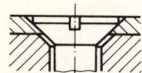

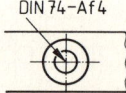

7.86 Angesenktes Anschlußteil   **7**.87 Kurzbezeichnung für Senkung

Beispiel   DIN 74−Bm 6 bedeutet Senkung B mittel, für 6 mm Gewindedurchmesser, nach DIN 74 T1.

Senkungen für Zylinderschrauben werden nach DIN 74 T2 ebenfalls in den Ausführungen fein (f) und mittel (m) hergestellt. Kennbuchstaben der Senkungen:

H für Zylinderschrauben nach DIN 84 und DIN 7984 und Gewindeschneidschrauben Form B nach DIN 7513,

J für Zylinderschrauben mit Innensechskant nach DIN 6912,

K für solche nach DIN 912.

Für Schrauben von 12 mm Gewindedurchmesser und größer werden die Durchgangslöcher mit einer 90°-Senkung versehen (**7**.88) oder gerundet, sonst nur entgratet (**7**.89).

196

7.88 Senkung
DIN 74 – Hm 24

7.89 Senkung
DIN 74 – Hm 10

Tabelle **7.90** **Senkung H nach DIN 74 T 2 für Zylinderschrauben von Gewindedurchmesser 1 bis 1,6**

Gewinde-∅		1	1,2	1,4	1,6
d_1 mittel (m)	H13	1,2	1,4	1,6	1,8
fein (f)	H12	1,1	1,3	1,5	1,7
d_2	H13	2,2	2,5	2,8	3,3
t_1 für Senkung H		0,8	0,9	1	1,2

Die Senkung der Ausführung mittel wird für eine Zylinderschraube M24 nach DIN 84 bezeichnet: DIN 74 – Hm 24. Senkungen sind nach **7.88** und **7.89** zu bemaßen oder vereinfacht mit Kurzzeichen zu versehen (**7.87**). Ist eine andere als die genormte Senktiefe einzuhalten, wird das Kurzzeichen erweitert (z. B. DIN 74 – Hm 24 × 16). Werte s. Tabelle **7.90** und **7.91**.

Tabelle **7.91** **Senkungen H, J, K sowie H 1[1]) bis K 2[2]) nach DIN 74 T 2 für Zylinderschrauben von Gewindedurchmesser 2 bis 48**

Gewinde-∅			2	2,5	3	3,5	4	5	6	8	10	12
d_1	mittel (m)	H13	2,4	2,9	3,4	3,9	4,5	5,5	6,6	9	11	13,5
	fein (f)	H12	2,2	2,7	3,2	3,7	4,3	5,3	6,4	8,4	10,5	13
d_2		H13	4,3	5	6	6,5	8	10	11	15	18	20
t	für Senkung	H	1,6	2	2,4	2,9	3,2	4	4,7	6	7	8
		J	–	–	–	–	3,4	4,2	4,8	6	7,5	8,5
		K	2,3	2,9	3,4	–	4,6	5,7	6,8	9	11	13
d_4	für Senkung	H1, J1, K1	5,5	6,5	7	8	9	11	13	18	20	24
H13		H2, J2, K2	6	8	9	9	10	13	13	20	24	26
t	für Senkung	H1, H2	2,2	2,7	3,3	3,8	4,5	5,5	6,5	8	9,5	11
		J1, J2	–	–	–	–	4,5	5,5	6,5	8	9,5	11
		K1, K2	–	–	4,3	–	5,5	7	8,5	11	13,5	16

Gewinde-∅			14	16	18	20	22	24	27	30	33	36	42	48
d_1	mittel (m)	H13	15,5	17,5	20	22	24	26	30	33	36	39	45	52
	fein (f)	H12	15	17	19	21	23	25	–	–	–	–	–	–
d_2		H13	24	26	30	33	36	40	43	48	53	57	66	76
t	für Senkung	H	9	10,5	11,5	12,5	13,5	14,5	–	–	–	–	–	–
		J	9,5	11,5	12,5	13,5	14,5	15,5	17,5	19,5	21,5	23,5	–	–
		K	15	17,5	19,5	21,5	23,5	25,5	28,5	32	35	38	44	50
d_4	für Senkung	H1, J1, K1	26	30	33	36	40	43	46	53	57	61	71	78
H13		H2, J2, K2	30	33	36	40	43	46	53	61	63	71	82	98
t	für Senkung	H1, H2	12,5	14	15	16,5	17,5	19,5	–	–	–	–	–	–
		J1, J2	12,5	15	16	17,5	18,5	20,5	22,5	25,5	27,5	29,5	–	–
		K1, K2	18,5	21	23	25,5	27,5	30,5	33,5	38	41	44	52	59

[1]) H 1 bis K 1: für Schrauben Federring nach DIN 128 oder Federscheibe A nach DIN 137 oder Scheibe nach DIN 433 oder Zahnscheibe nach DIN 6797 oder Fächerscheiben nach DIN 6798.
[2]) H 2 bis K 2: für Schrauben mit Scheibe nach DIN 125 oder A nach DIN 6902 oder Federscheibe B nach DIN 137.

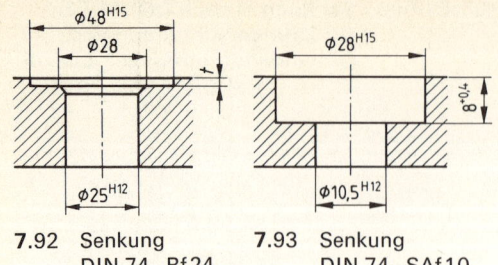

7.92 Senkung
DIN 74 – Rf 24
(*t* so klein wie möglich)

7.93 Senkung
DIN 74 – SAf 10

DIN 74 T3 enthält Senkungen für Sechskantschrauben und -muttern (Kennbuchstaben R, SA, TA) mit normalen Schlüsselweiten, und zwar als Ansenkungen zur besseren Anlage der Schraubteile (**7.92**), ferner als Aussenkungen zum Einlassen der Teile einschließlich Scheiben und Schraubensicherungen und mit Raum zum Aufstecken und Betätigen der Werkzeuge (**7.93**). Werte für R s. Tabelle **7.94**.

Tabelle **7.94** **Senkung R nach DIN 74 T 3 für Sechskantschrauben und -muttern von Gewindedurchmesser 2 bis 52 (56 bis 120 s. Norm)**

Gewinde-$\varnothing$			2	2,5	3	3,5	4	5	6	8	10	12	14	16	18	20	22	24
d_1	mittel (m)	H13	2,4	2,9	3,4	3,9	4,5	5,5	6,6	9	11	14	16	18	20	22	24	26
	fein (f)	H12	2,2	2,7	3,2	3,7	4,3	5,3	6,4	8,4	10,5	13	15	17	19	21	23	25
d_5		H15	6	8	9	9	10	11	13	18	22	26	30	33	36	40	43	48

Gewinde-$\varnothing$			27	30	33	36	39	42	45	48	52
d_1[1]	mittel (m)	H13	30	33	36	39	42	45	48	52	56
d_5		H15	53	61	66	71	76	82	89	98	107

[1] d_1 fein (f) nur für Gewindedurchmesser $\leqq 24$
Senkungen SA und TA s. Norm

In DIN 974 sind Senkdurchmesser für zylindrische Senkungen, besonders für Senkungen nach DIN 74 T1 bis T3, enthalten, die zwecks wirtschaftlicher Beschränkung der Senkwerkzeuge in jedem geeigneten Fall angewendet werden sollten (**7.95**).

Tabelle **7.95** **Senkdurchmesser *d* für zylindrische Senkungen (DIN 974)**

2,2	2,5	2,8	3,3	3,8	4,3	5	5,5	6	6,5	7	8	9	10	11	13	15	18	(19)
20	22	(23)	24	26	(27)	28	30	(32)	33	36	(37)	40	43	(45)	46	(47)
48	50	(52)	53	(56)	57	61	63	(65)	66	(69)	71	(73)	76	78	82	89	92
98	107	112	118	125	132	140	150	162	170	180	190	200	224

Werte in Klammern sind nur für Einschraubzapfen DIN 3852 vorgesehen.

Schraubensicherungen

Schraubenverbindungen an beweglichen Teilen und solche, die Erschütterungen ausgesetzt sind, müssen gegen Lockern gesichert werden. Das geschieht unter anderem durch:

Doppelmuttern (**7.96**). Die z u e r s t aufgeschraubte Mutter kann niedriger als die andere sein. Flache Sechskantmuttern s. DIN 439.

Kronenmuttern mit Splint (**7.97**). Die Nachstellmöglichkeit ist durch mehrere Schlitze in der Krone gewährleistet. Splinte s. Abschn. 7.3.3.

198

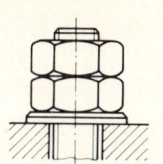
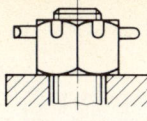
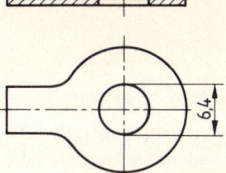

7.96   Doppelmutter

7.97   Kronenmutter
mit Splint

7.98   Sicherungsblech
DIN 93–6,4

Sicherungsbleche mit Lappen (**7**.98). Der Lappen wird nach dem Festziehen der Mutter umgebogen (**7**.99). Es müssen immer beide Teile – Schraube und Mutter – gesichert sein.

Sicherungsbleche mit Nase (**7**.100). Die Nase wird vor dem Festziehen und Umbiegen in eine Bohrung eingelassen (**7**.101). Auch hier sind beide Teile (Schraube und Mutter) zu sichern.

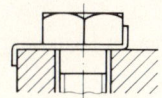
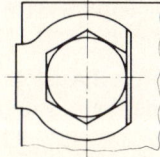
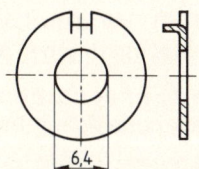
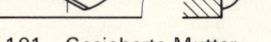
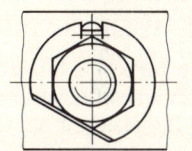

7.99   Gesicherte Schraube

7.100   Sicherungsblech
DIN 432–6,4

7.101   Gesicherte Mutter

Federringe nach DIN 128 (**7**.102) haben meißelförmig angeschärfte Enden, die als Form A aufgebogen und als Form B glatt sind. Sie dringen beim Festschrauben in den Werkstoff ein (**7**.103). Federringe für Zylinderschrauben s. DIN 7980 (**7**.104). Maße für Federringe nach DIN 128 Form A und DIN 7980 s. Tabelle **7**.73.

Form A   Form B
gewölbt   gewellt

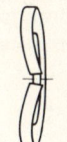
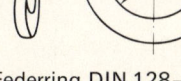
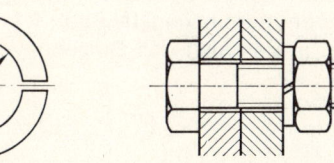
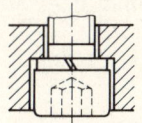

7.102   Federring DIN 128–A6
Federring DIN 128–B6

7.103   Sicherung
durch Federring

7.104   Sicherung
durch Federring

Federscheiben nach DIN 137 sind als Form A gewölbt oder als Form B gewellt (**7**.105). Die gewölbten Scheiben werden meist für Verbindungen durch Zylinder- und Halbrundschrauben, die gewellten Scheiben für Verbindungen durch Sechskantschrauben verwendet.

199

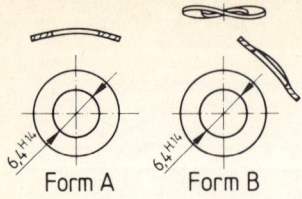
Form A   Form B

7.105 Federscheibe DIN 137–A6
Federscheibe DIN 137–B6

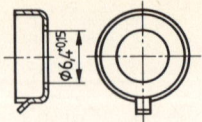

7.106 Sicherungsnapf
DIN 526–6

Sicherungsnäpfe nach DIN 526 für versenkte Zylinderschrauben nach DIN 84 (**7.106**). Die Sicherung erfolgt durch in eine Nut gelegte Lasche und den in den Schraubenschlitz eingedrückten Rand (**7.107**).

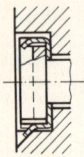 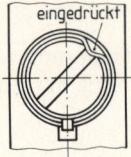

7.107 Sicherung der
Zylinderschraube

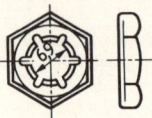

7.108 Sicherungsmutter
DIN 7967–M6

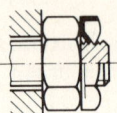

7.109 Sicherung der Sechskantmutter

Sicherungsmuttern aus Blech (**7.108**) werden nach dem Aufschrauben von Hand mit einem Schraubenschlüssel angezogen (**7.109**). Vor dem Lösen wird die gesicherte Sechskantmutter kräftig angezogen, damit die Federwirkung der Sperrzähne aufgehoben wird.

Fächerscheiben (**7.110**) und federnde Zahnscheiben (**7.111**) gibt es in je 3 Ausführungen, und zwar mit Außenverzahnung als Form A, mit Innenverzahnung als Form J und für kegelige Senkungen als Form V.

Form A

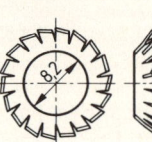
Form V

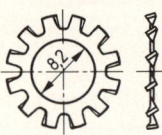
Form A

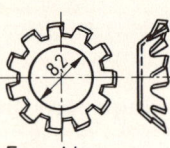
Form V

7.110 Fächerscheibe DIN 6798–A8,2
Fächerscheibe DIN 6798–V8,2

7.111 Zahnscheibe DIN 6797–A8,2
Zahnscheibe DIN 6797–V8,2

Sechskantmuttern mit Klemmteil (selbstsichernde Muttern) nach DIN 985 (**7.112**) haben einen Einsatz aus Polyamid, Hutmuttern nach DIN 986 (**7.113**) ein solches Klemmteil aus Polyamid oder aus Vulkanfieber, in den sich das Bolzengewinde beim Aufschrauben eindrückt.

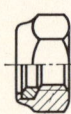

7.112 Sechskantmutter mit Klemmteil
DIN 985

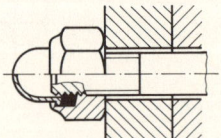

7.113 Hutmutter mit Klemmteil
DIN 986

Tab. **7.114** gibt eine Übersicht über die Anwendung und Wirksamkeit der Schraubensicherungen.

200

Tabelle 7.114 Schraubensicherungen, Anwendung und Wirksamkeit (nach DIN 25 201)

Ursachen des Vorspannkraftabfalls	Sicherungsart	Funktionsart[1]	Sicherungselement[1]	Bild	Grundregel	Anwendungsbereich
Lockern	Setzsicherung	mitverspannt federnd	Tellerfeder nach DIN 2093; Spannscheibe nach DIN 6796; Federring nach DIN 128	7.221; 7.103	Keine Sicherung gegen Losdrehvorgänge unter wechselnden Querbelastungen; daher nur begrenzt wirksam und anzuwenden bei axial beanspruchten Schrauben der unteren Festigkeitsklassen zur Kompensierung von Setzbeträgen.	nur bei Schrauben der Festigkeitsklassen < 8.8
		mitverspannt Flächenpressung herabsetzend	Unterlegscheibe St 50 oder gehärtet, möglichst großflächig	7.72; 7.73	Überall dort anzuwenden, wo hoch vorgespannte Schraubenverbindungen überwiegend senkrecht zur Schraubenachse beansprucht werden und keine gehärteten Oberflächen vorhanden sind.	Härte der Auflagerflächen muß niedriger als die der Auflageflächen von Schraube und Mutter bzw. der mitverspannten Elemente sein
		sperrend z.T. mitverspannt	Sperrzahnschraube, Sperrzahnmutter, Sicherungsschraube[2], Keilsicherungsscheibenpaare[2] Sicherungsring[2] Sperrkantring[2]	–; 7.172 u. 7.173; –; –	Überall dort anzuwenden, wo hoch vorgespannte Schraubenverbindungen überwiegend senkrecht zur Schraubenachse beansprucht werden und gehärtete Oberflächen den Einsatz sperrender Schraubenelemente nicht erlauben.	temperaturabhängig (ohne Entfettung)
	Losdrehsicherung	klebend	Mikroverkapselter Klebstoff	–	Die Temperaturgrenzen für die zur Anwendung kommenden Kleber sind zu beachten.	
			Flüssigklebstoff	–		temperaturabhängig (Entfettung erforderlich)
Losdrehen		nicht lösbar	Schweißpunkt	–	Kann nur bei Schrauben der unteren Festigkeitsklassen angewendet werden.	nur bei Schrauben der Festigkeitsklassen < 8.8
		mitverspannt formschlüssig	Scheibe mit Lappen[3] nach DIN 93; Scheibe mit Außennase[3] nach DIN 432; Scheibe mit zwei Lappen[3] nach DIN 463; Kronenmutter[3] nach DIN 935 T1 und T3 und DIN 937, mit Splint nach DIN 94	7.98; 7.100; 7.70; 7.97 u. 7.171	Nur dort einzusetzen, wo Schrauben der unteren Festigkeitsklassen überwiegend senkrecht zur Schraubenachse beansprucht werden.	nur bei Schrauben der Festigkeitsklassen < 8.8
	Verliersicherung	klemmend	Muttern mit Klemmteil nach DIN 6924, DIN 6925, DIN 6926, DIN 6927; Gewindefurchende Schrauben nach DIN 7500 T1 und T2; Schrauben mit Kunststoffbeschichtung im Gewinde	7.112; 7.113; –	Dort einzusetzen, wo es bei querbelasteten Schraubenverbindungen primär darum geht, eine restliche Vorspannkraft zu erhalten und die Verbindung gegen Auseinanderfallen zu sichern.	z.T. temperaturabhängig

[1] Die aufgeführten Sicherungselemente sind Beispiele, die andere gleichwertige Sicherungen nicht ausschließen.
[2] Diese Sicherungselemente sind nur wirksam, wenn sie direkt unter dem Schraubenkopf und der Mutter angeordnet sind.
[3] In Teilen der Fachliteratur aufgrund neuer Erkenntnisse als teilweise unwirksam bezeichnet, daher nur bei untergeordneten Verbindungen anzuwenden.

7.1.4 Vereinfachte Darstellung von Bohrungen, Gewinden und Gewindeteilen

Bohrungen, Senkungen, Gewinde und Schrauben können vereinfacht gezeichnet werden. Maß- und Maßhilfslinien werden hierbei durch Bezugslinien ersetzt, die von den Darstellungen zu den Maßbezeichnungen führen (**7.115**).

Tabelle **7.115** **Beispiele von Kleindarstellungen (DIN 30)**

	Vorderansichten		Draufsichten	
	vereinfacht	weiter vereinfacht	vereinfacht	weiter vereinfacht
Bohrungen	$\phi 2$ / $\phi 2$ / 5	$\phi 2$ / $\phi 2\text{-}5$	$\phi 3$ R-$\phi 3,5\text{-}6$[1]	$\phi 3$ R-$\phi 3,5\text{-}6$[1]
Senkungen	DIN 75-Af3 / DIN 74-Hm 2,6	DIN 75-Af3 / DIN 74-Hm 2,6	DIN 75-Af3 / R-DIN 74-Hm 2,6	DIN 75-Af3 / R-DIN 74-Hm 2,6
Gewinde	M3 / M3	M3 / M3-5	M5 R-M4-10/14[2]	M5 R-M4-10/14[2]
Schraubverbindungen	DIN 63-M3×8-Ms / DIN 933-M3×12-4,6 / DIN 433-3,2-Ms / DIN 934-M3-Ms	DIN 63-M3×8-Ms / DIN 933-M3×12-4,6 / DIN 433-3,2-Ms / DIN 934-M3-Ms	DIN 63-M5×10-Ms / DIN 933-M3×12-4,6 / R-DIN 433-3,2-Ms / R-DIN 934-M3-Ms	DIN 63-M5×10-Ms / DIN 933-M3×12-4,6 / R-DIN 433-3,2-Ms / R-DIN 934-M3-Ms
kegelige Bohrungen	$\phi 5\,\triangledown\,1{:}50$ / $\phi 5\,\triangle\,1{:}50$	$\phi 5\triangledown 1{:}50$ $\phi 5\triangle 1{:}50$		$\phi 5\triangledown 1{:}50$ / $\phi 5\triangle 1{:}50$

[1] R = Rückseite
[2] Die Kernlochtiefe darf, soweit erforderlich, durch eine zusätzliche Maßzahl angegeben werden, die nach einem Schrägstrich angefügt wird.

Kleinste Darstellungen werden allein durch Mittellinien angedeutet. Die Bezugslinien liegen hierbei stets auf der Seite, auf der die Bohrungen, Senkungen und Gewinde beginnen oder die Schrauben eingesteckt werden. Sind diese verdeckt, wird eine sinngemäße Bezeichnung hinzugefügt (z. B. „untenliegend", „von unten einführen") und die Bezugslinie teilweise gestrichelt.

Bei kegeligen Bohrungen werden an der Maßlinie hinter der Durchmesserangabe das Kegelzeichen und das Kegelverhältnis angegeben, wobei das Kegelsymbol die Richtung der Verjüngung kennzeichnet. Eine Kegelverbindung zeigt Bild **7**.116.

Sinnbilder für Zeichnungen für den Metallbau s. DIN ISO 5261 in Abschn. 8.

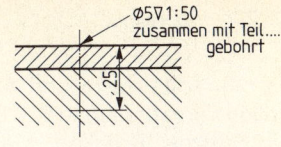

7.116 Kegelverbindung

Besonderheiten. Bei gedrückten Gewinden muß hinter dem Gewindekurzzeichen die Angabe „gedrückt" stehen (**7**.117). Blechdurchzüge mit Innengewinde (s. DIN 7952 T1 bis T4) sind nach Bild **7**.118 zu bemaßen; dabei bedeuten: V = vertieft, A = aufwärts. Wird Gewinde in eine Buchse erst nach dem Einnieten geschnitten, sind in der Darstellung der Buchse nur das Kernloch vorzusehen (**7**.119) und das Gewinde in der Gesamtzeichnung anzugeben (**7**.120).

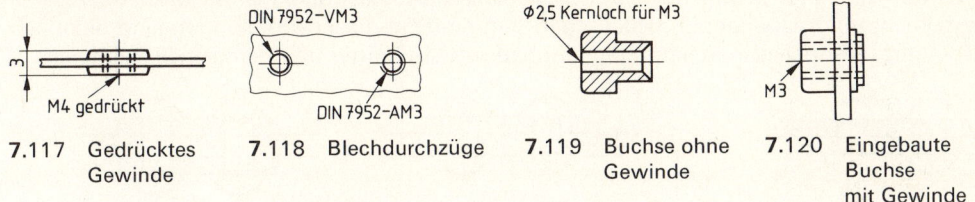

7.117 Gedrücktes Gewinde

7.118 Blechdurchzüge

7.119 Buchse ohne Gewinde

7.120 Eingebaute Buchse mit Gewinde

7.2 Nietverbindungen

Nietverbindungen sind unlösbar, ein Auseinandernehmen ohne Zerstörung der Niete oder der verbundenen Teile ist nicht möglich. Der geschlagene Niet besteht aus Setzkopf, Schaft und Schließkopf (**7**.121). Nietstähle sind in DIN 17111 genormt. Der S e t z k o p f befindet sich am S c h a f t des Rohniets, während der S c h l i e ß k o p f erst bei der Nietarbeit am anderen Schaftende entsteht. Die Gesamtdicke der zu verbindenden Teile heißt K l e m m l ä n g e.

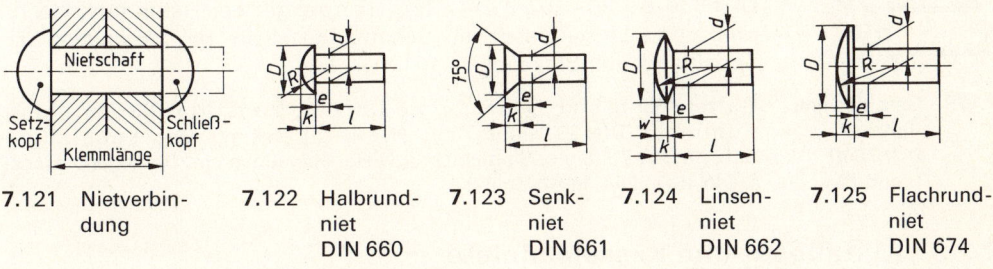

7.121 Nietverbindung

7.122 Halbrundniet DIN 660

7.123 Senkniet DIN 661

7.124 Linsenniet DIN 662

7.125 Flachrundniet DIN 674

Es gibt Halbrundniete (**7**.122), Senkniete (**7**.123), Linsenniete (**7**.124), Flachrundniete (**7**.125), Rohrniete (**7**.129) und andere. Der Schließkopf kann eine vom Setzkopf abweichende Form haben.

Der Durchmesser des geschlagenen Niets, der N i e t l o c h d u r c h m e s s e r d_1, richtet sich nach der kleinsten zur Verbindung gehörenden Plattendicke und ist für die Berechnung ausschlaggebend.

7.2.1 Arten

Es gibt feste, feste und dichte sowie dichte Nietverbindungen. Feste Nietverbindungen sollen vornehmlich Kräfte übertragen. Hierzu gehören die Nietverbindungen des Metallbaus, für Stützen, Brücken, Krane, Dachkonstruktionen, Blechträger u.a. Feste und dichte Nietverbindungen haben Bedeutung im Kesselbau. Sie unterscheiden sich äußerlich von den Nietverbindungen im Stahlbau durch größere Nietköpfe und kleinere Nietabstände. Dichte Nietverbindungen sind im Behälterbau erforderlich.

Übereinandergeschobene und vernietete Bleche ergeben eine Überlappungsnietung (**7**.126). Wird über stumpf aneinanderstoßende Bleche eine Lasche gelegt, handelt es sich um eine Laschennietung (**7**.127). Bei der Doppellaschennietung (**7**.128) liegen auf beiden Seiten der Bleche Laschen. Es gibt ferner einschnittige (**7**.126 und **7**.127) und mehrschnittige (**7**.128) Vernietungen, je nachdem, ob die Klemmlänge aus den Dicken zweier oder mehrerer Bleche besteht, der Nietschaft also ein- oder mehrmals auf Abscheren beansprucht wird. Überlappungsnietungen und einfache Laschennietungen sind demnach einschnittig, Doppellaschennietungen hingegen zweischnittig und demgemäß haltbarer.

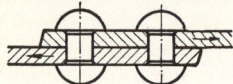   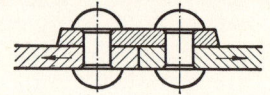   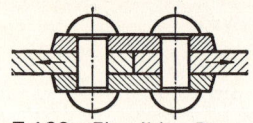

7.126 Zweireihige Überlappungs-   **7**.127 Einreihige Laschen-   **7**.128 Einreihige Doppel-
        nietung   nietung   laschennietung

Die Abmessungen für Nietverbindungen ergeben sich aus Festigkeitsberechnungen und Erfahrungswerten. Man kann sie den Zahlentafeln in technischen Handbüchern entnehmen. Nietverbindungen verlieren jedoch an Bedeutung; sie werden mehr und mehr durch Schweißverbindungen ersetzt.

7.2.2 Niete unter 10 mm Durchmesser

Sie werden kalt genietet (**7**.122 bis **7**.125 und **7**.129). Solche Verbindungen sind nicht sehr dicht und halten nur geringen Kräften stand. Der Schaftdurchmesser d wird im Abstand e vom Kopf gemessen. Der Nietbezeichnung werden DIN-Nummer, Durchmesser und Länge des Niets und Werkstoffangabe beigefügt, z.B. „Halbrundniet DIN 660-5×20−CuZn". Als Nietlänge gilt bei Halbrund-, Flachrund- und Linsennieten die Schaftlänge allein, bei Senknieten die Schaftlänge mit Setzkopf.

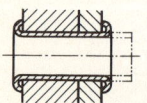

7.129 Geschlagener
        Rohrniet
        DIN 7340
        (Form B)

Weitere Niete sind: Riemenniete DIN 675, Nietstifte DIN 7341, ferner Hohlniete (DIN 7331 und 7339, Niete für Brems- und Kupplungsbeläge DIN 7338 u.a. Sinnbilder für Niete, Schrauben und Durchgangslöcher s. DIN ISO 5261, in Abschn. 8.

7.2.3 Metallbau- und Kesselbauniete

Sie haben Durchmesser von 10 bis 36 mm und werden warm genietet (**7**.130 bis **7**.132).

Rohnietdurchmesser d in mm	**10**	**12**	14	**16**	18	**20**	**22**	**24**	**27**	**30**	33	**36**
Nietlochdurchmesser d_1 in mm[1])	**11**	**13**	15	**17**	19	**21**	**23**	**25**	**28**	**31**	34	**37**

[1]) $d_1 = d + 1$ mm. Die fettgedruckten Größen werden bevorzugt.

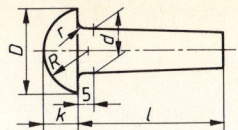

7.130 Halbrundniet
(für Kesselbau)

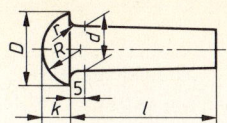

7.131 Halbrundniet DIN 124
(für Metallbau)

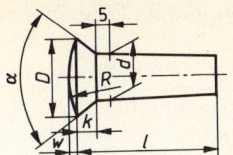

7.132 Senkniet DIN 302 (für
Metallbau und Kesselbau)

Die Klemmlänge soll aus Gründen der Herstellung nicht größer sein als der 4- bis 5fache
Nietlochdurchmesser. Bei Senknieten soll die Klemmlänge $6,5\,d_1$ nicht überschreiten. Für die
Wahl der Nietlängen sind die Normen nach folgender Übersicht heranzuziehen:

Nietlängen in Abhängigkeit von den Klemmlängen für	Metallbauniete	Kesselbauniete
Halbrundsetzkopf und Halbrundschließkopf	DIN 124	–
Halbrundsetzkopf und Senkschließkopf	DIN 124	–
Senksetzkopf und Senkschließkopf	DIN 302	DIN 302
Senksetzkopf und Halbrundschließkopf	DIN 302	DIN 302

Die vollständige Bezeichnung eines Senkniets von $d = 16$ mm und $l = 30$ mm lautet
„Senkniet DIN 302−16 × 30−USt 36-2''.

Kesselniete sind zwischen Nietschaft und
Setzkopf mit $r = 0,1\,d$ gerundet (**7**.130).
Hierfür wird das Nietloch unter 90° ausge-
senkt (**7**.133). Die Senktiefe a ist gleich dem
Halbmesser r.

Metallbauniete haben eine wesentlich
kleinere Ausrundung, so daß die Nietlöcher
nur zu entgraten sind (**7**.134).

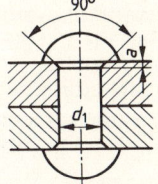

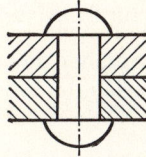

7.133 Kesselnietung **7**.134 Metallbaunietung

7.2.4 Nietdarstellungen

Niete werden in der Längsachse nicht geschnitten gezeichnet (**7**.135). Beim Blick auf die
Nietung in Richtung der Nietachsen (Seitenansicht) werden die Niete meist so dargestellt,
als seien die Köpfe abgebrochen. Ein Niet wird somit durch einen schraffierten Lochkreis
dargestellt, auch wenn es sich um einen Senkniet handelt. Sind die Kreise bei kleinen Zeich-
nungsmaßstäben jedoch so klein, daß das Zeichnen Schwierigkeiten bereitet, zeichnet man
die Kreise der Köpfe. Die Schraffur fällt dann fort.

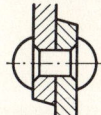 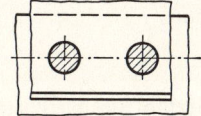

so

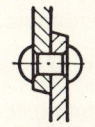 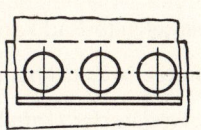

oder so

7.135 Darstellung einer Kesselnietverbindung

205

Nietverbindungen können v e r e i n f a c h t dargestellt werden:

Tabelle **7**.136   **Kleindarstellungen**

Vorderansicht		Draufsicht	
vereinfacht	weiter vereinfacht	vereinfacht	weiter vereinfacht
DIN 660–2×5–USt 36–2	DIN 660–2×5–USt 36–2 mit Senk–Schließkopf	DIN 660–2×5–USt 36–2 mit Senk–Schließkopf	DIN 660–2×5–USt 36–2 mit Senk–Schließkopf

Sinnbilder für Niete in Zeichnungen des Metallbaus s. DIN ISO 5261, Abschn. 8.

7.3   Keile, Federn, Bolzen und Stifte

7.3.1   Keile

Nach der Richtung des Eintreibens zur Achse unterscheidet man Querkeile und Längskeile, nach dem Verwendungszweck Befestigungs-, Spann- und Nachstellkeile. Keile bestehen gewöhnlich aus gezogenem Stahl St 50–1 K oder für Dicken > 25 mm St 60–2 K nach DIN 1652. Die Abmessungen am Querschnitt des Keilstahls sind toleriert.

Keile erzeugen durch ihren Anzug Pressungen, Keilverbindungen sind mithin S p a n n u n g s - v e r b i n d u n g e n und halten die Werkstücke meist durch Selbsthemmung zusammen. Die Keilneigung ist 1:15 bis 1:25, wenn die Verbindung oft gelöst werden muß, sonst 1:30 oder 1:40 und für Dauerverbindungen bis 1:100.

Querkeile dienen gewöhnlich zur Verbindung von Stangen (**7**.137) und werden rechtwinklig zu den Achsen der Werkstücke eingeschlagen, eingedrückt oder eingezogen.

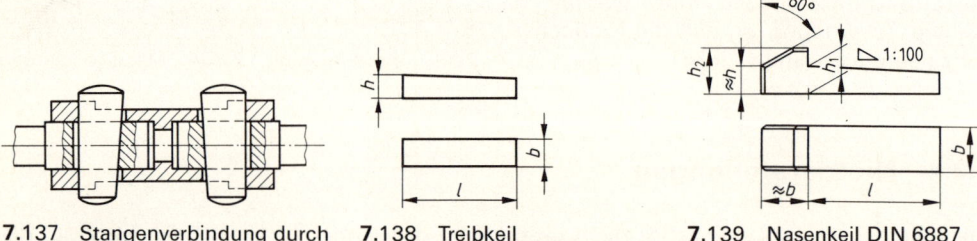

7.137   Stangenverbindung durch Querkeile

7.138   Treibkeil (Keil DIN 6886–B)

7.139   Nasenkeil DIN 6887

Längskeile dienen vorwiegend zur Befestigung von Zahnrädern und Riemenscheiben auf Wellen, damit Drehbewegungen übertragen werden können. Sie erfordern einen strammen Sitz der zu verbindenden Teile und liegen meist in der Wellen- und der Nabennut (**7**.148). Die Neigung der Längskeile und Nabennuten ist 1:100. Durch die Neigung entstehen beim Eintreiben Pressungen zwischen den Rückenflächen des Keils und den Nutgründen in Nabe und Welle. Das festgekeilte Rad kann dadurch Schlag bekommen.

Treibkeile haben gerade Stirnflächen (**7**.138).

Nasenkeile sind wegen der Unfallgefahr lediglich an geschützten Stellen zu verwenden, wenn nur von einer Seite ein- und ausgetrieben werden kann (**7**.139). Treibkeile und Nasenkeile können große Kräfte übertragen.

206

Flachkeile sind nicht so tief in die Nut eingelassen (**7.**140 und **7.**141) und können auch auf einer Abflachung der Welle liegen.

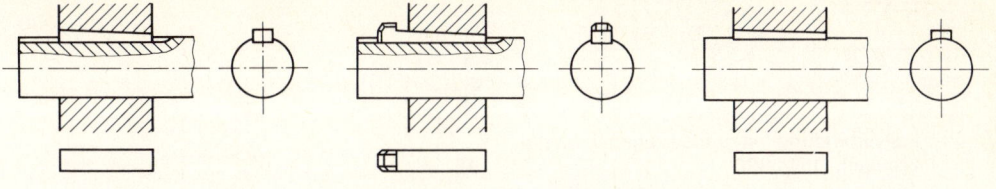

7.140   Flachkeil DIN 6883   **7.**141   Nasenflachkeil DIN 6884   **7.**142   Hohlkeil DIN 6881

Hohlkeile (**7.**142 und **7.**143) sitzen lediglich durch Reibung auf der Welle fest und übertragen nur geringe Kräfte.

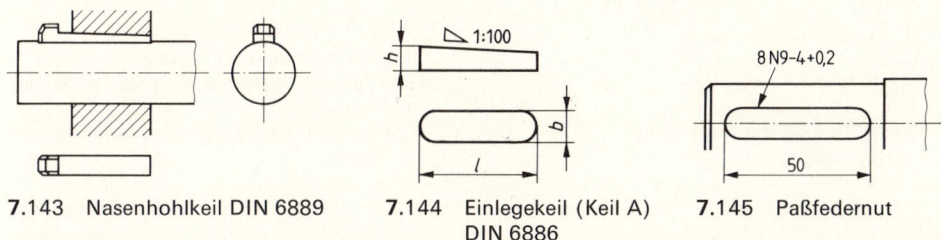

7.143   Nasenhohlkeil DIN 6889   **7.**144   Einlegekeil (Keil A)   **7.**145   Paßfedernut
                                                                        DIN 6886

Einlegekeile (**7.**144) haben runde Stirnflächen und werden an Stelle der Treibkeile und Nasenkeile gebraucht, wenn der Platz zum Aus- und zum Eintreiben fehlt. Der Einlegekeil wird vor dem Aufschieben des Nabenteils in die Wellennut eingelegt.

Zweckmäßige B e m a ß u n g einer Naben- und einer Wellennut zeigen die Bilder **7.**146 und **7.**147. Maße der Keilverbindungen nach DIN 6886 und DIN 6887 sind aus den Bildern **7.**148 und **7.**149 sowie Tabelle **7.**151 zu ersehen.

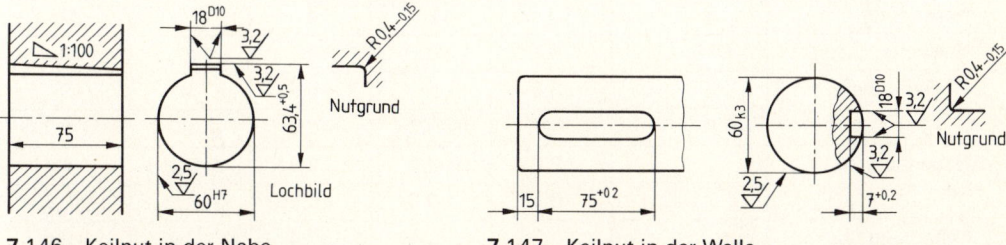

7.146   Keilnut in der Nabe   **7.**147   Keilnut in der Welle

Die Richtung der Neigung wird durch ein Symbol angegeben (**7.**144). Sie ist (abgesehen von Einlegekeilen) zugleich die Richtung, in der die Keile eingetrieben werden. An die Anzugsfläche der Keile wird ein Bezugshaken mit der Bemerkung „eingepaßt in lfd. Nr. ..." gesetzt (**7.**148 und **7.**149). Meist faßt man Bohrungsdurchmesser und Nuttiefe zu einem Maß zusammen (63,4$^{+0,5}$ in Bild **7.**146). Als Tiefe der Nabennut gilt stets die größte Tiefe. Vereinfacht kann sie mittels einer Hinweislinie angegeben werden, wobei die Toleranzangaben direkt dem zutreffenden Nennmaß zugeordnet werden (**7.**145).

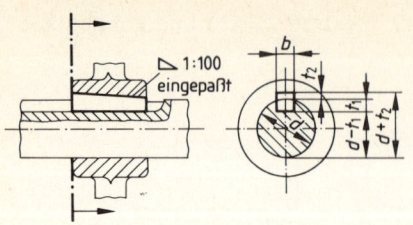

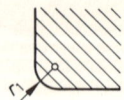

7.148 Keilverbindung mit rundstirnigem Einlegekeil nach DIN 6886

a)

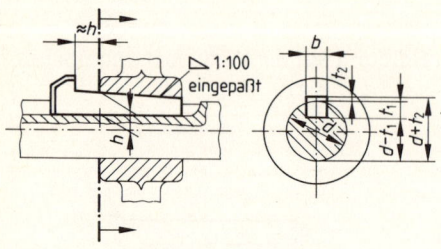

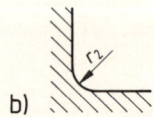

b)

7.150 Keil- und Nutgestaltung

a) Kantenbrechung (allseitig),
Schrägung/Rundung nach Wahl des
Herstellers

b) Rundung des Nutgrunds für Welle und
Nabe

7.149 Keilverbindung mit Nasenkeil
nach DIN 6887

Tabelle **7.151   Keilverbindungen nach DIN 6886 und DIN 6887**

Keilbreite	b h9	6	10	14	16	22
Keilhöhe	h Nennmaß	6	8	9	10	14
für Wellen-durchmesser d^1)	über	17	30	44	50	75
	bis	22	38	50	58	85
Keilhöhe	h_1	6,1	8,2	9,2	10,2	14,2
	zul. Abw.	−0,1	−0,2	−0,2	−0,2	−0,2
Nasenhöhe	h_2	10	12	14	16	22
Nutbreite	b D10	6	10	14	16	22
Wellennuttiefe	t_1	3,5	5	5,5	6	9
	zul. Abw.	+0,1	+0,2	+0,2	+0,2	+0,2
Nabennuttiefe	t_2	2,2	2,4	2,9	3,4	4,4
	zul. Abw.	+0,1	+0,2	+0,2	+0,2	+0,2
Schrägung oder Rundung	min.	0,25	0,4	0,4	0,4	0,6
	max.	0,4	0,6	0,6	0,6	0,8
Rundung des Nutgrunds	max.	0,25	0,4	0,4	0,4	0,6
	min.	0,16	0,25	0,25	0,25	0,4
Länge l (**7.138**)	von	16	25	40	45	70
	bis	70	110	160	180	250

[1]) Für Anschlußmaße, besonders von Wellenenden, ist die Zuordnung des Keilquerschnitts zu den
Wellendurchmessern unbedingt einzuhalten.

Keile haben genormte Bezeichnungen. Ein Treibkeil von 12 mm Breite, 8 mm Höhe und 70 mm Länge aus St 50−1 K wird bezeichnet: Keil DIN 6886−B 12 × 8 × 70−St 50−1 K.

Die Tiefe eines parallel zur Kegelachse liegenden Nutgrunds wird unter Berücksichtigung der Toleranzen möglichst von der Mantelfläche einer benachbarten Zylinderform aus bemaßt (**7**.152 a), sonst von der Kegelachse aus (**7**.152 b).

Bleibt an einer kegeligen Nabenbohrung ein Teil der zylindrisch vorgedrehten Bohrung erhalten, wird der Nutgrund vom gegenüberliegenden Scheitel der Bohrung aus angegeben (**7**.152 c), andernfalls von der Mittelachse aus (**7**.152 d).

Die Bemaßung der Tiefe einer parallel zur Kegelseitenlinie laufenden Nut geschieht nach Bild **7**.152 e und f.

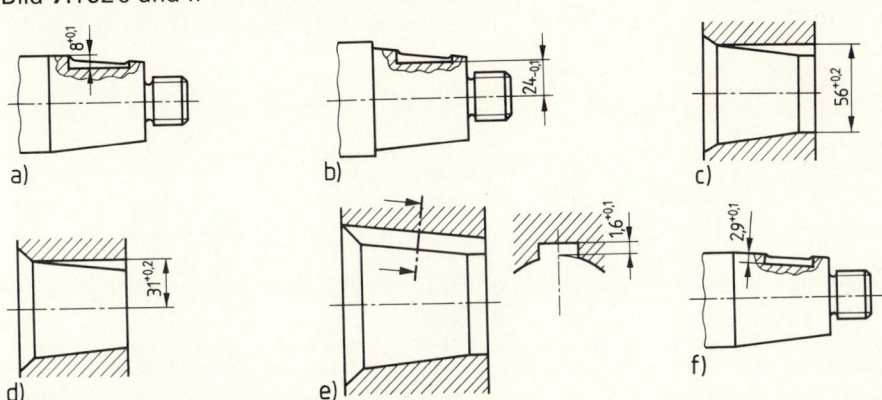

7.152 Besondere Bemaßung der Nuttiefen

Tangentkeile (DIN 271) übertragen sehr große Kräfte, z. B. von Kurbelwellen auf Schwungräder, und werden paarweise verwendet (**7**.153). Tritt wie in Walzwerken stoßartiger Wechseldruck auf, werden Tangentkeile mit größeren Abmessungen gewählt (DIN 268).

Spann- und Nachstellkeile haben größere Neigungen (1 : 10 oder 1 : 5) und damit keine Selbsthemmung (**7**.154). Der Keil wird durch eine Schraube angezogen und kann durch eine Gegenschraube gelöst werden; beide sind gegen Lockern zu sichern.

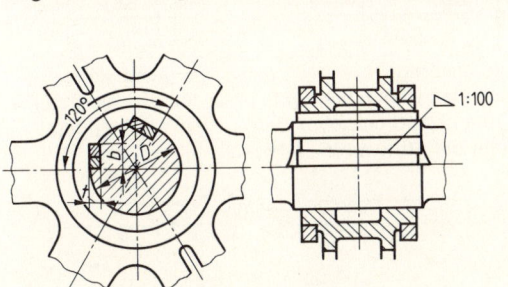

7.153 Tangentkeilnuten DIN 271

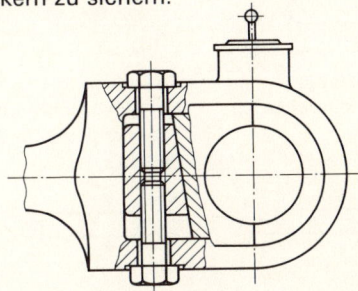

7.154 Stangenkopflager mit Spann- und Nachstellkeil

7.3.2 Paßfedern, Scheibenfedern, Keilwellenverbindungen und Kerbverzahnungen

Paßfedern haben keine Neigung, also keinen Anzug, und tragen nur mit den schmalen Längsseitenflächen, den Flanken (**7**.155). Sie übertragen Drehbewegungen und erlauben die

Verschiebung von Bohrung oder Welle in Achsrichtung. Diese Verbindungen sind spannungs-frei und heißen Mitnehmerverbindungen. Es gibt drei Ausführungen:

- hohe Paßfedern, DIN 6885 T1 (**7**.158),
- hohe Paßfedern für Werkzeugmaschinen, DIN 6885 T2,
- niedrige Paßfedern, DIN 6885 T3.

Paßfedern sind rund- oder geradstirnig, je nachdem, ob sie in eine mit dem Schaft- oder mit dem Scheibenfräser gefertigte Nut gelegt werden (**7**.158 Form A und B). Alle geradstirnigen Federn und die rundstirnigen, sofern sie zur Führung hin- und hergleitender Teile dienen, sind mit Zylinderschrauben zu befestigen (**7**.156 und Tab. **7**.159 auf S. 211). Federn unter 8×7-Querschnitt werden verstiftet, verstemmt oder fest eingepaßt. Zum bequemen Lösen aus der Nut dienen Abdrückschrauben (Form E und F) oder Schrägungen (Form G und H, **7**.158).

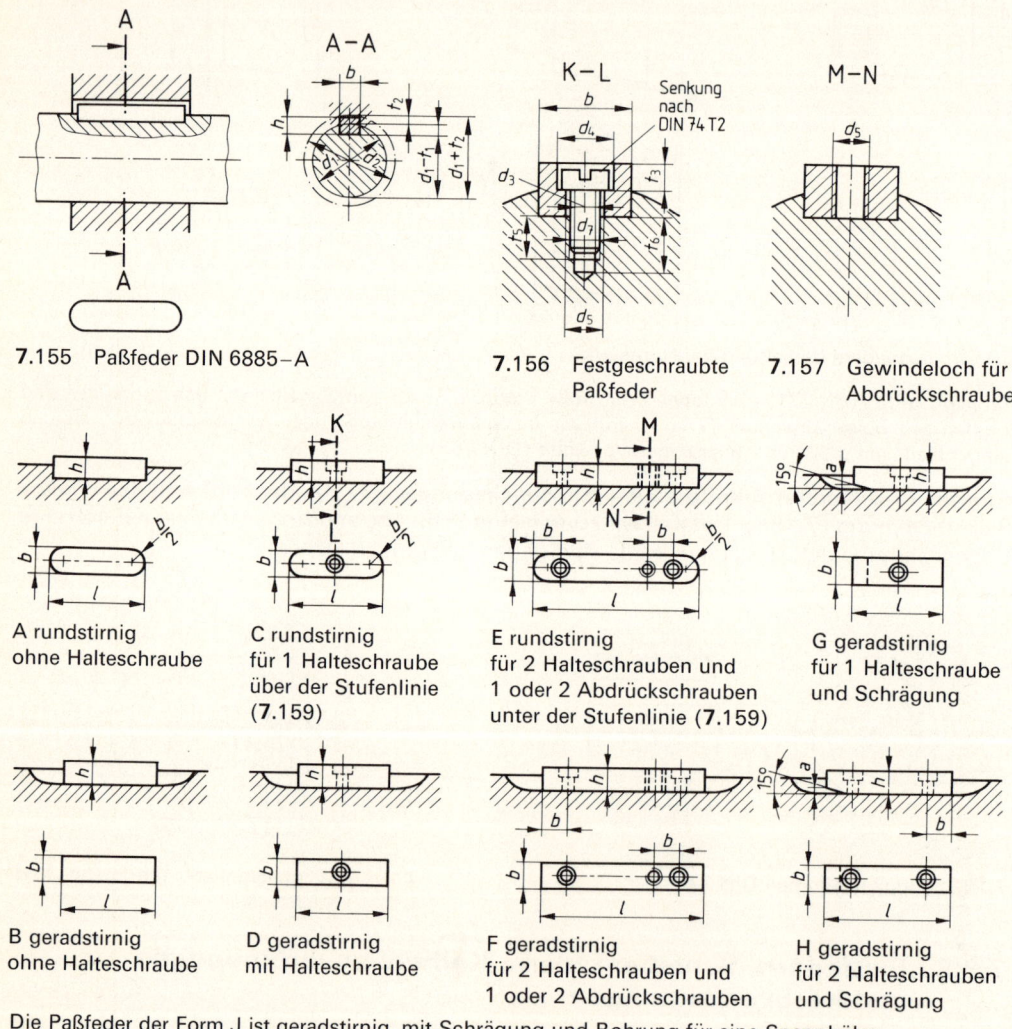

7.155   Paßfeder DIN 6885−A

7.156   Festgeschraubte Paßfeder

7.157   Gewindeloch für Abdrückschraube

A rundstirnig
ohne Halteschraube

C rundstirnig
für 1 Halteschraube
über der Stufenlinie
(**7**.159)

E rundstirnig
für 2 Halteschrauben und
1 oder 2 Abdrückschrauben
unter der Stufenlinie (**7**.159)

G geradstirnig
für 1 Halteschraube
und Schrägung

B geradstirnig
ohne Halteschraube

D geradstirnig
mit Halteschraube

F geradstirnig
für 2 Halteschrauben und
1 oder 2 Abdrückschrauben

H geradstirnig
für 2 Halteschrauben
und Schrägung

Die Paßfeder der Form J ist geradstirnig, mit Schrägung und Bohrung für eine Spannhülse.

7.158   Paßfedern DIN 6885 T1 (Auszug)

Tabelle 7.159 **Maße für Nute und Paßfedern nach DIN 6885 T 2**

Paßfeder-Querschnitt (Keilstahl nach DIN 6880)		Breite b	**10**	**12**	**14**	**16**	**18**
		Höhe h	**8**	**8**	**9**	**10**	**11**
Für Wellendurch-messer d_1[1])		über	30	38	44	50	58
		bis	38	44	50	58	65
Wellennut	Breite b	fester Sitz P 9	10	12	14	16	18
		leichter Sitz N 9					
	Tiefe	$t_1\ {}^{+0,2}_{\ \ 0}$	6	6	6,5	7,5	8
Nabennut	Breite b	fester Sitz P 9	10	12	14	16	18
		leichter Sitz JS 9					
	Tiefe	$t_2\ {}^{+0,2}_{\ \ 0}$	2,1	2,1	2,6	2,6	3,1
	d_2 Kleinstmaß[2])	d_1+	5,5	6	7	8	8,5

Länge l	zul. Abw. Feder	zul. Abw. Nut	Zuordnung der Längen durch × gekennzeichnet				
25	0 −0,2	+0,2 0	×				
28			×				
32		+0,3 0	×	×			
36			×	×			
40			×	×	×		
45	0 −0,3		×	×	×	×	
50			×	×	×	×	×
56			×	×	×	×	×
63			×	×	×	×	×
70			×	×	×	×	×
80			×	×	×	×	×
90	0 −0,5	+0,5 0	×	×	×	×	×
100			×	×	×	×	×
110			×	×	×	×	×

Bohrungen für Halte-schrauben und Abdrück-schrauben	Bohrungen der Paßfeder	d_3	3,4	4,5	5,5		6,6
		d_4	6	8	10		11
		d_5	M 3	M 4	M 5		M 6
		t_3	2,4	3,2	4,1		4,8
	Bohrungen der Welle	d_7	M 3	M 4	M 5		M 6
		t_5	5	6	6		6
		t_6	8	10	10		11
Halteschraube (Zylinderschraube nach DIN 7984 oder DIN 6912)			M 3 × 10	M 4 × 10	M 5 × 10		M 6 × 12

[1]) Für Anschlußmaße, besonders von zylindrischen Wellenenden, ist die Zuordnung der Paßfeder-Quer-schnitte zu den Wellen-Nenndurchmessern unbedingt einzuhalten. Die Zuordnung der Paßfeder-Querschnitte zu kegeligen Wellenenden und die Maße für die Nuttiefen sind den Normen über kegelige Wellenenden zu entnehmen.

[2]) Die Werte für d_2 entsprechen dem kleinsten Durchmesser von Teilen, die zentrisch über die Paßfeder übergeschoben werden können.

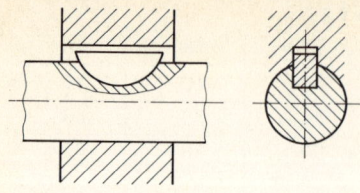

7.160 Scheibenfedern DIN 6888

Scheibenfedern haben Seitenflächen in Form von Kreisabschnitten und sind besonders an Werkzeugmaschinen üblich (**7.160**). Die Herstellung ist verhältnismäßig billig, doch wird die Welle durch die tiefere Nut merklich geschwächt. (S. auch DIN 748 T1 und T3 Zylindrische Wellenenden.)

Paßfedern haben genormte Bezeichnungen. Für eine Feder der Form A von 20 mm Breite, 12 mm Höhe und 100 mm Länge aus ST 50–1 K lautet die Bezeichnung:

Paßfeder DIN 6885–A 20 × 12 × 100–St 50–1 K–DIN 1652.

Keilwellenverbindungen übertragen große Kräfte. Keilwellenverbindungen mit geraden Flanken (**7.161**) eignen sich besonders für Verschieberäder in Hochleistungsschaltgetrieben und sind in DIN ISO 14, DIN 5464, DIN 5466 T1, DIN 5471 und DIN 5472 genormt. Die vorstehenden Rippen haben überall gleiche Höhe, also keinen Anzug, und sind als einzelne Längsfedern anzusehen. Zahnnaben- und Zahnwellenprofile mit Evolventenflanken s. DIN 5480 (mehrere Teile) und DIN 5481 T1 und T3.

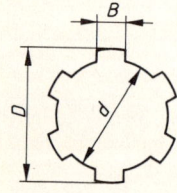

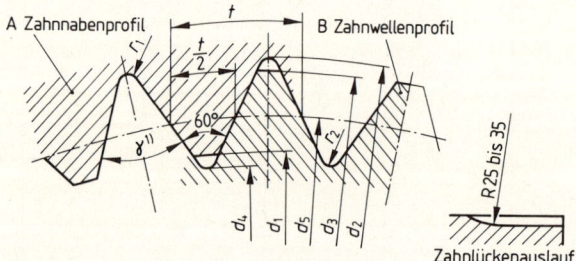

7.161 Keilwelle und Keil-
nabenprofil mit geraden
Flanken DIN ISO 14

7.162 Kerbverzahnung DIN 5481 T1

Kerbverzahnungen schwächen die Welle in nur geringem Maße, zentrieren die Nabe zwangsläufig und übertragen große Kräfte (**7.162**). Voraussetzungen sind genaue Zahnteilungen und Zahnflankenwinkel.

7.3.3 Bolzen und Splinte

Bolzen sind Verbindungselemente für Gelenke, werden gewöhnlich mit Spielpassung gelagert und durch Scheiben und Splinte gesichert. Es sind mehrere Arten genormt: Bolzen o h n e K o p f (**7.163** und **7.164**) und Bolzen m i t K o p f (**7.165** und **7.166**). Ausführung B ist mit einem bzw. zwei Splintlöcher versehen. Maße s. Tabelle **7.169**. Für Bolzen können blanke (**7.167**) oder rohe Scheiben (**7.168**) genommen werden.

212

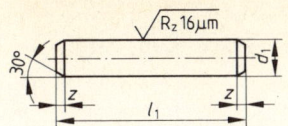

7.163 Bolzen ohne Kopf
Form A nach DIN 1443

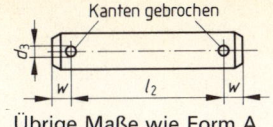

Übrige Maße wie Form A

7.164 Bolzen ohne Kopf
Form B nach DIN 1443

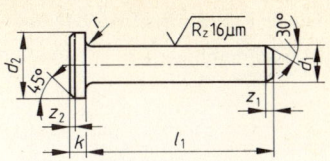

7.165 Bolzen mit Kopf
Form A nach DIN 1444

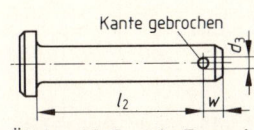

Übrige Maße wie Form A

7.166 Bolzen mit Kopf
Form B nach DIN 1444

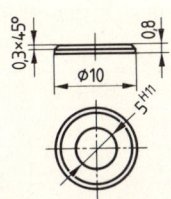

7.167 Blanke Scheibe
DIN 1440−5

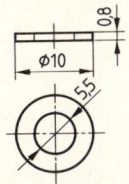

7.168 Rohe Scheibe
DIN 1441−5,5

Tabelle **7.169** **Bolzen nach DIN 1443, DIN 1444** (Auszug)

d_1		**3**	**4**	**5**	**6**	**8**	**10**	**12**	**14**	**16**	**18**	**20**	**22**	**24**
d_2	h14	5	6	8	10	14	18	20	22	25	28	30	33	36
d_3	H13	0,8	1	1,2	1,6	2	3,2	3,2	4	4	5	5	5	6,3
k	js14	1	1	1,6	2	3	4	4	4	4,5	5	5	5,5	6
r			0,6	0,6	0,6	0,6	0,6	0,6	0,6	0,6	1	1	1	1
w			1,6	2,2	2,9	3,2	3,5	4,5	5,5	6	6	7	8	8	9
z_1	max.	1	1 ·	2	2	2	2	3	3	3	3	4	4	4
z_2	≈		0,5	0,5	1	1	1	1	1,6	1,6	1,6	1,6	2	2	2

Stufung der Länge l_1: 6 8 10 12 (14) 16 (18) 20 (22) 25 (28) 30 bis 100 mm
in Stufen von 5 mm
Werkstoff: St: 9 SMnPb 28k nach DIN 1651 oder Cq 35 nach DIN 1654 nach Wahl des Herstellers

Beispiel Bolzen DIN 1444−B10 h11 × 100−St

Baumaße für Schmierlöcher in Bolzen s. DIN 1442.

Der Splint (**7**.170) hat einen kleineren Durchmesser als das Splintloch. Er ist abhängig von dem Bolzen- bzw. Schraubendurchmesser. Angaben hierüber enthält DIN 94, s. Tabelle **7**.172. Die Verteilung der Splinte an Bolzen- und Schraubenenden (**7**.171) sind den Maßnormen, z. B. DIN 962, zu entnehmen.

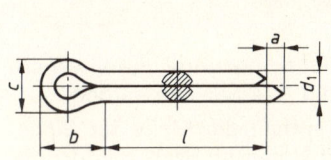

7.170 Splint nach DIN 94

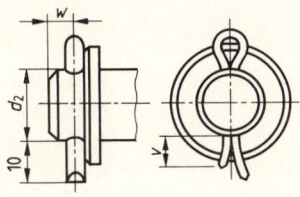
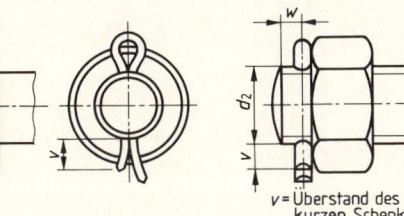

v = Überstand des
kurzen Schenkels

7.171 Splinte an Bolzen und Schraubenenden

213

Tabelle **7**.172 **Splinte DIN 94**

Nenndurchmesser			0,6	0,8	1	1,2	1,6	2	2,5	3,2	4	5	6,3	8	10	13	16	20
d_1		max.	0,5	0,7	0,9	1	1,4	1,8	2,3	2,9	3,7	4,6	5,9	7,5	9,5	12,4	15,4	19,3
		min.	0,4	0,6	0,8	0,9	1,3	1,7	2,1	2,7	3,5	4,4	5,7	7,3	9,3	12,1	15,1	19
a		max.	1,6	1,6	1,6	2,5	2,5	2,5	2,5	3,2	4	4	4	4	6,3	6,3	6,3	6,3
b		≈	2	2,4	3	3	3,2	4	5	6,4	8	10	12,6	16	20	26	32	40
c		min.	0,9	1,2	1,6	1,7	2,4	3,2	4	5,1	6,5	8	10,3	13,1	16,6	21,7	27	33,8
		max.	1	1,4	1,8	2	2,8	3,6	4,6	5,8	7,4	9,2	11,8	15	19	24,8	30,8	38,6
Für Durchmesserbereich d_2	Schrauben	über	–	2,5	3,5	4,5	5,5	7	9	11	14	20	27	39	56	80	120	170
		bis	2,5	3,5	4,5	5,5	7	9	11	14	20	27	39	56	80	120	170	–
	Bolzen	über	–	2	3	4	5	6	8	9	12	17	23	29	44	69	110	160
		bis	2	3	4	5	6	8	9	12	17	23	29	44	69	110	160	–
v		min.	3	3	4	5	5	6	6	8	8	10	12	14	16	20	25	32

Stufung der Länge l: 4 5 6 8 10 12 14 16 18 20 22 25 28 32 36 40 45 50 56 63 71 80 90 100 112 125 140 160 180 200 224 250 280

Werkstoff: Stahl, Kupfer-Zink-Legierung, Kupfer, Aluminiumlegierung (bei Bestellung angeben)

Beispiel Splint DIN 94–5×50–St

7.3.4 Sicherungsringe

Sicherungsringe sind Verbindungselemente zur Arretierung von Bauelementen auf Wellen bzw. in Bohrungen (z. B. Zahnräder, Federn, Wälzlager). Sie sind zur Aufnahme von Längskräften geeignet. Sicherungsringe für Wellen sind in DIN 471 und solche für Bohrungen in DIN 472 genormt (**7**.173 und **7**.174).

Tabelle **7**.173 **Sicherungsringe DIN 471 für Wellen und DIN 472 für Bohrungen $d_1 < 10$ mm**

Wellen- bzw. Bohrungs-⌀ d_1	s h11	a ≦	b ≈	d_2	d_3 zul. Abw.	d_4 gespannt	d_5 ≧	n ≧
für Wellen DIN 471 T1								
7	0,8	3,1	1,4	6,7	6,5	+0,09 −0,18	13,8	0,45
8		3,2	1,5	7,6	7,4		15,2	
9	1	3,3	1,7	8,6	8,4		16,4	1,2
für Bohrungen DIN 472								0,6
8	0,8	2,4	1,1	8,4	8,7	+0,36 −0,18	2,8	1
9		2,5	1,3	9,4	9,8		3,5	0,6

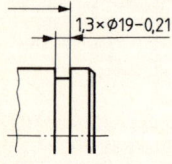

1,3×⌀19−0,21

7.174 Einstich für Sicherungsring

Einstiche für Sicherungsringe dürfen vereinfacht nach Bild **7**.174 bemaßt werden.

Tabelle **7**.175 enthält die Maße für Sicherungsringe und Nuten für Wellen und Bohrungen ≧ 20 mm Durchmesser.

Tabelle 7.175 **Sicherungsringe DIN 471 für Wellen und DIN 472 für Bohrungen $d_1 \geqq 20$ mm**

Wellen-⌀ d_1	s h11	a ≦	b ≈	d_2	d_3	zul. Abw.	d_4 gespannt	d_5 ≧	n ≧
20	1,2	4	2,6	19	18,5		29		1,5
22		4,2	2,8	21	20,5		31,4		
24		4,4	3	22,9	22,2		33,8	2	
25				23,9	23,2	+0,21	34,8		1,7
26		4,5	3,1	24,9	24,2	−0,42	36		
28	1,5	4,7	3,2	26,6	25,9		38,4		2,1
30		5	3,5	28,6	27,9		41		
32		5,2	3,6	30,3	29,6		43,4		2,6
35		5,6	3,9	33	32,2		47,2	2,5	3
36			4	34	33,2	+0,25	48,2		
38	1,75	5,8	4,2	36	35,2	−0,50	50,6		

DIN 471
Form für $D_1 = 10$ bis 165
ungespannt

Nutgrund scharfkantig
m (Regelausführung) $= s + 0{,}1$
für $s \leqq 1{,}75$

Rundungs-⌀ d_1	s h11	a ≦	b ≈	d_2	d_3	zul. Abw.	d_4 gespannt	d_5 ≧
20		4,2	2,3	21	21,5		10,6	
22			2,5	23	23,5		12,6	
24		4,4	2,6	25,2	25,9	+0,42	14,2	2
25		4,5	2,7	26,2	26,9	−0,21	15	
26		4,7	2,8	27,2	27,9		15,6	
28	1,2	4,8	2,9	29,4	30,1		17,4	
30			3	31,4	32,1		19,4	
32			3,2	33,7	34,4	+0,50	20,2	
35		5,4	3,4	37	37,8	−0,25	23,2	
36	1,5		3,5	38	38,8		24,2	2,5
38		5,5	3,7	40	40,8		26	

DIN 472 ungespannt

Nutgrund scharfkantig
m (Regelausführung) $= s + 0{,}1$
für $s \leqq 1{,}75$
n wie für die gleichen Wellen-⌀
d_1 (s. vorst.), jedoch $\geqq 1{,}8$ für
$d_1 = 24, 25, 26$

7.3.5 Stifte

Kegelstifte haben Durchmesser von 0,6 bis 50 mm, den Kegel 1:50 und eine feingeschlichtete (geschliffene) Mantelfläche (**7.**176 auf S. 216) oder als Form B eine geschlichtete (gedrehte). Sie dienen als Haltestifte zur Befestigung von Werkstücken (wie Ringe auf Wellen **7.**177) oder als Paßstifte zur Sicherung der gegenseitigen Lage der Teile und stellen bei wiederholtem Zusammenbau infolge zentrierender Wirkung die alte Lage wieder her. Der Durchmesser d wird am dünnen Ende gemessen; l ist die tragende Länge (Maße s. **7.**185 auf S. 217).

Die Bezeichnung eines Kegelstifts, Form B, von $d = 4$ mm Durchmesser und $l = 26$ mm Länge aus gezogenem Stahl mit 500 N/mm^2 Mindestzugfestigkeit lautet:

Kegelstift DIN 1 − B 4 × 26 − St 50 K.

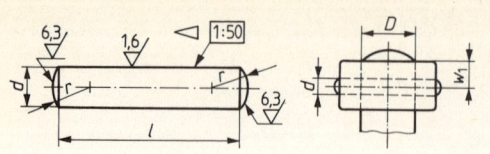
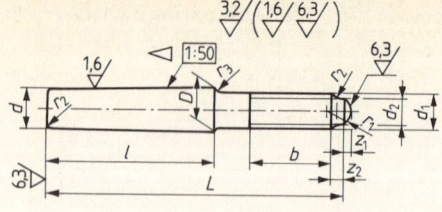

7.176 Kegelstift DIN 1   **7.177** Befestigung mit   **7.178** Kegelstift mit Gewindezapfen DIN 258
                                             Kegelstift DIN 1

Kegelstifte mit Gewindezapfen (**7.**178) haben entweder konstante Zapfenlängen (DIN 7977) oder konstante Kegellängen (DIN 258). Es gibt auch Kegelstifte mit Innengewinde (DIN 7978). Die Befestigungslöcher für alle Kegelstifte müssen kegelig aufgerieben werden.

Zylinderstifte haben Durchmesser von 0,8 bis 50 mm (Auswahl aus DIN 7 s. Tabelle **7.**185) und unterscheiden sich in der Form und in den Toleranzen. Werkstoff ist St 50 K oder 9 S Mn Pb 28 K. Stifte mit der Toleranz m6 (**7.**179) haben Rundkuppen und sind hauptsächlich Paßstifte. Stifte mit der Toleranz h8 (**7.**180) haben Kegelansätze und werden meist als Verbindungs- und Befestigungsstifte gebraucht. Stifte mit der Toleranz h11 (**7.**181) haben ebene Stirnflächen und werden vorwiegend als Nietstifte verwendet. Bild **7.**182 zeigt eine Zylinderstiftverbindung. Gehärtete Zylinderstifte, Toleranzfeld m6 s. DIN 6325, Zylinderstifte mit Innengewinde s. DIN 7979.

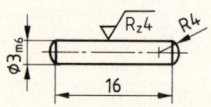
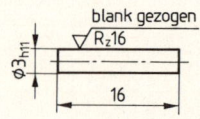
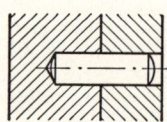

7.179 Zylinderstift   **7.180** Zylinderstift   **7.181** Zylinderstift   **7.182** Zylinderstift-
           DIN 7−3 m6 × 16   DIN 7−3 h8 × 16   DIN 7−3 h11 × 16   verbindung

Spannstifte (**7.**183) sind durchgehend geschlitzte Hohlzylinder, bestehend aus Federstahl und sind in schwerer und in leichter Ausführung in DIN 1481 bzw. DIN 7346 genormt (**7.**183 und **7.**184).

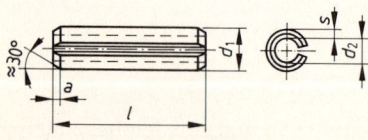
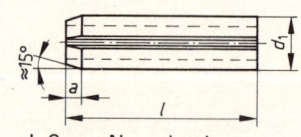
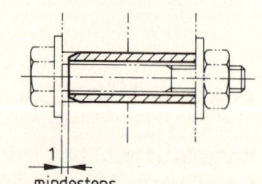

bis 6 mm Nenndurchmesser   ab 8 mm Nenndurchmesser

Bezeichnung eines Spannstifts von 10 mm Nenndurchmesser   **7.184** Zuordnung von Spann-
und Lage $l = 40$ mm: stiften nach DIN 1481
Spannstift DIN 1481−10 × 40   bei Anwendung für
                                                                       Schraubenverbindungen
7.183 Spannstifte nach DIN 1481 aus Federstahl 55 Si 7
           nach DIN 17 222

Tabelle **7.**185 enthält die Maße für Stifte und die Stiftverbindungen nach den Bildern **7.**176 bis **7.**184.

216

Tabelle **7**.185 **Maßangaben für Stifte sowie Stiftverbindungen nach den Bildern 7**.176 **bis**
7.184

	Nenndurchmesser d									
	1,5	**2**	**3**	**4**	**5**	**6**	**8**	**10**		
Kegelstifte DIN 1	10/24	12/36	14/50	16/60	20/70	24/90	28/100	32/100	von bis	Länge l[1]
	4/5	5/6	6/8	8/11	11/17	17/23	23/30 30/38 38/45	45/50 50/75	von bis	Wellenbereich d_w ⌀
	3,5	4	4,5	5	6	7,5	9 10 11	11,5 13		Abstand w
Zylinderstifte DIN 7	3/16	4/20	4/32	5/40	5/50	6/60	8/80	10/100	von bis	Länge l[1]
Spannstifte DIN 1481	1,8	2,4	3,5	4,6	5,6	6,7	8,8	10,8		Durchmesser d_1
	1,1	1,5	2,1	2,8	3,4	3,9	5,5	6,5		Durchmesser d_2
	4/20		4/30	4/40	4/50	5/80 10/100	10/100	10/100	von bis	Länge l[1]
						M 3	M 4	M 5	Schraube	Nenn-⌀ (**7.184**)
						3,2	4,3	5,3	Scheibe DIN 7349	

[1]) Stufung der Länge l: 3, 4, 5, 6, 8, 10, 12, 14, 16, 18, 20, 24, 28, 32, 36, 40, 45, 50, 55, 60, 70, 80, 90, 100

Kerbstifte haben Durchmesser bis 25 mm (**7**.186 bis **7**.190) und sind durch eingedrückte Schlitze so weit aufgekeilt, daß gegenüber dem Loch Übermaß vorhanden ist. Sie werden in ungeriebene Bohrungen eingetrieben, sitzen sehr fest und sind vielseitig verwendbar. Ein Beispiel zeigt Bild **7**.191. In Leichtmetall sind sie jedoch nur für untergeordnete Zwecke zulässig. Zylinderkerbstifte mit Einführende s. DIN 1470, Paßkerbstifte mit Hals s. DIN 1469.

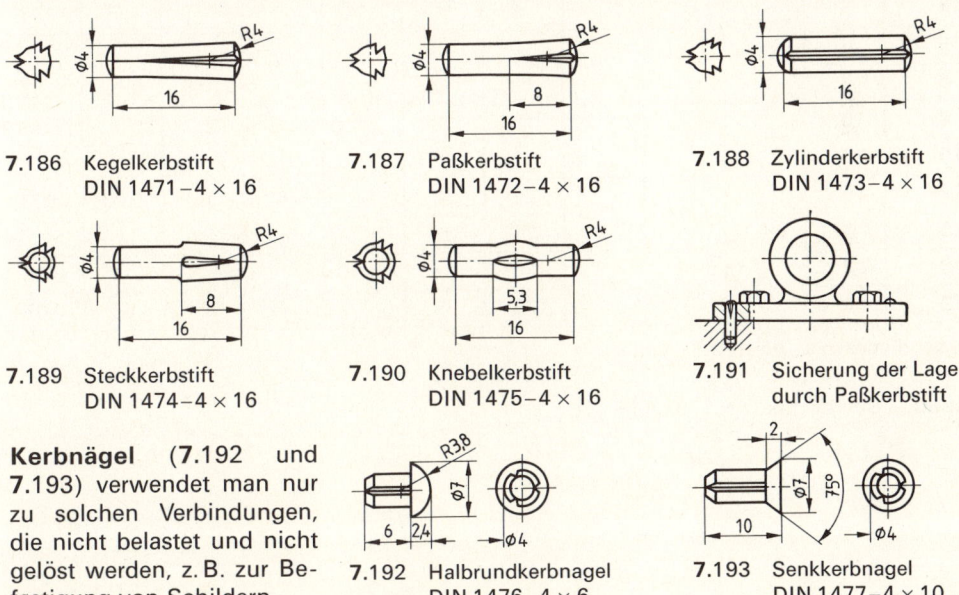

7.186 Kegelkerbstift DIN 1471−4 × 16

7.187 Paßkerbstift DIN 1472−4 × 16

7.188 Zylinderkerbstift DIN 1473−4 × 16

7.189 Steckkerbstift DIN 1474−4 × 16

7.190 Knebelkerbstift DIN 1475−4 × 16

7.191 Sicherung der Lage durch Paßkerbstift

Kerbnägel (**7**.192 und **7**.193) verwendet man nur zu solchen Verbindungen, die nicht belastet und nicht gelöst werden, z. B. zur Befestigung von Schildern.

7.192 Halbrundkerbnagel DIN 1476−4 × 6

7.193 Senkkerbnagel DIN 1477−4 × 10

217

7.3.6 Bohrbuchsen

Bohrbuchsen (**7**.194 und **7**.195) dienen dazu, Bohrwerkzeuge beim Anbohren zu führen. Sie bestimmen mit ihrer Lage in der Bohrplatte (Bohrvorrichtung, s. **4**.133 u. **4**.134) weitgehend die Lage der erzeugten Bohrung im Werkstück und verhindern das Verlaufen des Bohrwerkzeugs im Werkstück. Bohrbuchsen ersetzen z. B. das bei der Einzelfertigung übliche Ankörnen oder Vorzentrieren.

Bei den Formen B in beiden Normen sind die Bohrungen an beiden Enden mit Radius *r* gerundet.

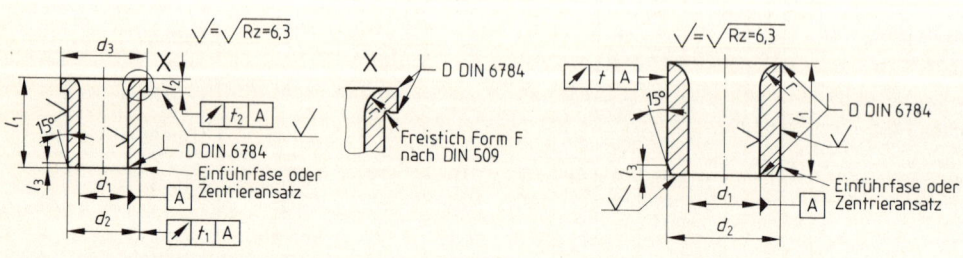

7.194   Bundbohrbuchse Form A
nach DIN 172

7.195   Bohrbuchse Form A
nach DIN 179

Tabelle **7**.196   **Bohrbuchsen nach DIN 172, DIN 179**

d_1 F7 über	bis	l_1 kurz	mittel	lang	d_2 n6	d_3	l_2	l_3	r	t_1	t_2
2,6	**3,3**				6	9					
3,3	**4**	8	12	16	7	10	2,5	1	1	0,01	0,03
4	**5**				8	11					
5	**6**	10	16	20	10	13		1,25	1,5		
6	**8**				12	15	3			0,02	0,03
8	**10**	12	20	25	15	18		1,5	2		
10	**12**				18	22					
12	**15**	16	28	36	22	26	4	1,5	2	0,02	0,03
15	**18**				26	30					
18	**22**	20	36	45	30	34	5	2,5	3	0,02	0,03
22	**26**				35	39					0,05

Steckbohrbuchsen s. DIN 173 T1 und T2

Beispiel   Bohrbuchse DIN 179–A18×16

7.4 Schweiß- und Lötverbindungen

Durch Schweißen und Löten werden Werkstoffe unter Aufwand von Wärme und/oder Druck stoffschlüssig miteinander verbunden. Das geschieht mit oder ohne Beigabe von Zusatzwerkstoffen[1]). Die Schweißverfahren werden unterschieden (DIN 1910 T1 bis T5, T10 und T11)

- **nach der Art der Grundwerkstoffe** in Schweißen von Metallen, Kunststoffen, anderen Werkstoffen und von Werkstoffkombinationen,
- **nach dem Zweck des Schweißens** in Verbindungsschweißen, bei dem die Teile zusammengefügt werden, und Auftragsschweißen, das im stellenweisen Beschichten der Werkstücke besteht,
- **nach dem Ablauf des Schweißens** in Preßschweißen, wenn die hoch zu erhitzenden Verbindungsstellen unter Druck vereinigt werden, und Schmelzschweißen, bei dem die Verbindung der bis zum flüssigen Zustand erhitzten Stellen meist unter gleichzeitigem Schmelzen des Zusatzwerkstoffes geschieht,
- **nach der Art der Fertigung** im Schweißen von Hand, in teilmechanisiertem, vollmechanisiertem und automatischem Schweißen.

(Die Angaben gelten für das Löten sinngemäß)

Zum Preßschweißen zählen Feuer-, Widerstandsschweißen und andere. Beim Feuerschweißen werden die Teile bis zum teigigen Zustand erhitzt, dann durch Hämmern, Walzen oder Pressen verbunden. Beim Widerstandsschweißen erhitzt man die Berührungsstellen durch elektrischen Strom. Hierzu gehören das Preßstumpfschweißen, bei dem die Stücke mit den Stirnflächen verbunden werden, das Punkt- und das Rollennahtschweißen.

Zum Schmelzschweißen gehören das Gasschweißen, bei dem die Werkstücke an den Schweißstellen und ggf. der Schweißstab als Zusatzwerkstoff durch eine Acetylen-Sauerstoff- oder eine Wasserstoff-Sauerstoffflamme bis zum Schmelzfluß erhitzt werden, und das Lichtbogenschweißen. Die Hitze wird hier durch einen elektrischen Lichtbogen zwischen Schweißstab und Werkstück oder zwischen zwei Elektroden erzeugt.

Kunststoffe werden durch warme Luft, durch Heizelemente, durch Reiben, durch hochfrequente Ströme oder durch Ultraschall erwärmt.

7.4.1 Darstellung (DIN 1912 T1, T2 und T5)

Zu schweißende Teile werden am Schweißstoß durch Schweißnähte zu einem Schweißteil gefügt. Eine Schweißgruppe entsteht durch Schweißen von Schweißteilen. Das fertige Bauteil kann aus einer oder mehreren Schweißgruppen bestehen.

Schweißstoß ist der Bereich, in dem die Teile durch Schweißen vereinigt werden. Die Stoßart wird durch die konstruktive Anordnung der Teile zueinander bestimmt (Verlängerung, Verstärkung, Abzweigung, **7.**197). Die Stoßform dagegen wird durch die Vorbereitung der Teile und durch Maße und Lageangaben am Stoß festgelegt (z. B. Fuge).

---

[1]) S. DIN-Taschenbuch 8 „Schweißzusätze, Fertigung, Güte und Prüfung" und DIN-Taschenbuch 145 „Schweißverbindungen und elektrische Schweißeinrichtungen; Begriffe, Zeichnerische Darstellungen"; zu beziehen bei der Beuth Verlag GmbH, Berlin und Köln.

Schweißnaht. Sie vereinigt die Teile am Schweißstoß. Die Nahtart wird bestimmt z. B. durch die Art des Schweißstoßes, Art und Umfang einer Vorbereitung, den Werkstoff oder das Schweißverfahren. Man unterscheidet:

- **Stumpfnaht.** Die Teile liegen in einer Ebene und sind durch Schweißen gefügt (z. B. I-Naht).
- **Kehlnaht.** Hier bilden die Teile eine Kehlfuge zur Aufnahme der Schweißnaht. Es gibt die Kehl- und die Doppelkehlnaht.
- **Sonstige Nähte,** bei denen gleichzeitig verschiedene Fugen- und Kehlformen angewendet werden (z. B. HV-Naht mit Kehlnaht, HY-Naht mit Kehlnähten am Schrägstoß, Quetschnaht am Stumpfstoß, Liniennaht am Überlappstoß). – Nahtvorbereitung s. DIN 1912 T1.

Tabelle **7**.197 **Schweißstoßarten**

Art	Kennzeichen	Merkmale
Stumpfstoß		Die Teile liegen in einer Ebene und stoßen stumpf gegeneinander.
Parallelstoß		Die Teile liegen parallel aufeinander.
Überlappstoß		Die Teile liegen parallel aufeinander und überlappen sich.
T-Stoß		Die Teile stoßen rechtwinklig (T-förmig) aufeinander.
Doppel-T-Stoß (Kreuzstoß)		Zwei in einer Ebene liegende Teile stoßen rechtwinklig (kreuzend, Doppel-T) gegen ein dazwischenliegendes drittes.
Schrägstoß		Ein Teil stößt schräg gegen ein anderes.
Eckstoß		Zwei Teile stoßen unter beliebigem Winkel aneinander (Ecke).
Mehrfachstoß		Drei oder mehr Teile stoßen unter beliebigem Winkel aneinander.
Kreuzungsstoß		Zwei Teile liegen kreuzend übereinander.

Kennzeichnung. Schweiß- und Lötverbindungen müssen eindeutig gekennzeichnet und sollen den allgemeinen Regeln für technische Zeichnungen entsprechend eingetragen sein. Zur Vereinfachung verwendet man Symbole und Kennzeichen (z. B. für die Bewertungsgruppen). Wenn sie nicht eindeutig sind, sind die Nähte gesondert zu zeichnen und vollständig zu bemaßen (bildliche Darstellung, **7**.198). Symbole kennzeichnen die Form, Vorbereitung und Ausführung der Naht. Sie sind nicht an bestimmte Schweiß- und Lötverfahren gebunden.

Das allgemeine Symbol darf eingetragen werden, wenn die Art und Ausführung der Naht freigestellt ist (**7**.199).

Tabelle **7**.200 zeigt die Grundsymbole. Sie enthält auch Beispiele zur Anwendung von Zusatzsymbolen für die Oberflächenform und zur Nahtausführung (**7**.201 auf S. 223). Sind keine Zusatzsymbole enthalten, ist die Oberflächenform bzw. Nahtausführung freigestellt. Ergänzungssymbole weisen auf den Nahtverlauf (z. B. „ringsum"-verlaufend) und die Baustellennähte hin (**7**.202). Zusammengesetzte Symbole bestehen aus Kombinationen von Grundsymbolen (**7**.203). Wenn die symbolische Darstellung zu schwierig ist, ist eine derartige Kombination gesondert darzustellen.

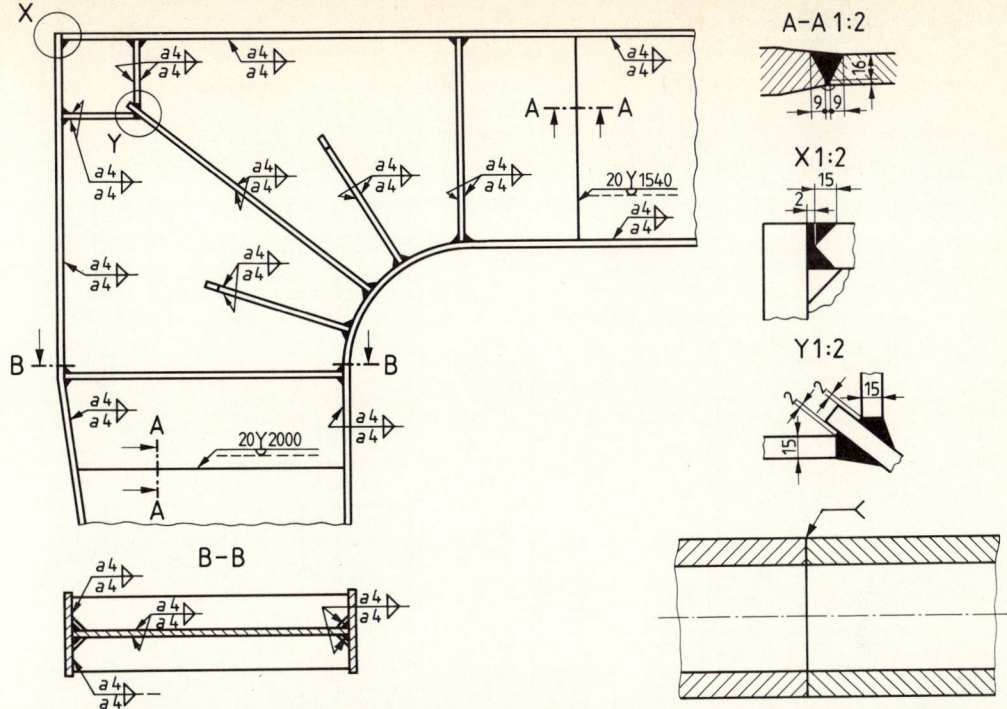

7.198 Rahmenecke (bildliche und sinnbildliche Darstellung)

7.199 Allgemeines Symbol

In den folgenden Tabellen wurde die Darstellung nach Methode 1 ⊏⊐ ⊕ gewählt.

Tabelle **7.200** **Grundsymbole** (Auszug aus DIN 1912 T 5, Tabelle 10; Gegenlage s. Tab. **7.203**)

Benennung und Symbolnummer	Darstellung		Benennung und Symbolnummer	Darstellung	
	erläuternd	symbolhaft		erläuternd	symbolhaft
Bördel-naht[1]) ⋀ 1			HV-Naht ⋁ 4		
I-Naht ‖ 2	Obere Werkstückfläche		Y-Naht Y 5		
V-Naht ⋁ 3			HY-Naht Y 6		

Fortsetzung Fußnote [1]) s. S. 222

221

Tabelle **7**.200, Fortsetzung

Benen-nung und Symbol-nummer	Darstellung		Benen-nung und Symbol-nummer	Darstellung	
	erläuternd	symbolhaft		erläuternd	symbolhaft
U-Naht 7			Linien-naht[2]) 13		
HU-Naht 8			Steil-flanken-naht 14		
HU-Naht (Jot-Naht) 8			Halb-Steil-flanken-naht 15		
Kehl-naht 10			Stirn-flach-naht 16		
Loch-naht 11			Flächen-naht 17		
			Flächen-naht 17		
			Schräg-naht 18		
Punkt-naht 12			Falznaht 19		

[1]) Bördel ganz niedergeschmolzen. Bördelnähte, die nicht niedergeschmolzen werden sollen, werden als I-Nähte (Symbol Nr. 2) mit der angegebenen Nahtdicke *s* dargestellt (s. Tabelle **7**.209).
[2]) Beim Rollennahtschweißen: Rollennaht

Tabelle 7.201 **Zusatzsymbole**

	Bedeutung	Symbol
Ober-flächen-form der Naht	flach	—
	gewölbt (konvex)	⌢
	hohl (konkav)	⌣
Naht-aus-führung	Wurzel ausgearbeitet und Gegenlage ausgeführt	 ●¹⁾
	Naht eingeebnet durch zusätzliche Bearbeitung	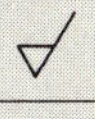
	Nahtübergänge kerbfrei, gegebenenfalls bearbeitet	
	Beilage²⁾ benutzt	M
	Unterlage²⁾ benutzt	MR

Tabelle 7.202 **Ergänzungssymbole**

Bedeutung	Symbol
ringsum-verlaufende Naht (z. B. Kehlnaht)	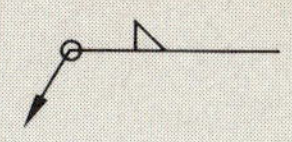
Baustellennähte	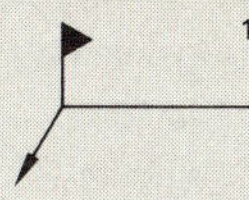 ¹⁾

¹) Schwärzung darf auch durch Schraffur oder Punktmuster dargestellt werden.
²) Begriffe s. DIN 1912 T 1

Tabelle 7.203 **Zusammengesetzte Symbole und Zusatzsymbole** (Auszug aus DIN 1912 T 5, Tabelle 3 und 9)

Benennung und Symbol-nummer	Darstellung		Benennung und Symbol-nummer	Darstellung	
	erläuternd	symbolhaft		erläuternd	symbolhaft
V-Naht ∨ 3 mit Gegenlage ⌣ 9 3–9	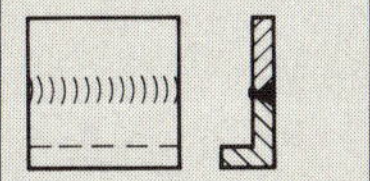	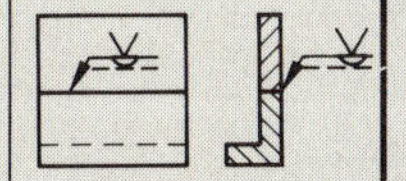	Doppel-HY-Naht (K-Steg-naht) ⊬ 6 6–6		
Doppel-V-Naht ∨ 3 (X-Naht) 3–3	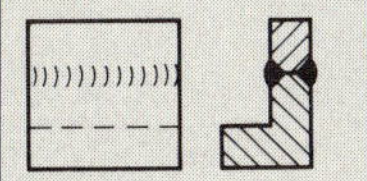	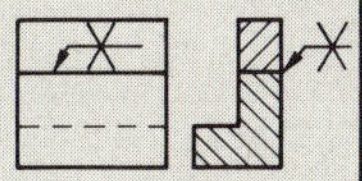	V-U-Naht ∨ 3 Υ 7 3–7		
Doppel-HV-Naht ⊬ 4 (K-Naht) 4–4	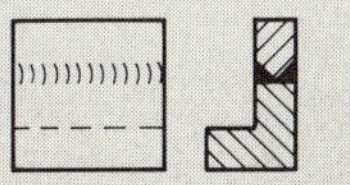	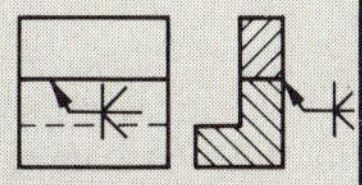	Doppel-Kehlnaht und Kehlnaht △ 10 10–10	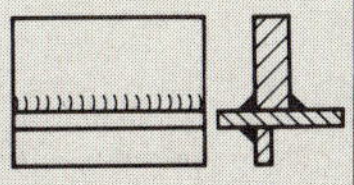	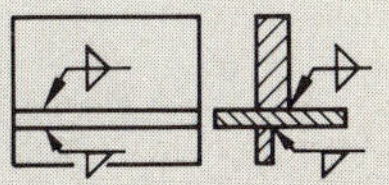
Doppel-Y-Naht Υ 5 5–5	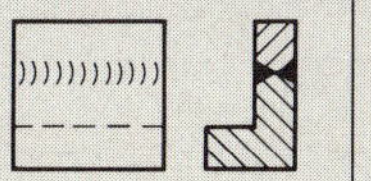	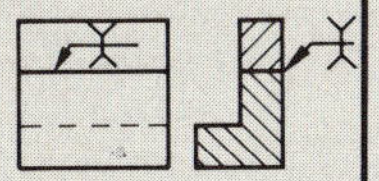	 ▽	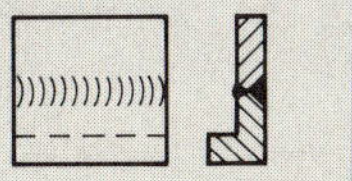	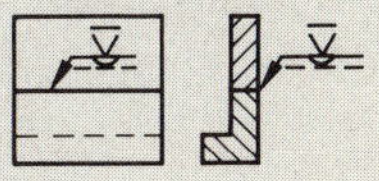

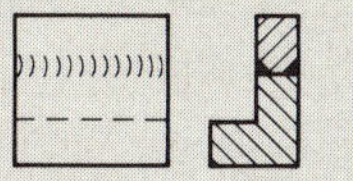

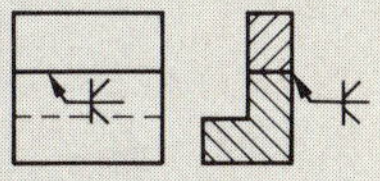

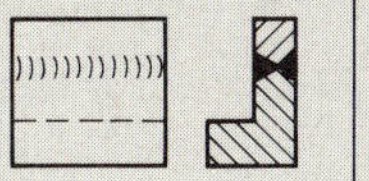

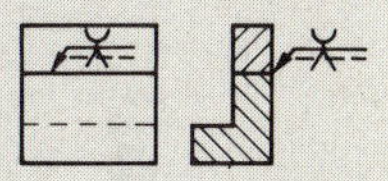

Die Schnittfläche in Schweißteilzeichnungen haben unterschiedliche Schraffur. Sind sie aber geschwärzt. stellt man sie symbolhaft dar. Eine Kennzeichnung soll sich in der Zeichnung nicht wiederholen. In den Tabellen sind jedoch die Schweißstellen sowohl im Schnitt als auch in der Ansicht gekennzeichnet, um beide Möglichkeiten zu zeigen.

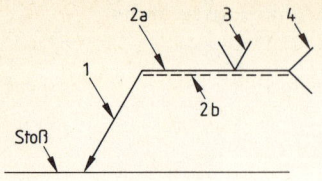

Das Bezugszeichen (**7**.204) besteht

– aus der Bezugslinie (zwei Parallellinien, und zwar der Bezugsvolllinie und der Bezugsstrichlinie, die über oder unter der Bezugsvolllinie angegeben werden kann); bei symmetrischen Nähten darf sie entfallen;

– aus einer Pfeillinie je Stoß;

– aus der Gabel (nur erforderlich bei Angaben über Verfahren, Bewertungsgruppe, Schweißposition, Zusatzwerkstoffe und Hilfsstoffe);

– aus dem Symbol, das über oder unter die Bezugsvollinie gesetzt werden darf (**7**.206).

7.204 Bezugszeichen
    1 Pfeillinie
    2 a Bezugslinie (Vollinie)
    2 b Bezugslinie
       (Strichlinie)
    3 Symbol
    4 Gabel

Die Bezugslinie soll waagerecht zur Zeichnungshauptlage oder (wenn dies nicht möglich ist) senkrecht dazu verlaufen.

Das Symbol steht senkrecht zur Bezugslinie. Die Lage der Naht am Stoß wird durch die Stellung des Symbols zur Bezugslinie gekennzeichnet. Die Seite des Stoßes, auf die die Pfeillinie weist, ist die Pfeilseite, die andere die Gegenseite (**7**.205 und **7**.206). Die Pfeillinie soll bevorzugt auf die „Obere Werkstückfläche" weisen.

Tabelle **7**.205   **Lage des Symbols zur Bezugslinie**

Illustration	Symbolhafte Darstellung	
	Ausführung der Naht	
	von der Pfeilseite (die Naht/Nahtoberfläche befindet sich auf der Pfeilseite des Stoßes)	von der Gegenseite (die Naht/Nahtoberfläche befindet sich auf der Gegenseite des Stoßes)
	bei symmetrischen Nähten	

Wie Tabelle **7**.200 zeigt, sind für die symbolische Darstellung der unsymmetrischen Nähte 4 Varianten für dieselbe Naht möglich. Diese in der ISO vereinbarte Darstellungsmethode berücksichtigt die in verschiedenen Ländern üblichen Darstellungsmethoden. Für den Anwendungsbereich von DIN 1912 wurden daher folgende Empfehlungen ausgesprochen:

224

- Das Symbol soll immer an der Bezugsvollinie angeordnet werden.
- Innerhalb einer Zeichnung ist stets die gleiche Darstellungsart zu benutzen.
- Für die im Querschnitt oder in der Vorderansicht darzustellenden Nähte ist das Symbol vorzugsweise so anzuordnen, daß der Nahtquerschnitt mit der Stellung des Symbols übereinstimmt.

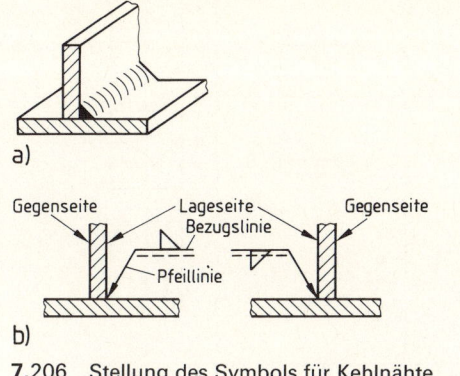

a)

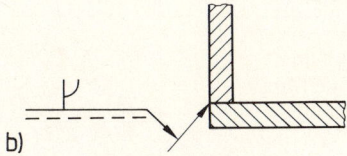

a)

b)

b)

7.206 Stellung des Symbols für Kehlnähte
     a) Illustration, b) symbolhafte Darstellung

7.207 Richtung der Pfeillinie
     a) bei einer HV-Naht,
     b) bei gewinkelter Pfeillinie
       (HU-Naht)

Bei einseitigen Kehlnähten wird unterschieden zwischen Pfeil- und Gegenseite. Die Pfeilseite ist die Seite, auf die die Pfeillinie weist (**7**.206). Das Symbol steht oberhalb der Bezugslinie, wenn die Kehlnaht auf der Pfeilseite liegt, und unterhalb, wenn sie sich auf der Gegenseite befindet. Dabei zeigt die Spitze des Symbols für die Kehlnaht nach rechts.

Die Richtung der Pfeillinie zur Naht hat nur Bedeutung bei unsymmetrischen Nähten (Symbole Nr. 4, 6 und 8 der Tabelle **7**.200). In diesen Fällen muß die Pfeillinie zu dem Teil zeigen, an dem die Nahtvorbereitung vorgenommen wird (**7**.207 a). Um das bearbeitete Teil eindeutig zu kennzeichnen, kann die Pfeillinie auch gewinkelt dargestellt werden (**7**.207 b).

7.4.2 Bemaßung (DIN 1912 T5)

Die symbolhafte Darstellung von Schweiß- und Lötnähten und die Maßeintragung in Zeichnungen sind unabhängig vom Schweiß- bzw. Lötverfahren. Sie müssen klar und unmißverständlich sein. Reichen die Schweißzeichen zum Kennzeichnen der Vorbereitung und des Endzustands nicht aus, muß man Einzelheiten gesondert, ggf. vergrößert darstellen (z. B. die vorzubereitende Fugenform).

Die Form der Schweißfugen hängt ab vom Werkstoff, der Dicke des Werkstücks, der Stoßart, dem Schweißverfahren, der Schweißposition und der Fertigungsmöglichkeit (**7**.209 auf S. 226). Fugenformen an Stählen für:

- Offenes Lichtbogenschweißen von Hand s. DIN 8551 T 1
- Unterpulverschweißen s. DIN 8551 T 4

Fugenformen für Stumpfstoßverbindungen an Stahlrohren s. DIN 2559 T 1 und T 2 (**7**.208).

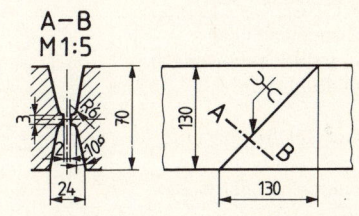

7.208 U-Naht mit vorbereiteter Fuge

Tabelle **7**.209 **Schweißnähte**

Benennung	Illustration	Symbolhafte Darstellung	
		Vorderansicht	Draufsicht
Nahtdicke *s* von Stumpfnähten, durchgeschweißte V-Naht	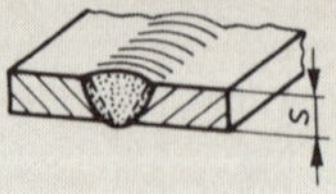	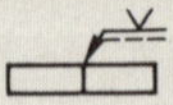	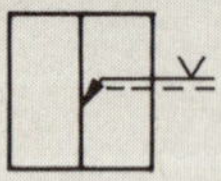
Nahtdicke *s* von Stumpfnähten, nicht durchgeschweißte Y-Naht	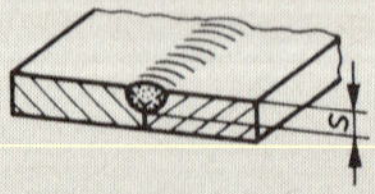	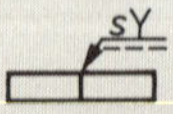	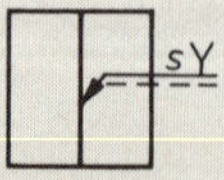
Nahtdicke *s* von Stumpfnähten, durchgehende Naht mit Vormaß	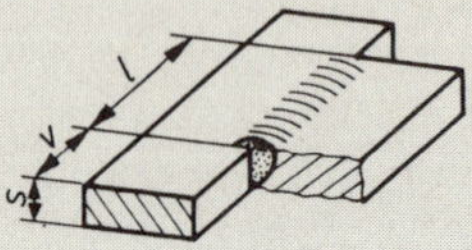		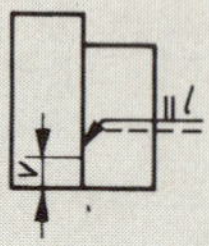
Nahtdicke *s* von Stumpfnähten, unterbrochene Stumpfnaht (nicht durchgeschweißt) mit Vormaß	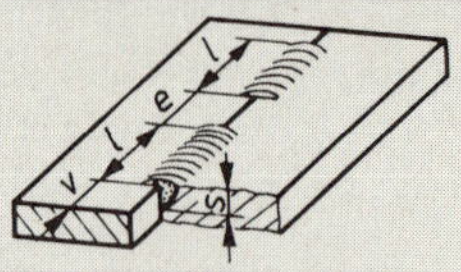		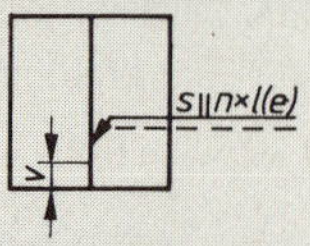
Bördelnaht, Bördel vollständig niedergeschmolzen		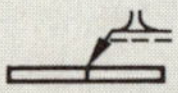	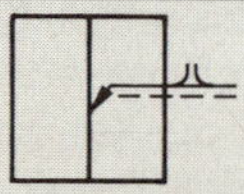
Bördelnaht, Bördel nicht vollständig niedergeschmolzen	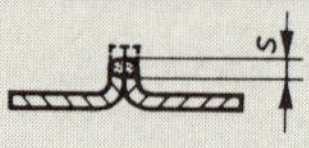	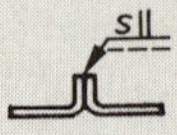	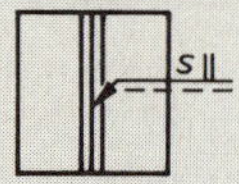
Durchgehende Kehlnaht		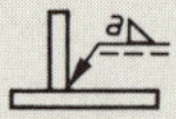	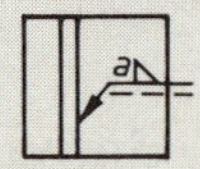
Doppelkehlnaht unterbrochen, gegenüberliegend ohne Vormaß (gegenüberliegende Kehlnahtmaße können verschieden sein)	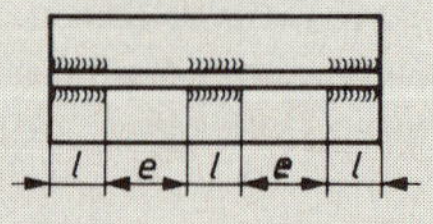		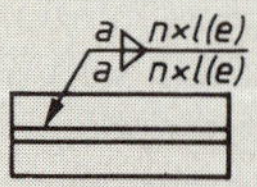
Doppelkehlnaht unterbrochen, versetzt mit Vormaß. Das Zeichen für unterbrochene, versetzte Doppelkehlnähte ist *Z*	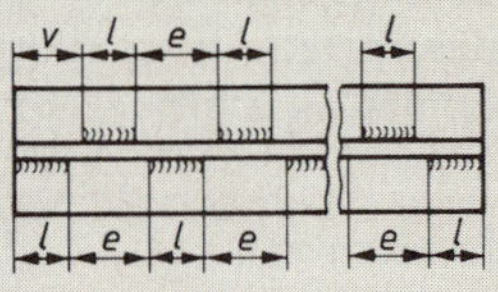		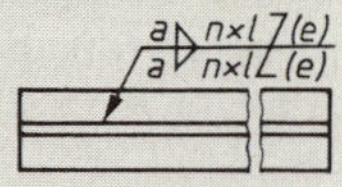

Fortsetzung s. nächste Seite

226

Tabelle **7**.209, Fortsetzung

Benennung	Illustration	Symbolhafte Darstellung	
		Vorderansicht	Draufsicht
Lochnaht d = Lochdurchmesser e = Lochabstand	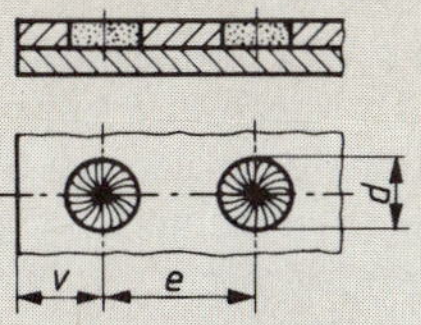	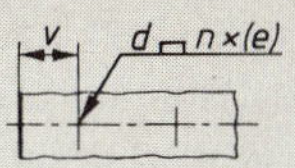	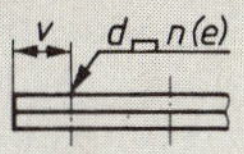
Langlochnaht c = Lochbreite l = Lochlänge	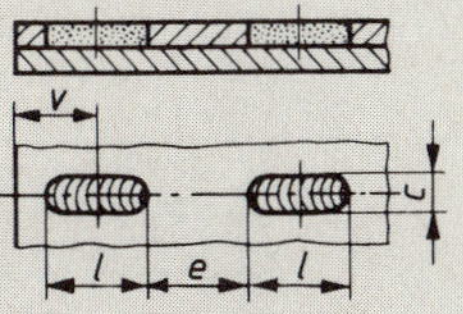	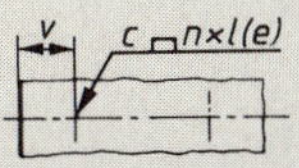	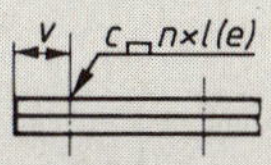
Widerstandsgeschweißte Punktnaht d = Punktdurchmesser	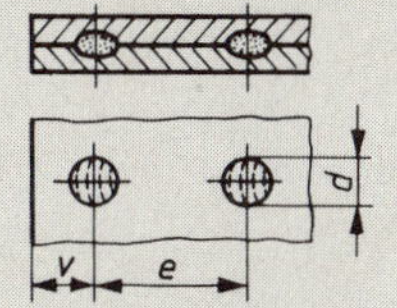	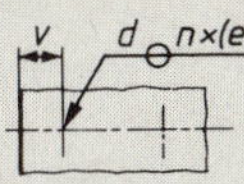	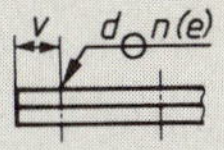
Widerstandsgeschweißte Liniennaht, unterbrochen c = Liniennaht-Breite l = Liniennaht-Länge e = Nahtabstand	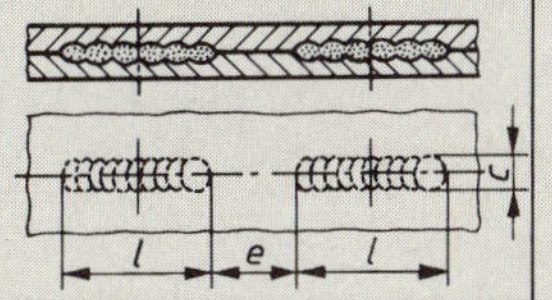	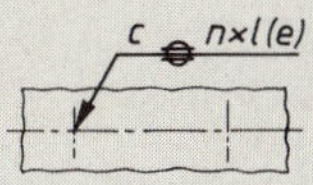	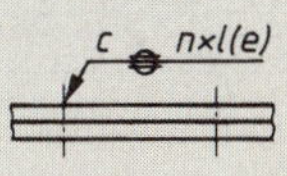
Durchgeschweißte V-Naht mit Gegenlage	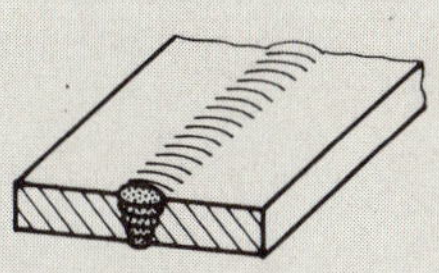	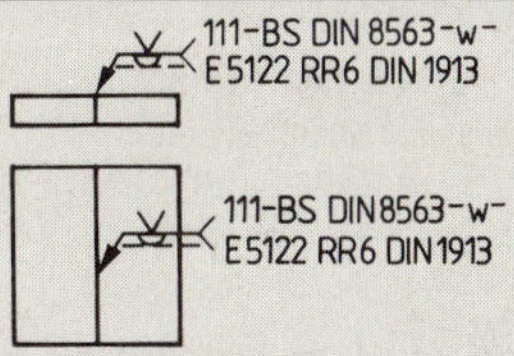 111-BS DIN 8563-w E 5122 RR6 DIN 1913 111-BS DIN 8563-w E 5122 RR6 DIN 1913	

Stumpfnähte. Hier wird die N a h t d i c k e s (Mindestmaß von der Oberfläche des Teiles bis zur Unterseite der Durchschweißung) nur angegeben, wenn der Querschnitt nicht voll durchgeschweißt werden soll. Sie steht dann vor dem Symbol für die Nahtart. Die N a h t - l ä n g e l in mm gibt man nur bei Nähten an, die nicht über die ganze Stoßlänge verbunden sind. Das Maß steht hinter dem Nahtartsymbol.

Bei d u r c h g e h e n d e n N ä h t e n , die nicht am Stoßanfang beginnen, ist das V o r m a ß v in mm des Nahtanfangs nicht beim Symbol, sondern in der Zeichnung anzugeben. Bei u n t e r b r o c h e n e n N ä h t e n (z. B. Heftnähten) stehen nach dem Symbol die Anzahl n und die Länge l der jeweiligen Einzelnähte sowie die Länge der Zwischenräume e[1]).

Bei Bördelnähten wird die Nahtdicke s nicht angegeben, wenn der Bördel vollständig niedergeschmolzen ist. Soll er dies nicht, verwendet man das Symbol für die I-Naht und die Nahtdicke s.

---

[1]) e ist bei symbolhafter Darstellung stets in Klammern zu setzen, um Verwechslungen mit den früheren Bemaßungsangaben zu vermeiden.

Bei Kehlnähten gibt man die Nahtdicke *a* in mm als Höhe des größten im Nahtquerschnitt eingeschriebenen gleichschenkligen Dreiecks (d. h. bis zum theoretischen Wurzelpunkt und ohne Berücksichtigung des Wurzeleinbrands) immer vor dem Symbol für die Nahtart an. Bei Kehlnähten mit tiefem Einbrand (**7.**210) kann ein Anteil der Einbrandtiefe *e* mit berücksichtigt werden (s. DIN 18 800 T1, Tabelle 6). Den Wurzeleinbrand gibt man ggf. in den Fertigungs-unterlagen gesondert an (**7.**211 bis **7.**213). Kehlnähte können je nach dem Nahtquerschnitt eine hohle (konkave), flache (ebene) oder gewölbte (konvexe) Oberflächenform haben (**7.**214). Für die Nahtlängen gelten die gleichen Bemaßungsgrundsätze wie für Stumpfnähte, wobei jedoch Krater, Nahtanfänge und -enden nicht zur Nahtlänge zählen.

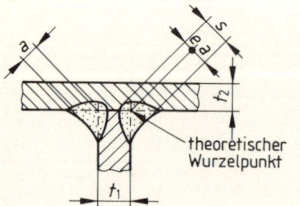

theoretischer Wurzelpunkt

7.210 Kehlnaht mit tiefem Einbrand

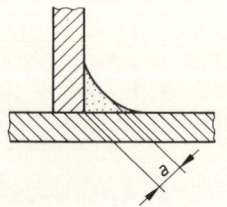

7.211

7.212

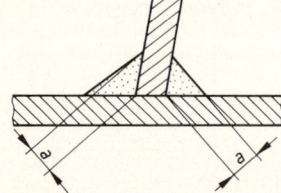

7.213 Kehlnaht

z = Nahtschenkel
a = Nahtdicke = $0,5\sqrt{2} \cdot z_1$,
  wobei z_1 die kürzere
  Schenkellänge ist

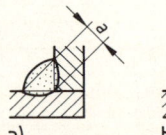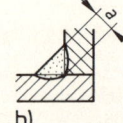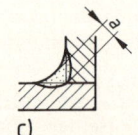

a)   b)   c)

7.214 Kehlnaht a) mit hohler, b) mit flacher,
c) mit gewölbter Oberflächenform

Lochnähte. Das kreisförmige oder längliche Loch ist mit Schweiß- oder Lötgut ausgefüllt. Schweißt man bei größeren Löchern nur Kehlnähte am Lochumfang, handelt es sich um Lochnähte.

Punkt- und Liniennaht. Die Bemaßung geht aus Tabelle **7.**209 hervor.

Schweiß-Zusatzwerkstoffe[1])

Umhüllte Stabelektroden für das Verbindungsschweißen von un- und niedriglegiertem Stahl[2]) sind in DIN 1913 T1 genormt. Aus der Bezeichnung der Stabelektroden kann der Verbraucher die Auswahl und Anwendung der Elektroden ersehen (Einzelheiten s. Norm).

Gasschweißstäbe für das Verbindungsschweißen von unlegiertem und niedriglegiertem Stahl[2]) sind in DIN 8554 T1 festgelegt.

Schweiß-Zusatzwerkstoffe für Aluminium-Werkstoffe s. DIN 1732 T1, für Kupfer und Kupferlegierungen s. DIN 1733 T1, für Nickel und Nickellegierungen s. DIN 1736 T1, für Verbindungsschweißen

---

[1]) S. DIN-Taschenbuch 8 „Schweißzusätze, Fertigung, Güte und Prüfung". Zu beziehen bei der Beuth Verlag GmbH, Berlin und Köln.
[2]) Hierzu gehören z. B. Stähle nach DIN 17100, DIN 17155, DIN 17175.

von Stählen s. DIN 8554 T1, für Auftragsschweißen s. DIN 8555 T1 und für das Schweißen nicht rostender und hitzebeständiger Stähle s. DIN 8556 T1, für das Schweißen von Gußeisen s. DIN 8573 T1, Zusatzwerkstoffe und Schweißpulver für das Unterpulverschweißen s. DIN 8557 T1, Schweißzusatzwerkstoffe, Schutzgase für das Schutzgas-Lichtbogenschweißen s. DIN 8559 und Zusatzwerkstoffe zum Schmelzschweißen s. DIN 8571.

Nachbehandlung und Prüfung werden durch Angaben, wie „spannungsfrei geglüht", „Dichtheitsprüfung mit 10 bar", „Durchschallung" u. a. sowie durch besondere Abnahmevorschriften unter Hinweis darauf z. B. „DIN 18800 T1 und T7 sowie DIN 18801", „Germanischer Lloyd" usw.) festgelegt.

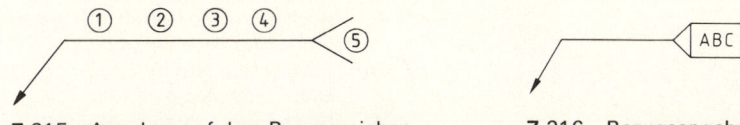

7.215 Angaben auf dem Bezugszeichen   **7.**216   Bezugsangabe

Zur eindeutigen symbolhaften Darstellung sind folgende Angaben auf dem Bezugszeichen erforderlich (**7.**215):

① bei Schweißnähten: Nahtdicke s in mm, wenn der Querschnitt nicht voll durchgeschweißt wird; bei Kehlnähten: Nahtdicke α in mm; bei Loch-, Punkt- und Liniennähten: Lochbreite c, Lochlänge l, Punktdurchmesser d bzw. Breite der Liniennaht c;
② Symbol für die Naht;
③ Anzahl der Nahtlängen × Nahtlänge bei unterbrochenen Nähten;
④ Nahtabstand bei unterbrochenen Nähten;
⑤ Zusätzliche Angaben in dieser Reihenfolge und durch Schrägstriche voneinander abgegrenzt: Verfahren (z. B. Kennzahl nach DIN ISO 4063) / Bewertungsgruppe (z. B. nach DIN 8563 T 3) / Schweißposition nach DIN 1912 T2 / Schweißzusatzwerkstoff (z. B. nach DIN 1732, 1913, 8556 T1).

Sofern die Angaben nicht in der Gabel, sondern getrennt, aufgeführt werden sollen, ist in der Gabel eine Bezugsangabe einzutragen und die Gabel zu schließen (**7.**216). Die Erläuterung für die Bezugsangabe ist anzugeben, z. B. in der Nähe des Zeichnungsschriftfelds.

Die Schweißposition wird bestimmt durch die Lage einer Schweißnaht im Raum und die Schweißrichtung. Die Schweißpositionen und ihre Toleranzen von geraden und gekrümmten Schweißnähten werden beschrieben durch den Nahtneigungswinkel v und den Nahtdrehwinkel ϱ (Einzelheiten s. DIN 1912 T2, Auftragsschweißen s. DIN 1912 T3).

7.5   Schraubenfedern

Schraubenfedern sind schraubenlinig, gewöhnlich rechtsgewundene federnde Metalldrähte mit rundem, seltener viereckigem Querschnitt. Sie werden als elastische Werkstücke zwischen andere Teile eingebaut und auf Druck, Zug oder Drehung beansprucht.

7.5.1   Zylindrische Druckfedern (DIN 2095)

Druckfedern mit Drahtdurchmessern bis 10 mm werden kalt, solche mit Durchmessern zwischen 10 und 17 mm je nach Werkstoff, Verwendung und Beanspruchung der Feder kalt oder warm geformt.

Zum Vermeiden einseitiger Beanspruchung wird an jedem Ende eine ganze nichtfedernde Windung angebogen. Die Drahtenden liegen auf entgegengesetzten Seiten der Federachse und werden bis auf den vierten Teil des Drahtdurchmessers heruntergeschliffen (**7**.217).

Anzahl der wirksamen Windungen ...,
dazu angebogen je Ende eine bis auf $\frac{1}{4}d$ heruntergeschliffene Windung = ... Gesamtwindungen

Durchmesser des Bolzens in der Feder ... mm

Als Fertigungsausgleich werden freigegeben:
Federlänge, Anzahl der wirksamen Windungen und Drahtdurchmesser

D_d Dorndurchmesser
D_h Hülsendurchmesser
D mittlerer Windungsdurchmesser
L_0 Länge der unbelasteten Feder
L_c Blocklänge der Feder (alle Windungen liegen aneinander)
L_n kleinste zul. Federlänge
F_n höchste zul. Federkraft in N, zugeordnet der Federlänge L_n
R Federrate in N/mm
d Drahtdurchmesser
S_a Summe der lichten Mindestabstände zwischen den wirksamen Windungen
S_n größter zul. Federweg, zugeordnet der Federkraft F_n
n Anzahl der wirksamen Windungen
n_t Anzahl der gesamten Windungen
η Federratenverhältnis

7.217 Zylindrische Druckfeder (DIN 2095)

Bei Federn unter 0,5 mm Drahtdurchmesser ist meist kein Planschliff erforderlich. Es wird der äußere Windungsdurchmesser bemaßt, wenn die Feder in einer Bohrung arbeitet (D_h) oder der innere , wenn sie über einem Dorn sitzt (D_d). Der Durchmesser der Bohrung oder des Bolzens sollte im Text angegeben sein. Der mittlere Windungsdurchmesser dient zur Berechnung der Drahtlänge. Die Federlänge (L_0) bezieht sich stets auf den ungespannten Zustand. Linksgewundene Federn erhalten zum Durchmesser den Zusatz „linksgewickelt" – auch dann, wenn dieser Windungssinn aus der Darstellung bereits hervorgeht. Eine zulässige Abweichung (e_1) der Mantellinie von der Senkrechten an der unbelasteten Feder kann eingetragen werden, wenn sie für die Wirksamkeit bedeutungsvoll ist. Dasselbe gilt für eine auf den Außendurchmesser bezogene zulässige Abweichung (e_2) in der Parallelität der geschliffenen Auflageflächen.

Belastungsprüfung. Wird die Belastung der Feder geprüft, ist ein Kraft-Weg-Diagramm zu zeichnen (**7**.217). Darin gibt man in der Regel an: die im Gebrauch auftretende größte Federkraft und die Prüfkraft (F_n) mit den dazugehörigen Längen (L_0 und L_n), die Blocklänge (L_c), bei der alle Windungen aneinanderliegen, und die Summe (S_a) der Mindestabstände zwischen den Windungen.

Als Fertigungsausgleich der Feder müssen zur Herstellung einige Angaben freigegeben und gekennzeichnet werden, und zwar:

– bei e i n e r vorgeschriebenen Federkraft und vorgeschriebener Länge (L_0) die Zahl der wirksamen Windungen und entweder der Drahtdurchmesser (d) oder der innere oder äußere Windungsdurchmesser,

– bei zwei vorgeschriebenen Federkräften dieselben Werte, außerdem die Federlänge (L_n).

Normen. Runder Federdraht ist in DIN 2076 (Maßnorm) und in DIN 17 223 T1 und T2 (Gütevorschriften) genormt. Die Bezeichnung eines Drahts von 2,5 mm Durchmesser der Maßgenauigkeitsklasse C nach DIN 2076 aus vergütetem Federdraht nach DIN 17 223 T1 (Stahlsorte C) lautet: Draht DIN 2076 − C 2,5 − C. Federn werden auch aus Kupferknetlegierungen u. a. hergestellt. In DIN ISO 2162 sind die bildliche und die sinnbildliche Darstellung der bekanntesten Federn genormt (**7.218**).

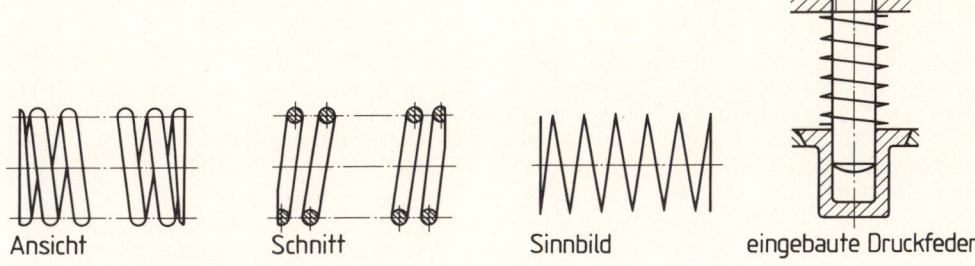

Ansicht   Schnitt   Sinnbild   eingebaute Druckfeder

7.218 Darstellungen einer Druckfeder

Die Windungen im Mittelteil fallen sowohl in Ansichts- als auch in Schnittzeichnungen weg. Häufig reicht die Darstellung einer Feder durch eine breite Zickzacklinie aus.

Berechnung und Konstruktion der zylindrischen Druckfedern aus rundem Werkstoff s. DIN 2089 T1 aus Flachstahl s. DIN 2090; Angaben und Vordruck für Druckfedern s. DIN 2099 T1. In DIN 2098 T1 sind kaltgeformte zylindrische Druckfedern verschiedener Größen angegeben (Maße s. Tab. **7.219**). Eine Druckfeder mit dem Drahtdurchmesser 2,5 mittlerem Windungsdurchmesser 20 (**7.217**) und der Baulänge 54 wird bezeichnet:
Druckfeder DIN 2098 − 2,5 × 20 × 54.

Tabelle **7.219**   **Federn nach DIN 2098 T1 und T2**

d	D	F_n	Dorn D_d max.	Hülse D_h min.	L_0 ≈	L_n	S_n ≈	R	L_0 ≈	L_n	S_n ≈	R	L_0 ≈	L_n	S_n ≈	R
					\multicolumn{4}{}{$\eta = 3{,}5$}									
0,4	5	4,09	4,1	6,0	**10,9**	3,2	7,7	0,53	**16,4**	4,4	12,0	0,34	**24,7**	6,1	18,6	0,22
	4	5,03	3,2	5,0	**7,9**	3,1	4,8	1,04	**11,7**	4,2	7,6	0,66	**17,5**	5,8	11,7	0,43
	3,2	6,12	2,5	4,0	**6**	3,0	3,0	2,04	**8,7**	4,0	4,7	1,30	**12,8**	5,5	7,3	0,84
	2,5	7,47	1,8	3,3	**4,7**	2,9	1,7	4,27	**6,7**	3,9	2,7	2,72	**9,6**	5,4	4,2	1,76
	2	8,72	1,3	2,8	**3,9**	2,9	1,0	8,34	**5,5**	3,8	1,6	5,31	**7,8**	5,3	2,5	3,44
0,5	6,3	6,70	5,3	7,5	**13,5**	4,3	9,2	0,74	**20**	6,0	14,0	0,47	**30**	8,7	21,3	0,31
	5	8,20	4,0	6,2	**9,4**	3,9	5,5	1,49	**14**	5,4	8,6	0,95	**20,5**	7,6	12,9	0,62
	4	9,50	3,1	5,0	**7**	3,7	3,3	2,89	**10**	5,1	4,9	1,85	**15**	7,1	7,9	1,19
	3,2	10,2	2,4	4,1	**5,5**	3,7	1,8	5,68	**7,9**	5,1	2,8	3,60	**11,5**	7,1	4,4	2,33
	2,5	10,6	1,7	3,4	**4,4**	3,5	0,9	11,8	**6,1**	4,7	1,4	7,57	**8,7**	6,5	2,2	4,89
0,63	8	10,2	6,8	9,4	**16**	5,1	10,9	0,91	**24,5**	7,1	17,4	0,58	**37**	10,2	26,8	0,38
	6,3	12,7	5,1	7,6	**11,5**	4,6	6,9	1,87	**17**	6,2	10,8	1,19	**25,5**	8,9	16,6	0,77
	5	15,8	3,9	6,1	**8,5**	4,3	4,2	3,76	**12,5**	5,8	6,7	2,40	**18,5**	8,2	10,3	1,55
	4	17,5	3,0	5,0	**6,7**	4,3	2,4	7,30	**9,6**	5,8	3,8	4,64	**14**	8,2	5,8	3,00
	3,2	21,4	2,3	4,2	**5,5**	4,0	1,5	14,3	**7,8**	5,4	2,4	9,08	**11**	7,5	3,5	5,88

Die Spaltengruppen sind mit $\eta = 3{,}5$, $\eta = 5{,}5$ und $\eta = 8{,}5$ überschrieben.

Fortsetzung s. nächste Seite

Tabelle **7**.219, Fortsetzung

d	D	F_n	Dorn D_d max.	Hülse D_h min.	$\eta = 3{,}5$ $L_0 \approx$	L_n	$S_n \approx$	R	$\eta = 5{,}5$ $L_0 \approx$	L_n	$S_n \approx$	R	$\eta = 8{,}5$ $L_0 \approx$	L_n	$S_n \approx$	R
0,8	10	15,7	8,6	11,6	**20**	6,9	13,1	1,22	**30**	9,8	20,2	0,77	**45,5**	14,3	31,2	0,50
	8	19,9	6,6	9,6	**14,5**	6,1	8,4	2,37	**21,5**	8,4	13,1	1,51	**32**	12,0	20,0	0,98
	6,3	24,5	5,0	7,7	**10,5**	5,6	4,9	4,86	**15,5**	7,7	7,8	3,09	**23**	10,9	12,1	2,00
	5	26,5	3,8	6,3	**8,3**	5,6	2,7	9,72	**12**	7,7	4,3	6,19	**17,5**	10,9	6,6	4,00
	4	32,5	2,8	5,3	**6,9**	5,2	1,7	18,9	**9,7**	7,0	2,7	12,1	**14**	9,8	4,2	7,82
1	12,5	22,4	10,8	14,4	**24**	9,4	14,6	1,52	**36,5**	13,4	23,1	0,97	**55,5**	19,4	36,1	0,62
	10	27,9	8,4	11,8	**17,5**	8,0	9,5	2,96	**26**	11,2	14,8	1,89	**39**	16,0	23,0	1,22
	8	33,8	6,5	9,6	**13**	7,3	5,7	5,79	**19**	10,1	8,9	3,68	**28,5**	14,3	14,2	2,38
	6,3	34,8	4,9	7,8	**10**	7,3	2,7	1,8	**14,5**	10,1	4,4	7,54	**21,5**	14,3	7,2	4,88
	5	44,6	3,6	6,5	**8,5**	6,6	1,9	23,7	**12**	9,0	3,0	15,1	**17**	12,6	4,4	9,76
1,25	16	55,3	14,1	18,2	**40,5**	9,1	31,4	1,76	**62**	12,9	49,1	1,12	**94**	18,5	75,5	0,73
	12,5	70,4	10,6	14,6	**27**	8,2	18,8	3,70	**41,5**	11,6	29,9	2,36	**62,5**	16,5	46,0	1,52
	10	87,1	8,2	11,9	**20**	7,7	12,3	7,23	**29,5**	10,8	18,7	4,60	**44,5**	15,2	29,3	2,98
	8	107	6,1	9,9	**15**	7,4	7,6	14,6	**22**	10,5	11,5	9,10	**33**	14,9	18,1	5,95
	6,3	136	4,7	8,1	**12**	7,2	4,8	29,6	**17**	9,8	7,2	18,4	**25**	13,8	11,2	12,0
1,6	20	86,5	17,5	22,6	**48**	12,4	35,6	2,43	**73,5**	17,6	55,9	1,55	**110**	25,5	84,5	1,01
	16	108	13,7	18,5	**34**	11,0	23,0	4,74	**51,5**	15,5	36,0	3,02	**77,5**	22,2	55,3	1,96
	12,5	138	10,3	14,7	**24**	10,0	14,0	9,95	**36**	14,1	21,9	6,35	**53,5**	20,1	33,4	4,12
	10	173	7,9	12,1	**18,5**	9,4	9,1	19,5	**27**	13,2	13,8	12,4	**40,5**	18,9	21,6	8,03
	8	216	5,9	10,1	**14,5**	9,0	5,5	38,0	**21,5**	12,6	8,9	24,2	**31,5**	17,9	13,6	15,7
2	25	130	22,0	28,0	**58**	15,0	43,0	3,04	**88,5**	21,4	67,1	1,94	**135**	31,0	104	1,25
	20	162	17,1	22,9	**41**	13,6	27,4	5,94	**62**	19,2	42,8	3,78	**94**	27,6	66,4	2,44
	16	202	13,4	18,6	**30**	12,5	17,5	11,6	**45**	17,7	27,3	7,38	**68**	25,5	42,5	4,78
	12,5	259	9,9	15,1	**22,5**	11,7	10,8	24,4	**33**	16,4	16,6	15,5	**49,5**	23,5	26,0	10,0
	10	324	7,5	12,5	**18**	11,2	6,8	47,5	**26,5**	15,6	10,9	30,3	**38,5**	22,0	16,5	19,6
2,5	32	186	28,3	36,0	**71,5**	19,3	52,2	3,55	**110**	27,9	82,1	2,26	**170**	40,7	129	1,46
	25	238	21,6	28,4	**49**	16,8	32,2	7,43	**74,5**	24,0	50,5	4,73	**115**	34,8	80,2	3,06
	20	298	16,8	23,2	**36**	15,5	20,5	14,5	**54**	21,9	32,1	9,23	**81,5**	31,5	50,0	5,97
	16	372	12,9	19,1	**27,5**	14,6	12,9	28,3	**41**	20,5	20,5	18,0	**61**	29,3	31,7	11,7
	12,5	477	9,4	15,6	**22**	14,0	8,0	59,5	**32**	19,5	12,5	37,9	**47,5**	27,8	19,7	24,5
3,2	40	294	35,6	44,6	**82**	21,2	60,8	4,85	**125**	29,7	95,3	3,09	**190**	42,3	148	2,00
	32	368	27,6	36,5	**58,5**	19,8	38,7	9,49	**88,5**	27,4	61,1	6,04	**135**	38,8	96,2	3,90
	25	470	21,1	28,9	**42,5**	19,1	23,4	19,8	**63,5**	26,3	37,2	12,6	**94,5**	37,1	57,4	8,18
	20	588	16,1	23,9	**33,5**	18,5	15,0	38,9	**49,5**	25,9	23,6	24,7	**74**	37,1	36,9	16,0
	16	735	12,2	19,8	**27,5**	17,8	9,7	75,8	**40**	24,9	15,1	48,3	**59**	35,4	23,6	31,3
4	50	435	44,0	56,0	**99**	27,4	71,6	6,07	**150**	38,6	111	3,86	**230**	55,4	175	2,50
	40	534	34,8	45,2	**71**	25,2	45,8	11,9	**105**	35,1	69,9	7,55	**160**	50,0	110	4,88
	32	679	27,0	37,0	**53,5**	24,0	29,5	23,2	**79,5**	33,3	46,2	14,7	**120**	47,2	72,8	9,53
	25	869	20,3	29,7	**41**	22,9	18,1	48,6	**60,5**	32,2	28,3	30,9	**89,5**	46,0	43,5	20,0
	20	1090	15,3	24,7	**33,5**	22,2	11,3	94,9	**49**	31,0	18,0	60,4	**72**	44,2	27,8	39,1

Federn mit Drahtdurchmessern $d = 0{,}1$, 0,12, 0,16, 0,2, 0,25, 0,32 bzw. 5, 6,3, 8 und 10 mm und Federratenverhältnis $\eta = 12{,}5$ und 18,5 s. Normen.

7.5.2 Zylindrische Zugfedern (DIN 2097)

Zugfedern bis 17 mm Werkstoffdurchmesser werden gewöhnlich aus federhartem Werkstoff und mit Vorspannung kaltgeformt. Federn mit größeren Werkstoffdurchmessern und für hohe Beanspruchung schon ab 10 mm Durchmesser werden schlußvergütet. Sie haben dann keine Vorspannung; aneinanderliegende Windungen sind deshalb nicht notwendig.

Statt des äußeren Windungsdurchmessers (D_a) kann der innere bemaßt werden (**7**.220). Die Länge (L_0) der unbelasteten Feder reicht von Innenkante zu Innenkante der Ösen und setzt sich aus der Länge (L_K) des Federkörpers und den zwei Abständen (L_H) bis zu den Öseninnenkanten zusammen. Ferner ist die Weite (m) der Ösenöffnung anzugeben. Im Prüfdiagramm sind gewöhnlich erforderlich: die Vorspannkraft (F_0), die größere Betriebskraft (F_1), die Prüfkraft (F_n) und die dazugehörigen Längen (L_0, L_1 und L_n).

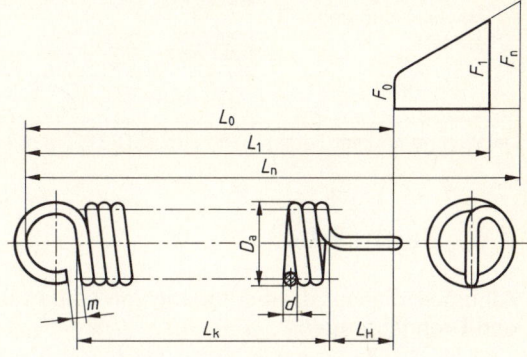

Anzahl der federnden Windungen ..., dazu angebogen je Ende eine ganze deutsche Öse. Als Fertigungsausgleich werden freigegeben: Anzahl der federnden Windungen, Werkstoffdurchmesser (d) und Vorspannkraft (F_0).

7.220 Zylindrische Zugfeder mit einer ganzen deutschen Öse (DIN 2097)

Die Ausführung der Ösen ist sehr verschieden; Näheres darüber s. DIN 2097. Zu bevorzugen ist die ganze deutsche Öse (**7**.220), bei der $L_H = 80\%$ des inneren Durchmessers ist. Die Ösen einer Feder stehen in der Regel parallel zueinander oder um 90° gegenseitig versetzt.

Als Fertigungsausgleich müssen freigegeben und gekennzeichnet werden:

- wenn e i n e Federkraft, Länge (L_0) und Vorspannkraft (F_0) vorgeschrieben sind: Die Anzahl der federnden Windungen und entweder der Werkstoffdurchmesser (d) oder der äußere oder innere Windungsdurchmesser.
- bei z w e i vorgeschriebenen Federkräften die gleichen Größen, außerdem die Vorspannkraft (F_0).

Ansicht, Schnitt und Sinnbild einer Zugfeder mit einer ganzen deutschen Öse zeigt Bild **7**.221.

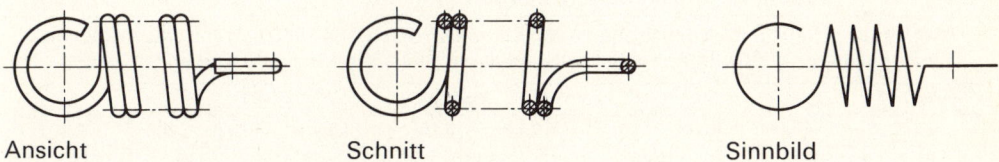

Ansicht   Schnitt   Sinnbild

7.221 Darstellungen einer Zugfeder nach DIN ISO 2162

Angaben und Vordruck für zylindrische Zugfedern s. DIN 2099 T 2.

Tellerfedern sind in DIN 2093 angegeben; ihre Berechnung erfolgt nach DIN 2092. Ansichten, Schnitte und Sinnbilder zeigt Tabelle **7**.222.

Tabelle **7.222** **Darstellung von Tellerfedern nach DIN ISO 2162**

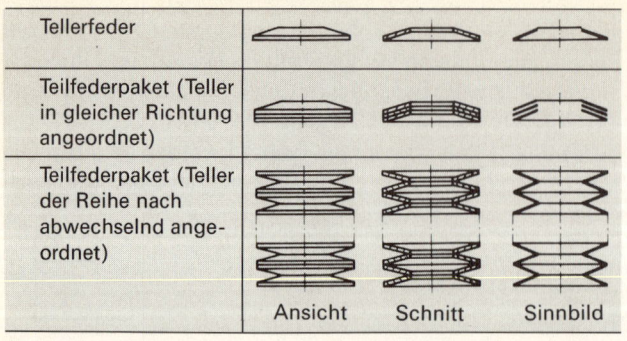

Tellerfeder			
Teilfederpaket (Teller in gleicher Richtung angeordnet)			
Teilfederpaket (Teller der Reihe nach abwechselnd angeordnet)			
	Ansicht	Schnitt	Sinnbild

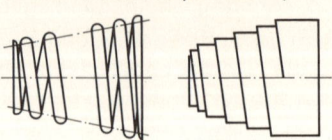

7.223 Zylindrische Schraubendrehfeder (DIN 2088)

7.224 Kegelige Druckfedern mit rundem und mit rechteckigem Querschnitt

Darstellung anderer Federn nach DIN ISO 2162 s. Bild **7.223** und **7.224**.

7.6 Zahnräder

Zahnräder dienen zur Übertragung von Kräften sowie zur Änderung von Drehzahlen, Drehsinn und Drehrichtungen.

7.6.1 Abmessungen

Modul. Zur Einteilung der Zähne dient der Teilkreis (**7.225**). Die Teilung p ist der Abstand von Mitte zu Mitte Zahn, als Bogenmaß in mm am Teilkreis gemessen. Wird sie durch π geteilt, ergibt sich der Modul m in mm als Kenngröße der betreffenden Verzahnung. Er wird auch Durchmesserteilung genannt. Die Moduln sind in einer Reihe (Modulreihe) nach DIN 780 T1 und T2 genormt (**7.226**).

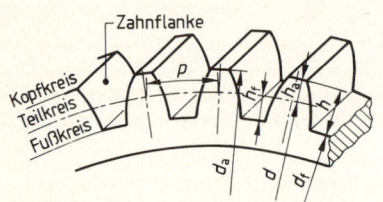

7.225 Bezeichnungen am Zahnrad

Der Modul ist also $m = \dfrac{p}{\pi}$ und die Teilung $p = \pi \cdot m$.

Beispiel 1 Bei einer Teilung $p = 15,7$ mm ist der Modul

$$m = \frac{p}{\pi} = \frac{15,7\ \text{mm}}{3,14} = \mathbf{5\ mm}.$$

Tabelle **7.226** **Moduln für Stirnrädern (DIN 780 T1) in mm**

Die Moduln gelten für die Normalschnitte von Stirnrädern nach DIN 3960 und von entsprechenden Schraubrändern (s. DIN 868). Reihe I soll gegenüber Reihe II bevorzugt angewendet werden.

Reihe	Moduln											
I	0,05		0,06		0,08		0,1		0,12		0,16	
II		0,055		0,07		0,09		0,11		0,14		0,18
I	0,5		0,6		0,7		0,8		0,9		1	
II		0,55		0,65		0,75		0,85		0,95		1,125
I	3		4		5		6		8		10	
II		3,5		4,5		5,5		7		9		11
I	32		40		50		60					
II		36		45		55		70				

Beispiel 2 Bei einem Modul $m = 4$ mm ist die Teilung

$$p = \pi \cdot m = 3,14 \cdot 4 \text{ mm} = \textbf{12,56 mm}.$$

Moduln für Zylinderschneckengetriebe (DIN 780 T2) gelten für Axialschnitte der Zylinderschnekken nach DIN 3975 und für die Teilkreise der zugehörigen Schneckenräder (s. Norm).

Der Umfang des Teilkreises wird durch Multiplizieren des Teilkreisdurchmessers d mit π oder durch Multiplizieren der Z ä h n e z a h l z mit der Teilung p berechnet:

$$U = \pi \cdot d = z \cdot p$$

Mit $\pi \cdot m$ für p wird $\quad \pi \cdot d = z \cdot \pi \cdot m \quad$ und daraus $\quad d = z \cdot m \quad$ und $\quad m = \dfrac{d}{z}$.

Beispiel 1 Der Teilkreisdurchmesser eines Zahnrads mit $z = 48$ Zähnen und dem Modul $m = 3$ mm ist

$$d = z \cdot m = 48 \cdot 3 \text{ mm} = \textbf{144 mm}.$$

Beispiel 2 Der Modul eines Zahnrads mit $z = 25$ Zähnen und einem Teilkreisdurchmesser $d = 87,5$ mm ist

$$m = \frac{d}{z} = \frac{87,5 \text{ mm}}{25} = \textbf{3,5 mm}.$$

Es sind allgemein die

Zahnkopfhöhe $\quad h_{aP} = 1 \cdot m$

Zahnfußhöhe $\quad h_{fP} = 1 \cdot m + c_P$

Zahnhöhe $\qquad h_P = 2 \cdot m + c_P,$

wobei $c_P = $ Kopfspiel $= c_P^*$ (Kopfspiel-Faktor) $\cdot m = 0,1$ bis $0,4$; je nach Verzahnungswerkzeug und speziellen Anforderungen an das Getriebe.

Beispiel 3 Für Modul $m = 12$ mm und $c_P^* = 0,167$ sind die

Zahnkopfhöhe $\quad h_{aP} = 1 \cdot m = 1 \cdot 12 \qquad\qquad\qquad = \textbf{12 mm}$

Zahnfußhöhe $\quad h_{fP} = 1 \cdot m + c_P^* \cdot m = 12 + 0,167 \cdot 12 = \textbf{14 mm}$

Zahnhöhe $\qquad h_P = h_{aP} + h_{fP} = 12 \text{ mm} + 14 \text{ mm} \quad = \textbf{26 mm}.$

Der Kopfkreisdurchmesser d_a ergibt sich durch Addieren der doppelten K o p f h ö h e ($2\,h_{aP} = 2\,m$) zum Teilkreisdurchmesser d:

$$d_a = d + 2\,m$$

Eine Ausnahme hiervon besteht bei korrigierten Zahnrädern (s. DIN 3992).

Der Fußkreisdurchmesser d_f wird gefunden, indem die doppelte F u ß h ö h e h_{fP} vom Teilkreisdurchmesser d abgezogen wird:

Beispiel An einem Zahnrad mit dem Teilkreisdurchmesser $d = 600$ mm sind die Kopfhöhe $h_{aP} = 12$ mm und die Fußhöhe $h_{fP} = 14$ mm. Es sind dann der

Kopfkreisdurchmesser $\quad d_a = d + 2\,m = 600 \text{ mm} + 2 \cdot 12 \text{ mm} = \textbf{624 mm,}$

Fußkreisdurchmesser $\quad d_f = d - 2\,h_{fP} = 600 \text{ mm} - 2 \cdot 14 \text{ mm} = \textbf{572 mm}.$

Berechnung des Moduls aus Kopfkreisdurchmesser und Zähnezahl

Aus $d_a = d + 2m$ ist

$$d = d_a - 2m.$$

Es ist aber auch

$$d = z \cdot m.$$

$$\boxed{\begin{aligned} z \cdot m &= d_a - 2m \\ z \cdot m + 2m &= d_a \\ m\,(z + 2) &= d_a \\ m &= \frac{d_a}{z + 2} \end{aligned}}$$

Der Modul wird also gefunden, indem der Kopfkreisdurchmesser durch die um 2 vermehrte Zähnezahl geteilt wird. Diese Berechnung des Moduls ist sehr wichtig, da sich Kopfkreisdurchmesser und Zähnezahl an einem vorhandenen Zahnrad leicht feststellen lassen.

Beispiel   Für ein Zahnrad mit $d_a = 75$ mm und $z = 23$ ist

$$m = \frac{d_a}{z+2} = \frac{75 \text{ mm}}{23+2} = \frac{75 \text{ mm}}{25} = 3 \text{ mm}.$$

Nun können Teilung, Teilkreisdurchmesser usw. berechnet werden.

Zahnradpaar. Zwei miteinander arbeitende Zahnräder bilden ein Zahnradpaar (**7.**227). Ein einwandfreies Arbeiten der Zahnräder miteinander (Kämmen) ist nur dann möglich, wenn sie gleiche Teilung, also gleichen Modul haben. Die zu übertragende Kraft geht von dem treibenden Zahnrad auf das getriebene über. Wird ein größeres Zahnrad angetrieben, ist das eine Übersetzung in die kleinere, umgekehrt in die größere Drehzahl.

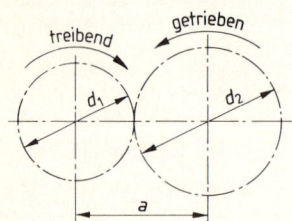

Den Bezeichnungen für das treibende Rad wird eine ungerade Zahl (hier 1) und denen für das getriebene Rad eine gerade Zahl (hier 2) angehängt, z. B. d_1 und d_2. Der Abstand von Mitte zu Mitte Zahnrad ist so zu bemessen, daß sich die Teilkreise beider Zahnräder berühren. Demgemäß ist der Abstand a = der halben Summe der beiden Teilkreisdurchmesser d_1 und d_2:

$$a = \frac{d_1 + d_2}{2}$$

7.227   Zahnradpaar   Maße für Achsenabstände s. DIN 3964.

Übungen

1. Ein Zahnrad mit dem Kopfkreisdurchmesser $d_a =$ 162 mm und 25 Zähnen treibt ein anderes mit 48 Zähnen. Bestimmen Sie den Modul, die Teilung, die Teilkreisdurchmesser, die Kopfhöhe, die Fußhöhe, den zweiten Kopfkreisdurchmesser, beide Fußkreisdurchmesser und den Mittenabstand der Räder.

2. Für einen Motorantrieb ist ein Getriebe zu berechnen. Die 3 Übersetzungen sind $i_1 = 3{,}3$, $i_2 = 3{,}1$, $i_3 = 2{,}9$ (**7.**228).

$i_{ges} = i_1 \cdot i_2 \cdot i_3 = 3{,}3 \cdot 3{,}1 \cdot 2{,}9 = 29{,}66 \approx 30$

$n_1 = 3600 \dfrac{1}{\text{min}}$ $n = 1091 \dfrac{1}{\text{min}}$

$n_4 = 120 \dfrac{1}{\text{min}}$ $n_3 = 352 \dfrac{1}{\text{min}}$

Zähnezahl für $z_1 = 22$ Zähne, $z_3 = 20$ Zähne, $z_5 = 18$ Zähne

Modul (nach DIN 780) $m = 4{,}0$ mm

Bestimmen Sie die Zahnradmaße und fertigen Sie die Zeichnung dafür an.   **7.**228

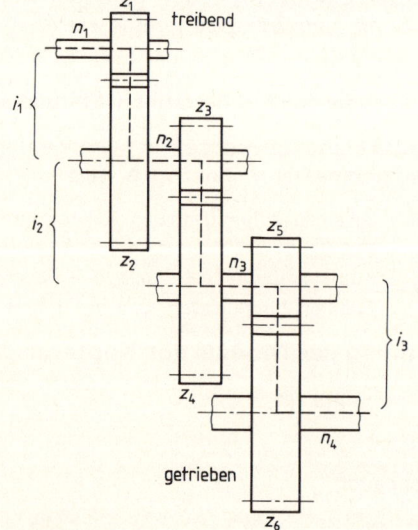

7.6.2 Zahnformen

Die Zahnflanken sollen sich mit möglichst geringer Reibung aufeinander abwälzen. Sie haben meist Evolventenform (**7**.229). Zahnflanken an Zahnstangen sind gerade (**7**.230).

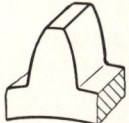

7.229 Evolventenform

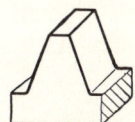

7.230 Gerade Zahnflanken

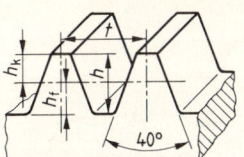

7.231 Zahnstange

Bei der Evolventenverzahnung (DIN 867) ist die Zahnflanke ein Teil der Evolvente. Zwei in Eingriff stehende Zahnflanken berühren sich an einer Stelle, die sich durch die Drehung beider Zahnräder geradlinig fortbewegt und die Eingriffslinie bildet (**7**.232). Sie ist die die Evolvente erzeugende Gerade und wird vom Punkt P auf dem Teilkreis unter einem Winkel von 20° (Eingriffswinkel) gezogen. Der kürzeste Abstand der Geraden vom Mittelpunkt des Teilkreises ist der Halbmesser des Grundkreises. Das Bogenstück von 0 bis zur senkrechten Mittellinie wird gleichmäßig unterteilt, ebenso der Bogen nach der anderen Seite. Durch eine vom Teilpunkt 1 auf der Tangente T_1 angetragene Strecke wird der Evolventenpunkt P_1 gefunden. Sie setzt sich aus der von 0 bis 1 reichenden Bogenlänge und dem Stück von 0 bis P zusammen.

Für den Punkt P_1' ist die Strecke von 0 bis P, vermindert um die Bogenlänge 0 bis $1'$, auf T_1 von $1'$ aus abzutragen. Evolventenpunkt P_2 wird durch Abtragen der Bogenlänge von 2 bis 0 und der Strecke 0 bis P auf T_2 von 2 aus ermittelt usw. Der zwischen dem Grundkreis und dem Fußkreis liegende Teil der Zahnflanke wird von P_1' aus als Tangente weitergeführt und mit einer Rundung versehen. Die Punkte $1'$, 0, 1, 2, 3 ... auf dem Grundkreis können als Mittelpunkte für Kreisbögen mit den Halbmessern $1'P'$, $0P$, $1P_1$ ... dienen. Die Bogen gehen ineinander über und sind Teile der gesuchten Evolvente.

Zahnflanken an Zahnstangen bilden miteinander einen Winkel von 40° (**7**.231).

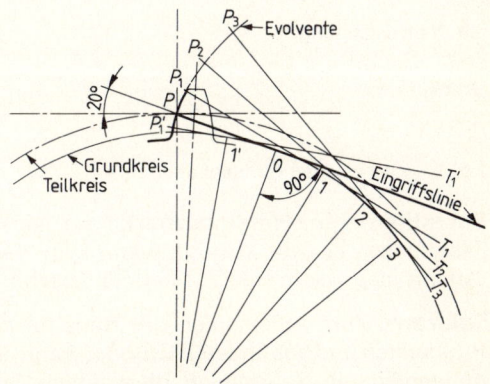

7.232 Entstehung der Evolventenform

7.6.3 Zahngetriebe

Teilkreise sind als Mittellinien und Kopfkreise als breite Vollinien in richtigem Abstand voneinander zu zeichnen (**7**.233 und **7**.234). Wenn erforderlich, ist der Zahnfußkreis durch eine schmale Vollinie zu kennzeichnen (**7**.233). Die Zähne werden nicht mitgeschnitten. Die Zahnform legt man entweder durch Hinweis auf eine Norm oder durch eine Zeichnung fest. Bei Kettenrädern ist die Zahnform stets anzudeuten oder als Einzelheit zu zeichnen.

Sind aus irgendeinem Grund einige Zähne des Rads darzustellen, wird empfohlen, die Flankenlinien unter Einhaltung der Zahnabmessungen freihändig zu entwerfen und dann einfach als Kreisbogen mit angenommenem Halbmesser nachzuziehen (**7**.233). Es empfiehlt sich, die Flankenlinien nach der Werkstoffseite zu versetzen (**7**.234), weil sonst die Zahnlücken zu klein erscheinen.

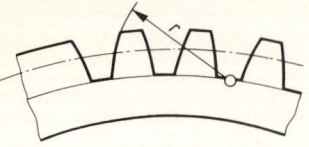

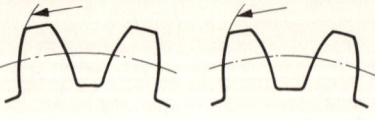

7.233 Angenäherte Evolventenform   **7**.234 Lage der ausgezogenen Flankenlinie

Vereinfachte Darstellungen von Zahnrädern und Räderpaarungen sind in DIN ISO 2203 genormt; sie kommen in Betracht, wenn die ausführliche Wiedergabe des Zahnrads nicht nötig ist (**7**.242 und **7**.243). Die Vereinfachung kann so weit gehen, daß die Räder nur durch Mittellinien und Teilkreise angedeutet werden. Erforderlichenfalls ist in der Draufsicht auf die verzahnte Fläche in einer Darstellung parallel zu den Radachsen die Flankenrichtung am Zahnrad oder an der Zahnstange durch Kennzeichen nach Bild **7**.235 in schmalen Vollinien anzugeben. Bei Radpaaren sollte man die Flankenrichtung nur an einem Zahnrad zeigen.

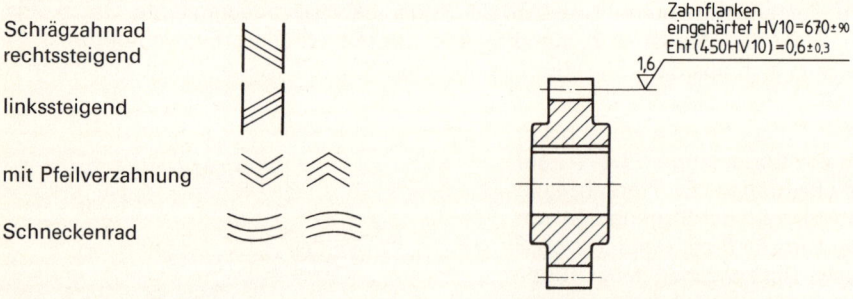

Schrägzahnrad
rechtssteigend

linkssteigend

mit Pfeilverzahnung

Schneckenrad

7.235 Kennzeichen für Flankenrichtung   **7**.236 Härtungsangabe

Ein allgemeiner Härtevermerk (wie „einsatzgehärtet"), der sich in Bild **7**.237 nur auf die Zahnflanken bezieht, genügt, wenn kein Härtewert eingetragen zu werden braucht. Sonst verfährt man wie in Bild **7**.236 oder Abschn. 5.3.3.

Toleranz. Zum Aufspannen des Rads für die Bearbeitung, zum Ansetzen von Meß- und Prüfgeräten und aus anderen Gründen kann eine Tolerierung von M a ß e n d e s R a d k ö r p e r s notwendig sein. So kann z. B. die zulässige Rundlauf- und Planlauf-Abweichung des Außenzylinders zur Bohrung durch Form- und Lagetoleranzen eingeengt werden (**7**.244 und **7**.246).

Bei einem Radpaar werden die ineinandergreifenden Teile beider Räder nicht sichtbar gezeichnet, wenn das vorn liegende Rad einen beträchtlichen Teil des anderen Rads verdeckt (**7**.247). Sind beide Räder im Axialschnitt dargestellt, wobei ein Zahnrad Teile eines anderen verdeckt, ist freigestellt, welches der beiden Räder sichtbar dargestellt wird. In beiden Fällen sind verdeckte Kanten nur dann darzustellen, wenn sie zur Klarheit der Zeichnung erforderlich sind (**7**.245).

Hinweis. Bei Bedarf kann man einzelne Zähne auf einer Radseite (dadurch als Vorderseite erklärt) als Zähne 1 und 2 kennzeichnen. Dadurch wird gleichzeitig die Zählrichtung festgelegt (möglichst im Drehsinn des Uhrzeigers). Die Vorderseite ist maßgebend für die Bestimmung der Rechts- und Linksflanken, s. DIN 868.

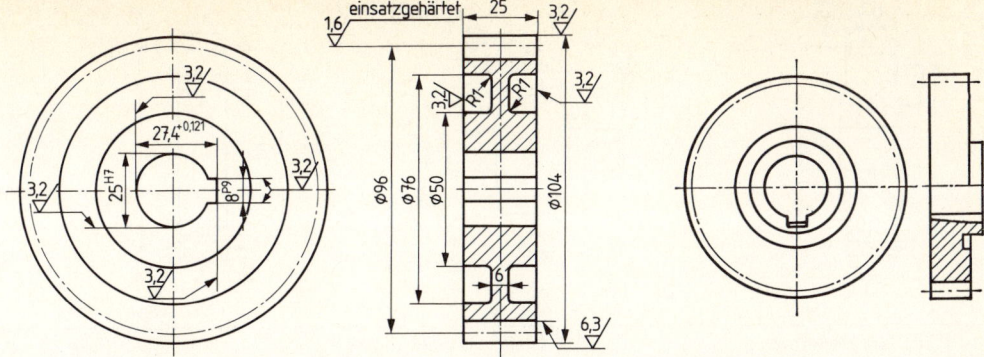

7.237   Darstellung eines Stirnrads

7.238   Stirnrad, Seitenansicht im
         Halbschnitt gezeichnet

Stirnräder übertragen Kräfte zwischen parallelen Wellen, haben zylindrische Grundform und sind meist außenverzahnt (**7.**237, **7.**238 und **7.**244).

Bild **7.**239 zeigt ein Stirnräderpaar, **7.**240 die ungeschnittene Seitenansicht. Ein Stirnradpaar mit Innenverzahnung ist in Bild **7.**241 dargestellt. Vereinfachte Darstellungen zeigen die Bilder **7.**242 und **7.**243.

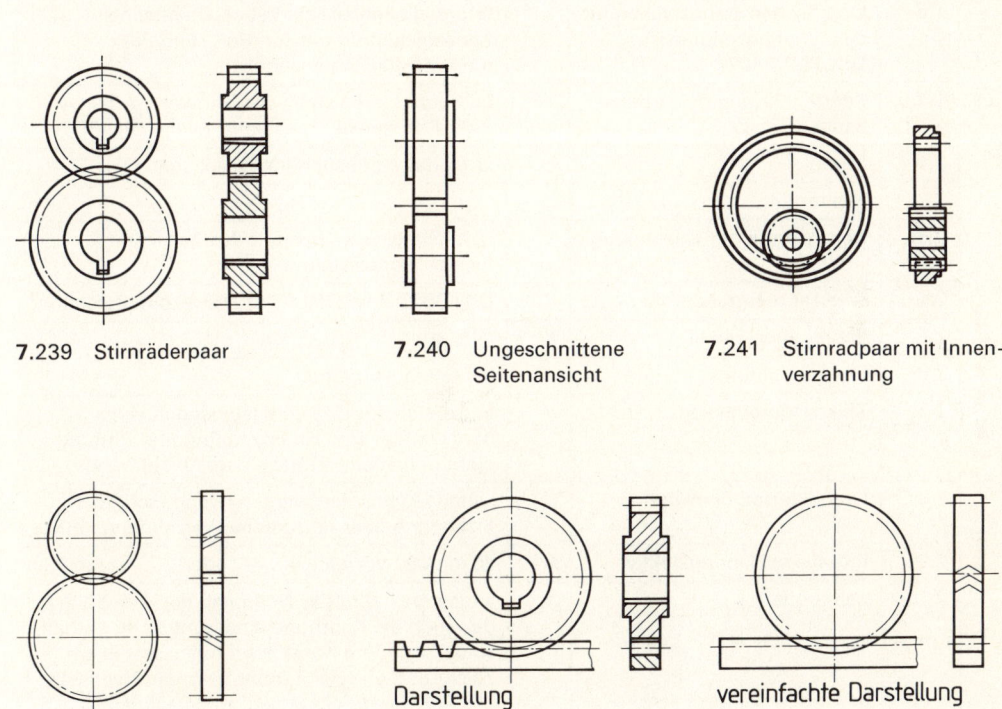

7.239   Stirnräderpaar

7.240   Ungeschnittene
         Seitenansicht

7.241   Stirnradpaar mit Innen-
         verzahnung

7.242   Vereinfachte Darstellung
         eines Stirnrädergetriebes

7.243   Stirnrad mit Zahnstange

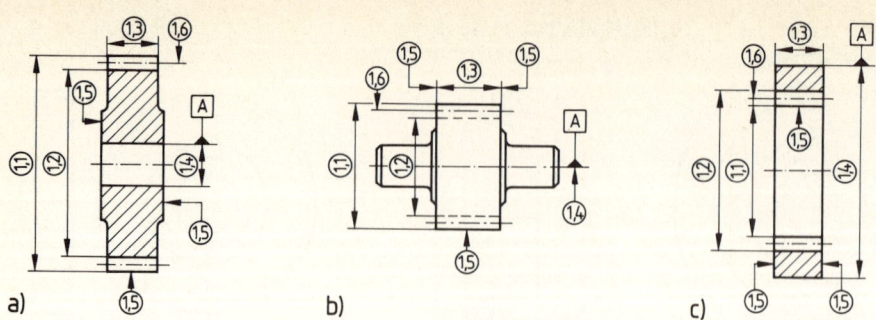

a)   b)   c)

	Lfd. Nr	Benennung	Maß	Bemerkungen
Maße und Kennzeichen in der Zeichnung	1.1	Kopfkreisdurchmesser	d_a	bei Bedarf mit Angabe der Abmaße
	1.2	Fußkreisdurchmesser	d_f	bei Bedarf, wenn keine Zahnhöhe h angegeben wird, l bei Bedarf mit Angabe der Abmaße
	1.3	Zahnbreite	b	
	1.4	Kennzeichen der Bezugs-elemente	–	Bezugselement für Rund- und Planlauftolerierung ist die Radachse (Eintragung nach DIN 7184 T1)
	1.5	Rundlauf- und Planlauf-toleranz sowie Parallelität der Stirnflächen des Radkörpers	–	wenn die Anforderungen über DIN 7168 T2 hinausgehen, sind Rundlauf- und Planlauf-toleranzen nach DIN 7184 T1 festzulegen
	1.6	Oberflächen-Kennzeichen für die Zahnflanken nach DIN ISO 1302		erforderlichenfalls sind auch Oberflächen-Kennzeichen für die Zahnfuß- und Fuß-rundungsflächen anzugeben
	1.7	Kennzeichnung der Arbeits-flanken		bei Bedarf, z. B. durch den Hinweis „Arbeits-flanke" in einem Stirnschnitt (siehe DIN 868)
Angaben in besonderer Tabelle	2.1	Modul	m	es ist das Normalmodul m_n anzugeben
	2.2	Zähnezahl	z	
	2.3	Bezugsprofil der Verzahnung		bei Schrägstirnrädern gilt das Bezugsprofil für den Normalschnitt
	2.4	Werkzeug-Bezugsprofil		DIN 3972 oder DIN 58412 bzw. bes. Zeichnung
	2.5	Schrägungswinkel	β	DIN 3960
	2.6	Flankenrichtung		bei Schrägstirnrädern
	2.7	Teilkreisdurchmesser	d	ergibt sich aus den voranstehenden Verzah-nungsdaten, wird für Erzeugung und Prüfung nicht gebraucht; Angabe daher nicht nötig
	2.8	Grundkreisdurchmesser	d_b	kann weggelassen werden, wenn nicht für die Erzeugung oder Prüfung der Verzahnung nötig
	2.9	Profilverschiebungsfaktor	x	ist mit den Vorzeichen „+" oder „–" anzugeben
	2.10	Zahnhöhe	h	angegeben wird das Nennmaß der Zahnhöhe h, das auch die Kopfhöhenänderung k, m_n enthält, so daß aus dem Kopfkreisdurchmesser in der Zeichnung und der Zahnhöhe h das Nennmaß des Fußkreisdurchmessers zu berechnen ist

7.244   Maße und Kennzeichen in der Zeichnung (DIN 3966 T1)

      a) Außenverzahnung mit Lagerbohrung, b) mit Lagerzapfen, c) Innenverzahnung

Kegelräder übertragen Kräfte zwischen sich in e i n e r Ebene schneidenden Wellen (**7.**245). Für die Herstellung eines Kegelrades sind neben den Maßen für den Radkörper (**7.**246) von Wichtigkeit.

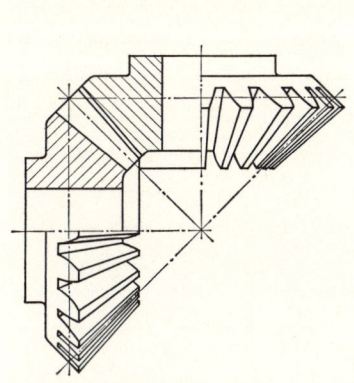

7.245   Kegelräderpaar

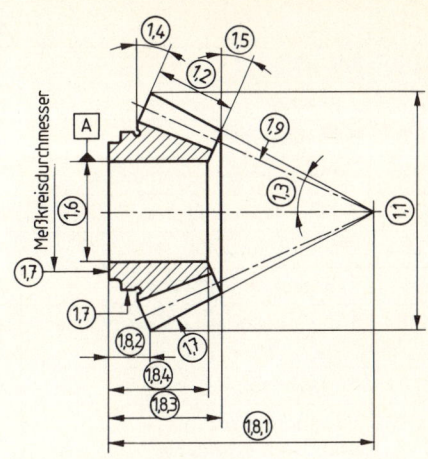

7.246   Maße und Kennzeichen in der Zeichnung (DIN 3966 T 2)

Angaben zu Bild **7.**246

	Lfd. Nr	Benennung	Maß-buch-stabe	Bemerkungen
Maße und Kennzeichen in der Zeichnung	1.1	Kopfkreisdurchmesser	d_a	mit Abmaßen
	1.2	Zahnbreite	b	
	1.3	Kopfkegelwinkel	δ_a	
	1.4	Komplementwinkel des Rückenkegelwinkels	δ	
	1.5	Komplementwinkel des inneren Ergänzungskegelwinkels		bei Bedarf
	1.6	Kennzeichen des Bezugs-elements		Bezugselement für die Rundlauf- und Planlauftolerierung ist die Radachse (Eintragung nach DIN 7184 T1)
	1.7	Rundlauf- und Planlauftoleranz des Radkörpers		wenn die Anforderungen über DIN 7168 T2 hinausgehen, sind Rundlauf- und Planlauf
	1.8	Axiale Abstände von der Bezugs-stirnfläche		toleranzen nach DIN 7184 T1 festzulegen
		1.8.1 Einbaumaß		
		1.8.2 Äußerer Kopfkreisabstand		
		1.8.3 Innerer Kopfkreisabstand		
		1.8.4 Hilfsebenenabstand		gegebenenfalls tolerieren
	1.9	Oberflächen-Kennzeichen für die Zahnflanken nach DIN ISO 1302		erforderlichenfalls auch für die Zahnfuß- und Fußrundungsflächen
	1.10	Kennzeichnung der Arbeitsflanke in einem Stirnabschnitt		bei Bedarf, z. B. durch den Hinweis „Arbeits-flanke" (s. DIN 868)

Fortsetzung s. nächste Seite

Angaben zu Bild **7.**246, Fortsetzung

	Lfd. Nr	Benennung	Maß- buch- stabe	Bemerkungen
Angaben in besonderer Tabelle	2.1	Modul	m	
	2.2	Zähnezahl	z	
	2.3	Teilkegelwinkel	δ	
	2.4	Äußerer Teilkreisdurchmesser	d_e	
	2.5	Äußere Teilkegellänge	R_e	
	2.6	Planradzähnezahl	z_p	
	2.7	Zahndicken-Halbwinkel	ψ_p	
	2.8	Fußwinkel oder Fußkegelwinkel	ϑ_f δ_f	
	2.9	Profilwinkel	α_p	
	2.10	Verzahntoleranzen und deren Prüfmaße		
	2.11	Verzahnungsqualität		Angaben nach DIN 3965 T1 bis T4
	2.12	Zahndicke und Zahndicken- abmaße		wenn kein anderes Prüfmaß vorgeschrie- ben ist, Nennmaß der Zahndickensehne im Rücken mit Abmaßen und die zugehörige Höhe über der Sehne

Hinweis. Bei Bedarf kann man einzelne Zähne auf einer Radseite (dadurch als Vorderseite erklärt) als Zähne 1 und 2 kennzeichnen. Dadurch wird gleichzeitig die Zählrichtung festgelegt (möglichst im Dreh- sinn des Uhrzeigers). Die Vorderseite ist maßgebend für die Bestimmung der Rechts- und Linksflanken, s. DIN 868.

Auch Kegelräder können vereinfacht dargestellt werden (**7.**247).

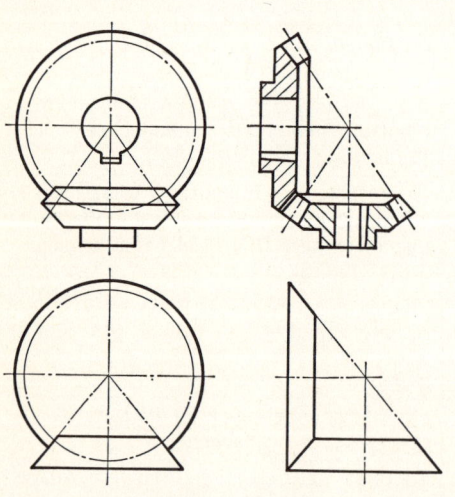

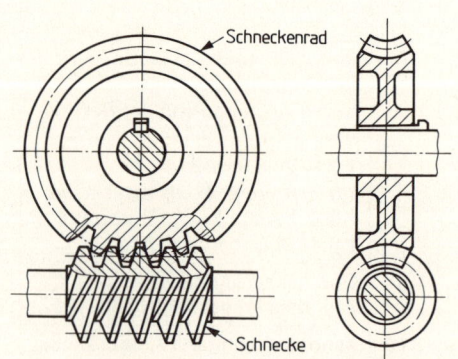

7.247 Darstellung und vereinfachte Darstellung eines Kegelradpaars

7.248 Zylinderschneckentrieb

Schneckengetriebe bestehen aus S c h n e c k e und S c h n e c k e n r a d. Sie liegen zwischen sich in verschiedenen Ebenen kreuzenden Wellen (**7.**248 bis **7.**251). Die Schnecke ist eine ein- oder mehrgängige Schraube mit trapezförmigem Gewindequerschnitt und greift in die ihm angepaßte Evolventenverzahnung des Schneckenrads ein.

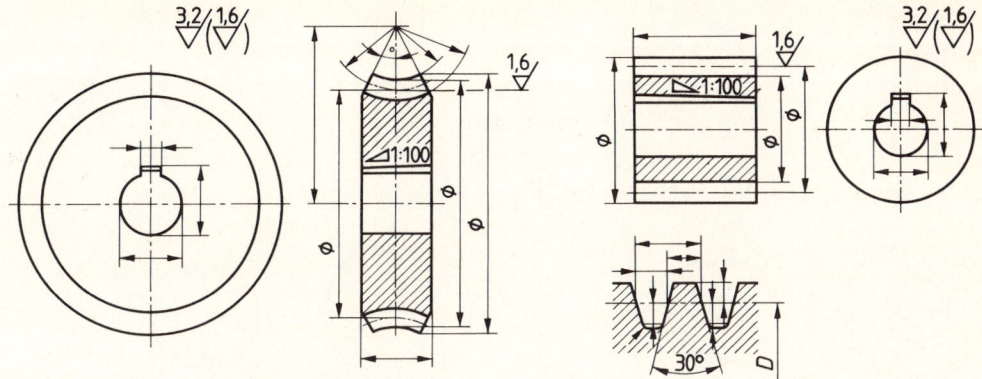

Zähne im Einsatz gehärtet und geschliffen
Modul ..... mm, Zähnezahl ....., Zahndicke im Teilkreis ..... mm, für Schnecke ..... gängig, rechts
(links), Steigung ..... mm, Flankenwinkel der
Schnecke 30°

7.249 Werkzeichnung eines Schneckenrads

Zähne im Einsatz gehärtet und geschliffen
Steigung ..... mm, Steigungswinkel bezogen auf
Durchmesser ....., gängig, rechts (links), Modul
des zugehörigen Schneckenrades ..... mm

7.250 Werkzeichnung einer Schnecke

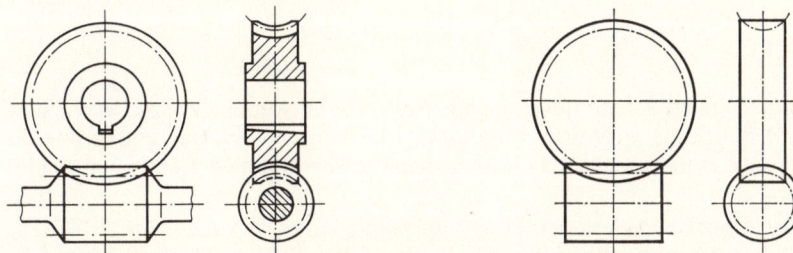

7.251 Darstellung und vereinfachte Darstellung eines Schneckentriebs

In den meisten Fällen treibt die Schnecke das Schneckenrad an, und zwar mit großer Übersetzung ins Langsame. Soll aber das Schneckenrad die Schnecke antreiben, muß sie eine sehr
große Steigung haben. Dies erreicht man durch die Wahl mehrerer Gänge. Schneckengetriebe
sind „s e l b s t h e m m e n d", wenn sie sich vom Schneckenrad aus nicht in Drehbewegung
versetzen lassen.

S c h r a u b e n r ä d e r sitzen auf sich kreuzenden Wellen und haben gewindeähnliche Verzahnung (**7.**252). In Schnittzeichnungen wird der verdeckte Teil eines Zahnes gestrichelt wiedergegeben (**7.**251 und **7.**252). Die D r e h r i c h t u n g der Räder kann in allen Darstellungen
durch Pfeile gekennzeichnet werden (**7.**252), K e t t e n r ä d e r werden wie in Bild **7.**253 dargestellt.

Weitere Hinweise auf Normen s. DIN-Katalog für technische Regeln.

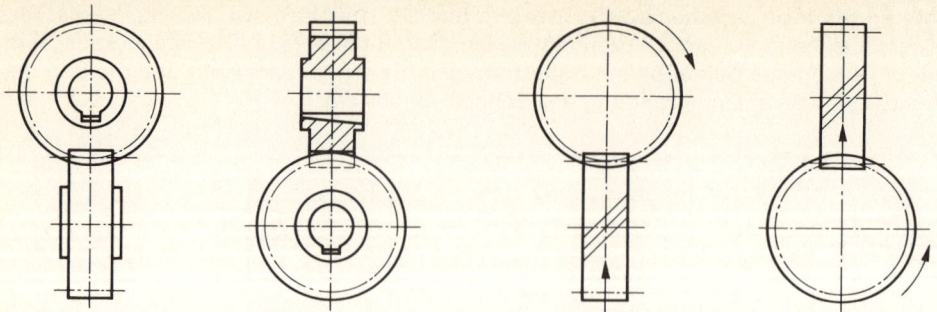

7.252 Darstellung und vereinfachte Darstellung eines Schraubenradtriebs

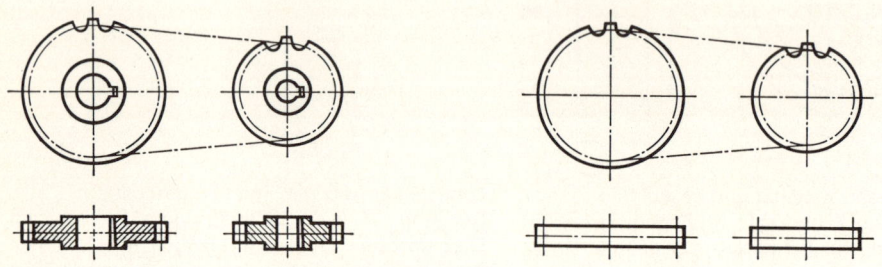

7.253 Darstellung und vereinfachte Darstellung eines Kettenrädertriebs

7.7 Lager

7.7.1 Wälzlager

Wälzlager sind einbaufertige Maschinenteile, die aus Rollkörpern (Kugeln, Walzen usw.) und Rollbahnen (dem auf der Welle sitzenden Innenring und dem im Gehäuse angeordneten Außenring) bestehen. Ihr Aufbau richtet sich nach den zu übertragenen Radial- und/oder Axialkräften.

Genormt sind u. a. die folgenden Wälzlager: Einreihige Radial-Schulterkugellager (DIN 615, **7.**254), einreihige Radial-Rillenkugellager ohne Füllnuten (DIN 625 T1, **7.**255 und DIN 625 T2, **7.**256), ein- und zweireihige Radial-Schrägkugellager (DIN 628 T1, **7.**257 auf S. 246), Radial-Pendelkugellager mit zylindrischer und kegeliger Bohrung (DIN 630 T1, **7.**258 und **7.**259), einseitig wirkende Axial-Rillenkugellager (DIN 711, **7.**260 auf S. 247) und einreihige Zylinderrollenlager mit Käfig (DIN 5412 T1 sowie Nadellager mit Käfig DIN 617, **7.**261).

Außer den genannten sind für die Anwendung der Wälzlager hauptsächlich folgende Normen zu beachten: DIN 611, in der die Systematik der Wälzlager enthalten ist; DIN 616, die die Maßpläne für äußere Abmessungen enthält, und DIN 5418, die die Anschlußmaße für Wälzlager festlegt.

Lagerreihe und Maßreihe dienen zur Bildung der Basiszeichen normgerechter Bezeichnungen für Wälzlager (s. DIN 623 T1). Die Zeichengruppe für die Lagerreihe ist aus Zeichen für die Lagerart und die Maßreihe zusammengesetzt (Lagerreihe 202 bedeutet z. B.: Lagerart 2 und Maßreihe 2). Die Zeichen der Maßreihe bestehen aus dem Kennzeichen für die Breiten- oder Höhenreihe und der Durchmesserreihe (s. DIN 616). Maßreihe 30 bedeutet z. B.: Breitenreihe 3 der Durchmesserreihe 0.

244

Tabelle 7.254   (Radial-)Schulterkugellager, einreihig (DIN 615)

Kurz-zeichen	d	$D^1)$	B	r	r_1	Kurz-zeichen	d	$D^1)$	B	r	r_1
* E 3	3	16	5	0,3	0,2	* E13	13	30	7	0,5	0,3
* E 4	4	16	5	0,3	0,2	* E15	15	35	8	0,5	0,3
* E 5	5	16	5	0,3	0,2	*BO15	15	40	10	1	0,6
* E 6	6	21	7	0,5	0,3	* L17a	17	40	10	1	0,5
* E 7	7	22	7	0,5	0,3	*BO17	17	44	11	1	0,6
* E 8	8	24	7	0,5	0,3	* E19	19	40	9	0,7	0,4
* E 9	9	28	8	0,5	0,3	* E20	20	47	12	1,5	1
* E10	10	28	8	0,5	0,3	L20	20	47	14	1,5	0,7
* E11	11	32	7	0,5	0,3	M20	20	52	15	2	1
* E12	12	32	7	0,5	0,3	L25	25	52	15	1,5	1
						L30	30	62	16	1,5	1

Die Außenmaße der mit einem * versehenen Lager und die Maße für r_1 stimmen nicht mit ISO 15–1981 überein.

^{1}) oberes Abmaß $+0,010$, unteres Abmaß 0

Beispiel   Schulterkugellager DIN 615–E10

Tabelle 7.255   Wälzlager, Rillenkugellager (DIN 625 T1) $d < 10$ mm

Kurzzeichen	Maßreihe	d	D	B	r_s
623	02	3	10	4	0,15
624	02	4	13	5	0,2
625	02	5	16	5	0,3
626	02	6	19	6	0,3
607	10	7	19	6	0,3
608	10	8	22	7	0,3
609	10	9	24	7	0,3
634	03	4	16	5	0,3
635	03	5	19	6	0,3
627	02	7	22	7	0,3
629	02	9	26	8	0,3

Beispiel   Lagerreihe 60 mit $d = 9$ mm: Rillenkugellager DIN 625–609

Tabelle 7.256   Wälzlager, Rillenkugellager (DIN 625 T1) $d \geqq 10$ mm

Lagerreihe 60					Lagerreihe 160^1)		
Kurzzeichen	d	D	B	r_s	Kurzzeichen	B	r_s
6000	10	26	8	0,3	–	–	–
6001	12	28	8	0,3	–	–	–
6002	15	32	9	0,3	16002	8	0,3
6003	17	35	10	0,3	16003	8	0,3
6004	20	42	12	0,6	16004	8	0,3
6005	25	47	12	0,6	16005	8	0,3
6006	30	55	13	1	16006	9	0,3
6007	35	62	14	1	16007	9	0,3
6008	40	68	15	1	16008	9	0,3
6009	45	75	16	1	16009	10	0,6
6010	50	80	16	1	16010	10	0,6

^{1}) d und D wie Lagerreihe 60

Beispiel   Lagerreihe 60 mit $d = 12$ mm: Rillenkugellager DIN 625–6001

245

Tabelle **7.257** **Ein- und zweireihige Radial-Schrägkugellager, selbsthaltend (DIN 628 T1)**

einreihig						zweireihig	
Lagerreihe 72 Maßreihe 02						Lagerreihe 32 Maßreihe 32	
Kurzzeichen	d	D	B	r	r_1	Kurzzeichen	B
7200	10	30	9	1	0,5	3200	14,0
7201	12	32	10	1	0,5	3201	15,9
7202	15	35	11	1	0,5	3202	15,9
7203	17	40	12	1	0,8	3203	17,9
7204	20	47	14	1,5	0,8	3204	20,6
7205	25	52	15	1,5	0,8	3205	20,6
7206	30	62	16	1,5	0,8	3206	23,8
7207	35	72	17	2	1	3207	27,0
7208	40	80	18	2	1	3208	30,2

Beispiel Lagerreihe 72, Maßreihe 02, $d = 30$ mm: Schrägkugellager DIN 628–7206

Tabelle **7.258** **(Radial-)Pendelkugellager; zylindrische und kegelige Bohrung[1] (DIN 630 T1)** $d < 10$ mm

Kurzzeichen		Maßreihe	d	D	B	r
neu	alt					
135	13300	03	5	19	6	0,5
126	13301	02	6	19	6	0,5
127	13302	02	7	22	7	0,5
108	13303	10	8	22	7	0,5
129	13304	02	9	26	8	1

[1] Mit kegeliger Bohrung s. Lagerreihen 12 K, 22 K, 13 K und 23 K

Beispiel Maßreihe 02, $d = 7$ mm, zylindrisch: Pendelkugellager DIN 630–127

Tabelle **7.259** **(Radial-)Pendelkugellager; zylindrische und kegelige Bohrung (DIN 630 T1)** $d \geqq 10$ mm

Lagerreihe 12[1] Maßreihe 02					Lagerreihe 22[1] Maßreihe 22	
Kurzzeichen[1]	d	D	B	r	Kurzzeichen[1]	B
1200	10	30	9	1	2200	14
1201	12	32	10	1	2201	14
1202	15	35	11	1	2202	14
1203	17	40	12	1	2203	16
1204	20	47	14	1,5	2204	18
1205	25	52	15	1,5	2205	18
1206	30	62	16	1,5	2206	20
1207	35	72	17	2	2207	23
1208	40	80	18	2	2208	23
1209	45	85	19	2	2209	23
1210	50	90	20	2	2210	23

[1] Mit kegeliger Bohrung erst ab $d \geqq 20$ mm; Lagerreihen und Kurzzeichen erhalten den Zusatzkennbuchstaben K; Kegelverhältnis 1 : 12

Beispiele Lagerreihe 12, Maßreihe 02, $d = 30$ mm, zylindrisch: Pendelkugellager DIN 630–1206
dasselbe mit kegeliger Bohrung: Pendelkugellager DIN 630–1206 K

246

Tabelle **7**.260 **Wälzlager, Axial-Rillenkugellager, einseitig wirkend (DIN 711),
Lagerreihe 512, Maßreihe 12**

Kurzzeichen	d	D_1	D	T	r_s
512/8	8	8	22	9	0,3
51200	10	12	26	11	0,6
51201	12	14	28	11	0,6
51202	15	17	32	12	0,6
51203	17	19	35	12	0,6
51204	20	22	40	14	0,6
51205	25	27	47	15	0,6
51206	30	32	52	16	0,6
51207	35	37	62	18	1
51208	40	42	68	19	1
51209	45	47	73	20	1
51210	50	52	78	22	1

Beispiel einseitig wirkendes Axial-Rillenkugellager, mit ebener Gehäusescheibe von $d = 50$ mm Bohrungsdurchmesser der Wellenscheibe und $D = 78$ mm:
Manteldurchmesser der Gehäusescheibe: Axial-Rillenkugellager DIN 711–51210

Tabelle **7**.261 **(Radial-)Zylinderrollenlager mit Außenborden, einreihig mit Käfig
(DIN 5412 T1); Wälzlager, Nadellager mit Käfig (DIN 617)**

Zylinderrollenlager NU DIN 5412 Lagerreihe NU 49 Maßreihe 49					Nadellager DIN 617 Maßreihe 49	
Kurzzeichen	d	D	B	r_s	Kurzzeichen	F
NU 4900	10	22	13	0,5	NA 4900	14
NU 4901	12	24	13	0,5	NA 4901	16
NU 4902	15	28	13	0,5	NA 4902	20
NU 4903	17	30	13	0,5	NA 4903	22
NU 4904	20	37	17	0,5	NA 4904	25
NU 49/22	22	39	17	0,5	NA 49/22	28
NU 4905	25	42	17	0,5	NA 4905	30
NU 49/28	28	45	17	0,5	NA 49/29	32
NU 4906	30	47	17	0,5	NA 4906	35
NU 49/32	32	52	20	1	NA 49/32	40
NU 4907	35	55	20	1	NA 4907	42
NU 4908	40	62	22	1	NA 4908	48
NU 4909	45	68	22	1	NA 4909	52
NU 4910	50	72	22	1	NA 4910	58

7.7.2 Gleitlager

Als eigentliches Führungs- oder Lagerungselement (Gleitflächenträger) werden bei Gleitlagern vielfach Buchsen z. B. aus Kupferlegierungen, Sintermetallen, Kunstkohle oder Kunststoffen eingesetzt. Diese Buchsen werden in die betreffenden Gehäuse, Gehäuseteile, Lagerböcke u. a. eingepreßt, -geklebt oder -gespannt.

Eine Auswahl genormter Buchsen für Gleitlager zeigt Tabelle **7**.262.

Tabelle 7.262 Buchsen für Gleitlager nach DIN 1850 T1, T3 bis T6

DIN 1850 T	Buchsen für Gleitlager (Bezeichnung, Werkstoff)	Form, Durchmesserbereich Darstellung
1	**aus Kupferlegierungen, massiv** **Bezeichnung** DIN-Nr Form G von $d_1 = 20$ mm, $d_2 = 26$ mm, $b_1 = 20$ mm, Einpreßfase $f = 15°$ (Y), aus CuSn8 nach DIN 17662: **Buchse** **DIN 1850 – G 20 × 26 × 20 Y – CuSn 8** Werkstoff: Kupfer-Gußlegierungen nach DIN 1705, Kupfer-Knetlegierungen nach DIN 17662	**G** $d_1 = 6$ bis 200 **U²)** $d_1 = 6$ bis 200
3	**aus Sintermetall** **Bezeichnung** z. B. Form J von $d_1 = 18$ mm mit G7, $d_2 = 24$ mm mit r6 und $l = 18$ mm, aus Sinterbronze Sint-B50, getränkt: **Buchse** **DIN 1850 – J18 G7 × 24 r6 × 18 Sint-B 50** Werkstoff: Sintermetall DIN V 30910 T3, s. Norm	**J** $d_1 = 1$ bis 60 **V³)** $d_1 = 1$ bis 20 **K³)** $d_1 = 1$ bis 40
4	**aus Kunstkohle** **Bezeichnung** z. B. Form M von $d_1 = 18$ mm mit D8, $d_2 = 24$ mm mit z8 und $l = 18$ mm, aus Kunstkohle: **Buchse DIN 1850 – M18 D8 × 24 z8 × 18** Werkstoff: Kunstkohle, Sorte bei Bestellung vereinbaren	**M³)** $d_1 = 3$ bis 100 **N⁴)** $d_1 = 3$ bis 100

Maße¹)

Form G / U:

d_1	20	22	25	28	30	32	35	38	40	42	45	48	50	55	60
d_2 Form G	23	25	28	32	34	36	39	42	44	46	50	53	55	60	65
d_2 Form U	26	28	32	36	38	40	45	48	50	52	55	58	60	65	75

b_1: 15, 20, 30, 40, 50, 60, 70, 80

b_2 Form U: f max = 0,5 … 0,8 ; U = 1,5 … 2

Form J / V / K:

Form	d_1	1	1,5	2	2,5	3	4	5	6	7	8	9	10
J u. V	d_2 r6	3	4	5	6	6	8	9	10	11	12	14	16
J	b_1 js13	1	1	2	2	3	3	4	5	6	6	6	8
V		2	2	3	3	4	4	5	5	6	6	6	8
K	$c_{max.}$	2	3	4	6	6	8	9	10	11	12		
K		0,7	1	1,2	1,5	2	3	3,5	4	4,5			
K	d_4 h11	3	4,5	5	6	6	10	12	14	16	18	19	
K	$d_5 \approx$	2,2	3,3	4	4,5	5,3	6	7,9	9,8	11,6	11,6	13,4	13,4
J		0,2				0,3							0,4
V u. K	$f_{max.}$	0,2				0,3							0,4
V	$r_{max.}$	0,2				0,3							0,6

Form M / N:

d_1	3	4	6	8	10	12	14	16	18	20
d_2	9	10	12	14	16	18	20	22	24	26
d_3	12	13	16	18	20	22	25	28	30	32
b	2			3			4		5	
$f = r$	0,2				0,3				0,4	

Fortsetzung und Fußnoten s. nächste Seite

Tabelle 7.262, Fortsetzung

DIN 1850 T	Buchsen für Gleitlager (Bezeichnung, Werkstoff)	Form, Durchmesserbereich, Darstellung
5	**aus Duroplasten** **Bezeichnung** z. B. Form P von $d_1 = 20$ mm, $b_1 = 20$ mm aus FS 74: **Buchse DIN 1850-P 20×20-FS 74** Werkstoff: z. B. DIN 7708-FS 74 Wegen der zahlreichen Modifikationen zwischen Lieferer und Abnehmer zu vereinbaren.	**P** $d_1 = 3$ bis 250 **R** $d_1 = 3$ bis 250[5]
6	**Einpreßbuchsen aus Thermoplasten** **Bezeichnung** z. B. Form S von $d_1 = 20$ mm, $b_1 = 30$ mm aus PA 6: **Buchse DIN 1850-S 20×30-PA 6** Werkstoff: Thermoplast PA6, PA66, PA6G, PA11, PA12, PBTP, PETP, PE, POM (Kurzzeichen s. DIN 7728 T1)	**S** $d_1 = 6$ bis 200 **T** $d_1 = 6$ bis 200

Maße[1]

Form P / R (aus Duroplasten), $d_1 = 3$ bis 250:

d_1	3	4	5	6	8	10	12	14	15	16	18	20	22	24	25	27
d_2 (d13)	6	8	9	10	12	16	18	20	21	22	24	26	28	30	32	34
d_3 (d13)	9	12	13	14	16	20	22	25	27	28	30	32	34	36	38	40
b_1 (js13)	3	4		6		10		15		12		20		30		20
b_2	1,5			2			3									
f_{max} / r_{max}		0,2			0,3			0,5								

Form S / T (Einpreßbuchsen aus Thermoplasten), $d_1 = 6$ bis 200:

d_1	20	22	25	28	30	32	35	38	40	42	45	48	50	55	60
d_2[6] (d13)	26	28	32	36	38	42	45	48	50	52	55	58	60	65	75
d_3 (h13)	32	34	38	42	44	46	50	54	58	60	63	66	68	73	83
b_1 (h13)	20	20	20	30	30	30	40	40	40	40	50	60	60	60	80
b_2 (h13)	3	3	4	4	4	5	5	5	5	5	5	5	5	5	7,5
f max.	0,8	0,8	0,8	0,8	0,8	1	1,2	1,2	1,2	1,2	1,2	1,2	1,2	1,2	1,2
r ≈	0,5	0,5	0,5	0,5	0,5	0,8	0,8	0,8	0,8	0,8	0,8	0,8	0,8	0,8	0,8

[1] übrige Maße s. Normen. Maße in Klammern sind hier nicht übernommen worden.
[2] übrige Maße wie Form G
[3] übrige Maße wie Form J
[4] übrige Maße wie Form V
[5] übrige Maße wie Form P
[6] zul. Abw. f. Toleranzgruppe A: für $d_1 = 20$ bis 25: +0,45/+0,15, für $d_1 = 28$ bis 32 +0,60/+0,20, für $d_1 = 35$ bis 40 +0,89/+0,23, für $d_1 = 42$ bis 45 +0,90/+0,30, für $d_1 \geq 60$ nach Vereinbarung. Für Toleranzgruppe B: zB 11

Schmierung von Gleitlagerbuchsen. DIN 1850 T2 bietet die Möglichkeit, Ausführungsformen der Schmierstoffzuführung und -verteilung den Buchsen für Gleitlager nach DIN 1850 T1, T5 und T6 sowie Ausführungsformen der Zu- und Abführung der Medien den Buchsen aus Kunstkohle nach DIN 1850 T4 zuzuordnen. Buchsen aus Sintermetall sind mit Schmierstoff getränkt, Buchsen aus Kunstkohle werden nicht mit Öl oder Fett geschmiert. Die Maße und Formen der Schmierlöcher und Schmiernuten für Buchsen nach dieser Norm sind in DIN 1591 festgelegt.

7.8 Rohrleitungen, Rohrverbindungen und Armaturen

Hierzu gehören Rohre, Formstücke, Rohrverbindungen, Armaturen und andere innendruckbeanspruchte Ausrüstungteile von Rohrleitungen, Kesseln, Maschinen u. a. Sie dienen zum Transport, zur Regelung, zur Absperrung, zum Messen und Ablesen der Durchflußmedien (Wasser, Dampf, Gas usw.).

Solche Bauteile aus metallischen Werkstoffen wählt man nach Druckstufen (DIN 2401 T1, **7.**263) und Nennweiten aus (DIN 2402, **7.**264). Die Nenndruckstufen von Rohrleitungsteilen aus anderen Werkstoffen und Armaturen aus Stahl- oder Spannbeton in Rohrleitungen werden nach DIN 2401 T3 bestimmt.

Tabelle 7.263 Nenndruckstufen (DIN 2401 T1)

1	10 (12,5)	100 (125)	1000
1,6 (2)	16 (20)	160 (200)	1600
2,5 (3,2)	25 (32)	250 320	2500
(0,5) 4 (5)	40 (50)	400 (500)	4000
6 (8)	63 (80)	630 (800)	6300

Nenndruck (PN) ausgewählte Druck-Temperatur-Abhängigkeit zur Normung von Bauteilen; Nenndrücke sind nach Normzahlen gestuft (**7.**263).

Nennweite (DN) kennzeichnendes Merkmal zueinander passender Teile. Sie hat keine Einheit und darf nicht als Maßeintragung im Sinne von DIN 406 benutzt werden. Sie entspricht annähernd dem lichten Durchmesser in mm der Rohrleitungsteile.

Tabelle 7.264 Nennweiten der Rohrleitungen (DIN 2402)

10	100	1000	3	32	300	3000			
12[1]	125	1200				3200	5	50	500
		1400			350	3400	6	65	600
15[2]	150					3600			700
16[1]		1600							
	(175)	1800	4	40	400 (450)	3800	8	80	800
20	200	2000				4000			900
		2200							
		2400							
25	250	2600							
		2800							

[1] Diese Nennweite anwenden, wenn die enge Stufung 10 12 16 20 notwendig ist (z. B. bei Rohrverschraubungen, Lötfittings)

[2] Diese Nennweiten anwenden, wenn die grobe Stufung 10 15 20 ausreicht (z. B. bei Flanschen, Gewindefittings usw.)

Zusammengehörende Bauteile (Rohrleitungen, Absperrteile, Armaturen usw.) mit derselben Nenndruckbezeichnung haben bei gleicher Nennweite gleiche Anschlußmaße.

Der zulässige Betriebsüberdruck ist der höchste Innen- oder Außendruck, der für ein Bauteil aufgrund des Werkstoffs und der Berechnungsgrundlagen bei der zulässigen Betriebstemperatur gestattet ist. Werkstoff, Betriebstemperatur und Berechnungsgrundlagen müssen dabei genannt werden.

Der Prüfdruck ist der Überdruck, dem ein Bauteil zur Prüfung ausgesetzt wird.

Die zulässige Betriebstemperatur ist die höchste Temperatur, die für ein Bauteil aufgrund des Werkstoffs und der Berechnungsgrundlagen beim zulässigen Betriebsüberdruck gestattet ist. Werkstoff, Betriebsüberdruck und Berechnungsgrundlagen sind dabei zu nennen.

Für die Dichtheitsprüfung des Abschlusses von Armaturen gelten die einschlägigen Vorschriften, Normen siehe DIN-Katalog für technische Regeln DK 621.643 Rohrleitungen, Rohrverbindungen und DK 621.646 Armaturen.

7.9 Zusammenfassende Übungen

Hauptzeichnung. Bild **7.**265 ist eine Zeichnung der Einzelteile eines Geräts (aus Übungsgründen auch Normteile). Die Unterbringung aller Teile eines Ganzen auf demselben Zeichenbogen kommt nur selten vor, auch wenn er nach dem Zerschneideverfahren in selbständige Kleinformate aufgeteilt wird. Gehören aber v i e l e Werkstücke zu einem Ganzen, wird für jedes Werkstück eine besondere Zeichnung mit Schriftfeld angefertigt. Eine Stückliste auf besonderem Blatt ist aufzustellen, wenn sie in der Hauptzeichnung nicht untergebracht werden kann. Lose Stücklisten haben sich in letzter Zeit immer mehr durchgesetzt.

Gruppenzeichnungen. Die Aufteilung einer Hauptzeichnung in Gruppenzeichnungen hat die R e i h e n f o l g e d e r A r b e i t e n beim Zusammenbau zu berücksichtigen. Eine Gruppenzeichnung stellt eine in sich abgeschlossene Montageeinheit dar und kann daher schon notwendig sein, wenn zwei Teile miteinander zu vernieten sind. Die Gruppe ist mit Benennung und Zeichnungsnummer in die Stückliste der Hauptzeichnung aufzunehmen.

Hervorhebungen. Soll sich in einer Hauptzeichnung ein Werkstück hervorheben, wird es mit breiten Vollinien gezeichnet. Teile, die nicht zu der Darstellung unmittelbar gehören (wie der ⊏-Stahl in der Seitenansicht des Lochwerkzeuges **1.**7), werden mit schmalen Strich-Zweipunkt-Linien gezeichnet.

Übungen

1. Stellen Sie die Hauptzeichnung des Dämpfers aus den Einzelteilen (**7.**265) auf dem Format A4 (Hochlage) in Vorderansicht (Schnitt) und Draufsicht im Maßstab 1:1 her.
   Der Bolzen (*4*) wird mit dem Federteller (*3*) genietet und von oben in das Unterteil (*1*) gesteckt. Dann setzt man die Schraubenfeder (*5*) auf den Federteller. Nachdem die Rändelschraube (*6*) von oben in das Gehäuse (*2*) geschraubt und mit dem anderen Federteller genietet worden ist, verbindet man Unterteil und Gehäuse mit den Sechskantschrauben (*7*).

2. Es ist die Hauptzeichnung einer Spannvorrichtung aus den Einzelteilen (**7.**266) im Maßstab 1:1 auf dem Format A3 (Hochlage) in Vorderansicht (Schnitt) und Draufsicht anzufertigen.
   Nachdem die Führungsbacke (*2*) mit Stiften (*3*) und Schrauben (*4*) auf der Grundplatte (*1*) befestigt und der Stift (*7*) von oben in die Gleitbacke (*5*) getrieben worden sind, schiebt man diese in die Führungsbacke (*2*). Dann wird der Hebel (*6*) auf die Gleitbacke (*5*) so gelegt, daß der noch vorstehende Stift (*7*) im Schlitz des Hebels (*6*) liegt. Schließlich steckt man die Schraube (*8*) durch das Loch des Hebels (*6*) und durch das Langloch der Gleitbacke (*5*) und schraubt sie in der Grundplatte (*1*) fest.

3. Für die zum B o h r w e r k z e u g (**7.**267) und dem L e h r e n h a l t e r (**7.**268) gehörenden Werkstücke (Normteile ausgenommen) sind Einzelteilzeichnungen herzustellen. Außerdem ist für jede Hauptzeichnung eine Stückliste aufzustellen.

4. Für die zum Bohrwerkzeug (**7.**269) gehörenden Werkstücke (Normteile ausgenommen) sind Einzelteilzeichnungen herzustellen. Es ist auch die Stückliste aufzustellen.

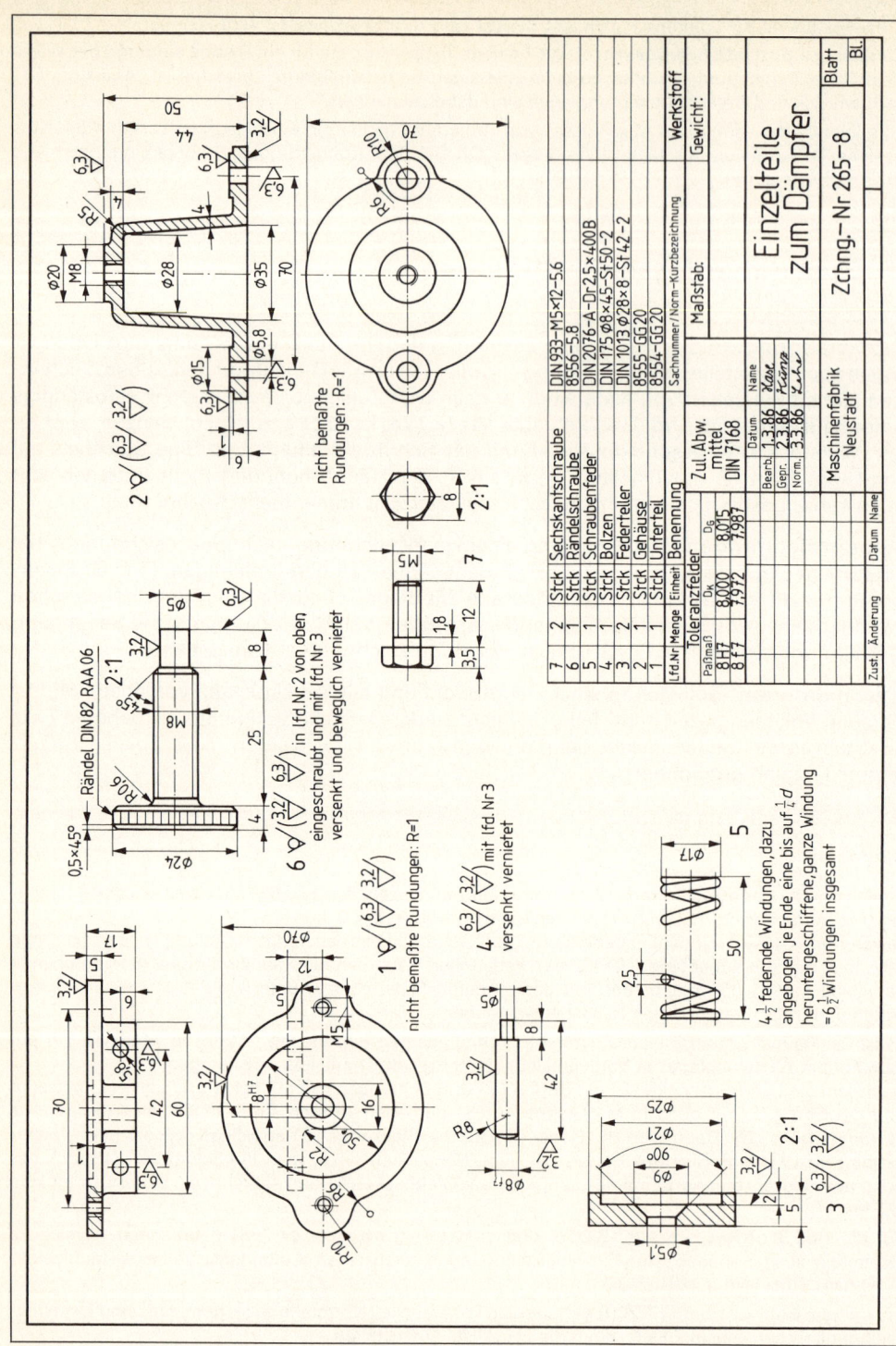

7.265 Teilzeichnung

252

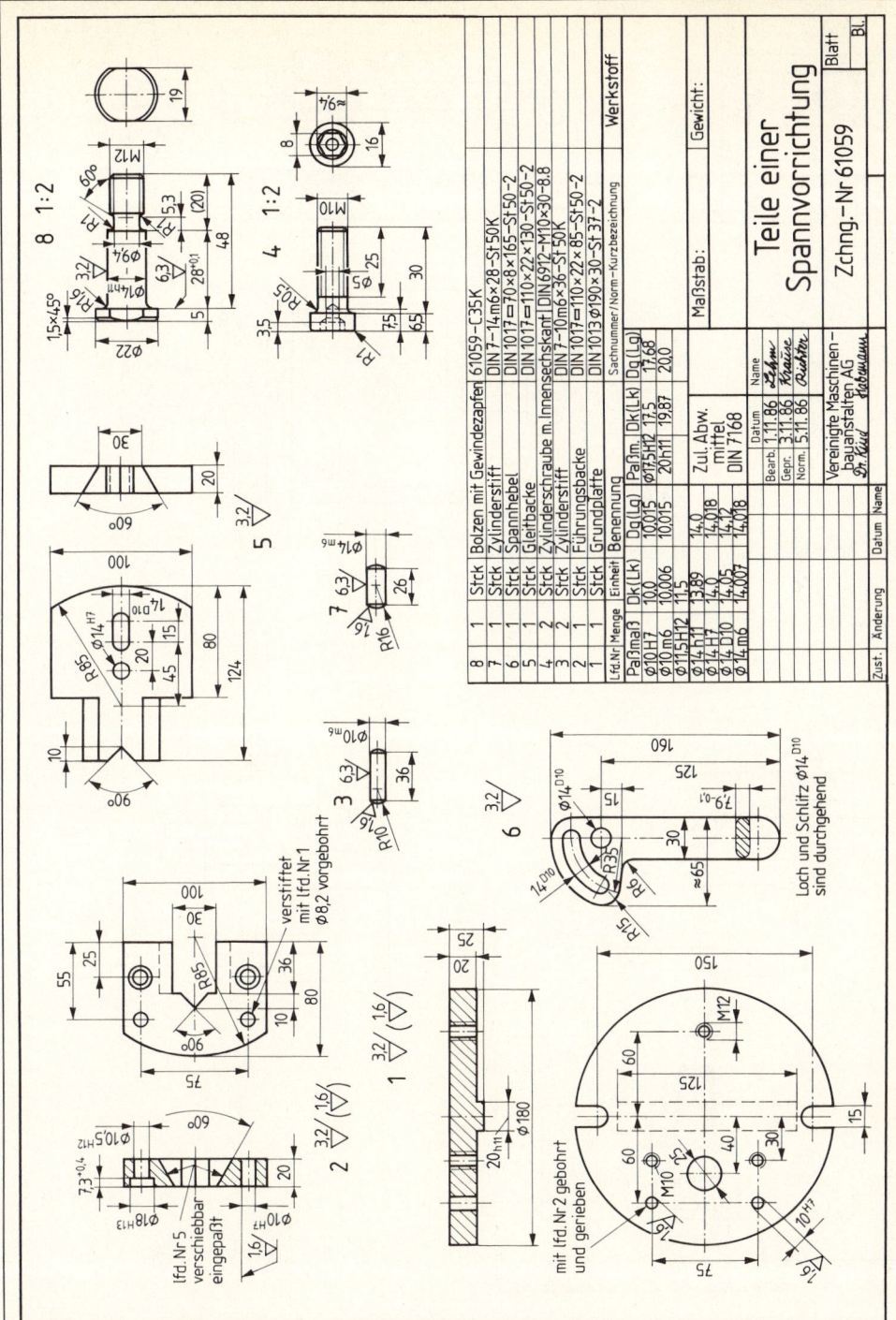

7.266 Einzelteile zur Herstellung einer Hauptzeichnung

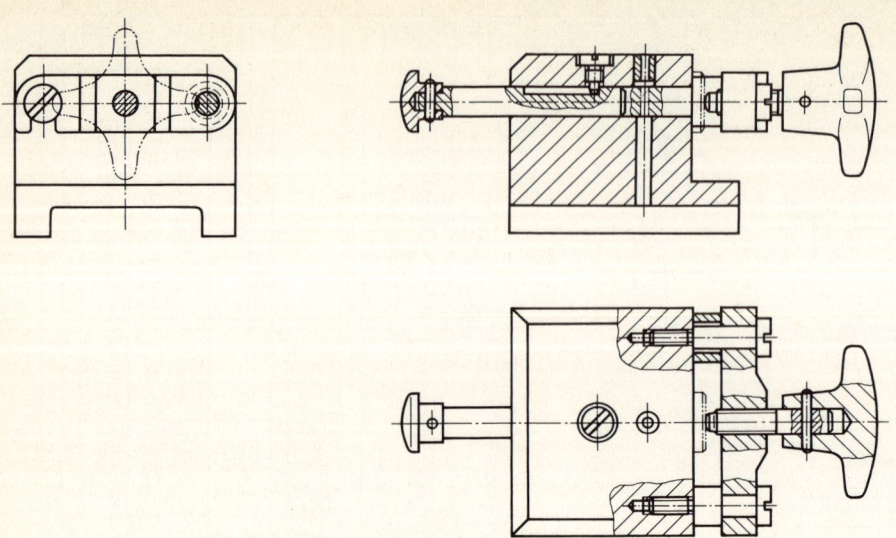

7.267   Bohrwerkzeug für Bolzen nach DIN 1436

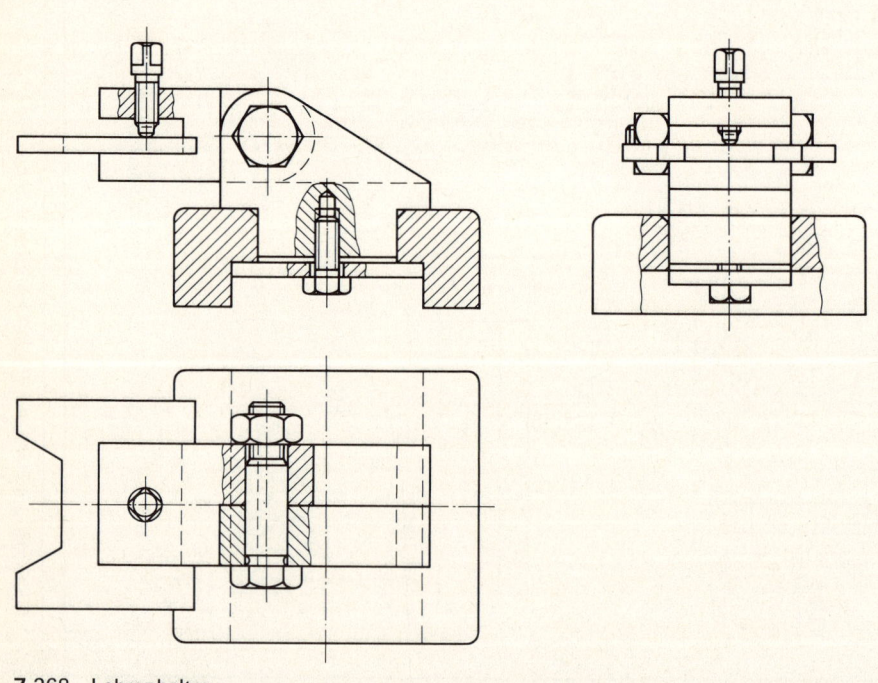

7.268   Lehrenhalter

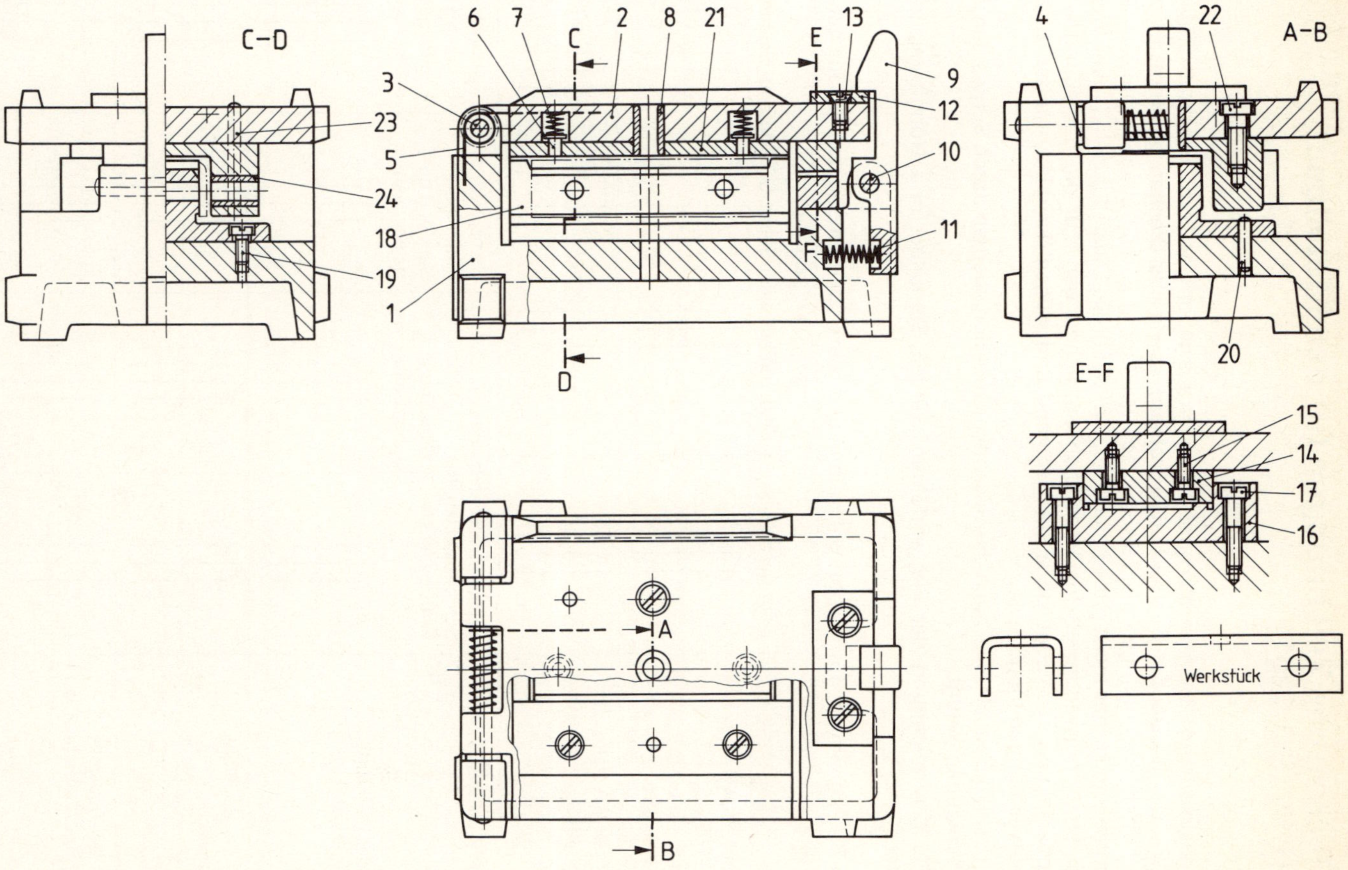

A–B

22

4

20

15 14 17 16

E–F

Werkstück

9 12 10 11

13

E

F

21

8

2

C

D

7

6

3 23 5 24 18 19 1

C–D

A

B

7.269 Bohrwerkzeug

255

8 Technische Zeichnungen für den Metallbau (DIN ISO 5261)

Metallbaukonstruktionen werden im allgemeinen aus genormten Form- und Stabstählen (z. B. Winkel-, U-, T-, Doppel-T- und Flach-Profilen) sowie aus Blechen gefertigt. Es werden keine Einzelteilzeichnungen ausgeführt. Jede Zeichnung enthält einen komplexen Teil des Gesamtbauwerks, das meist nur einmal erstellt wird. Für die Darstellung sind mehr Ansichten und Schnitte notwendig als für Maschinenbauzeichnungen. Für die Bemaßung wird die Kettenbemaßung bevorzugt, da sie platzsparend und wegen der relativ großen zulässigen Maßabweichungen möglich ist.

Die einzelnen Bauteile, wie auch die Gesamtkonstruktion, werden durch Schweißen, Nieten oder Schrauben gefügt.

Für die Kennzeichnung der Fügeverfahren werden Sinnbilder und Normbezeichnungen benutzt.

Tabelle **8.1** **Sinnbilder für Löcher, Schrauben und Niete (Darstellung parallel zur Achse)**

Loch	Symbol für ein Loch		
	nicht gesenkt	Senkung auf einer Seite	Senkung auf beiden Seiten
in der Werkstatt gebohrt	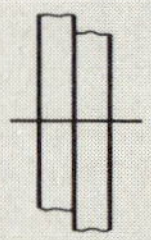	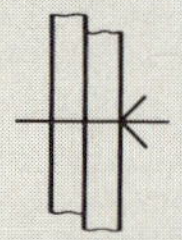	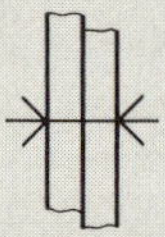
auf der Baustelle gebohrt	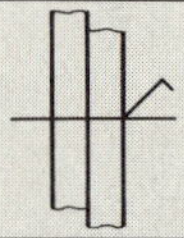	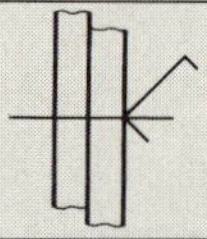	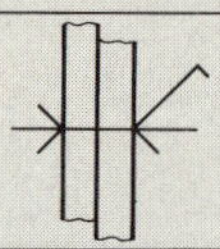

Schraube oder Niet	Symbol für eingebaute Schraube oder Niet nicht gesenkt	Senkung auf einer Seite	Symbol für Senkniet, Senkung auf beiden Seiten	Symbol für Schraube mit Lageangabe der Mutter
in der Werkstatt eingebaut	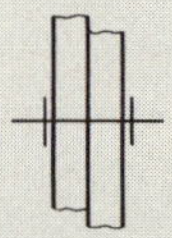	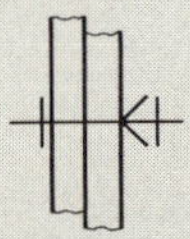	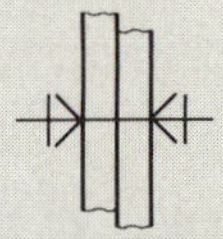	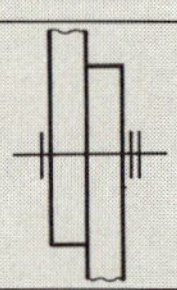
auf der Baustelle eingebaut	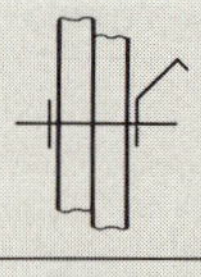	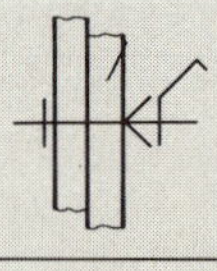	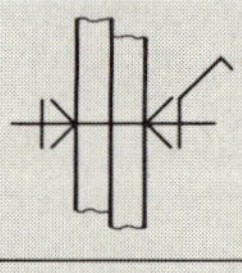	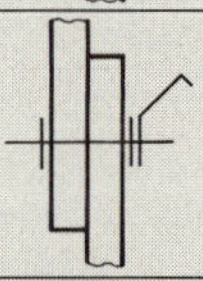
auf der Baustelle gebohrt und eingebaut	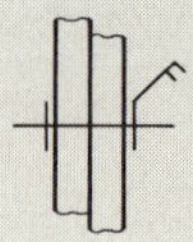	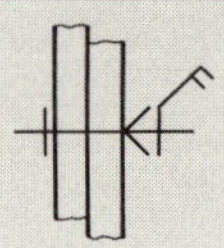	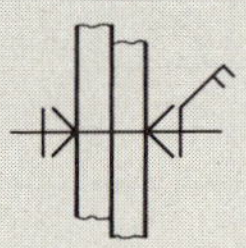	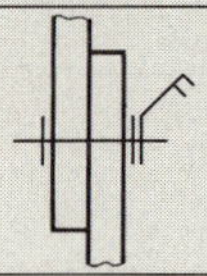

Bei den Sinnbildern zeichnet man die horizontale Linie mit einer schmalen Vollinie, die anderen Elemente mit einer breiten Vollinie.

Tabelle **8.2** **Sinnbilder für Löcher, Schrauben und Niete (Darstellung senkrecht zur Achse)**

Loch	Symbol für ein Loch			
	nicht gesenkt	Senkung auf der Vorderseite	Senkung auf der Rückseite	Senkung auf beiden Seiten
in der Werkstatt gebohrt	⊹	⋇	⋇	✳
auf der Baustelle gebohrt	⊹	⋇	⋇	✳
Schraube oder Niet	Symbol für eingebaute Schraube oder Niet			Symbol für Senkniet
	nicht gesenkt	Senkung auf der Vorderseite	Senkung auf der Rückseite	Senkung auf beiden Seiten
in der Werkstatt eingebaut	⊷	⋇	⋇	✳
auf der Baustelle eingebaut	⊷	⋇	⋇	✳
auf der Baustelle gebohrt und eingebaut	⊷	⋇	⋇	✳

Die Sinnbilder sind in breiten Vollinien zu zeichnen. Sinnbilder für Schweißverbindungen s. Abschn. 7.4.

Zur Unterscheidung von Schrauben und Niete wird die entsprechende Bezeichnung dazugesetzt, z. B.: für eine Schraube M16 × 60, für einen Niet ⌀ 20 × 60.

8.1 Darstellung

Für die Auswahl, Anordnung und Bezeichnung der Ansichten und Schnitte ist die Zeichnung **8.3** beispielgebend. Sie ist übersichtlich und gut verständlich.

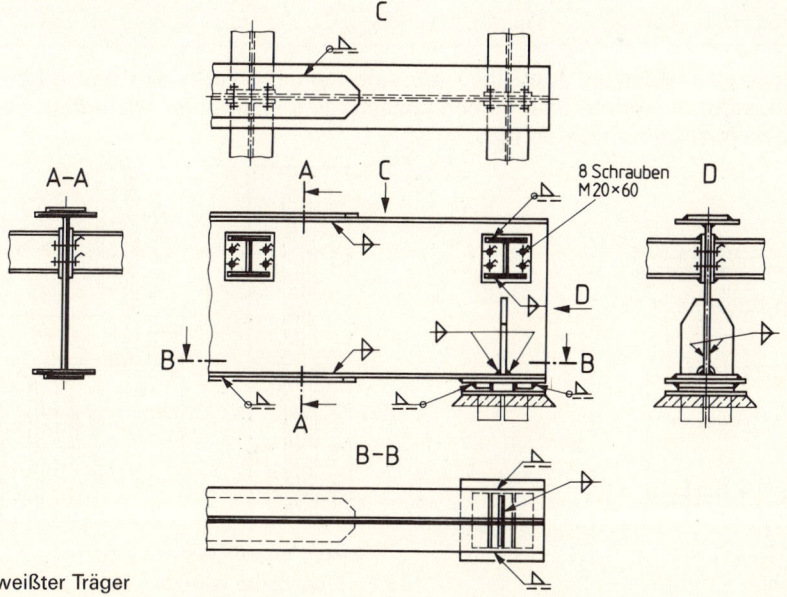

8.3 Geschweißter Träger

Die Schnittflächen der Profile, Stäbe und Bleche sind schmal und gewöhnlich nicht zu schraffieren, sondern voll zu schwärzen. Zur Unterscheidung geschwärzter Schnittflächen bei zusammengezeichneten Teilen werden aber Lichtkanten vorgesehen (s. Abschn. 3.7).

Bruchlinien an Bauteilen sind als schmale Freihandlinien zu zeichnen (vgl.hierzu Bruchdarstellungen Abschn. 3.8).

Die Abstände der Bohrungen für Niet- und Schraubenverbindungen sind durch Konstruktionsnormen vorgeschrieben. Die Maße berücksichtigen die Ausreißgefahr an den Rändern, die Ausbeulgefahr zwischen den Verbindungsmitteln und die Montagemöglichkeit.

Tabelle **8.4** **Rand- und Lochabstände von Nieten und Schrauben nach DIN 18800 T1**
Es bedeuten d = Lochdurchmesser und t = Dicke des dünnsten außenliegenden Teils.

Randabstände			Lochabstände		
kleinster Randabstand	in Kraftrichtung	$2\,d$	kleinster Lochabstand	bei allen Bauwerksteilen	$3\,d$
	senkrecht zur Kraftrichtung	$1,5\,d$			
größter Randabstand	in beiden Richtungen[1])	$3\,d$ oder $6\,t$[1])	Größter Lochabstand, soweit die Bemessung keine engere Teilung erfordert	im Druckbereich und für Beulsteifen	$6\,d$ oder $12\,t$
				im Zugbereich und für Heftung auch im Druckbereich	$10\,d$ oder $20\,t$

[1]) Bei Stab- und Formstählen darf am versteiften Rand $8\,t$ statt $6\,t$ genommen werden, wie die Bilder zeigen.

Größere Rand- und Lochabstände sind zulässig, wenn geeignete Maßnahmen einen ausreichenden Korrosionsschutz gewährleisten, wie z.B. erforderlich für Stirnplatten biegesteifer Stirnplattenverbindungen mit hochfesten Schrauben.

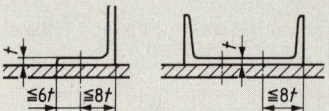

Im allgemeinen werden im Metallbau die einzelnen Profile keinen besonderen An- und Einpassungen unterworfen. Sind jedoch konstruktiv Einpassungen gefordert, muß dies besonders gekennzeichnet werden (**8.5**).

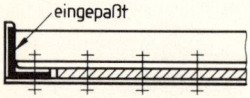

8.5 Eingepaßtes Profil

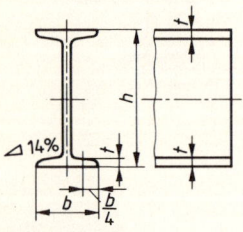

8.6 I-Stahl

4 Ø21
6 Ø20
2 Fu 8×70–260
⌐ 60×8–300
15 × 315×450
4 Ø16
Ø20
2 Fu 8×160–400

linkes Bild ohne ⌐ 60×8–300 gezeichnet

8.7 Eingebaute Futterbleche

Futter sind Bleche zum Ausfüllen von Räumen zwischen Profilen und Blechen. Sie werden durch ein „Fu" und Maßangaben kenntlich gemacht. „2 Fu 8 × 70 × 260" bedeutet 2 Futter aus je 8 dickem, 70 breitem und 260 langem Blech (**8**.7). Der Querschnitt eines Futters wird durch Schraffur hervorgehoben, selbst wenn es ungeschnitten dargestellt ist. Verdeckte Futterflächen erhalten auch Schraffur, bei großen Flächen nur am Rand.

Die Darstellung von Flanschen mit Neigungen (z. B. an I- und ⊏-Profilen, von der Seite gesehen) ist nicht genormt. Eine im Abstand der mittleren Flanschdicke *t*, die aus Profiltabellen zu entnehmen ist, gezogene breite Vollinie bietet eine durchaus brauchbare Lösung (**8**.6).

Trägerbearbeitungen wie Schnitte, Ab- und Ausflanschungen und Ausklinkungen an Trägern zeigen die Bilder **8**.8 bis **8**.15.

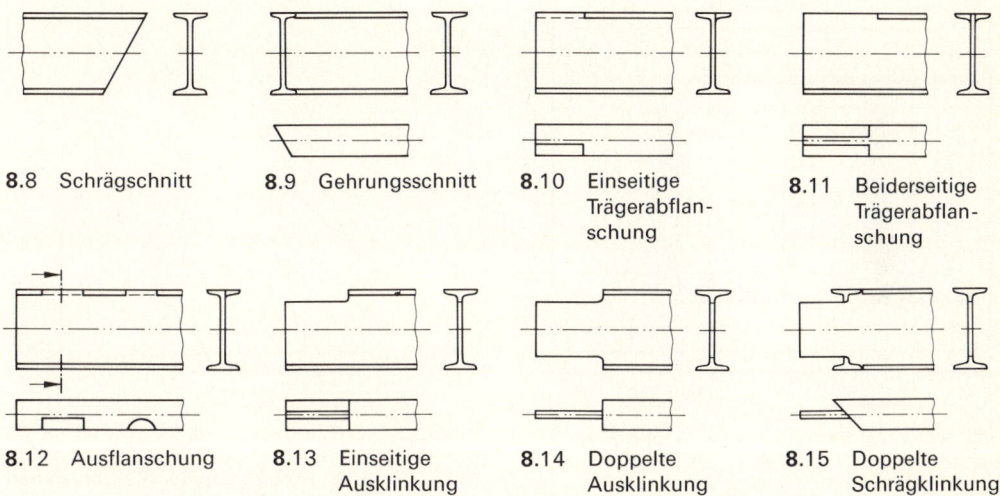

8.8 Schrägschnitt **8**.9 Gehrungsschnitt **8**.10 Einseitige Trägerabflanschung **8**.11 Beiderseitige Trägerabflanschung

8.12 Ausflanschung **8**.13 Einseitige Ausklinkung **8**.14 Doppelte Ausklinkung **8**.15 Doppelte Schrägklinkung

Rißlinien für Niete und Schrauben werden als schmale Vollinien gezeichnet (**8**.16). Die Schwerpunktlinien (Schwerachsen) der Stäbe und Profile sollen sich mit den Systemlinien und mit den Rißlinien – bei zwei Reihen mit deren Mitte – decken. Bei Winkelstählen ist allerdings nur die Deckung der Schwerpunktlinien mit den Systemlinien möglich (**8**.16). Treten in Winkelstählen nur unbedeutende Kräfte auf, werden Schwerpunktlinien nicht gezeichnet, und die Nietrißlinien decken sich mit den Systemlinien. Die Bezeichnungen Systemlinie, Systempunkt (Bezugspunkt) und Nietrißlinie werden in die Zeichnung nicht eingeschrieben.

Naturgrößen heißen Zeichnungen im Maßstab 1:1 zum Bestimmen von Einzelmaßen und zum Übertragen auf das Werkstück. Sie werden vorwiegend für Bleche und Abwicklungen meist auf Zeichenkarton hergestellt und wie eine Schablone auf das Werkstück gelegt, um die Maße für den Zuschnitt und die Löcher zu übertragen.

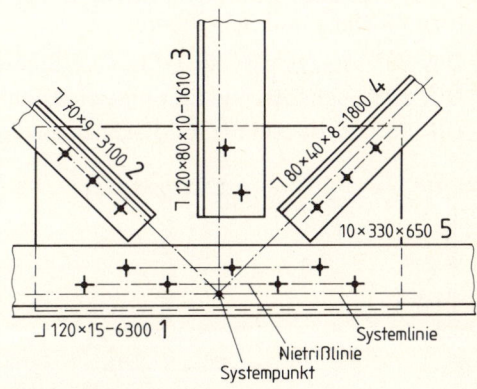

8.16 Knotenpunkt

8.2 Maßeintragung

Maßlinien werden ohne Lücke gezogen und an den Enden durch Schrägstriche und bei Platzmangel durch Punkte begrenzt. Statt der Schrägstriche sind Maßpfeile zugelassen, nicht aber beide gemeinsam in der gleichen Zeichnung (Ausnahme: Radienbemaßung, s. **8.**23).

Maßzahlen sind in Normschrift in Tusche unmittelbar über die Maßlinie zu schreiben, notfalls auch darunter oder abwechselnd über und unter die Maßlinien (wenn sie in Reihe liegen) oder auch daneben (**8.**17). Die Stellung der Maßzahlen und die Lage der Schrägstriche für Maße verschiedener Richtungen zeigt Bild **8.**18 (s. auch Abschn. 3.5).

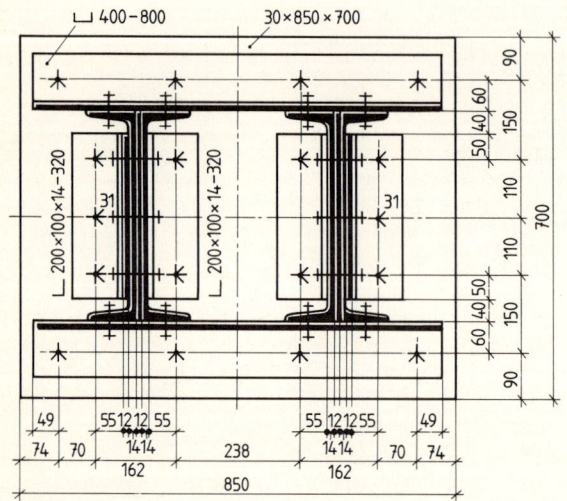

8.17 Säulenfuß

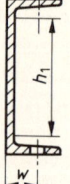

8.18 Anordnung der Maßzahlen und der Schrägstriche

Kurzzeichen für Profile, Stäbe, Bleche u. a. sind in DIN 1353 T 2 und DIN ISO 5261 genormt und stehen in Richtung der Teile dicht darüber, dicht darunter oder gleich daneben (**8.**16). Blechdicken kann man auch in die Blechflächen setzen.

Die Anreißmaße sind genormt (**8.**19). Es enthalten außer Angaben über größte Durchmesser für Niete und Schrauben

– DIN 997 Wurzelmaße für T-Stähle, I-Stähle, ⊏-Stähle und Z-Stähle,
– DIN 998 Lochabstände für ungleichschenkelige Winkelstähle,
– DIN 999 Lochabstände für gleichschenklige Winkelstähle.

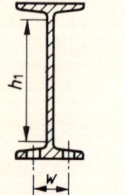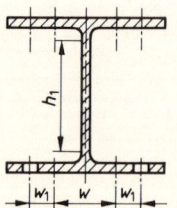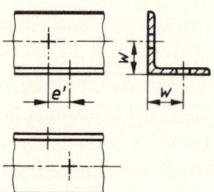

8.19 Beispiele von Anreißmaßen

260

Laufende Nummern (Teile- oder Positionsnummern) sind möglichst in Richtung der Uhrzeigerbewegung fortschreitend anzuordnen. Sie stehen in größerer Schrift, in mindestens 5 mm Höhe hinter den Werkstoffbezeichnungen in gleicher Richtung (**8**.16).

Die Maße für Knotenbleche, Profile und Stäbe gehen vom Systempunkt (Bezugspunkt) aus. Das ist der Punkt, in dem die verlängerten Systemlinien (Schwerpunktlinien) der Werkstücke zusammenlaufen (**8**.16 und **8**.20). Die Bemaßung des Knotenblechs soll die Lage der Löcher in bezug auf die Schwerpunktlinien, die Gesamtmaße und den Mindestabstand zwischen den Rändern des Knotenblechs und den Lochmitten umfassen. Die Maße für Abschnitte eines vieleckigen Knotenblechs und für Schrägschnitte an anderen Bauteilen können, sofern die Fertigungsgenauigkeit dadurch nicht beeinträchtigt wird, auf das umschließende Rechteck bezogen werden (**8**.21).

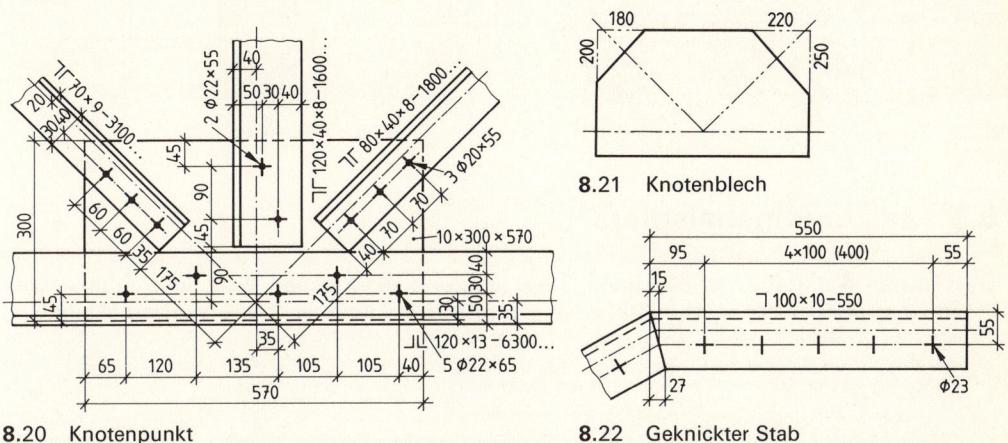

8.21 Knotenblech

8.20 Knotenpunkt

8.22 Geknickter Stab

Maßketten für gleiche Lochteilungen sind tunlichst zu vereinfachen (**8**.22). Lochteilungen bei Knickungen beziehen sich auf den Systempunkt und auf den Rücken der Profile.

Bogenlängen werden mit Rollmeßgeräten auf dem Werkstück abgetragen und sinnentsprechend bemaßt. Hinter den Abwicklungsmaßen soll der Krümmungsradius, auf den sich die Maße beziehen, in Klammern gesetzt werden (**8**.23).

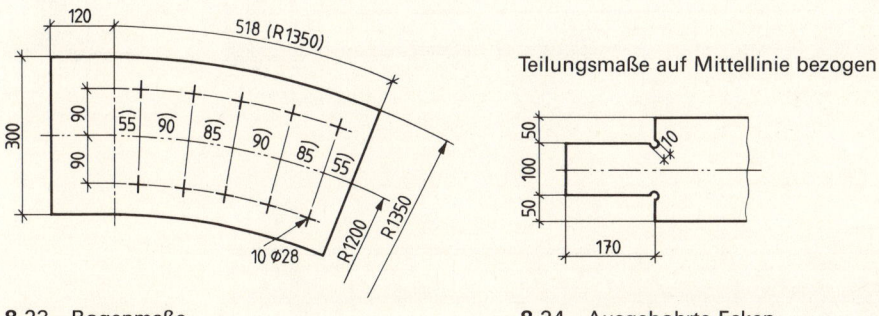

Teilungsmaße auf Mittellinie bezogen

8.23 Bogenmaße

8.24 Ausgebohrte Ecken

Ausgebohrte Ecken werden durch Kreisbogen angegeben, deren Mittelpunkte in den Ecken liegen (**8**.24).

Im System sind die Maßzahlen dicht an die Systemlinien zu setzen, alles übrige der Bemaßung entfällt (**8**.25).

Höhenlagen gibt man durch Pfeile in Form geschwärzter gleichseitiger Dreiecke und durch mit Vorzeichen versehene Maßzahlen an (**8**.26).

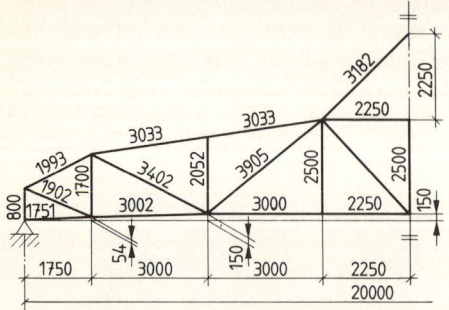

8.25 Bemaßung eines Dachbindersystems

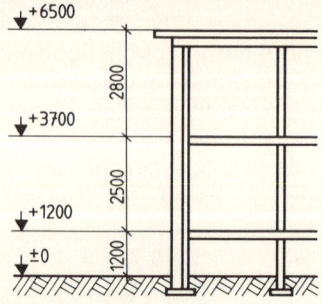

8.26 Angabe von Höhen

8.3 Zeichnungsbeispiele

Der Träger in Bild **8**.27 ist 800 hoch, 7850 lang und aus Blechen, Stab- und Formstählen zusammengesetzt. Wegen verhältnismäßig großer Belastung ist ein 12 dickes Stegblech

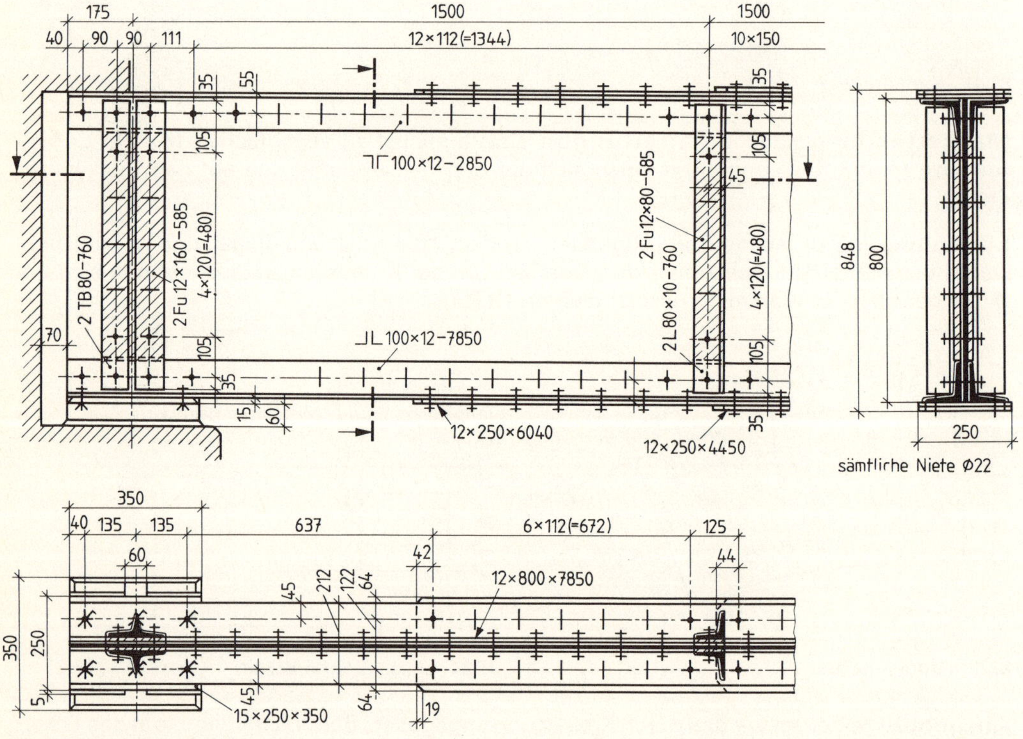

8.27 Teil eines Blechträgers

gewählt worden, das zur Vermeidung des Ausknickens durch gleichschenklige Winkelstähle L 80 × 10 und breitfüßige T-Stähle TB 80 unter Verwendung von Futterblechen ausgesteift ist. Der Feldabstand beträgt 1500. Die Gurtwinkel bestehen aus L 100 × 12 und die verschieden langen Platten für Ober- und Untergurt aus Blech 12 × 250. An beiden Trägerenden sind Auflageplatten Bl 15 × 250 × 350 angenietet.

Blechträger können sowohl durch Schweißen als auch durch Nieten zusammengesetzt werden. DIN 18800 T1 und DIN 18801 enthalten Regeln für Schrauben- und Nietverbindungen und geschweißte Stahlhochbauten.

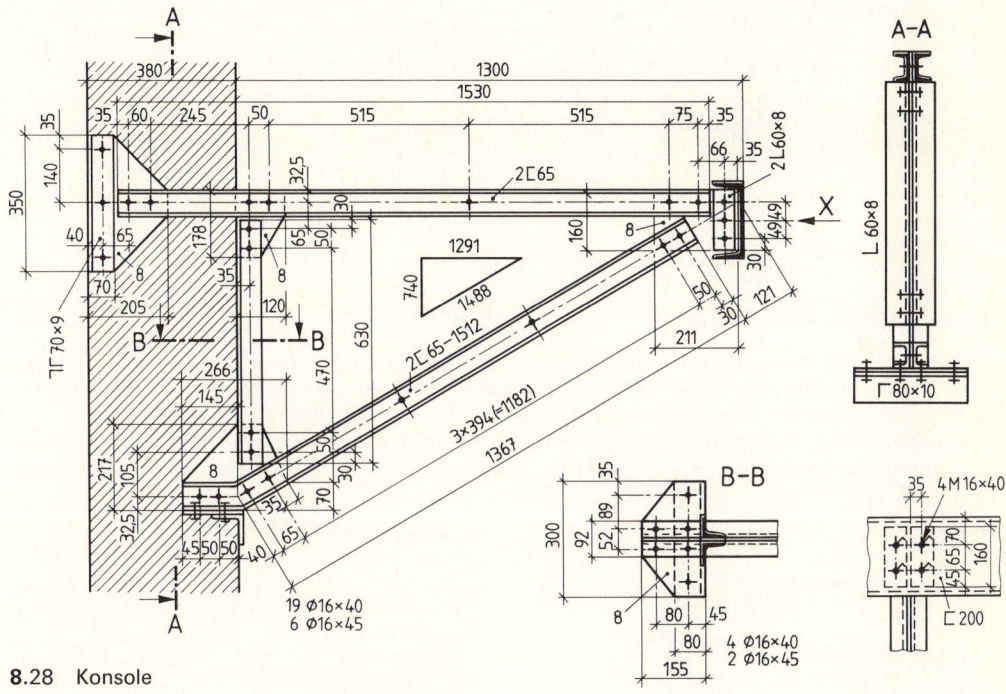

8.28   Konsole

Konsolen wie in Bild **8.**28 dienen zum Tragen von Mauervorsprüngen, z. B. Erkern. Die dargestellte Konstruktion besteht aus je 2 ⊏ 65, die durch gleichschenklige Winkelstähle 60 × 8 und Knotenbleche zusammengesetzt und durch die an Bleche genieteten Winkel 70 × 9 und 80 × 10 im Mauerwerk verankert sind. Ein mehrere Konsolen verbindender ⊏-Stahl 200 nimmt das vorkragende Mauerwerk auf.

Bild **8.**29 zeigt den Anschluß eines R i e g e l s aus I 140 an I 180, wie er im Stahlskelettbau üblich ist. Beide Träger sind in der Draufsicht ohne oberen Flansch dargestellt. Demgemäß sind die Stegflächen geschwärzt worden.

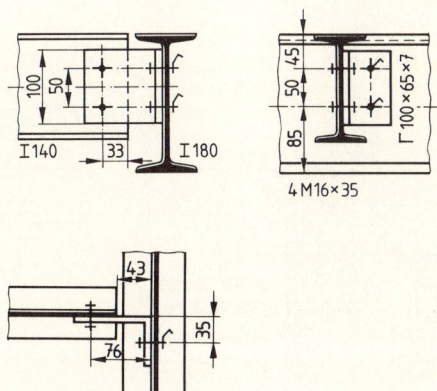

8.29   Trägeranschluß

Übungen

1. Bild **8.**30 zeigt die Draufsicht einer K o n s o l e , die mit insgesamt 12 Sechskantschrauben M 24 × 60 Mu an zwei senkrechten ⌶-Stählen (⌶260) angeschraubt ist. Dazwischen liegt ein Blech 10 × 500 × 520. An den beiderseits des waagerechten ⌶260 × 540 angeordneten Blechen 10 × 500 × 540 ist die linke untere Ecke bis an die Winkelstähle abgeschnitten worden.

Es wurden insgesamt 22 Halbrundniete ∅ 27 verwendet. Das Wurzelmaß für ⌶260 und für die kurzen Schenkel des Winkelstahls beträgt 50. Zeichnen Sie die Konsole in den üblichen drei Ansichten und tragen Sie alle für die Fertigung nötigen Angaben ein.

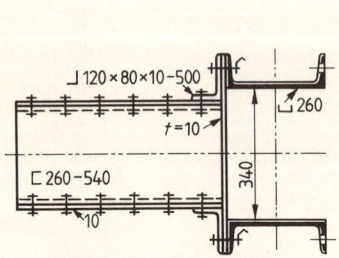

8.30   Draufsicht einer Konsole

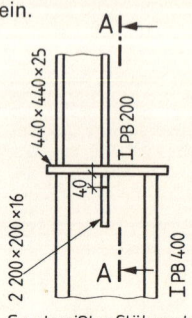

Geschweißter Stützenstoß

8.31   Geschweißter Stützenstoß

2. Zeichnen Sie den Stützenstoß mit ungleichen Profilgrößen in der gegebenen Ansicht **8.**31 und dem Schnitt A–A im Maßstab 1 : 5 auf einen Zeichnungsvordruck A4 quer. Schweißnähte: Kehlnaht *a* = 6 mm ringsum geschweißt. Die Verstärkungsrippen 200 × 200 × 16 erhalten Schrägschnitte.

3. Zeichnen und bemaßen Sie die Knotenpunkte ①, ② und ③ (**8.**32) im Maßstab 1 : 10 und konstruieren Sie dazu entsprechend den Knotenpunkt ④ (Diagonalstäbe: 1/2 IPE 270; ⌶ 55 × 6 Dachpfette: IPE 140).

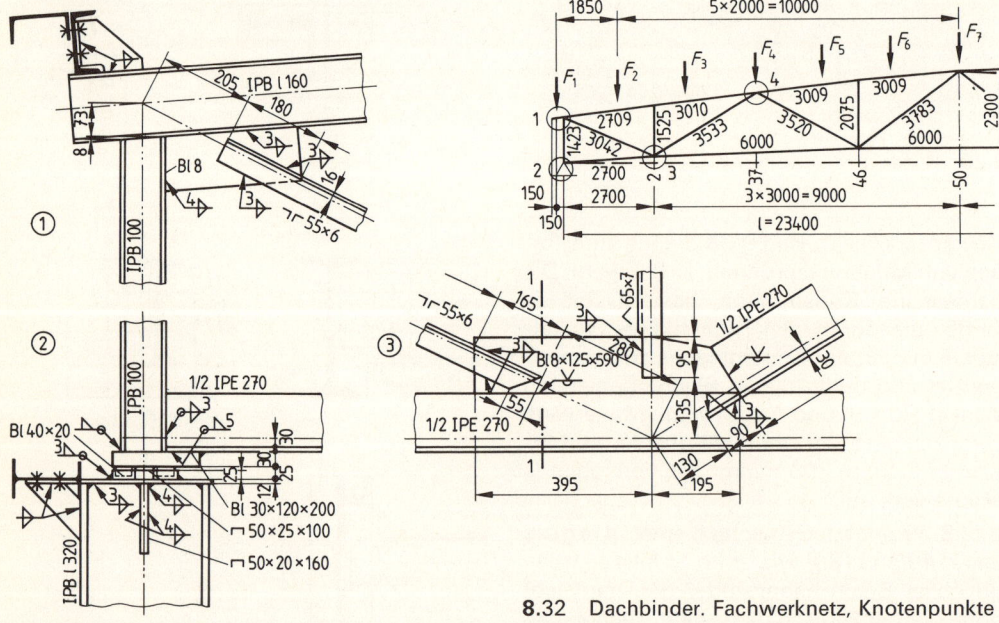

8.32   Dachbinder. Fachwerknetz, Knotenpunkte

9 Technische Zeichnungen. Pläne und Schaltungsunterlagen

Für Energieversorgungsnetze, Gas-, Wasser- und Elektroinstallationen, für Regel- und Steuerungsanlagen, fluidtechnische Systeme sowie für elektrische Geräte und Schaltanlagen dienen in der Regel grafische Symbole zur Darstellung der einzelnen Anlagenelemente (Funktionselemente) und deren funktionale Zusammenhänge.

9.1 Rohrleitungsanlagen

Als Planungs- und Ausführungsunterlagen (Konstruktionsunterlagen) für Rohrleitungen werden Fließbilder sowie orthogonale und/oder isometrische Rohrleitungszeichnungen (Rohrleitungspläne) angefertigt.

In Fließbildern werden die einzelnen Rohrleitungsteile, Zubehörteile, Maschinen, Ventile usw. mit Hilfe grafischer Symbole vereinfacht dargestellt und ihr funktionaler Zusammenhang aufgezeigt (**9**.1).

Rohre werden mittels einer breiten Vollinie dargestellt (**9**.1).

Tabelle **9**.1 **Grafische Symbole für Rohrleitungen (DIN 2429 T 2)** (Auszug)
Bereiche, die nicht Gegenstand des betreffenden grafischen Symbols sind (z. B. Leitungsanschlüsse), sind als Strich-Zweipunktlinie dargestellt.

Symbol	Bezeichnung	Symbol	Bezeichnung
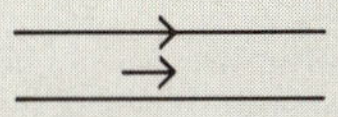	Grundleitung mit Angabe der Fließrichtung	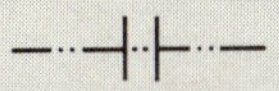	Flanschverbindung
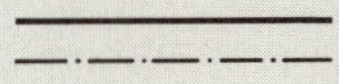	Grundleitung mit Heizung oder Kühlung	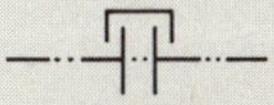	Klammerverbindung
	Leitung mit Dampf beheizt	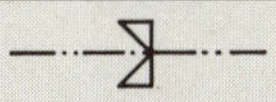	Schraubverbindung
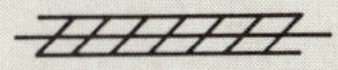	Rohr mit Dämmung	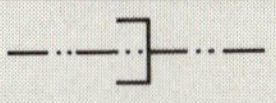	Einsteckmuffe
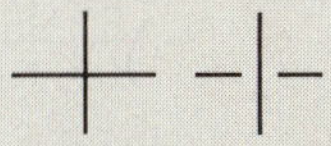	Überschneidung von Rohrleitungen		Kupplung
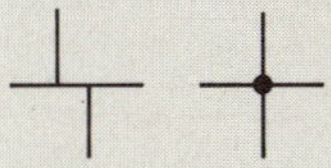	Verbindung von Rohrleitungen (Kreuzung mit Verbindungsstelle)		Schweiß- oder Lötverbindung
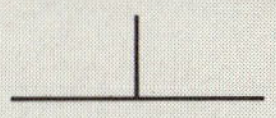	Abzweigstelle	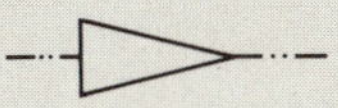 DN 200/150 DN 100/80	Reduzierung allgemein oder konzentrisch 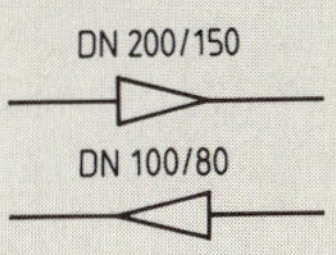
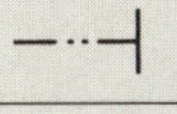	Verschluß allgemein	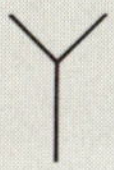	Trichter 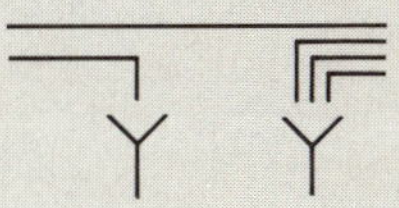
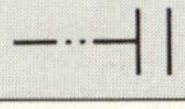	Blindflansch		

Fortsetzung s. nächste Seite

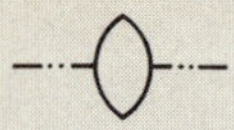

Tabelle **9**.1, Fortsetzung

	Kompensator allgemein		Rückschlagklappe
	Wellrohr-Kompensator		Brandschutzklappe
	Lyra-Kompensator		Be- und Entlüftungs-armatur
	Schiebemuffe		Stellantrieb mit rotierendem System – allgemein
	geflanscht		
	geschweißt		
	Schauglas		– mit Elektromotor
	Absperrarmatur, allgemein		
	geflanscht		
	geschweißt		Stellantrieb mit Kolben
	eingesteckt		
	eingesteckt und geschweißt		Stellantrieb mit Elektromagnet
	geschraubt		
	Vierwegeventil		Stellantrieb, dessen Hilfs-energie der Durchflußstoff der Rohrleitung ist
	Dreiwegehahn		
	Absperrkegelhahn in Eckform		Stellantrieb, handbetätigt
	Absperrschieber		Stellantrieb mit Federkraft
	Druckminderventil		
	Rückschlagventil		Stellantrieb mit Membrane
	Berstscheibe		
	Absperrklappe		Stellantrieb mit Gewicht 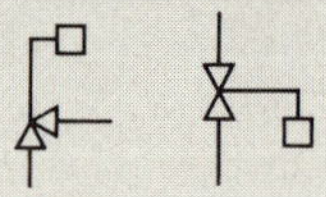

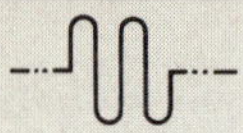

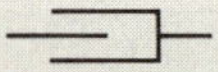

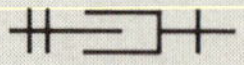

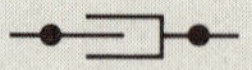

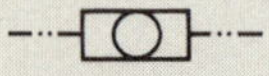

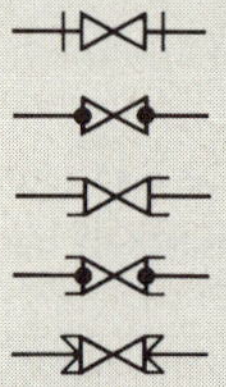

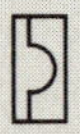

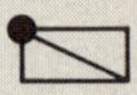

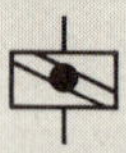

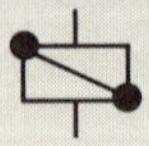

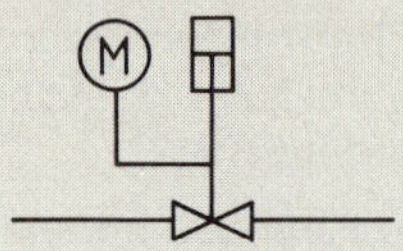

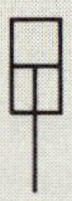

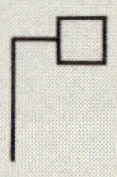

Fortsetzung s. nächste Seite

266

Tabelle **9**.1, Fortsetzung

	Stellantrieb mit Schwimmer		Durchflußbegrenzer mit Drosselscheibe
	Kondensatableiter, allgemein		Durchflußbegrenzer mit Druckrückgewinnung
	Schalldämpfer		Mischdüse
	Mischstrecke		Schmutzfänger
	Drosselscheibe		

Orthogonale und isometrische Rohrleitungszeichnungen sind nichtmaßstäbliche Darstellungen eines Rohrleitungssystems. Sie enthalten die Maße für den Verlauf der Rohrleitungen und für die Lage der Rohrleitungsteile. Beispiele für die orthogonale Darstellungsweise zeigt Bild **9**.2, für die isometrische Darstellungsweise Bild **9**.3 (DIN ISO 6412 T1 und T2).

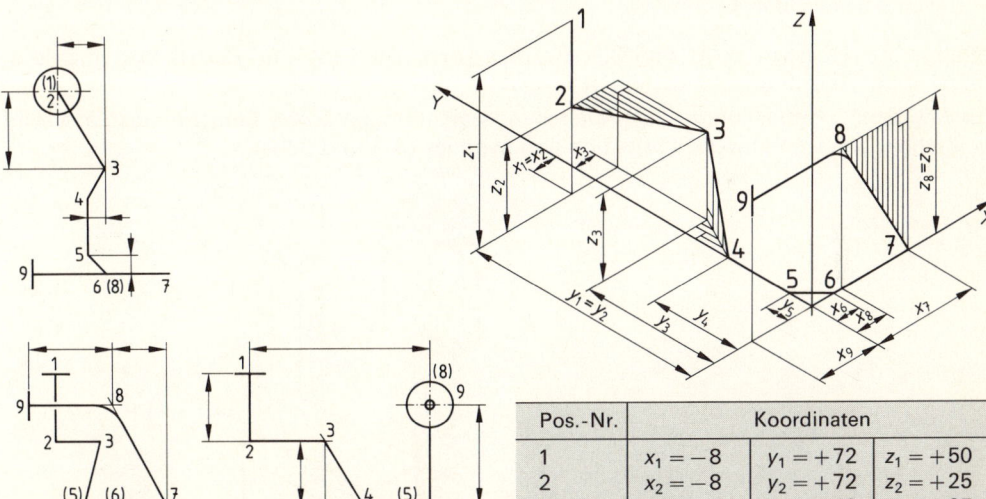

9.2 Beispiele einer orthogonalen Rohrleitungszeichnung

Die Hinweiszahlen geben die Punkte an, an denen das Rohr die Richtung ändert und/oder Verbindungen vorliegen. Rohrdarstellung und Hinweiszahlen sind mit denen in Bild **9**.3 identisch.

Pos.-Nr.	Koordinaten		
1	$x_1 = -8$	$y_1 = +72$	$z_1 = +50$
2	$x_2 = -8$	$y_2 = +72$	$z_2 = +25$
3	$x_3 = +7$	$y_3 = +42$	$z_3 = +25$
4	$x_4 = 0$	$y_4 = +28$	$z_4 = 0$
5	$x_5 = 0$	$y_5 = +7$	$z_5 = 0$
6	$x_6 = +7$	$y_6 = 0$	$z_6 = 0$
7	$x_7 = +32$	$y_7 = 0$	$z_7 = 0$
8	$x_8 = +10$	$y_8 = 0$	$z_8 = +40$
9	$x_9 = -20$	$y_9 = 0$	$z_9 = +40$

9.3 Beispiel einer isometrischen Rohrleitungszeichnung (s. Bild **9**.2).

Bögen können grundsätzlich als Kreisbögen oder vereinfacht gezeichnet werden, indem man die gerade Länge des Rohrs bis zum Scheitelpunkt ausdehnt. Bei der isometrischen Darstellungsweise sollten Abweichungen von den Richtungen der Koordinatenachsen mittels schraffierter Hilfsprojektionsebenen angegeben werden (**9**.4). Radien und Winkel trägt man wie in Bild **9**.5, Niveauangaben (sie beziehen sich in der Regel auf die Mitte des Rohrs) wie in Bild **9**.6 und Neigungen wie in Bild **9**.7 ein.

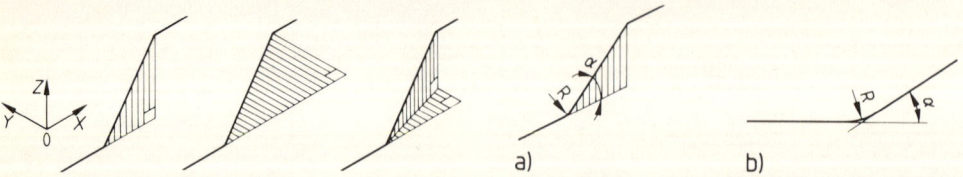

9.4 Isometrische Darstellung mit Hilfsprojektionsebenen

9.5 Zeichnungsangaben für Radien und Winkel
a) isometrische, b) orthogonale Darstellung

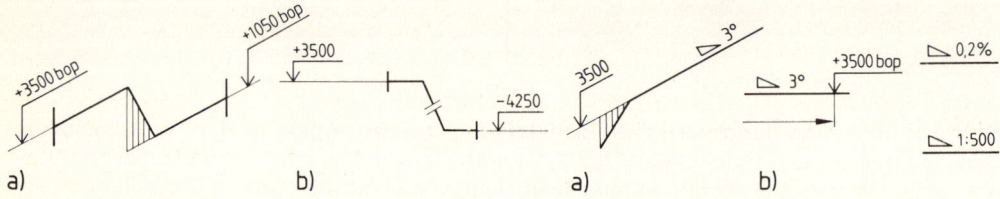

9.6 Niveauangaben
a) isometrische, b) orthogonale Darstellung
(bop = bottom of pipe)

9.7 Neigungsangaben
a) isometrische, b) orthogonale Darstellung

Symbole für Hänger zeigt Bild **9**.8. Bei Trägern (Stützen) sind dieselben Symbole in umgekehrter Anordnung anzuwenden.

Für Angebots-, Herstellungs- und Aufstellungszeichnungen sowie Berechnungspläne wird weitgehend die isometrische Projektion angewendet (**9**.9 und **9**.10).

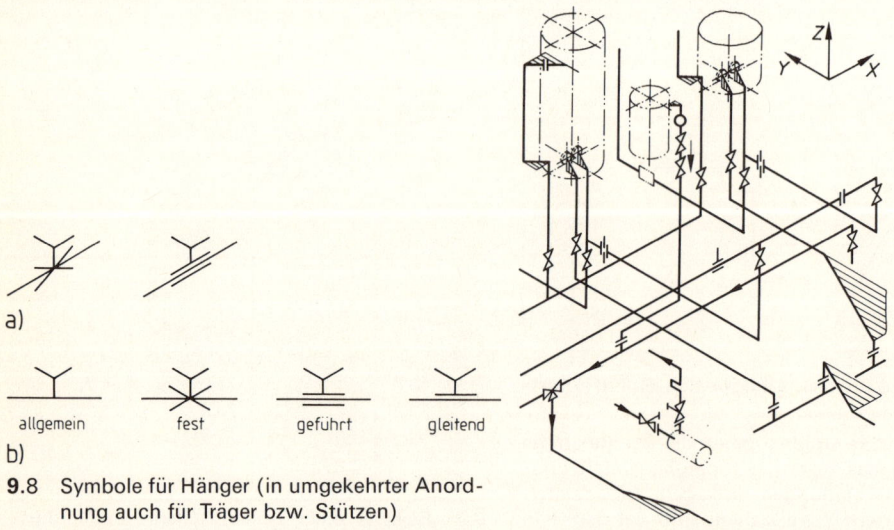

9.8 Symbole für Hänger (in umgekehrter Anordnung auch für Träger bzw. Stützen)
a) isometrische, b) orthogonale Darstellung

9.9 Rohrleitungsplan in isometrischer Projektion

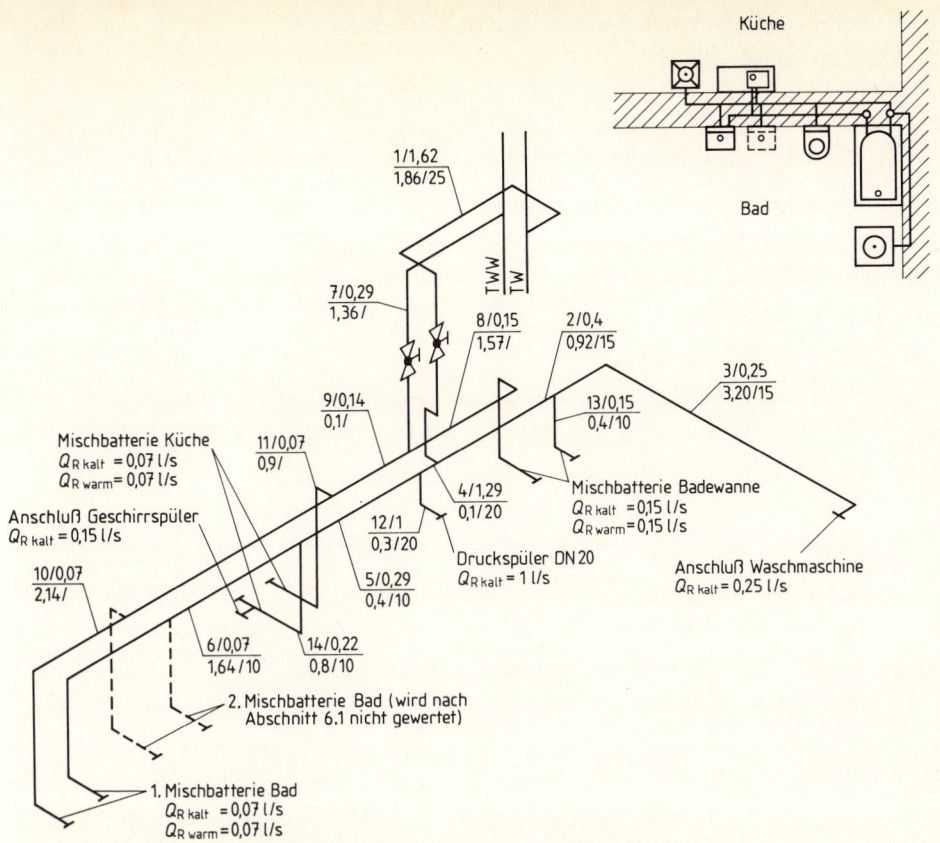

$$\frac{1/1,62}{1,86/25}$$

Küche

Bad

Mischbatterie Küche
$Q_{R\,kalt} = 0,07\ l/s$
$Q_{R\,warm} = 0,07\ l/s$

Anschluß Geschirrspüler
$Q_{R\,kalt} = 0,15\ l/s$

$$\frac{11/0,07}{0,9\,l}$$

$$\frac{7/0,29}{1,36\,l}$$

TWW
TW

$$\frac{8/0,15}{1,57\,l}$$

$$\frac{2/0,4}{0,92/15}$$

$$\frac{3/0,25}{3,20/15}$$

$$\frac{13/0,15}{0,4/10}$$

$$\frac{9/0,14}{0,1\,l}$$

$$\frac{4/1,29}{0,1/20}$$

Mischbatterie Badewanne
$Q_{R\,kalt} = 0,15\ l/s$
$Q_{R\,warm} = 0,15\ l/s$

$$\frac{12/1}{0,3/20}$$

$$\frac{5/0,29}{0,4/10}$$

Druckspüler DN 20
$Q_{R\,kalt} = 1\ l/s$

Anschluß Waschmaschine
$Q_{R\,kalt} = 0,25\ l/s$

$$\frac{10/0,07}{2,14\,l}$$

$$\frac{6/0,07}{1,64/10}$$

$$\frac{14/0,22}{0,8/10}$$

2. Mischbatterie Bad (wird nach
Abschnitt 6.1 nicht gewertet)

1. Mischbatterie Bad
$Q_{R\,kalt} = 0,07\ l/s$
$Q_{R\,warm} = 0,07\ l/s$

9.10   Anwendung eines in isometrischer Projektion ausgeführten Rohrleitungsplans als Berechnungsplan für einen Teil einer Kalt- und Warmwasserinstallation

Ablesebeispiel $\dfrac{1/1,62}{1,86/25}$ bedeutet: $\dfrac{\text{Nr der Teilstrecke/Summendurchfluß } \Sigma Q_R \text{ in } l/s}{\text{Länge der Teilstrecke in m/Nennweite DN}}$

Über die zeichnerische Ausführung von Fließbildern für verfahrenstechnische Anlagen gibt der „Leitfaden der DIN-Normen in der Verfahrenstechnik" Auskunft[1]).

9.2   Elektrische Anlagen

In Schaltungsunterlagen werden elektrische Anlagen und Einrichtungen durch Schaltzeichen für Maschinen, Apparate, Geräte, Leitungen u. a. dargestellt. Die Schaltzeichen (Tab. **9.**11 bis **9.**16) geben nicht notwendigerweise Auskunft über die Beschaffenheit der Betriebsmittel und deren Funktionen. Ist für ein konkretes Betriebsmittel kein Schaltzeichen in den Normen beschrieben, kann man durch Kombinieren von Grundsymbolen, Symbolelementen, Kennzeichen oder Schaltzeichen ein neues Schaltzeichen bilden (DIN 40 900 T1 bis T11).

---

[1]) Graßmuck; Houben; Zollinger: Leitfaden der DIN-Normen in der Verfahrenstechnik, Stuttgart/Berlin: B. G. Teubner/Beuth Verlag GmbH, 1989

Tabelle **9.11** **Symbolelemente und Kennzeichen für Schaltzeichen**

Strom- und Spannungsarten

——	Gleichstrom
===	– bei Verwechslungsgefahr
2M–220/110 V	**Beispiel** Gleichstrom-Dreileitersystem mit 2 Außenleitern und einem Mittelleiter, 220 V (110 V zwischen jedem Außen- und dem Mittelleiter)
∼	Wechselstrom
3 N∼ 50 Hz 400/230 V	**Beispiel** Dreiphasen-Vierleitersystem mit 3 Außenleitern und einem Neutralleiter, 50 Hz, 400 V (230 V zwischen jedem Außen- und dem Neutralleiter)
≂	Allstrom
	Gleich- oder Wechselstrom, Gleich- oder Wechselspannung
∼	Wechselstrom, niedrige Frequenzen (z. B. Stromversorgung)
≈	– mittlere Frequenzen (z. B. Tonfrequenzen)
≋	– hohe Frequenzen (z. B. Ultraschall, Rundfunk)

Erde, Masse

⏚	Erde
	– fremdspannungsarm
	Schutzerde
	Masse, Gehäuse (Schraffur darf entfallen, wenn keine Unklarheit besteht. Die Gehäuselinie muß dann breiter dargestellt werden: ⊥)

Tabelle **9.12** **Schaltzeichenbeispiele für Widerstände, Kondensatoren und Induktivitäten**

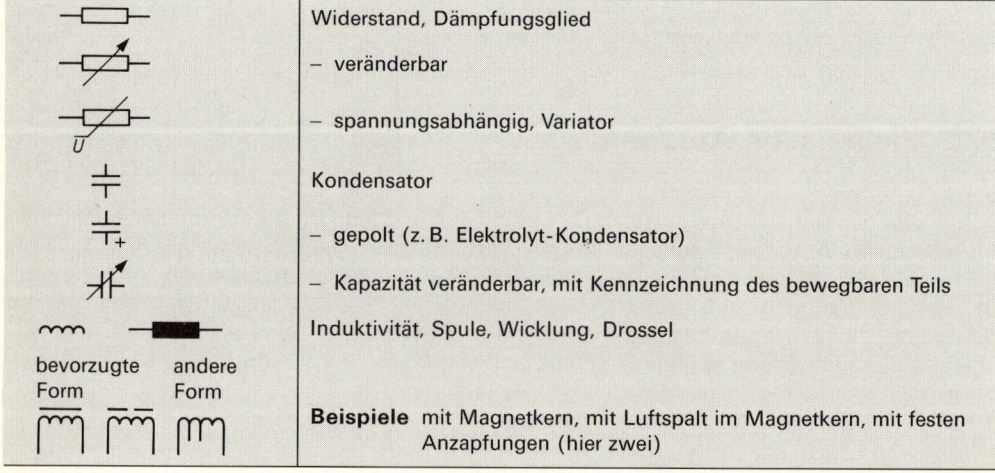

	Widerstand, Dämpfungsglied
	– veränderbar
	– spannungsabhängig, Variator
	Kondensator
	– gepolt (z. B. Elektrolyt-Kondensator)
	– Kapazität veränderbar, mit Kennzeichnung des bewegbaren Teils
bevorzugte andere Form Form	Induktivität, Spule, Wicklung, Drossel
	Beispiele mit Magnetkern, mit Luftspalt im Magnetkern, mit festen Anzapfungen (hier zwei)

Tabelle **9**.13   **Schaltzeichenbeispiele für Halbleiter**

Halbleiterdioden

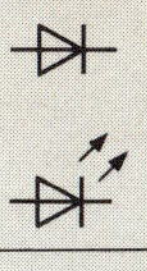

⊳⊦	Halbleiterdiode	⊳⊦	Z-Diode
⊳⊦	Leuchtdiode	⊠	Zweirichtungsdiode, Diac

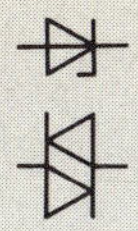

Thyristoren

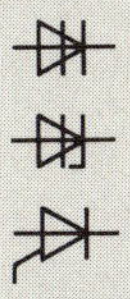

	Thyristordiode, rückwärts sperrend	⊲⊦	– rückwärts sperrend, Kathode gesteuert (P-Gate)
	– rückwärts leitend		
	– rückwärts sperrend, Anode gesteuert (N-Gate)		– bidirektional, Triac

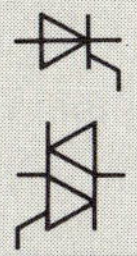

Transistoren

	PNP-Transistor		NPN-Transistor mit 2 Basisanschlüssen
	NPN-Transistor, Kollektor mit Gehäuse verbunden		

Licht- und magnetfeldempfindliche Elemente

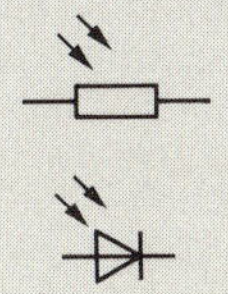

	Widerstand, lichtempfindlich, Fotowiderstand		Magnetischer Koppler
	Diode, lichtempfindlich, Fotodiode		Optokoppler mit Leuchtdiode und Fototransistor

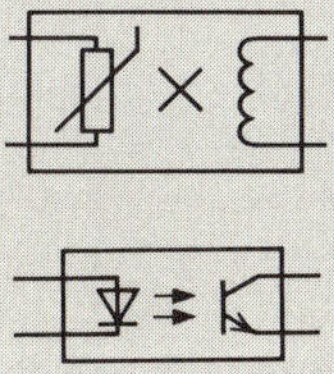

Tabelle **9**.14   **Schaltzeichenbeispiele für die Erzeugung und Umwandlung elektrischer Energie**

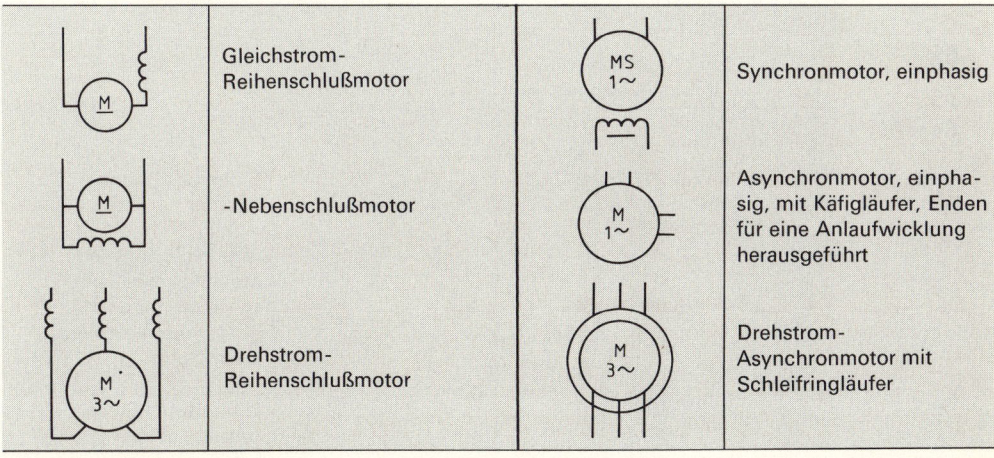

	Gleichstrom-Reihenschlußmotor		Synchronmotor, einphasig
	-Nebenschlußmotor		Asynchronmotor, einphasig, mit Käfigläufer, Enden für eine Anlaufwicklung herausgeführt
	Drehstrom-Reihenschlußmotor		Drehstrom-Asynchronmotor mit Schleifringläufer

Fortsetzung s. nächste Seite

271

Tabelle **9**.14, Fortsetzung

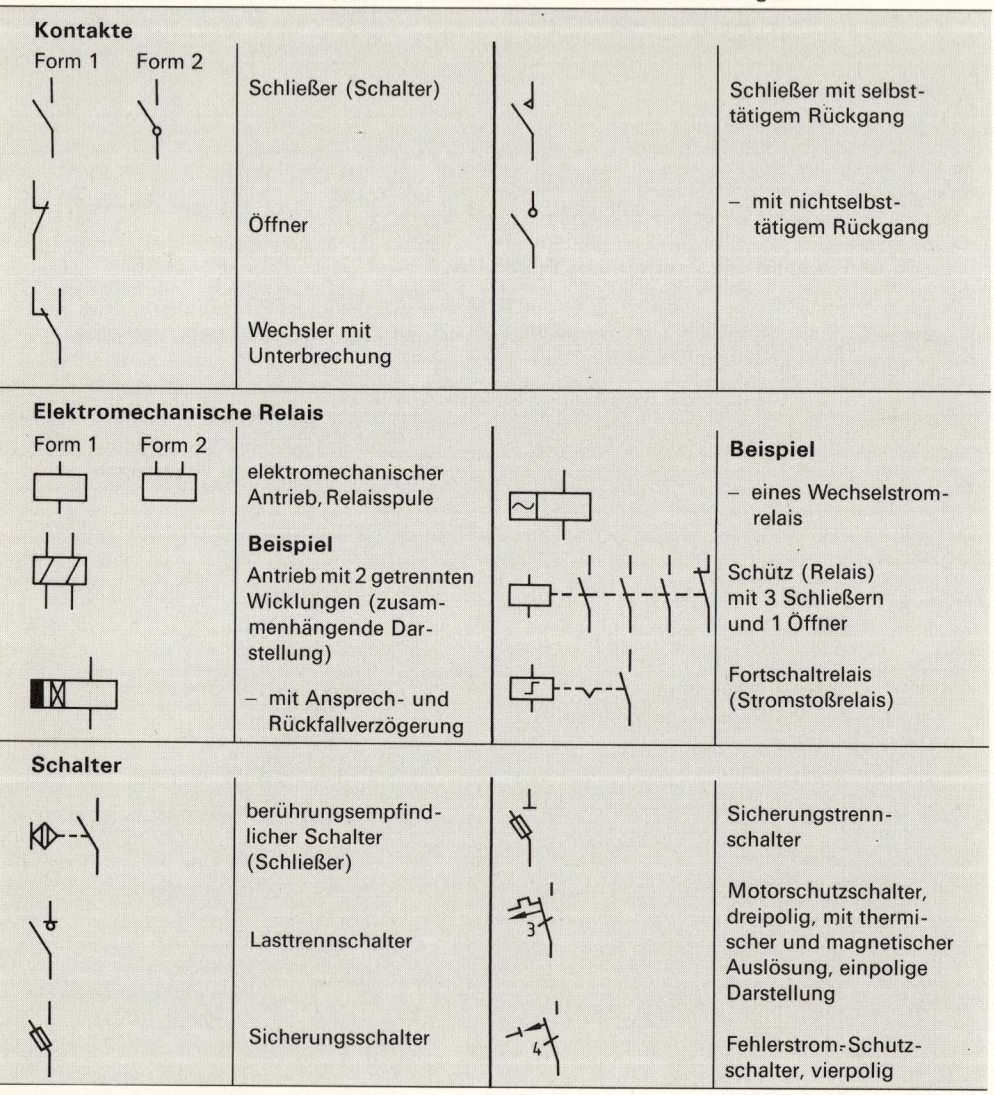

Form 1	Form 2		Form 1	Form 2	
		Einphasen-transformator mit zwei Wicklungen und Schirm			Drehstrom-transformator, Stern-/Dreieck-schaltung

Tabelle **9**.15 **Schaltzeichenbeispiele für Schalt- und Schutzeinrichtungen**

Kontakte

Form 1 Form 2

Schließer (Schalter)

Schließer mit selbst-tätigem Rückgang

Öffner

– mit nichtselbst-tätigem Rückgang

Wechsler mit Unterbrechung

Elektromechanische Relais

Form 1 Form 2

elektromechanischer Antrieb, Relaisspule

Beispiel

Beispiel

– eines Wechselstrom-relais

Antrieb mit 2 getrennten Wicklungen (zusam-menhängende Dar-stellung)

Schütz (Relais) mit 3 Schließern und 1 Öffner

– mit Ansprech- und Rückfallverzögerung

Fortschaltrelais (Stromstoßrelais)

Schalter

berührungsempfind-licher Schalter (Schließer)

Sicherungstrenn-schalter

Lasttrennschalter

Motorschutzschalter, dreipolig, mit thermi-scher und magnetischer Auslösung, einpolige Darstellung

Sicherungsschalter

Fehlerstrom-Schutz-schalter, vierpolig

Fortsetzung s. nächste Seite

272

Tabelle **9.15**, Fortsetzung

Sicherungen

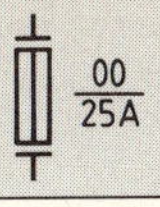	Niederspannungs-Hochleistungssicherung (NH), 25 A, Größe 00		Schraubsicherung, 10 A, Typ D II, dreipolig
⎍ 00 25A		D II 10A	

Tabelle **9.16** **Schaltzeichenbeispiele für Netze und Elektroinstallation**

Leiter, Leitungen

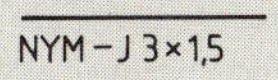 NYM – J 3×1,5	Leiter, Gruppe von Leitern, Leitung, Kabel, Stromweg, Übertragungsweg	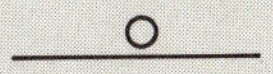 ⊶	Kabelkanal, Trasse, Elektro-Installationsrohr
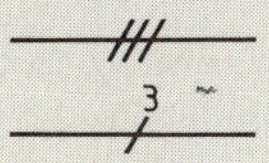 ─///─ 3 ~	**Beispiele** 3 Leiter		Neutralleiter (N), Mittelleiter (M)
		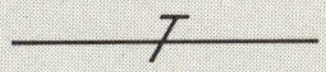	Schutzleiter (PE)
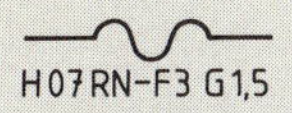 H07RN-F3 G1,5	Leiter bewegbar	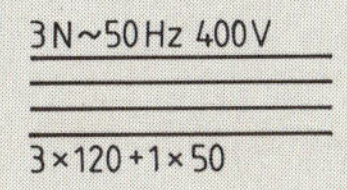 3 N~50 Hz 400 V 3×120+1×50	Dreiphasen-Vierleitersystem mit 3 Außenleitern und einem Neutralleiter, 50 Hz, 400 V, Außenleiter 120 mm², Neutralleiter 50 mm²
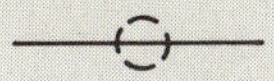	– geschirmt		
	– koaxial		
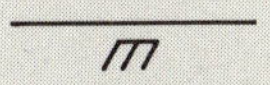	– auf Putz	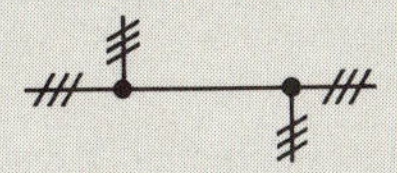	Leitungsverbindung (leitende Verbindung von Leitungen)
	– im Putz	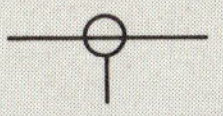	Abzweigdose
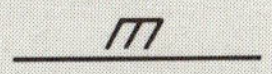	– unter Putz		

Installationen in Gebäuden

 ⊙	Anschlußdose, Verbindungsdose	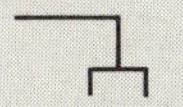	Fernmeldesteckdose
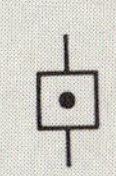	Hausanschlußkasten mit Leitung		Ausschalter, einpolig, Schalter 1/1
‖‖‖			– zweipolig, Schalter 1/2
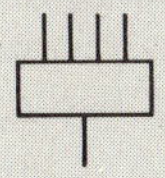	Verteiler mit 5 Anschlüssen	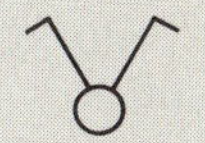	Serienschalter, einpolig, Schalter 5/1
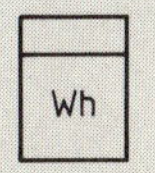 Wh	Wattstundenzähler, Elektrizitätszähler	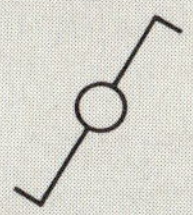	Wechselschalter, einpolig, Schalter 6/1
 3/N/PE	Schutzkontaktsteckdose für Drehstrom, fünfpolig	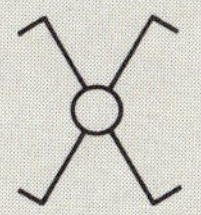	Kreuzschalter, Zwischen-schalter, Schalter 7/1
	Antennensteckdose		

Fortsetzung s. nächste Seite

Tabelle **9**.16, Fortsetzung

Installationen in Gebäuden

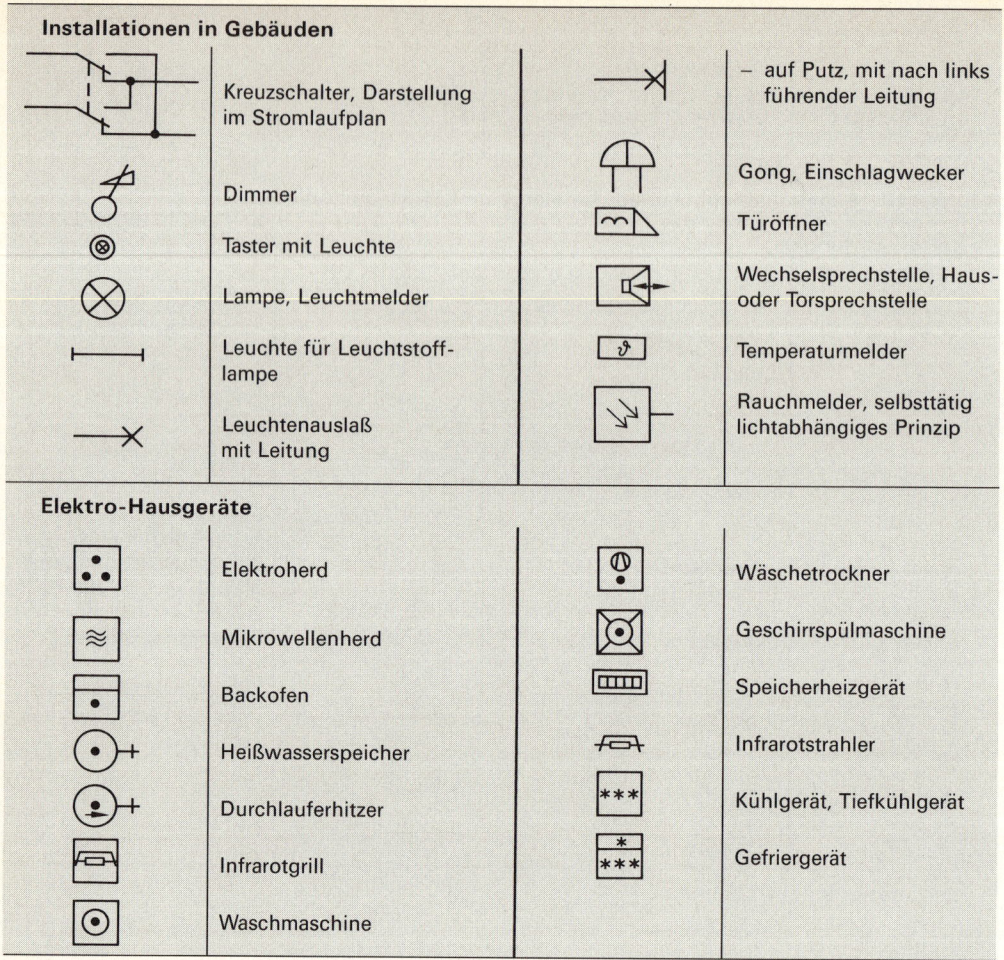

Symbol	Bezeichnung	Symbol	Bezeichnung
	Kreuzschalter, Darstellung im Stromlaufplan		– auf Putz, mit nach links führender Leitung
	Dimmer		Gong, Einschlagwecker
	Taster mit Leuchte		Türöffner
	Lampe, Leuchtmelder		Wechselsprechstelle, Haus- oder Torsprechstelle
	Leuchte für Leuchtstofflampe		Temperaturmelder
	Leuchtenauslaß mit Leitung		Rauchmelder, selbsttätig lichtabhängiges Prinzip

Elektro-Hausgeräte

Symbol	Bezeichnung	Symbol	Bezeichnung
	Elektroherd		Wäschetrockner
	Mikrowellenherd		Geschirrspülmaschine
	Backofen		Speicherheizgerät
	Heißwasserspeicher		Infrarotstrahler
	Durchlauferhitzer		Kühlgerät, Tiefkühlgerät
	Infrarotgrill		Gefriergerät
	Waschmaschine		

Schaltpläne zeigen entweder die Wirkungsweise und den Stromverlauf oder die Leitungsverbindungen der Anlage. In ihnen wird festgelegt, wie die verschiedenen elektrischen Betriebsmittel zueinander in Beziehung stehen und miteinander verbunden sind. Zur Darstellung der Wirkungsweise und des Stromverlaufs dienen vorwiegend Übersichtsschalt- und Stromlaufpläne, zur Darstellung der Leitungsverbindungen dagegen Verbindungs- und Verdrahtungs-, Netz- und Installationspläne.

Für alle in Schaltplänen enthaltenen Teile sind einheitliche und eindeutige Bezeichnungen vorgesehen (s. DIN 40719 T1, T3 und T6). Die Bezeichnungen sind allgemeiner Art oder beziehen sich auf technische Angaben oder auf Maschinen, Geräte und Anlagen. Die allgemeinen Angaben dienen zur Kennzeichnung der Abzweige, Felder oder Zeilen einer Anlage.

Übersichtsschaltpläne geben nur die wichtigsten Teile einer elektrischen Anlage oder Einrichtung an, in der Regel einpolig und mittels der Schaltzeichen ohne Hilfsleitungen. Dies genügt als Überblick über die Gliederung der Anlage, den Stromverlauf und die Schaltmöglichkeiten (Wirkungsweise) (DIN 40719 T4).

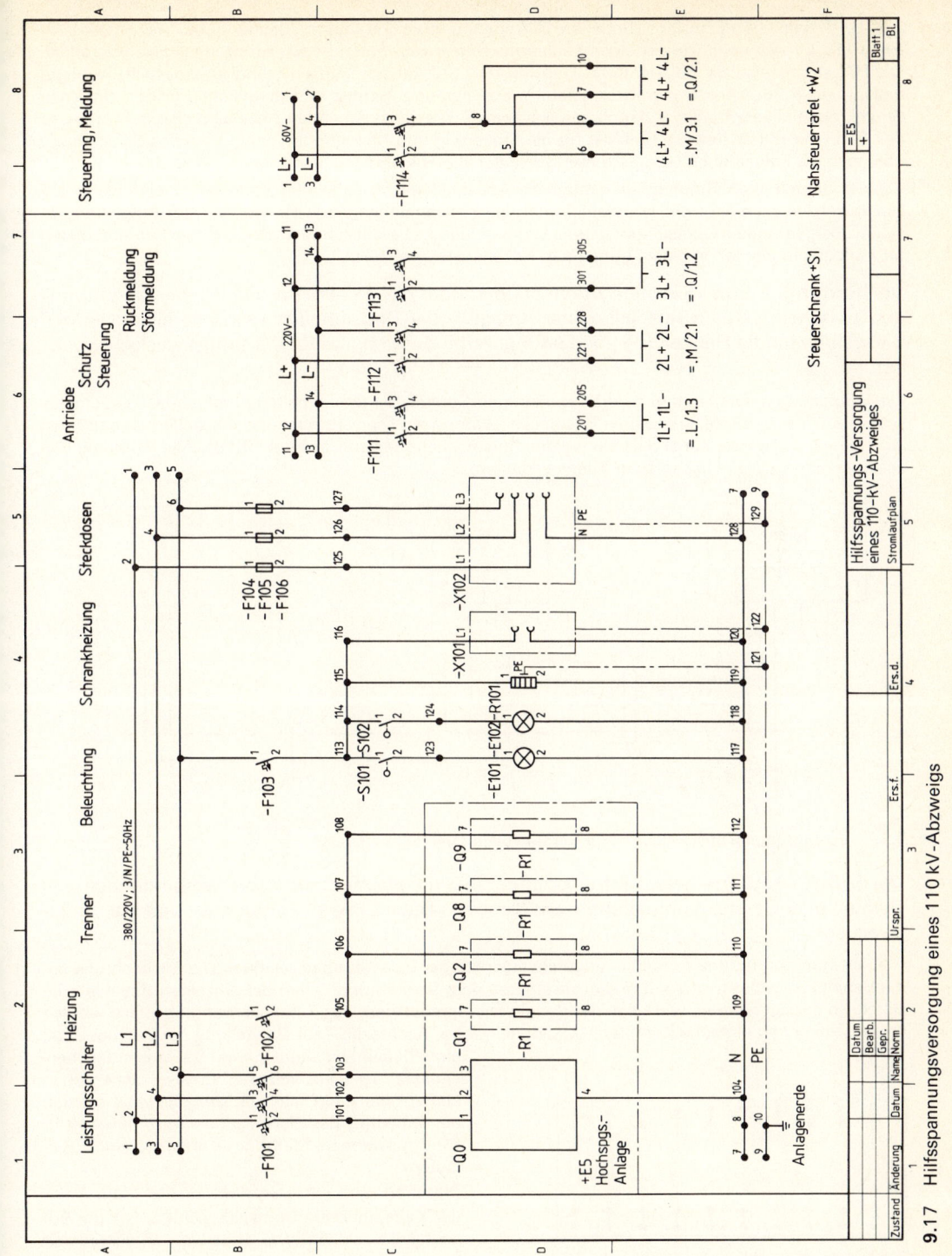

9.17 Hilfsspannungsversorgung eines 110 kV-Abzweigs

275

Bild **9**.17 zeigt die abzweiggebundenen Hilfsspannungsversorgungen (Sicherungen, Automaten) für einen 110-kV-Abzweig. Die einzelnen Einbauorte sind jeweils durch Begrenzungslinien gekennzeichnet. Die Hilfsstromkreise für Beleuchtung, Heizung und Steckdosen sind vollständig dargestellt, während umfangreiche Stromkreise wie Rückmeldung, Störmeldung, Schutz und dergleichen in den einzelnen Stromkreisen zugeordneten Schaltplänen erscheinen. Die entsprechenden Abzweige sind gekennzeichnet. Führt ein Hilfsstromkreis (wie der für die Steuerung und Meldung im rechten Teil des Schaltplans) über mehrere Folgeblätter, wird an dieser Stelle auf alle Folgeblätter verwiesen.

Bei der dargestellten Ringleitung genügt als Abschluß die Angabe von Klemmen. Zielhinweise auf Nachbarabzweige sind nicht erforderlich, da eine zusammenhängende Darstellung der Ringleitung in einem übergeordneten Übersichtsschaltplan vorhanden ist. Die Hilfskontakte der dargestellten Automaten für Meldungen werden in einem getrennten Schaltplan dargestellt.

Verbindungspläne vermitteln Informationen über die e x t e r n e n elektrischen Verbindungen zwischen Geräten (als Teile einer Anlage) oder Baueinheiten (als Teile eines Geräts). Sie werden für die Herstellung von Leitungsverbindungen und für Wartungszwecke verwendet.

Die Verbindungen werden durch gerade Linien und Geräte oder Baueinheiten durch einfache geometrische Figuren – Quadrate, Kreise oder Rechtecke – dargestellt. Die Verbindungslinien stellen die einzelnen Drähte oder komplette Kabel dar. Sie werden entsprechend gekennzeichnet (**9**.18). Alle Verbindungen zeichnet man so, als ob sie in einer Ebene verlaufen.

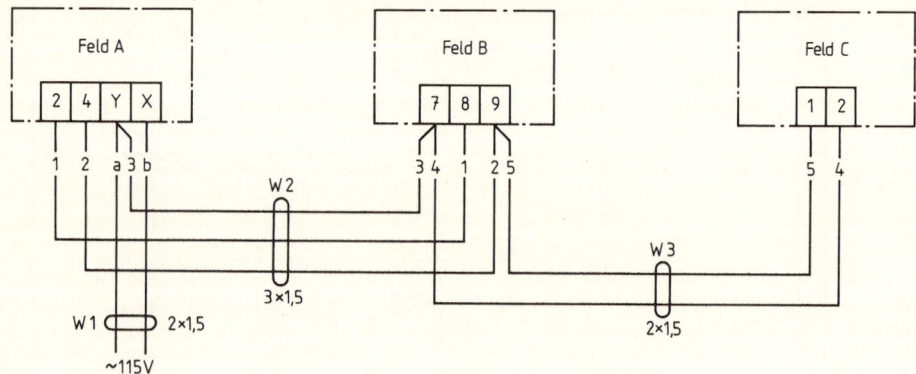

9.18 Verbindungsplan für elektrische Geräte (nach DIN IEC 113 T 5)

Verdrahtungspläne liefern Informationen über die elektrischen I n n e n verbindungen von Geräten oder Gerätekombinationen. Sie dienen in erster Linie zu Fertigungs- und Wartungszwecken.

Geräteverdrahtungspläne werden in ungefähr lagerichtiger Darstellung gezeichnet. Die Blickrichtung auf die Baueinheit wählt man so, daß die Anschlüsse oder Verdrahtungsseiten der einzelnen Bauteile oder Geräte so gezeigt werden, wie sie in der Baueinheit montiert sind. Für Geräteverdrahtungspläne werden gerade Linien und einfache Konturen – Quadrate, Kreise, Rechtecke – zur Darstellung der Betriebsmittel einer Baueinheit benutzt. Sind Betriebsmittel übereinander in verschiedenen Ebenen angeordnet, klappt oder dreht man die Betriebsmittel so, daß der Betrachter des Planes auf die Anschlüsse sieht. Die angewendete Methode ist entsprechend zu erläutern.

Bild **9**.19 zeigt z. B. eine Lötösenleiste (von der in der Baueinheit die Stirnseite sichtbar ist) um 90° nach links geklappt. Die lange Linie an der rechten Seite deutet die Klappachse an. In Bild **9**.20 deutet

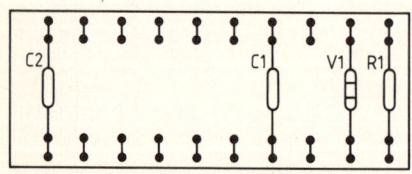

9.19 Lötösenleiste

276

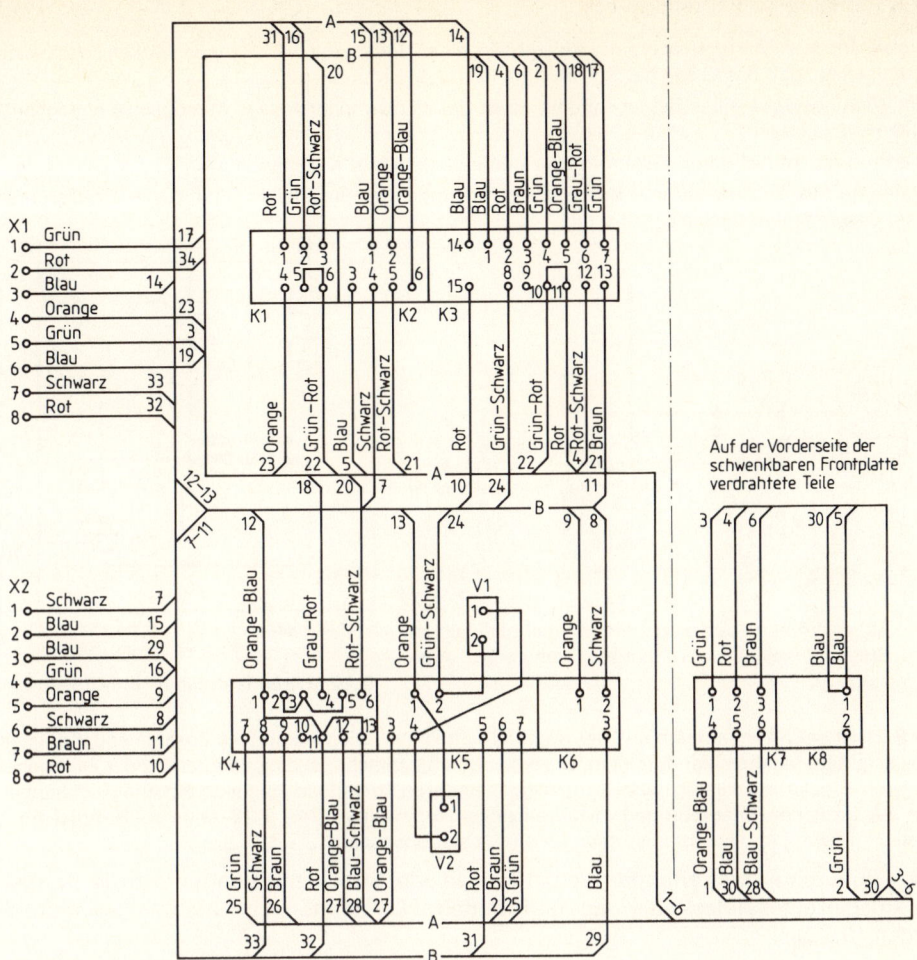

9.20   Verdrahtungsplan einer elektrischen Einrichtung mit zwei Formkabeln A und B
(nach DIN IEC 113 T 6)

eine Anmerkung darauf hin, daß der bewegliche Teil rechts von der strichpunktierten Trennlinie von der Frontseite verdrahtet wird.

Leitungsgruppen (Kabel, Formkabel usw.) können wie in Bild **9.**20, durch eine gemeinsame Linie dargestellt werden. Einzelleitungen kennzeichnet man durch Angabe der Adernfarben. Durch Bezugsziffern an den Stellen, an denen die Linien der Einzelleitungen in die der Formkabel übergehen, wird das Lesen des Planes erleichtert.

Ein Stromlaufplan (DIN 40719 T 3) ist die ausführliche Darstellung einer Schaltung mit Einzelheiten. Er zeigt und erläutert durch übersichtliche Darstellung der einzelnen Stromwege die Wirkungsweise einer elektrischen Schaltung. Die übersichtliche Darstellung darf nicht durch die Wiedergabe gerätetechnischer und räumlicher Zusammenhänge beeinträchtigt werden. Man verwendet die Schaltzeichen aus den Tabellen **9.**11 bis **9.**15.

277

Der Stromlaufplan hat den Zweck,

– die elektrischen Betriebsmittel einer Anlage oder eines Geräts und ihr Zusammenwirken so übersichtlich darzustellen, daß das Lesen der Schaltung erleichtert wird;

– die Wirkungsweise eines Betriebsmittels, eines Geräts oder einer Anlage in möglichst einfacher Weise erkennen zu lassen;

– die Prüfung, Wartung und Fehlerortung zu ermöglichen und gegebenenfalls

– Daten für das Ausarbeiten von Verdrahtungsunterlagen bereitzustellen (evtl. zusätzlich Beschreibungen, Diagramme, Tabellen).

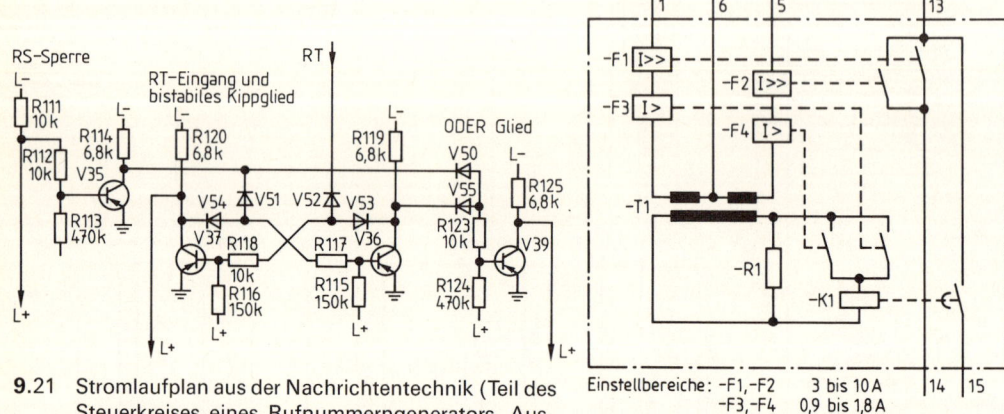

9.21 Stromlaufplan aus der Nachrichtentechnik (Teil des Steuerkreises eines Rufnummerngenerators, Auszug)

Einstellbereiche: –F1,–F2   3 bis 10 A
–F3,–F4   0,9 bis 1,8 A

9.22 Stromlaufplan für ein Überstromrelais

Bild **9.**21 ist ein Stromlaufplan aus der Nachrichtentechnik. Die funktionelle Zusammengehörigkeit von Betriebsmitteln hat man hier durch ein Raster kenntlich gemacht. Ist eine Erläuterung der Funktionen der einzelnen Blöcke notwendig, erstellt man ggf. einen entsprechend gegliederten Blockschaltplan und trägt die textlichen Erläuterungen in die einzelnen Blöcke ein. Bild **9.**22 zeigt als Beispiel für einen Gerätestromlaufplan den Stromlaufplan für ein Überstromrelais.

Netzpläne zeigen die Leitungen, Verbindungen oder Streckenführungen und die dazugehörigen Anlagen eines Netzes oder -teils und können in Landkarten oder Stadtpläne eingezeichnet werden (**9.**23).

Installationspläne (DIN 40 719 T 5) geben die Anordnung der Geräte für Licht-, Kraft- und Fernmeldeanlagen an, werden der Wirklichkeit gemäß in Bauzeichnungen eingetragen und enthalten alle Angaben zum Legen der Leitungen (**9.**24 auf S. 280). Die Bedeutung der Schaltzeichen zeigen die Tabellen **9.**15 und **9.**16.

Leitungen verschiedener Art werden durch verschiedene Linienarten, Leitungen verschiedener Spannung oder Polarität durch verschiedene Strichbreiten, Geräte verschiedener Wichtigkeit durch unterschiedliche Größen der Sinnbilder gekennzeichnet. Die Anzahl der Leiter gibt man durch schräge, die Anzahl der Stromkreise durch senkrechte, kurze Querstriche in der Leitung an. Außerdem den Leitungsquerschnitt in mm^2, die Bauart, die Art der Verlegung und erforderlichenfalls den Werkstoff der Leitungen und die Stromart, die Spannung und gegebenenfalls auch die Frequenz.

Welcher Plan für eine elektrische Einrichtung zu wählen ist, muß von Fall zu Fall entschieden werden; bisweilen sind zwei oder mehr Pläne erforderlich, aber auch Kombinationen untereinander möglich.

DIN-Normen über Schaltzeichen und Schaltungsunterlagen sind in den DIN-Taschenbüchern 501, 512 und 514 enthalten (zu beziehen durch Beuth Verlag GmbH, Berlin).

278

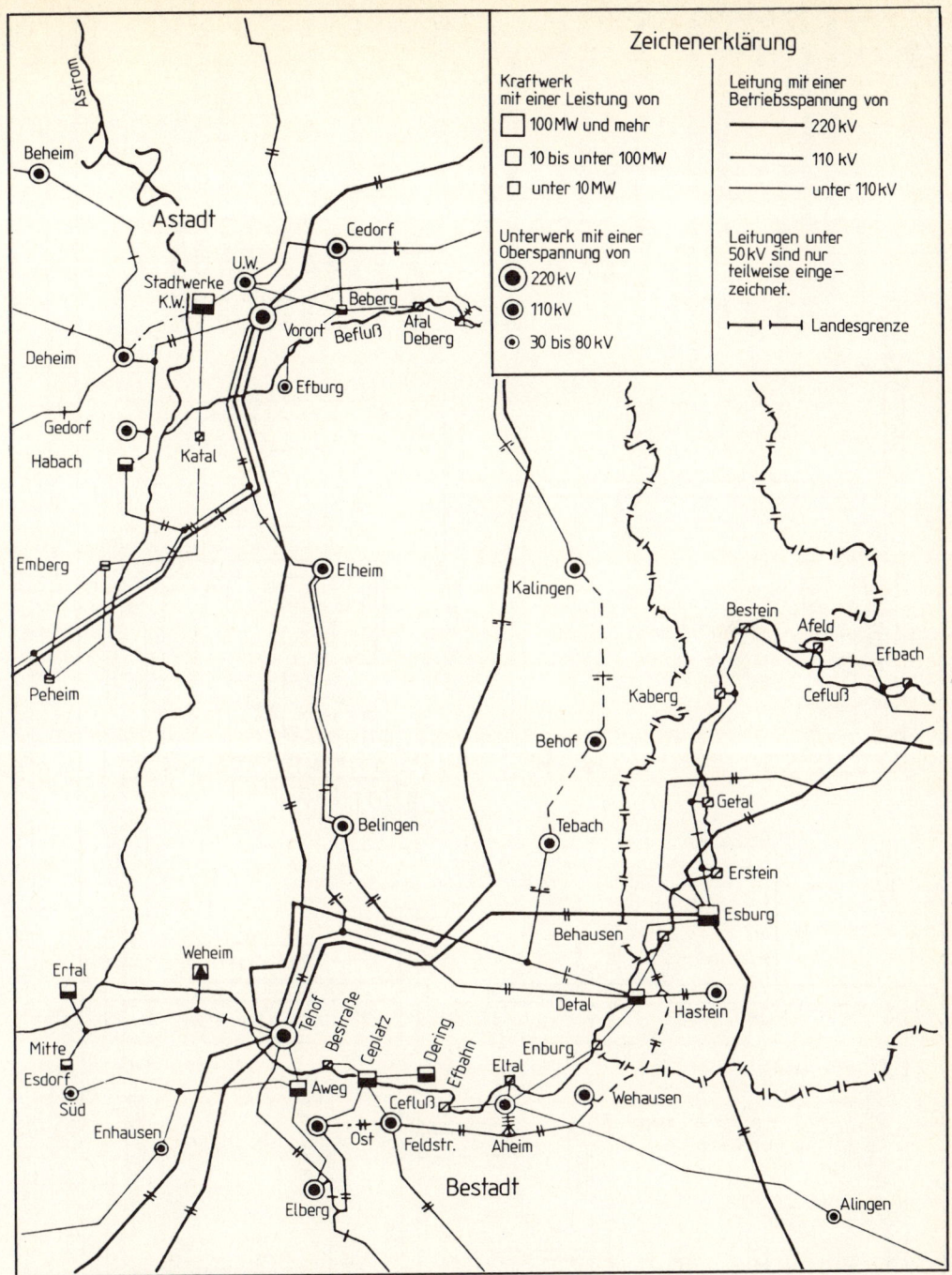

9.23 Planausschnitt eines Starkstrom-Verbundnetzes

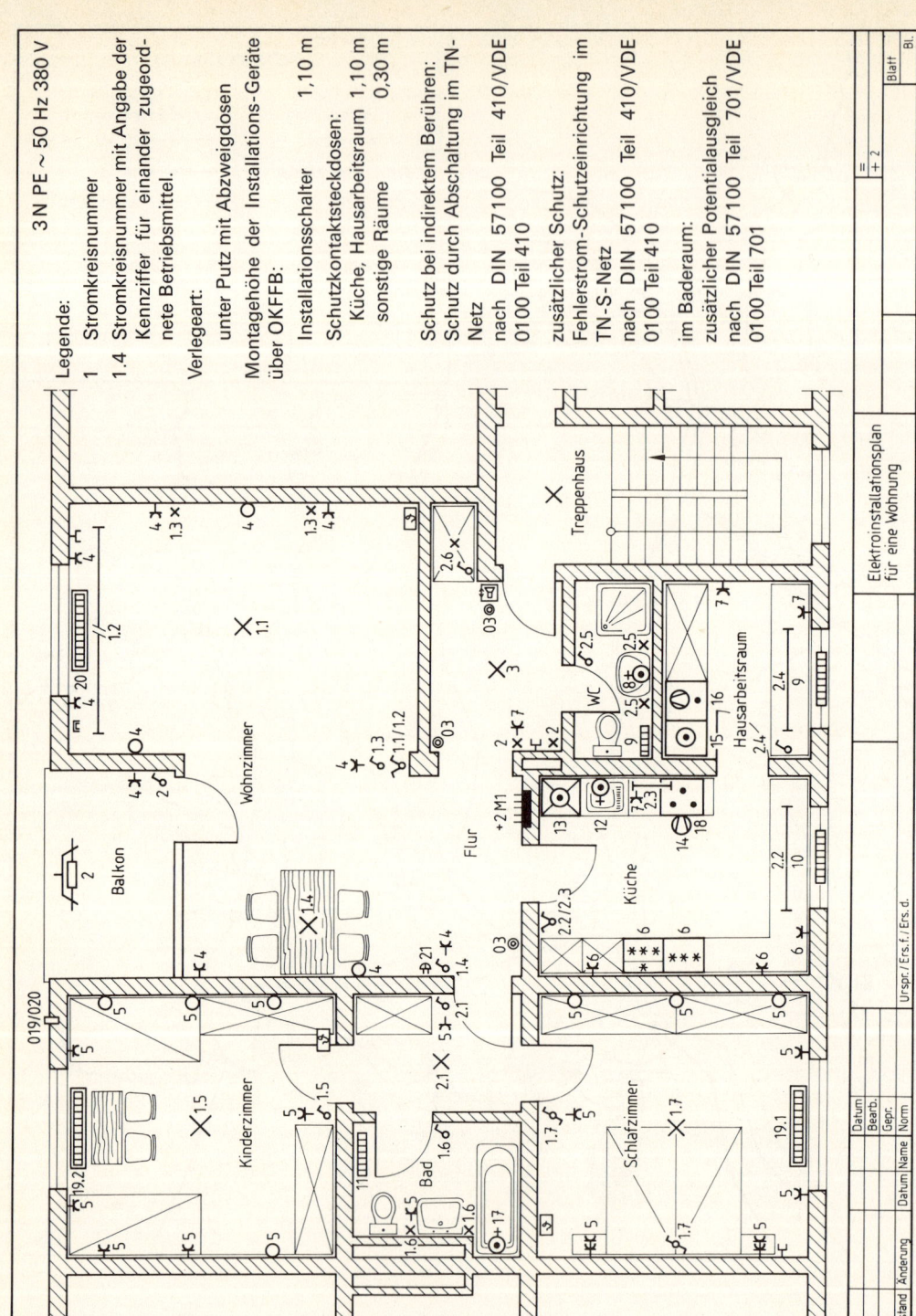

Legende:

1   Stromkreisnummer
1.4 Stromkreisnummer mit Angabe der Kennziffer für einander zugeordnete Betriebsmittel.

Verlegeart:

unter Putz mit Abzweigdosen

Montagehöhe der Installations-Geräte über OKFFB:

Installationsschalter   1,10 m

Schutzkontaktsteckdosen:
Küche, Hausarbeitsraum   1,10 m
sonstige Räume   0,30 m

Schutz bei indirektem Berühren:
Schutz durch Abschaltung im TN-Netz
nach DIN 57100 Teil 410/VDE 0100 Teil 410

zusätzlicher Schutz:
Fehlerstrom-Schutzeinrichtung im TN-S-Netz
nach DIN 57100 Teil 410/VDE 0100 Teil 410

im Baderaum:
zusätzlicher Potentialausgleich
nach DIN 57100 Teil 701/VDE 0100 Teil 701

3N PE ∼ 50 Hz 380 V

Elektroinstallationsplan für eine Wohnung

9.24 Beispiel eines Installationsplans für eine Wohnung

280

9.3 Fluidtechnische Systeme und Geräte

DIN ISO 1219 enthält grundsätzliche Angaben über den Einsatz grafischer Symbole (**9**.25) und erläutert ihre Anwendung in Hydraulik- und Pneumatik-Schaltplänen (**9**.26 bis **9**.28).

Tabelle 9.25 **Grafische Symbole für fluidtechnische Systeme und Geräte (DIN ISO 1219)**
L = Strichlänge, E = Strichdicke, D = Abstand zwischen Linien

Linien Anwendung		**Anzeige**	
	$L > 10\,E$ Durchflußleitungen		– Durchflußweg und Richtung von Druckmittelstrom durch Ventile
	$L < 5\,E$		– mögliche Verstellbarkeit oder zunehmende Veränderbarkeit
	mechanische Verbindungen (Wellen, Hebel, Kolbenstangen) $D < 5\,E$	**Hydraulik-Pneumatik-Stromleitung**	
	Zum Umrahmen von mehreren Komponenten zu einer Baugruppe		– Arbeitsleitung, Rücklauf- und Zuführleitung
	$d \approx 5\,E$ Leitungsverbindung		– Steuerleitung
Geräte, ohne Ventile			– Abfluß- oder Leckleitung
	Meist Energieumformungseinheiten (Pumpe, Kompressor, Motor)		– flexible Leitungsverbindung
	Meßinstrumente		Elektrische Leitung
	Rückschlagventile, Drehverbindungen, usw.		Rohrleitungsverbindung
	Mechanische Gelenke, Rollen usw.		gekreuzte Rohrleitungen
	Schwenkmotoren		Entlüftung
Aufbereitungsgeräte		**Auslaßöffnung**	
	(Filter, Abscheider, Schmiergeräte, Wärmeaustauscher)		– ohne Vorrichtung für einen Anschluß
Steuerventile			– mit Gewinde für einen Anschluß
	ausgenommen Rückschlagventile	**Energieabnahmestelle**	
			– mit Stopfen
	Feder		– mit Entnahmeleitung
Drosselung		**Schnell-Kupplungen**	
	– Viskositätsabhängig		– verbunden, ohne mechanisch öffnendes Rückschlagventil
	– Viskositätsstabil		
Richtung des Stroms und Art des Druckmittels			– verbunden, mit mechanisch öffnenden Rückschlagventilen
	Hydrostrom		– entkuppelt, mit offenem Ende
	Druckluftstrom oder Auslaß zur Atmosphäre		
Anzeige			– entkuppelt, durch federloses Rückschlagventil gesperrtes Ende
	– Richtung		
	– Drehrichtung		

Fortsetzung s. nächste Seite

Tabelle **9**.25, Fortsetzung

Drehverbindung		**Darstellungsmethode von Ventilen**	
	– 1 Weg		
	– 3 Wege		vereinfacht
	Geräuschdämpfer		
Behälter		**Durchflußwege**	
	– offen, mit Atmosphäre verbunden		– ein Durchflußweg
	– mit Rohrende über dem Flüssigkeitsspiegel		– zwei gesperrte Anschlüsse
	– mit Rohrende unterhalb des Flüssigkeitsspiegels		– zwei Durchflußwege
	– mit Rohrende von unten im Behälter		– zwei Durchflußwege und ein gesperrter Anschluß
	– Druckbehälter		– zwei Durchflußwege mit Verbindung zueinander
	Hydrospeicher		– ein Durchflußweg in Nebenschlußschaltung, zwei gesperrte Anschlüsse
Hydropumpe mit konstantem Verdrängungsvolumen		**2/2-Wegeventil**	
	– mit einer Stromrichtung		– mit Handbetätigung
	– mit zwei Stromrichtungen		– durch Druck betätigt (z. B. durch Druckbeaufschlagung) gegen eine Rückholfeder
Hydropumpe mit veränderlichem Verdrängungsvolumen			
	– mit einer Stromrichtung	**3/2-Wegeventil**	
	– mit zwei Stromrichtungen		– durch Druck betätigt, in beiden Richtungen
	Drehmomentwandler, Pumpen und/oder Motoren mit veränderlichem Verdrängungsvolumen, Ferngetriebe		– durch Elektromagneten betätigt, mit Rückholfeder
Einfachwirkender Zylinder		**4/2-Wegeventil** ausführlich	

ausführlich	vereinfacht		
		Rückhub durch nicht näher bestimmte Kraft	Durch Druck in beiden Richtungen betätigt mittels eines Vorsteuerventils (mit einem einfachwirkenden Elektromagneten und einer Rückholfeder)
		Rückhub durch Feder	

Doppeltwirkender Zylinder		**5/2-Wegeventil** vereinfacht	
	– mit einfacher Kolbenstange		mit 5 Anschlußöffnungen und 2 bestimmten Schaltstellungen
	– mit zweiseitiger Kolbenstange		– druckbetätigt, in beiden Richtungen
	Differentialzylinder		

Fortsetzung s. nächste Seite

282

Tabelle **9**.25, Fortsetzung

Rückschlagventil	
	– unbelastet; öffnet, wenn der Einlaßdruck höher ist als der Auslaßdruck
	– federbelastet; öffnet, wenn der Einlaßdruck höher ist als der Auslaßdruck einschließlich der Federanpreßkraft

Rückschlagventil,	vorgesteuert
	– Schließen des Ventils
	– Öffnen des Ventils

aus-führlich	ver-einfacht	**Stromregelventil**
		– mit konstantem Ausgangsstrom

Geräte	
	Filter oder Siebe
	Wasserabscheider – mit Handbetätigung
	Lufttrockner
	Öler
	Aufbereitungseinheit
	Temperaturregler
	Kühler
	Vorwärmer

Mechanik	Rotierende Welle
	– in einer Richtung
	– in beiden Richtungen
	Raste
	Sperrvorrichtung
	Sprungwerk

Gelenkverbindung	
	– einfach
	– mit Seitenhebel
	– mit festem Drehpunkt

Muskelkraftbetätigung	
	– durch Druckknopf
	– durch Hebel
	– durch Pedal

Mechanische Betätigung	
	– durch Stößel oder Taster
	– durch Feder
	– durch Rolle
	– durch Rolle, nur in einer Richtung arbeitend

Elektrische Betätigung	
	– durch Elektromagnet:
	– mit 1 Wicklung
	– mit 2 Wicklungen, die gegeneinander wirken
	– mit 2 Wicklungen, die gegeneinander wirken und die ein stufenloses, veränderbares Verhalten aufweisen
	– durch Elektromotor

Druckmessung	
	– Manometer

Temperaturmessung	
	– Thermometer

Strommessung	
	– Strommesser
	– Volumenmesser

Andere Geräte	
	Druckschalter (hydraulisch-elektrisch)

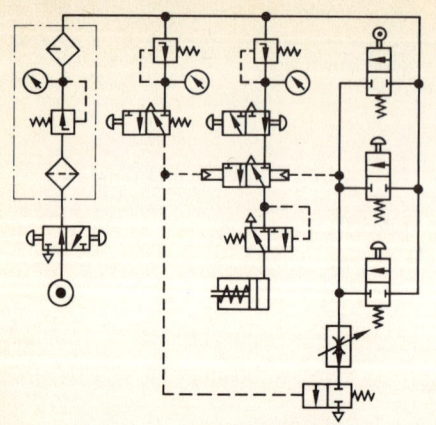
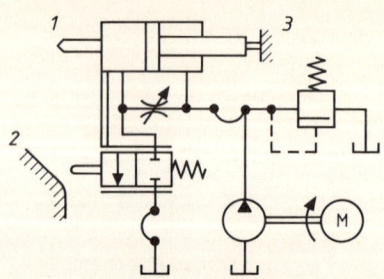

9.26 Anwendung der Sinnbilder nach Tab. **9.**25 bei einer Kupplungssteuerung

9.27 Anwendung der Sinnbilder nach Tab. **9.**25 bei einer Kopiersteuerung

1 = Werkzeug, *2* = Schablone, *3* = Maschinenrahmen

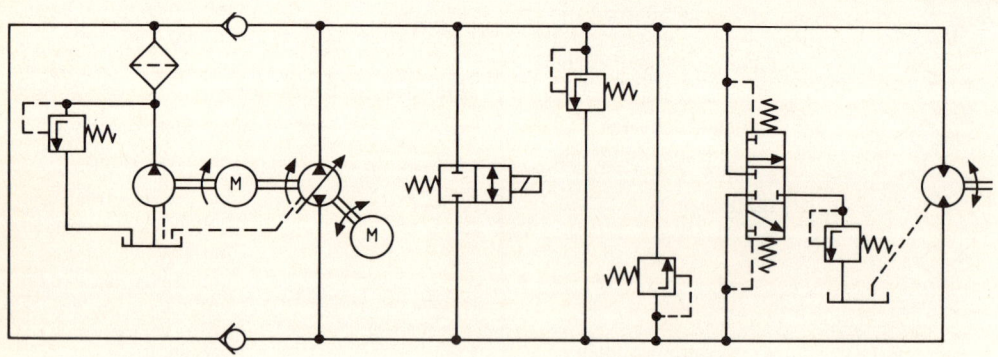

9.28 Anwendung der Sinnbilder nach Tab. **9.**25 bei einem Umkehrgetriebe

10 Technische Zeichnungen. Rechnerunterstütztes Zeichnen

Die Arbeit des Technischen Zeichnens wird in zunehmendem Maß von elektronisch gesteuerten Geräten unterstützt. Die Verarbeitung der Informationen, die bei der Entwicklung eines Produkts vom Konstruktionsentwurf bis zu den Einzelteilzeichnungen anfallen, übernehmen dabei elektronische Rechner (Computer). Als Bezeichnung für die Rechnerunterstützung in der Konstruktion hat sich die Abkürzung CAD durchgesetzt, die für **C**omputer **A**ided **D**esign (rechnerunterstütztes Konstruieren) oder für **C**omputer **A**ided **D**rafting (rechnerunterstütztes Zeichnen) steht.

Die doppelte Interpretation der Abkürzung CAD deutet schon an, daß ein Einsatz der elektronischen Geräte unter zweierlei Zielsetzung stehen kann:

– Die Anlage wird vorwiegend für konstruktive Arbeiten eingesetzt, d. h. für Berechnungen, Formgebung und Funktionsuntersuchungen (z. B. die Durchbiegung von Bauteilen oder Kollisionsuntersuchungen).
– Die Anlage ersetzt vorwiegend Zeichenbrett, Registratur und Zeichnungsablage.

Der Übergang zwischen den beiden Anwendungsbereichen ist fließend. Bei der Ausstattung eines CAD-Arbeitsplatzes ist es jedoch wichtig zu wissen, welche Aufgaben zugeordnet werden, um nicht zu komplexe und damit zu teure und unwirtschaftliche Geräte- und Programmkombinationen zu kaufen oder am falschen Platz zu sparen und damit u. U. die Anwendungsmöglichkeiten zu beschränken.

10.1 CAD-Anlage

Die CAD-Arbeitsplatz-Ausstattung umfaßt folgende Komponenten:

– die Zentraleinheit (CPU – Central Processing Unit), die den Hauptspeicher und die Steuer- und Rechenwerke enthält;
– die Eingabegeräte wie Tastatur, Eingabetablett mit Stift oder Fadenkreuzlupe, Maus, Bildschirm mit Lichtgriffel, Geräte zum Einlesen externer Daten (Floppy);
– die Ausgabegeräte wie Datensichtgeräte, Zeichenmaschine (Plotter), Drucker für Texte und Grafiken.

Als externe Datenträger dienen: Festplatte, Disketten und Magnetbänder.

Hardware. Zentraleinheit, Ein- und Ausgabegeräte sowie externe Datenträger werden als Hardware des Datenverarbeitungssystems bezeichnet. Sie besteht aus der CPU und der entsprechenden Peripherie.

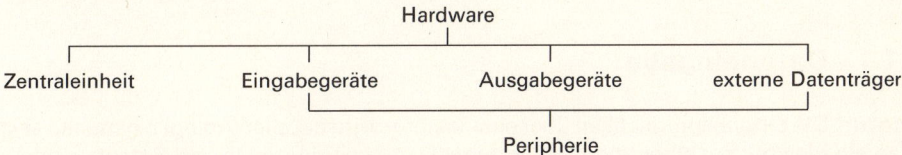

Software. Um die Hardwarekomponenten zu betreiben, sind Programme erforderlich, d. h. Arbeitsanweisungen an die Geräte. Als Sammelbegriff für die Arbeitsanweisungen dient die

Benennung Software, wobei zwischen der Betriebs- und der Anwendersoftware unterschieden wird.

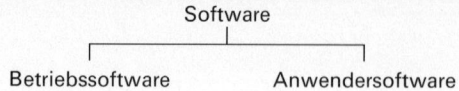

Software

Betriebssoftware   Anwendersoftware

Die Betriebssoftware ist eng mit der CPU verbunden. Sie steuert, koordiniert und verwaltet alle rechnerinternen Vorgänge.

Bei der Anwendersoftware handelt es sich um spezielle Programme für die Nutzung der Anlage, z. B. um Programme für die geometrische Darstellung von Körpern, Bemaßungssoftware und Stücklistenprogramme (**10.1**).

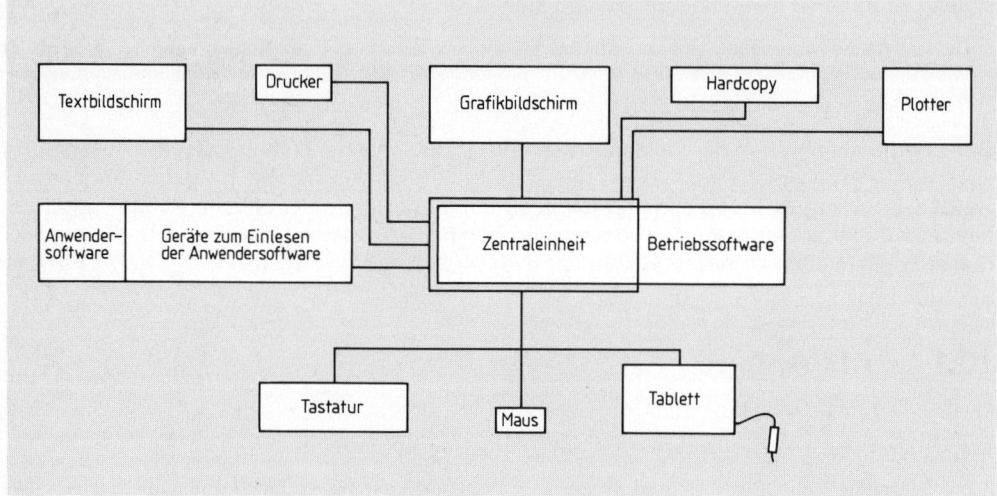

10.1   Gerätekombination für eine CAD-Anlage

Der Komfort von CAD-Anlagen kann bei äußerlich ähnlichen Geräten sehr unterschiedlich sein. Bei der Ausstattung sind stets betriebswirtschaftliche Gesichtspunkte zu berücksichtigen. Es gilt allgemein: Computer können schnell große Datenmengen verarbeiten und speichern. Die Begriffe schnell und groß sind jedoch relativ. Sind 0,4 MIPS (Million Instruction per Second) schnell oder erst 4 MIPS, sind 64 kB (Kilo-Byte) Speichervolumen groß oder erst 16 MB (Mega-Byte)? Geräte der unteren Leistungsklasse werden meist im Einzelnutzerbetrieb, Hochleistungsrechner normalerweise im Mehrnutzerbetrieb eingesetzt.

10.1.1   Dateneingabe

Tastatur. Die Eingabemöglichkeit über eine Tastatur wird bei allen Anlagen gegeben sein. Das Tastenfeld gleicht dem einer Schreibmaschine. Damit werden Texte und Befehle eingegeben. Ergänzt wird das Feld durch Tasten für besondere Zeichen und ganze Befehle. Eine Gerade läßt sich z. B. wie in den Bildern **10.**2 und **10.**3 eingeben (mit entsprechender Software, nach Festlegen der Nullpunktkoordinaten).

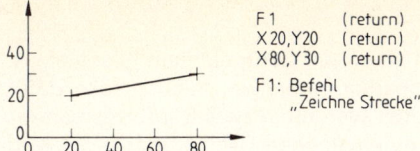

F 1   (return)
X 20, Y 20   (return)
X 80, Y 30   (return)

F 1: Befehl
     „Zeichne Strecke"

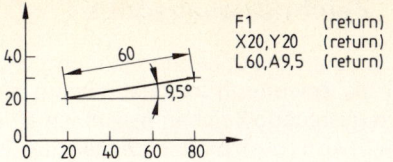

F 1   (return)
X 20, Y 20   (return)
L 60, A 9,5 (return)

10.2   Strecke im kartesischen System   **10.**3   Strecke im Polarkoordinatensystem

Tablett. Die Eingabezeiten verkürzen sich, wenn ein Tablett an den Rechner angeschlossen ist. Das Tablett ist eine Platte mit einem unter Spannung stehenden Drahtnetz. Die durch

das enge Netz auf der Platte entstehenden Punkte sind den Bildpunkten auf dem Sichtgerät und entsprechenden Rechnerinformationen zugeordnet.

Mit einem elektronischen S t i f t, der M a u s oder einer F a d e n k r e u z l u p e lassen sich die Punkte auf der Platte anpicken und damit dem Rechner als digitales Signal eingeben. Aus der gegebenen Auswahl möglicher Linienformen (M e n ü) muß vorher die gewünschte Linie angepickt werden. Linienart und Linienbreite wählt man auf entsprechende Weise. Länge und Lage der Linien lassen sich über das mitlaufende Fadenkreuz bzw. den C u r s o r (Positionsmarke) auf dem Bildschirm gut verfolgen. Eine weitere Form der Signaleingabe besteht über den L i c h t - g r i f f e l in Verbindung mit einem Rasterbildschirm. Hierbei wird direkt mit einer Fotozelle auf dem Bildschirm gearbeitet.

10.4   CAD-Arbeitsplatz mit Zentraleinheit, Text- und Grafikbildschirmen, Tastatur, Tablett mit Fadenkreuzlupe

10.1.2   Datenkontrolle

Die eingegebenen Daten werden im Rechner verarbeitet und auf den Ausgabegeräten als Texte oder Grafiken dargestellt.

Die Datensichtgeräte sehen wie Fernsehapparate aus. Häufig sind einem Arbeitsplatz 2 Geräte zugeordnet: ein Textbildschirm für die Auflistung der Befehle und Texte sowie ein Grafikbildschirm für die Zeichnung. Für die Grafik wird eine sehr feinkörnige Bildschirmschicht benutzt, um sehr viele Bildpunkte (z. B. 1280×1024 Punkte) erzeugen zu können. Damit kann der Treppeneffekt bei schrägen Linien vermieden und ein flimmerfreies Bild erreicht werden. Die Schirmbilder zeigen immer den augenblicklichen Stand der Arbeit an; eine langfristige Speicherung muß noch nicht erfolgt sein.

Hardcopygeräte benutzt man, wenn von der Grafik eine Papierkopie ausgegeben werden soll. Sie erlauben nur sehr grobe Darstellungen des Schirmbilds, die jedoch als Zwischenergebnis (z. B. für eine Besprechung) durchaus brauchbar sind. Texte und Befehle vom Textbildschirm gibt der Drucker aus.

10.1.3 Zeichnungsausgabe

Plotter. Ist die Konstruktionszeichnung erstellt, wird sie in der Zentraleinheit gespeichert. Will man die Zeichnung maßstabgerecht auf Zeichenpapier darstellen, benutzt man dafür numerisch gesteuerte Zeichenmaschinen (Plotter). Plotter werden in zwei Bauformen angeboten: als Flachtischplotter, bei dem das Papier auf einem flachen Tisch aufgespannt wird (Einzelblattbetrieb), und als Trommelplotter, bei dem das Zeichenpapier von einer Rolle ablaufen kann. Dadurch kann man viele Zeichnungen erstellen, ohne das Blatt wechseln zu müssen. Die Linien und Zeichen können mit Faser- oder Tintenstiften gezeichnet werden. Da hierbei die Ziehgeschwindigkeit der Plotter begrenzt ist und außerdem Ungleichmäßigkeiten auftreten, werden in verstärktem Maß Tintenstrahl, Lichtstrahl und elektrostatische Metallnadeln eingesetzt.

Damit die Speicherplätze in der Zentraleinheit wieder frei werden, überträgt man die Signale auf externe Datenträger (z. B. Diskette). Von dort lassen sie sich jederzeit wieder abrufen.

10.2 Arbeiten mit dem CAD-System

Die Benutzung des CAD-Systems für Konstruktion und Zeichnungserstellung erfordert die genaue Kenntnis der Möglichkeiten, die die Anlage bietet, und das Beherrschen der Verständigungsform. Aus der Entwicklung der Systeme heraus ergaben und ergeben sich verschiedene Benutzerformen.

Der Stapelbetrieb erfordert das Schreiben vollständiger Programme (**10**.5). Der Rechner reagiert erst auf Befehle, wenn das Programm abgeschlossen ist.

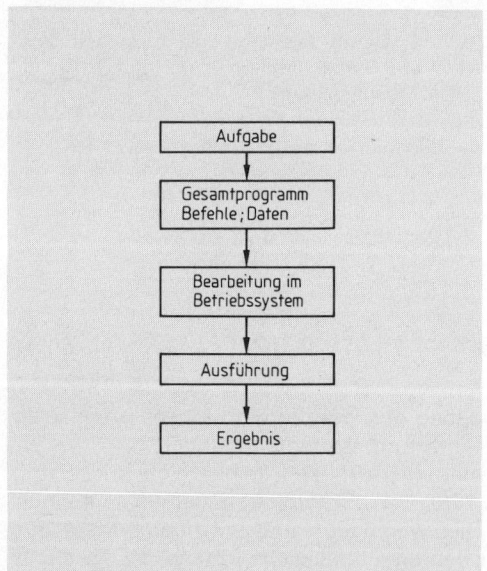

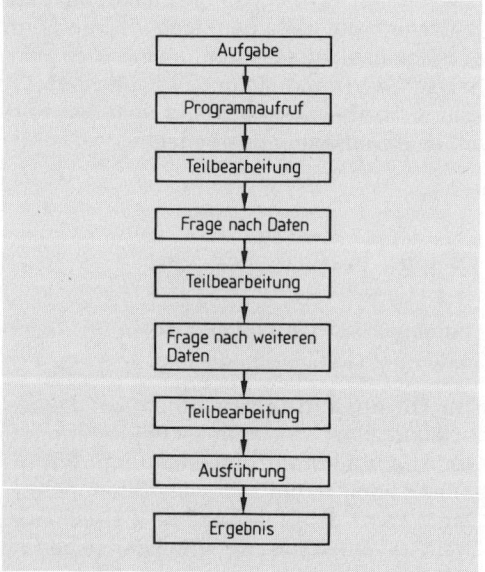

10.5 Stapelbetrieb

10.6 Dialogbetrieb

Im Dialogbetrieb werden die einzelnen variablen Daten nach dem Aufruf eines Unterprogramms nacheinander vom Rechner abgefragt (**10**.6; z. B. Schraffurbegrenzung, Linienabstand, Schraffurwinkel).

Beide Methoden haben sehr wenig mit der bisherigen Tätigkeit des Zeichnens gemeinsam und entsprechen kaum dem Vorgehen beim Konstruieren. Deshalb verwenden moderne CAD-Systeme überwiegend die interaktive Arbeitsweise.

Bei der interaktiven Arbeitsweise kann der Benutzer beliebig aus Befehlen auswählen (der Rechner „fragt" nicht dazwischen). Die Befehle werden im gegebenen Zusammenhang auf die Durchführbarkeit geprüft. Sind Eingabefehler vorhanden oder ist der Befehl unvollständig, weist das System auf dem Bildschirm darauf hin (teilweise kombiniert mit einem akustischen Signal) und gibt in vielen Fällen auch Korrekturhinweise (u. U. nur auf Anforderung, z. B. mit Befehlstaste Help).

Die interaktive Arbeitsweise eignet sich gut für das Arbeiten mit dem Tablett. Die Bewegungen des elektronischen Stifts bzw. des Fadenkreuzes entsprechen gewissermaßen den Bewegungen des Zeichenstifts, die Dateneingabe ist dem Technischen Zeichnen ähnlicher.

10.2.1 Zeichnen mit Hilfe des Computers

Den Beispielen liegt eine bestimmte gerätespezifische Software zugrunde. Bei anderen CAD-Anlagen ergeben sich u. U. Befehlsveränderungen.

Zeichnen/Skizzieren einer Lochplatte

Aufruf des CAD-Systems. Der Rechner bietet an: Zeichnung erstellen, laden, ändern u. a. Mit dem Stift, dem Fadenkreuz oder der Maus wird das entsprechende Feld auf dem Bildschirm identifiziert (im Sinne: Finden, Erkennen, Selektieren), dann (meist mit Tastendruck) positioniert (im Sinne: Weitergabe der Information zur Bearbeitung, digitalisieren).

Der Rechner fragt nach Zeichnungsnamen, -format, -maßstab. Eingabe z. B. Lochpl.zei (positionieren mit „return") A 4 (pos.), 1 : 1 (pos.).

Der Rechner fordert das Auflegen eines Menüblatts auf das Tablett (er richtet sich nach eingegebenen Kontrollmarken aus und erkennt das Menü) oder bietet auf dem Bildschirm ein Menü an (**10.7**).

10.7   Befehlsauswahl (Menü)

Nachdem die Felder „Vollinie", „0,5 mm" und „Polygon"
identifiziert und positioniert sind, erscheint auf dem Bildschirm ein Fadenkreuz mit „Gummibandeffekt" oder ein Cursor. Mit ihrer Hilfe werden die 4 Eckpunkte der Lochplatte
identifiziert und positioniert (Reihenfolge P1, P2, P3, P4,
P1). Die genaue horizontale und vertikale Lage der Linien
läßt sich mit einer besonderen Winkelwahl auch ohne ex-
aktes Positionieren erzielen (**10.**8). Dann

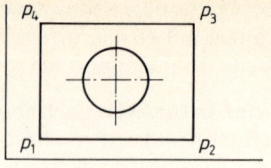

10.8   Lochplatte

Eingabeende, z. B. durch Anpicken einer Kennung EE.

Identifizieren des Feldes „Kreis", positionieren, identifizieren des Kreismittelpunkts (pos.), identifizieren
der Radiusgröße (pos.).

Identifizieren der Felder „Strichpunktlinie", „0,25 mm" und „Strecke" und jeweils positionieren.

Entsprechend mit Streckenanfang und Streckenende die Linien des Achskreuzes setzen.

Mit dem Befehl „Programmende" Dateneingabe beenden und Zeichnung abgespeichert.

Eine Besonderheit der Systeme mit interaktiver Arbeitsweise ist die Ansprechbarkeit auf
dargestellte Linien.

Der Kreis soll an einer anderen Stelle der Zeichnung liegen
Es genügt:

Identifizieren Feld „Bewegen"   – Positionieren
Identifizieren Feld „Kreis"   – Positionieren
Identifizieren Kreismittelpunkt   – Positionieren
Identifizieren neue Lage   – Positionieren

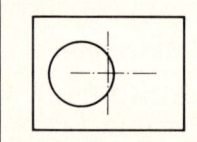

Der Kreis erscheint in gleicher Größe an der neu identifizierten
Stelle, die alte Lage wird gelöscht (**10.**9).

10.9   Kreis bewegen

Der Kreis kann auch vervielfältigt werden (Befehl „Kopieren"), wenn mehrere gleich-
große Bohrungen an einem Werkstück vorhanden sind. Befinden sich z. B. mehrere Bohrungen mit demselben Durchmesser in gleichmäßigem Abstand auf einem Lochkreis, genügt die
Angabe über die Anzahl der Löcher und deren Winkelabstand (meist über die Tastatur).

Der Durchmesser des Kreises ist zu ändern

Identifizieren Feld „Bewegen"   – Positionieren
Identifizieren Feld „Kreis"   – Positionieren
Identifizieren Punkt auf Kreisbogen   – Positionieren
Identifizieren neuer Radius   – Positionieren

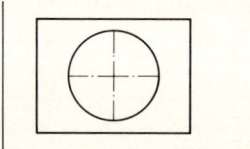

Der Kreis erscheint mit geändertem Durchmesser, die alte
Größe ist gelöscht (**10.**10).

10.10   Durchmesseränderung

Der Kreis wird völlig gelöscht über die Eingaben

Identifizieren Feld „Löschen"   – Positionieren
Identifizieren Feld „Kreis"   – Positionieren
Identifizieren Punkt auf Kreisbogen   – Positionieren

Ein Teilstück des Kreisbogens ist zu löschen

Identifizieren Feld „Löschen"   – Positionieren
Identifizieren Feld „Kreisbogen"   – Positionieren
Identifizieren Kreismittelpunkt   – Positionieren
Identifizieren Bogenanfang   – Positionieren
Identifizieren Bogenende   – Positionieren

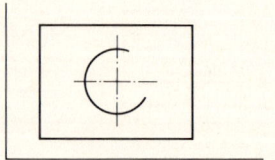

Das entsprechende Teilstück des Kreises ist gelöscht (**10.**11).   **10.**11   Teil des Kreises löschen

Der Kreis ist zu schraffieren

Identifizieren Feld „Schraffur"   – Positionieren
Identifizieren Winkel (z. B. 45)   – Positionieren
Identifizieren Abstand (z. B. 5)   – Positionieren
Identifizieren Punkt der Kreisfläche – Positionieren

Die Kreisfläche ist schraffiert (**10**.12).

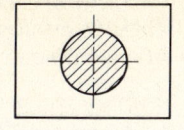

10.12   Fläche schraffieren

Die hier angenommenen Befehle können auch in anderer Form gegeben werden. Z. T. sind Zusatzinformationen notwendig oder läßt sich der Befehl noch kürzer fassen. Auch kann man die Abläufe anders gestalten, etwa statt der Änderungsanweisungen Löschen und Neuaufbau programmieren. Die Symbolvielfalt läßt sich auf kleiner Fläche (z. B. dem Bildschirm) unterbringen, wenn die Untermenüs und ihre Untergliederungen in Kurzform (Buchstaben- und Zahlenkombinationen) aufgerufen werden. Nach Bild **10**.13 wären z. B. der Widerrufbefehl mit FA 3, die Anweisung Polygonzug mit LN 1 und die Kettenbemaßung mit DI 16 zu programmieren. Bei ständiger Benutzung der Anlage werden alle sehr oft auftretenden Befehle schnell in dieser Form anwendbar. In Zweifelsfällen helfen entsprechende Menüblätter bzw. aufgerufene Einblendungen auf dem Bildschirm.

allgem. Anweisungen (FA)		Symbole (SY)		Kopieren (CP)
1 Bildneuaufbau	17 Zeichnungsausgabe	1 definieren	21 verbunden	1 Bereich ⎫ Maßstabseing.
2 Ursprung setzen	18 Änderg. v. Symbol ⎫ -Aus	2 aufrufen	22 nicht verbunden	2 ⎭ Cursoreing.
3 Widerruf	19 und Schraffuren ⎭ -Ein	3 umbenennen	23 parametrisch	3 spiegeln
4 Zustand	·	4 lösche aus Bestand	24 nicht parametrisch	4 rotieren
5 Fangradius ⎫ -klein	·	5 Katalog erzeugen	25 Menue	5 Anzahl der Kopien
6 ⎭ -groß	·	6 Liste darstellen	26 Schaltzustand	6 ausschl. ⎫ geschnittener
7 Menueblatt einpassen	37 Tastatur ⎫ Zeichen-	7 ohne ⎫ Bemaßung		7 einschl. ⎭ Linien
8 digitalisieren	38 Menue ⎭ eingabe	8 mit ⎭		
9 Kartenraster	39 Sicherheitskopie	·	31 Symbol ⎫ -Aus	
·	40 Ende	·	32 Bezeichnung ⎭ -Ein	

Linien (LN)		Bemaßung (DI)		Bewegen (DR)
1 Polygonzug	7 Verkett. Kreisb.	:		1 Bereich ⎫ Maßstabseing.
2 Strecke	8 Parallele/Tangente	11 Neigung d. Maßlinie	16 Kettenbemaßung	2 ⎭ Cursoreing.
3 Kurve	9 Lot/Normale	12 Neigung d. Maßzahlen	17 Maßhilfs- ⎫ keine	3 spiegeln
4 im Uhrzeigersinn		13 setze Dezimalstellen	18 linien ⎬ lang	4 rotieren
5 geg. Uhrzeigersinn		14 Toleranzangaben	19 ⎭ kurz	5 Linie/Kreis
6 3 Punkte		15 Bezugsbemaßung	·	6 Punkt
			·	7 Text

Linienarten (LT)		Schraffuren (HA)		Hilfslinien (CN)		Löschen (DE)
1 Typ	21 improvisierte ⎫ -Aus	1		1 Hilfspunkte		1 Bereich
2	22 Linien ⎭ -Ein	2		2 Projiziere Punkt		2 Linie
3	23 farbige Linien ⎫	3		3 Linien ⎫ Linien/Kreis		3 Kreis
4	24 Linienbreite ⎬	4		4 von ⎬ Bereich		4 Text
5	25 ändere Fläch.füll.Intens.	5		5 Schnittpunkte ⎫ -Aus		5 Bemaßung
6	26 Sigma ⎫ -Aus	6		6 ⎭ -Ein		6 Symbole/Schraffur
7 Definition durch	27 Farbenmix ⎭ -Ein	7		7 ausschl. ⎫ geschnittener		7 Hilfslinien
8 Benutzer		8		8 einschl. ⎭ Linien		8 Linie zw. 2 Punkten
9 Linienbreite/Farbe 1		9		9 ausschl. ⎫ Struktur- u.		9 Linienfolge
10 2		10		10 einschl. ⎭ Hilfslinien		10 ausschl. ⎫ geschnittener
11 3		11		11 Linienraster		11 einschl. ⎭ Linien
12 4		12 Linienabstand		12 Linien ⎫ teilen		
13 5		13 ausschl. ⎫ Struktur-u.		13 Winkel ⎭		
14 6		14 einschl. ⎭ Hilfslinien		14 Punktraster		
15 7		15 Musterschraffur		15 Pkt.- ⎫ Pkte. a. Fläche		
16 Hilfslinie		16 Schraff. m. frei def. Wink.		16 raster ⎬ Markier a. Rand		
17 Linienart ändern ⎫ v. aktiver		17 Kontur ausfüllen		17 ⎭ Aus		
18 Linienbr. ändern ⎭ Ebene		18				
19 Linienart ändern ⎫ selektiv		19				
20 Linienbr. ändern ⎭		20 Autom. Schraff.-anoradius				

10.13   Untermenüs (Ausschnitt euro CAD)

Die Zeichnung eines Werkstücks ist die Kombination mehrerer geometrischer Körper. Dazu sind Maße, Maßtoleranzen und Oberflächenkennzeichnungen sowie Angaben über die zulässigen Abweichungen von Form und Lage zu setzen.

Beispiel Zeichnen und Bemaßen einer Flanschwelle (**10**.14).

1. Eingabe des Zeichnungsnamens, -formats und -maßstabs.

2. Wahl von Linienart (Strichpunktlinie) und Linienbreite (0,25), Festlegen von Werkstücklage und Ansichten durch Mittellinien.

3. Wahl der Linienart (breite Vollinie) und Linienbreite (0,5). Darstellen aller Kreise.

4. Gerade Körperkanten darstellen (Einzelstrecken oder Polygonzug).
   Wahl der Linienart (schmale Vollinie) und Linienbreite (0,25), Gewinde darstellen.
   Wahl der Linienart (Strichlinie), verdeckte Kanten darstellen (kann u. U. entfallen).
   Beim „Aufreißen" besteht die Möglichkeit, nur bis zur Mittellinie zu zeichnen und dann mit Befehl „Kopieren, spiegeln" den symmetrischen Teil zu ergänzen.

5. Eintragen der Maße und der Texte. Kennzeichnen Kegel und Freistiche mit Hilfe des Symbolkatalogs.

6. Kennzeichnen der Form- und Lagetoleranzen mit Hilfe des Symbolkatalogs.

7. Eintragen der Oberflächenangaben mit Hilfe des Symbolkatalogs.

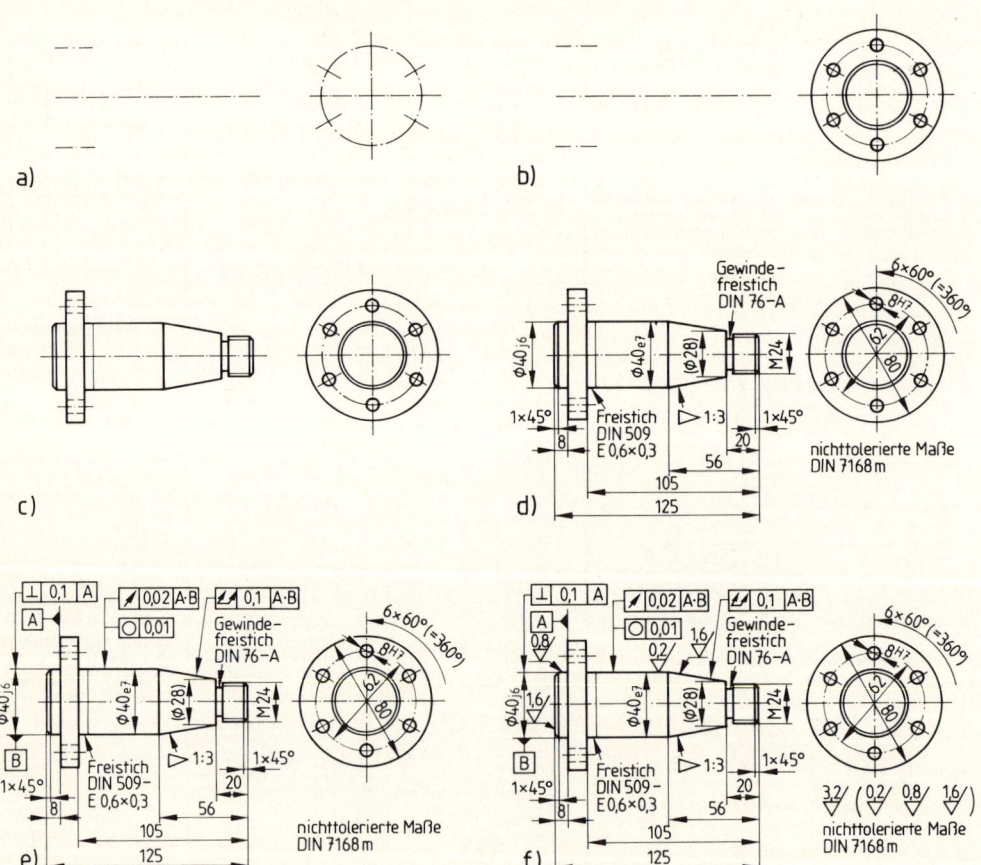

10.14 Erstellen einer Einzelteilzeichnung

292

Beim Aufreißen der Werkstücke auf dem Bildschirm gibt es für die Größendarstellung zwei Möglichkeiten:

– Man skizziert die Form unabhängig von den Maßverhältnissen und schreibt die Maße ein,
– man „zeichnet" mit einem eingeblendeten Maßstab form- und maßgenau; der Rechner trägt die Maße am vorgegebenen Ort ein.

Bei der ersten Methode ist die Verwendung von Stift oder Fadenkreuz auf dem Tablett sicherlich schneller als die Dateneingabe über die Tastatur. Bei der zweiten Methode ist die Tastatureingabe für die Darstellung des Körpers problemloser. Arbeitet man mit dem Tablett, kann die Identifikation der korrekten Linienendpunkte, Kreismittelpunkte u.a. schwierig werden.

Da die Systeme sehr flexibel sind, kann man sich allerdings helfen. Das vom Rechner in die unmaßstäbliche Zeichnung eingesetzte (abweichende) Maß wird korrigiert, wobei auch die Geometrie des Körpers das gewünschte Maß annimmt. Ähnlich verhält es sich beim „Zeichnen" von Rundungen, Fasen u.ä. und beim Ändern der Zeichnung in kleinen Bereichen. Während es bei der Tastatureingabe verhältnismäßig leicht ist, die entsprechenden Punkte auf der Zeichnung zu identifizieren, macht es auf dem Bildschirm Mühe (Bildschirmgröße meist 48 cm in der Diagonalen), zumal wenn noch andere Zeichnungslinien in der Nähe sind. Man hilft sich in solchen Fällen mit einer Ausschnittvergrößerung (Fenster setzen; **10.**15). Nach dem Aufruf des Befehls werden für die Größe des Bildausschnitts Punkte digitalisiert, worauf auf dem Bildschirm gewissermaßen der Bildausschnitt dargestellt wird. Die gewünschten Punkte sind dann mit dem Fadenkreuz gut anzufahren. Ruft man danach die Zeichnung wieder auf, ist die im Bildausschnitt vorgenommene Änderung übertragen. In ähnlicher Weise läßt sich auch mit dem Zoom-Befehl (Vergrößerung *n*-fach) verfahren.

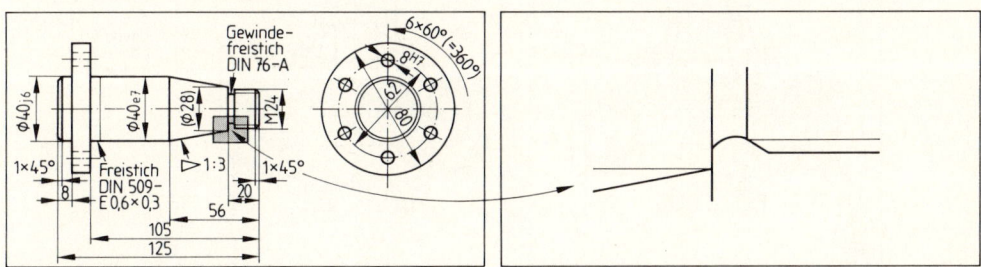

10.15   Fenster setzen

Ebenentechnik. Eine andere Form der Identifikation auf Zeichnungen mit großer Informationsdichte ist durch die Ebenentechnik gegeben. Hier liegen z.B. Körperkanten, verdeckte Kanten, Mittellinien, Schraffuren, Maß- und Maßhilfslinien, Maßzahlen auf je einer Ebene, die – ähnlich wie Transparentfolien – „übereinandergelegt" die vollständige Zeichnung ergeben. Ist etwas zu ändern oder zu ergänzen, ruft man die entsprechende Ebene auf und identifiziert wegen der größeren Übersichtlichkeit mühelos die einzelnen Punkte.

Beispiel   Das Werkstück **10.**16 auf S. 294 läßt sich als ungeschnittener Körper durch Aufruf der Ebene 1, kombiniert mit dem Befehl „Kopieren, gespiegelt" darstellen oder als Vollschnitt durch Aufruf der Ebenen 2 und 3, jeweils kombiniert mit „Kopieren, gespiegelt" oder als Halbschnitt durch Aufruf der Ebenen 1, 2 und 3.

Besondere Bedeutung hat die Ebenentechnik in den Fällen gleicher Bauformen, jedoch unterschiedlicher Maße, Oberflächen und zulässiger Größenabweichungen. Auch wenn grundsätzlich gleiche Konstruktionen mit unterschiedlichen Lagerungen, Dichtungen und

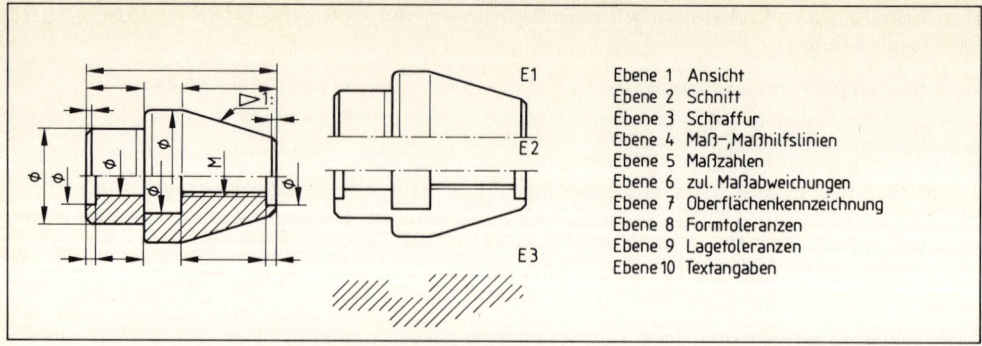

Ebene 1	Ansicht
Ebene 2	Schnitt
Ebene 3	Schraffur
Ebene 4	Maß-,Maßhilfslinien
Ebene 5	Maßzahlen
Ebene 6	zul. Maßabweichungen
Ebene 7	Oberflächenkennzeichnung
Ebene 8	Formtoleranzen
Ebene 9	Lagetoleranzen
Ebene 10	Textangaben

10.16   Ebenentechnik. Einzelteil auf mehreren Ebenen

anderen Bauelementen ausgestattet werden können, lassen sich die variablen Teile auf verschiedene Ebenen legen und dann entsprechend kombinieren.

Beispiel   „Winkelgetriebe" (**10.**17). Hier können je nach Einsatzbedingungen (Staub, Öl, Überdruck) verschiedene Dichtungen bzw. je nach Belastung und Drehzahl verschiedene Wälzlagerungen notwendig werden. Da man u. U. alle Dichtungen bzw. alle Lager ändern muß, werden die Dichtungs- und Lagersätze auf verschiedenen Ebenen abgelegt und dann je nach Erfordernis kombiniert.

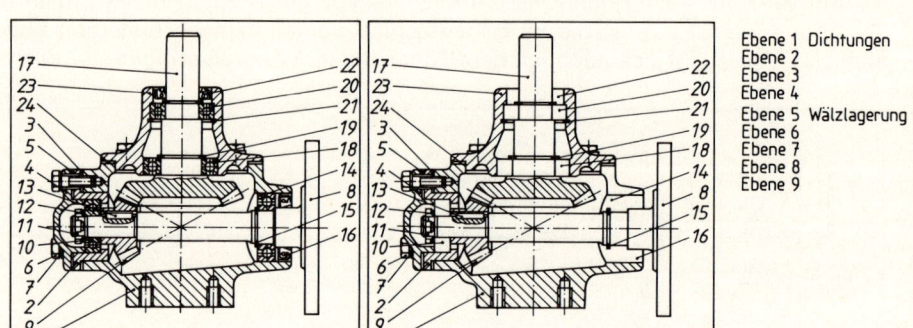

Ebene 1	Dichtungen
Ebene 2	
Ebene 3	
Ebene 4	
Ebene 5	Wälzlagerung
Ebene 6	
Ebene 7	
Ebene 8	
Ebene 9	

10.17   Ebenentechnik, Konstruktionselemente auf verschiedenen Ebenen

Wichtig ist die Kennzeichnung der Ebenen, damit eine eventuelle Vielzahl nicht zum Hindernis wird. Üblich sind maximal 256 Ebenen, doch können es auch beliebig viele sein.

Makrotechnik. Werden die Kombinationsmöglichkeiten zu vielfältig oder will man die Ebenentechnik nicht anwenden, kann man Bauelemente wie Dichtungen und Wälzlager auch mit Hilfe von Makros in die Zeichnung einsetzen. Unter einem Makro versteht man die Zusammenfassung vieler grafischer Elemente zu einer Einheit. Jede Dichtung, jedes Lager, auch jede Schraube und Scheibe besteht in der zeichnerischen Darstellung aus einer Vielzahl von Einzeldaten. Diese Einzeldaten ergeben in ihrer Gesamtheit ein Makro (**10.**18).

Die Makros werden in Menüs sortiert und sind mit dem Stift, der Fadenkreuzlupe oder der Maus abzurufen. Mit Hilfe von Basispunkten werden die Zeichnungselemente in die Grafik eingesetzt. Dabei ist es möglich, Makros zu drehen, zu spiegeln oder im Maßstab zu verändern. Makros kann man in Softwarepaketen käuflich erwerben oder selbst programmieren und abspeichern.

294

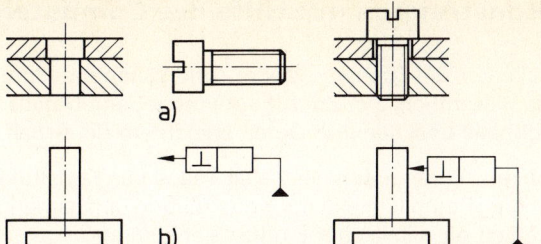

10.18
Makros

a) Zylinderschraube
b) Symbol Lagetoleranz

Variantentechnik. Sind die Makros nicht allzu kompliziert (wie die von Stiften, Scheiben oder Schrauben), kann man u. U. die Inhalte ganzer DIN-Normen auf einem Makro unterbringen. Bei der Norm DIN 1 werden nach Aufruf des Makros nur noch Nenndurchmesser und Länge des Stiftes abgefragt und über die Tastatur eingegeben (**10.**19). Man spricht dann von

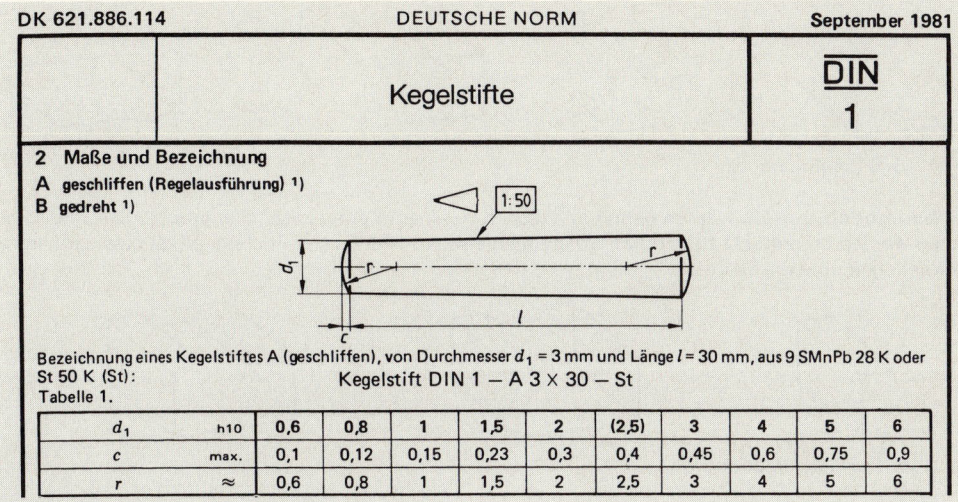

DK 621.886.114	DEUTSCHE NORM	September 1981

Kegelstifte

$\underline{DIN}$
1

2 Maße und Bezeichnung
A geschliffen (Regelausführung) [1])
B gedreht [1])

1:50

Bezeichnung eines Kegelstiftes A (geschliffen), von Durchmesser d_1 = 3 mm und Länge l = 30 mm, aus 9 SMnPb 28 K oder St 50 K (St):
Tabelle 1.

Kegelstift DIN 1 — A 3 × 30 — St

d_1	h10	0,6	0,8	1	1,5	2	(2,5)	3	4	5	6
c	max.	0,1	0,12	0,15	0,23	0,3	0,4	0,45	0,6	0,75	0,9
r	≈	0,6	0,8	1	1,5	2	2,5	3	4	5	6

10.19   Variantentechnik. Verändern der Größe

der Variantentechnik, weil der Rechner die eingespeicherten Daten nach der Tastatureingabe variiert. Diese Technik eignet sich auch dazu, einmal gespeicherte Werkstückformen durch das Eingeben von Daten (z. B. Durchmesser und Länge) zu verändern (**10.**20).

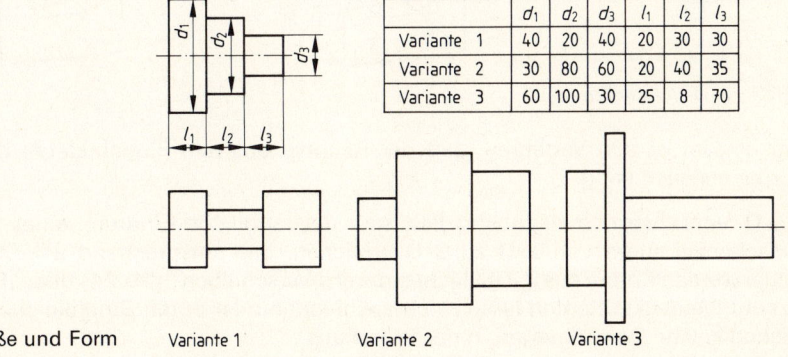

	d_1	d_2	d_3	l_1	l_2	l_3
Variante 1	40	20	40	20	30	30
Variante 2	30	80	60	20	40	35
Variante 3	60	100	30	25	8	70

Variante 1   Variante 2   Variante 3

10.20
Variantentechnik.
Verändern von Größe und Form

10.2.2 Konstruieren mit Hilfe des Computers

Die Möglichkeiten, die Ebenen-, Makro- und Variantentechnik bieten, vereinfachen auch das Konstruieren wesentlich. Der Zugriff auf vorhandene Details, das schnelle Eingeben und vor allem das schnelle Löschen von Daten erleichtern die Arbeit.

3-D-Verfahren. Vorteilhaft ist in vielen Fällen das Konstruieren am 3-D-Modell, besonders wenn es auf die „Räumlichkeit" der Konstruktion, auf ästhetische Formen oder eine Optimierung hinsichtlich physikalischer Einflüsse ankommt.

Grundsätzlich bestehen 3 Möglichkeiten, ein 3-D-Modell zu erstellen:

Kantenmodell. Der Rechner verbindet auf Befehl eingegebene Punkte, so daß eine Art Drahtfigur entsteht. Durch das Ausblenden verdeckter Kanten wird der räumliche Eindruck hergestellt (**10.**21). Der Rechner erhält bzw. enthält nur Informationen über die Kanten.

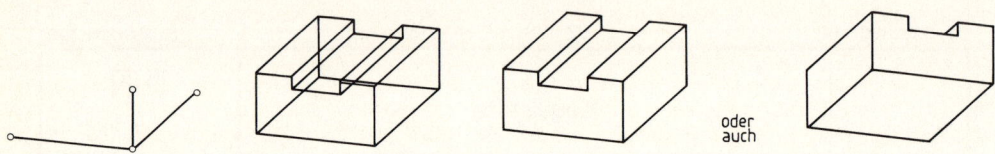

10.21   3-D-Kantenmodell

Flächenmodell. Hierbei werden definierte Flächen zu einem Körper zusammengesetzt. Die verdeckten Kanten werden unterdrückt bzw. durch Strichlinien ersetzt (**10.**22). Der Rechner erhält bzw. enthält nur Informationen über die Flächen.

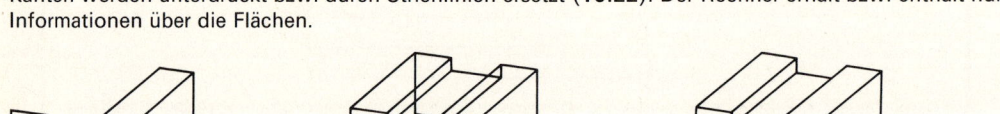

10.22   3-D-Flächenmodell

Volumenmodell. Der Körper wird aus vielen Grundkörpern zusammengesetzt. Da viele Informationen gespeichert werden, ergeben sich auch viele Nutzungsmöglichkeiten wie Schnittdarstellungen, Explosionszeichnungen und Drehen der Körper (**10.**23).

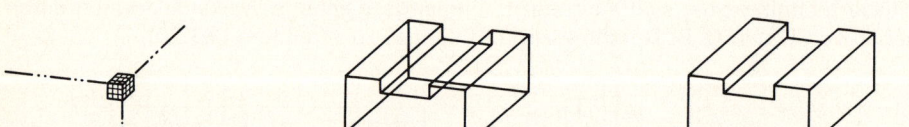

10.23   3-D-Volumenmodell

Gemeinsam ist den Verfahren, daß der Rechner aus den Eingabedaten die Ansichten der Körper erstellen kann.

2½-D-Verfahren. Preisgünstig läßt sich der räumliche Eindruck eines Körpers über ein Zwischenverfahren von 2-D zu 3-D erreichen, das entsprechend 2½-D-Verfahren heißt. Dabei werden Körper aus 2-D-Flächen durch „Verschieben" (**10.**24) oder „Rotieren" (**10.**25) erzeugt. Verdeckte Kanten lassen sich ausblenden oder durch Strichlinien ersetzen. Sehr oft reichen solche Darstellungen in der Praxis aus.

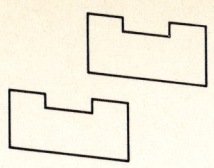 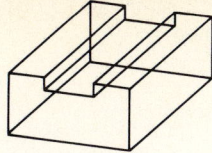 

10.24   2½-D-Modell. Verschieben der Fläche

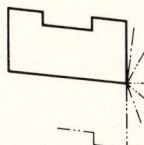 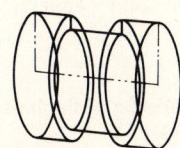 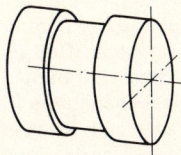

10.25   2½-D-Modell. Rotieren der Fläche

Das rechnergestützte Konstruieren ist nur eine Anwendung des Computers im Gesamtfeld der Güterherstellung. Dort, wo es wirtschaftlich sinnvoll und von den Kosten vertretbar ist, geht die Entwicklung zur rechnerintegrierten Produktion (CIM Computer Integrated Manufacturing). Dort führt das Zusammenwirken von rechnerunterstützter Konstruktion (CAD), rechnerunterstützter Arbeitsplanung (CAP), rechnerunterstützter Fertigung (CAM), der entsprechenden Qualitätssicherung (CAQ) und Serviceplanung (CAS) zum automatisierten Fertigungssystem.

10.3   Verzeichnis ausgewählter Fachworte

alphanumerische Zeichen = Buchstaben, Ziffern, Sonderzeichen
Assembler = maschinennahe Programmiersprache
Auflösung = Anzahl der darstellbaren Bildpunkte auf dem Bildschirm oder dem Plotter je Flächeneinheit
BASIC = Beginners All Purpose Symbolic Instruction Code = universelle problemorientierte Programmsprache für einfache Anwendungen
Batch = Stapelbetrieb
Betriebssystem = Grundsoftware eines Rechners
binär = Informationsdarstellung durch 2 Zustände (z. B. die Ziffern 0 und 1)
Bit = Binary Digit = Einheit der binären Information
BOM = Bill of Material = Stückliste
Buffer = Puffer, Zwischenspeicher
Bug = Programmfehler
Bus = Verbindungsform von Datenverarbeitungsgeräten
Byte = Zusammenfassung mehrerer Bit (meist 8), z. B. 2^{10} = 1024 Byte $\cong$ 1 kB; 1024 kB $\cong$ 1 MB
CAD = Computer Aided Design = rechnerunterstütztes Konstruieren; Computer Aided Drafting = rechnerunterstütztes Zeichnen
CAE = Computer Aided Engineering = rechnerunterstütztes Berechnen mit Grafikunterstützung
CAM = Computer Aided Manufacturing = rechnerunterstütztes Fertigen
CAP = Computer Aided Planing = rechnerunterstütztes Erstellen von Planungsunterlagen
CAQ = Computer Aided Quality Assurance = rechnerunterstützte Qualitätssicherung
CIM = Computer Integrated Manufacturing = Zusammenwirken von CAD, CAM, CAP, CAE, CAQ bei der Fertigung
CNC-Maschine = Computerized Numerical Control = rechnergesteuerte Maschine
Compiler = Übersetzungsprogramm

Computer = Rechner
Computer Graphics = grafische Datenverarbeitung
CPU = Zentraleinheit eines Rechners
Crosshatch = Schraffur
Cursor = Strich-, Positionsmarke auf dem Bildschirm
Datei = Einheit zusammengehöriger Daten
Debugging = Fehlerbeseitigung im Programm
Dialogbetrieb = Abarbeiten von Programmen mit Eingriffsmöglichkeit des Benutzers
Digitalisieren = Eingeben von Koordinaten in ein CAD-System
Digitalisierer = Gerät zum Einlesen von Koordinaten (Stift, Fadenkreuzlupe, Maus)
Diskette = magnetischer Datenträger
Display = Anzeigegerät (Bildschirm)
Display File = Datei zum Bildaufbau am Bildschirm
Drahtmodell = rechnerinterne Darstellung eines Werkstücks durch seine Kanten
Editor = Programm zum Erstellen und Ändern von Dateien
Finite-Elemente-Methode = numerisches Verfahren zum Berechnen von Körperverhalten (z. B. Festigkeit,
    Spannungsverlauf)
Flachbettplotter = Zeichenmaschine mit flach aufgespanntem Zeichenpapier
Flächenmodell = rechnerinterne Darstellung eines Werkstücks durch seine Oberflächen
Floppy Disk = Diskette
FORTRAN = Formular Translatory = höhere Programmiersprache
Gate Way = Schnittstelle
Grid = Rasterfeld auf dem Bildschirm
Hardcopy = Kopie des Bildschirminhalts auf Papier
Hardware = Geräte eines Datenverarbeitungssystems (Rechner, Bildschirm, Drucker u. a.)
Hidden Line Removal = Ausblenden verdeckter Kanten
Input/Output = Eingabe/Ausgabe von Daten
Identifizieren = grafische Elemente zum Bearbeiten übergeben
implementieren = ein Programm auf dem Rechner ablauffähig machen
interaktiv = Kommunikationsform mit einem Datenverarbeitungssystem
interface = Schnittstelle
Interpreter s. Compiler
Joystick = Eingabegerät zum Steuern des Fadenkreuzes auf dem Bildschirm
Kantenmodell = rechnerinterne Darstellung eines Werkstücks durch eine Kante
kartesische Koordinaten = Koordinatenangabe mit x-, y-, und z-Werten
Keyboard = Tastatur
Kompatibilität = Verträglichkeit von Hardware- und Softwarekomponenten
Layer/Level = Ebene
Lichtstift = Eingabegerät zum Arbeiten auf dem Bildschirm
Login/Logout = An-/Abmeldung bei einem Datenverarbeitungssystem
Makro = Zusammenfassen von Befehlen zu einer Einheit
Maus = Eingabegerät zum Steuern des Fadenkreuzes auf dem Bildschirm
Memory = Arbeitsspeicher eines Rechners
Menü (Menue) = Angebot mehrerer Befehle zur Auswahl durch den Benutzer
Mikrocomputer = Sammelbezeichnung für kleine Datenverarbeitungssysteme (PC)
MIPS = Maß für die Leistungsfähigkeit größerer Rechner
Modell = Abbildung eines Bauteils in einer rechnerischen Darstellung
Modem (Modulator) = Signalübersetzer für die Datenfernübertragung
Multi User = Mehrbenutzerbetrieb
NC = Numerical Control = digitale Steuerung von Maschinen
Offline = Verbindung zum Rechner über Datenzwischenträger
Online = Direktanschluß an einen Rechner
Operating System = Betriebssystem
PASCAL = problemorientierte Programmiersprache
Peripheriegeräte = Geräte, die an die Zentraleinheit angeschlossen werden
picken = identifizieren

Plotter = numerisch gesteuerte Zeichenmaschine
Polarkoordinaten = Koordinatenangaben mit Abstand vom Nullpunkt und Winkel
Polygon = von Geraden gebildetes geschlossenes n-Eck
positionieren = digitalisieren
Printer = Drucker
RAM = Random Access Memory = Speicher mit direktem Zugriff
ROM = Read Only Memory = Lesespeicher
Rotation = Drehung
Scanner = Gerät zum automatischen Übertragen von Zeichnungen in ein CAD-System
Schnittstelle = festgelegter Ein- und Ausgang von Geräten und Programmen
Shading = schattierte Darstellung
Single User = Einzelbenutzerbetrieb
Software = Programme und Daten mit Steueranweisungen an die Geräte
Stapelbetrieb = Abarbeiten von Programmen ohne Eingriffsmöglichkeit des Benutzers
Tablett = grafisches Eingabegerät mit Stift oder Fadenkreuzlupe
Task = rechnerinterner Arbeitsbereich eines Benutzers bei Multi-User-Betrieb
Translation = Verschieben in Richtung der Koordinatenachsen
Trimmen = Verkürzen oder Verlängern von Bildelementen
Trommelplotter = Zeichenmaschine, bei der das Papier über eine Rolle bewegt wird
Volumenmodell = rechnerinterne Darstellung eines Werkstücks durch Volumenelemente
Window = Fenster, Ausschnitt auf dem Bildschirm
Wort = Zusammenfassung der gleichzeitig durch den Rechner bearbeitbaren Bit
Zoom = Vergrößern oder Verkleinern des Bildausschnitts

11 Geometrische Konstruktionen

11.1 Grundkonstruktionen

Im Punkt P einer Geraden wird eine Senkrechte errichtet (**11**.1).

a) Vom Punkt P werden nach beiden Seiten mit dem Zirkel gleich große Strecken auf der Geraden AB abgetragen und von den beiden Teilpunkten mit einer größeren Zirkelöffnung Kreisbogen geschlagen. Die Verbindungslinie von deren Schnittpunkt nach P bildet mit der Geraden Winkel von 90°.

b) An die Gerade AB wird eine Kathete des Zeichendreiecks gelegt und an die Hypotenuse eine beliebige Kante des anderen, festzuhaltenden Dreiecks. Nach dem Verschieben des ersten Dreiecks bis zum Punkt P kann die Senkrechte gezogen werden.

Vom einem Punkt P wird ein Lot auf eine Gerade gefällt (**11**.2). Mit einer möglichst großen Zirkelöffnung sind von P aus gleiche Stücke auf der Geraden AB abzutragen. Von den Teilpunkten werden, ohne daß der Zirkel dabei verstellt zu werden braucht, weitere Bogen nach der anderen Seite der Geraden geschlagen. Die vom Schnittpunkt nach P gezogene Gerade schneidet AB rechtwinklig.

Auf einer Strecke wird eine Mittelsenkrechte errichtet (**11**.3). Von den Endpunkten A und B aus werden Kreisbogen geschlagen, die sich in S und S' schneiden. Eine Zirkelspanne, die etwa der Strecke AB entspricht, ergibt gut erkennbare Schnittpunkte. Die Verbindungslinie zwischen S und S' halbiert die Gerade AB und steht senkrecht darauf.

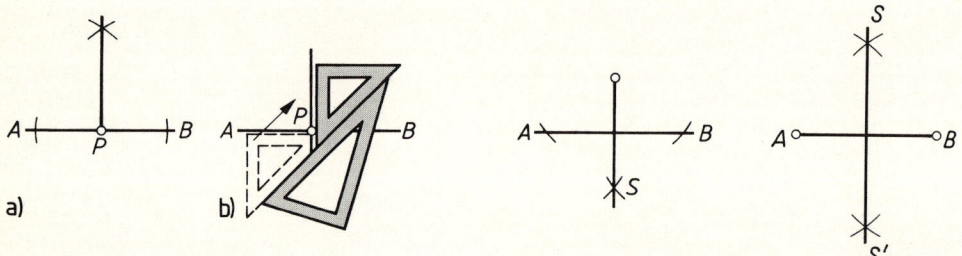

11.1 Senkrechte errichten   **11**.2 Lot fällen   **11**.3 Mittelsenkrechte errichten

Im Endpunkt P der Geraden wird eine Senkrechte errichtet (**11**.4).

a) Im Endpunkt P der Geraden wird mit beliebigem Halbmesser ein Kreisbogen geschlagen und die Zirkelöffnung als Sehne von der Geraden aus abgetragen. Dann wird die Sehne um den Halbmesser verlängert. Die Linie vom Endpunkt E der Verlängerung nach dem Endpunkt P der Geraden bildet mit dieser einen Winkel von 90°.

b) Vom Punkt P auf der Geraden werden fünf beliebig große, unter sich gleiche Teile abgetragen. Mit fünf Teilen als Halbmesser wird um den vierten Teilpunkt ein Bogen und um P mit drei Teilen ein weiterer Bogen geschlagen. Die Linie vom Schnittpunkt der Bogen nach P ist die Senkrechte.

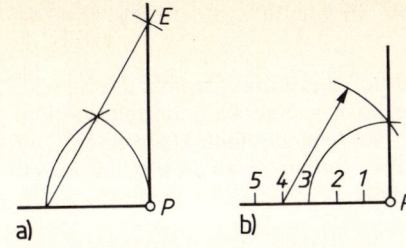

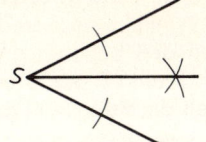

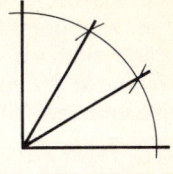

11.4   Senkrechte im Endpunkt *P* errichten

11.5   Winkel
halbieren

11.6   90°-Winkel
dreiteilen

Ein Winkel wird halbiert (**11**.5). Vom Scheitelpunkt *S* wird auf jedem Schenkel ein gleichlanges Stück mit dem Zirkel abgetragen. Mit unverstellter Öffnung werden von den Teilpunkten Kreisbogen geschlagen und zum Schnitt gebracht. Die Verbindungslinie vom Schnittpunkt zum Scheitel halbiert den Winkel.

Ein rechter Winkel wird in drei gleiche Teile geteilt (**11**.6). Ein Kreisbogen mit beliebigem Halbmesser um den Scheitelpunkt geschlagen, schneidet die Schenkel des Winkels.

Von hier aus wird der Halbmesser als Sehne je einmal abgetragen. Die Verbindungslinien von diesen Schnittpunkten auf den Kreisbogen nach dem Scheitel teilen den rechten Winkel in drei gleiche Teile.

Ein Winkel wird übertragen (**11**.7). Um den Scheitelpunkt des gegebenen (*a*) und des gesuchten Winkels (*b*) werden mit beliebigem Halbmesser Kreisbogen geschlagen. Die Sehne des Bogens am gegebenen Winkel wird mit dem Zirkel abgegriffen und auf den anderen Bogen übertragen. Nun kann der zweite Schenkel des gesuchten Winkels gezogen werden.

Ein Winkel ohne Scheitel wird halbiert (**11**.8). Zu einem Schenkel wird in beliebigem Abstand eine Parallele gezogen, die den anderen Schenkel schneidet. Dadurch entsteht ein neuer Winkel mit dem Scheitelpunkt *S*, um den mit beliebigem Halbmesser ein Kreisbogen auf die Schenkel dieses Winkels geschlagen wird. Durch die Schnittpunkte wird zwischen den Schenkeln des gegebenen Winkels eine Gerade gezogen. Die Mittelsenkrechte auf der Geraden halbiert den Winkel.

Eine Parallele im Abstand *r* wird gezeichnet (**11**.9).

a) Nachdem der Abstand *r* durch einen Zirkelschlag festgelegt ist, entsteht die Parallele zu *AB* durch Parallelverschiebung eines Zeichendreiecks längs der Kante eines anderen.

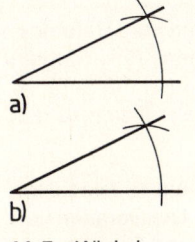

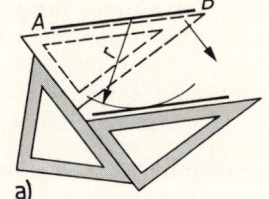

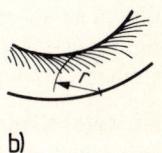

11.7   Winkel
übertragen

11.8   Winkel ohne
Scheitel halbieren

11.9   Parallele ziehen

b) Parallelen zu Bogenlinien werden durch viele Zirkelschläge gefunden. Die Mittelpunkte liegen auf der gegebenen Linie.

Eine Strecke wird in gleiche Teile geteilt (11.10). Durch den Anfangspunkt der Strecke *AB* wird unter beliebigem Winkel eine Gerade gezogen. Soll die Strecke gedrittelt werden, dann sind auf der Geraden drei beliebig große, unter sich gleiche Teile abzutragen. Der Teilpunkt *3* wird mit dem Endpunkt *B* der Strecke verbunden. Parallelen zu dieser Linie durch die anderen Teilpunkte teilen die Strecke in drei gleiche Teile.

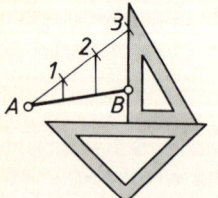 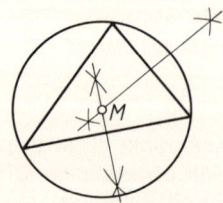 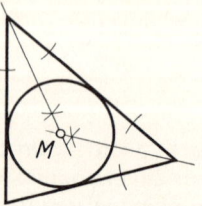 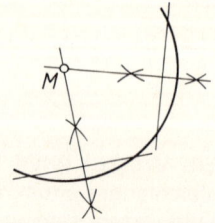

11.10 Strecke teilen   **11**.11 Außenkreis zeichnen   **11**.12 Innenkreis zeichnen   **11**.13 Mittelpunkt suchen

Der Außenkreis eines Dreiecks wird gezeichnet (**11**.11). Auf zwei beliebigen Dreieckseiten werden Mittelsenkrechte errichtet, in deren Schnittpunkt der Mittelpunkt *M* des Außenkreises liegt.

Der Innenkreis eines Dreiecks wird gekennzeichnet (**11**.12). Der Mittelpunkt *M* liegt im Schnittpunkt zweier Winkelhalbierenden.

Der Mittelpunkt eines Kreisbogens wird gesucht (**11**.13). Der Mittelpunkt *M* liegt im Schnittpunkt zweier Mittelsenkrechten auf beliebigen Sehnen.

Die Tangente durch einen Punkt des Kreises wird gekennzeichnet (**11**.14). Im Punkt *P* wird nach Bild **11**.4 eine Senkrechte errichtet. Sie ist die gesuchte Tangente.

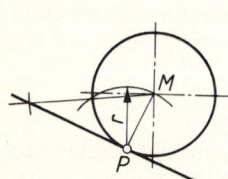 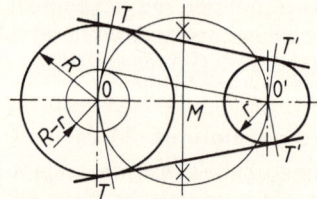 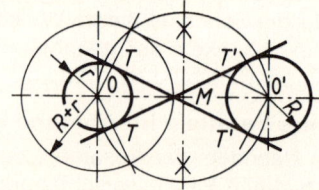

11.14 Tangente durch Punkt *P* ziehen   **11**.15 Äußere Tangenten ziehen   **11**.16 Innere Tangenten ziehen

An zwei Kreise werden äußere Tangenten gelegt (**11**.15). Um *O* wird mit dem Halbmesser $R - r$ ein Hilfskreis geschlagen, dann der Mittenabstand *OO'* der gegebenen Kreise halbiert und in *M* mit *OM* ein weiterer Hilfskreis geschlagen. Durch Geraden von *O* über die Schnittpunkte der Hilfskreise hinaus entstehen die Tangentenpunkte *T* und durch Parallelen zu den Geraden *OT* am anderen Kreis die Tangentenpunkte *T'*.

An zwei Kreise werden innere Tangenten gelegt (**11**.16). Um *O* wird ein Hilfskreis mit dem Halbmesser $R + r$ und um *M* ein weiterer Hilfskreis mit *OM* geschlagen. Die Geraden von *O* nach den Schnittpunkten beider Hilfskreise liefern die Tangentenpunkte *T* und Parallelen zu den Geraden *OT* die Tangentenpunkte *T'*.

Von einem Punkt _P_ wird eine Tangente an den Kreis gelegt (11.17).

a) Die Strecke von _P_ bis zum Mittelpunkt _M_ wird halbiert. Ein Kreis um Punkt _O_ mit _OM_ als Halbmesser schneidet den gegebenen Kreis im Tangentenpunkt _T_. Die Verbindungslinie von _P_ nach _T_ ist die gesuchte Tangente und bildet mit _MT_ einen 90°-Winkel.

b) Der Tangentenpunkt kann auch durch Parallelverschiebung gefunden werden.

Eine Strecke _AB_ wird im Goldenen Schnitt geteilt (11.18). Im Endpunkt _B_ wird eine Senkrechte errichtet, auf der der Mittelpunkt _M_ eines Kreises liegt, dessen Halbmesser gleich der halben Strecke _AB_ ist. Von _M_ nach _A_ wird eine Gerade gezogen und mit _AS_ als Halbmesser um _A_ ein Kreisbogen geschlagen. Er teilt die Strecke _AB_ im Goldenen Schnitt. Es ist $CB : AC = AC : AB$.

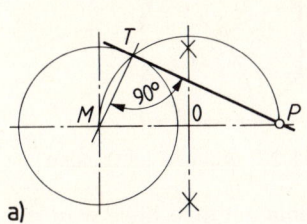
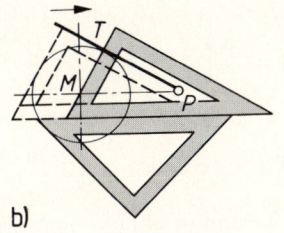
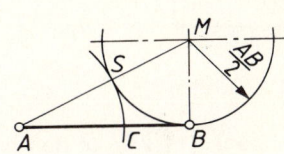

a)   b)

11.17   Tangente vom Punkt _P_ ziehen   **11**.18   Goldener Schnitt

Die Länge eines Bogens _AB_ wird abgewickelt (11.19). Die Sehne _AB_ wird über _A_ hinaus um die Hälfte bis _C_ verlängert, durch _A_ eine Tangente gezogen und mit _CB_ um _C_ ein Kreisbogen auf die Tangente geschlagen. _AD_ ist dann ausreichend genau die Länge des Bogens _AB_, wenn der zugehörige Zentriwinkel kleiner als 45° ist. Liegt der Bogen zwischen 45° und 90°, dann wird _AC_ gleich der Sehne des halben Bogens _AB_ gewählt.

Der Umfang eines Kreises wird abgewickelt (11.20).

a) Ein um _A_ mit dem Halbmesser _r_ geschlagener Bogen ergibt den Punkt _B_. Auf der Verlängerung der waagrechten Mittellinie von _M_ aus wird der Durchmesser _d_ abgetragen. Die Verlängerung der Geraden _CB_ schneidet die in _D_ errichtete Tangente. _DE_ ist ein Zwölftel des Kreisumfangs.

b) Nach dem Ziehen der Tangente durch Punkt _P_ wird ein Bogen mit dem Halbmesser _r_ von _A_ aus geschlagen und mit dem Kreis zum Schnitt gebracht. Die Verlängerung der Verbindungslinie _MB_ schneidet die durch _P_ gezogene Tangente in _C_. Von hier aus wird der Halbmesser _r_ auf der Tangente dreimal abgetragen. _ED_ ist der halbe Kreisumfang.

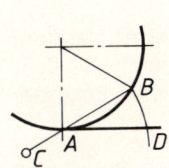
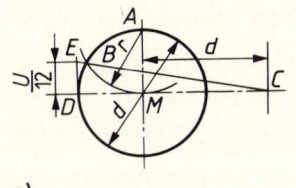
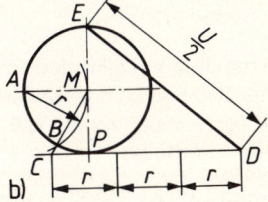

a)   b)

11.19   Bogen abwickeln   **11**.20   Kreisabwicklungen

11.2 Konstruktion regelmäßiger Vielecke

Ein regelmäßiges Vieleck hat gleich lange Seiten und gleich große Winkel.

Viereck (**11**.21). Das regelmäßige Viereck heißt Quadrat. Die Ecken liegen in den Endpunkten zweier senkrecht aufeinanderstehender Kreisdurchmesser.

Achteck (**11**.22). Das regelmäßige Achteck entsteht durch Verbinden der Endpunkte aller Durchmesser, die einander Winkel von 45° bilden.

Die Ecken des Achtecks in einem Quadrat werden durch Zirkelschläge um die Ecken des Quadrats gefunden (**11**.23). Als Halbmesser dient die halbe Diagonale.

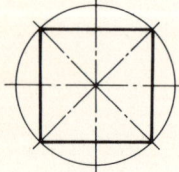
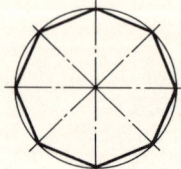
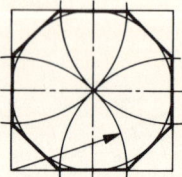

11.21 Quadrat   **11**.22 Achteck   **11**.23 Achteck im Quadrat

Sechseck (**11**.24). In den beiden Schnittpunkten einer Mittellinie mit dem Kreis wird der Zirkel eingesetzt und mit dem Halbmesser *r* je ein Bogen geschlagen. Die Zirkeleinsatzpunkte und die Schnittstellen der Bogen mit dem Kreis sind die Ecken des regelmäßigen Sechsecks.

Zwölfeck (**11**.25). Der Zirkel wird mit dem Halbmesser *r* als Spanne in allen vier Schnittpunkten der Mittellinien mit dem Kreis eingesetzt. Durch Zirkelschläge jeweils nach beiden Seiten wird der Kreisumfang in zwölf gleiche Teile geteilt.

Dreieck (**11**.25). Das regelmäßige Dreieck entsteht durch Verbinden jeder zweiten Ecke des regelmäßigen Sechsecks.

Fünfeck (**11**.26). Um den Punkt *A* wird mit dem Halbmesser *r* ein Bogen geschlagen und durch die Schnittpunkte auf dem Kreisbogen eine Gerade gezogen. Sie ergibt den Punkt *O*. Dort wird der Zirkel eingesetzt. Ein mit dem Halbmesser *OB* geschlagener Kreisbogen trifft in *C* auf die waagrechte Mittellinie. *BC* (= *s*) ist eine Fünfeckseite.

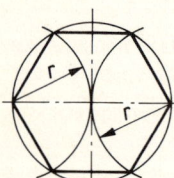
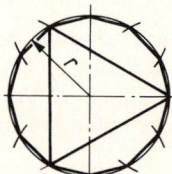
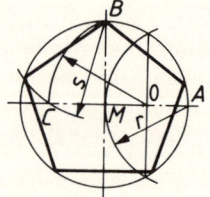

11.24 Sechseck   **11**.25 Zwölfeck und Dreieck   **11**.26 Fünfeck

Für ein regelmäßiges Fünfeck mit bestimmter Seitenlänge, z. B. 85 mm, wird diese Abmessung auf einer Seite *AB* eines beliebig großen Fünfecks abgetragen (**11**.27) und durch den Teilpunkt *P* eine Parallele zu *MA* gezogen. Sie schneidet *MB* und liefert damit eine Ecke des gesuchten Fünfecks.

Zehneck (**11**.28). Die Konstruktion des regelmäßigen Fünfecks liefert zugleich die Strecke *MC* (= *s*) als Seite eines regelmäßigen Zehnecks.

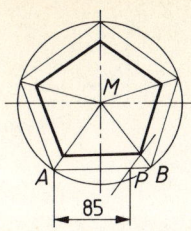

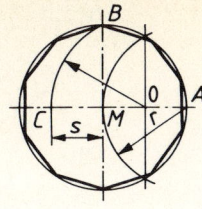

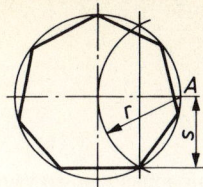

11.27 Fünfeck bestimmter Seitenlänge **11**.28 Zehneck **11**.29 Siebeneck

Siebeneck (**11**.29). Um den Punkt *A* wird mit dem Halbmesser *r* ein Bogen geschlagen und durch die Schnittpunkte auf dem Kreisbogen eine Gerade gezogen. Die Hälfte *s* dieser Geraden ist eine Seite des Siebenecks.

Universalkonstruktionen für alle regelmäßigen Vielecke (**11**.30)

Siebeneck mit bestimmter Seitenlänge. Ein Halbkreis mit der Seitenlänge des Siebenecks als Halbmesser wird in sieben gleiche Teile geteilt. Durch die Teilpunkte *1* bis *4* werden von *M* aus Strahlen gezogen und darauf, von den Teilpunkten *0* bis *5* ausgehend, die Seitenlängen von einem Strahl zum anderen abgetragen.

Fünfeck. Der senkrechte Durchmesser *AB* wird in fünf gleiche Teile geteilt. Dann werden mit dem Durchmesser als Zirkelöffnung in *A* und *B* Kreisbogen geschlagen. Sie schneiden sich in *C* und *D*. Von *C* und *D* aus sind entweder durch die mit geraden oder durch die mit ungeraden Zahlen versehenen Teilpunkt auf dem senkrechten Durchmesser Linien zu ziehen. Wo sie im Innern des Kreisumfangs auftreffen, liegen Ecken des Fünfecks.

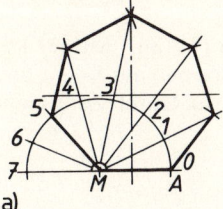

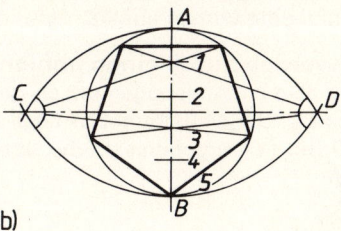

11.30 Universalkonstruktionen der Vielecke

11.3 Konstruktion von Anschlußbogen

Werkstücke haben häufig Abrundungen, die von einer Linie in eine andere übergehen, von einer Linie zu einem Punkt führen oder auch zwischen zwei Punkten liegen. Zum Zeichnen der Bogen müssen Zirkeleinsatzpunkte und Übergangsstellen gesucht werden.

Die Schenkel eines Winkels werden durch Kreisbogen verbunden (**11**.31). Innerhalb eines Winkels – gleichgültig, ob es sich um einen rechten (**11**.31 a), einen spitzen (**11**.31 b) oder um einen stumpfen Winkel (**11**.31 c) handelt – werden im Abstand des Halbmessers zu den Schenkeln Parallelen gezogen, in deren Schnittpunkt der Zirkeleinsatz *M* liegt. Lote von *M* auf die Schenkel ergeben die Übergangsstellen *A* und *B*. Der Bogen im rechten Winkel ist ein Viertelkreis; im spitzen Winkel ist er größer und im stumpfen Winkel kleiner.

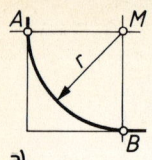 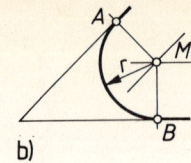 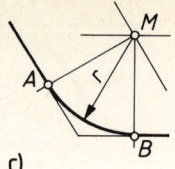 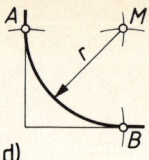

a)   b)   c)   d)

11.31   Übergangsbogen an Winkeln

Beim rechten Winkel wird der Mittelpunkt M auch dadurch gefunden, daß man den Halbmesser r auf beiden Schenkeln vom Scheitelpunkt aus abträgt. Von hier aus werden mit derselben Zirkelöffnung weitere Bogen geschlagen und zum Schnitt gebracht (**11.**31 d).

Zwei Punkte P und P' werden durch Kreisbogen verbunden (**11.**32). Der Mittelpunkt M liegt im Schnittpunkt zweier Kreisbögen, die mit dem Halbmesser r von den Punkten P und P' geschlagen werden.

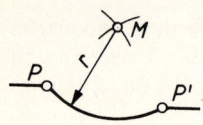

11.32   Zwei Punkte P und P' durch Bogen verbinden

11.33   Gerade AB und Punkt P durch Bogen verbinden

Eine Gerade AB und ein Punkt P werden durch einen Kreisbogen verbunden (**11.**33). Im Abstand des Halbmessers r wird eine Parallele zu AB gezogen und mit r ein Kreisbogen von P aus geschlagen; im Schnittpunkt liegt M. Der Übergangspunkt C wird durch eine Senkrechte von M auf AB gefunden.

Zwei Kreise werden durch einen hohlen Kreisbogen verbunden (**11.**34). Mit $R_2 + r$ als Halbmesser wird ein Kreisbogen um O_2 geschlagen, ein zweiter Kreisbogen mit $R_1 + r$ als Halbmesser um O_1. Der Mittelpunkt M liegt im Schnittpunkt beider Kreise. Durch Zentralen von M nach O_1 und O_2 ergeben sich die Übergangsstellen A und B.

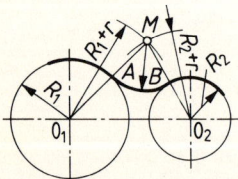 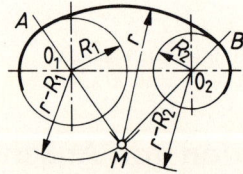

11.34   Zwei Kreise durch hohlen Bogen verbinden

11.35   Zwei Kreise durch überwölbten Kreisbogen verbinden

Zwei Kreise werden durch einen überwölbten Kreisbogen verbunden (**11.**35). Der Mittelpunkt M liegt im Schnittpunkt zweier Kreise, die mit $r - R_1$ um O_1 und mit $r - R_2$ um O_2 geschlagen werden.

Ein Kreis und ein Punkt P werden durch Kreisbogen verbunden (**11.**36). Um O wird ein Kreisbogen mit dem Halbmesser $R + r$ und ein weiterer mit r um P geschlagen. Im Schnittpunkt der Kreisbogen liegt M und auf der Zentralen von M nach O der Übergangspunkt A.

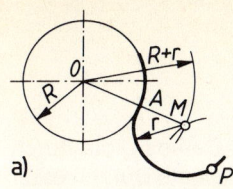

a)

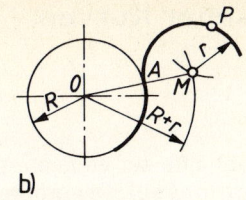

b)

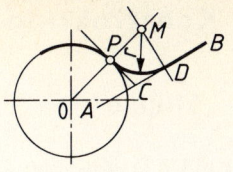

11.37 Punkt *P* und Gerade *AB*
durch Bogen verbinden

11.36 Kreis und Punkt *P* durch Bogen verbinden

Ein Punkt *P* auf einer Kreislinie und eine Gerade *AB* werden durch einen Kreisbogen verbunden (11.37). Durch den Punkt *P* wird eine Tangente gelegt. Sie schneidet *AB* in *C*. Von hier aus wird auf *AB* die Strecke *CP* abgetragen und im Teilpunkt *D* ein Lot errichtet. Es schneidet die von *O* durch *P* gezogene Gerade in *M*. Der Halbmesser ergibt sich hier durch Konstruktion.

Die Schenkel eines Winkels *BAC* werden durch einen Kreisbogen verbunden (11.38). Der Mittelpunkt soll auf einer bestimmten Senkrechten zu *BA* liegen. Die Senkrechte in *D* wird von der Halbierungslinie des Winkels *BAC* geschnitten. Damit ergibt sich der Zirkeleinsatzpunkt *M*. Das Lot von *M* auf *AC* kennzeichnet den Übergangspunkt *E*. Die Größe des Halbmessers *r* ergibt sich von selbst.

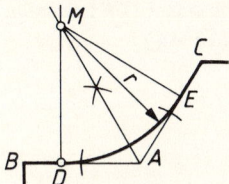

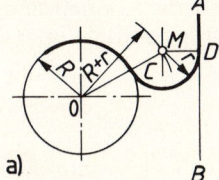

a)

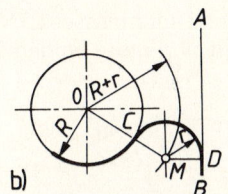

b)

11.38 Zwei Winkelschenkel
durch Bogen verbinden

11.39 Kreis und Gerade *AB* durch Bogen verbinden

Ein Kreis und eine Gerade *AB* werden durch einen Kreisbogen verbunden (11.39). Um den Kreismittelpunkt *O* wird ein Bogen mit dem Halbmesser *R + r* geschlagen und dann eine Parallele zu *AB* im Abstand *r* gezogen. Im Schnittpunkt des Bogens mit der Parallelen liegt *M*. Der Übergangspunkt *D* wird durch das Lot von *M* auf *AB* festgelegt.

Übungen

Zeichnen Sie den Stellhebel 11.40, die Kurvenscheibe 11.41 und den Nocken 11.42 und bestimmen Sie die Übergangsstellen für die Rundungen.

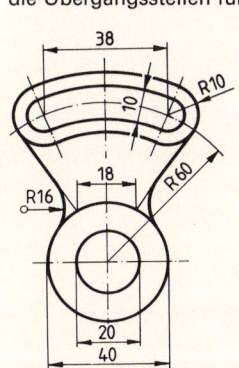

11.40 Stellhebel

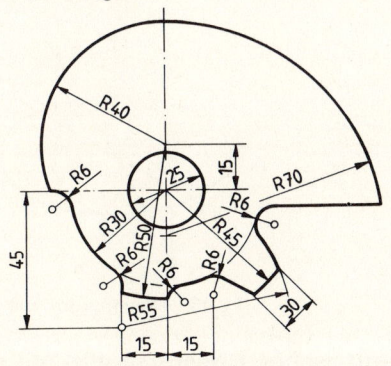

11.41 Kurvenscheibe

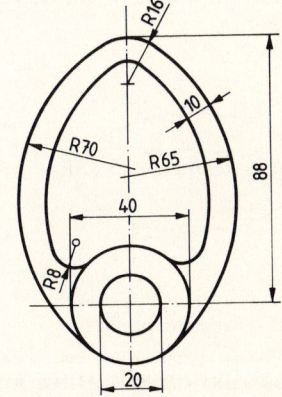

11.42 Nocken

307

11.4 Konstruktion technischer Kurven

11.4.1 Ellipse

Aufbau (11.43**).** Alle von einer Ellipsenhälfte zur anderen gezogenen Geraden, die durch den Mittelpunkt *M* gehen, heißen D u r c h m e s s e r. Der größte und der kleinste Durchmesser sind die A c h s e n *AB* und *CD*. Sie halbieren sich und stehen senkrecht aufeinander. Jede Ellipse hat zwei B r e n n p u n k t e (*F* und *F'*). Sie liegen auf der großen Achse und werden durch Zirkelschlag um einen Endpunkt der kleinen Achse mit der halben großen Achse als Halbmesser gefunden. Verbindungslinien von einem beliebigen Punkt *P* der Ellipse nach den Brennpunkten heißen B r e n n s t r a h l e n. Jeder Brennstrahl wird von einem Brennpunkt durch die Innenwand der Ellipse nach dem anderen Brennpunkt gespiegelt. Die Winkel zwischen der Tangente in Punkt *P* und den beiden Brennstrahlen sind gleich.

Für jeden Punkt der Ellipse ist die Summe seiner Brennstrahllängen so groß wie die große Achse. Die Halbierungslinie des Winkels α, der durch zwei zusammengehörige Brennstrahlen gebildet wird, heißt N o r m a l e *N*. Senkrecht dazu läuft die T a n g e n t e *T*; sie wird durch Halbieren des Winkels β gefunden.

Halbiert ein Durchmesser (*GH*) alle Sehnen, die zu einem anderen Durchmesser (*EF*) parallel sind, dann sind diese beiden Durchmesser zugeordnet oder konjugiert (**11.**44).

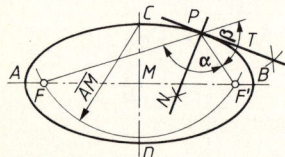

11.43   Ellipse

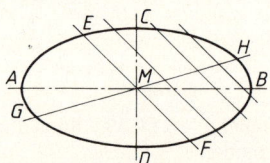

11.44   Konjugierte Durchmesser

Konstruktionen aus beiden Achsen

Fadenkonstruktion (11.45**).** Um beide Brennpunkte *F* und *F'* werden mit einem beliebigen Stück *x* der großen Achse Kreisbogen geschlagen. Mit dem restlichen Stück *y* wird ebenso verfahren. In den Schnittpunkten der Kreisbogen liegen Punkte der Ellipse. Mit anderen Werten für *x* und *y* werden weitere Punkte gefunden. Sie werden dann miteinander verbunden.

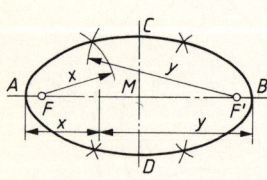

11.45   Fadenkonstruktion

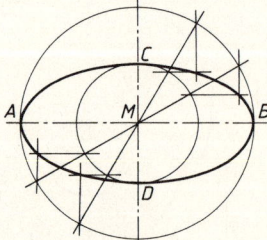

11.46   Konstruktion mit Hilfe konzentrischer Kreise

Konstruktion mit Hilfe konzentrischer Kreise (11.46**).** Mit den halben Achsen als Halbmesser werden um den Mittelpunkt Kreise geschlagen. Eine durch *M* beliebig gelegte Gerade schneidet die Kreise. Von den Schnittpunkten sind parallel zu beiden Achsen Linien zu ziehen. Wo sie sich schneiden, liegen Punkte der Ellipse. Durch Wiederholung des Verfahrens mit anderen Geraden durch *M* entstehen weitere Punkte der Kurve.

Papierstreifenkonstruktion (11.47). Durch Abtragen der beiden halben Achsen auf einen Papierstreifen entstehen die Punkte *m*, *n* und *o*. Wird der Streifen so bewegt, daß sich Punkt *m* auf der kleinen Achse und Punkt *n* auf der großen Achse bewegen, beschreibt *o* eine Ellipse.

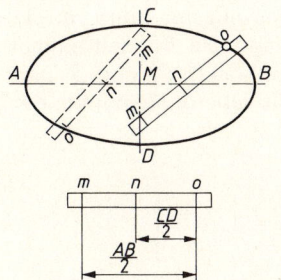

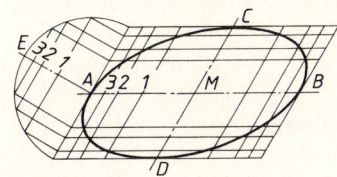

11.47   Papierstreifenkonstruktion

11.48   Einzeichnen der Ellipse in ein Parallelogramm

Eine Ellipse ist in ein Parallelogramm einzuzeichnen (11.48).

Um die Mitte einer beliebigen Parallelogrammseite wird ein Halbkreis geschlagen, dessen Durchmesser gleich der Länge dieser Seite ist. Nun werden die halben Achsen *AM* und *BM* und der senkrecht auf der Seite des Parallelogramms stehende Halbmesser *AE* halbiert, geviertelt und geachtelt. Dadurch entstehen die Teilpunkte *1*, *2* und *3*, durch die dann Parallelen zu der geneigten Parallelogrammseite gezogen werden. Parallelen durch die Teilpunkte auf dem Halbmesser *AE* schneiden den Halbkreis. Von hier aus werden Parallelen zu *AE* und verlängert zu *AB* gezogen. In den Schnittpunkten mit den geneigten Parallelen liegen die Ellipsenpunkte. Nach diesem Verfahren entstehen auch in Rechtecken Ellipsen.

Mit einem gewöhnlichen Zirkel lassen sich mathematisch genaue Ellipsen nicht zeichnen. Doch können in den Scheiteln *A*, *B*, *C* und *D* (**11**.43) kurze, genügend genaue Näherungsbogen geschlagen werden. Deren Krümmungshalbmesser sind $R = a^2/b$ und $r = b^2/a$, worin *a* die halbe große und *b* die halbe kleine Achse sind. Die zwischen den Kreisbogen liegenden Teile der Ellipsen werden mit dem Kurvenlineal gezogen.

Aufsuchen des Mittelpunkts einer Ellipse (11.49).

Zwei beliebig gezogene, parallele Sehnen werden halbiert. In der Mitte des durch die Halbierungspunkte führenden Durchmessers *xy* liegt der Mittelpunkt *M* der Ellipse.

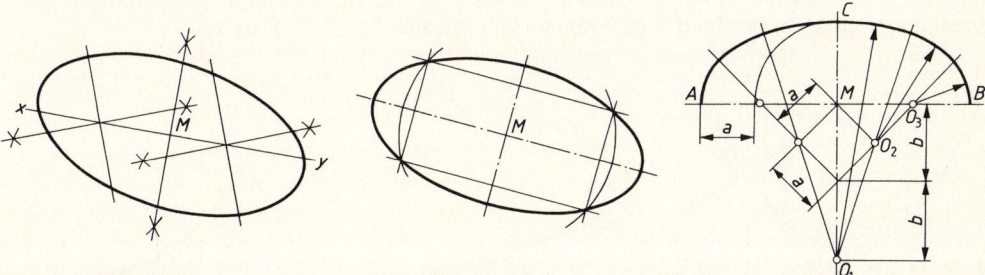

11.49   Aufsuchen des Mittelpunkts

11.50   Aufsuchen der Ellipsenachse

11.51   Fünfteiliger Korbbogen

Aufsuchen der Ellipsenachsen (**11**.50 auf S. 309).

Nach dem Schlagen eines Kreises mit geeigneter Zirkelöffnung um den Mittelpunkt *M* werden durch die Schnittpunkte mit der Ellipse vier Sehnen gezogen. Ihre Halbierungslinien sind Achsen der Ellipse.

Fünfteiliger Korbbogen (**11**.51 auf S. 309).

MC ist die Bogenhöhe und zugleich Halbmesser eines Kreisbogens um *M*, der auf der Spannweite *AB* die Strecke *a* abteilt. Sie ist die Seitenlänge eines mit der Spitze an *M* hängenden Quadrats. Auf der Verlängerung von *CM* wird die Diagonale *b* noch einmal abgetragen. Durch diese Konstruktion entstehen die Zirkeleinsatzpunkte O_1, O_2 und O_3 und durch die Verlängerung der Verbindungslinien $O_1 O_2$ und $O_2 O_3$ die Übergangspunkte der Bogenteile.

11.4.2 Parabel

Aufbau. Jeder Punkt der Parabel hat von einem festen Punkt (dem B r e n n p u n k t *F*) und einer festen Linie (der L e i t l i n i e *L*) gleich großen Abstand (**11**.52).

Es ist mithin *FP = PQ*. Die Halbierungslinie des von diesen beiden Geraden gebildeten Winkels ist zugleich die Tangente *T* im Punkt *P*. Senkrecht dazu steht die N o r m a l e *N*. Alle geraden Linien vom Brennpunkt nach beliebigen Punkten der Parabel (z. B. *FP*) heißen B r e n n s t r a h l e n ; sie gehen parallel zur Parabelachse *AB* aus der Parabel heraus. Parallelen zur Parabelachse heißen D u r c h m e s s e r. Die durch den Brennpunkt parallel zur Leitlinie gezogene Sehne *CD* ist der P a r a m e t e r, das Grundmaß der Parabel, und doppelt so groß wie die Entfernung des Brennpunkts *F* von der Leitlinie. In der Mitte zwischen *F* und *A* liegt der S c h e i t e l p u n k t *S*. Der K r ü m m u n g s h a l b m e s s e r *r* für das Bogenstück im Scheitel ist gleich dem halben Parameter.

Konstruktionen

Fadenkonstruktion (**11**.52). Gegeben: Scheitelpunkt *S* und Brennpunkt *F*. Durch Scheitel und Brennpunkt werden die Achse *AB* und senkrecht dazu die Leitlinie gezogen, deren Abstand vom Scheitelpunkt *S* so groß ist wie dessen Entfernung vom Brennpunkt *F*. In beliebigem Abstand von der Leitlinie wird eine Parallele *EP* gelegt. Mit demselben Abstand schlägt man vom Brennpunkt *F* aus Kreisbogen auf der Parallelen. Sie ergeben Punkte der Parabel. Für weitere Punkte wird das Verfahren wiederholt.

Der gesetzmäßige Verlauf der Parabelkurve ist in Bild **11**.53 zu erkennen. Die gekennzeichneten Punkte liegen von der Achse in senkrechten Abständen, die um das gleiche Stück zunehmen (*1, 2, 3* usw.). Die Abstände der Punkte von der Scheiteltangente vergrößern sich dagegen im Quadrat der hierfür gewählten Teilungsstrecke (*1, 4, 9* usw.).

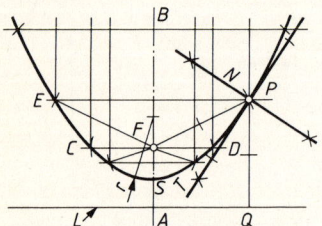

11.52 Fadenkonstruktion

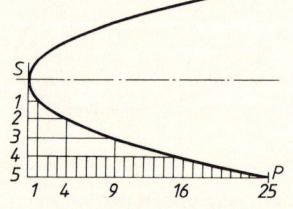

11.53 Verlauf der Parabelkurve

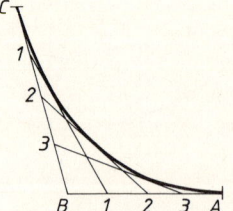

11.54 Hüllkonstruktion

310

Hüllkonstruktion (11.54). Gegeben: Tangenten *BA* und *BC*. Jede der beiden Tangenten wird in dieselbe Anzahl gleicher Teile geteilt. Die Teilpunkte mit gleichen Zahlen werden durch Gerade miteinander verbunden. Sie sind Tangenten der gesuchten Parabel.

Die Achse einer Parabel wird ermittelt (11.55).
Zwei parallele Sehnen *AB* und *CD* werden halbiert. Auf der Halbierungslinie, einem Durchmesser der Parabel, wird in einem beliebigen Punkt *O* eine Senkrechte *EF* und auf dieser die Mittelsenkrechte errichtet. Sie ist die gesuchte Parabelachse.

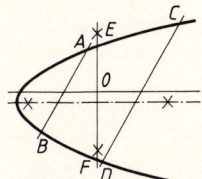

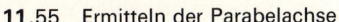

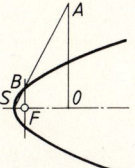

11.55   Ermitteln der Parabelachse   **11**.56   Ermitteln des Brennpunkts

Der Brennpunkt einer Parabel wird ermittelt (11.56).
Auf einer in beliebigem Punkt *O* der Parabelachse errichteten Senkrechten wird die Strecke *OS* zweimal abgetragen. Die Verbindungslinie *AS* schneidet die Parabel in einem Punkt *B*, von dem aus eine Parallele zu *OA* zum Brennpunkt *F* führt.

11.4.3 Hyperbel

Aufbau. *F* und *F'* sind die B r e n n p u n k t e der Hyperbel (**11**.57). Die Abstände *PF* und *PF'* eines Punkts *P* der Kurve von den Brennpunkten heißen B r e n n s t r a h l e n. Wird *PF'* von *PF* abgezogen, ergibt sich der Abstand der beiden H y p e r b e l s c h e i t e l *S* und *S'*.
Für jeden Punkt der Hyperbel ist der Unterschied seiner Abstände von zwei festen Punkten, den Brennpunkten, gleich groß.
Senkrechte durch *S* und *S'* und ein um *M* mit dem Halbmesser *MF* gezogener Kreis ergeben vier Schnittpunkte. Die durch gegenüberliegende Schnittpunkte gezogenen Geraden heißen A s y m p t o t e n. Das sind Linien, denen sich die H y p e r b e l ä s t e um so mehr nähern, je weiter sie vom Mittelpunkt *M* entfernt sind. In unendlicher Entfernung würden Asymptoten und Hyperbelbogen ineinanderlaufen. Bilden die Asymptoten im Mittelpunkt *M* rechte Winkel, sind die dazugehörigen Hyperbeln gleichseitig. Alle Sehnen durch den Mittelpunkt *M* sind D u r c h m e s s e r der Hyperbel und werden in *M* halbiert. Die Tangente *T* entsteht durch Halbieren des Winkels zwischen den zugehörigen Brennstrahlen. Senkrecht auf der Tangente steht die N o r m a l e *N*. Als P a r a m e t e r bezeichnet man die rechtwinklig zur Hauptachse durch den Brennpunkt *F* gehende Sehne *AB*. Der Krümmungshalbmesser *r* in den Scheiteln ist gleich dem halben Parameter. Bei der gleichseitigen Hyperbel ist $r = a$.

Konstruktionen

Gegeben sind die Scheitelpunkte *S* und *S'* sowie die Brennpunkte *F* und *F'* (11.57).
Mit einer beliebigen Strecke *SC* werden um *F* ein Kreisbogen und mit der Strecke *S'C* ein zweiter Kreisbogen um *F'* geschlagen. Sie schneiden sich in *P*, einem Punkt der Hyperbel. Weitere Punkte entstehen durch Kreisbogen um *F'* und *F* mit veränderten Halbmessern. Der Halbmesser für den Kreisbogen um *F'* ergibt sich stets durch Abziehen der Strecke *SS'* von der Zirkelöffnung, mit der der Kreisbogen um *F* geschlagen wurde.

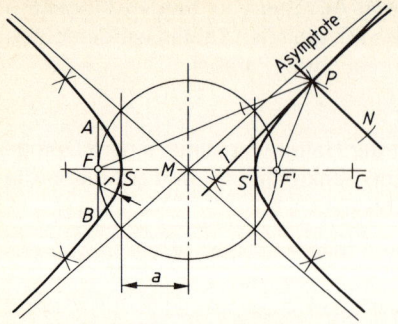

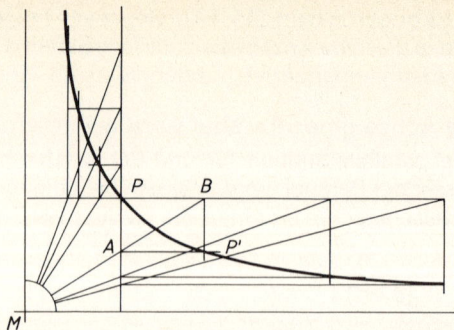

11.57   Hyperbelkonstruktion

11.58   Konstruktion einer gleichseitigen Hyperbel

Gegeben sind die Asymptoten und ein Punkt *P* der gleichseitigen Hyperbel (11.58).
Durch Punkt *P* wird je eine Parallele zu den Asymptoten gezogen. Beliebige Strahlen von *M*
aus schneiden die Parallelen. Von den Schnittpunkten *A* und *B* eines Strahls sind Parallelen
zu den Asymptoten zu ziehen, die den Punkt *P'* der Hyperbel ergeben. Der Mittelpunkt für
die Krümmung der Kurve liegt auf der Halbierungslinie des Winkels, den die Asymptoten
bilden. Krümmungshalbmesser ist die kürzeste Entfernung von *M* bis zur Hyperbel.

11.4.4   Archimedische Spirale

Aufbau. Die Archimedische Spirale entsteht durch gleichförmige Fortbewegung eines
Punkts auf einem S t r a h l *OA*, der sich mit gleichbleibender Geschwindigkeit um einen festen
Punkt, den Pol *O*, dreht (**11**.59).

Die von dem Punkt bei einer Umdrehung des Strahls zurückgelegte Strecke ist so groß wie
der Abstand zwischen den Windungen und heißt S t e i g u n g oder G a n g h ö h e der Spirale.

Konstruktion (11.59). Werden eine Steigung von 24 mm und ein Kreuz von 12 Strahlen
angenommen, so betragen die Abstände zwischen den konzentrischen Hilfskreisen 24 mm/
12 = 2 mm. Der Schnittpunkt eines Strahls mit einem Kreis wird dann mit dem Schnittpunkt
des nächsten Strahls mit dem nächsten Kreis usf. bogenförmig verbunden.

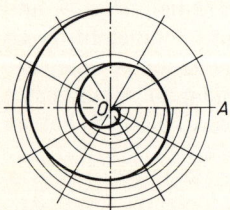

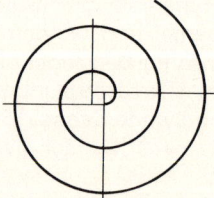

11.59   Archimedische Rechtsspirale

11.60   Näherungskonstruktion der Spirale

Näherungskonstruktion (11.60). Die Archimedische Spirale wird häufig durch Kreisbogen
ersetzt, die um die Ecken einer regelmäßigen Fläche geschlagen werden. Sie ist in der dargestellten linksgewundenen Spirale ein Quadrat, dessen Umfang gleich der Steigung der Spirale
ist. Die Bogen sind Viertelkreise und gehen an den verlängerten Quadratseiten ineinander

über. An Stelle des Quadrats kann auch ein regelmäßiges Sechseck treten. Je mehr Ecken die Ausgangsfläche hat, um so mehr nähert sich die Konstruktion der mathematisch genauen Spirale.

11.4.5 Evolvente

Aufbau. Ein Punkt einer auf dem Umfang eines Kreises abrollenden Geraden beschreibt eine Evolvente (**11**.61). Auch das Ende eines straffgezogenen Fadens, der von einer feststehenden Rolle abgewickelt wird, beschreibt die Evolvente.

Konstruktion (**11**.61). Nach dem Teilen des Grundkreisumfangs in zwölf gleiche Teile werden durch die Teilpunkte Tangenten gelegt. Der zwölfte Teil des Umfangs wird auf der ersten Tangente von dem Berührungspunkt aus einmal, auf der folgenden zweimal, auf der dritten dreimal und so fort abgetragen. Die zwölfte Tangente hat demnach die Länge des Grundkreisumfangs, der mithin der Abstand der Windungen voneinander ist. Durch die Verbindung der Endpunkte aller Tangenten entsteht die Evolvente.

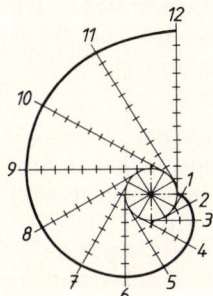

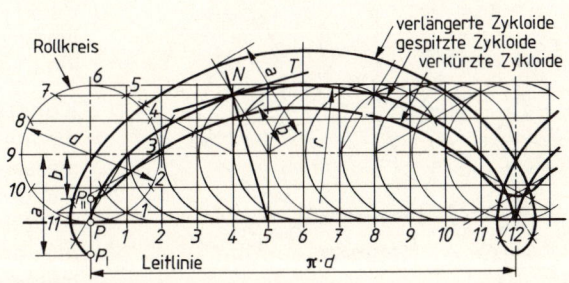

11.61   Evolventenkonstruktion   **11**.62   Zykloidenkonstruktionen

11.4.6 Zykloide

Gewöhnliche oder gespitzte Zykloide (Orthozykloide, 11.62). Ein Punkt P am Umfang eines auf einer Geraden abrollenden Kreises erzeugt eine gewöhnliche Zykloide. Der Kreis heißt Roll-Erzeugungskreis, die feststehende Rollbahn Leitlinie.

Konstruktion. Auf der Leitlinie werden Anfangs- und Endstellung des Rollkreises im Abstand seines Umfangs ($= \pi \cdot d$) eingezeichnet. Nachdem Abstand und Rollkreisumfang beispielsweise in zwölf gleiche Teile geteilt sind, werden von den Teilpunkten Parallelen zur Leitlinie und durch die Teilpunkte auf der Leitlinie Senkrechte gezogen. Die Senkrechten geben an, um wieviel Zwölftel des Kreisumfangs sich der Kreismittelpunkt beim Abrollen weiterbewegt hat. Die Parallelen geben an, um wieviel sich der Punkt P dabei gehoben oder gesenkt hat. Wo sich die um die einzelnen Teilpunkte der auf der mittleren Parallelen geschlagenen Kreisbogen mit den zugehörigen Parallelen schneiden, liegen Punkte der Kurve. Der Halbmesser r für die Krümmung im Scheitel ist $2\,d$. Durch die Verbindung eines Kurvenpunkts mit dem entsprechenden Punkt auf der Leitlinie entsteht die Normale N. Senkrecht dazu liegt die Tangente T.

Verlängerte (oder verschlungene) Zykloide (**11**.62). Ein Punkt P_1 außerhalb des Kreises erzeugt eine verlängerte Zykloide.

313

Konstruktion. Der Abstand des Punkts P_I vom Mittelpunkt des Rollkreises ist mit *a* gekennzeichnet. Von den Mittelpunkten der einzelnen Rollkreisstellungen zieht man über die Schnittpunkte der Kreise mit den Parallelen hinaus Gerade und trägt darauf den Abstand *a* vom Mittelpunkt aus ab (Beispiel: Rollkreisstellung *5*).

Verkürzte (oder geschweifte) Zykloide (**11**.62). Ein Punkt P_{II} i n n e r h a l b des Kreises erzeugt eine verkürzte Zykloide.

Konstruktion. Der mit *b* bezeichnete Abstand des Punkts P_{II} vom Mittelpunkt des Rollkreises wird auf der Geraden wie der Abstand *a* für die verlängerte Zykloide abgetragen (Rollkreisstellung *5*).

Epizykloide (Aufradlinie, 11.63). Ein Punkt *P* am Umfang eines Kreises, der auf einer Kreisbahn abrollt, erzeugt eine Epizykloide.

Konstruktion. Die Epizykloide wird nach dem gleichen Verfahren entwickelt wie die gespitzte Zykloide, doch tritt der Leitkreis an die Stelle der Leitlinie. Der Umfang des Rollkreises I und die Länge der Rollbahn für eine Umdrehung auf dem Leitkreis sind in dem Beispiel in je acht gleiche Teile geteilt.

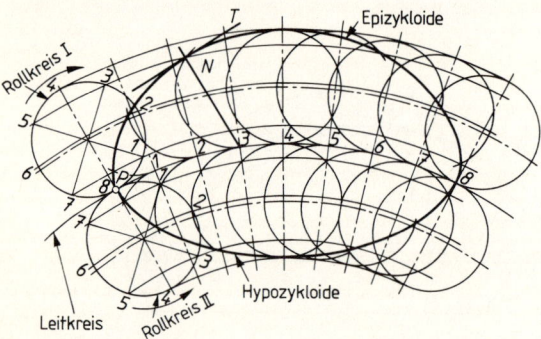

11.63 Epizykloide und Hypozykloide

Hypozykloide (Inradlinie). Ein Punkt *P* eines in einer Kreislinie abrollenden Kreises erzeugt eine Hypozykloide (**11**.63).

Konstruktion. Sie ist die gleiche wie die für die Epizykloide. Ist der Durchmesser des Rollkreises II halb so groß wie der Durchmesser des Leitkreises, so ist die Hypozykloide eine gerade Linie von der Länge des Leitkreisdurchmessers.

11.4.7 Schraubenlinie (Wendel)

Aufbau. Die Schraubenlinie wird von der Hypotenuse eines um den Mantel einer Rundsäule gelegten rechtwinkligen Dreiecks gebildet, wobei eine Kathete mit dem Umfang der Grundfläche zusammenfällt (**11**.64). Die andere Kathete ist so groß wie der Abstand einer Windung zur anderen; er wird G a n g h ö h e oder S t e i g u n g *P* genannt. Zwischen der Hypotenuse und der am Umfang der Grundfläche liegenden Kathete liegt der S t e i g u n g s w i n k e l α.

Konstruktion mit Hilfe von Mantellinien (**11**.64). Das sind gedachte Linien am Mantel der Rundsäule, die parallel zur Längsachse des Körpers laufen und gleiche Abstände untereinander haben. Meist genügen zwölf Mantellinien. Sie sind mit *1* bis *12* bezeichnet. Die Abstände entstehen durch die Aufteilung der Kreislinie in der Draufsicht. Die Mantellinien werden in der Vorderansicht übertragen und in das Hilfsdreieck eingezeichnet. Von hier aus übernimmt man die verschiedenen Längen der Mantellinien in die Vorderansicht. Die Linie, die dort die oberen Enden aller Mantellinien miteinander verbindet, ist die Projektion der Schraubenlinie oder Wendel auf die Zeichenebene. Sie ist zugleich eine Sinuslinie.

Die Schraubenlinie entsteht aber auch durch Zusammensetzen zweier gleichförmiger Bewegungen, der kreisenden Hauptbewegung eines zylindrischen Werkstücks und der geradlinigen Vorschubbewegung des Drehmeißels beim Gewindeschneiden auf der Drehmaschine (**11**.65).

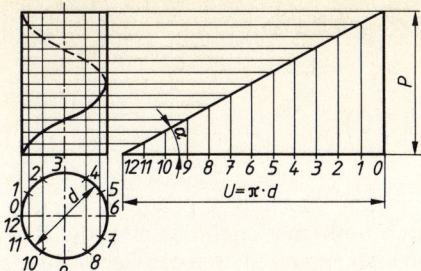

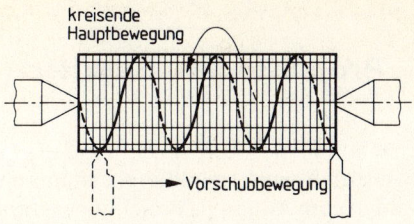

11.64 Entstehen der Schraubenlinie
aus einem rechtwinkligen Dreieck

11.65 Entstehen einer Schraubenlinie
aus zwei Bewegungen

Übungen

1. Unterteilen Sie ein Blatt A4 in 6 gleich große Flächen und konstruieren Sie
   1.1 die Senkrechte in einem Punkt P einer frei gewählten Geraden g,
   1.2 die Mittelsenkrechte zu einer frei gewählten Strecke $\overline{AB}$ und einen rechten Winkel im Punkt P dieser Strecke,
   1.3 das Lot von einem Punkt P auf eine frei gewählte Gerade g, die nicht durch P verläuft,
   1.4 die Halbierung eines nach Bild **4**.111 konstruierten Winkels von 65° und die Drittelung eines rechten Winkels,
   1.5 eine Parallele zu einer frei gewählten Geraden g im Abstand r,
   1.6 die Teilung einer Strecke $\overline{AB}$ in 5 gleich große Abschnitte.

2. Unterteilen Sie ein Blatt A4 in 6 gleich große Flächen und konstruieren Sie
   2.1 den Außen- und Innenkreis eines frei gewählten Dreiecks,
   2.2 den Mittelpunkt eines Kreisbogens (Zentrierung einer Welle) und die Tangente an einen Punkt P dieses Bogens,
   2.3 die Tangente an einen Kreis von einem Punkt P außerhalb dieses Kreises,
   2.4 die Teilung der Strecke $\overline{AB}$ nach dem Goldenen Schnitt,
   2.5 die äußeren Tangenten und
   2.6 die inneren Tangenten an zwei sich nicht berührende Kreise unterschiedlicher Durchmesser.

3. Unterteilen Sie ein Blatt A4 in 6 gleich große Flächen und konstruieren Sie
   3.1 ein regelmäßiges Sechseck,
   3.2 ein regelmäßiges Fünfeck,
   3.3 ein regelmäßiges Siebeneck,
   3.4 ein regelmäßiges Achteck,
   3.5/3.6 (Doppelfeld) ein regelmäßiges Neuneck nach der Universalkonstruktion (Bild **11**.30 b).

4. Unterteilen Sie ein Blatt A4 hoch in 3 gleich große Flächen und konstruieren Sie
   4.1 eine Ellipse (gegeben Durchmesser D und Brennpunktabstand $\overline{F_1 F_2}$),
   4.2 eine Ellipse (gegeben großer Durchmesser D und kleiner Durchmesser d),
   4.3 eine Ellipse, die in ein gleichseitiges Parallelogramm eingezeichnet werden soll.

5. Unterteilen Sie ein Blatt A4 hoch in 3 gleich große Flächen und konstruieren Sie
   5.1 eine Parabel (gegeben Brennpunkt und Scheitelpunkt),
   5.2 eine Hyperbel (gegeben Brennpunkte und Scheitelpunkte),
   5.3 eine archimedische Spirale mit der Steigung 30 mm.

6. Konstruieren Sie auf je einem Blatt A4 quer
   6.1 eine Evolvente (Kreisdurchmesser $d = 50$ mm).
   6.2 eine Orthozykloide (Kreisdurchmesser $d = 60$ mm),
   6.3 eine Wendel mit der Steigung 80 mm an einem Zylinder mit dem Durchmesser $d = 50$ mm.

12 Projektionszeichnen, Normalprojektion

12.1 Projektionen, Begriffe (DIN 5 T10)

Die Darstellung eines Körpers geht auf die Projektion zurück. Man versteht darunter ein dem Sehen vergleichbares Abbildungsverfahren, im weiteren Sinn aber auch das erzeugte Bild. Die Strahlen vom Auge (als Projektionszentrum) zu den markanten Punkten des Gegenstands heißen Projektionslinien (**12.**1 a). Sie treffen auf einer hinter dem Gegenstand stehenden ebenen Fläche, der Bildebene (Projektionsebene), auf. Bei dieser Zentralprojektion genannten Methode entsteht ein ähnliches, mit den Maßen des Gegenstands nicht übereinstimmendes Bild. Gehen die Projektionslinien von einem in sehr großem Abstand liegenden Punkt (Projektionszentrum) aus, verlaufen sie praktisch parallel. Die Abbildung entsteht dabei durch Parallelprojektion (**12.**1 b).

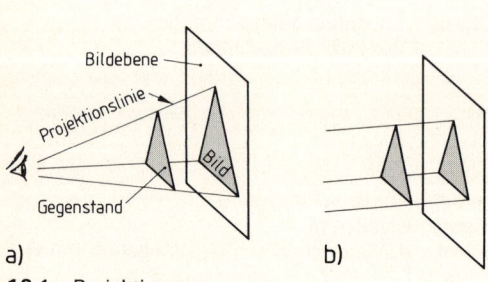

a) b)

12.1 Projektionen
a) Zentralprojektion, b) Parallelprojektion

Treffen die Projektionslinien rechtwinklig auf die Bildebene, entsteht eine rechtwinklige Parallelprojektion, treffen sie unter einem Winkel ungleich 90° auf, entsteht eine schiefwinklige Parallelprojektion.

12.2 Normalprojektion (DIN 5 T10 und DIN 6 T1)

Rechtwinklige Parallelprojektionen, bei denen Symmetrie- oder Mittellinien sowie Hauptansichten der Körper parallel zu einer oder mehreren Bildebenen liegen, heißen Normalprojektionen. Für die Hauptkanten ergeben sich dabei maßgetreue Abbildungen (**12.**2).

Die Gegenstände werden gewöhnlich aus drei rechtwinklig zueinander liegenden Richtungen betrachtet und auf Ebenen projiziert, die zusammen eine Raumecke bilden (**12.**3 a). Das von vorn projizierte Bild ist die Vorderansicht (Aufriß), das von links projizierte ist die Seitenansicht (Seitenriß) und das von oben projizierte die Draufsicht (Grundriß). Die Bilder lassen sich durch Projektionslinien miteinander verbinden.

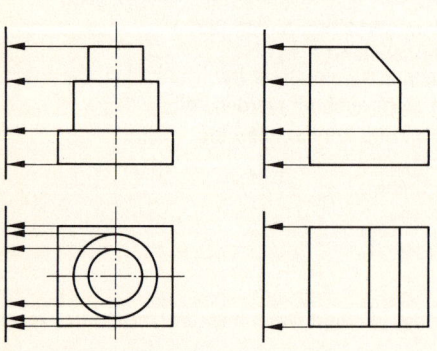

12.2 Normalprojektion

Dreitafelprojektion. Nun werden die Projektionsebene der Draufsicht um die Kante *XO* nach unten und die Projektionsebene der Seitenansicht um die Kante *OZ* nach hinten geklappt, so daß alle drei Projektionsflächen in einer Ebene liegen (**12.**3b). Die Innenkanten der Raumecke sind dann in der Zeichnung senkrecht zueinander stehende Linien geworden und heißen P r o j e k t i o n s a c h s e n . Die von einem Bild zum anderen führenden P r o j e k - t i o n s l i n i e n liegen parallel zu den Achsen. Als Verbindung zwischen den waagerechten Projektionslinien der Draufsicht und den senkrechten der Seitenansicht werden Viertelkreisbogen (**12.**3b) oder Linien unter 45° (**12.**5) gezogen, oder es wird nach Bild **12.**6 verfahren. Der Einfachheit halber werden die Projektionsflächen außen nicht umrissen, das A c h s e n - k r e u z allein genügt.

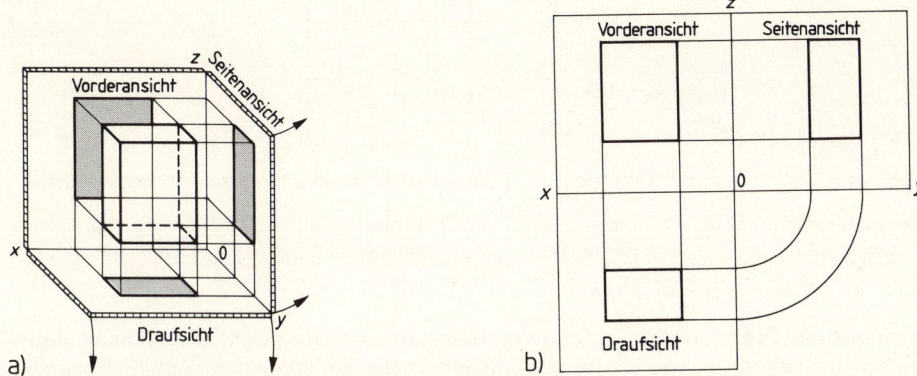

a)   b)

12.3   a) Rechtecksäule in der Raumecke, b) aufgeklappte Raumecke

Das technische Zeichnen beruht auf der rechtwinkligen Parallelprojektion. Es ist dadurch möglich, aus zwei beliebigen Ansichten des Gegenstands die dritte zu entwickeln.

Die in Bild **12.**3 gewählte Darstellungsform ist die Normalprojektion im 1. Quadranten (Projektionsmethode 1). Die Bezeichnung besagt, daß der Gegenstand in Betrachtungsrichtung vor den Bildebenen liegt. Bei der Darstellung in Normalprojektion im 3. Quadranten (Projektionsmethode 3) liegt der Gegenstand in Betrachtungsrichtung hinter den Bildebenen (**12.**4).

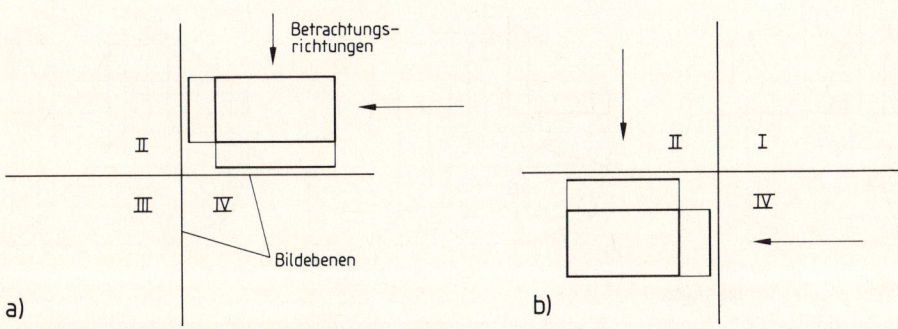

a)   b)

12.4   Projektion a) im 1., b) im 3. Quadranten

12.2.1 Projektion der Linien, Flächen und Körper

Projektion gerader Linien. Sind Vorderansicht und Draufsicht einer geraden Linie gegeben (**12.**5), zieht man vom Anfangs- und Endpunkt der Linie je ein Projektionslinienpaar (*1* und *2*) in die Seitenansicht. Anfangs- und Endpunkt der Linie liegen dort in den Schnittpunkten der zueinander gehörigen Projektionslinien. Die Übertragung eines Winkels zeigt Bild **12.**6. Sie gilt zugleich für eine Dreieckfläche.

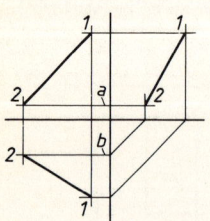
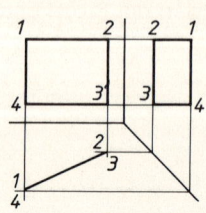
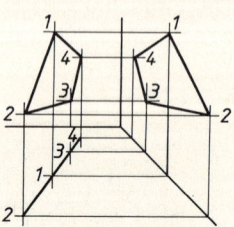

Gesucht: Seitenansicht Gesucht: Draufsicht Gesucht: Seitenansicht Gesucht: Vorderansicht

12.5 Projektion einer geraden Linie **12.**6 Projektion eines Winkels **12.**7 Projektion einer Rechteckfläche **12.**8 Projektion eines Vierecks

Projektion ebener Flächen (**12.**7). Sind Vorderansicht und Draufsicht einer Fläche gegeben, überträgt man deren Ecken als Punkte einzeln in die Seitenansicht. Projektionslinien können sich in der Zeichnung decken, so daß nur eine Linie zu ziehen ist, wie z. B. für die beiden von den Punkten *3* und *4* der Vorderansicht in die Seitenansicht führenden Linien. Die gefundenen Punkte werden der Reihe nach miteinander verbunden. Man zieht also Linien von *1* nach *2*, von *2* nach *3*, von *3* nach *4* und von *4* nach *1*.

In Bild **12.**8 wird die Vorderansicht eines Vierecks aus Seitenansicht und Draufsicht entwickelt.

Projektion prismatischer Körper. Auch die Bilder prismatischer Körper werden punktweise ermittelt (**12.**9). Ob dabei zunächst die Grund- und die Deckfläche übertragen (**12.**9 a) und dann die parallelen Seitenkanten gezogen werden oder ob umgekehrt verfahren wird (**12.**9 b), ist gleichgültig.

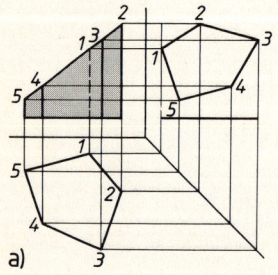
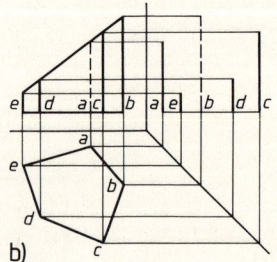
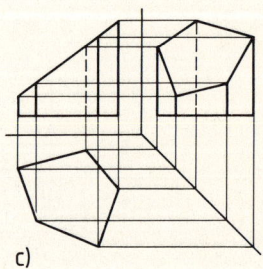

a) b) c)

12.9 Projektion eines fünfseitigen Prismas
   a) Übertragen der Deck- und Grundfläche, b) Übertragen der parallelen Prismenkanten, c) vollständige Darstellung

318

Übungen

Zeichnen Sie die in Bild **12**.10 fehlenden Kanten und Ansichten der schräg geschnittenen Prismen.

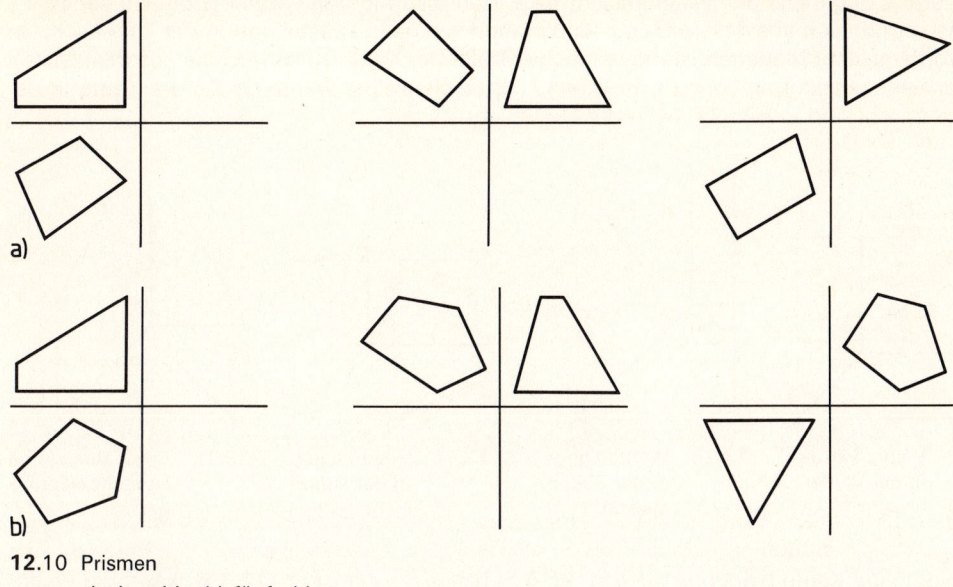

12.10 Prismen
   a) vierseitig, b) fünfseitig

12.2.2 Einführung einer neuen Bildebene

Soll eine Projektionsrichtung zur Vermeidung unangenehmer Verkürzungen oder aus einem anderen Grund von der üblichen Richtung abweichen, kann eine neue Bildebene eingeführt werden (**12**.11). Die markanten Punkte des Körpers werden wie sonst durch Projektionslinien festgelegt und dann miteinander verbunden. Anwendungsbeispiel s. Bild **12**.19.

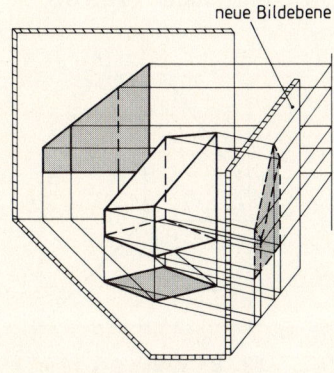
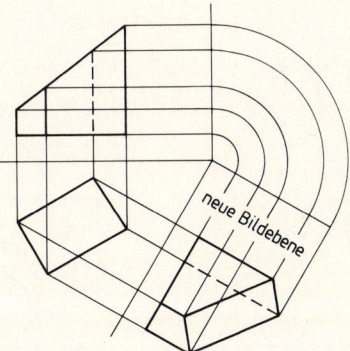

12.11   Neue Bildebene

319

12.2.3 Ermittlung wahrer Größen

Kanten. Auf einer Bildebene erscheint die wahre Größe einer Kante nur dann, wenn sie parallel zu dieser Ebene liegt. Die Maße *b* und *b'* in Bild **12**.12 zeigen, daß diese Kante nicht parallel zur Bildebene der Seitenansicht liegt, dort also nicht in wahrer Größe zu sehen ist. Ebenso ergibt sich aus den Maßen *c* und *c'* eine verkürzte Darstellung in der Draufsicht. In der Vorderansicht hingegen ist die wirkliche Größe der Kante zu sehen, wie aus dem Maß *a* in der Seitenansicht hervorgeht. In Bild **12**.13 erscheint die wahre Größe der Kante in der Seitenansicht und in Bild **12**.14 in der Draufsicht.

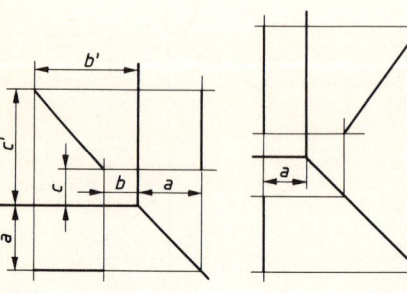

12.12 Wahre Länge in der Vorderansicht

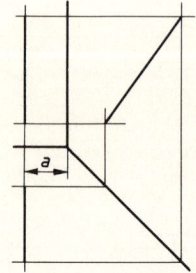

12.13 Wahre Länge in der Seitenansicht

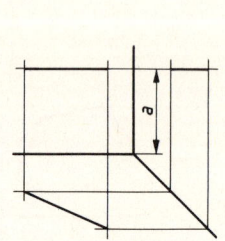

12.14 Wahre Länge in der Draufsicht

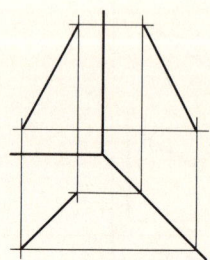

12.15 Die wahre Länge ist nicht erkennbar

Erscheint eine Kante jedoch in allen drei Ansichten verkürzt (**12**.15), kann die wahre Größe unter Benutzung zweier Ansichten konstruiert werden.

Soll die wahre Länge in der Vorderansicht entstehen (**12**.16), schwenkt man bei feststehendem Punkt *A* den Endpunkt *E* in der Draufsicht auf einem Kreisbogen waagerecht nach *E'*. Die Kante ist dann parallel zur waagerechten Projektionsachse und damit auch parallel zur Projektionsebene der Vorderansicht. Dort wird die neue Lage *E'* durch den Schnittpunkt einer von *E* ausgehenden waagerechten Linie mit einer von *E'* aus der Draufsicht hochgezogenen Senkrechten bestimmt. Die Verbindungslinie von *E'* nach *A* in der Vorderansicht ist die wahre Länge.

In der Draufsicht ergibt sich die wahre Länge, wenn die Kante um *A* gedreht wird, bis sie parallel zur Bildebene der Draufsicht liegt (**12**.17). Punkt *E* wird dabei nach *E'* gedreht. Ähnlich kann man die wahre Länge auch in der Seitenansicht konstruieren (**12**.18).

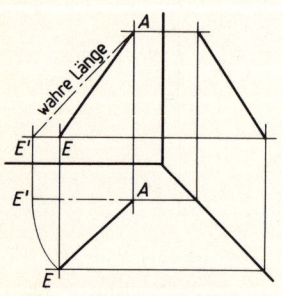

12.16 Wahre Länge in der Vorderansicht

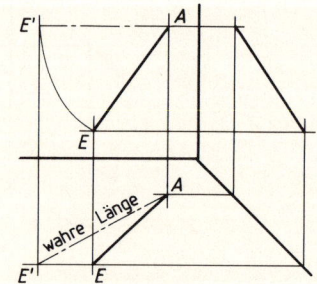

12.17 Wahre Länge in der Draufsicht

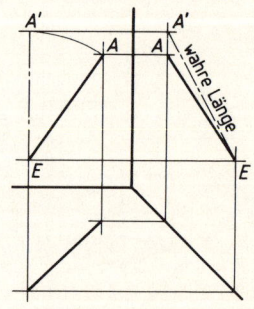

12.18 Wahre Länge in der Seitenansicht

Flächen. Die Dreieckfläche wird zur Konstruktion ihrer wahren Größe um eine Ecke *A* gedreht, bis sie parallel zu einer Projektionsebene steht (**12**.19). Dann haben alle Seiten des Dreiecks parallelen Abstand von dieser Bildebene und erscheinen in der Vorderansicht in wahrer Größe. Damit sind auch die wahren Größen der Dreieckswinkel bestimmt.

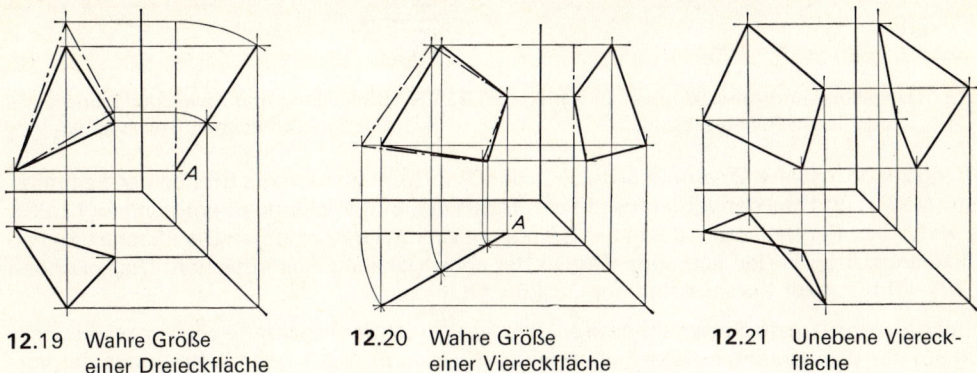

12.19 Wahre Größe
eine Dreieckfläche

12.20 Wahre Größe
eine Viereckfläche

12.21 Unebene Viereckfläche

Erscheint auch in der Seitenansicht die Dreieckfläche nicht als Linie, sondern ebenfalls als Dreieck, sollte man die wahre Länge jeder Dreieckseite zweckmäßig einzeln ermitteln und daraus die Fläche konstruieren. Die wahre Größe einer Fläche mit 4 und mehr Ecken wird nach Bild **12**.20 festgestellt. Notfalls muß man eine solche Fläche in Dreiecke zerlegen, die wahre Größe jeder Dreieckseite ermitteln und aus den einzelnen Dreiecken die Geamtfläche aufbauen.

Eine Fläche mit mehr als drei Ecken braucht nicht immer eben zu sein, wenn sie nur durch zwei Flächen dargestellt ist. In Bild **12**.21 zeigt die aus Vorderansicht und Seitenansicht entstandene Draufsicht, daß das Viereck windschief ist.

Ist eine ausreichende Sicherheit in diesem Zeichenverfahren erreicht, können die Projektionsachsen und Projektionslinien fortgelassen werden.

12.3   Körperschnitte und Abwicklungen

Einen Körper abwickeln heißt, seine gesamte Oberfläche in einer Ebene ausbreiten. Unter Abwicklung wird aber nicht nur das Verfahren, sondern auch das gezeichnete Bild verstanden. Werden Grund- und Deckfläche nicht mitgezeichnet, handelt es sich um die Abwicklung des Körpermantels. Von großer Bedeutung sind Abwicklungen als Unterlagen für das Zuschneiden der Bleche im Behälter- und Rohrleitungsbau.

12.3.1   Prismatische Körper

Schräggeschnittene Rechtecksäule. Zum Aufzeichnen der Abwicklung sind die mit Buchstaben versehenen Abmessungen aus Vorderansicht und Draufsicht abzugreifen und zu übertragen (**12**.22). Die Umrißlinien der Abwicklung können schmaler gezogen werden als die Vollinien für Körperkanten.

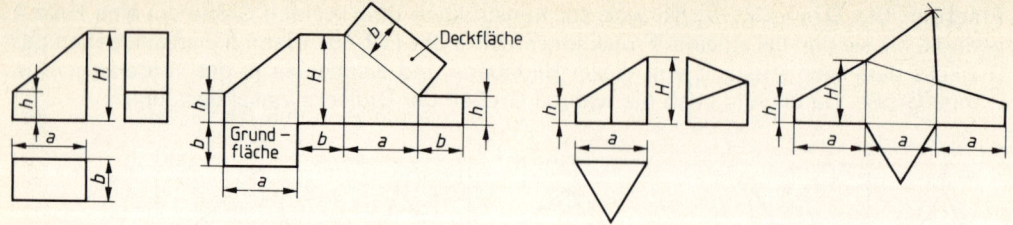

12.22 Darstellung und Abwicklung einer schräggeschnittenen Rechtecksäule

12.23 Darstellung und Abwicklung einer
schräggeschnittenen Dreiecksäule

Schräggeschnittene Dreiecksäule. Aus der Draufsicht werden die Breiten der Seitenflächen (Maß *a*) und aus der Vorderansicht die Höhen in die Abwicklung übernommen (**12**.23).
Die wirklichen Kantenlängen der in der Draufsicht verkürzt dargestellten Deckfläche ergeben
sich zwangsläufig in den schrägen Kanten der abgewickelten Seitenflächen. Diese können
als Zirkelöffnung zur Konstruktion der Deckfläche dienen.

Schräggeschnittene Secksecksäule. Die Länge einer Sechseckseite wird in der Abwicklung auf der Waagerechten sechsmal abgetragen (Maß *a*); die Höhen werden aus der Vorderansicht übernommen (**12**.24).

Die Deckfläche ist nirgends in wirklicher Größe enthalten, wohl aber die Deckflächenlänge
in der Vorderansicht als schräge Linie. Diese Länge wird mit ihren Unterteilungen durch
Zirkelschläge übertragen. Die wahre Breite liefert die Draufsicht mit dem Seitenmaß *s*.

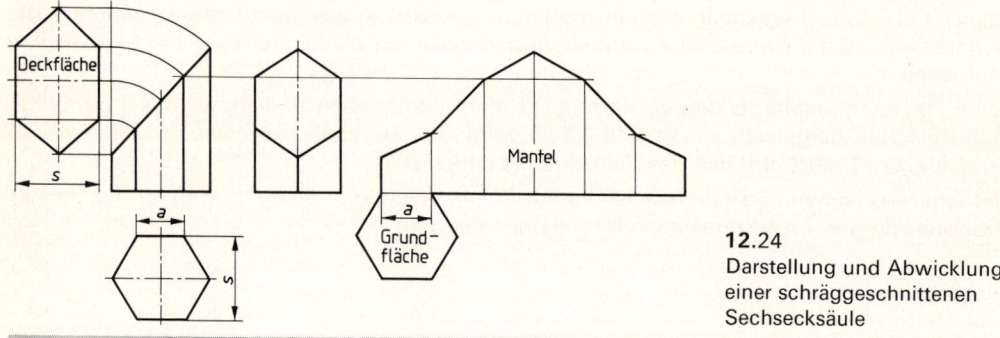

12.24
Darstellung und Abwicklung
einer schräggeschnittenen
Sechsecksäule

Übungen

Zeichnen Sie die Abwicklung des Blechkanals **12**.25; des Rauchfangs **12**.26 und des Schubkarrenkastens
12.27 mit den erforderlichen Maßen.

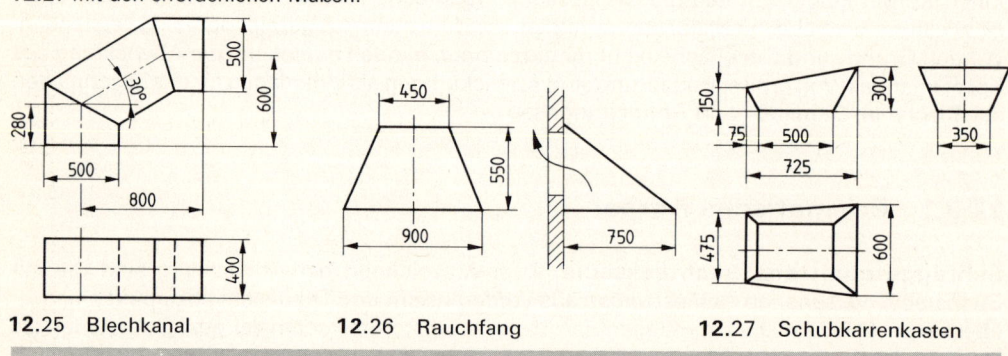

12.25 Blechkanal

12.26 Rauchfang

12.27 Schubkarrenkasten

12.3.2 Zylindrische Körper (Rundsäulen)

Schräggeschnittene Rundsäule. Die Deckfläche und die Abwicklung der Oberfläche entstehen unter Zuhilfenahme von 12 Mantellinien (**12**.28), die gleichen Abstand voneinander haben.

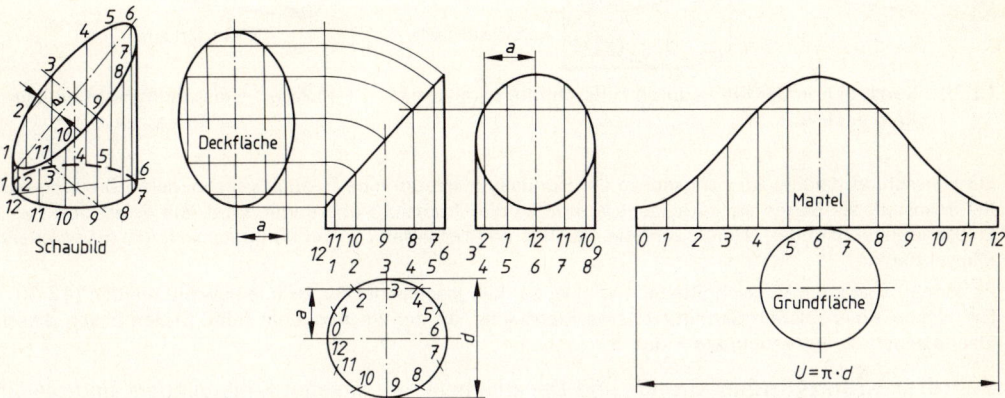

12.28   Darstellung und Abwicklung einer schräggeschnittenen Rundsäule

Aus der Draufsicht werden die Mantellinien in die Vorderansicht übertragen. Sie sind verschieden lang. Die mit *0* bezeichnete ist die kleinste, die größte Mantellinie hat die Nummer *6*. Beide decken sich mit den senkrechten Umrißlinien der Vorderansicht. Die übrigen Mantellinien sind paarweise gleich lang. So fallen in der Vorderansicht die Mantellinien *1* und *11*, *2* und *10*, *3* und *9*, *4* und *8* und *5* und *7* zusammen. Nun werden die Mantellinien aus der Draufsicht in die Seitenansicht übertragen (Beispiel: Maß *a* für Mantellinien *2* und *4*). Dort liegen ungleich lange Mantellinien übereinander, z. B. *2* und *4*, *1* und *5* usw. Die Mantellinien *12* und *6* liegen auf der Mittellinie und *3* und *9*, die sich in der Vorderansicht decken, auf je einer senkrechten Umrißlinie. Jede Mantellinie steht senkrecht auf der Grundkreiskante des Körpers und reicht mit dem anderen Ende an die Kante der elliptischen Deckfläche. In den Endpunkten der Mantellinien liegen mithin Punkte der Ellipse. Sie werden aus der Vorderansicht in die Seitenansicht übertragen (Beispiel: Mantellinien *4* und *8*) und ergeben durch Verbindung untereinander die Deckfläche.

Die Gesamtbreite *U* der Mantelabwicklung ist gleich dem Umfang des Grundkreises. Er wird berechnet ($U = \pi \cdot d$), aufgezeichnet und in 12 gleiche Teile geteilt. Den 12. Teil des Umfangs kann man auch nach Bild **11**.20 feststellen und 12mal auf die Waagerechte übertragen. Nachdem durch die Teilpunkte senkrechte Mantellinien gezogen und deren Längen durch Übertragen aus der Vorderansicht festgelegt sind (Beispiel: Mantellinien *4* und *8*), zeichnet man die geschwungene Begrenzungslinie; sie ist eine Sinuskurve.

Zum Zeichnen der wahren Größe der Deckfläche wird zunächst die Lage der großen Achse mit ihren Unterteilungen durch Zirkelschläge aus der Vorderansicht abgenommen. Wie das Schaubild zeigt, sind die verschiedenen Breiten der Ellipse die Abstände gleich langer Mantellinien voneinander. Sie werden aus der Draufsicht abgegriffen (Beispiel: Maß *a*).

Ist die Abwicklung nicht erforderlich, kann man die Ellipse durch Hilfsschnitte konstruieren (**12**.29).

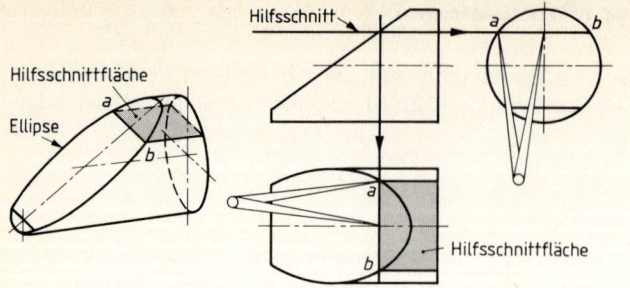
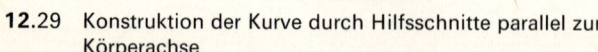
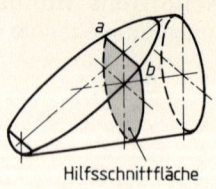

12.29 Konstruktion der Kurve durch Hilfsschnitte parallel zur   **12**.30 Hilfsschnitt rechtwinklig
Körperachse   zur Körperachse

Ein Hilfsschnitt parallel zur Längsachse der Rundsäule erzeugt eine Rechteckfläche, deren Breite in der Seitenansicht als Sehne *ab* dargestellt ist und in die Draufsicht übertragen wird. Sie liefert dort zwei Ellipsenpunkte (*a* und *b*). Durch Schnitte mit anderen Abständen von der Körperachse findet man weitere Ellipsenpunkte.

Es können aber auch Hilfsschnitte rechtwinklig zur Längsachse der Rundsäule gewählt werden (**12**.30). Die Fläche eines solchen Schnitts ist eine Kreisfläche, an der ein Abschnitt fehlt. In den Ecken dieser Fläche liegen die Kurvenpunkte *a* und *b*.

Schiefer Kreiszylinder. Grund- und Deckfläche eines schiefen Kreiszylinders sind gleich große Kreise in parallelem Abstand voneinander (**12**.31). Jeder Schnitt parallel zur Grundfläche ergibt einen gleichen Kreis, jeder nichtparallele Schnitt dagegen eine Ellipse oder einen Ellipsenabschnitt.

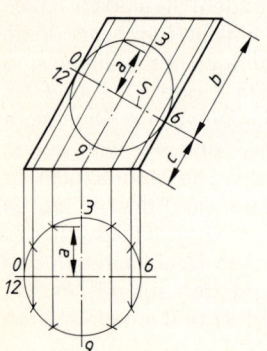
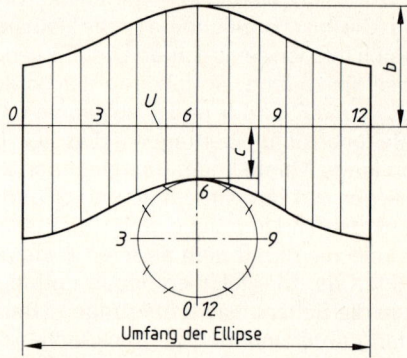

12.31 Darstellung und Abwicklung eines schiefen Kreiszylinders

Nach dem Aufteilen des Grundkreises in der Draufsicht werden die Mantellinien in der Vorderansicht gezogen. Dann legt man im rechten Winkel zur Körperachse an beliebiger Stelle einen Hilfsschnitt *S*. Er erzeugt eine Ellipse. Sie ist in die Bildebene der Vorderansicht eingedreht dargestellt. Die einzelnen Ellipsenpunkte werden aus der Draufsicht abgenommen (Beispiel: Maß *a*). Der Ellipsenumfang *U* ist zugleich die Breite der Mantelabwicklung. Er wird mit enggespanntem Teilzirkel in kleinen Teilen in der Vorderansicht abgegriffen, auf einer Geraden abgetragen und dann in zwölf v e r s c h i e d e n große Teile geteilt. Dazu dienen die Unterteilungen von den Punkten *0* bis *3*, *3* bis *6* usw. der Ellipse in der Vorderansicht. Beiderseits des gestreckten Ellipsenumfanges werden nun Mantellinien gezogen und die Längen aus der Vorderansicht darauf übertragen (Beispiel: Maße *b* und *c*).

324

Übungen

1. Zeichnen Sie die Abwicklungen des Rohrknies **12**.32, des Rohrkrümmers **12**.33; der Rohrverzweigung **12**.34 und des Zwischenstücks der Rohrverbindung **12**.35.

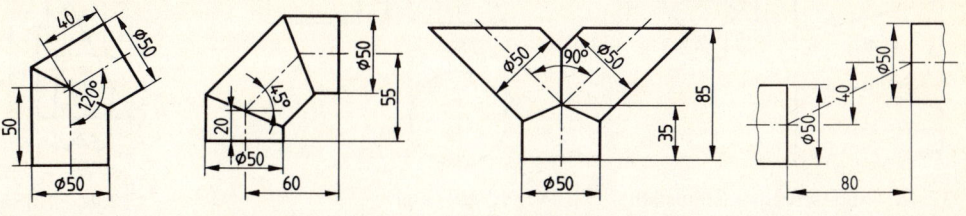

12.32 Rohrknie   **12**.33 Rohrkrümmer   **12**.34 Rohrverzweigung   **12**.35 Rohrverbindung

2. Der Rohrabzweig **12**.36 ist in drei Ansichten zu zeichnen und abzuwickeln.

3. Zeichnen Sie die Vorderansicht und die Abwicklung des aus fünf Blechen zusammengeschweißten Rohrabzweigs **12**.37.

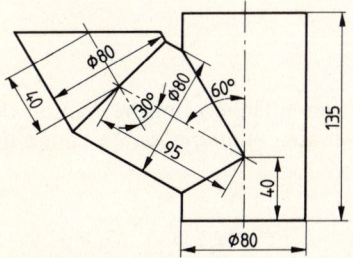

12.36 Rohrabzweig   **12**.37 Rohrabzweig

4. Zeichnen Sie den Dachstift **12**.38, die Schwalbenschwanzführung **12**.39, die Vierkantspitze **12**.40 und den Stempel **12**.41 in je drei Ansichten und konstruieren Sie die Kurven.

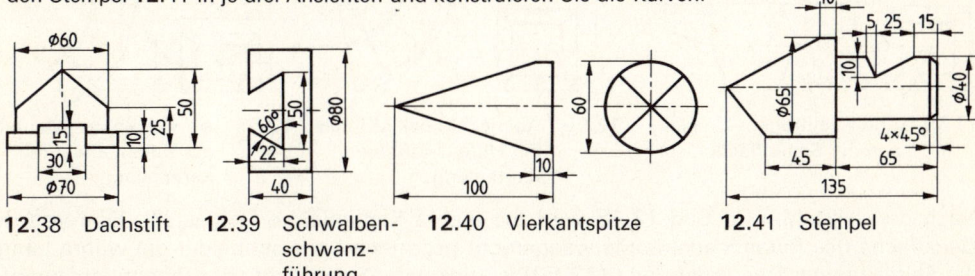

12.38 Dachstift   **12**.39 Schwalben-   **12**.40 Vierkantspitze   **12**.41 Stempel
schwanz-
führung

5. Zeichnen Sie die Buchse **12**.42, das Formstück **12**.43 und die Dreikantspitze **12**.44 in je drei Ansichten und konstruieren Sie die Kurven.

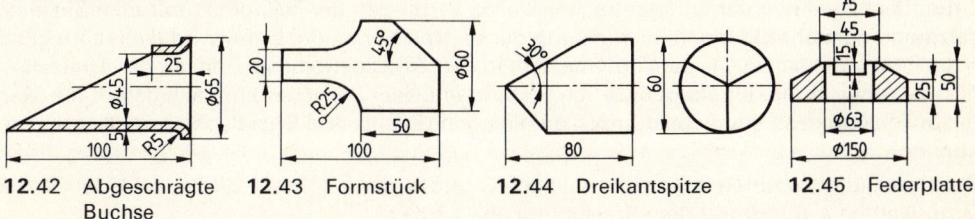

12.42 Abgeschrägte   **12**.43 Formstück   **12**.44 Dreikantspitze   **12**.45 Federplatte
Buchse

6. Die Federplatte **12**.45 ist in den üblichen drei Ansichten zu zeichnen und die Kurve zu konstruieren. Außerdem ist die Ansicht von rechts im Schnitt darzustellen.

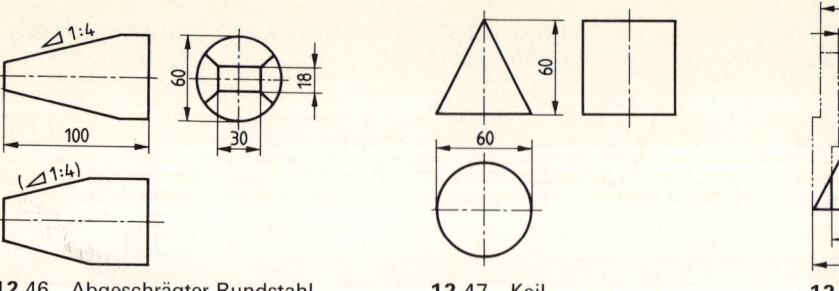

12.46 Abgeschrägter Rundstahl   **12**.47 Keil   **12**.48 Hülse

7. Zeichnen Sie den abgeschrägten Rundstahl **12**.46, den Keil **12**.47 und die Hülse **12**.48 in je drei Ansichten und konstruieren Sie die Kurven.

12.3.3 Pyramidenförmige Körper

Pyramidenstümpfe lassen sich durch Umklappen der Seitenflächen um die Kanten der Grundfläche abwickeln (**12**.49). Zur Abwicklung kann man aber auch die wahre Länge der Seitenkanten benutzen (**12**.50).

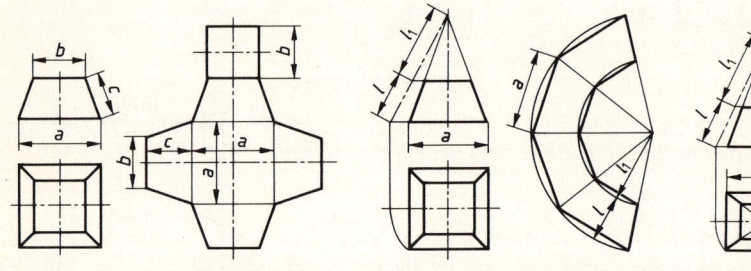
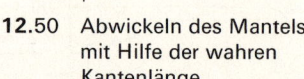
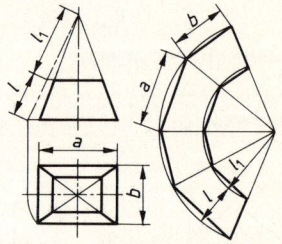

12.49 Abwickeln durch Umklap-   **12**.50 Abwickeln des Mantels   **12**.51 Abwickeln des Mantels
pen der Seitenflächen   mit Hilfe der wahren   mit Hilfe der wahren
                                   Kantenlänge   Kantenlänge

Nach dem Verfahren in Bild **12**.16 wird die wahre Kantenlänge festgestellt. Eine von der Deckfläche des Pyramidenstumpfs waagerecht gezogene Linie schneidet die wahre Länge der Seitenkanten. Der untere Teil l (**12**.50) ist gleich der Seitenkante des Pyramidenstumpfs, der obere (l_1) gleich der der Pyramidenspitze. Mit der wahren Kantenlänge ($l + l_1$) der ganzen Pyramide als Halbmesser wird dann ein Kreisbogen geschlagen und die Seitenlänge a der Grundfläche viermal darauf abgetragen. Durch Verbinden der Teilpunkte mit dem Zirkeleinsatzpunkt entsteht die Mantelabwicklung der ganzen Pyramide. Dann wird die wahre Länge l_1 der Pyramidenspitze aus der Vorderansicht in den Zirkel genommen und auf den Dreiecksseiten der Abwicklung abgetragen. Durch Verbinden dieser Zwischenpunkte entsteht die Mantelabwicklung des Pyramidenstumpfs, an die noch Grund- und Deckfläche angesetzt werden können.

Bei Pyramidenstümpfen mit rechtwinkliger Grundfläche wechseln die verschieden langen Grundkanten a und b auf dem Kreisbogen ab (**12**.51).

Übungen

Zeichnen Sie die Abwicklungen der Trichter (**12**.52 und **12**.53) und der Pyramidenstümpfe (**12**.54 und **12**.55) in geeigneten Maßstäben.

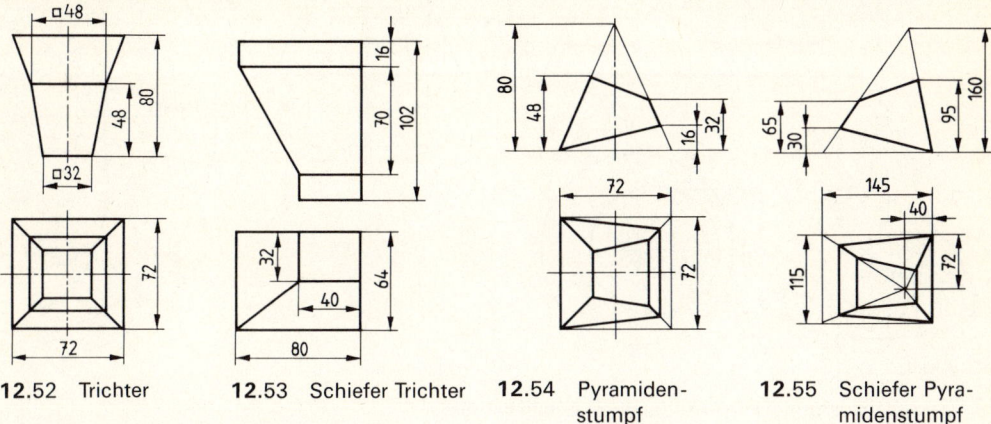

12.52 Trichter   **12**.53 Schiefer Trichter   **12**.54 Pyramiden-   **12**.55 Schiefer Pyra-
                                                              stumpf   midenstumpf

12.3.4 Kegelige Körper

Gerader Kreiskegel

Die Abwicklung des Kegelmantels ist ein Kreisausschnitt und die des Kegelstumpfmantels ein Kreisringausschnitt, dessen Halbmesser S und s aus der Vorderansicht stammen (**12**.56).

Der große Bogen des Mantels ist so lang wie der Umfang der Grundfläche ($U = \pi \cdot D$) und wird mit Hilfe des Winkels α bestimmt:

$$\alpha = \frac{180° \cdot D}{S}$$

Es bedeuten:

D Durchmesser der großen Grundfläche
S Seitenlänge des Kegels

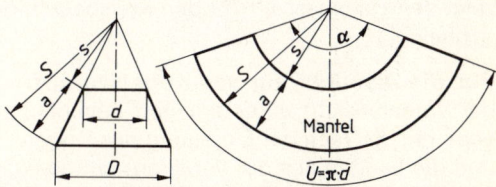

12.56 Darstellung und Mantelabwicklung eines Kegelstumpfs

Die Formel ist aus der Gleichheit der Verhältnisse zwischen dem Mittelpunktswinkel α und der Bogenlänge $\pi \cdot D$ bzw. dem Vollwinkel 360° und dem dazugehörigen Kreisumfang $\pi \cdot 2S$ entstanden:

$$\frac{\alpha}{\pi \cdot D} = \frac{360°}{\pi \cdot 2S}$$

Beispiel   Bei einem Durchmesser $D = 200$ mm und einer Seitenlänge $S = 250$ mm beträgt der Winkel:

$$\alpha = \frac{180° \cdot D}{S} = \frac{180° \cdot 200 \text{ mm}}{250 \text{ mm}} = \mathbf{144°}$$

Ein schräger Schnitt durch einen Kegel erzeugt eine Ellipse, sofern er beide Seitenlinien schneidet (**12**.57), oder einen Ellipsenabschnitt, wenn er eine Seitenlinie und über die

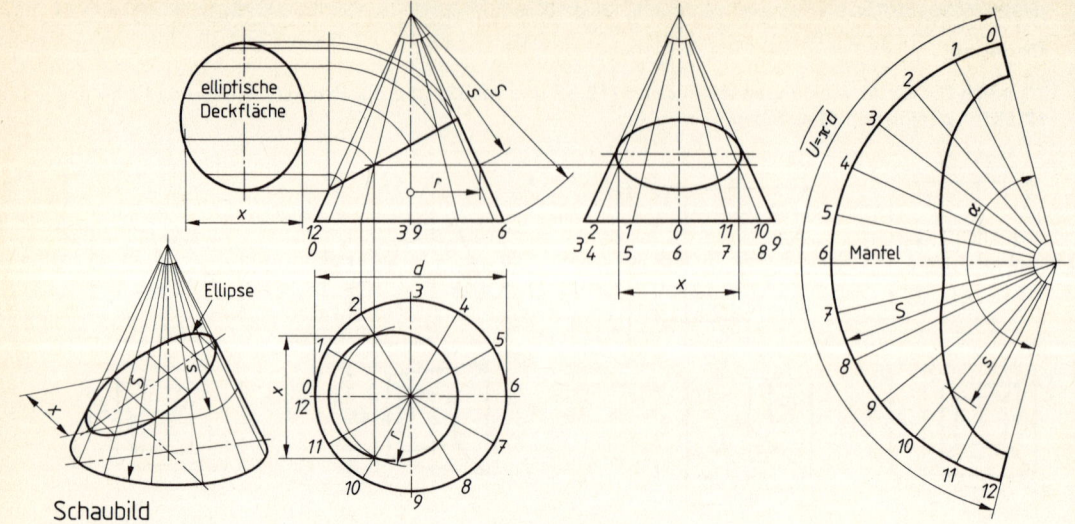

12.57 Darstellung und Abwicklung eines Kegelstumpfs

Grundfläche hinaus die Verlängerung der anderen schneidet. Zur Konstruktion der D e c k f l ä - c h e in der Seitenansicht und in der Draufsicht sowie zum Aufzeichnen der Abwicklung dienen wiederum Mantellinien. Sie führen von der Grundkante zur Kegelspitze. Dort, wo sie in der Vorderansicht durch die schräge Schnittlinie unterbrochen sind, liegen Punkte der Ellipse. Sie werden auf die gleichen Mantellinien der Seitenansicht und der Draufsicht übertragen (Beispiel: Mantellinien 2 und 10).

Die Ellipse in der Draufsicht wird jedoch genauer, wenn sich jede Mantellinie mit dem zugehörigen Kreisbogen schneidet. Das ist der Kreisbogen, der parallel zur Kegelgrundkante durch den zu übertragenden Ellipsenpunkt um den Kegelmantel herumläuft. Die Vorderansicht zeigt den Halbmesser r für den Kreisbogen, der in der Draufsicht die Mantellinien 2 und 10 schneidet.

Für die Abwicklung des Kegelstumpfmantels wird zuerst ein Kreisbogen mit der aus der Vorderansicht entnommenen Seitenlänge S geschlagen, der Winkel α berechnet und abgetragen. Nach der Einteilung des Bogens in 12 gleiche Teile sind Mantellinien zu ziehen und die Längen aus der Vorderansicht abzugreifen. Dort erscheinen sie verkürzt, 0 bzw. 12 und 6 ausgenommen. Um die wirkliche Länge zu erhalten, dreht man den Kegel um seine Längsachse, bis die betreffende Mantellinie (z. B. 10) mit einer Seitenlinie zusammenfällt. Nun kann die wahre Länge als Maß s aus der Vorderansicht in die Abwicklung übertragen werden.

Um die wahre Größe der Deckfläche aufzuzeichnen, überträgt man zuerst durch Zirkelschläge die Länge der schrägen Schnittlinie einschließlich der Unterteilungen als große Achse der Ellipse aus der Vorderansicht. Die Abstände der Ellipsenpunkte in den Enden zweier gleich langer Mantellinien werden aus der Draufsicht übernommen (Beispiel: Maß x).

Die Deckfläche in der Draufsicht und in der Seitenansicht kann aber auch durch H i l f s - s c h n i t t e konstruiert werden (**12**.58). Sie liegen parallel zur Grundfläche und erzeugen Kreisflächen, von denen ein Stück abgetrennt ist. Aus der Vorderansicht wird der Halbmesser r abgegriffen, in der Draufsicht damit ein Kreis geschlagen und dann die Sehne durch Herunterloten gezogen. Sie schneidet den Kreis in den Ellipsenpunkten a und b.

328

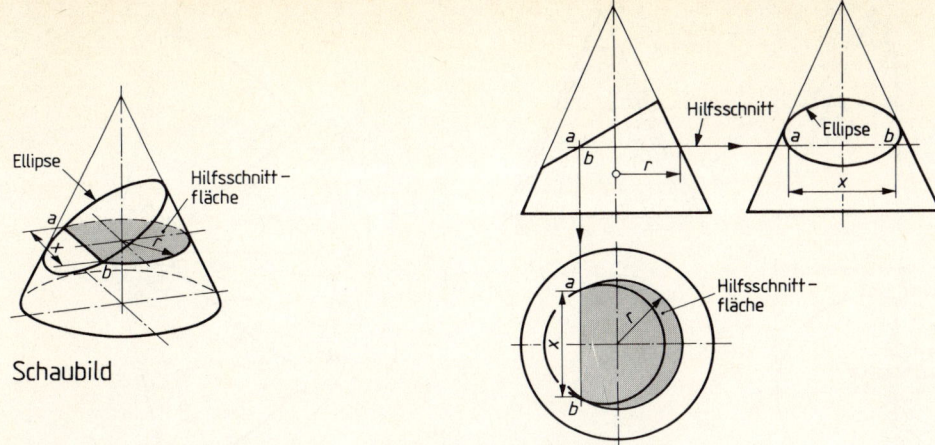

12.58   Konstruktion der elliptischen Deckfläche durch Hilfsschnitte

Diese Punkte legt man in der Seitenansicht mit Hilfe des Maßes *x* fest. Weitere Kurvenpunkte werden in der gleichen Weise durch höher und tiefer liegende Hilfsschnitte bestimmt.

Durch einen Schnitt parallel zur Mittelachse des Kegels entsteht eine von einer Hyperbel und einer Geraden begrenzte Fläche. Die Hyperbel tritt in der Seitenansicht in wahrer Größe auf. Die Sehnen der verschieden großen Hilfsschnittflächen liegen in der Draufsicht übereinander (**12**.59).

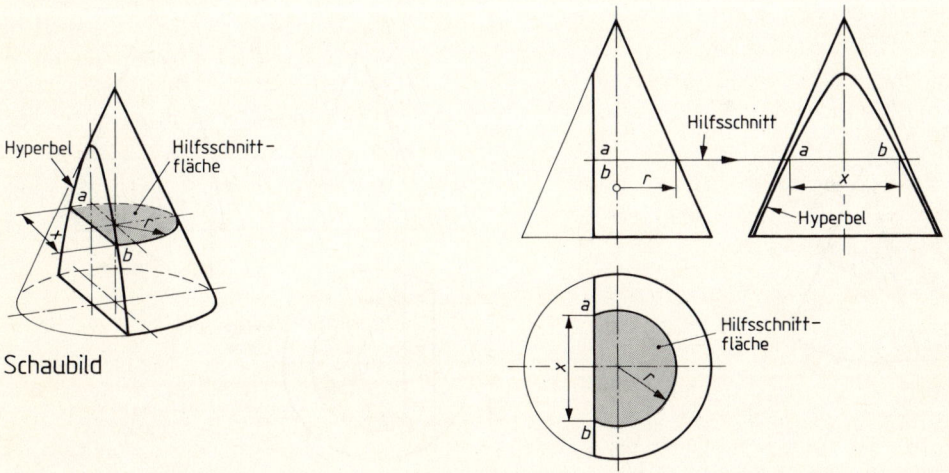

12.59   Konstruktion der Hyperbel durch Hilfsschnitte

Für die Abwicklung des Mantels werden wieder Mantellinien verwendet, die dort, wo die Kurve liegt, zwecks größerer Genauigkeit vermehrt und an anderen Stellen fortgelassen werden können (**12**.60). Verläuft die Schnittführung am Kegel durch die Kegelspitze, entstehen, wie man an den Mantellinien in Bild **12**.60 erkennen kann, Dreiecke als Schnittflächen.

329

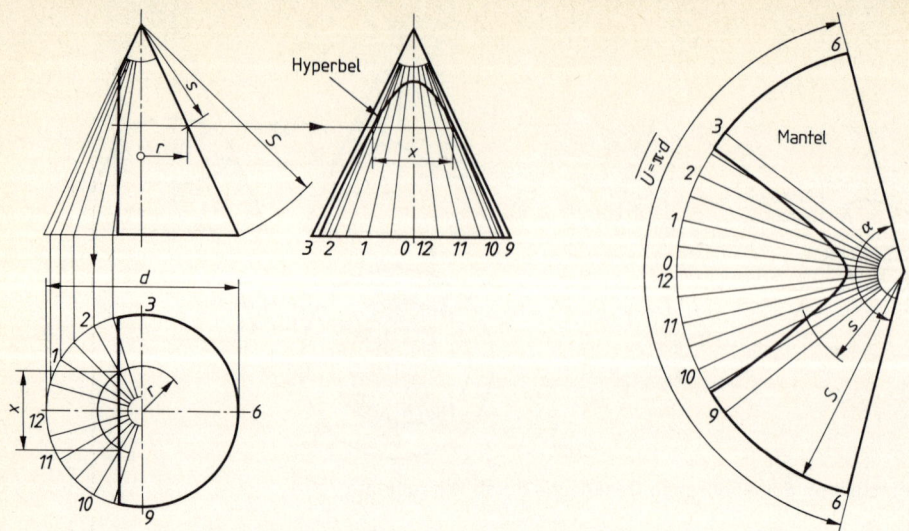

12.60   Konstruktion der Hyperbel und der Abwicklung durch Mantellinien

Durch einen schrägen Schnitt parallel zur Seitenlinie entsteht eine von einer Parabel und einer Geraden begrenzte Fläche (**12**.61). Die in der Seitenansicht und in der Draufsicht liegende Kurve und die Abwicklungen werden nach bereits bekannten Verfahren konstruiert.

Nicht nur der Schnitt parallel zur Körperachse erzeugt eine Hyperbel (**12**.59), sondern auch jeder andere in dem Raum zwischen jenem Schnitt und dem Parabelschnitt.

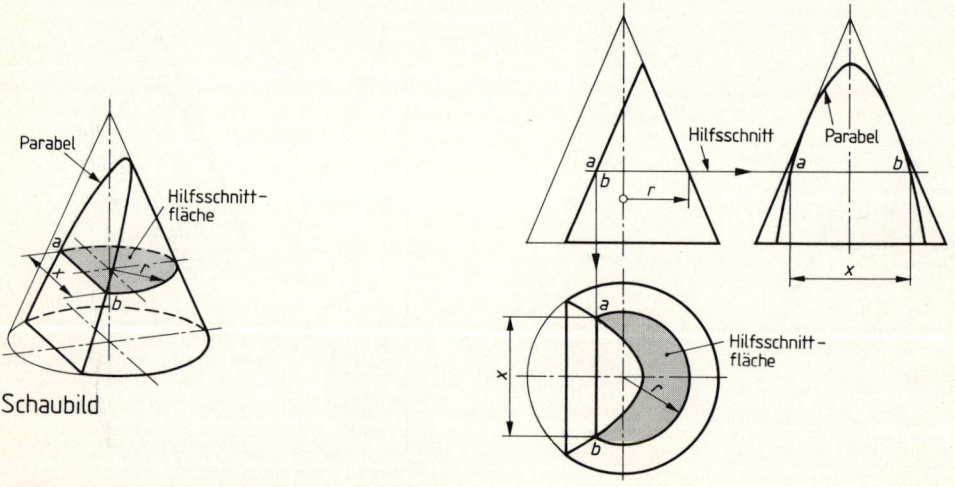

12.61   Konstruktion der Parabel durch Hilfsschnitte

Schiefer Kreiskegel

Die Mantellinien des schiefen Kreiskegels sind verschieden lang (**12**.62) und erscheinen bis auf die beiden *0* bzw. *12* und *6,* die sich mit den Seitenlinien in der Vorderansicht decken, verkürzt.

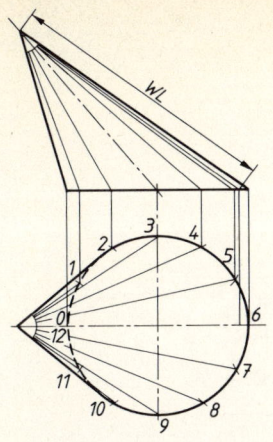

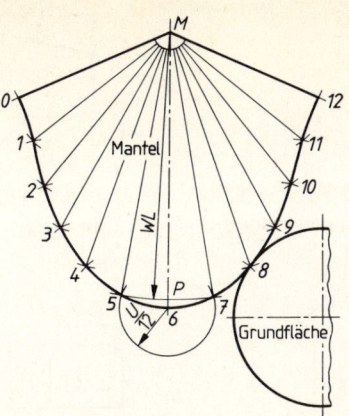

12.62   Schiefer Kreiskegel

Die Mantelabwicklung beginnt mit der längsten Mantellinie *6*. Sie teilt die Abwicklung in Hälften. Die wahre Länge *WL* der Mantellinien *5* und *7* wird ermittelt und damit ein Kreisbogen um den Punkt *M* geschlagen. Mit dem zwölften Umfangsteil der Grundfläche wird dann um den Endpunkt *P* ein zweiter Kreisbogen gezogen und mit dem anderen zum Schnitt gebracht. Damit liegen die Punkte *5* und *7* der geschwungenen Begrenzungslinie fest. Nun werden zwei Kreisbogen um die Punkte *5* und *7* der Abwicklung geschlagen, einer mit der wahren Länge der nächsten Mantellinien *4* und *8*, der andere mit dem zwölften Umfangsteil der Grundfläche. In den Schnittpunkten befinden sich weitere zwei Punkte (*4* und *8*) der geschwungenen Begrenzungslinie. Das Verfahren wird so lange fortgesetzt, bis alle Punkte gefunden sind.

Schnitte durch schiefe Kreiskegel sind wie bei geraden Kreiskegeln je nach der Lage Kreise, Ellipsen, Parabeln oder Hyperbeln.

Übungen

1. Zeichnen Sie Ansichten und Abwicklung des Trichters **12**.63, des Rohrabzweigs **12**.64, der Haube **12**.65, der Rohrverbindung **12**.67 und des Hosenrohrs **12**.68.

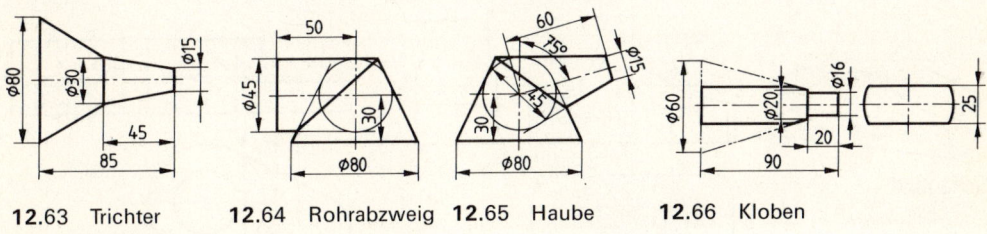

12.63   Trichter   **12**.64   Rohrabzweig   **12**.65   Haube   **12**.66   Kloben

2. Zeichnen Sie die Kloben **12**.66 und **12**.69, den Vierkant **12**.70 und den Sechskant **12**.71 in drei Ansichten und konstruieren Sie die Schnittkurven.

331

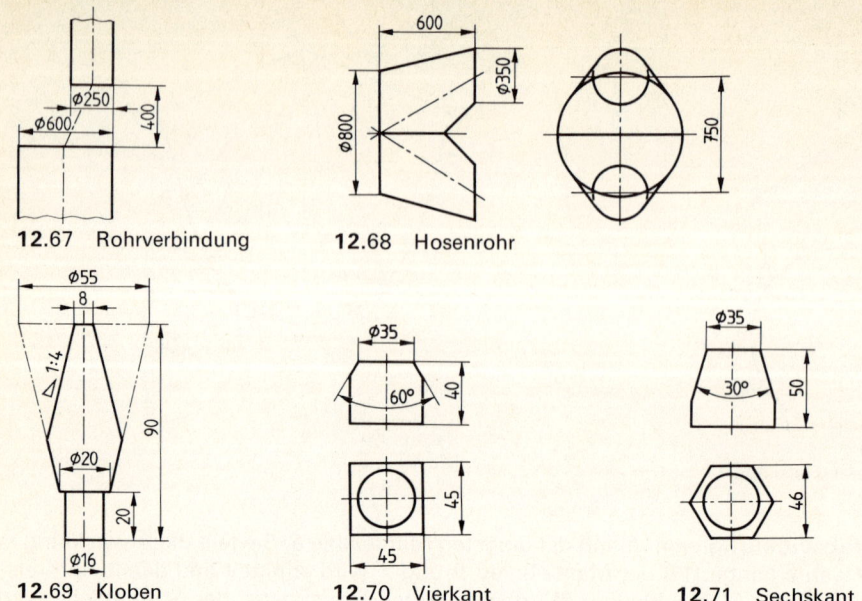

12.67 Rohrverbindung

12.68 Hosenrohr

12.69 Kloben

12.70 Vierkant

12.71 Sechskant

12.3.5 Andere Drehkörper

Die Hilfsschnitte zur Konstruktion der Kurven an einem Stangenende (**12**.72) liegen recht-winklig zur Körperachse und ergeben Kreisflächen, an denen zwei gegenüberliegende Stücke fehlen.

Mit dem in der Vorderansicht abzugreifenden Halbmesser r wird die Hilfsschnittfläche in der Draufsicht umrissen. In den Schnittpunkten der Bogen mit den waagerechten Körperkanten liegen die Kurvenpunkte a und b. Sie werden in die Vorderansicht übernommen. In der Seitenansicht erscheint die Kurve als gerade Linie wie in der Draufsicht.

Sind Stangendurchmesser und Kopfbreite gleich groß, sind mithin die waagerechten Körper-kanten der Draufsicht Tangenten am Kreise des Schafts, läuft die Kurve in eine Spitze aus.

Die Reihenfolge der Zeichenarbeit beim Aufsuchen von Kurvenpunkten an einem Nocken-hebel (**12**.73) geht aus der Bezeichnung der Konstruktionslinien 1 bis 4 hervor. Die Linie, die den Hilfsschnitt darstellt, ist mit 1 bezeichnet.

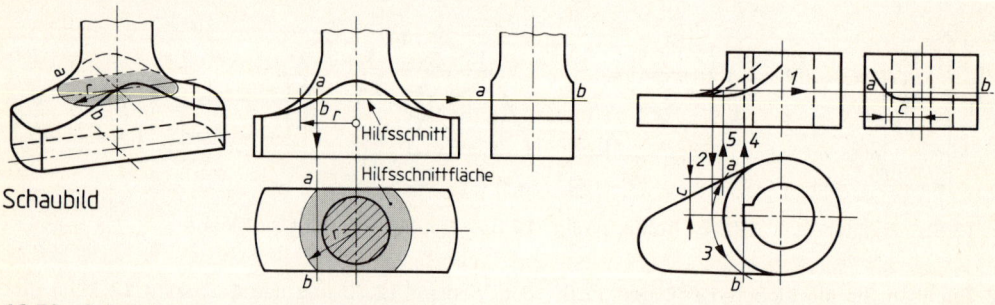

Schaubild

Hilfsschnitt

Hilfsschnittfläche

12.72 Schnittkurven an einem Stangenende

12.73 Schaltnocken

Übungen

Zeichnen Sie die in den Bildern **12**.75 und **12**.76 dargestellten Werkstücke in zwei Ansichten, die in den Bildern **12**.74 und **12**.77 bis **12**.79 dargestellten Teile in drei Ansichten und konstruieren Sie die Kurven.

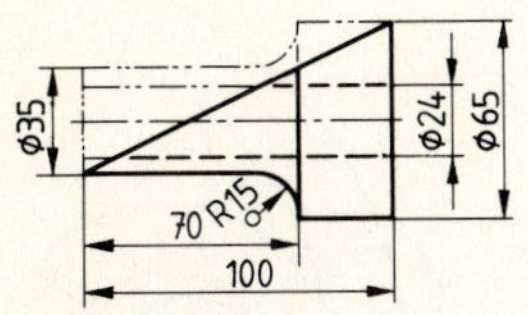

12.74 Hülse

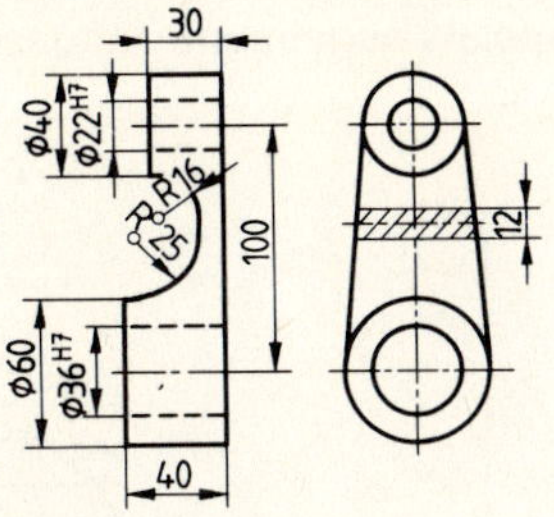

12.75 Hebel

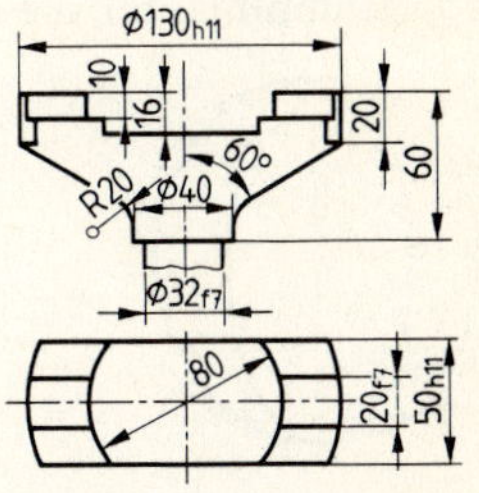

12.76 Kupplungshälfte

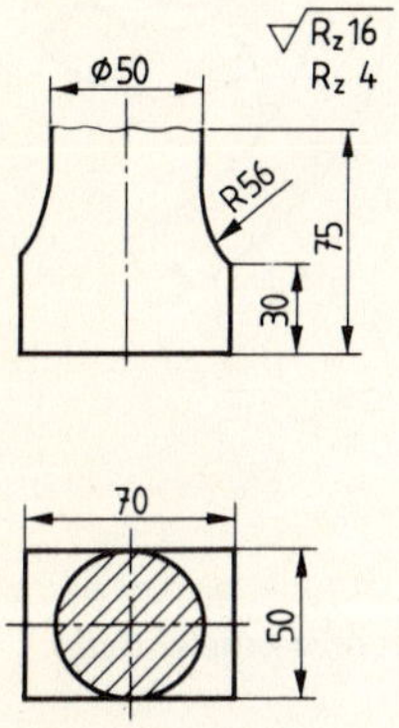

12.77 Stempel

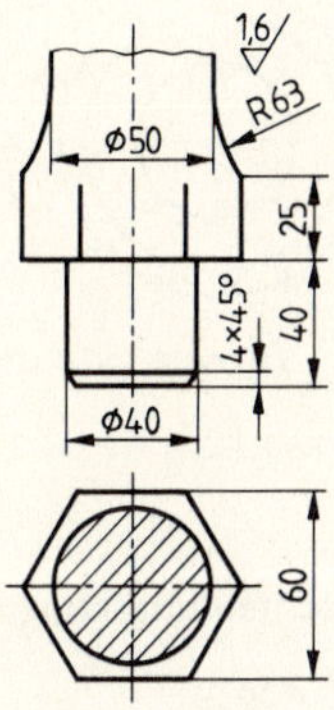

12.78 Sechskantfuß

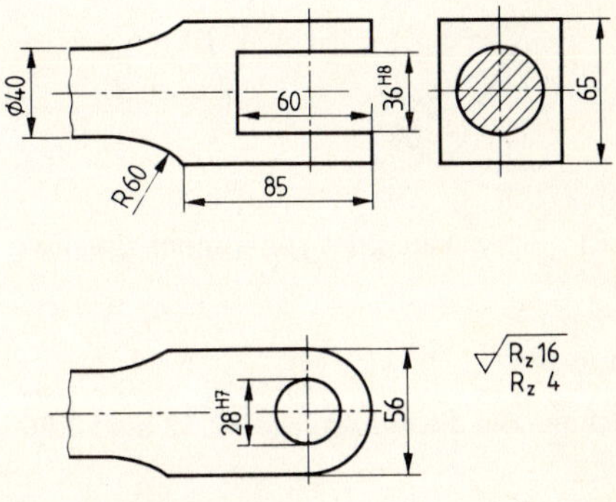

12.79 Gabelkopf

12.3.6 Kugel

Ein ebener Schnitt durch eine Kugel erzeugt stets einen Kreis. Sein Durchmesser ist um so größer, je mehr er sich dem Mittelpunkt der Kugel nähert. Liegt der Schnitt schräg, erscheint die kreisförmige Schnittfläche in den anderen Ansichten als Ellipse, deren Konstruktion aus Bild **12**.80 hervorgeht. Die großen Achsen beider Ellipsen und der Durchmesser der Schnittfläche sind einander gleich.

Die Oberfläche einer Kugel läßt sich nicht als Ebene ausbreiten. Die Abwicklung ist da-

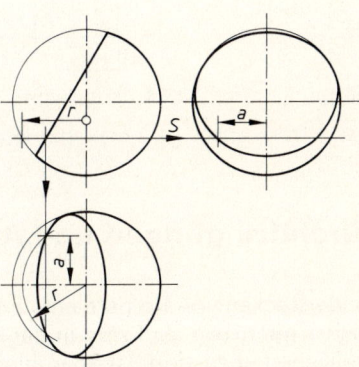

12.80 Schräggeschnittene Kugel

her nur annähernd genau möglich. Die Kugel wird wie die auf dem Globus dargestellte Erdoberfläche mit einem L i n i e n n e t z versehen (**12.81**). Dadurch zerlegt man die Oberfläche. Sie besteht bei der dargestellten Kugel aus 12 Teilen (sphärische Zweiecke genannt), deren Längen gleich dem halben Kugelumfang $U/2$ und wie dieser in 6 gleiche Teile geteilt sind. Die einzelnen Breiten a, b usw. werden der Draufsicht entnommen.

Die Kugel läßt sich auch in Z o n e n einteilen. Die Oberflächen der unteren Zonen werden als Kegelstumpfmäntel, die der Kuppe als Kegelmantel angesehen und aufgezeichnet (**12.82**).

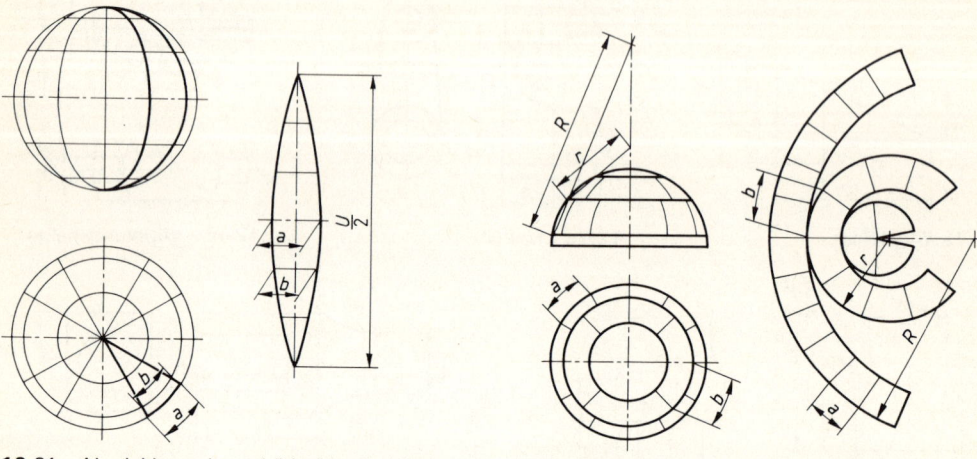

12.81   Abwicklung des sphärischen Zweiecks   **12.**82   Abwicklung der Kugelzonen

Übungen

Zeichnen Sie die Werkstücke **12.**83 bis **12.**86 in je drei Ansichten und konstruieren Sie die Kurven.

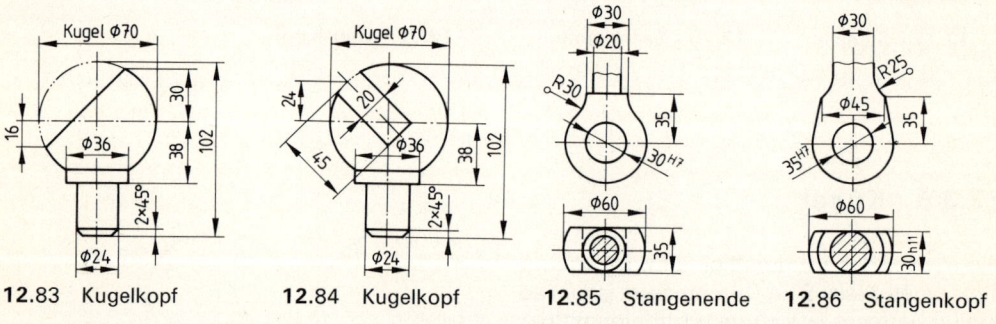

12.83   Kugelkopf   **12.**84   Kugelkopf   **12.**85   Stangenende   **12.**86   Stangenkopf

12.4   Durchdringungen und Abwicklungen

Beim Ineinanderstecken von Körpern entstehen an den Stoßstellen neue Kanten. Sie heißen D u r c h d r i n g u n g s l i n i e n und sind in der Zeichnung geradlinig, wenn die zusammenstoßenden Oberflächen eben sind. Ist aber mindestens eine der Oberflächen gewölbt, treten – von Sonderfällen abgesehen (**12.92**) – Durchdringungskurven auf.

12.4.1 Prismen

Rechtwinklige Durchdringung einer Rechtecksäule mit einer Dreiecksäule. Die Achsen der Körper stehen rechtwinklig zueinander (**12**.87). Die Durchdringungslinien erscheinen im Beispiel in der Vorderansicht und werden aus der Seitenansicht und der Draufsicht übernommen. Zur Erleichterung der Arbeit sind die Seitenkanten der Rechtecksäule mit *1* bis *4* und die der Dreiecksäule mit *I* bis *III* bezeichnet. Die Draufsicht zeigt die Punkte *a*, *b* usw. bis *f*, in denen die Rechtecksäule von den Kanten *I* bis *III* durchstoßen wird. Sie werden in die Vorderansicht übertragen. Die Seitenansicht zeigt die Punkte *g* bis *k*, in denen die Dreiecksäule von den Kanten *1* und *3* durchstoßen wird. Die Punkte werden in die Vorderansicht herübergeholt.

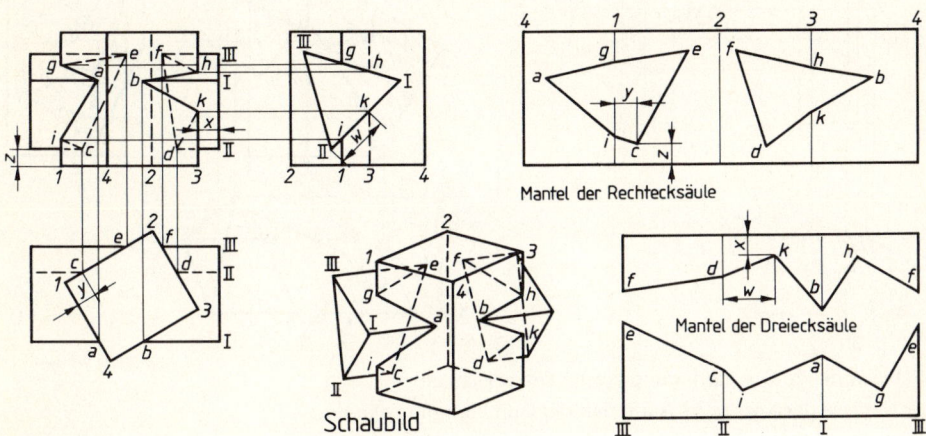

12.87   Rechtwinklige Durchdringung einer Rechtecksäule mit einer Dreiecksäule

Nun verbindet man die in der Vorderansicht gefundenen Punkte *a* bis *k*: Vom Punkt *a* in der Draufsicht führt eine Rechteckseite zur Kante *1*. Auf dieser Kante liegt, wie die Seitenansicht zeigt, der Punkt *g*. Er muß mit *a* verbunden werden. Punkt *g* ist mit *e* zu verbinden, weil beim Umfahren des Rechtecks in der Draufsicht der Punkt *e* folgt. Punkt *e* wird dann mit *c* verbunden. Mit welchem Punkt der auf der Kante *II* liegende Punkt *c* zu verbinden ist, zeigt die Seitenansicht. Dort führt eine Dreieckseite von *II* nach *I*, auf der Punkt *i* liegt. Folglich wird von *c* nach *i* gezogen. In dieser Weise wird die Arbeit fortgesetzt. Die Durchdringungslinien sind zum Teil verdeckt, wie Draufsicht und Seitenansicht zeigen.

Zum Festlegen der Ausschnitte aus dem Mantel der Rechtecksäule trägt man zuerst die Punkte *g* bis *k* auf den Seitenlinien *1* und *3* der Abwicklung ab. Die Abmessungen hierfür liefert die Seitenansicht. Dann werden die Punkte *a* bis *f* bestimmt, deren Abstände von den Seitenkanten am Umfang der Rechteckfläche in der Draufsicht und deren Höhen aus der Vorderansicht abgegriffen werden (Beispiel: Maße *y* und *z* für Punkt *c*). Ebenso legt man den Ausschnitt aus dem abgewickelten Mantel der Dreiecksäule fest. Die Punkte *a* bis *f* auf den Kanten *I* bis *III* liefert die Draufsicht. Die Abstände für die Punkte *g* bis *k* werden in der Seitenansicht und in der Draufsicht abgegriffen (Beispiel: Maße *w* und *x* für Punkt *k*).

Schiefwinklige Durchdringung zweier Dreiecksäulen. Zuerst werden die Umrisse der Körper in schmalen Linien aufgezeichnet (**12**.88a). Die Draufsicht zeigt, daß die Kanten *1* und *2* auf die stehende Dreiecksäule auftreffen, und zwar in den Punkten *a* bis *d*. Sie werden von hier in die Vorderansicht und in die Seitenansicht übertragen. Für die Ermittlung der Punkte *e* und *f* legt man einen Hilfsschnitt *A* parallel zur Projektionsfläche der Vorderansicht durch die Kante *II* (**12.**88b). Er erzeugt an der schiefliegenden Dreiecksäule in der Vorderansicht eine Hilfsschnittfläche, deren Breite aus der Draufsicht ermittelt wird. Damit werden die Punkte *e* und *f* gefunden. Durch einen weiteren Hilfsschnitt *B* entlang der Kante *I* ermittelt man in der Vorderansicht *g* und *h*. Nachdem die Punkte *e* bis *h* in die Seitenansicht übertragen worden sind, vervollständigt man die Zeichnung.

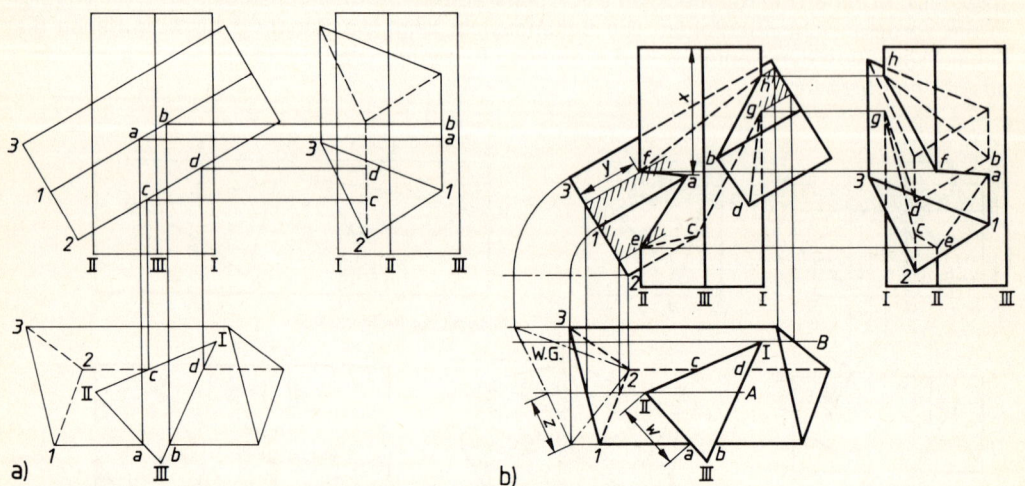

12.88   Schiefwinklige Durchdringung zweier Dreiecksäulen

  a) Umrisse der Körper, b) Auffinden der Durchdringungslinien

Für den Ausschnitt des abgewickelten Mantels der stehenden Dreiecksäule (**12.**89a) werden die Punkte *e* bis *h* von den Seitenkanten *I* und *II* der Vorderansicht übernommen. Die Abstände der Punkte *a* bis *d* von den Seitenkanten stammen aus Draufsicht und Vorderansicht (Beispiel: Maße *w* und *x* für Punkt *a*).

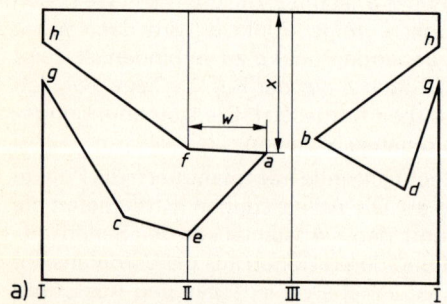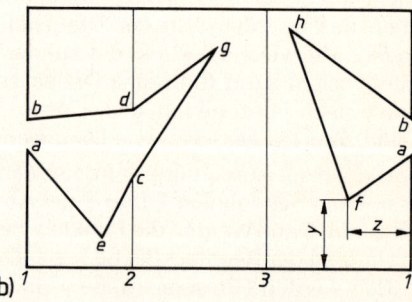

12.89   Abwicklung der Dreiecksäulen

  a) Mantel der stehenden Dreiecksäule, b) Mantel der liegenden Dreiecksäule

Zum Aufzeichnen des Mantels der schiefliegenden Dreiecksäule (**12.**89b) wird zuvor die wahre Größe *WG* der Grundfläche in der Draufsicht ermittelt (**12.**88b). Die wahren Längen der Dreiecksseiten sind die Breiten der Mantelabwicklung. Die Punkte *a* bis *d* der

Abwicklung gehen aus der Vorderansicht hervor. Die übrigen Punkte *e* bis *h* werden durch die Höhen aus der Vorderansicht (Beispiel: Maß *y* für Punkt *f*) und durch die Abstände von den Seitenkanten festgelegt. Diese sind aber an den wahren Längen der Dreieckseiten in der Draufsicht abzugreifen (Beispiel: Maß *z* für Punkt *f*).

12.4.2 Prisma und Pyramide

Schiefwinklige Durchdringung einer Pyramide mit einer Quadratsäule. Zur Ermittlung der Punkte *a* bis *d* in der Vorderansicht dient der Hilfsschnitt *X* (**12**.90). Er liegt parallel zur Längsachse der Pyramide und in den Seitenkanten *1* und *3* der Quadratsäule.

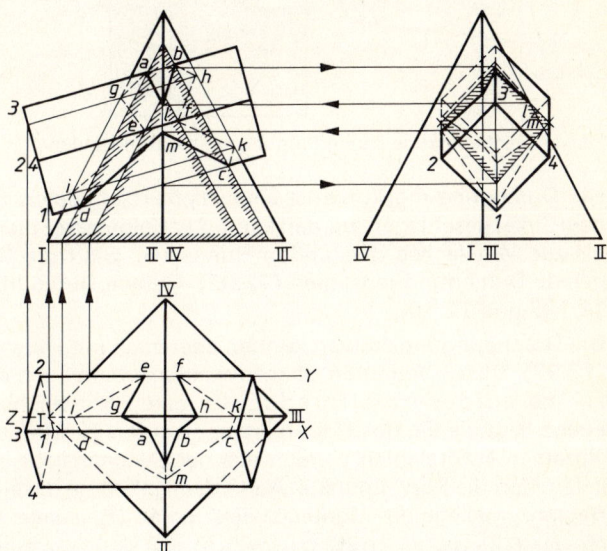

12.90
Schiefwinklige Durchdringung
einer Pyramide und einer
Quadratsäule

Als Hilfsschnittfläche entsteht in der Vorderansicht das große, am Rand schraffierte Dreieck. In den Schnittpunkten der Dreieckseiten mit den Kanten *1* und *3* liegen die Punkte *a* bis *d*, die nun in die Draufsicht übertragen werden. Durch einen zweiten Hilfsschnitt *Y* parallel zur Pyramidenachse werden in der gleichen Weise die Punkte *e* und *f* in der Vorderansicht gefunden. Der dritte Hilfsschnitt *Z* führt durch die Pyramidenachse und liefert in der Vorderansicht die Punkte *g* bis *k*. Die Punkte *l* und *m* entstehen zuerst in der Seitenansicht, und zwar durch einen Hilfsschnitt entlang der senkrechten Mittellinie in der Vorderansicht. Er erzeugt in der Seitenansicht – von der Pyramide herrührend – eine Dreieckfläche, deren Seiten mit den Umrißlinien der Seitenansicht zusammenfallen. Außerdem erzeugt der Hilfsschnitt – von der Quadratsäule stammend – eine Viereckfläche. Die rechte Dreieckseite schneidet dort zwei Viereckseiten und gibt die Punkte *l* und *m* an.

12.4.3 Zylinder

Rechtwinklige Durchdringung zweier Rundsäulen. Der Hilfsschnitt *S* führt durch beide Rundsäulen (**12**.91). An der stehenden erzeugt er eine kreisförmige, an der anderen eine rechteckige Schnittfläche. Die Breite der rechteckigen Schnittfläche wird als Maß *x* aus der Seitenansicht in die Draufsicht übertragen. Wo die Umrißlinien beider Schnittflächen zusammenstoßen, liegen die Punkte *a* bis *d*; sie werden in die Vorderansicht hochgelotet. Weitere Kurvenpunkte entstehen durch höher und tiefer liegende Hilfsschnitte in gleicher Art.

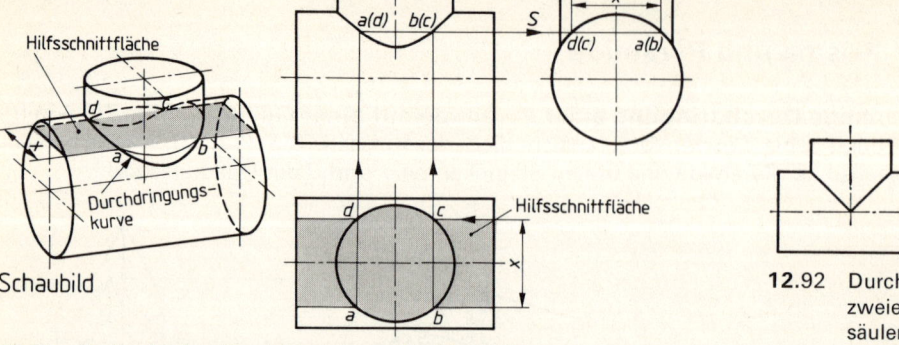

12.91 Rechtwinklige Durchdringung zweier Rundsäulen

12.92 Durchdringung zweier Rundsäulen gleichen Durchmessers

Die Durchdringungskurve ist eine H y p e r b e l, deren Scheitelbogen genügend genau mit dem Zirkel geschlagen werden kann. Als Halbmesser dient die Entfernung vom Scheitelpunkt bis zur Mittelachse der großen Rundsäule. Sind die Durchmesser gleich groß, entstehen gerade Durchdringungslinien (**12**.92). Gerade Durchdringungslinien zeigen auch die Bilder **12**.107 und **12**.108.

Die Durchdringungskurven können aber auch mit Hilfe von Mantellinien konstruiert werden (**12**.93). Dieses Verfahren ist anzuwenden, wenn auch die Mantelabwicklung verlangt wird. Für die a u f g e s e t z t e R u n d s ä u l e, deren Mittelachse in dem Beispiel in einer anderen Ebene liegt als die des Hauptkörpers, werden 12 Mantellinien vorgesehen. Die Längen der einzelnen Mantellinien werden aus der Seitenansicht in die Vorderansicht übertragen und liefern dort die Kurvenpunkte. Außerdem geben sie die einzelnen Punkte der geschwungenen Begrenzungslinie der Mantelabwicklung an (Beispiele: Maße *w* und *x*).

Der Umfang der g r o ß e n R u n d s ä u l e wird in der Seitenansicht aufgeteilt. Nun überträgt man die Mantellinien in die Draufsicht, wo die Längen zum Aufzeichnen der Öffnungen in der Mantelabwicklung entstehen (Beispiele: Maße *y* und *z*). Maß *A* in der Abwicklung liefert die Seitenansicht.

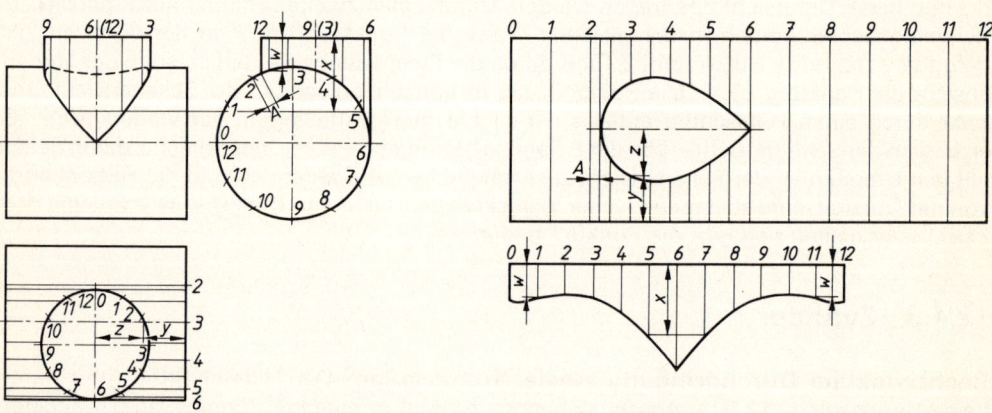

12.93 Durchdringung versetzter Rundsäulen und Mantelabwicklungen

Schiefwinklige Durchdringung zweier Rundsäulen. Die Achsen der beiden Körper liegen in verschiedenen Ebenen (**12**.94). In der Seitenansicht legt man in beliebigem Abstand m von der Mittelachse des Abzweigs zwei Hilfsschnitte S durch beide Rundsäulen. Um in der Vorderansicht die Breite der Hilfsschnittfläche des Abzweigs zu ermitteln, wird in der Seitenansicht über der waagerechten Mittelachse der Deckfläche ein halber Hilfskreis geschlagen. Er stellt die in die Zeichenebene eingedrehte halbe Deckfläche dar. Das Maß x ist mithin die halbe Breite der Hilfsschnittfläche des Abzweigs und in der Vorderansicht beiderseits der Mittelachse abzutragen, wo sich die Punkte o und p ergeben. Sie werden in die Seitenansicht übernommen. In den Schnittpunkten der Umrißlinien beider Hilfsschnittflächen in der Vorderansicht können aber zugleich die Punkte a und b, dann auch c und d gefunden werden. Die Übertragung dieser Kurvenpunkte

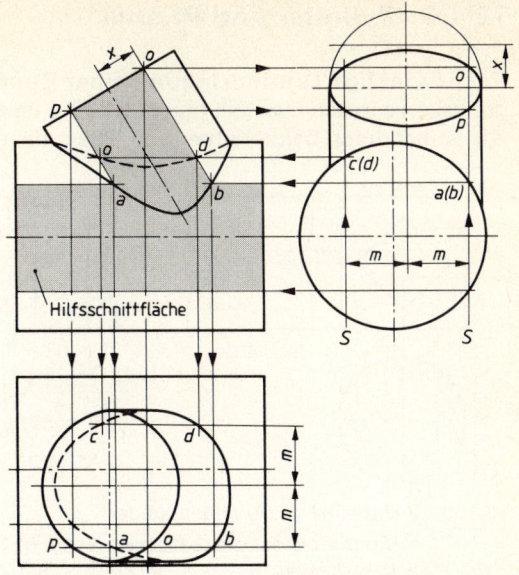

12.94   Schiefwinklige Durchdringung versetzter Rundsäulen

in die Draufsicht geschieht in der üblichen Weise aus den beiden anderen Ansichten.

Übungen

1. Zeichnen Sie die Werkstücke **12**.95 und **12**.96 in drei Ansichten und konstruieren Sie die Kurven.

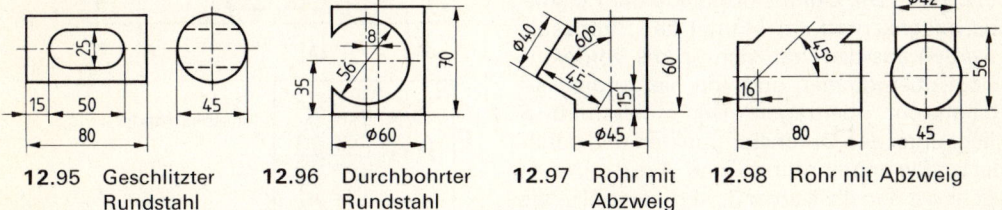

12.95 Geschlitzter Rundstahl   **12**.96 Durchbohrter Rundstahl   **12**.97 Rohr mit Abzweig   **12**.98 Rohr mit Abzweig

2. Es sind die Rohre mit Abzweig (**12**.97 und **12**.98) in drei Ansichten darzustellen, die Kurven zu konstruieren und die Abwicklungen zu zeichnen.

3. Zeichnen Sie die gegebenen Ansichten des Gehäuses **12**.99 und ergänzen Sie die Seitenansicht als Schnitt durch die linke Bohrung.

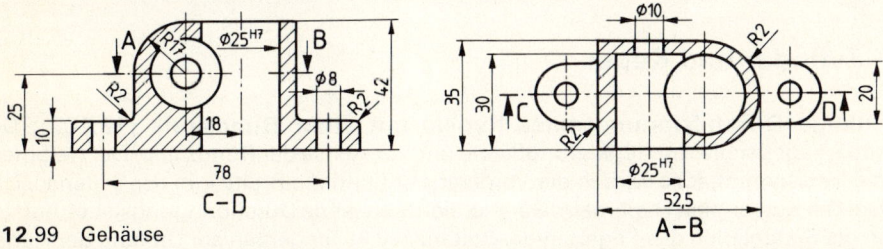

12.99 Gehäuse

12.4.4 Zylinder und Prisma

Rechtwinklige Durchdringung einer Rundsäule mit einem Prisma. Jede Durchdringungskurve in den Darstellungen (**12**.100) ist ein Teil einer Ellipse. Die Hilfsschnitte *S* gehen wie immer durch beide Körper und liefern die einzelnen Kurvenpunkte.

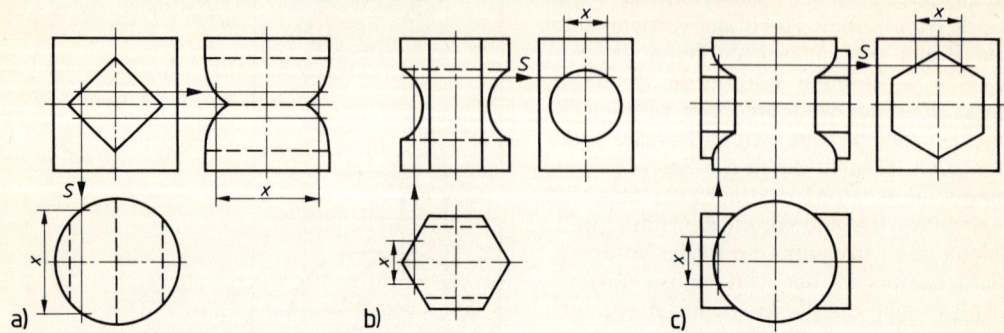

12.100 Rechtwinklige Durchdringungen
a) Rundsäule mit quadratischem Loch, b) Sechsecksäule mit rundem Loch, c) Rundsäule mit Sechsecksäule

12.4.5 Zylinder und Pyramide

Durchdringung einer Pyramide mit einer Rundsäule in Achsrichtung (**12**.101). Die Durchstoßpunkte der Pyramidenseitenkanten am Mantel der Rundsäule werden aus der Draufsicht in die Vorderansicht übernommen und von hier in die Seitenansicht übertragen. Der Hilfsschnitt *S* liegt unter den Durchstoßpunkten und parallel zur Pyramidengrundfläche. Aus der Draufsicht werden die Kurvenpunkte sowohl in die Vorderansicht hochgelotet als auch in die Seitenansicht übertragen (Beispiel: Maß *x*). Die Kurven sind elliptisch.

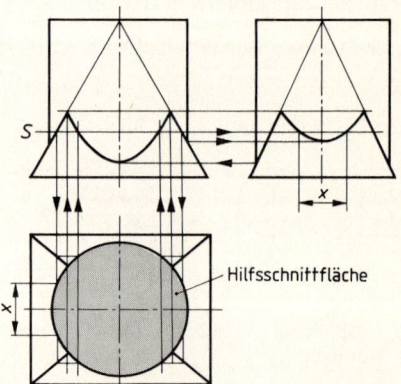

Hilfsschnittfläche

12.101   Durchdringung einer Pyramide mit einer Rundsäule

12.4.6 Zylinder und Kegel

Rechtwinklige Durchdringung eines Kegels mit einer Rundsäule (**12**.102). Der Hilfsschnitt *S* liegt parallel zur Kegelgrundfläche und zur Achse der Rundsäule. Der Halbmesser *r* für die Hilfsschnittfläche wird in der Vorderansicht und die Breite *a* in der Seitenansicht abgegriffen. Die Kurven sind Hyperbeln. Gerade, sich kreuzende Durchdringungslinien entstehen, wenn die Seitenlinien des Kegels in der Seitenansicht Tangenten am Umfang der Rundsäule sind.

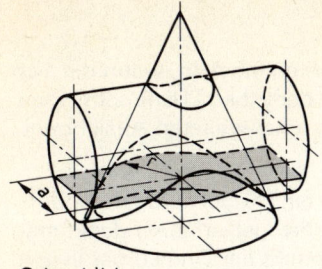

Schaubild

12.102
Rechtwinklige Durchdringung eines
Kegels mit einer Rundsäule

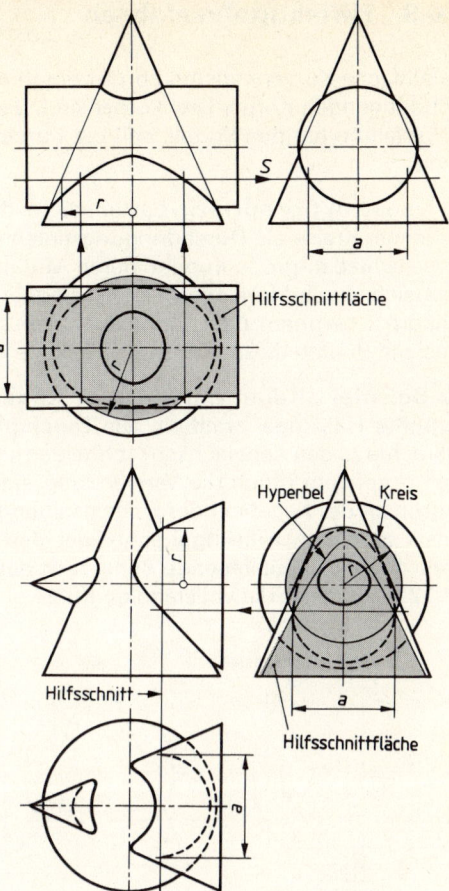

12.4.7   Kegel und Kegel

Rechtwinklige Durchdringung zweier Kegel. Die Kurven lassen sich durch H i l f s - s c h n i t t e parallel zur Achse des stehenden und parallel zur Grundfläche des liegenden Kegels konstruieren (**12.**103). Als Hilfs- schnittfläche treten demnach am liegenden Kegel eine Kreis- und am stehenden Kegel eine Hyperbelfläche auf. In den Schnittpunk- ten ihrer Umrißlinien liegen dann Punkte der Durchdringungskurve. Das Aufsuchen der Punkte mit Hilfe von Hyperbelflächen ist je- doch zeitraubend und ungenau, weil die Hy- perbeln auch erst punktweise gefunden wer- den müßten.

12.103   Durchdringung zweier Kegel

12.4.8   Zylinder und Kugel

Durchdringung einer Kugel mit zwei Rundsäulen (**12.**104). Führt die Achse der durchdringenden Rundsäule durch die Ku- gelmitte, entsteht als Durchdringungslinie ein Kreis. Er ist in der Vorderansicht und in der Draufsicht als senkrechte Gerade dargestellt. Führt aber die Achse der Rundsäule an der Kugelmitte vorbei, tritt eine Durchdrin- gungskurve auf.

Der Hilfsschnitt S schneidet Kugel und Rundsäule. Die Hilfsschnittfläche an der Ku- gel ist ein Kreis, die an der Rundsäule ein Rechteck, die sich in Kurvenpunkten schnei- den. Diese Punkte werden aus der Draufsicht in die Vorderansicht übertragen.

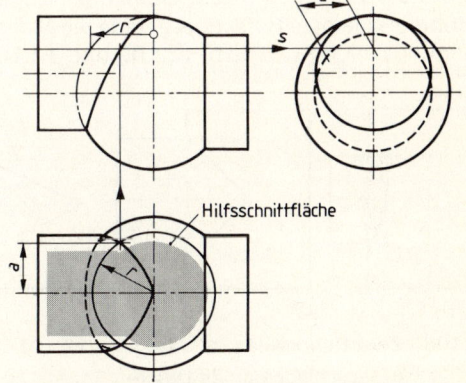

12.104   Durchdringung einer Kugel mit zwei
Rundsäulen

12.4.9 Hilfskugelverfahren

Eine einfache Kurvenkonstruktion ist durch das Hilfskugelverfahren möglich, wenn die sich durchdringenden Körper Drehkörper sind, deren Achsen sich in derselben Ebene schneiden. Das Verfahren hat den Vorteil, daß die Kurven ohne Benutzung einer weiteren Ansicht entstehen.

Das Konstruktionsprinzip besteht darin, daß Drehkörper, die eine Kugel mittig durchdringen, immer Kreise als Durchdringungslinien erzeugen. Beim Hilfskugelverfahren denkt man sich verschieden große Kugeln, deren Mittelpunkte im Schnittpunkt der Drehkörper liegen, in die sich durchdringenden Körper eingebracht. Alle Kugeln, die die Mantellinien beider Drehkörper berühren oder schneiden, erzeugen auf beiden kreisförmige Schnittlinien. Gemeinsame Punkte dieser Kreise sind Punkte der Durchdringungslinien.

Das Beispiel „Kegel durchdringt Kegel" soll das erklären: Der Punkt *n* wird durch die größte Hilfskugel ermittelt. Die Durchdringungslinien Kegel–Kugel (sie erscheinen als Senkrechte zu den Kegelachsen) schneiden sich gerade noch innerhalb der Körper (**12.**105 a). Punkt *o* entsteht durch die Verwendung einer kleineren Kugel (**12.**105 b). Die Durchdringungslinien der Kegel mit der gemeinsamen Hilfskugel schneiden sich in diesem Punkt. Die kleinste mögliche Hilfskugel schneidet den einen Kegelmantel und berührt den anderen gerade noch. Der entstehende Punkt *p* ist der Scheitel der Durchdringungskurve (**12.**105 c). Bild **12.**105 d zeigt die vollständige Kurve.

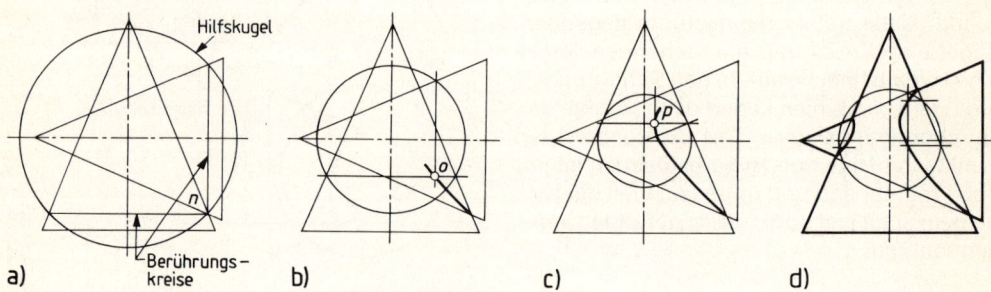

12.105 Kurvenkonstruktion durch Hilfskugelverfahren

Sind die Seitenlinien beider Drehkörper zugleich Tangenten an einem Hilfskugelkreis (d. h. berührt die kleinste Hilfskugel gerade die Mantellinie beider Körper), entstehen gerade Durchdringungslinien (**12.**106 b, **12.**107 und **12.**108).

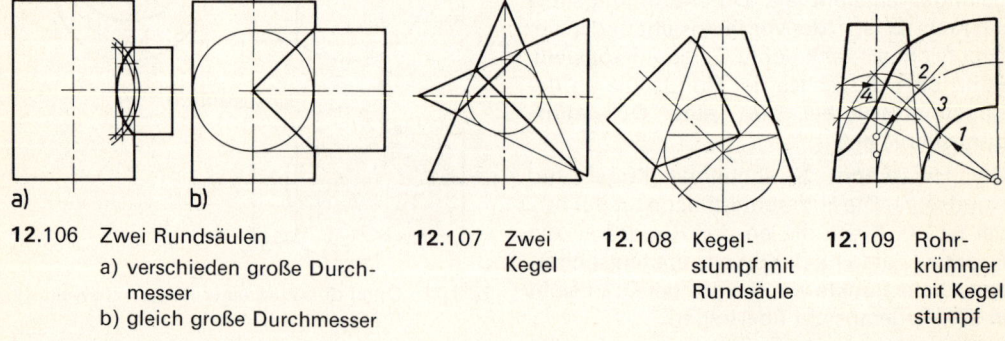

12.106 Zwei Rundsäulen
    a) verschieden große Durch-
       messer
    b) gleich große Durchmesser

12.107 Zwei
    Kegel

12.108 Kegel-
    stumpf mit
    Rundsäule

12.109 Rohr-
    krümmer
    mit Kegel-
    stumpf

342

Bei der Konstruktion der Kurven, die bei einem auf einen Rohrkrümmer aufgesetzten kegeligen Abzweig entstehen (**12.**109), ist die Lage der Kugelmitten wegen der Krümmung verschieden. Im Schnittpunkt einer beliebig liegenden Hilfslinie (*1*) mit der Achse des Krümmers wird eine Tangente (*2*) gezogen. Wo sie auf die Mittelachse des Kegelstumpfes auftrifft, liegt der Mittelpunkt einer Hilfskugel (*3*). Der Halbmesser reicht bis zu den Schnittpunkten der Hilfslinie (*1*) mit den Seitenlinien des Krümmers. Die nun durch die Schnittpunkte des Hilfskugelkreises mit den Seiten des Kegelstumpfs zu ziehende Linie (*4*) trifft mit der Hilfslinie (*1*) in einem Kurvenpunkt zusammen.

Übungen

1. Zeichnen Sie die durchbohrten Kegelstümpfe **12.**110 in den drei Ansichten und konstruieren Sie die Durchdringungskurven.

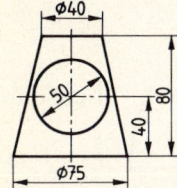 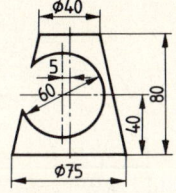 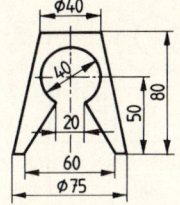

12.110   Durchbohrte Kegelstümpfe

2. Zeichnen Sie die Zunge **12.**111 in den drei Ansichten. Konstruieren Sie die durch die Fertigung entstehenden Kurven.

3. Zeichnen Sie die Durchdringungskurven der Körper nach **12.**112 und **12.**113 mit dem Hilfskugelverfahren. Zeichnen Sie auch die Mantelabwicklungen des kegeligen und des zylindrischen Rohrs nach Bild **12.**113.

4. Zeichnen Sie den Hebel und den Aufsatz **12.**114 und **12.**115 in den drei Ansichten. Konstruieren Sie die an beiden Werkstücken entstehenden Kurven.

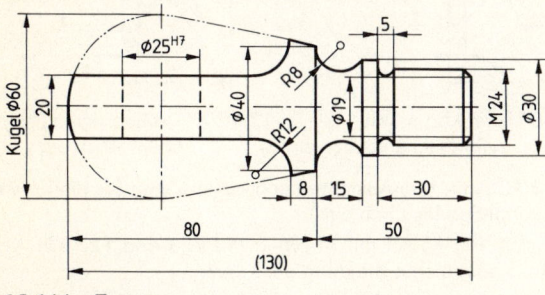

12.111   Zunge

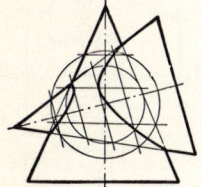

12.112   Zwei Kegel

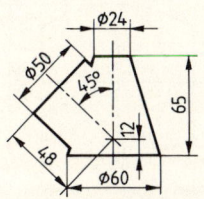

12.113   Kegeliges Rohr mit zylindrischem Abzweig

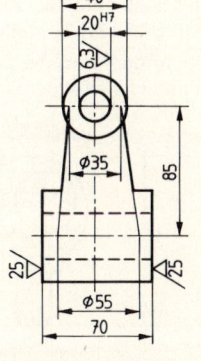 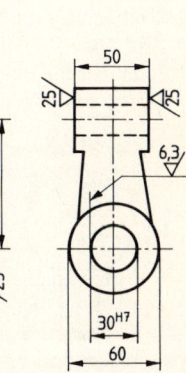

12.114   Hebel

343

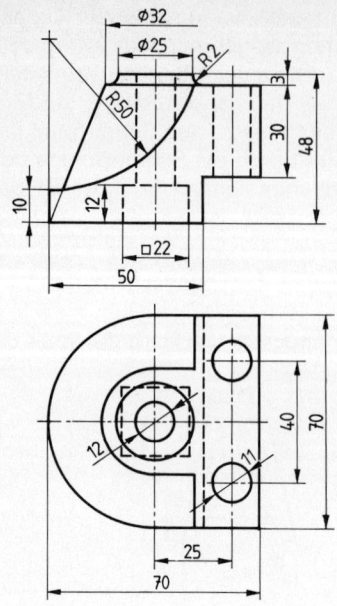

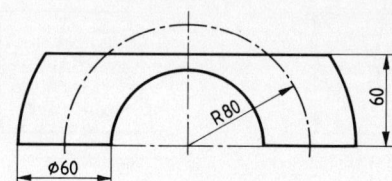

12.116 Krümmer mit zylindrischem Abzweig

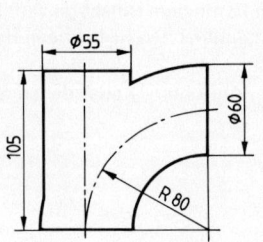

12.115 Aufsatz

12.117 Abgeflachter halber Ring

5. Zeichnen Sie die Teile **12**.116 bis **12**.120 in je drei Ansichten und konstruieren Sie die Kurven.

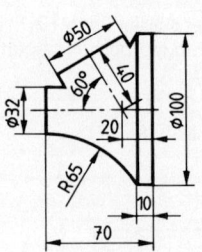

12.118 Krümmer mit
        zylindrischem Abzweig

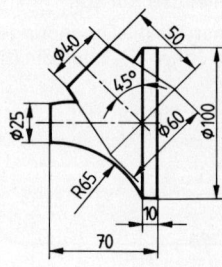

12.119 Drehkörper mit
        zylindrischem Abzweig

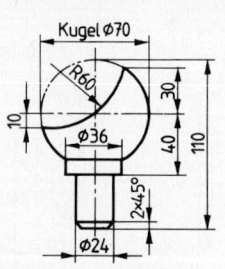

12.120 Drehkörper mit kege-
        ligem Abzweig

6. Zeichnen Sie die Kugelköpfe **12**.121 und **12**.122 in je drei Ansichten und konstruieren Sie die Kurven.
   (Der Kreis ∅ 40 in Bild **12**.122 stellt ein durchgehendes Loch dar.)
7. Zeichnen Sie die Vorder- und die Seitenansicht der Fässer mit Abzweig (**12**.123 und **12**.124), vom
   letzten auch die untere Hälfte der Draufsicht. Konstruieren Sie dann die Kurven.

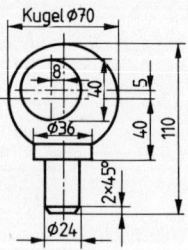

12.121 Kugelkopf

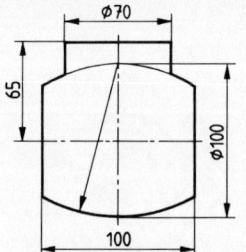

12.122 Kugelkopf

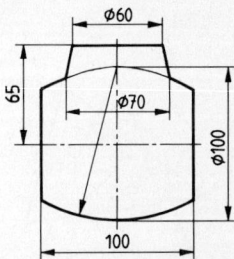

12.123 Faß mit zylindri-
        schem Abzweig

12.124 Faß mit kege-
        ligem Abzweig

344

8. Zeichnen Sie die Pfanne **12**.125 und konstruieren Sie die Durchdringungskurve im Hohlraum des Werkstücks.

9. Zeichnen Sie die Kugel mit den beiden Abzweigen (**12**.126) und konstruieren Sie die Kurven.

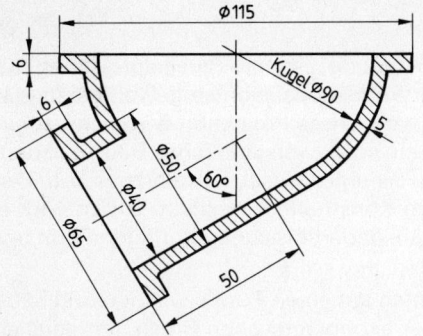

12.125   Pfanne

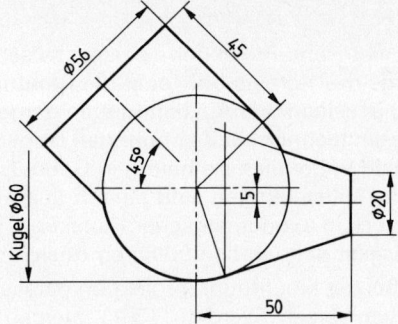

12.126   Kugel mit Abzweigen

13 Projektionszeichnen. Axonometrische Projektion (DIN 5 T 10)

Die axonometrische Projektion (perspektivische Darstellung) ist eine Parallelprojektion, bei der die Lage des Körpers und/oder die Richtung der Projektionslinien so gewählt sind, daß der Körper in seinen drei Ausdehnungen dargestellt wird. Diese Projektion wird benutzt, um dem im Lesen technischer Zeichnungen Ungeübten ein sofort verständliches Bild zu vermitteln. Deshalb findet man sie häufig in Gebrauchsanweisungen, Ersatzteilkatalogen u. ä. Perspektivische Darstellungen sind jedoch auch für den Konstrukteur nützlich. Oft entwirft er das Werkstück in axonometrischer Projektion, wägt ab, ändert bis zur endgültigen Form und zeichnet es erst dann in den üblichen Ansichten auf.

Während bei der Fluchtpunktprojektion parallele Kanten auf einen Punkt zulaufen und dabei auch maßlich verzerrt werden (**13**.1), bleiben bei der axonometrischen Projektion parallele Kanten parallel und dem Maßstab entsprechend maßgenau, sofern die Kanten in den Hauptebenen liegen und bestimmte Dreh- und Kipplagen eingehalten werden (**13**.2).

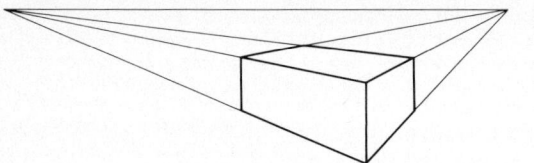

13.1 Fluchtpunktprojektion

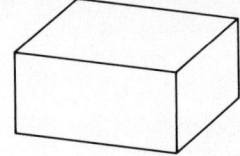

13.2 Axonometrische Projektion

13.1 Rechtwinklige axonometrische Projektion

Hier treffen die Projektionslinien senkrecht auf die Bildebene. Die Symmetrie- oder Mittellinien bzw. die Hauptansichten des Körpers liegen nicht parallel zur Bildebene (**13**.3). Zu unterscheiden sind die isometrische und die dimetrische Projektion.

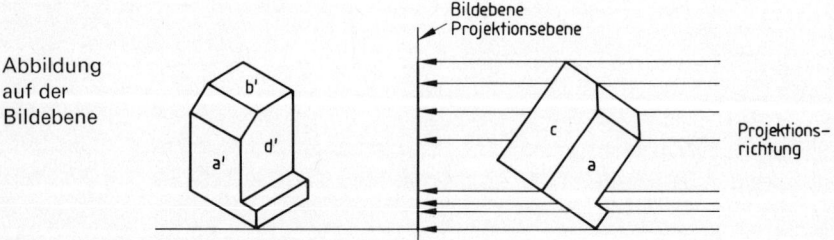

13.3 Rechtwinklige axonometrische Projektion

13.1.1 Isometrische Projektion

Die isometrische Projektion (DIN 5 T 1 und T 10) bevorzugt man, wenn in d r e i Ansichten Wesentliches gezeigt werden soll (isometrisch = in den Hauptachsen „gleichmäßig").

346

Entstehung. Wird ein Würfel um 45° gedreht und (damit die Körperdiagonale waagrecht liegt) um 35°16' gekippt, entsteht ein Bild, bei dem alle senkrechten Körperkanten als Senkrechte auftreten und die beiden anderen Ausdehnungen in Winkeln von 30° zur Waagerechten liegen (**13.**4). Die Quadratflächen des Würfels sind in dieser Perspektive deckungsgleiche Rhomben. Außerdem sind die Ellipsen für alle in den drei Ebenen liegenden Kreise gleichen Durchmessers deckungsgleich (**13.**5). Infolge der schrägen Lage sind die Würfelkanten kürzer als am Körper selbst. Z. B. werden 100 mm Kantenlänge in der Perspektive zu 81,65 mm.

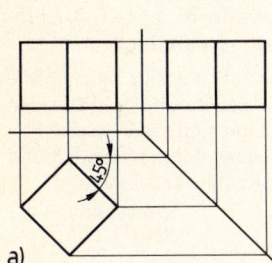
a)

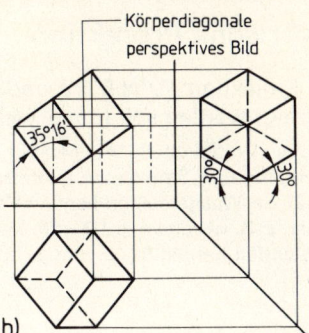
b)

13.4   Entstehung der isometrischen Projektion
a) um 45° gedreht, b) um 35°16' gekippt

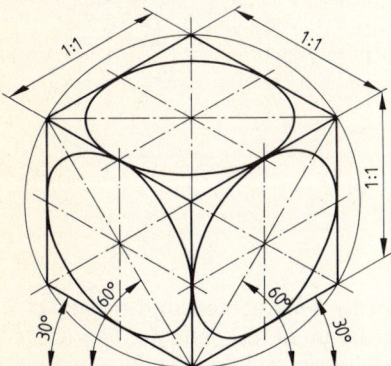

13.5   Kreise in isometrischer Darstellung

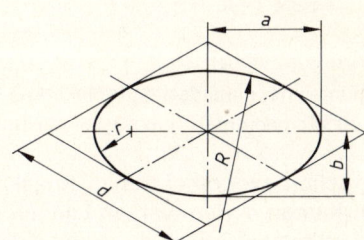

13.6   Abmessungen einer Ellipse

In der technischen axonometrischen Projektion beachtet man die Kantenverkürzungen in den drei Hauptachsen nicht; d. h., man zeichnet sie in den wahren Längen. Kreise werden in der rechtwinkligen axonometrischen Projektion zu Ellipsen (**13.**5). Ellipsen zeichnet man mit Ellipsenschablonen oder konstruiert sie wie folgt:

Die Hauptabmessungen einer Ellipse (**13.**6), die einen Kreis von $d = 100$ mm Durchmesser bildet, sind:

– die halbe große Achse $a \approx$ 61,2 mm
– die halbe kleine Achse $b \approx$ 35,4 mm
– der große Halbmesser $R \approx$ 105,8 mm
– der kleine Halbmesser $r \approx$ 20,5 mm

Mit Hilfe dieser Zahlen lassen sich die Abmessungen der Ellipsen für alle in dieser Perspektive auftretenden Kreise berechnen und mit den Halbmessern R und r die Scheitelbogen der Ellipse zeichnen.

Für einen Kreis von $d = 40$ mm sind:

$$a \approx \frac{61,2 \cdot 40}{100} \approx 24,48 \text{ mm} \qquad R \approx \frac{105,8 \cdot 40}{100} \approx 42,32 \text{ mm}$$

$$b \approx \frac{35,4 \cdot 40}{100} \approx 14,16 \text{ mm} \qquad r \approx \frac{20,5 \cdot 40}{100} \approx 8,2 \text{ mm}$$

13.1.2 Dimetrische Projektion

Die dimetrische Projektion (DIN 5 T2 und T10) bevorzugt man, wenn in einer Ansicht Wesentliches gezeigt werden soll (dimetrisch = in den Hauptachsen „zweimaßig").

Entstehung. Wird ein Würfel um 20°40′ gedreht und um 19°26′ gekippt, entsteht ein Bild, bei dem alle senkrechten Körperkanten als Senkrechte auftreten und die beiden anderen Ausdehnungen in Winkeln von rund 7° und 42° zur Waagerechten liegen (**13.**7). Infolge der schrägen Lage sind die Würfelkanten kürzer als am Körper. Z. B. werden aus 100 mm Kantenlänge in der Perspektive bei den senkrechten und den unter 7° verlaufenden Kanten 94,28 mm, bei den unter 42° verlaufenden Kanten 47,14 mm.

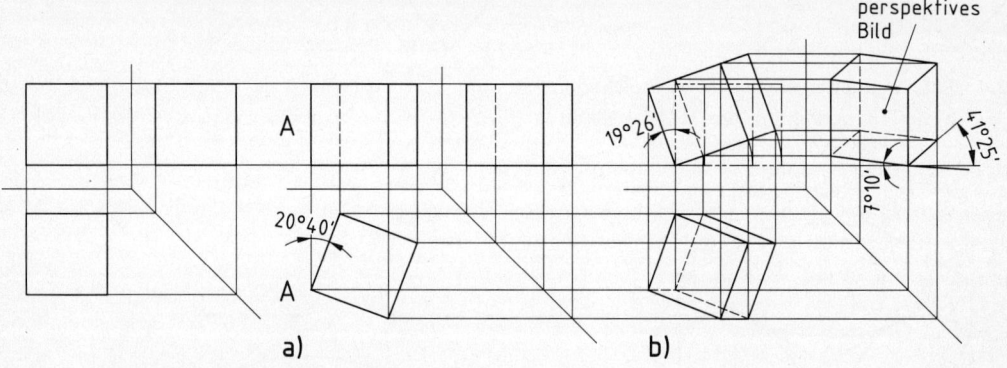

a)   b)

13.7   Entstehung einer dimetrischen Projektion
       a) um 20°40′ gedreht, b) um 19°26′ gekippt

In der technischen axonometrischen Projektion werden die senkrechten und die unter 7° verlaufenden Kanten in den wahren Längen gezeichnet, die unter 42° verlaufenden Kanten dagegen 1 : 2 verkürzt (**13.**8). Man zeichnet die Kreise mit Ellipsenschablonen oder konstruiert sie.

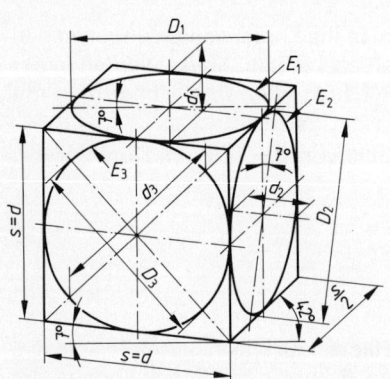

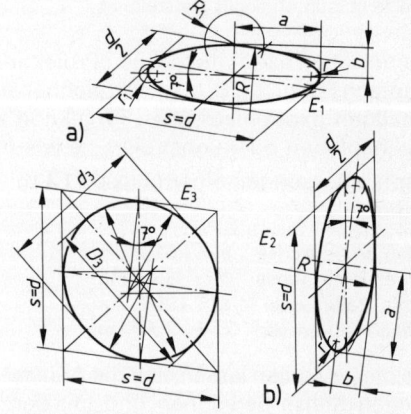

13.8   Kreise in dimetrischer Darstellung   **13.**9   Behelfskonstruktion der Ellipsen

Die Hauptabmessungen der Ellipsen E_1 und E_2 (**13**.9), die Kreise von $d = 100$ mm bilden, sind:

– die halbe große Achse $a \approx$ 53,0 mm
– die halbe kleine Achse $b \approx$ 17,7 mm
– der große Halbmesser $R \approx$ 159,0 mm
– der kleine Halbmesser $r \approx$ 5,9 mm
– der Halbmesser $R_1 \approx$ 20 mm
– der Halbmesser $r_1 \approx$ 5 mm

Mit diesen Zahlen lassen sich die Abmessungen der Ellipsen für andere Kreisdurchmesser berechnen.

Beispiel   Für einen Kreis von $d = 60$ mm Durchmesser sind:

$$a \approx \frac{60 \cdot 53,0}{100} \approx 31,8 \text{ mm} \qquad r \approx \frac{60 \cdot 5,9}{100} \approx 3,5 \text{ mm}$$

$$b \approx \frac{60 \cdot 17,7}{100} \approx 10,6 \text{ mm} \qquad R_1 \approx \frac{60 \cdot 20}{100} \approx 12 \text{ mm}$$

$$R \approx \frac{60 \cdot 159,0}{100} \approx 95,4 \text{ mm} \qquad r_1 \approx \frac{60 \cdot 5}{100} \approx 3 \text{ mm}$$

Bei der isometrischen Projektion lassen sich die Winkel von 30° gegen die Horizontale leicht mit dem Zeichendreieck darstellen (**13**.10). Für die dimetrische Projektion erleichtert man sich die Arbeit mit Perspektivwinkeln (**13**.11).

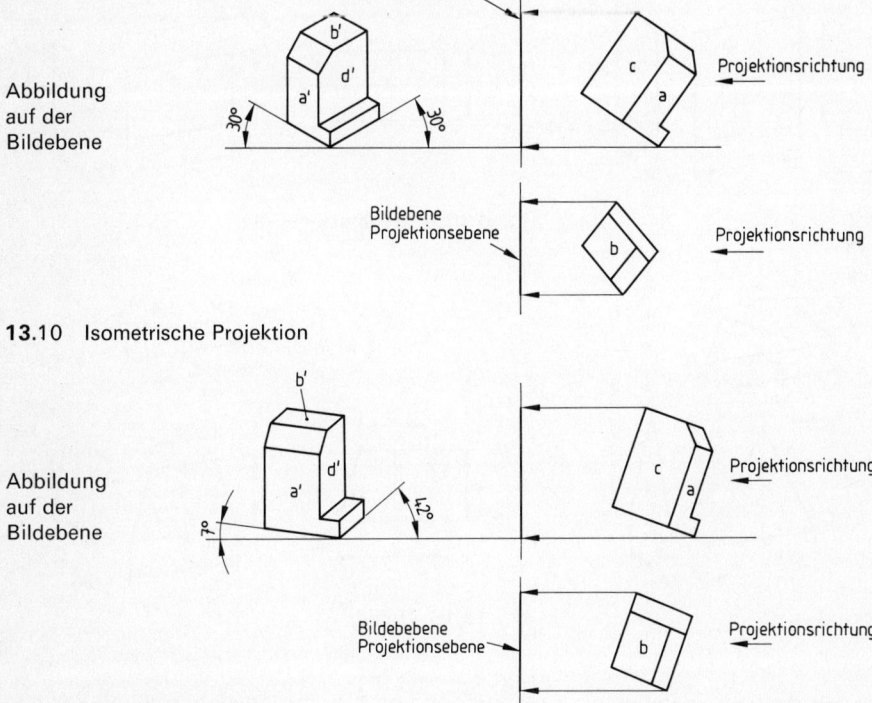

13.10   Isometrische Projektion

13.11   Dimetrische Projektion

13.1.3 Darstellung von Flächen und Körpern in dimetrischer Projektion

Jedes Werkstück kann von links oben, rechts oben, links unten und rechts unten betrachtet werden (**13**.12). Es wird das Bild gewählt, in dem die meisten Körperkanten in der Vorderfläche auftreten. Dieses Bild gibt die Gestalt des Körpers am vollkommensten wieder.

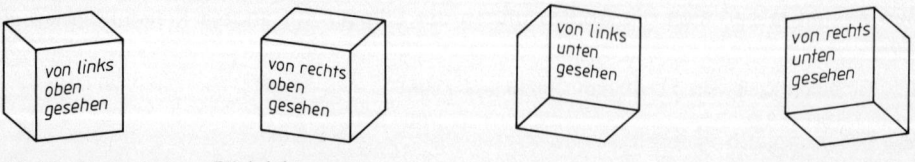

von links oben gesehen   von rechts oben gesehen   von links unten gesehen   von rechts unten gesehen

13.12   Verschiedene Blickrichtungen

Darstellung geradlinig begrenzter Flächen. Man zieht Mittellinien in den erforderlichen Richtungen und trägt die Abmessungen nach beiden Seiten ab. Die Bilder **13**.13 bis **13**.16 zeigen solche Flächen in je drei verschiedenen Stellungen.

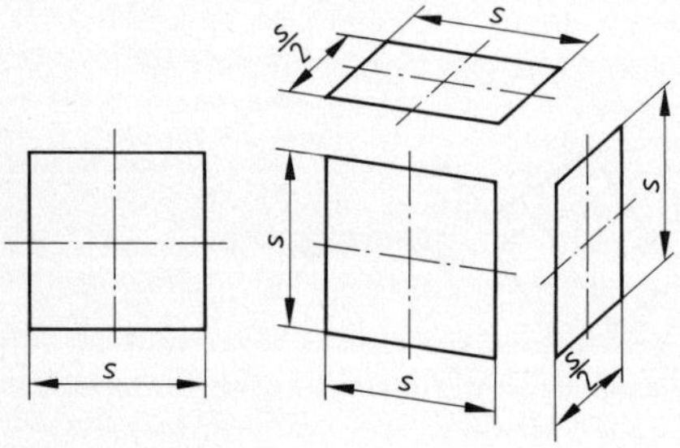

13.13   Quadrat

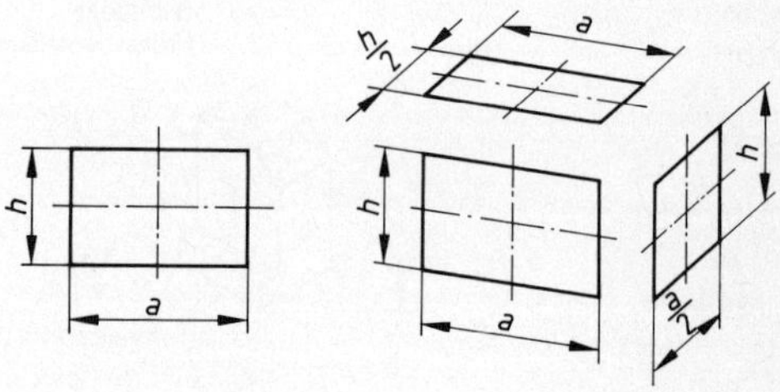

13.14   Rechteck

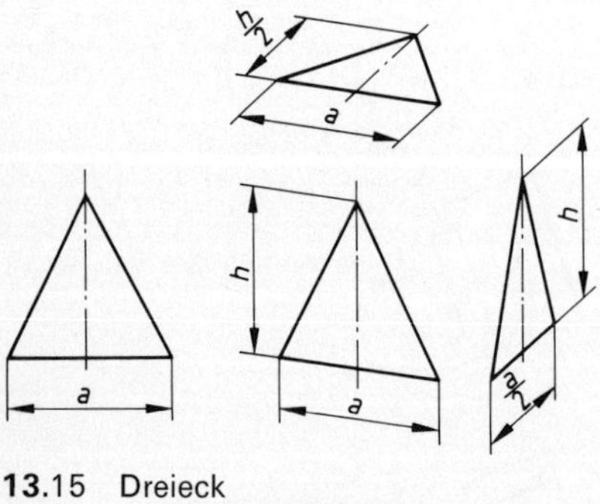

13.15   Dreieck

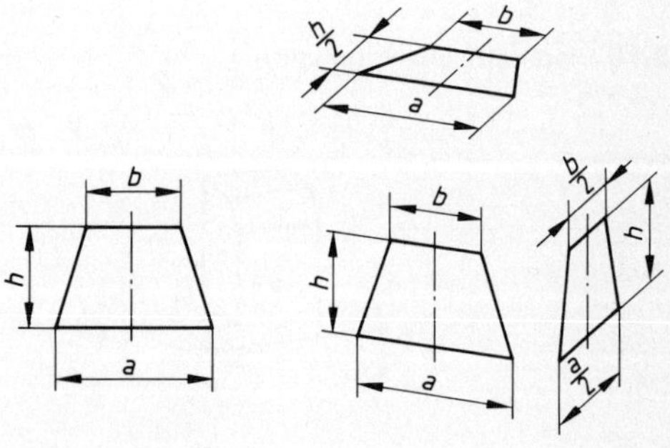

13.16   Trapez

Darstellung der Körper. Perspektive Abbildungen von Körpern entstehen durch Zusammenfügen der Oberflächen.

350

Prismen und Pyramiden. Zuerst wurden die Achsen festgelegt, dann Grund- und Deckfläche aufgezeichnet und schließlich die Ecken verbunden (**13**.17 und **13**.18).

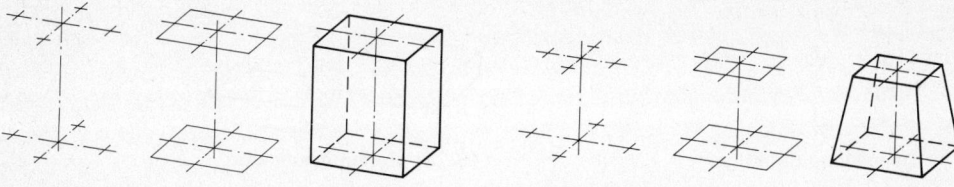

13.17 Aufzeichnen einer Rechtecksäule   13.18 Aufzeichnen eines Pyramidenstumpfs

Rundsäule und Kegel (**13**.19 und **13**.20). Sind Kreisflächen als flache Ellipsen darzustellen, werden die Ellipsenachsen aufgezeichnet, die Abmessungen a, b, R, r, R_1 und r_1 berechnet (s. Abschn. 13.1.2), a und b auf den Achsen abgetragen, mit R und r Kreisbogen geschlagen, deren Längen zuvor mit R_1 und r_1 festgelegt wurden, und die Ellipsen mit dem Kurvenlineal vervollständigt bzw. mit der Ellipsenschablone gezeichnet. Zum Schluß zieht man die Seitenlinien.

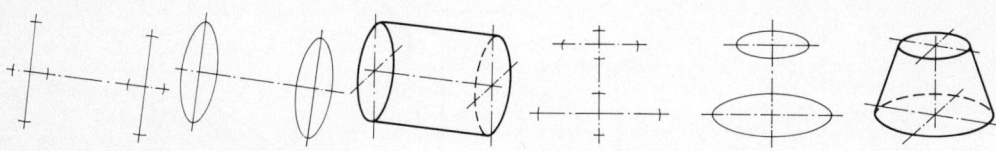

13.19 Aufzeichnen einer Rundsäule   13.20 Aufzeichnen eines Kegelstumpfs

Erscheinen dagegen Kreise als großflächige Ellipsen (**13**.21), trägt man nach dem Aufzeichnen der Körperachsen die wirklichen Durchmesser der Kreise auf den senkrechten und auf den unter 7° zur Waagerechten geneigten Achsen ab, ermittelt dann die Zirkeleinsatzpunkte und zieht schließlich die Kreisbogen und die Umrißlinien des Mantels.

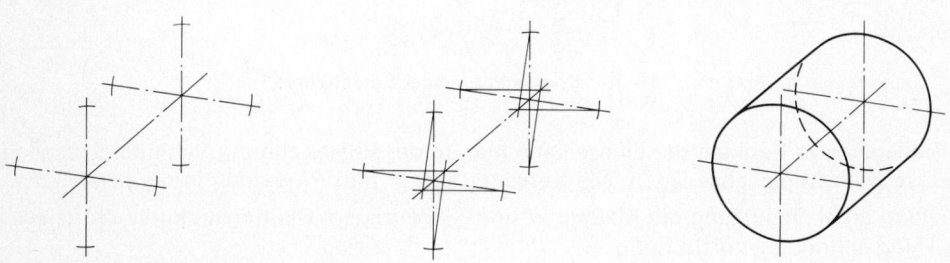

13.21 Aufzeichnen einer Rundsäule

Kugel. Die Umrißlinie einer perspektiv dargestellten Kugel ist ein Kreis (**13**.22). Sein Durchmesser D ist $\approx 1{,}06$mal so groß wie in Wirklichkeit, weil auch die Kugel wie alle anderen Körper größer gezeichnet wird. Er kann als $2a$ ebenso wie die Abmessungen der in der Mittelebenen der Kugel liegenden Ellipsen berechnet werden (s. Abschn. 13.1.2).

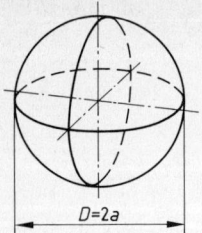

13.22 Darstellung der Kugel

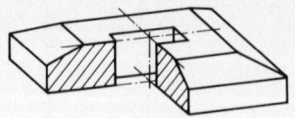

13.23 Schnittdarstellung

Schnittdarstellung. Gewöhnlich wird ein Viertel des Werkstücks herausgeschnitten, und zwar das dem Auge am nächsten liegende (**13**.23). Dadurch wird der Blick ins Körperinnere freigegeben. Es ist zweckmäßig, anfangs alle Körperkanten als schmale Vollinien zu zeichnen, dann die Schnittflächen zu umreißen und danach die sichtbaren Kanten nachzuziehen.

Man kann aber auch mehr als ein Viertel des Werkstücks herausschneiden (**13**.24).

Die Schnittflächen werden schraffiert.

Schnitt- und Durchdringungskurven werden punktweise konstruiert. Hierzu ist jeweils eine Hilfszeichnung erforderlich (**13**.25).

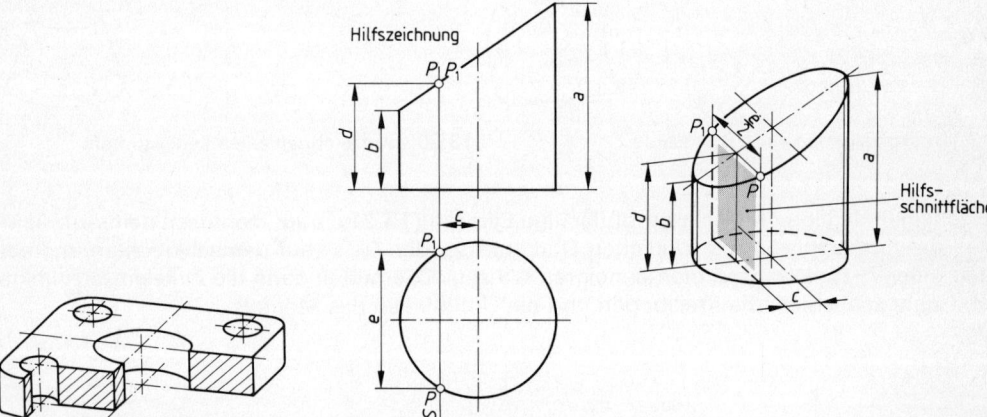

13.24 Gebrochener Schnitt   13.25 Konstruktion einer Schnittkurve

Zum Festlegen von Punkten der Ellipse kann man in der Hilfszeichnung Schnitte S parallel zur senkrechten Mittelachse legen. Die Kurvenpunkte P und P_1 werden in die perspektive Darstellung unter Benutzung der Maße c, d und $\frac{e}{2}$ übertragen. Die Konstruktion der Ellipse in der Hilfszeichnung ist nicht nötig.

13.1.4 Beispiele

Die folgenden Bilder zeigen Beispiele für axonometrische Projektionen: **13**.26 und **13**.27 für die isometrische Darstellung, **13**.28 für die dimetrische Darstellung, **13**.29 und **13**.30 Gegenüberstellungen isometrische und dimetrische Darstellung der gleichen Werkstücke.

352

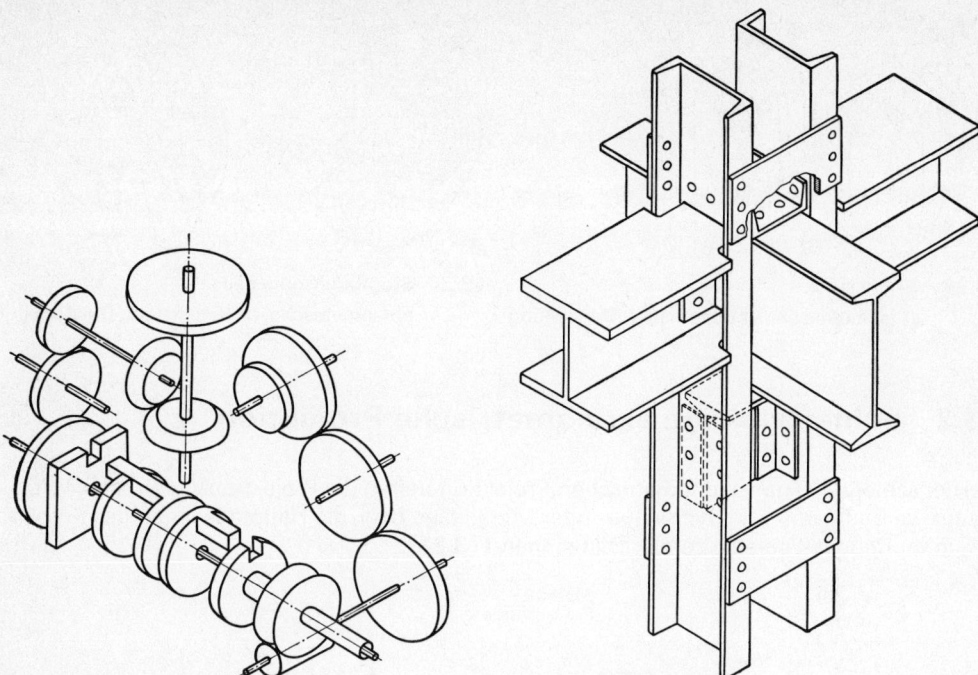

13.26   Teil eines Getriebeschemas

13.27   Trägerkreuzung

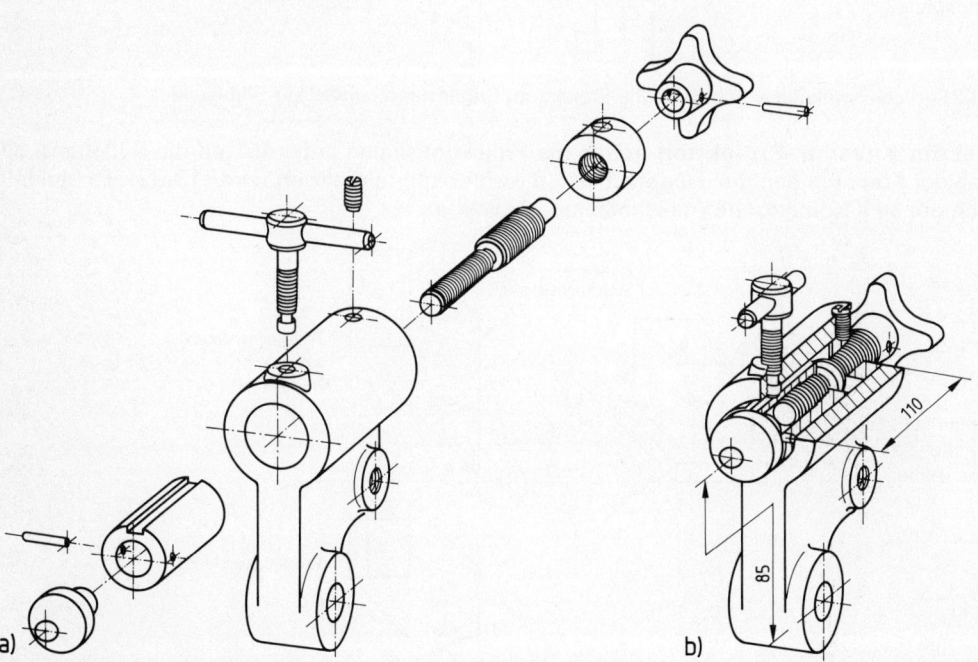

a)

b)

13.28   Oberteil eines Setzstocks
    a) Explosionszeichnung, b) Vorlage im gefügten Zustand

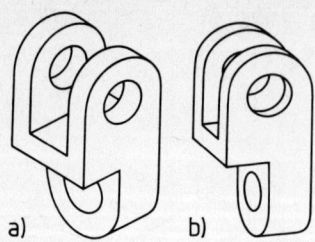

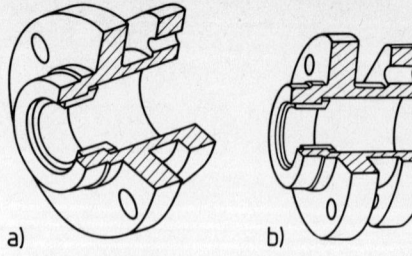

13.29 Gelenkstück
a) isometrische, b) dimetrische Darstellung

13.30 Stopfbüchsengehäuse
a) isometrische, b) dimetrische Darstellung

13.2 Schiefwinklige axonometrische Projektion

Bei der schiefwinkligen axonometrischen Projektion treffen die Projektionslinien schiefwinklig auf die Bildebene. Die Symmetrie- oder Mittellinien bzw. die Hauptansichten des Körpers liegen im Regelfall parallel zu den Bildebenen (**13**.31).

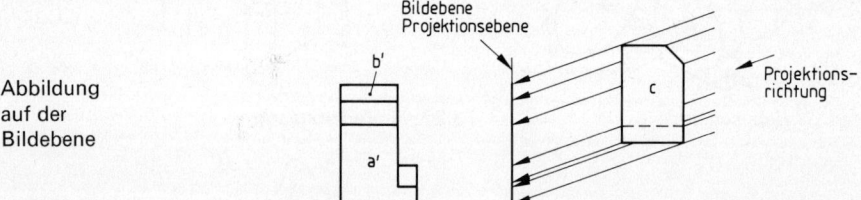

13.31 Schiefwinklige axonometrische Projektion, Gegenstand parallel zur Bildebene

Bei der Kavalier-Projektion treffen die Projektionslinien unter 45° auf die Bildebene, so daß der Körper in den drei Hauptachsen in wahrer Länge projiziert wird (**13**.32). Es handelt sich um eine isometrische (gleichmäßige) Projektion.

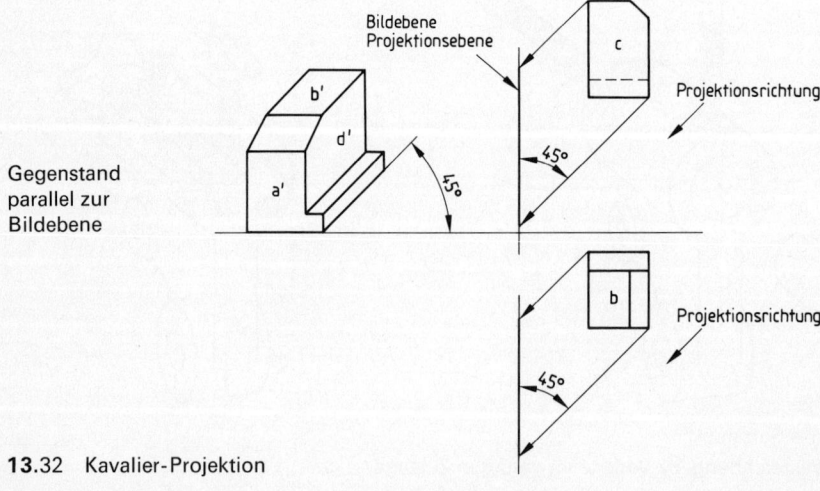

13.32 Kavalier-Projektion

354

Bei der Kabinett-Projektion treffen die Projektionslinien unter 60° auf die Bildebene, so daß der Körper in einer Hauptachse um die Hälfte verkürzt projiziert wird (**13.**33). Es handelt sich um eine dimetrische (zweimaßige) Projektion.

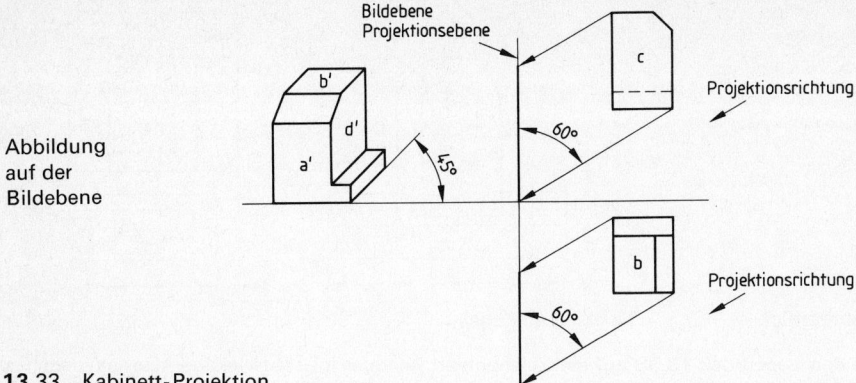

Abbildung
auf der
Bildebene

13.33   Kabinett-Projektion

Bei beiden Projektionen treten die senkrechten Körperkanten als Senkrechte auf. Die beiden anderen Ausdehnungen verlaufen unter 0° und 45° gegen die Horizontale. Die besonderen Vorteile dieser Projektionen liegen darin, daß die Ansichten leicht mit einem 45°-Dreieck zu zeichnen sind und alle Kreise in der Vorderfläche unverzerrte Kreise bleiben (**13.**34 und **13.**35).

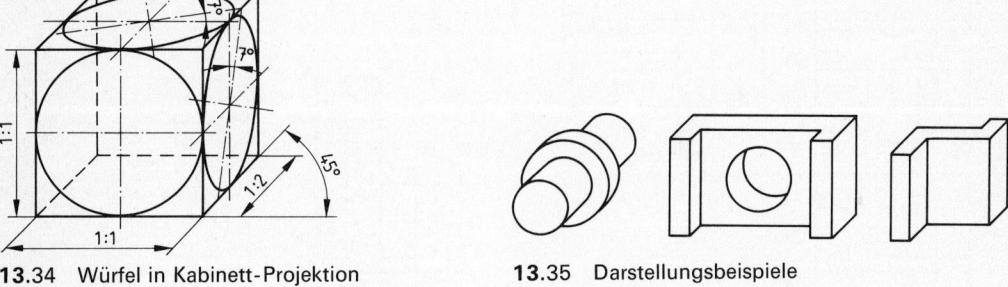

13.34   Würfel in Kabinett-Projektion   **13.**35   Darstellungsbeispiele

Übungen

1. Zeichnen Sie die Prismen **13.**36 jeweils auf ein Zeichenblatt A4 im Maßstab 1:2 (Grundmaße 45 × 35 × 65) und stellen Sie dazu die Körper im Maßstab 1:1 in rechtwinklig axonometrischer Projektion dar.

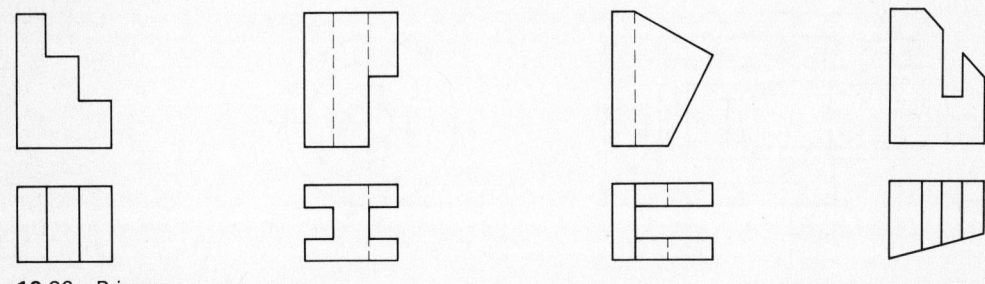

13.36   Prismen

355

2. Zeichnen Sie das Führungsstück **13**.37 in dimetrischer Projektion nach DIN 5 T 2 auf ein Zeichenblatt A4.
   Außenmaße des Werkstücks: Länge = 70 mm, Breite = 60 mm, Höhe = 60 mm.

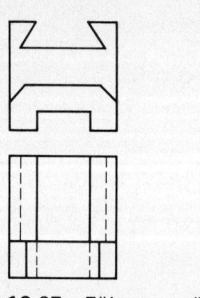

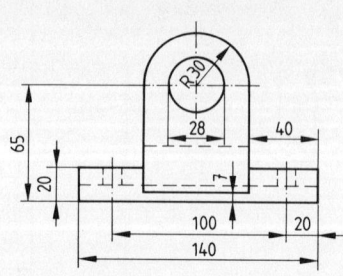

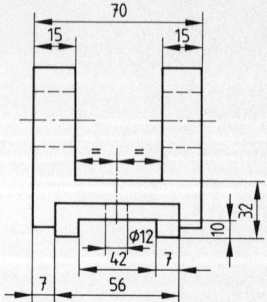

13.37 Führungsstück   **13**.38 Lagerbock

3. Zeichnen Sie den Lagerbock **13**.38 auf ein Zeichenblatt A4 quer in rechtwinkliger axonometrischer Projektion.

4. Zeichnen Sie das Hängelager **13**.39 und den Grundkörper eines Stahlhalters **13**.40 in schiefwinkliger axonometrischer Projektion.

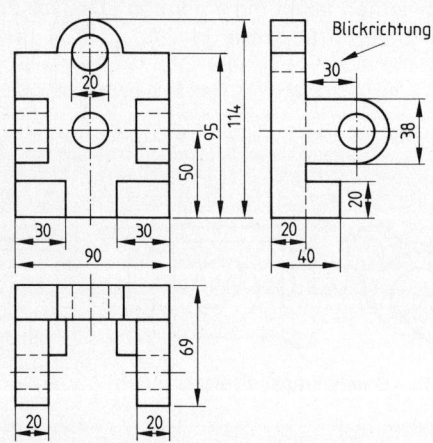

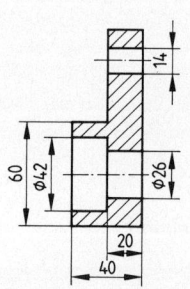

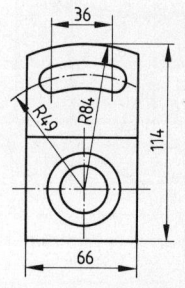

13.39 Hängelager   **13**.40 Grundkörper eines Stahlhalters

5. Zeichnen Sie die Kupplungshülse **13**.41 in der Kabinett-Projektion. Zur Verdeutlichung der Hohlräume ist die Hülse nach Vorgabe zu schneiden.

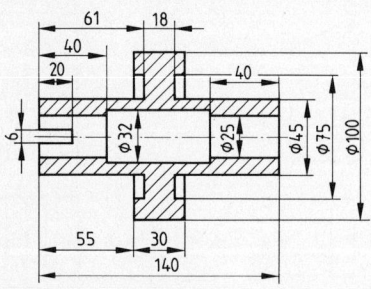

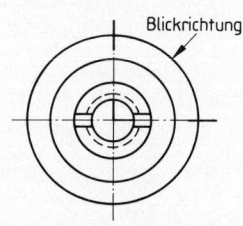

13.41 Kupplungshülse

6. Zeichnen Sie die Grundplatte **13**.42 in isometrischer Projektion nach DIN 5 T 1.

7. Zeichnen Sie das Augenlager in isometrischer Projektion nach DIN 5 T 1 in der angegebenen Schnittführung (**13**.43).

13.42   Grundplatte   **13**.43   Augenlager

14 Verzeichnis der DIN-Normen

Der erste Teil des Verzeichnisses „Technisches Zeichnen" gibt einen Überblick über alle wichtigen Normen, die sich mit der Zeichnung und der zeichnerischen Darstellung befassen. Zur Verdeutlichung der Zusammenhänge mit der internationalen Normung wird in der Spalte „Zusammenhang mit ISO oder IEC" auf die jeweiligen ISO- oder IEC-Dokumente unter Angabe des Übereinstimmungsgrades hingewiesen.

Hierin bedeutet: ISO = ISO-Norm, ISO/DIS = ISO-Norm-Entwurf, ISO/DP = ISO-Entwurfs-Vorschlag, ISO/TR = ISO-Technischer Bericht, IEC = IEC-Norm[1]).

Der zweite Teil des Verzeichnisses „Weitere Normen" umfaßt DIN-Normen für Normteile/Maschinenelemente sowie Normen, die Konstruktionsgrundlagen beinhalten und die in dem Buch behandelt bzw. zitiert werden. Zitierte Normen sind ohne Seitenangaben aufgelistet.

14.1 Technisches Zeichnen

DIN	Seite	Titel	Zusammenhang mit ISO oder IEC[2])	
5 T1	346	Zeichnungen; Axonometrische Projektionen, Isometrische Projektion	5456[3])	
5 T2	-348	–; –; Dimetrische Projektion	5456[3])	
5 T10	316, 346, 348	Technische Zeichnungen; Projektionen; Begriffe	128 5456[3])	NEQ
6 T1	41, 78, 81, 316	–; Darstellungen in Normalprojektion; Ansichten und besondere Darstellungen	128	MOD 2
6 T2	71, 78, 83	–; –; Schnitte	128	MOD 2
15 T1	19, **42**	–; Linien; Grundlagen	128	MOD 2
15 T2	19, **42**	–; –; Allgemeine Anwendung	128	MOD 2
15 T3	–	–; –; Anwendung bei der Darstellung des Schiffskörpers	–	

Fortsetzung s. nächste Seite

---

[1]) ISO- und IEC-Normen sind in englischer und französischer Fassung beziehbar durch: Beuth Verlag GmbH, Burggrafenstraße 6, 1000 Berlin 30 (Tel.: 030/2601-260).

[2]) Erläuterungen des Zusammenhangs:

IDT: Die genannten DIN-Normen, -Entwürfe sind mit der internationalen Vereinbarung identisch: Inhalt vollständig und unverändert; Aufbau formgetreu

EQV: Die genannten DIN-Normen, -Entwürfe sind zu der internationalen Vereinbarung ä q u i v a -
l e n t : Inhalt gleichwertig; Abweichungen nur im Aufbau oder unter Wahrung des Gegenseitigkeitsprinzips

MOD 1: Die genannten DIN-Normen, -Entwürfe s t i m m e n mit der internationalen Vereinbarung *sachlich und redaktionell* überein, u m f a s s e n deren g e s a m t e n Inhalt, jedoch mit Ergänzungen

MOD 2: Die genannten DIN-Normen, -Entwürfe s t i m m e n mit der internationalen Vereinbarung *sachlich und redaktionell* überein, u m f a s s e n aber nicht deren g e s a m t e n Inhalt

NEQ: Die genannten DIN-Normen, -Entwürfe sind mit der internationalen Vereinbarung n i c h t
ä q u i v a l e n t : Inhalt verändert (z.B. Umfang kleiner oder größer, Anforderungen geringer oder höher); Gegenseitigkeitsprinzip nicht gewahrt.

[3]) in Vorbereitung

DIN	Seite	Titel	Zusammenhang mit ISO oder IEC[1])	
30	202	Zeichnungen; Vereinfachte Darstellungen	–	
30 T5	12, 22	Zeichnungsvereinfachung; Fremdteil-Zeichnungen, Ausführung	–	
30 T6	12, 22	–; Sammel-Zeichnungen, Ausführung	–	
30 T7	12, 22	–; Vordruck-Zeichnungen, Ausführung	–	
108 T2	24	Diaprojektoren und Diapositive; Dias mit wissenschaftlich-technischem Informationsinhalt, Originalvorlagen, Ausführung, Prüfung, Vorführbedingungen	–	
199 T1	12	Begriffe im Zeichnungs- und Stücklistenwesen; Zeichnungen	DP 10209	NEQ
199 T2	–	–; Stücklisten	–	
199 T3	–	–; Stücklisten-Verarbeitung, Begriffe in Schlüsselsystemen	–	
199 T4	26	–; Änderungen	–	
199 T5	–	–; Stücklisten-Verarbeitung, Stücklistenauflösung	–	
201	71, 171	Technische Zeichnungen, Schraffuren	4069	NEQ
332 T10	88	Zentrierbohrungen; Angaben in technischen Zeichnungen	6411	NEQ
406 T1	48, 90	Maßeintragung in Zeichnungen; Arten	129	NEQ
406 T2	48, 90, 99, 103, 126, 144	–; Regeln	128 129 406	MOD 2 NEQ NEQ
406 T3	96	–; Bemaßung durch Koordinaten	129	NEQ
406 T4	96, 98	–; Bemaßung für die maschinelle Programmierung	–	
461	27	Graphische Darstellung in Koordinatensystemen	–	
824	40	Technische Zeichnungen; Faltung auf Ablageformat	–	
919 T1	–	– für Holzverarbeitung; Grundlagen	–	
1356	172	Bauzeichnungen	1046 2594 3766 4066	NEQ NEQ NEQ NEQ
1912 T1	219 bis 229	Zeichnerische Darstellung; Schweißen, Löten; Begriffe und Benennungen für Schweißstöße-, fugen-, -nähte	2553	NEQ
1912 T2	219 bis 229	–; –; Arbeitspositionen, Nahtneigungswinkel, Nahtdrehwinkel	6947	NEQ
1912 T5	219 bis 229	–; –; Symbole, Bemaßung	2553	MOD 1
2429 T2	265	Graphische Symbole für technische Zeichnungen; Rohrleitungen; Funktionelle Darstellung	DP 538 4067-1	NEQ NEQ
3100	31	Zeichenplatten; Maße, Anforderungen, Prüfung	–	
3101	32	Zeichenschienen	–	

[1]) s. Fußnote 2, S. 358
Fortsetzung s. nächste Seite

DIN	Seite	Titel	Zusammenhang mit ISO oder IEC[1])	
3102	32	Zeichendreiecke	–	
3966 T1	240	Angaben für Verzahnungen in Zeichnungen; Angaben für Stirnrad-(Zylinderrad-) Evolventenverzahnungen	1340	NEQ
3966 T2	241	–; Angaben für Geradzahn-Kegelrad-verzahnungen	–	
6771 T1	36	Schriftfelder für Zeichnungen, Pläne und Listen	7200	NEQ
6771 T2	38	Vordrucke für technische Unterlagen; Stückliste	7573	NEQ
6771 T5	–	–; Schaltplan in Format A3	–	
6771 T6	35, **39**	–; Zeichnungen	5457	NEQ
E 6772	26	Änderungen von Dokumenten und Gegenständen; Allgemeine Anforderungen	–	
6773 T2	–	Wärmebehandlung von Eisenwerkstoffen; Wärmebehandelte Teile, Darstellung und Angaben in Zeichnungen; Härten, Härten und Anlassen, Vergüten	–	
6773 T3	–	–; –, –; Randschichthärten	–	
6773 T4	–	–; –, –; Einsatzhärten	–	
6773 T5	–	–; –, –; Nitrieren	–	
6774 T1	19	Technische Zeichnungen; Ausführungsregeln; Vervielfältigungsgerechte Ausführung	6428	MOD 2
6774 T3	24	–; –; Gezeichnete Vorlagen für Dias	–	
6774 T4	22	–; –; Gezeichnete Vorlagen für Druckzwecke	–	
6774 T10	19	–; –; rechnerunterstützt erstellte Zeichnung	–	
6775 T1	31	Zeichenrohre für Tuschezeichengeräte; Maße, Kennzeichnung	9175-1	EQV
6776 T1	19, **20**, 24	Technische Zeichnungen; Beschriftung, Schriftzeichen	3098-1 3098-3	MOD 1 MOD 2
6778	33	Schrift- und Zeichenschablonen; Maße, Kennzeichnung	9178-1 9178-2 9178-3	EQV NEQ NEQ
6784	106	Werkstückkanten; Begriffe, Zeichnungsangaben	DP 10135-2	EQV
6785	–	Butzen an Drehteilen; Zeichnungsangaben	–	
6789 T1 und T2	–	Dokumentationssystematik; Aufbau technischer Erzeugnisdokumentationen; Dokumentationssätze	TR 7084	NEQ
6790 T1 und T2	19	Wortangaben in technischen Zeichnungen; Einzelangaben und Wortangaben im Satzverband	–	
7523 T1	85	Schmiedestücke aus Stahl; Gestaltung von Gesenkschmiedestücken; Regeln für Schmiedestückzeichnungen	–	

[1]) s. Fußnote 2, S. 358
Fortsetzung s. nächste Seite

DIN-Normen, Fortsetzung

DIN	Seite	Titel	Zusammenhang mit ISO oder IEC[1])	
7 523 T 2	85	–; –; Bearbeitungszugaben, Seitenschrägen, Kantenrundungen, Hohlkehlen, Bodendik-ken, Wanddicken, Rippenbreiten und Rippenkopfradien	DP 10 135-1	NEQ
32 840	34	Zeichnungsträger, Natur- und Hochtransparentpapier	DP 9961	EQV
32 850	32	Zeichengeräte mit Skalen; Skalen	DP 9960-1	EQV
32 860	31	Mobile Zeichenplatten; Begriffe, Anforderungen, Prüfung	–	
32 870	31	Zeichenmedien, flüssig; Tusche; wäßrig, schwarz	DIS 9957-1	EQV
40 719 T 1	274	Schaltungsunterlagen; Begriffe, Einteilung	–	
40 719 T 3	274, 277	–; Regeln für Stromlaufpläne der Elektrotechnik	–	
40 719 T 4	274	–; Regeln für Übersichtsschaltpläne der Elektrotechnik	–	
40 719 T 5	278, 280	–; Elektroinstallation	–	
40 719 T 6	274	–; Regeln und graphische Symbole für Funktionspläne	–	
40 900 T 1 bis T 11	269	Graphische Symbole für Schaltungsunterlagen	617-1 bis 617-11*)	NEQ
50 960 T 1	177	Galvanische und chemische Überzüge; Bezeichnung und Angaben in technischen Unterlagen	–	
50 960 T 2	177	–; Zeichnungsangaben	–	
58 500	34	Benennungen von Reißzeugen	–	
58 554	34	Tuscheschreib- und Zeichengeräte; Zirkelansätze für Tuschefüller, für Präzisions-Reißzeuge (P)	9176	EQV
58 556	34	Schnellverstellzirkel und Einsatz-Schnellverstellzirkel	–	
IEC 113 T 5	276	Schaltungsunterlagen; Ausführung von Verbindungsplänen und -tabellen	113-5*)	IDT
IEC 113 T 6	277	–; Ausführung von Geräteverdrahtungsplänen	113-6*)	IDT
ISO 1101	129, 131	Technische Zeichnungen; Form- und Lagetolerierung; Form-, Richtungs-, Orts- und Lauftoleranzen; Allgemeines, Definitionen, Symbole, Zeichnungseintragungen	1101	IDT
ISO 1219	281	Fluidtechnische Systeme und Geräte; Schaltzeichen	1219	IDT
ISO 1302	151	Technische Zeichnungen; Angabe der Oberflächenbeschaffenheit	1302	IDT
ISO 1660	–	–; Eintragung von Maßen und Toleranzen für Profile	1660	IDT
ISO 2162	234	–; Darstellung von Federn	2162	IDT

[1]) s. Fußnote 2, S. 358, * IEC
Fortsetzung s. nächste Seite

DIN	Seite	Titel	Zusammenhang mit ISO oder IEC[1])	
ISO 2203	238	–; Darstellung von Zahnrädern	2203	IDT
E ISO 2692	130	–; Form- und Lagetolerierung; Maximum-Materialprinzip	2692	IDT
ISO 3040	99	–; Eintragung von Maßen und Toleranzen für Kegel	3040	IDT
ISO 3098 T2	20	–; Beschriftung; Griechische Schriftzeichen	3098-2	IDT
ISO 5261	256 bis 263	– für Metallbau	5261	IDT
ISO 5455	45	–; Maßstäbe	5455	IDT
ISO 5458	–	–; Form- und Lagetolerierung, Positionstolerierung	5458	IDT
ISO 5459	–	–; Bezugssysteme für geometrische Toleranzen	5459	IDT
ISO 6410	181	–; Darstellung von Gewinden	6410	IDT
ISO 6412 T1	267	–; Vereinfachte Darstellung von Rohrleitungen; Allgemeine Regeln und orthogonale Darstellung	6412-1	IDT
ISO 6412 T2	267	–; –; Isometrische Projektion	6412-2	IDT
ISO 6413	–	–; Darstellungen von Keilwellen und Kerbverzahnungen	6413	IDT
ISO 6414	84	–; für Glasgeräte	6414	IDT
ISO 6433	15	–; Positionsnummern	6433	IDT
ISO 7083	–	–; Graphische Symbole für geometrische Toleranzen; Proportionen und Maße	7083	IDT
ISO 8015	131, 147	–; Tolerierungsgrundsatz	8015	IDT
ISO 9177 T1	31	Füllstifte; Einteilung, Maße, Ausführung und Prüfung	9177-1	IDT
ISO 9177 T2	31	–; Graphitminen, Einteilung und Maße	9177-2	IDT
ISO 9179 T1	–	Numerisch gesteuerte Zeichenmaschinen; Begriffe	9179-1	IDT
ISO 9180	31	Graphitminen für holzgefaßte Stifte; Einteilung und Durchmesser	9180	IDT
E ISO 9958 T1	34	Technische Zeichnungen; Zeichenmittel; Zeichenfilm auf Polyesterbasis, Allgemeine Anforderungen	DIS 9958-1	IDT
E ISO 9962 T1	32, 33	Zeichenmaschinen, manuell; Begriffe, Einteilung und Bezeichnung	DIS 9962-1	IDT

[1]) s. Fußnote 2, S. 358

14.2 Weitere Normen

14.2.1 Normteile/Maschinenelemente

DIN	Seite	Titel
1	216, 217	Kegelstifte
7	216, 217	Zylinderstifte
84	192	Zylinderschrauben mit Schlitz; Produktklasse A
85	192	Flachkopfschrauben mit Schlitz
93	199	Scheiben mit Lappen (Sicherungsbleche mit Lappen)
94	213, 214	Splinte
124	205	Halbrundniete, Nenndurchmesser 10 bis 36 mm
125	192, 193	Scheiben, Ausführung mittel (bisher blank), vorzugsweise für Sechskantschrauben und -muttern
128	193, 199	Federringe, gewölbt oder gewellt
137	199	Federscheiben, gewölbt oder gewellt
172	218	Bundbohrbuchsen
179	218	Bohrbuchsen
188	191	Hammerschrauben mit Nase
271	209	Tangentkeile und Tangentkeilnuten für gleichbleibende Beanspruchungen
302	205	Senkniete; Nenndurchmesser 10 bis 36 mm
417	191	Gewindestifte mit Schlitz und Zapfen
427	191	Schaftschrauben mit Schlitz und Kegelkuppe
432	199	Scheiben mit Außennase (Sicherungsbleche mit Nase)
435	104	Scheiben; vierkant, keilförmig, für I-Träger
464	192	Rändelschrauben, hohe Form
471	214	Sicherungsringe (Halteringe) für Wellen; Regelausführung und schwere Ausführung
472	214	Sicherungsringe (Halteringe) für Bohrungen; Regelausführung und schwere Ausführung
476	35	Papier-Endformate
478	190	Vierkantschrauben mit Bund
526	200	Sicherungsnäpfe für versenkte Zylinderschrauben nach DIN 84
553	191	Gewindestifte mit Schlitz und Spitze
557	192	Vierkantmuttern; Produktklasse C
561	188	Sechskantschrauben mit Zapfen und kleinem Sechskant
564	188	Sechskantschrauben mit Ansatzspitze und kleinem Sechskant
607	190	Halbrundschrauben mit Nase
610	189	Sechskant-Paßschrauben mit kurzem Gewindezapfen
615	245	(Radial-)Schulterkugellager
617	247	Wälzlager; Nadellager mit Käfig; Maßreihen 48 und 49
625 T1	245	–; Rillenkugellager einreihig
628 T1	246	(Radial-)Schrägkugellager; einreihig und zweireihig
630 T1	246	(Radial-)Pendelkugellager; zylindrische und kegelige Bohrung

Fortsetzung s. nächste Seite

DIN	Seite	Titel
660	203, 204	Halbrundniete; Nenndurchmesser 1 bis 8 mm
661	203	Senkniete, Nenndurchmesser 1 bis 8 mm
662	203	Linsenniete, Nenndurchmesser 1,6 bis 6 mm
674	203	Flachrundniete, Nenndurchmesser 1,4 bis 6 mm
711	247	Wälzlager; Axial-Rillenkugellager, einseitig wirkend
912	189, 193	Zylinderschrauben mit Innensechskant
935 T1	192	Kronenmuttern; Metrisches Regel- und Feingewinde; Produktklassen A und B
938	193	Stiftschrauben; Einschraubende $\approx 1\,d$
939	191	$-;- \approx 1{,}25\,d$
963	192	Senkschrauben mit Schlitz
985	200	Sechskantmuttern mit Klemmteil, mit nichtmetallischem Einsatz, niedrige Form
986	200	Sechskant-Hutmuttern mit Klemmteil, mit nichtmetallischem Einsatz
1440	213	Scheiben, Ausführung mittel, für Bolzen
1441	213	Scheiben, Ausführung grob, für Bolzen
1443	213	Bolzen ohne Kopf; Maße nach ISO
1444	213	Bolzen mit Kopf; Maße nach ISO
1471	217	Kegelkerbstifte
1472	217	Paßkerbstifte
1473	217	Zylinderkerbstifte
1474	217	Steckkerbstifte
1475	217	Knebelkerbstifte
1476	217	Halbrundkerbnägel
1477	217	Senkkerbnägel
1481	216, 217	Spannstifte (Spannhülsen) schwere Ausführung
1850 T1, T3 bis T6	248	Buchsen für Gleitlager; aus Kupferlegierungen, massiv (T1), aus Sintermetall (T3), aus Kunstkohle (T4), aus Duroplasten (T5), Einpreßbuchsen aus Thermoplasten (T6)
2095	229	Zylindrische Schraubenfedern aus runden Drähten; Gütevorschriften für kaltgeformte Druckfedern
2097	233	–; Gütevorschriften für kaltgeformte Zugfedern
2098 T1 und T2	231	–; Baugrößen für kaltgeformte Druckfedern unter (T2) und ab (T1) 0,5 mm Drahtdurchmesser
5412 T1	247	Wälzlager; Zylinderrollenlager, einreihig, mit Käfig, Winkelringe
6797	200	Zahnscheiben
6798	200	Fächerscheiben
6881	207	Spannungsverbindungen mit Anzug; Hohlkeile, Abmessungen und Anwendung
6883	207	–; Flachkeile, Abmessungen und Anwendung
6884	207	–; Nasenflachkeile, Abmessungen und Anwendung
6885 T1 bis T3	210	Mitnehmerverbindungen ohne Anzug, Paßfedern, Nuten, hohe und niedrige Form, Abmessungen und Anwendung

Fortsetzung s. nächste Seite

DIN-Normen, Fortsetzung

DIN	Seite	Titel
6886	206, 208	Spannungsverbindungen mit Anzug; Keile, Nuten, Abmessungen und Anwendungen
6887	206, 208	–; Nasenkeile, Nuten, Abmessungen und Anwendungen
6888	212	Mitnehmerverbindungen ohne Anzug; Scheibenfedern, Abmessungen und Anwendung
6889	207	Spannungsverbindungen mit Anzug; Nasenhohlkeile, Abmessungen und Anwendungen
7340	204	Rohrniete aus Rohr gefertigt
7967	200	Sicherungsmuttern
7980	193	Federringe für Zylinderschrauben
ISO 898 T1	190	Mechanische Eigenschaften von Verbindungselementen; Schrauben
ISO 898 T2	–	–; Muttern mit festgelegten Prüfkräften
ISO 4014	188, 193	Sechskantschrauben mit Schaft; Produktklassen A und B
ISO 4016	188	–; Produktklasse C
ISO 4032	192, 193	Sechskantmuttern; Typ 1; Produktklassen A und B

14.2.2 Konstruktionsgrundlagen

DIN	Seite	Titel
13 T1	181	Metrisches ISO-Gewinde; Regelgewinde von 1 bis 68 mm Gewinde-Nenndurchmesser; Nennmaße
13 T14	185	–; Grundlagen des Toleranzsystems für Gewinde ab 1 mm Durchmesser
74 T1	196	Senkungen für Senkschrauben
E 74 T2	193, 196	Senkungen für Schrauben mit Zylinderkopf
E 74 T3	193, 196	Senkungen für Sechskantschrauben und Sechskantmuttern
76 T1	182, 187, 193, 195	Gewindeausläufe; Gewindefreistiche für Metrisches ISO-Gewinde nach DIN 13
78	186, 195	Gewindeenden; Schraubenüberstände für Metrische ISO-Gewinde nach DIN 13
79	–	Vierkante für Spindeln und Bedienteile
82	194	Rändel
202	184	Gewinde; Übersicht
228 T1	102	Morsekegel und Metrische Kegel; Kegelschäfte
228 T2	102	–; Kegelhülsen
250	56	Rundungshalbmesser
254	102	Kegel
323 T1	90	Normzahlen und Normzahlreihen; Hauptwerte, Genauwerte, Rundwerte
323 T2	–	–; Einführung
332 T1	87	Zentrierbohrungen; 60°, Form R, A, B und C
332 T2	88	–; 60° mit Gewinde für Wellenenden elektrischer Maschinen
332 T4	88	Zentrierbohrungen für Radsatzwellen von Schienenfahrzeugen

Fortsetzung s. nächste Seite

DIN-Normen, Fortsetzung

DIN	Seite	Titel
475 T1	–	Schlüsselweiten für Schrauben, Armaturen, Fittings
509	88	Freistiche
780 T1 und T2	234	Modulreihe für Zahnräder; Moduln für Stirnräder (T1) und Zylinderschneckengetriebe (T2)
867	237	Bezugsprofile für Evolventenverzahnungen an Stirnrädern (Zylinderrädern) für den allgemeinen Maschinenbau und Schwermaschinenbau
974	198	Senkdurchmesser für zylindrische Senkungen; Übersicht und Anwendung
2244	180	Gewinde; Begriffe
2401 T1	250	Innen- oder außendruckbeanspruchte Bauteile; Druck- und Temperaturangaben; Begriffe, Nenndruckstufen
2402	250	Rohrleitungen; Nennweiten, Begriffe, Stufung
E 4762 T1	151	Oberflächenrauheit; Begriffe; Oberfläche und ihre Kenngrößen
4763	151	Stufung der Zahlenwerte für Rauheitsmeßgrößen
4768 T1	151	Ermittlung der Rauheitsgrößen R_a, R_z, R_{max} mit elektrischen Tastschnittgeräten; Grundlagen
5481 T1	212	Kerbzahnnaben- und Kerbzahnwellen-Profile (Kerbverzahnungen)
6935	87	Kaltbiegen von Flacherzeugnissen aus Stahl
7150 T1	139, 140	ISO-Toleranzen und ISO-Passungen für Längenmaße von 1 bis 500 mm; Einführung
7151	139	ISO-Grundtoleranzen für Längenmaße von 1 bis 500 mm Nennmaß
7152	–	Bildung von Toleranzfeldern aus den ISO-Grundabmaßen für Nennmaße von 1 bis 500 mm
7154 T1	142	ISO-Passungen für Einheitsbohrung; Toleranzfelder, Abmaße in µm
7154 T2	148	–; Paßtoleranzen, Spiele und Übermaße in µm
7155 T1	142	ISO-Passungen für Einheitswelle; Toleranzfelder, Abmaße in µm
7155 T2	148	–; Paßtoleranzen, Spiele und Übermaße in µm
7157	142, **143**, 148	Passungsauswahl; Toleranzfelder, Abmaße, Paßtoleranzen
7160	–	ISO-Abmaße für Außenmaße (Wellen), für Nennmaß von 1 bis 500 mm
7161	–	ISO-Abmaße für Innenmaße (Bohrungen), für Nennmaße von 1 bis 500 mm
7167	131	Zusammenhang zwischen Maß-, Form- und Parallelitätstoleranzen; Hüllbedingung ohne Zeichnungseintragung
7168 T1	145	Allgemeintoleranzen; Längen- und Winkelmaße
7182 T1	125, 137	Maße, Abmaße, Toleranzen und Passungen; Grundbegriffe
7952 T1 bis T4	203	Blechdurchzüge mit Gewinde
9003 T3	87	Luft- und Raumfahrt; Biegen von Blechen und Bändern aus Leichtmetallen; Biegehalbmesser, Konstruktionsrichtlinien
9003 T5	87	–; –; Maße, Grenzabmaße, Ausgleichswerte
25201	201	Schienenfahrzeuge; Sichern von Schraubenverbindungen; Allgemeines
68100	–	Toleranzsystem für Holzbe- und -verarbeitung; Begriffe, Toleranzreihen, Schwind- und Quellmaße

Fortsetzung s. nächste Seite

DIN-Normen, Fortsetzung

DIN	Seite	Titel
ISO 14	212	Keilwellen-Verbindungen mit geraden Flanken und Innenzentrierung; Maße, Toleranzen, Prüfung
ISO 272	186	Mechanische Verbindungselemente; Schlüsselweiten für Sechskant-schrauben und -muttern
ISO 273	195	–; Durchgangslöcher für Schrauben

14.2.3 Werkstoffe

DIN	Seite	Titel
1 026	104	Stabstahl, Formstahl; Warmgewalzter rundkantiger U-Stahl; Maße, Gewichte, zulässige Abweichungen, statische Werte
1 700	167	Nichteisenmetalle; Systematik der Kurzzeichen
17 006 T 4	163	Eisen und Stahl; Systematische Benennung, Stahlguß, Grauguß, Hartguß, Temperguß
17 007 T 1	163	Werkstoffnummern; Rahmenplan
17 007 T 2	166	–; Systematik der Hauptgruppe 1: Stahl
17 007 T 3	165	–; Systematik der Hauptgruppe 0: Roheisen, Vorlegierungen, Gußeisen
17 007 T 4	168	–; Systematik der Hauptgruppen 2 und 3: Nichteisenmetalle
17 014 T 1	172	Wärmebehandlung von Eisenwerkstoffen; Begriffe
17 023	–	–; Vordrucke, Wärmebehandlungs-Anweisung (WBA)
17 100	170	Warmgewalzte Erzeugnisse aus unlegierten Stählen für den allgemeinen Stahlbau
17 200	–	Vergütungsstähle; Technische Lieferbedingungen
17 211	–	Nitrierstähle; Technische Lieferbedingungen
17 212	–	Stähle für Flamm- und Induktionshärten
17 440	–	Nichtrostende Stähle; Technische Lieferbedingungen für Blech, Warm-band, Walzdraht, gezogenen Draht, Stabstahl, Schmiedestücke und Halbzeug
50 103 T 1 50 103 T 2	174	Prüfung metallischer Werkstoffe; Härteprüfung nach Rockwell; Verfahren C, A, B, F
50 133	174	–; Härteprüfung nach Vickers; Bereich HV 0,2 bis HV 100
50 351	173	–; Härteprüfung nach Brinell

Bildquellenverzeichnis

Buchenau/Thiele, Stahlhochbau, Stuttgart: Bild **8**.32

Franz Kuhlmann KG, Wilhelmshaven: Bild **2**.1

Rotring-Werke, Hamburg: Bild **2**.2, **2**.3, **2**.4, **2**.7, **2**.8, **2**.10, **2**.11, **10**.4

Alle anderen Bilder und Zeichnungen stammen aus dem Verlags-Bildarchiv.

Sachwortverzeichnis

f./ff. = und folgende Seite bzw. Seiten